转基因食品安全评价与检测技术

黄昆仑　许文涛　主编

科学出版社

北　京

内 容 简 介

本书主要内容为转基因食品的安全问题、评价内容、检测技术、国内外管理、伦理文化差异和贸易等。系统、全面地阐述了转基因食品的安全，以及国内外的现状、最新科研成果、发展趋势，是一本比较系统、全面介绍转基因食品安全的专业书。

本书可供食品科学及相关学科的科技人员、教师、本科生、研究生作为工具书、教学用书使用。

图书在版编目(CIP)数据

转基因食品安全评价与检测技术/黄昆仑，许文涛主编. —北京：科学出版社，2009

ISBN 978-7-03-023259-5

I. 转… II. ① 黄… ② 许… III. ① 食品–外源–遗传工程 ② 食品卫生–评价 ③ 食品卫生–检测 IV. TS201.6 R155

中国版本图书馆 CIP 数据核字(2008)第 166603 号

责任编辑：张晓春 李晶晶 / 责任校对：钟 洋
责任印制：赵 博 / 封面设计：王 浩

科 学 出 版 社 出版
北京东黄城根北街 16 号
邮政编码：100717
http://www.sciencep.com

北京厚诚则铭印刷科技有限公司印刷
科学出版社发行 各地新华书店经销

*

2009 年 3 月第 一 版　　开本：787×1092 1/16
2025 年 1 月第十次印刷　　印张：26
字数：602 000

定价：78.00 元

(如有印装质量问题，我社负责调换)

《转基因食品安全评价与检测技术》
编辑委员会名单

主　　编　黄昆仑　许文涛

编写人员(以姓氏汉语拼音为序)

　　　　　白卫滨　贺晓云　黄昆仑　寇晓虹

　　　　　刘培磊　田洪涛　许文涛　张红星

　　　　　张永军

前　言

自1994年第一例转基因番茄商业化种植以来，短短的20年，全世界已经有近50个国家开展了转基因植物田间实验，涉及4900多种植物。据国际农业生物技术应用咨询服务中心(ISAAA)统计，2004年全球转基因作物种植面积已达8100万hm^2。主要的四种转基因物种(大豆、玉米、棉花、油菜)的种植面积逐年上升。继美国、阿根廷和加拿大后，中国已经成为了全球第四位转基因作物种植大国。2004年中国种植转基因抗虫棉花的面积已超过300万hm^2，占全国棉花种植总面积的70%。一方面，中国虽然还没有批准种植转基因粮食作物，但每年从国外进口2000万t左右的转基因大豆，主要用于加工食用油和生产动物饲料。另一方面，中国国内开发研究的转基因粮食作物也已接近商业化生产阶段。由于转基因生物的环境危害和健康风险具有科学上的不确定性，随着转基因技术向农业、食品和医药领域的不断渗透和迅速发展，以及转基因产品商品化速度的加快，社会公众对转基因产品的安全性和风险的关注程度与日俱增。

转基因食品已经成为21世纪发展最快的新型食品，转基因食品的安全是伴随着转基因食品产业的发展而产生的一门新兴学科。目前，美国、加拿大等国已有近百种转基因食品上市，而它们的目标是把大量转基因食品出口到发展中国家去。发达国家在转基因技术发展及其检测方面远远超过发展中国家，发展中国家普遍缺乏对转基因生物安全管理和评价的能力，中国也同样面临挑战。转基因安全评价作为转基因安全管理的基础和核心，对转基因产品的发展和商业化流通过程又起着决定性的作用。国外发达国家和国际组织十分重视农业转基因生物安全的基础研究，将转基因生物安全的评价技术放在比转基因生物产品研究开发更加重要的优先位置。随着国内外转基因技术的快速发展和各国对转基因食品安全管理的需要，转基因食品安全管理、评价和检测的人才匮乏问题日益突出。因此更好地了解和利用各国的转基因安全评价的原则，积极建立转基因安全检测的方法并制定相应的管理政策对保护我国人民健康，发展我国转基因产业，增强我国在国际贸易中的竞争地位显得尤为重要。

目前，国内食品生物技术和基因工程技术的相关课程已经在许多大学开设，但是没有专门针对转基因食品安全评价和检测技术的教材。一些有关转基因食品安全的教材中仅泛泛地介绍了转基因食品安全方面存在的问题和建议。对于一些关键技术和法规记录过于简单、陈旧，对于整体的转基因安全问题没有系统地介绍和科学地分析。随着转基因技术的不断发展，其检测技术和管理政策等也都在发生着新的变化，本书专门从转基因食品可能存在的安全问题、评价内容、检测技术、国内外管理、伦理文化差异和贸易六个方面，结合实际的检测案例系统全面地阐述转基因食品的安全现状，突出介绍了相关的最新科研成果和检测技术、专利及法规，对其未来的发展趋势进行了简单的描述。

中国农业大学自2001年起在本科生、研究生中开设了转基因食品安全的教学课程，而其他大学食品学院也开设了食品生物技术学科。因此本书是结合中国农业大学本科生教学和研究生教学课程建设，以及中国农业大学和其他高校中食品生物技术课程建设设置的。在编排上，既可以满足本科生、研究生教学的要求，也可以作为一本用于指导从事转基因技术研究、检测和管理人员的工具书。

本书共分十章，第一章由中国农业大学黄昆仑撰写；第二章由天津科技大学寇晓虹撰写；第三章和第八章由中国农业科学院生物技术研究所张永军撰写；第四章由北京农学院张红星和农业部科技发展中心刘培磊撰写；第五章由河北农业大学田洪涛撰写；第六章和第十章由中国农业大学许文涛撰写；第七章由中国农业大学贺晓云撰写；第九章由中国农业大学白卫滨撰写。全书由黄昆仑和许文涛负责统稿。

在本书出版之际，我们衷心感谢为此书编写及出版辛勤笔耕的各位老师及专家，感谢农业部等政府部门和合作伙伴给予的支持和建议。感谢所有参考文献及书籍的作者提供的新观点和想法。本书所有章节都经作者本人整理后提供，代表了作者的观点。全书由黄昆仑审校。对书中不妥之处，敬请读者提出批评。

主　编
2008 年 9 月 10 日

目　　录

前言
第一章　绪论 ... 1
第一节　转基因食品发展现状与趋势 ... 1
第二节　转基因食品安全问题的由来 ... 4
第三节　转基因食品涉及的主要安全问题 ... 6
第四节　转基因食品安全评价的内容和原则 ... 6
第五节　转基因食品安全检测方法 ... 9
第六节　转基因安全评价的法规和各国管理策略 ... 13
第二章　转基因食品食用安全评价 ... 19
第一节　营养学评价 ... 21
第二节　毒理学评价 ... 33
第三节　过敏性评价 ... 41
第四节　非期望效应分析 ... 51
第五节　抗生素标记基因的安全分析 ... 56
第六节　加工过程对安全性的影响 ... 58
第七节　转基因食品对有毒物质的富集能力评价 ... 60
参考文献 ... 60
第三章　转基因生物的环境安全评价 ... 61
第一节　转基因植物环境安全评价 ... 62
第二节　转基因动物环境安全评价 ... 81
第三节　转基因水生生物环境安全评价 ... 89
第四节　转基因微生物环境安全评价 ... 95
参考文献 ... 107
第四章　转基因食品的安全管理 ... 109
第一节　国际上转基因食品的安全管理 ... 110
第二节　国际组织在转基因食品安全管理中的作用 ... 123
第三节　我国转基因食品的安全管理 ... 130
第四节　转基因生物安全风险交流制度的建立与运行 ... 137
参考文献 ... 153
第五章　转基因食品安全对贸易的影响 ... 154
第一节　贸易技术壁垒设置的法律法规依据 ... 154
第二节　贸易技术壁垒对转基因食品产业的影响 ... 162
第三节　伦理和文化差异对转基因食品产业的影响 ... 169
参考文献 ... 174

第六章　食品中转基因成分的检测技术 175
第一节　以蛋白质为基础的检测技术 175
第二节　以核酸为基础的检测技术 185
第三节　检测策略 206
第四节　商业化转基因食品的检测方法 211
参考文献 231

第七章　食用安全检测技术 232
第一节　营养学评价方法 232
第二节　毒理学评价方法 238
第三节　过敏性检测方法 242
参考文献 259

第八章　环境安全检测技术 260
第一节　生物多样性检测技术 262
第二节　基因漂移的生态风险检测技术 269
第三节　生存竞争力检测技术 277
第四节　抗性治理策略 280
第五节　抗性监测技术 286
参考文献 290

第九章　转基因食品的分子特征检测 292
第一节　外源基因在受体生物基因组中插入位点检测 292
第二节　外源基因在受体生物基因组中插入拷贝数检测 307
第三节　外源基因表达产物的检测 325
参考文献 344

第十章　案例分析 345
第一节　某转基因玉米的环境安全性评价 345
第二节　某转基因玉米的分子特征分析 354
第三节　某转基因玉米外源表达蛋白的毒性检测 361

附录一　转基因标准品目录 384
附录二　中国标准目录 388
附录三　世界已批准转基因产品目录 391
附录四　常用基因及元件引物目录 397
附录五　转基因植物安全评价指南(试行) 400

第一章 绪　　论

本章描述了转基因食品发展的现状和趋势，介绍了转基因食品对未来食品工业的发展影响，并对转基因食品安全问题的由来，转基因食品安全评价的内容、方法和检测手段进行了概括和总结。

第一节　转基因食品发展现状与趋势

食品生物技术具有悠远的发展历史，是伴随着人类社会由狩猎向农业、畜牧业转变出现的，在促进人类社会文明的发展方面有着非常重要的作用。早在公元前6000年，古埃及人和古巴伦人就知道用微生物发酵产生酒精，并开始酿造啤酒。我国也在石器时代后期，开始用谷物酿酒；公元前4000年，古埃及人就开始用酵母菌发酵生产面包；公元前221年，周代后期我国人民就能制作豆腐、酱油和醋。但是从食品生物技术发展的阶段来看，这些及在这以前的类似产品都是传统意义上的食品生物技术的结果。

1953年沃森(Waston)和克里克(Crick)对威尔金斯(Wilkins)DNA的X射线衍射图分析发现了DNA的双螺旋结构，奠定了现代分子生物学研究的基础。他们两人因此获得了1962年的诺贝尔医学和生理学奖。从此人们跨过细胞水平的研究，开创了由DNA分子结构、组成及功能等分子水平揭示生命现象本质的新纪元，并由此拉开了现代食品生物技术的序幕。此后，食品生物技术开始进入了一个崭新的发展时期。

1969年，美国科学家Nirenberg破译了DNA的密码，与Holly和Khorana等人分享了诺贝尔医学和生理学奖。Holly的主要功绩在于阐明了酵母丙氨酸tRNA的核苷酸序列，并证实所有的tRNA在结构上的相似性；Khorana则第一个合成核酸分子，并且人工复制了酵母基因。20世纪60年代末，斯坦福大学的生物化学教授Paul Berg将外源基因导入真核细胞，获得了世界上第一例重组DNA，开创了人类有史以来的第一次按照人类意愿改造生物的先河。此后，基因工程技术开始为人类的理想工作。

基因工程技术在20世纪90年代开始在食品工业中应用，其标志是第一例重组DNA基因工程菌生产的凝乳酶在奶酪工业中的应用。1993年Calgene公司转反义 *Pg* 基因的延熟番茄Flavr-Savr在美国批准上市，转基因植物源食品原料的种植面积迅速增加。

据国际农业生物技术应用咨询服务中心(ISAAA)统计，1996年转基因作物进行商业化种植，当时种植面积仅有170万 hm^2，截至2006年全世界转基因作物种植面积为10 200万 hm^2，其中2005~2006年转基因植物种植面积增长率达到了13%(图1-1)，同时种植转基因植物的国家也从6个增至22个，全球种植面积增加了50多倍(图1-2，表1-1)。发展速度之快，超出人们的预料。种植转基因植物的国家也由最初的几个国家发展到目前的22个，最主要的六个国家为美国、阿根廷、巴西、加拿大、印度和中国。目前已商品化大面积种植的转基因作物种类主要为大豆、玉米、油菜和棉花。小面积种植的有番茄、马铃薯、甜椒、西葫芦、木瓜等。其中，全球种植面积以每年15%的增长率持续增长。

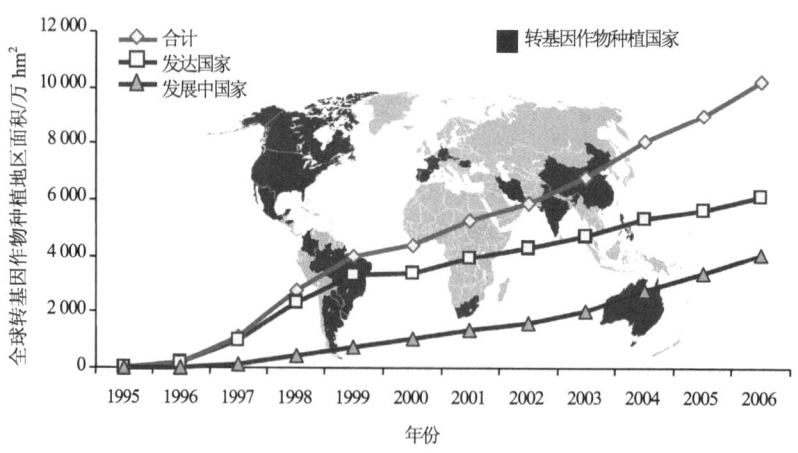

图 1-1　商业化转基因作物 1995~2006 年的增长趋势(Clive James, 2006)[①]

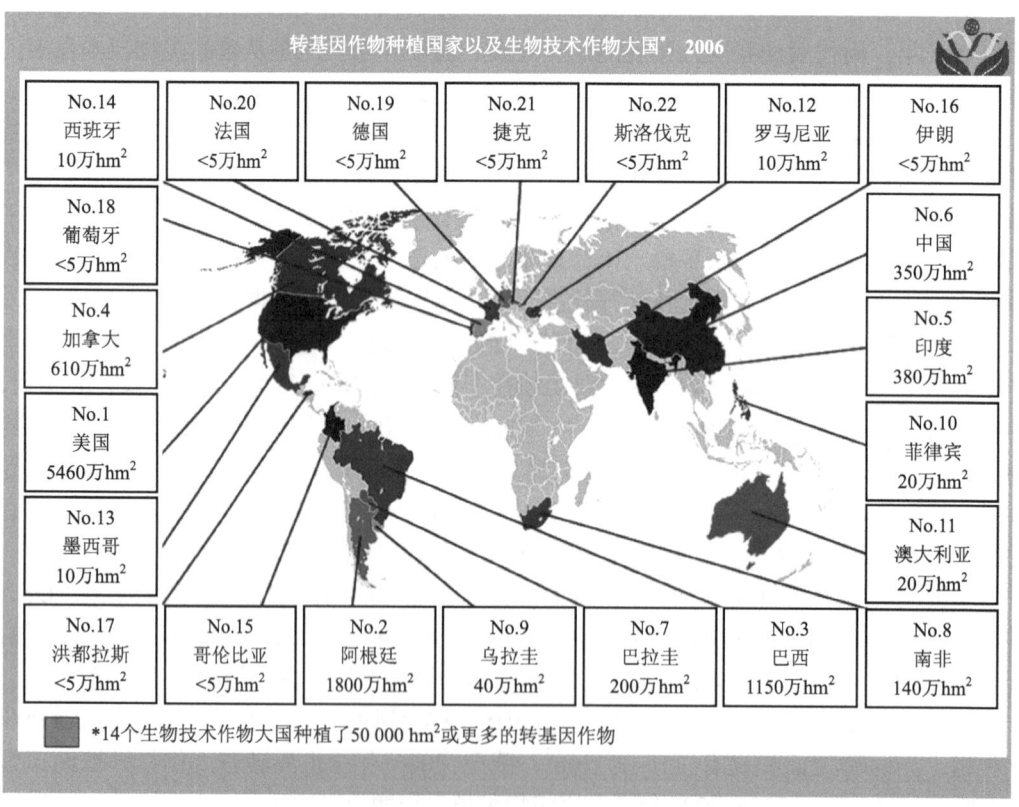

图 1-2　全球转基因作物分布(Clive James, 2006)[①]

发达国家在转基因技术方面远远超过发展中国家，美国、加拿大等国已有近百种转基因食品上市，而且它们的目标是把大量转基因食品出口到发展中国家。我国已加入 WTO，

---

① James C. 2006. Global Status of Commercialized Biotech/GM crops: 2006. *ISAAA Brief* No. 35: ISAAA: Ithaca, NY.

必将面临此类食品的挑战和冲击。

表 1-1　各国转基因植物种植面积和种类

排名	国家	种植面积/$10^6 hm^2$	主要种植种类
1	美国	54.6	大豆、玉米、棉花、油菜、南瓜、木瓜
2	阿根廷	18	大豆、玉米、棉花
3	巴西	11.5	大豆
4	加拿大	6.1	油菜、玉米、大豆
5	印度	3.8	棉花
6	中国	3.5	棉花
7	巴拉圭	2	大豆
8	南非	1.4	玉米、大豆、棉花
9	乌拉圭	0.4	大豆、玉米
10	菲律宾	0.2	玉米
11	澳大利亚	0.2	棉花
12	罗马尼亚	0.1	大豆
13	墨西哥	0.1	棉花、大豆
14	西班牙	0.1	玉米
15	哥伦比亚	<0.1	棉花
16	伊朗	<0.1	水稻
17	洪都拉斯	<0.1	玉米
18	葡萄牙	<0.1	玉米
19	德国	<0.1	玉米
20	法国	<0.1	玉米
21	捷克	<0.1	玉米
22	斯洛伐克	<0.1	玉米

资源来源：Clive James, 2006。

转基因作物的迅速发展呈现以下特点：

(1) 转基因作物种类持续增多。目前，已有 200 多种植物实现了基因的转移：粮食作物(水稻、小麦、玉米、高粱、马铃薯、甘薯等)；经济作物(棉花、油菜、大豆、亚麻、向日葵等)；蔬菜(番茄、黄瓜、芥菜、甘蓝、花椰菜、胡萝卜、茄子、生菜、芹菜等)；瓜果(苹果、核桃、番木瓜、甜瓜、草莓、香蕉等)。

(2) 转基因作物的特性增多。抗虫、抗除草剂、抗病、改良品质、抗旱、抗盐碱、生产药物、生产功能食品成分、生产可食性疫苗成分。

(3) 转基因作物的商业化步伐加快。从 1994 年开始，迅速增加到 2003 年 120 多个品系商业化；1987~1999 年，美国批准 4779 项转基因作物进行大田试验；1997~1999 年，我国有 26 项转基因产品获得安全审批，研究的转基因植物有 50 余种，涉及基因 103 种。

(4) 转基因作物稳定高效表达技术不断完善。这主要体现在：嵌合基因构建技术不断提高；独立表达系统不断完善；改造转化载体，稳定基因整合；体外调控转基因表达技术体系的建立。

(5) 基因组研究将从"结构基因组"向"功能基因组"转变。

(6) 单基因生物性抗逆将向持久性抗逆转化。

(7) 生物抗逆性将向非生物抗逆性转化。

(8) 目标性状的研究重点将从"抗性"向"品质"转移。

(9) 由质量性状向数量性状转移。

(10) 利用转基因植物生产稀有蛋白。

(11) 转基因技术的进一步提高和改进。

(12) 垄断局面已经形成。以孟山都、拜耳、先正达、杜邦公司为首的产业垄断集团已经形成，给生物技术产业的发展带来阴影。

(13) 对转基因食品的安全性认识逐步成熟。科学和理性逐渐占据上风，经济利益、政治因素、国际贸易的影响渐渐缩小。

(14) 新一代的转基因食品即将上市，同时给安全评价带来挑战。由于转基因生物的环境危害和健康风险具有科学上的不确定性，随着转基因技术向农业、食品和医药领域的不断渗透和迅速发展，以及转基因产品商品化速度的加快，社会公众对转基因产品的安全性和风险的关注程度与日俱增。转基因植物目的性状失效问题，转基因植物的产量和品质问题，转基因技术存在的缺陷以及政治因素、经济因素、宗教问题、社会伦理问题等一直是转基因技术发展的顾虑。

第二节　转基因食品安全问题的由来

20 世纪 60 年代末斯坦福大学教授 P. Berg 尝试用来自细菌的一段 DNA 与猴病毒 SV40 的 DNA 连接起来，获得了世界第一例重组 DNA。但这项研究受到了其他科学家的质疑，因为 SV40 病毒是一种小型动物的肿瘤病毒，可以将人的细胞培养转化为类肿瘤细胞。如果研究中的一些材料扩散到环境中将对人类造成巨大的灾难。1973 年的 Gordon 会议和 1975 年的 Asilomar 会议专门针对转基因生物的安全进行了讨论。美国国立卫生院依据专家会议的讨论结果制定了美国的生物技术管理条例。

20 世纪 80 年代后期，随着第一例基因重组转基因食品牛乳凝乳酶的商业化生产，转基因食品的安全性受到了越来越广泛的关注。1990 年召开的第一届 FAO/WHO(联合国粮农组织/世界卫生组织)专家咨询会议在安全性评价方面迈出了第一步。会议首次回顾了食品生产加工中生物技术的地位，讨论了在进行转基因食品安全性评价时的一般性和特殊性的问题。认为传统的食品安全性评价毒理学方法已不再适用于转基因食品。1993 年经济发展合作组织召开了转基因食品安全会议，会议提出了《现代转基因食品安全性评价：概念与原则》的报告，报告中的"实质等同性原则"得到了世界各国的认同。1996 年和 2000 年的 FAO/WHO 专家咨询会议，2000 年和 2001 年在日本召开的世界食品法典委员会(CAC)转基因食品政府间特别工作组会议对"实质等同性原则"给予了肯定。20

世纪 90 年代中期,一些研究结果对转基因食品的安全性提出严峻的考验,这也增加了世界许多国家对转基因食品安全性的关注,转基因食品的研究工作也从狂热趋于理性化。

1998 年英国的普兹泰(Pustai)在 *Nature* 上发表文章报道用转有植物雪花莲凝集素的转基因马铃薯饲养大鼠,可引起大鼠器官发育异常,免疫系统受损,这件事如果得到证实,将对生物技术产业产生重大的影响。在经过英国皇家协会组织的评审后,认为该研究存在六条缺陷,所得出的结论不科学。即不能确定转基因和非转基因马铃薯在化学成分上有差异;对食用转基因马铃薯的大鼠未补充蛋白质以防止饥饿;供试动物数量少,饲喂了几种不同的食物,且都不是大鼠的标准食物,有很少的统计学意义;实验设计不合理,未作双盲测定;统计结果不科学;实验结果无一致性。虽然,最终表明试验结果的不可靠性,但由此产生的对转基因食品食用安全的怀疑却无法从人们心中抹去。

1999 年,美国康奈尔大学在 *Nature* 上发表文章,报道斑蝶幼虫在食用了撒有转 *Bt* 基因玉米花粉的马利筋草(milkweed),有 44% 死亡,此事引起了美国公众的关注,因为色彩艳丽的斑蝶是美国人所喜爱的昆虫。但一些科学家认为,这个实验是在实验室条件下,通过人工将花粉撒在草上,不能代表田间的实际情况。此外,绿色和平组织的示威游行、印度和德国销毁转基因作物试验田等,这些事件加剧了人们对转基因食品安全性的疑虑,同时也给科学家提出需要对转基因食品安全性给予更多的关注和研究,以便更好地利用生物技术为人类造福。

2001 年 11 月,美国加州大学伯克利分校的两位研究人员在 *Nature* 上发表文章,称从墨西哥采集的 6 个玉米地方品种样本中,发现了来自花椰菜花叶病毒的 *CaMV*35S 启动子和转基因玉米 Bt11 中 *Adh1* 基因相似的核酸序列。认为墨西哥的玉米已经受到了美国转基因玉米的污染,使墨西哥的玉米原产地受到了威胁。后来经过重新抽样和复查,证明结果是错误的:检测出的 *CaMV*35S 启动子是假阳性结果,而 *Adh1* 基因相似的核酸序列实际上是玉米本身就存在的 *Adh1-F* 基因,而不是与其相似的转基因玉米 Bt11 中的 *Adh1-S* 基因。这一结果也提醒人们要保护植物原产地基因池的基因纯正性。

2003 年 6 月,绿色和平组织发布了《转 *Bt* 基因抗虫棉花环境影响的综合报告》引发了国际上对转基因植物环境安全的争论。报告中指出:①棉铃虫寄生性天敌——寄生蜂的种群数量减少;②棉蚜、红蜘蛛、盲蝽象、甜菜夜蛾等次要害虫上升为主要害虫;③转 *Bt* 基因棉田中昆虫群落的稳定性低于普通棉田,某些害虫爆发的可能性更高;④室内观察和田间监测都已证明,棉铃虫对转 *Bt* 基因棉花产生抗性;⑤转 *Bt* 基因棉花在后期对棉铃虫的抗性降低,还需要喷 2 或 3 次农药;⑥在棉铃虫的抗性治理中,目前普遍采用的高剂量和庇护所策略是不可行的。虽然支持与反对方对这些观点展开了争论,但该事件也提出了转基因植物如何安全生产,才能减少因对环境生物的胁迫而产生的对环境的不利影响。

2003 年 10 月,上海一位消费者状告世界著名食品制造商雀巢公司在其食品中使用转基因成分而不标识,损害了消费者的知情权。这是绿色和平组织在香港指责雀巢公司在转基因问题上对中国和欧盟使用双重标准的继续。同时,也是自欧盟对转基因食品采取标识管理后,对转基因食品带来的又一场风波。这一事件表明转基因食品的标识管理对贸易、技术和消费者产生了不同的影响,也表明如何对转基因食品进行标识和标识的范围已经成为世界各国讨论的焦点。

因此，虽然生物技术食品代表着未来食品发展的方向，但其仍然存在一定的潜在风险，世界各国已经达成共识：建立科学合理的安全评价技术体系，加强生物技术食品的安全管理，积极促进生物技术在农业和食品领域的发展，使生物技术可以更好地为人类服务。

第三节　转基因食品涉及的主要安全问题

目前人们对于转基因食品的担忧主要体现在两个方面，即对人类健康的影响和对生态环境的影响。转基因产品在人体内是否会导致发生基因突变而有害人体健康，是人们对转基因食品安全性产生怀疑的主要原因，主要涉及以下几个方面。其一是转基因食物的直接影响，包括营养成分、毒性或增加食物过敏物质的可能；其二是转基因食品的间接影响，例如，经遗传工程修饰的基因片段导入后，引发基因突变或改变代谢途径，致使其最终产物可能含有新的成分或改变现有成分的含量所造成的间接影响；其三是植物里导入了具有抗除草剂或毒杀虫功能的基因后，是否会像其他有害物质那样能通过食物链进入人体；最后是转基因食品经由胃肠道的吸收而将基因转移至肠道微生物中，从而对人体健康造成影响。

对于环境安全性的问题主要是指转基因植物释放到田间后，是否会将基因转移到野生植物中，是否会破坏自然生态环境，打破原有生物种群的动态平衡。包括：①转基因生物对农业和生态环境的影响；②产生超级杂草的可能；③种植抗虫转基因植物后，可能使害虫产生免疫并遗传，从而产生更加难以消灭的"超级害虫"；④转基因向非目标生物转移的可能性；⑤其他生物吃了转基因食品后是否会产生畸变或灭绝；⑥转基因生物是否会破坏生物的多样性。

这些担忧不仅来源于转基因技术的不成熟性及其产品品质安全的不确定性，更是来源于转基因技术对人类社会经济影响的不可预见性，这需要大量的实践和较长的时间来证明。转基因安全评价，应作为转基因安全检测的核心内容。

第四节　转基因食品安全评价的内容和原则

一、转基因食品的食用安全性评价的内容

（一）过敏原

食物的过敏性是由 IgE 介导的，过敏蛋白具有对 T 细胞和 B 细胞的识别区。目前，已弄清一些过敏性蛋白的氨基酸顺序，并可通过 GenBank、欧洲分子生物学实验室(The European Molecular Biology Laboratory, EMBL)等核酸数据库查询。但一些未知的过敏原仍然存在，是无法预料的，敏感病人也难以用药物治疗。目前，国际食品生物技术委员会与国际生命科学研究院制定出一套分析遗传改良食品过敏性的树状分析法。

（二）毒性

对转基因食品的毒性检测主要包括对外源基因表达产物的毒性检测和对整个转基因

食品的毒理学检测,通常是将二者结合进行。检测主要依据《食品毒理学评价程序》进行。

(三) 营养成分

外源基因的插入是否会影响农产品的营养成分,是一个评价的主要问题。对于第一代转基因食品主要对植物的抗逆性状进行改善,营养上具备实质等同性就可以认为在营养水平上安全;对于第二代转基因食品,改善营养品质,则需要在营养成分上做更多的分析,除对主要营养成分进行分析外,还需要对增加的营养成分做膳食暴露量和最大允许摄入量的分析与试验。

(四) 标记基因的安全

WHO 在 1993 年的报告中提出植物标记基因的安全性评价原则是:①分析标记基因的分子、化学和生物学特性;②标记基因的安全性应与其他基因一样进行评价;③原则上,某一标记基因一旦安全,可应用于任何一种目的基因的连接。

目前,转基因食品食用安全性评价主要存在以下四个难点:一是过敏性评价的方法与程序;二是毒性物质的评价方法和程序;三是模型动物的建立;四是高通量检测芯片的研究。

二、转基因食品安全性评价的原则

目前,全球还没有统一的适用于各类转基因食品的安全性评价方法,各国的法律、法规及管理体制也不尽相同。但是国际上对转基因食品安全性评价基本遵循以科学为基础、个案分析、实质等同性和逐步完善等原则。

(一) 实质等同性原则

1996 年 FAO/WHO 召开的第二次生物技术安全性评价专家咨询会议,将转基因植物、动物、微生物产生的食品分为三类:①转基因食品与现有的传统食品具有实质等同性;②除某些特定的差异外,与传统食品具有实质等同性;③与传统食品没有实质等同性。

实质等同性比较的主要内容有:生物学特性的比较,对植物来说包括形态、生长、产量、抗病性及其他有关的农艺性状;对微生物来说包括分类学特性(如培养方法、生物型、生理特性等)、定殖潜力或侵染性、寄主范围、有无质粒、抗生素抗性、毒性等;动物方面是形态、生长生理特性、繁殖、健康特性及产量等。

营养成分比较包括:主要营养素、抗营养因子、毒素、过敏原等。主要营养因子包括脂肪、蛋白质、糖类、矿物质、维生素等;抗营养因子主要指一些能影响人对食品中营养物质的吸收和对食物消化的物质,如豆科作物中的一些蛋白酶抑制剂、脂肪氧化酶以及植酸等。毒素指一些对人有毒害作用的物质,在植物中有马铃薯的茄碱、番茄中的番茄碱等。过敏原指能造成某些人群食用后产生过敏反应的一类物质,如巴西坚果中的 2S 清蛋白。一般情况下,对食品的所有成分进行分析是没有必要的,但是,如果其他特征表明由于外源基因的插入产生了不良影响,那么就应该考虑对广谱成分予以分析。对关键营养素的毒素物质的判定是通过对食品功能的了解和插入基因表达产物的了解来实现的。但是,在应用实质等同性评价转基因食品时,应该根据不同的国家、文化背景和宗教等的差异进行评价。在进行评价时应根据下列情况分别对待：

(1) 与现有食品及食品成分具有完全实质等同性。若某一转基因食品或成分与某一现有食品具有实质等同性，那么就不用考虑毒理和营养方面的安全性，两者应等同对待。

(2) 与现有食品及成分具有实质等同性，但存在某些特定差异。这种差异包括：引入的遗传物质是编码一种蛋白质还是多种蛋白质，是否产生其他物质；是否改变内源成分或产生新的化合物。新食品的安全性评价主要考虑外源基因的产物与功能，包括蛋白质的结构、功能、特异性、食用历史等。在这种情况下，主要针对一些可能存在的差异和主要营养成分进行比较分析。目前，经过比较的转基因食品大多属于这种情况。

(3) 与现有食品无实质等同性。如果某种食品或食品成分与现有食品和成分无实质等同性，这并不意味着它一定不安全，但必须考虑这种食品的安全性和营养性。首先应分析受体生物，遗传操作和插入 DNA，转基因生物及其产物如表型、化学和营养成分等。由于目前转基因食品还没有出现这种情况，故在这方面的研究还没有开展。

(二) 预先防范的原则

转基因技术作为现代分子生物学最重要的组成成分，是人类有史以来，按照人类自身的意愿实现了遗传物质在四大系统间的转移，即人、动物、植物和微生物。早在 20 世纪 60 年代末斯坦福大学教授 P. Berg 就尝试用来自细菌的一段 DNA 与猴病毒 SV40 的 DNA 连接起来，获得了世界第一例重组 DNA。这项研究就受到了其他科学家的质疑，因为 SV40 病毒是一种小型动物的肿瘤病毒。可以将人的细胞培养转化为类肿瘤细胞。如果研究中的一些材料扩散到环境中，将对人类造成巨大的灾难。正是转基因技术的这种特殊性，必须对转基因食品采取预先防范(precaution)作为风险性评估的原则。必须采取以科学为依据，对公众透明，结合其他的评价原则，对转基因食品进行评估，防患于未然。

(三) 个案评估的原则

目前已有 300 多个基因被克隆，用于转基因生物的研究，这些基因来源和功能各不相同，受体生物和基因操作也不相同，因此，必须采取的评价方式是针对不同转基因食品逐个进行评估，该原则也是世界许多国家采取的方式。

(四) 逐步评估的原则

转基因生物及其产品的研究开发是经过了实验室研究、中间试验、环境释放、生产性试验和商业化生产等几个环节。每个环节对人类健康和环境所造成的风险是不相同的。实验规模既影响所采集的数据种类，又影响检测某一个事件的概率。一些小规模的试验有时很难评估大多数转基因生物及其产品的性状或行为特征，也很难评价其潜在的效应和对环境的影响。逐步评估的原则就是要求在每个环节上对转基因生物及其产品进行风险评估，并且以前一步的实验结果作为依据来判定是否进行下一阶段的开发研究。一般来说，有三种可能：第一，转基因生物及其产品可以进入下一阶段试验；第二，暂时不能进入下一阶段试验，需要在本阶段补充必要的数据和信息；第三，转基因生物及其产品不能进入下一阶段试验。例如，1998 年在对转入巴西坚果 2S 清蛋白的转基因大豆进行评价时，发现这种可以增加大豆甲硫氨酸含量的转基因大豆对某些人群是过敏原，因此，终止了进一步的开发研究。

(五) 风险效益平衡的原则

发展转基因技术就是因为该技术可以带来巨大的经济和社会效益。但作为一项新技术，该技术可能带来的风险也是不容忽视的。因此，在对转基因食品进行评估时，应该采用风险和效益平衡的原则，综合进行评估，以获得最大利益的同时，将风险降到最低。

(六) 熟悉性原则

所谓的熟悉是指了解转基因食品的有关性状、与其他生物或环境的相互作用、预期效果等背景知识。转基因食品的风险评估既可以在短期内完成，也可能需要长期的监控。这主要取决于人们对转基因食品有关背景的了解和熟悉程度。在风险评估时，应该掌握这样的概念：熟悉并不意味着转基因食品安全，而仅仅意味着可以采用已知的管理程序；不熟悉也并不能表示所评估的转基因食品不安全，也仅意味着对此转基因食品熟悉之前，需要逐步地对可能存在的潜在风险进行评估。因此，"熟悉"是一个动态的过程，不是绝对的，而是随着人们对转基因食品的认知和经验的积累而逐步加深的。

第五节 转基因食品安全检测方法

目前，国外报道的转基因检测方法主要有两大类：在核酸水平上进行检测，即通过 PCR 和 Southern 杂交的方法检测基因组 DNA 中的转基因片段，或者用 RT-PCR 和 Northern 杂交检测转基因植物 mRNA 和反义 RNA，主要检测 *CaMV*35S 启动子和农杆菌 *Nos* 终止子、标记基因(主要是一些抗生素抗性基因，如卡那霉素、新潮霉素抗性基因等)和目的基因(抗虫、抗除草剂、抗病和抗逆等基因)等；在蛋白质水平上进行检测包括：检测转基因植物中目的基因表达蛋白的酶联免疫吸附测定(ELISA)方法和检测表达蛋白生化活性的生化检测法。这些免疫学方法主要是应用单克隆、多克隆或重组形式的抗体成分，可定量或半定量地检测，方法成熟可靠且价格低廉，用于转基因原产品和粗加工产品的检测。

一、核酸检测技术

(一) PCR

PCR 技术即聚合酶链反应技术，是指模拟体内 DNA 复制方式在体外选择性扩增 DNA 某个特殊区域的技术，它能在短时间内准确地将目的序列大量复制，PCR 的基本要素包括模板、引物、合成 DNA 的原料即 dNTP 和 DNA 聚合酶，PCR 既可做定性又可做定量分析，目前大多以定性检测为主(定性检测的检出范围为 0.1%，但该项技术的检测结果也有可能与实际不相符，会出现假阴性或假阳性结果，即检测物质本身含有转基因物质而未被检出，或是本身没有转基因物质，而检出有转基因成分)。PCR 法以其较高的灵敏性、特异性和快速简便性被广泛采用，用于基因检测时，要求异物特异性高，必要时设计一对分析内源性基因组 DNA 引物做阳性对照，以检测体系的可靠性。此外新发展起来的多重 PCR 技术、巢式 PCR 技术、半巢式 PCR 技术、TALE-PCR 技术等各有优点。

(二) PCR-ELISA

PCR-ELISA 是一种将 PCR 的高效性与 ELISA 的高特异性结合在一起的检测方法，它利用地高辛或生物素等标记引物，将 PCR 扩增产物与固相板上特异的探针结合，再加入抗地高辛或生物素的酶标抗体-辣根过氧化物酶结合物，最后使底物显色，在酶标仪上读取数值。利用 PCR-ELISA 法进行转基因检测，灵敏度比欧盟推荐的 PCR 方法高 5~10 倍。它快速方便，避免了有毒物质 EB 的使用，适合大批量自动检测，既适合于快速地定性筛选又可进行准确的定量分析。

(三) Southern 杂交

是将经酶切的 DNA 转移到杂交膜上与探针杂交的技术。既可直接用基因组 DNA 进行酶切杂交，也可与 PCR 技术相结合，对 PCR 产物进行酶切分析。如用 Southern 杂交判断转基因玉米中 *Cry1A* 基因和玉米内源基因 *Ash* 的存在。Southern 杂交不受操作过程中的污染影响，且准确度高、特异性强，是目前植物产品中转基因成分筛选的常用方法之一。

(四) 基因芯片技术

基因芯片又称 DNA 微阵列，是指将许多特定的寡核苷酸片段或基因片段作为探针，有规律地排列固定于支持物上形成的 DNA 分子阵列。芯片与待测的荧光标记样品的基因按碱基配对原则进行杂交后，通过检测杂交信号的强弱判定样品中靶分子的数量和序列信息，此技术可将大量的核酸分子同时固定于玻璃、硅等载体上，这样就可以同时对大量 DNA 或 RNA 分子进行检测分析，同传统核酸印迹杂交相比，具有高效、敏捷、精确、快速等优点。目前基因芯片技术已被应用于对大豆、棉花、马铃薯、番茄等转基因食品的检测。微阵列技术可以同时对数以千计的样品进行处理分析，大大提高了检测效率，降低了检测成本。

(五) PCR-Genescan

Genescan 是一种用途广泛的 DNA 片段分析技术，与常规 PCR 相比，Genescan 是在 PCR 反应体系中加入荧光标记的单核苷酸进行扩增，扩增产物带有荧光标记，将荧光标记的 DNA 片段，在 DNA 遗传分析仪上进行大小、数量分析检测的过程；亦即 PCR 反应后用 Genescan 扫描替代琼脂糖凝胶电泳来检测 PCR 产物。较琼脂糖凝胶电泳法灵敏度高，重现性好，结果易判断，为分析检测转基因产品提供了一个实用、灵敏的方法。

(六) 荧光定量 PCR

最近出现的定量 PCR 检测方法有两种。第一种是特异性染料结合法。某些荧光素能和双链 DNA 结合，结合后的产物具有强的荧光效应。当扩增结束后，随温度的降低，DNA 复性成为双链，荧光素与之结合，经激发产生荧光，测定荧光强度，通过内标或外标法求出因数，可以准确定量；第二种是杂交探针标记法。寡聚核苷酸探针带有两个荧光发光分子和两个荧光猝灭分子，完整的探针在激光激发下，发光分子所产生的荧光被猝灭分子全部吸收，样品无荧光，而 PCR 扩增过程中，Taq 酶分子在链延长的过程中可以通过自身的 3′→5′外切核酸酶降解与模板结合的特异性荧光探针,使得荧光发光分子从探针上切下来而与荧光猝灭分子分开,从而在激光激发下产生特定波长的荧光,这种荧光随着 PCR 扩增过程而动态增强,定量 PCR 仪通过全过程动态监测可以得到每一样品中特定模板 DNA 的起始拷贝数。荧光定量 PCR 用产生荧光信号的指示剂显示扩增产物的量,大大提高了检测的灵敏度、特异性和精确性。缺点是需要购买价格昂贵的专门仪器。

(七) 竞争 PCR

竞争 PCR 通过构建含有修饰过的内部标准 DNA 片段(竞争 DNA),使其与待测 DNA 进行共扩增,因竞争 DNA 片段和待测 DNA 的大小不同,经琼脂糖凝胶可将两者分开,通过竞争 DNA 扩增产物和转基因成分扩增浓度的比对进行定量分析。此方法也可以用于定量检测,采用构建的竞争 DNA 与样品 DNA 在同一体系中相互竞争相同底物和引物,并根据电泳结果做工作曲线图,从而得到可靠的定量分析结果。

竞争 PCR 法与定性 PCR 法相比大大降低了实验室间的实验误差,竞争 PCR 法完全可以对转基因食品的 GMO(genetically modified organism)含量进行检测,包括有关法规确定 GMO 含量的下限量,此方法对实验仪器要求不高,不足之处是需要用基因重组技术构建标准竞争 DNA,对一般实验室来说难度较大,但是若将前期工作转化为商业化运作,直接向实验室提供标准竞争 DNA,后期工作则可在一些已有能力检测 GMO 含量的实验室较为方便地进行,因而是一种很有推广价值的定量检测方法。

二、蛋白质检测技术

大多数转基因植物都以外源结构基因表达出蛋白质为目的,因此可以通过对外源蛋白的定性定量检测来达到转基因检测的目的。将外源结构基因表达的蛋白质制备抗血清,根据抗原抗体特异性结合的原理,以是否产生特异性结合来判断是否含有此蛋白质。该技术具有高度特异性,即便有其他干扰化合物的存在,特异性抗原抗体也能准确地结合。但由于蛋白质容易变性,蛋白质检测方法只适用于未加工的产品。另外有的转基因作物外源基因未表达或表达低时,蛋白质检测方法也不适用。常用的外源蛋白检测方法有酶联免疫吸附测定 (enzyme-linked immunosorbent assay,ELISA) 和 Western 印迹法。

(一) ELISA

ELISA 是抗原抗体的免疫反应和酶的高效催化反应有机的结合,有直接法、间接法和双抗夹心法之分,使用较多的是双抗夹心法,其灵敏度最高。一般定性检测,但若做出已知转基因成分浓度与吸光度值的标准曲线,也可据此来确定此样品转基因成分的含量,达到半定量测定。ELISA 法具备了酶反应的高灵敏度和抗原抗体反应的特异性,具有简便、快速、费用低等特点,但易出现本底过高,缺乏标准化。使用同一方法,若在操作方法上出现某些差异,如保温时间的长短、洗涤方法不同等都会导致实验结果的不同。

(二) 试纸条法

这种测定方法是将特异的抗体交联到试纸条上和有颜色的物质上,当纸上抗体和特异抗原结合后，再和带有颜色的特异抗体进行反应，就形成了带有颜色的三明治结构，并且固定在试纸条上，如果没有抗原，则没有颜色。与 ELISA 法相比，应用试纸条检测蛋白质也是根据抗原抗体特异性结合的原理，不同之处之一是以硝化纤维代替聚苯乙烯反应板为固相载体。试纸条法是一种快速简便的定性检测方法，将试纸条放在待测样品抽提物中，就可得出结果，不需要特殊仪器和熟练技能。但这种试纸条只能检测很少的几种蛋白质，不能区分具体的转基因品系，且检测灵敏度低影响检测结果的准确性。当有些插入基因根本不表达或表达量很低时，就会影响检测结果。

（三）Western 杂交

Western 杂交是将蛋白质电泳印迹、免疫测定融为一体的特异蛋白质检测方法，具有很高的灵敏性。此技术是利用 SDS 聚丙烯酰胺凝胶电泳分离植物中各种蛋白质，随后将其转移到固相膜上进行免疫学测定，据此得知目的蛋白表达与否、大致浓度及相对分子质量。具有很高的灵敏性，可从植物细胞总蛋白中检出 50ng 的特异蛋白质，若是提纯后的蛋白质，可检出 1~5ng。van Duijn 等(1993)用 Western 印迹法检测 Roundup Ready(RR)(孟山都公司)转基因大豆中的 5-烯醇丙酮酰-莽草酸-3-磷酸合酶(5-enolpyruvyl-shikimate-3-phosphate synthase, EPSPS)，检测限在 0.5%~1%。但操作烦琐，费用较高，不适于检验机构批量检测。Western 杂交检测的关键是抗体的制备。

（四）"侧流"酶联免疫测定

"侧流"型免疫测定与 ELISA 方法相似，这种测定方法也是基于三明治夹心式技术原理，但该法是固定在一种膜支持物上，而不是在管子里进行的，标识的抗原-抗体复合物侧向迁移直至遇到在一种固定表面上的抗体，所用的设备中一般包括了所需的试剂。因此整个操作相对简单一些。目前市场上也出现了用于侧流分析并能用于野外测试的试剂盒。与 DNA 的测定相比，特性蛋白分析的一个重要特点是样品处理简单，目标蛋白一般是水溶的且抗体具有高度专一性，这就使样品仅需粗提便能达到测试的要求，因此这种测定具有如下优点：分析迅速，可用于野外操作，且易于避免由于样品的制备不适当而产生的错误结果。

三、其他检测技术

（一）色谱分析

当转基因产品的化学成分较非转基因产品有很大变化时，可以用色谱技术对其化学成分进行分析从而鉴别转基因产品。再有一些特殊的转基因产品，如转基因植物油，无法通过传统的外源基因或外源蛋白检测方法来进行转基因成分的检测，但可以借助色谱技术对样品中脂肪酸或三酰甘油的各组分进行分析以达到转基因检测的目的。该方法是一种定性检测方法，对转基因与非转基因混合的产品进行检验时准确性有限。

（二）SPR(Surface Plasmon Resonance, SPR)生物传感器技术

SPR 生物传感器是将探针或配体固定于传感器芯片的金属膜表面，含分析物的液体

流过传感片表面，分子间发生特异性结合时可引起传感片表面折射率的改变，通过检测SPR信号改变而监测分子间的相互作用。SPR生物传感器检测方法实时快捷，所需分析物量小且对分析物的纯度要求不高，因此研究者正将其逐步应用在转基因检测领域。

(三) 近红外线光谱分析法

有的转基因过程会使植物的纤维结构发生改变，通过对样品的红外光谱分析可对转基因作物进行筛选。一些研究表明用近红外线光谱分析法成功地区分了RR大豆和非转基因大豆，对RR大豆的正确检出率为84%。近红外线光谱分析法的优点是不需要对样品进行前处理，并且简单快捷，但它不能对转基因与非转基因混合的产品进行检测。

第六节 转基因安全评价的法规和各国管理策略

目前转基因产品对人体的危害还只是一种推测，为了维护消费者的知情权和选择权，并向消费者提供有关产品的真实、准确信息，世界各国通行的办法是对转基因商品实行标识制度。各国在转基因产品安全性评价法规和管理方面的差异较大。世界上25个国家和地区包括欧盟宣布实行义务标识制度，已经生效和确定生效日期的有9个国家。其中，欧盟、澳大利亚和新西兰要求全面标识，日本、韩国要求有限度标识。而在美国、加拿大、俄罗斯、阿根廷等国家则实行自愿标识制度。

美国是世界上最早进行转基因研究的国家，也是最早将转基因产品商业化及收益颇多的国家，现已成为转基因农产品最大的生产与出口国。美国食品与药品管理局(FDA)对转基因技术持支持乐观的态度。在美国市场上转基因产品已接近4000种，占市场流通农产品的60%，年销售额超过100亿美元。美国的大豆90%以上为转基因大豆、玉米、小麦等作物中超过50%为转基因作物。美国消费者对不断推出的新食品也习以为常。而在欧盟却有不同的反应，欧盟法律明确向世界宣布它对转基因产品是不欢迎的，同时，欧盟在国际上极力主张对转基因产品采取"预先预防态度"。欧盟食品工业要经政府主管部门审批，管理严格，在没有得到官方授权的情况下，转基因产品不能投放到欧盟市场。并规定食品中转基因含量不得超过1%。特别是在英国抵制输入基因工程粮食、种子和加工食品的运动十分活跃，并颇具社会影响力。总之，欧洲国家认为，只要不能否认其危险性，就应该限制；美国则主张，只要在科学上无法证明它有危险性，就不应该限制。发展中国家也是转基因作物的主要种植国(包括中国、阿根廷、巴西、埃及和印度)，对发展中国家来说，转基因食品不是奢侈品，而是一个生存问题，认为利用转基因技术发展农业将成为解决吃饭问题的重要出路之一，但对转基因产品的管理较西方发达国家还存在一些缺陷。

一、国际组织

1990年FAO和WHO研究建立了有关生物技术食物安全评估程序，以确保其安全性。1993年WHO研究了转基因植物使用抗生素标识基因的潜在危险性问题。世界经济合作组织(Organization for Economic Cooperation and Development, OECD)在1993年提出了评价转基因食品安全性的实质等同性原则。1996年，FAO/WHO提出生物技术食物安全性问题国际统一的具体操作规程,由国际生物技术研究所等机构发展了一种评估转基因食物过敏性的"树形判定法"的策略。1999年,联合国食品法典委员会第23届会议提出,1998~2002年中期计划研究发展转基因食物的标准,成立有关转基因食物的国际组织,以实施该计划。

2000年,FAO/WHO在瑞士日内瓦召开了转基因食物联合专家顾问委员会会议。会议对以下几方面问题进行了讨论:对"实质等同性"概念的评价、转基因事物安全性评估的基本原则和内容、动物模型的必要性、非预期效应、营养学问题、转基因植物的基因转移、转基因食品的过敏性问题、抗生素抗性标识、新蛋白的副作用以及转基因食物对人体的长期作用。会后发布了《关于转基因植物食物的健康安全问题》。此次会议的讨论结果对指导各国进行的转基因食物的安全性评价工作具有指导意义。

联合国2000年制定的转基因产品贸易协定已由62个国家签署通过。《〈生物多样性公约〉卡塔赫纳生物安全议定书》规定:任何含有GMO的产品都必须粘贴"可能含有GMO"的标签,并且出口商必须事先告知进口商,他们的产品是否含有GMO,政府或进口商有权拒绝进口含有GMO的产品。

2001年1月,出席蒙特利尔生物安全国际会议的130多个国家通过了《生物安全议定书》。该议定书规定基因改良产品必须在产品标签上加标注"可能含有基因改良成分"字样;同时各国有权禁止它们认为可能对人类及环境构成威胁的基因改良食物进口。该议定书具有与WTO相当的法定效力,但不能凌驾于WTO和其他国家贸易协议之上。WHO和FAO于2001年联合宣布:联合国食品法典委员会(CAC)已制定了世界首批评价转基因食物是否符合健康标准的原则,即转基因食物在推向市场前,其卫生标准必须经过政府的检验与批准,特别需要检验的是其"引起变态反应的能力"。

2004年6月1日,联合国粮农组织(FAO)公布了由FAO国际植物保护协议管理委员会制定的新的《植物生物风险防范纲要》,该纲要将主要用于判断活体转基因生物(LMO)是否含有对植物有害的物质。《植物生物风险防范纲要》可以用于确定哪些转基因物质有可能对植物健康构成危害,从而决定是否应禁止其出口,甚至禁止其在本国使用。该纲要的标准还适用于其他对植物有潜在危害的转基因生物体,如昆虫、真菌和细菌等。目前,约130个国家已经采纳了这个转基因生物风险评估标准。纲要的发布意味着今后发展中国家可以采用与发达国家相同的风险分析标准,因此,对于发展中国家具有更加重要的意义。

二、美国

目前,有三家美国管理机构监控运用生物技术的植物产品,这三家机构为美国农业部(USDA),主要管理转基因植物及相关的环境影响;美国国家环境保护局(EPA)主要负责转基因植物活性成分(如Bt蛋白)的登记,对活性/惰性成分的耐性免除,除草剂的登记;食品与药品管理局(FDA),主要管理食品与饲料的安全性及健康性。

美国FDA对转基因技术持支持乐观的态度。1992年,美国FDA公布了转基因植物作为食物的政策,该政策规定转基因植物新品种及其产品,不需由FDA做市场前评价,除非它引起新的安全问题。但是FDA要求各生产开发商参照《工业指南》里的有关条例和方法进行自我评估。1997年,FDA重申并公布了此类食品咨询程序指南,要求开发商在其商品上市前做好下面的准备:一是向FDA提交基于实验数据的安全性及营养性评估的简要报告；二是与有关顾问科学家们讨论支持评估的实验数据及信息，并组织企业及FDA 的专家们就此开讨论会，以便对该产品深入了解。

2001 年 1 月，美国 FDA 出台了转基因食品管理草案。该草案规定，来源于植物且被用于人类或动物的转基因食物在进入市场之前至少 120 天，生产开发商必须向 FDA 提出申请并提供此类食品的相关资料，以确认此类食品与相应的传统产品相比具有同等的安全性。FDA 还准备增加这些食品的审批透明度，并发布草案指导如何对转基因食物进行标识。FDA 将在标签中使用"来源于生物工程的"和"生物工程改造过的"等字样，而不用"GMO"、"非 GMO"、"GMF(genetically modified food)"等字样。

2001 年 7 月，美国政府对转基因玉米的种植颁布了新的限令，以防止害虫对转基因玉米中的毒素形成抗药性。美国环境保护局限令美国大部分玉米产区的农场主应至少种植 20% 的传统玉米，在同时种植玉米和棉花的地区，传统玉米要达到 50%。

三、欧盟各国

欧盟法律明确向世界宣布它对转基因产品是不欢迎的，同时，欧盟在国际上极力主张对转基因产品采取"预先预防态度"。欧盟食品工业要经政府主管部门审批，管理严格，在没有得到官方授权的情况下，转基因产品不能投放到欧盟市场。

欧盟实行了分别对转基因食品技术和产品的相应法规，其中，包括对转基因生物的限制使用、劳动者保护、环保控制以及新食品范围、上市前通告、审批和详尽的标签规定。2002 年 1 月 28 日，欧盟《新食品法》(Regulation No.178/2002) 正式生效，并在 2003 年做出修订。该法规规定，如果经基因工程修饰使得新食品或食品成分不再等同于已经上市的食品，则应对该基因工程食品加贴特殊标签。所有含有可以检测到的 GMO 成分(DNA 或蛋白质)的食品都必须加贴标签；如果转基因食物不符合实质等同原则，即使检测不到最终产品中含有的 GMO 成分，也必须对该产品加贴标签。

2002 年 10 月 17 日以前，转基因生物体的实验释放和进入市场主要是由欧共体授权的，相关指令为 90/220/EEC 和 2001/18/EC。在 2001/18/EC 指令中，欧盟议会和理事会对转基因体的准备释放设置了一个正式批准程序：在环境释放或投放市场之前，任何一个 GMO，或由 GMO 组成的产品，或含有 GMO 成分的产品，如玉米、番茄，要进行对人类健康和环境案例的评估。

尽管来源于 GMO 的产品，例如，来源于 GMO 番茄的面团或调味品却不受此水平指令的控制，但是，要受到垂直的部门立法限制，例如，要受到 2002 年 1 月 28 日的新食品和新食品成分法规的限制(法规 2002/178/EC)；90/219/EEC 指令，以及理事会改进的 98/81/EC 指令所做出的转基因材料(Genetically Modified Material, GMM)利用含量，GMM 作为研究和产业用途的含量做出的规定等。

2002/178/EC 法规规定，欧盟对新的食品和新的食品添加剂实行审定和可回溯制度，包括产品的成分及构成，或来源于 GMO 的成分有多少。该法实际上不但要求以 GMO 为原材料的产品加贴标识，而且要求所有食品，无论加工食品还是非加工食品，如果其含有 GMO 都必须加贴同样标签。

2003 年 10 月 18 日，欧盟颁布了两项有关转基因食品标识的法规，即《转基因食品及饲料条例》(欧盟议会及欧盟理事会法规第 1829/2003 号)及《转基因生物追溯性及标识办法以及含转基因生物物质的食品及饲料产品的追溯性条例》(欧洲议会及欧洲理事会法规第 1830/2003 号)。与此同时，欧委会还将就这两项新法规颁布补充实施纲要，以促进欧盟各成员国对这两项法规的理解和实施。第 1829、2003 号条例规定对转基因成分含量大于 0.9%的食品进行标识，管理更趋严格。此外，欧盟还坚持对转基因产品从农田到餐桌中的各环节进行标识，保证转基因产品的可追溯性。其结果必定是导致转基因产品的生产、加工和销售各环节成本的增加。

欧盟对有关 GMO 和 GMF 评估和审批的法规是十分清晰的，但是，各成员国和欧盟的职责却是相互分离的。为了改进这种相互分离的状况，欧盟提议了对 GMO、GMF 和饲料进行科学评估和审批，来代替"一个国门一把钥匙"的审批程序。对所有进入市场的申请而言，这种程序将是改进的、统一的和透明的欧共体程序，而不管申请是否涉及 GMO 自身或食品和饲料是否来源于 GMO。这意味着从事相关经营的人，在使用 GMO 以及将其使用在饲料或食品上不需要分别进行审批，但是对此 GMO 及其可能的有关使用要进行一个风险评估和一次审批。这种审批将确保 GMO 的安全使用，因为 GMO 很可能利用在食品上，而饲料只能在批准能够利用在食品和饲料两种用途上之后，才能被使用。

四、其他国家

日本由文部科学省、通产省、健康劳务和福利部以及农林水产省 4 个部门进行转基因食品安全的管理。文部科学省负责审批实验室生物技术研究与开发阶段的工作。1987 年，该省颁布了《重组 DNA 实验准则》，负责审批试验阶段的重组 DNA 研究。通产省，也称经济产业省，负责推动生物技术在化学药品、化学产品和化肥生产方面的应用。有关的准则于 1986 年 6 月颁布，该准则是针对将重组 DNA 技术的成果应用于工业化活动。规定了在工业应用中的基本要求及条件，以确保重组 DNA 技术的安全，并促进该技术的合理应用。

1996 年 4 月，日本健康劳务和福利部(MHWL)的食品卫生调查委员会批准了第一个转基因产品进口，此后，包括玉米、大豆和油菜在内的 20 多种转基因产品通过了 MHWL 的食品安全控制标准进入日本，而这些产品都没有加贴标签。但是由于消费者强烈要求加强管理，1999 年 11 月，农林水产省(MAFF)公布了对以进口大豆和玉米为主要原料的 24 种产品加标签的规范标准，并要求对转基因生物和非转基因生物原料实施分别运输的管理系统，以确保转基因品种的混入率控制在 5%以下。为了提供有关使用基因修饰生物技术的信息及维护消费者选择转基因产品的权利，2000 年 4 月实施的《日本农业标准修订法》规定，对被政府测评为安全的转基因作物制成的食物和食物配料和主要由转基因作物制成的食品，质量上处在所有组成成分中的前 3 名，而且不少于 5%的食品进行标识。MHWL 从 2001 年 4 月 1 日起，允许 37 种转基因产品用于生产，2002 年增加到 44 种；从国外进口不在此列的转基因产品为非法行为；采取的措施为 MHWL 对进口产品在报关时未经批准的转基因进行检测。MAFF 在 2001 年 4 月 1 日出台 GMO 标识规定，规定如果 24 种大豆、玉米产品转基因含量超过 5%，进行强制性标识，2003 年 1 月增加到 30 种；如果转基因含量小于 5%产品或者证明产品在生产和销售的每一阶段都是基于"身份保持"基础之上的，要标识为"不含转基因"。

加拿大主要由两家管理机构负责对转基因植物产品进行监督：一是加拿大食品检查

服务站(CFIA)，主要负责环境排放、田间测试、对环境的安全性、种子法案、饲料法案、品种登记等。二是加拿大健康组织(HC)主要负责新型食品的安全性评估。加拿大规定GMF的厂家须在生产前向"健康保护部门"备案，并得到该部门的审批；此类食物及其产品都应符合所有适用进入市场之后的标准；生产厂商应负责确保食物及产品安全，而且符合条例管理要求。加拿大关于 GMF 的有关条例主要有《新食品法规》(1995 年，1996 年)《新食品安全性评估标准》(1994 年)，并且从 2001 年 1 月起对上市销售的转基因食品和药物进行标识。

俄罗斯从 2001 年开始对进出口产品进行转基因成分检测，并要求对 GMF 加贴标签。俄罗斯政府规定，从 2002 年 9 月 1 日起所有 GMF 必须予以标明，食品中转基因成分含量超过 5%(欧盟是 0.9%)，即被视为 GMF 并需要在食品包装上明确标注。鉴于普通消费者很难识别食品中是否含有转基因成分，俄罗斯卫生部标准化中心发布了已批准进口的转基因原料清单、获准正式注册的转基因豆类和食品添加剂清单以及向俄罗斯进口转基因食品的企业及产品清单，以上三个清单即所谓"绿名单"。同时，俄罗斯还公布了已检测出含有转基因成分但未经申报的食品清单，即"黑名单"。

为建立食物安全评价体系，韩国食品与药品管理局(KFDA)发布了《转基因食品安全评价办法》，该办法已从 1999 年 8 月起开始实施。目前，韩国有两种转基因产品的标识办法，一个是《转基因农产品标识办法》(MAF)，另一个是《转基因食品标识办法》(KFOH)。韩国从 2001 年 3 月 1 日起开始实施《转基因农产品标识办法》，列入标识范围的包括大豆、豆芽和玉米。马铃薯的标识从 2002 年 3 月开始实施，由转基因产品的经营商负责进行标识。转基因产品含量超过 3%的必须进行标识。转基因农产品可标为"转基因产品"、"含有转基因产品"和"可能含有转基因产品"3 种类型。《转基因食品标识办法》于 2001 年 7 月开始实施。办法规定，GMF 上加贴"转基因食品"或"含转基因食品"的标识。违法者将处以 2 年以下徒刑或 1000 万韩元的罚款。对于大豆、玉米等 4 种农作物必须标明是否为转基因农作物，违法者也将处以 1000 万韩元的罚款。

泰国已在含有 GMO 的食品上实行强制性标识，这一标识制度主要针对大豆、玉米、马铃薯以及相关产品。澳大利亚和新西兰两国决定，从 2002 年 7 月开始，在澳大利亚、新西兰出售的所有食品，只要原料是改良基因或其中含有改良基因的，必须在食品上用标签标明是基因食品，并标明含量，让消费者能够进行识别和决定是否购买。

五、中国

1993 年 12 月 24 日，国家科学技术委员会发布《基因工程安全管理办法》。办法按照潜在的危险程度将基因工程分为 4 个安全等级，分别为 I、II、III、IV 级，分别表示对人类健康和生态环境尚不存在危险、具有低度危险、具有中度危险、具有高度危险，规定从事基因工程实验研究的同时，还应当进行安全性评价。其重点是目的基因、载体、宿主和转基因生物的致病性、致癌性、抗药性、转移性和生态环境效应以及确定生物控制和物理控制等级。

1996 年 7 月 10 日，农业部发布《农业生物基因工程安全管理实施办法》。该实施办法就农业生物基因工程的安全等级和安全性评价、申报和审批、安全控制措施以及法律责任都作了较为详细的描述和规定。

2001年5月23日,国务院公布了《农业转基因生物安全管理条例》(后简称《条例》),其目的是为了加强农业转基因生物安全管理,保障人体健康和动植物、微生物安全,保护生态环境,促进农业转基因生物技术研究。条例规定对国家对农业转基因生物安全实行分级管理评价制度,将农业转基因生物按照其对人类、动植物、微生物和生态环境的危险程度,分为Ⅰ、Ⅱ、Ⅲ、Ⅳ四个等级;并决定建立农业转基因生物安全评价制度和标识制度。《条例》还详细制定了罚则。

2002年1月5日,农业部根据《条例》的有关规定公布了《农业转基因生物安全评价管理办法》、《农业转基因生物标识管理办法》和《农业转基因生物进口安全管理办法》。

《农业转基因生物安全评价管理办法》评价的是农业转基因生物对人类、动植物、微生物和生态环境构成的危险或者潜在的风险。安全评价工作按照植物、动物、微生物三个类别,以科学为依据,以个案审查为原则,实行分级分阶段管理。该办法具体规定了转基因植物、动物、微生物的安全性评价的项目、试验方案和各阶段安全性评价的申报要求。《农业转基因生物标识管理办法》规定,不得销售或进口未标识和不按规定标识的农业转基因生物,其标识应当标明产品中含有转基因成分的主要原料名称,有特殊销售范围要求的,还应当明确标注,并在指定范围内销售。进口农业转基因生物不按规定标识的,重新标识后方可入境。《农业转基因生物进口安全管理办法》规定,对于进口的农业转基因生物,按照用于研究和试验的、用于生产的以及用作加工原料的三种用途实行管理。进口农业转基因生物,没有国务院农业行政主管部门颁发的农业转基因生物安全证书和相关批准文件的,或者与证书、批准文件不符的,作退货或者销毁处理。

2002年4月8日,卫生部根据《中华人民共和国食品卫生法》和《农业转基因生物安全管理条例》,制定并公布了《转基因食品卫生管理办法》。其目的是为了加强对转基因食品的监督管理,保障消费者的健康权和知情权。该办法将转基因食品作为一类新资源食品,要求其食用安全性和营养质量不得低于对应的原有食品。卫生部建立转基因食品食用安全性和营养质量评价制度,制定并颁布转基因食品食用安全性和营养质量评价规程及有关标准,评价采用危险性评价、实质等同、个案处理等原则。食品产品中(包括原料及其加工的食品)含有转基因生物或/和表达产物的,要标注"转基因××食品"或"以转基因××食品为原料"。

我国是一个人口大国,生产农艺性状良好、优质高产的转基因作物是解决不断增加的人口对粮食需求的重要途径之一。但是转基因作物商品化的历史还比较短,它的食品安全性和环境安全性问题长期以来一直受到各方面的关注。其安全性评价是一个系统、复杂的过程,转基因食品进入市场需经过详细、科学的论证,并将存在一定的风险。我国转基因食品安全性评价起步较晚,迄今为止还没有建立一个完整的安全性评价的框架体系。管理方面,虽然出台了几部法规,但是法规的执行需要强大的技术支持,我国对转基因食品安全性评价体系还不健全,没有严格的实施标准和技术监督措施。各地区技术力量发展不平衡,各项检测技术还存在着欠缺,所以将法律规定真正落实到实处还需要一个过程。随着转基因技术的发展,必然会出现更多的法律、规范的需求。基于以上情况,在借鉴国际经验的基础上,加快速度建立起我国的转基因食品安全性评价的框架体系,在现有的条件下严格执行各种评价制度,对转基因食品标识严格管理,完善我国的管理制度,是我们现阶段应该去关注的事情。

第二章 转基因食品食用安全评价

随着转基因技术向农业、食品和医药领域的不断渗透和迅速发展，转基因食品安全性成为全球关注的热点问题之一。在我国已正式成为 WTO 成员之后，面对进口转基因食品的大量涌现，如何合理地利用 WTO 规则，保护我国人民健康，发展我国转基因产业，在国际商贸中争得主动，是摆在我国科技界和政府有关主管部门面前的一项十分重要而又紧迫的任务。

加强对转基因食品安全管理的核心和基础是安全性评价。目前国际上对转基因食品安全评价遵循以科学为基础、个案分析、实质等同性和逐步完善的原则。安全评价的主要内容包括毒性、过敏性、营养成分、抗营养因子、标记基因转移和非期望效应等。在"973"、"863"等科技计划中，我国科学家将以水稻、鱼等为对象，重点研究转基因食品对人体健康影响的预测毒理学和建立食物过敏人群血清库等关键科学问题(李宁，2005)。

安全性评估是一项复杂、精细的综合性工作。包括转基因食品与传统对应物的比较，集中于异同点的测定。对整个转基因食品的安全评价，既要考虑期望效应，又要考虑非期望效应。如果确定出与营养或安全问题相关的变化，应对这些变化进一步研究，以确定对人类健康的影响。传统上讲，新种类的食用植物在上市前并未系统地对其进行广泛的化学、毒理学和营养学方面的评估(除非这些食物可能作为膳食的基本组成应用于特殊的人群，如婴儿)，对于诸如食品添加剂或可能在食物中残留的农药要进行典型的严格的安全性评价。

一、转基因食品安全性评价准则和标准的制定情况

自生物技术食品出现以来，国际上许多组织就如何开展现代生物技术食品安全评价展开了广泛的讨论。在食用安全方面，主要以国际食品法典委员会政府间特别工作组、FAO/WHO、经济合作发展组织为代表的政府组织和非政府组织召集各国的政府代表和科学家就如何对现代生物技术食品食用安全进行了筹商。在环境安全方面，以《卡特赫纳生物安全议定书》为基本指导性文件，由加拿大的国际生物多样性大会召集各国的政府代表和科学家就如何对现代生物技术食品环境安全进行筹商。目前，一些安全评价准则已经得到了国际上许多国家的认可。

2003 年 7 月 1 日，在罗马召开的联合国食品标准署会议上，国际食品法典委员会通过了三项有关转基因食品安全问题的标准性文件(基本原则、导则)：

CAC/GL 44-2003 *Principles for the Risk Analysis of Foods Derived from Modern Biotechnology*(现代生物技术食品的安全风险评估原则)。

CAC/GL 45-2003 *Guideline for the Conduct of Food Safety Assessment of Foods Derived from Recombinant-DNA Plants*(重组 DNA 植物及其食品安全性评价指南)。

CAC/GL 46-2003 *Guideline for the Conduct of Food Safety Assessment of Foods Produced Using Recombinant-DNA Microorganisms*(重组 DNA 微生物及其食品安全性评价指南)。

2000年1月,在加拿大蒙特利尔举行的《生物多样性公约》缔约国大会上,经过艰苦努力,各方达成妥协,终于结束了5年的谈判,通过了《卡塔赫纳生物安全议定书》。中国常驻联合国代表王英凡2000年8月8日在纽约联合国总部代表中国政府签署了该议定书。

食品法典委员会(Codex Alimentary Commission, CAC)的《现代生物技术食品的安全风险评估原则》中主要从大的方面阐述了风险评估时应考虑的方面,该原则分为三部分内容:第一部分是引言,介绍了食品安全问题、CAC在食品安全风险评估中作用和该原则对政府管理部门指导意义;第二部分是该原则的使用范围,在该部分中,特别强调了现代生物技术食品的定义:通过体外核酸技术获得的生物及其加工品,包括重组DNA技术、核酸直接注射进入细胞或组织技术、超越分类学的细胞融合技术等;第三部分是原则,该部分别从风险评估、风险管理、风险交流、一致性和透明性、能力建设和信息交流、评价新技术和研究新技术应不断应用于风险评估。

《重组DNA植物及其食品安全性评价指南》中主要针对用于加工食品的转基因植物,指南共59款和一个附录。在引言部分着重强调了非期望效应和食用安全性评价的框架;一般性考虑部分包含以下内容:①对转基因植物的描述;②对受体植物和食用历史的描述;③对供体生物的描述;④对遗传改变的描述;⑤对遗传改变的特性的描述;⑥表达物质可能产生的毒性评价;⑦表达物质可能产生的过敏性评价;⑧关键成分的组分分析;⑨代谢评价;⑩食品加工过程中对安全性的影响,营养成分的改变分析。其他考虑部分包含以下内容:①积累效应对人类健康的影响;②抗生素抗性标记基因的安全性;③评价新技术和研究新技术应不断应用于风险评估。

二、安全性评价的框架

转基因食品的安全性评价遵循一个逐步的过程,这一过程涉及以下相关因子、新品种的描述、宿主及其被用于食品的描述、供体的描述、遗传修饰的描述、遗传修饰的特性。安全性评价包括:所表达的物质(非核酸物质)、重要组分的组成分析、代谢评价、食品加工、营养的改变和其他,其评价框架见图2-1。

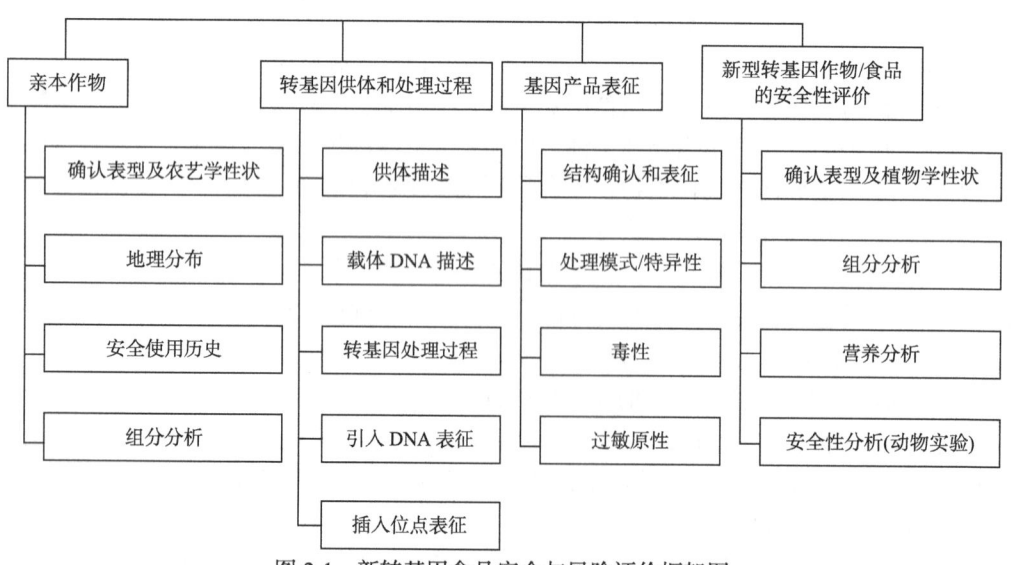

图2-1 新转基因食品安全与风险评价框架图

针对评价框架我们想首先简单举几个例子说明。引入物质的安全性评价(非核酸物质)特别重要，体外核酸技术能导入 DNA，导致植物体内合成新的物质。这些物质可能是植物食品的常规组分(如蛋白质、脂肪、糖类、维生素)，但对于重组 DNA 植物来说是新的成分。考虑到暴露原因，当一种物质或一种密切相关的物质作为食品可安全食用时，则不需考虑传统的毒理学试验。

在其他情况下，对引入的新物质有必要进行传统的毒理学试验研究。这需要从重组 DNA 作物中分离出新物质，或从另一种替代来源合成或产生该物质。在这种情况下，该物质必须在结构、功能和生化方面都与 DNA 植物所产生的物质具有等同性。引入物质的安全性评价应该确定此物质在重组 DNA 植物可食用部分的浓度，包括其变异和均值。也应考虑到其在亚人群当前膳食中的暴露和可能产生的效应。以蛋白质为例，对其潜在毒性的评价应集中于蛋白质与已知蛋白毒素和抗营养物质(如蛋白酶抑制剂、凝集素)的氨基酸序列相似性，其对热/加工的稳定性以及对适宜、典型的胃肠模型降解的稳定性。

以前没有安全食用过的食品中的蛋白质与安全食用的食品中的蛋白质无相似的情况下，可进行适宜的经口试验。应表明所表达的特性与可能对人体健康产生危害的供体的任何特性无关。要提供确保供体中编码已知毒素或抗营养素的基因不被转入到在正常情况下并不表达这些毒素或抗营养素的重组 DNA 植物中的信息，这在重组 DNA 植物与供体的加工方式不同时显得尤为重要，因为对供体生物的传统加工技术可能使抗营养素或毒素失活。另外，在按个例处理的基础上还需对引入物质的毒性经体内、外研究加以评价。此研究依赖于引入物质的最初来源及它们的功能，研究内容可包括代谢测定、毒物动力学、慢性毒性/致癌性、对生殖功能的影响以及致畸性。

安全性评价应考虑到任何物质的潜在蓄积，如毒性代谢物、污染物或可能由于基因修饰而产生的害虫控制剂等。从以上的简单分析，我们可以看出转基因食品安全性评价是一项复杂的系统工程，许多因素是交互作用的，许多分析评价是交织在一起的(李荔，2004)。下面我们从几个层面来看一下转基因食品安全性评价内容、原则和具体案例。

第一节 营养学评价

食品的功能就在于它对人类的营养，因此，营养成分和抗营养因子是转基因食品安全性评价的重要组成部分。对转基因食品营养成分的评价主要针对蛋白质、淀粉、纤维素、脂肪、脂肪酸、氨基酸、矿质元素、维生素、灰分等与人类健康营养密切相关的物质。根据转基因食品的种类以及对人类营养的主要成分，还需要有重点的开展一些营养成分的分析。如转基因大豆的营养成分分析，还应重点对大豆中的大豆异黄酮、大豆皂苷等进行分析，一方面这些成分是一些对人类健康具有特殊功能的营养成分；另一方面也是抗营养因子。在食用这些成分较多的情况下，这些物质会对我们吸收其他营养成分产生影响，甚至造成中毒。在评价时如果按照"实质等同性原则"考虑生物技术食品与传统亲本植物食品在营养方面的不等同，还应充分考虑这种差异是否在这一类食品的营养范围内。如果在这个范围，就可以认为在营养方面是安全的。

如某种转基因玉米的脂肪酸含量与其非转基因玉米亲本存在显著差异,但该玉米的脂肪酸含量在不同种类玉米已知的脂肪酸含量以内,则可以认为在脂肪酸方面,该转基因玉米是安全的(陈乃用,2003)。

一、营养成分安全评价

(一) 主要营养成分

主要成分分析包括水分、蛋白质、脂类、纤维、灰分和糖类的分析。水分的变化是在对转基因作物和其原型对照进行成分分析时最常见的,如有研究对大豆球蛋白修饰的转基因大米和其对照大米的成分分析发现,转基因大米中的水分明显低于对照大米中的水分($p < 0.05$)。此外又对用 3 种大豆球蛋白修饰的马铃薯的根茎做了成分分析,用普通马铃薯做对照,结果显示普通马铃薯的水分高于转基因马铃薯,但差别很小。加工后的食物也有类似的变化,将低植酸玉米和其亲本野生型玉米按传统方式加工成薄玉米饼后,低植酸薄玉米饼中的水分(52.7%)明显比后者(42.3%)高,说明改变一些基因性状有可能会影响到作物的水分变化,这种变化还可能与食品的加工有关。

蛋白质、脂类和糖类是食物中重要的营养素,以改善食物中这三种营养素质量为目的的转基因食品是目前转基因作物发展的一个趋势。如利用蛋白质工程技术改变蛋白质的含量和必需氨基酸的比例,用糖类酶工程改变淀粉含量、直链淀粉和支链淀粉的比例以及糖含量(关海宁和徐桂花,2006)。有研究发现转基因大米的蛋白质比对照大米高 20%,与此相一致,转基因大米中几乎所有的氨基酸包括普通大米中缺乏的赖氨酸都有相应增加。转基因大米中部分脂肪酸如软脂酸、亚油酸及十八碳烯酸分别比对照高 15%、12%和 11%。

目前,我国国产大豆有限,近 5 年平均产量为 1642 万 t,其中用于榨油消费的约为 40%,其余用于榨油消费的大豆均来自进口美国、巴西、阿根廷的转基因大豆。由图 2-2 可以看出,目前年消费近 800 万 t 的大豆油中有 80%左右的豆油都是由进口的转基因大豆生产,按 2006/2007 年度豆油食用消费 790 万 t 计算,只 790 万 t × 18% = 142.2 万 t 是非转基因大豆油,足以见其稀缺性。也就是说全中国 13 亿人口一共才只能吃到 142.2 万 t 非转基因大豆油,而平均到个人只有 1kg/a。那么转基因大豆营养安全性如何呢?许多研究证明,抗虫害、抗除草剂基因修饰的食品中营养成分改变不大。耐除草剂草甘膦的转基因大豆是 1996 年获准商业化的。经过 3 年的田间实验,孟山都公司还按照实质等同性原则和美国 FDA 的规定,对耐草甘膦大豆进行了安全性评价。评价内容主要针对大豆成分的营养素和抗营养素,以及引入的耐草甘膦的 CP4 EPSPS 蛋白(5-烯醇-丙酮酰-莽草酸-3-磷酸合酶)。分析样品采自 10 个不同地区田块,成分分析超过 1400 项,包括大量营养物(蛋白质、脂肪、纤维、灰分、糖类、热量和水分)、脂肪酸和氨基酸。因为 EPSPS 蛋白质参与芳族氨基酸生物合成途径的一个反应,因此对芳香族氨基酸(苯丙氨酸、酪氨酸和色氨酸)给予特别关注。耐草甘膦大豆除了对草甘膦具有抗性以外,与对照大豆具有实质等同性,蛋白质、脂肪、纤维、灰分、糖类、氨基酸和脂肪酸等均无明显差异。通过以上的成分分析可以确定这些转基因作物和亲本作物的主要营养,在实质上是等同的,是可以安全食用的。但是由于食品成分的复杂性,在比较时并没能顾及所有的成分，某些成分另有一些变化也是有可能的，如1999年英国作物保护会议报道，耐草甘膦大豆，由于木质素含量变化，耐热性降低，不适合在气候热的地方生长。

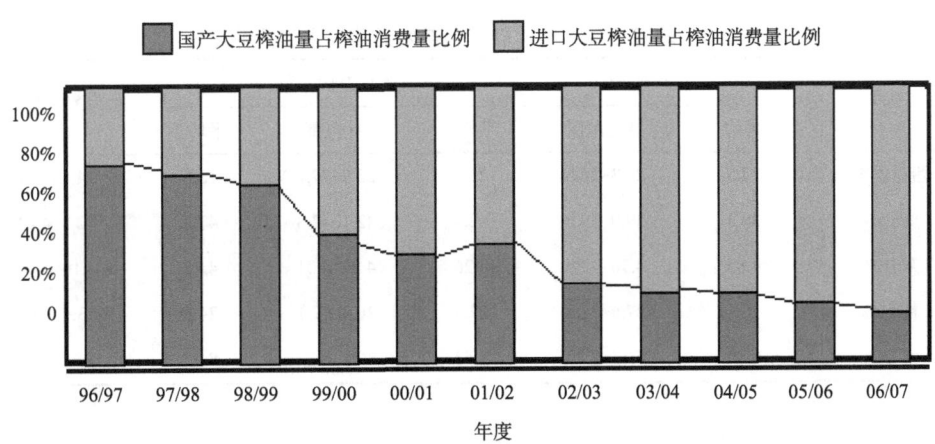

图2-2 我国近年来用于榨油消费的大豆构成情况

Reyes等报道用转基因技术培育的"超甜玉米"、"营养玉米"的蛋白质含量增高，蛋白质质量有所改善，脂肪含量也增加了，但是淀粉含量(23%~27%)低于原始玉米(31.3%)；一些化学成分也发生一定的变化。

总之，从目前的文献资料来看，转基因食品营养成分的变化比较小，但有些针对性改性的转基因食品目标成分会有较大变化，同时还会影响到其他相关营养成分的代谢和含量，这其中的变化规律和原理尚有待于进一步深入研究。因此对于转基因食品营养成分的评价分析是一项必备的工作。

对主要营养成分的分析，在遵循"实质等同性原则"的基础上，应该充分考虑与历史上或现在世界各国栽培品种的近似营养成分的比较。也就是说，如果转基因作物与其对应的非转基因亲本作物在近似营养成分上出现显著差异时，并不能认为转基因作物加工的食品在营养方面会对人类的营养健康产生不利影响，而需要与文献报道的或历史上已有的同种类型的食品进行比较，分析转基因食品中的主要营养成分是否在这些已知近似营养成分的数值范围内，如果在这些数值范围内，就可以认为转基因食品的主要营养成分具有与传统食品等效的营养价值。例如，某转基因玉米的主要营养成分与其对应的非转基因玉米亲本进行比较发现，转基因玉米的蛋白质含量为7%，而非转基因亲本玉米的蛋白质含量为5.6%，二者之间存在显著差异，历史已有数据的玉米蛋白质含量为4.5%~8.9%，可以发现转基因玉米的蛋白质含量在历史已有数据的范围内，说明该转基因玉米的蛋白质含量与传统玉米食品一样，对人类从玉米中获取蛋白质不会产生不利影响。对转基因食品的营养评价均应遵循这个原则。

案例——转基因油菜的主要营养成分分析

某转基因油菜是利用农杆菌介导法将耐受除草剂基因转入非转基因油菜中，在经过多年的选择后，获得表达稳定的转基因油菜，在连续三年对转基因油菜和非转基因亲本的主要营养成分进行检测后发现(表 2-1)，转基因油菜与非转基因亲本对照在主要营养成分方面没有显著差异，并且，所有的数值均在历史上已有数据的范围内，表明该转基因玉米的主要营养成分与传统玉米食品一样，不会对人类营养健康产生不利的影响。

表 2-1 转基因油菜与非转基因亲本油菜的主要营养比较

项目	亲本		某转基因油菜			历史数据的范围
	平均	变化范围	平均1	变化范围1	平均2	
蛋白质/%	27.5	26.3~28.6	25.6	23.9~27.2	25.6	24.5~27.1
脂肪/%	39.3	39.0~39.6	42.4	42.1~42.8	43.2	42.3~44.2
灰分/%	4.83	4.76~4.90	4.26	4.22~4.31	4.25	4.18~4.40
糖类/%	28.4	27.6~29.2	27.8	26.4~29.1	24.6	23.9~25.4
水分/%	8.30	8.18~8.43	8.43	8.34~8.52	8.63	7.68~9.31

(二) 矿物质

食品是人类获取矿物质的主要来源，这些微量元素对维持人类的正常生理代谢具有重要的作用，如果在饮食中缺少这些微量元素就会造成人的生理性疾病，如缺铁会造成贫血症，缺钙会造成人的骨质疏松症和软骨病。转基因食品是否会在矿物质含量方面比传统食品少，是人们关心的一个问题，因此，需要对转基因食品的矿物质进行评价，以确保转基因食品在人们食用时可以获得与传统食品同样的矿物质。矿物质营养的评价与近似营养成分评价一样，需要在遵循"实质等同性原则"的基础上，充分考虑与历史上或现在世界各国栽培品种的矿物质营养成分的比较。

有些转基因作物及其食品和非转基因亲本对照相比，矿物质的含量会出现变化，但变化无一定规律。如未加工的低植酸玉米比野生型玉米的镁浓度高(每 100g 干物质差值约为 8mg)，但在制作成面团以后，差别消失，取而代之的是野生型玉米制作的面团中铁和钙的浓度比用低植酸型做的面团高，并且用其制作的薄玉米饼中铁和钙的含量也比低植酸型中的高($p < 0.05$)，做燕麦粥的低植酸型面团和野生型面团有类似的变化。但是这种在加工过程中发生的变化，一般不是转基因食品矿物质营养评价的主要内容。

案例——某转基因油菜的矿物质营养成分分析

对某转基因油菜和非转基因亲本对照的矿物质营养成分进行检测分析发现，某转基因油菜和亲本在矿物质方面存在显著的差异(表 2-2)，特别是在铁、锌和锰元素方面。但与目前发表的历史文献资料中的矿物质范围进行比较后，可以发现，不管是转基因油菜，还是亲本在矿物质含量上均在文献资料中的变化范围之内，因此，评价认为某转基因油菜在矿物质方面的变化也属于正常变化，传统的育种也会产生这种变化，这种变化不会对人体营养健康产生不利的影响。

表 2-2 某转基因油菜和亲本在矿物质方面的比较

项目	亲本	某转基因油菜	历史数据的范围
钙/%(干重)	0.76	0.82	0.57~0.82
铜/(μg/g)	7.06	7.56	4.9~8.0
铁/(μg/g)	194	160	116~204
镁/%(干重)	0.57	0.64	0.49~0.64
锰/(μg/g)	48.5	53.2	30.0~62.9
磷/%(干重)	1.19	1.23	1.08~1.33
钾/%(干重)	1.38	1.42	1.20~1.46
锌/(μg/g)	55.0	64.7	59.0~80.9

(三) 维生素

维生素是人体代谢的重要物质，维生素的缺乏会严重影响人体的健康，如维生素 A 的缺乏会造成夜盲症，严重时会使人失明。目前的转基因食品主要是谷类和油脂类食品，这些食品可以提供给人体必须的维生素 B_1、维生素 B_2，叶酸，和一些维生素的前体物质(如花生四烯酸)等，需要对转基因食品的维生素进行评价，确保转基因食品可以和传统食品一样提供人类必需的维生素。对维生素的评价应遵循近似营养成分和矿物质一样的评价方法，在此不再详述。

转基因食品中维生素变化跟不同基因的导入有关，有些转基因产品中维生素含量会出现一些变化。如大豆球蛋白修饰的转基因大米维生素 B_6 的含量比对照大米高，但由于维生素 B_6 是水溶性维生素，故对人体健康没有不利影响。有些转基因产品维生素含量变化不大，如 1994 年美国食品及药物管理局(FDA)首次批准商业化的 Calgene 公司研制的 Flavr Savr 延熟番茄。这种转基因番茄巧妙地利用反义 DNA 逆转了番茄中产生聚半乳糖醛酸酶的基因(聚半乳糖醛酸酶能降解果胶使果实变软)。这样不仅能延长番茄在植株上的成熟期，改进果实风味，还便于新鲜番茄的运输和延长保存期。番茄成分分析证明，这种转基因番茄的正常营养成分(维生素 A、维生素 C、维生素 B_2、镁、钙、磷等)没有改变。

当前，也有一些转基因食品本身就是以增加维生素含量为目的，如瑞士先正达公司开发的转基因大米中含有维生素 A 的前体——类胡萝卜素，这种转基因大米使传统大米中极微量的类胡萝卜素增加很多，以致大米的颜色由白色变成了金黄色，对此类转基因食品的维生素营养评价，应对除目标性状——类胡萝卜素以外的其他维生素采取"实质等同性原则"和充分考虑历史已有数据比较原则。而对目标性状——类胡萝卜素进行单独的安全评价，评价时要充分考虑不同人群对大米的膳食暴露量、转基因大米中的类胡萝卜素的含量、维生素 A 的最大日摄取量以及过量膳食可能对人体产生的不利影响。

案例——某转基因玉米的维生素营养成分分析

表 2-3 为某转基因抗虫玉米与非转基因亲本对照的维生素检测结果，对检测结果的分析可以看出，几种谷物里常见的维生素差异均不显著，并且转基因玉米和非转基因亲本的维生素含量均在历史数据的范围内，因此，可以评价为该转基因玉米食品与传统玉米食品一样，可以提供人体必需的维生素，不会对人体的营养健康产生影响。

表 2-3　某转基因玉米和亲本在维生素方面的比较

项目	亲本	转基因玉米	历史数据的范围
叶酸/(mg/kg dw)	0.40 ± 0.029	0.47 ± 0.029	0.24 ~ 0.60
烟酸/(mg/kg dw)	20.84 ± 1.08	19.49 ± 1.08	14.81 ~ 39.93
维生素 B_1/(mg/kg dw)	4.11 ± 0.12	4.07 ± 0.12	2.51 ~ 4.34
维生素 B_2/(mg/kg dw)	1.42 ± 0.068	1.50 ± 0.068	0.98 ~ 1.85
维生素 B_6/(mg/kg dw)	5.63 ± 0.27	5.93 ± 0.27	3.68 ~ 8.46
维生素 E/(mg/kg dw)	10.63 ± 0.87	9.04 ± 0.87	6.94 ~ 19.26

(四) 脂肪酸

脂肪酸如同淀粉和蛋白质一样，是人类从食品中获得的维持生命的基本物质，并且，脂肪酸的成分不同对人体的健康程度影响存在较大的差异。人类主要获得油酸和亚油酸，这些不饱和脂肪酸对降低人的胆固醇，维持健康的心血管系统非常重要。转基因技术是否会造成脂肪酸比例的变化，从而影响人类的健康，是转基因食品营养安全的一个重要的指标。对于那些在研究时不把改变脂肪酸成分比例为目的的转基因食品，我们希望不要改变脂肪酸的比例和含量，因此，在评价时应遵循近似营养成分和矿物质一样的评价方法。

而对一些改变脂肪酸比例的转基因食品，在进行评价分析时，需要综合的对脂肪酸的变化进行分析。如转基因高油酸大豆，是通过改变脂肪酸代谢途径上的酶，阻断了油酸进一步转变为亚油酸和亚麻酸，造成了油酸的积累，从而提高了油酸的含量。在对这类转基因食品进行评价时，应该考虑该类转基因油脂(大豆油)与现有的传统油脂产品是否存在较大的差异，是否远远高出传统油脂食品的油酸含量，如果远远高于传统油脂食品，长期食用该类油脂食品是否会对人体健康产生影响。如果不能用现在已有的科学证据证明在这种油酸的含量下，人类长期食用不会产生不利的影响，就需要进行相关的动物学试验来证明这种高油酸油脂对人体的健康不会产生不利的影响。

案例——某转基因油菜的脂肪酸营养成分分析

通过两年的多点种植试验，发现某转基因油菜和亲本的大多数脂肪酸含量，在统计学和生物学上没有显著的差异(表 2-4)。在亚麻酸含量上，略高于亲本，但在正常的变化范围内，没有生物学上的显著差异，因此，外源基因的插入没有改变油菜的含油量。

表 2-4　某转基因油菜和亲本在脂肪酸方面的比较　　　　　　　（单位：%）

项目	转基因油菜	亲本
棕榈酸(16∶0)	3.8~4.0	3.9~4.2
棕榈油酸(16∶1)	0.3~0.4	0.3~0.4
硬脂酸(18∶0)	1.4~1.9	1.4~2.0
油酸(18∶1)	59.5~63.4	58.8~62.5
亚油酸(18∶2)	18.5~19.7	18.9~20.2
亚麻酸(18∶3)	9.2~12.9	8.1~12.1
花生酸(20∶0)	0.6~0.8	0.6~0.8

(五) 氨基酸

氨基酸的评价是对转基因食品中蛋白质的进一步分析，蛋白质中氨基酸成分和比例的不同对人体利用蛋白质的影响很大，现代科学已经证明，有 8 种氨基酸对人体的氨基酸营养摄取非常重要，其中任何一种氨基酸的缺失或不足都会对其他氨基酸的摄取产生影响，从而造成蛋白质营养不良。比如，玉米中普遍缺少赖氨酸，造成动物不能很好消化和吸收玉米饲料中的蛋白质。因此，对转基因食品的营养安全评价，必须对氨基酸进行分析和评价。评价时也应遵循主要营养成分和矿物质一样的评价方法。

当然，现在也有改变氨基酸成分和比例的转基因食品，这类转基因食品将其他生物中的含某种氨基酸高的蛋白质基因克隆后，利用基因工程技术转入受体生物，使该基因高效在目标组织中表达，从而提高该组织中该类氨基酸的含量，如美国商业化生产的高赖氨酸转基因玉米 LY038，就是将微生物中的一个基因转入玉米中，表达对赖氨酸含量不敏感的 cDHDPS 蛋白，促使玉米籽粒中游离赖氨酸的积累。而中国农业大学研究的高赖氨酸转基因玉米则是从马铃薯中克隆一个含赖氨酸比例高的基因转入玉米中。对此类转基因食品的营养评价，应对除目标性状——赖氨酸以外的其他氨基酸采取"实质等同性原则"和充分考虑历史已有数据比较原则。对赖氨酸的评价，应该考虑在高赖氨酸水平下，对蛋白质的消化利用是否会发生改变，需要进行动物的蛋白质营养利用率试验，来进行评价。

案例——某转基因玉米的氨基酸营养成分分析

以高赖氨酸转基因玉米中氨基酸的含量分析为例，对 18 种氨基酸的比较分析(表 2-5)可以看出，除赖氨酸外，其余的氨基酸含量没有生物学意义上的差异。而赖氨酸的含量与非转基因亲本玉米存在显著的差异，明显高于非转基因玉米亲本，但是高赖氨酸转基因玉米食品中的赖氨酸含量仍然在历史数据的范围内，因此，可以从氨基酸含量水平上评价，该高赖氨酸转基因玉米食品在氨基酸含量水平上不会对人体健康水平产生不利影响。但是需要进一步进行全食品的蛋白质营养利用率试验，以证明在这种赖氨酸含量水平下不会降低人体对蛋白质的营养利用。

表 2-5 某转基因玉米和亲本在氨基酸方面的比较 (单位：%)

项目(占总氨基酸)	转基因玉米	亲本	历史数据的范围
丙氨酸	7.81 ± 0.065	7.88 ± 0.065	7.22 ~ 8.33
精氨酸	4.26 ± 0.10	4.32 ± 0.10	3.88 ~ 6.00
天冬氨酸	6.20 ± 0.048	6.24 ± 0.048	5.84 ~ 7.13
胱氨酸	2.03 ± 0.053	2.07 ± 0.053	1.76 ~ 2.55
谷氨酸	19.98 ± 0.21	20.35 ± 0.21	18.02 ~ 21.86
甘氨酸	3.43 ± 0.081	3.51 ± 0.081	3.27 ~ 4.61
组氨酸	2.76 ± 0.040	2.88 ± 0.040	2.63 ~ 3.39
异亮氨酸	3.41 ± 0.043	3.52 ± 0.043	3.24 ~ 3.92
亮氨酸	13.53 ± 0.19	13.64 ± 0.19	11.13 ~ 14.35
赖氨酸	3.81 ± 0.14	2.70 ± 0.14	2.38 ~ 4.07
甲硫氨酸	2.13 ± 0.046	2.05 ± 0.046	1.54 ~ 2.41
苯丙氨酸	5.14 ± 0.048	5.22 ± 0.048	4.67 ~ 5.43
脯氨酸	8.87 ± 0.10	9.08 ± 0.10	7.92 ~ 10.18
丝氨酸	5.06 ± 0.054	5.11 ± 0.054	4.79 ~ 5.55
苏氨酸	3.11 ± 0.039	3.20 ± 0.039	2.84 ~ 3.62
色氨酸	0.52 ± 0.024	0.55 ± 0.024	0.45 ~ 0.90
酪氨酸	3.34 ± 0.18	3.02 ± 0.18	1.83 ~ 3.82
缬氨酸	4.62 ± 0.051	4.65 ± 0.051	4.42 ~ 5.22

二、抗营养因子的安全性分析

食品不仅含有大量的营养物质，也含有广泛的非营养化学物质，有些物质当超过一定量时则是有害的。因此转基因食品中非营养因子的研究也是必要的。这些物质我们称为抗营养因子或者抗营养素。抗营养因子的称谓一直未统一。通常，抗营养素被理解为抑制或阻止代谢(特别是消化)重要通路的物质，抗营养因子降低了营养素(特别是蛋白质、维生素和矿物质)的最大利用，以及食物的营养价值。超过一定剂量，许多抗营养素也可能具有毒性，如在豆科植物中的凝血素类和有害氨基酸类；在马铃薯、芋头和小麦中可以抑制蛋白酶和淀粉酶活性的酶抑制剂；存在于植物类食物中的酚类和生物碱类，叶类蔬菜中的亚硝酸盐类以及动物食品毒素等。然而大多数抗营养素的有害作用是由未加工的食物引起的，经过简单的处理都会消失，如加热、浸泡和发芽处理。一些研究认为从食品本身的多样性考虑，转基因食品中天然有害物质和抗营养因子的含量范围与其相应的原物种可以认为基本一致。

几乎所有的植物性食品中都含有抗营养因子，这是植物在进化过程中形成的自我防御的物质。目前，已知的抗营养因子主要有蛋白酶抑制剂、植酸、凝集素、芥酸、棉酚、单宁、硫苷等。在评价抗营养因子时，要根据植物的特点选择抗营养因子进行检测和分析。下面我们针对几种主要的抗营养因子在转基因作物中的安全性进行分析。

(一) 植酸

植酸 1872 年由 Pfeffer 首先发现，是维生素 B 族的一种肌醇六磷酸酯，化学名称是环己六醇-1,2,3,4,5,6-六磷酸二氢酯，作为几乎所有种子中磷酸盐和肌醇的存在形式，广泛存在于豆类、谷类和油料植物的种子中。植酸可与多价阳离子，如 Ca^{2+}、Mg^{2+}、Mn^{2+}、Fe^{2+} 等形成不溶性的复合物，降低人体对无机盐和微量元素的生物利用率，继而引起人体和动物的金属元素营养缺乏症和其他疾病。同时植酸还会影响人体和动物对蛋白质的吸收。植酸和葡萄糖异硫氰酸盐是油菜中主要的抗营养素，在有些转基因油菜中(如 HCN28，HCN92)这二者的含量与对照不同，但差别仍在普通油菜的含量变化范围之内。HCN92 和对照油菜的植酸含量也有差异，但无统计学显著性。谷类中的植酸可以抑制混合膳食中非血红素铁的吸收，而通过基因操纵的方法可以减少谷类中植酸的含量。对比低植酸玉米与野生型玉米制作的薄玉米饼中的植酸的分析发现，每克低植酸玉米中植酸含量为 3.48mg，只占原型对照野生型玉米的 35%，用低植酸玉米加工的燕麦粥比未修饰前铁吸收率增加了 50%。在转基因食品的安全评价中，着重评价转基因食品是否由于外源基因的插入改变了食品中植酸的含量。在目前已经批准商业化的转基因食品中还没有发现由于外源基因的插入导致了植酸的含量升高。例如，美国批准的高赖氨酸转基因玉米植酸含量为 0.68% ± 0.038%(干重)，而非转基因亲本玉米对照的植酸含量为 0.77% ± 0.038%(干重)，历史已有数据为 0.11%~0.83%(干重)。

(二) 胰蛋白酶抑制剂

胰蛋白酶抑制剂主要存在于豆类植物中，可以降低蛋白质的消化率，导致胰脏肿大和生长停滞。其致病原理是，一方面胰蛋白酶抑制阻碍肠道内蛋白酶的水解作用，造成蛋白质消化率下降，另一方面胰蛋白酶抑制剂刺激胰腺分泌过多造成胰腺内源性氨基酸缺乏，抑制机体的生长。胰蛋白酶抑制剂可以通过加热的方式除去。

孟山都公司除了对转基因大豆营养成分进行了全面测定评价，同时也分析了抗营养素，包括胰蛋白酶抑制剂、凝集素、植物雌激素[三羟基异黄酮和黄豆苷(异黄酮苷)]、水苏四糖、蜜三糖和植酸(肌醇六磷酸)。由于大豆中的胰蛋白酶抑制剂，具有抗营养素作用，不可生吃，安全性评价中也做了加工实验。分析数据表明，产物中的抗营养素，以及加工对这些抗营养素成分的失活等方面，都和亲本大豆在实质上是等同的。此外，转基因大豆中的过敏原的组成和水平也和亲本没有显著区别。

Padgette 等也对两种转基因大豆(40-3-2 和 61-67-1)和对照大豆(A5403)进行了比较，测定了转基因大豆种子与一些加工产品中的抗营养素含量。其中胰蛋白酶抑制剂、尿素酶、植物凝集素和异黄酮(包括游离、结合和总异黄酮)的含量在转基因大豆与对照大豆中未见差异，几种大豆的烘烤物中植酸、棉籽糖和水苏糖含量也无差异。

(三) 棉酚

棉酚是一种萜类物质，产生于棉花多种组织(包括种子)的分泌腺体，是一种对肺、肝、肾、淋巴和睾丸有着极大危害的毒质，可以引起人和单胃动物中毒，产生食欲不振、体重减少、精子活力降低和呼吸困难等症状。环丙烯脂肪酸、梧桐脂肪酸和锦葵酸是所有棉花中特有的脂肪酸，环丙烯脂肪酸能够抑制硬脂酸脱饱和成为油酸，影响细胞膜的渗透能力。常规棉中的棉酚含量几乎能使所有的牲畜和人中毒。在我国棉花生产区如新疆、河北、河南和山东等省、自治区，棉籽油是人们的主要食用油。然而，棉花的副产品——棉籽饼和棉籽油中的棉酚有害于牲畜和人的健康。因此由转基因棉花所带来的安全性问题应该引起格外关注，需要对转基因棉花中的棉酚含量进行评价。例如，对转基因棉花 15985 的棉酚进行评价时，没有发现与对照亲本的棉酚含量存在差异，而且也在历史已有数据的范围内。

(四) 芥酸

芥酸是一种二十二碳一烯脂肪酸，其化学名称为顺-13-二十(碳)烯酸，$CH_3(CH_2)_7CH(CH_2)_{11}COOH$，主要存在于菜子油、芥子油中，而一般油脂不含有。在油菜子油中，芥酸含量可以高达 40%以上。芥酸分子比普通脂肪酸分子多四个碳原子，难以消化吸收，营养价值较低，并且对营养有副作用，抑制生长，甲状腺肥大，引起动物心肌脂肪沉积，因而芥酸含量高低可以作为衡量该油脂质量好坏的一个指标(芮玉奎等，2006)。芥酸主要以甘油酯的形式存在于油菜子中。对转基因油菜加工食品的抗营养因子评价中应重点评价芥酸的含量。例如，对抗除草剂转基因油菜的抗营养因子评价中，通过多年对转基因油菜和非转基因亲本油菜的检测分析，发现转基因油菜并没有提高油菜子中芥酸的含量(表 2-6)。

表 2-6 某转基因油菜和亲本在芥酸方面的比较 (单位：%)

年份	1994	1995[a]	1995[b]	1996[a]	1996[b]	1998	2000
转基因油菜	0.24	0.04	0.0	0.14	0.15	0.798	0.08
亲本	0.3~0.6	0.15~0.57	0.15~0.57	0.18	0.18	0.397	0.05

注：a、b 为两批油菜样品。

(五) 硫代葡萄糖苷

硫代葡萄糖苷(简称硫苷)是广泛存在于十字花科等植物中的葡萄糖天然衍生物，至今已发现 120 余种。无论是白菜型、芥菜型或甘蓝型油菜子中都有多种硫苷存在，且各种硫苷的组成比例在油菜类型间、品种间差异较大。各种硫苷有同样的结构骨架，不同的是单体化合物有着不同的侧链或官能团 R，R 基团可以是烷基、烯基、烯羟基、甲硫基、亚甲磺酰基、甲磺酰基、单酮基、芳香基和杂环等。从营养角度来看，其本身无毒，但被动物摄入后，芥子酶(硫苷的水解酶)水解生成有毒的异硫氰酸酯和噁唑烷硫酮等，据研究报道，硫代葡萄糖苷的水解产物——噁唑烷硫酮、异硫氰酸酯和某些腈类物质会降低家禽对碘的吸收，使甲状腺肿大，肝腺受损，抑制生殖系统发育，因而使食欲降低，代谢受阻，造血功能下降，生长受阻，贫血，繁殖机能破坏，使蛋的保存品质变劣，不同程度地影响家禽的生长发育，甚至造成中毒死亡。

鉴于硫苷对人体的不利影响，对转基因油菜进行抗营养因子的评价时，需要重点评价硫苷的含量是否增加。在对某转基因油菜进行评价时，通过1994年和1995年的田间试验，发现某转基因油菜的烷基硫苷含量水平高于亲本，但在历史数据烷基硫苷含量的变化范围内；吲哚基硫苷和硫代烷基硫苷的含量水平在二者的差异不显著(表2-7)。表明在硫苷含量水平上某转基因油菜和传统食品是实质等同的。

表2-7　某转基因油菜和亲本在硫苷方面的比较　　[单位：mmol/g (dw)]

年份	样本	烷基硫苷		吲哚基硫苷		硫代烷基硫苷		样本数
		平均	范围	平均	范围	平均	范围	
1994	某转基因油菜	11.2	9.0~14.2	11.6	10.8~12.4	0.3	0.2~0.4	7
	亲本	8.8	6.2~11.4	11.4	9.8~13.4	0.3	0.2~0.4	7
1995	某转基因油菜	10.6	8.0~12.9	11.4	10.9~12.0	0.3	0.2~0.3	5
	亲本	8.9	6.7~11.1	11.5	11.0~12.5	0.3	0.2~0.4	5

对转基因食品的抗营养因子的评价，要根据不同食品的具体情况来决定，这也符合"个案评估"的原则，评价时既要遵循与传统食品的"实质等同性"的原则，也要与历史已有数据进行比较，在抗营养因子方面，经济合作发展组织于2003年颁布了13个系列文件，在文件中列出了主要食品的抗营养因子，以及在传统食品中的数值范围，但是，不同地区不同国家还应该按照本国食品的具体情况制定安全的数值范围，用于评价。

三、转基因食品表型性状物质

对作物而言，实质等同性常指作物形态、生长、产量和抗病能力等。而对于食品而言则主要是风味、色泽和成分组成等。如改变风味的转基因土豆、超甜玉米和增加固形物的番茄等。色泽是影响食物选择和感官质量的重要指标，色泽的改变除了外界物理因素的促进外，食品自身含有的某些反应酶类(如多酚氧化酶)也会加快酶促褐变的发生。因此，基因插入后对代谢过程酶的调节可能对食品的表型产生影响。

食品的香味和风味是食品的又一个重要性质。蔬菜中的香味物质多是含硫化合物，水果则以有机酸酯和萜类为主，肉类产生的香味主要来自氨基酸，而乳类的则是由短链脂肪酸引起。食物的酸味来源于可解离的氢离子，鲜味来自氨基酸、酰胺、肽、有机酸等。这些化学物质的表达极易受物质间的相互作用和酶类的影响，从而使味感增强或变淡，有的甚至变味。因此，食品经转基因技术改造后香味和风味的改变也是营养学评价的重要内容。

四、转基因食品营养素的生物利用率

生物利用率也是营养学评价的重要组成部分。食物中营养素的生物利用率是指营养素被人体消化吸收利用的部分，常用来评价营养素的实际营养价值。通过转基因技术提高食物中一些特定营养素的含量是目前提高食品品质的重要方面，另外减低抗营养物质对营养素的限制也是基因转入的目标之一。因此在对转基因食品进行营养评价时，对特定营养素生物利用率的评价不能忽视,如食物中植酸含量高可限制微量元素的吸收利用,利用转基因技术可降低其植酸含量从而达到提高一些微量元素生物利用率的目的。

(一) 动物实验

人们普遍关注转基因食品或转基因饲料是否会对动物的食物利用率和生长发育引起负面影响,以对人类可能造成的影响进行推断。因此在进行动物喂养实验时,食物利用率、体重、累积体重和器官大体病理情况是常用的指标。Hammond 等用两种抗草甘膦大豆(40-3-2 和 61-67-1)和对照大豆的加工和未加工产品饲喂大鼠(4 周)、肉鸡(6 周)、鲶鱼(10 周)和奶牛(4 周),在对动物的体重、累积体重、摄食、大体解剖和内部器官称重做统计分析后,未发现抗草甘膦大豆的加工和未加工产品与对照在生物利用上有差异。此外,鸡和鱼的产肉量在组间无差别,鸡肉、鱼肉中各种成分之间无差异。同时各组奶牛在饲料干物质和净能量的摄入、干物质表观消化率和氮平衡等指标方面也无差异。喂抗草甘膦大豆的奶牛产奶量比喂对照大豆的奶牛产奶量高,统计学分析有显著性差异,牛奶中各种成分(脂肪、蛋白质、乳糖)在组间无差异,因此抗草甘膦大豆没有对奶牛的产奶量和牛奶的质量造成不良影响。

玉米中的植酸能影响磷的吸收,因此低植酸转基因玉米能否提高磷的生物利用率备受关注。Spencer 等用低植酸转基因玉米饲养猪 35 天,比较了玉米中磷的生物利用率和表观消化率。结果显示,低植酸转基因玉米喂养的猪在体重增长、食物利用率等方面都优于原型玉米,低植酸玉米和原型玉米的磷的吸收率分别为 62% 和 9%,可利用磷是原型玉米中的 5 倍,且能减少磷的排出。他们还发现用不添加磷的低植酸玉米饲料比不添加磷的原型玉米饲料喂养的猪增重更多,骨骼发育更好,饲养效率较高。同时肉质性状更好,如背膘薄,瘦肉率高($p < 0.01$)。由此说明低植酸玉米在使猪提高磷的生物利用率的同时,未出现非预期的不良结果。植物脂肪也是人类日常食品的主要成分之一,脂肪酸的组成成分决定了植物脂类的理化性质和营养价值。利用油脂酶工程改变高等植物体内脂肪合成酶的多酶体系,可以改变脂肪酸的链长和饱和度。必需脂肪酸(亚油酸和γ2-亚麻酸)对于所有组织的正常功能都是必不可少的,而人类只能从膳食中获得。用转基因技术以油菜作宿主开发了一种高γ-亚油酸油菜,作为必需脂肪酸的良好来源。给两组大鼠喂饲 6 周含 10%脂肪的饲料,饲料中高γ-亚油酸来源不同(来源于转基因油菜的高γ亚油酸油菜油的饲料作为高γ-亚油酸菜子油组(high GLA canola oil, HGCO),来源于琉璃苣子油的作为琉璃苣油组(borage oil, BO),但比例相同(都占总脂肪的 23%)。结果显示,两组大鼠的体重、平均累积体重、摄食均无明显差异,各组主要器官如肝脏、心脏、肾脏和脾的重量也无明显差异。在血浆和肝脏中,18:3(n-6),20:4(n-6)和 22:4(n-6)的含量组间均无明显差异,但两组大鼠几种脂肪酸的相对比例有些不同,如 HGCO 组肝脏中 22:5(n-3)的相对比例比 BO 组高,而 22:6(n-3)的比例比 BO 组低。尽管如此,这些结果仍显示了应用转基因油菜油的乐观前景。对改良蛋白质成分的转基因作物同样进行了动物实验的比较。用转基因马铃薯和转基因大米做了大鼠喂养实验。每天给大鼠灌喂转基因马铃薯(2000mg/kg)4 周,用非转基因亲本作对照。各组大鼠生长良好,外观、体重、摄食和累积体重没有明显不同,在血细胞计数、血成分和内部器官重量方面也无区别,实验结束后尸检结果未显示病理学和组织病理学改变。经口给大鼠喂大米提取物

(10g/kg)4周,结果与转基因马铃薯类似,均证明转基因马铃薯与原型马铃薯、转基因大米与原型大米在生物利用方面具有实质等同性,且未产生不良非预期效应。

(二) 人群试验

Mendoza等将评估低植酸玉米的营养效果作为长期目标,除了动物实验以外,他们还进行了小规模人群试验。铁吸收人群试验结果显示,100%低植酸玉米薄玉米饼铁的吸收率(2188%)比100%亲本野生型薄玉米饼、50%亲本野生型+50%低植酸型薄玉米饼铁的吸收率(分别为1193%和1165%)高得多($p<0.001$),而后两者的铁吸收率无明显不同。用低植酸玉米做的燕麦粥比原型玉米做的燕麦粥铁吸收率增加50%。显然,用低植酸玉米制作的薄玉米饼和燕麦粥改善了人群对铁的吸收利用,其效果优于原型玉米。

以上结果显示,转基因作物和转基因食品与其对照作物和食品除了预期营养性状改变而致的生物利用率改变以外,基本上是实质等同的。但是,在判断现有动物实验和人群试验的结果时,要说明是由插入基因引起的还是由实验中其他因素造成的,仍需持慎重态度。

第二节 毒理学评价

毒性物质是指那些由动物、植物和微生物产生的对其他种生物有毒的化学物质。从化学的角度看,毒性物质包括了几乎所有类型的化合物;从毒理学方面看,毒性物质可以对各种器官和生物靶位产生化学和物理化学的直接作用,因而引起机体损伤、功能障碍以及致畸、致癌、甚至造成死亡等各种不良生理效应。

现在已知的植物毒素有1000余种,绝大部分是植物次生代谢产物。属于生物碱、萜类、苷类、酚类和肽类等有机物。其中,最重要的是生物碱和萜类植物。如千里光碱、野百合碱、天芥菜碱等双稠吡咯烷以及金雀儿碱、羽扁豆碱等双稠哌啶烷类生物碱是强烷化剂,具有强烈的肝脏毒性,并有致癌、致畸作用。在人类食品植物中也产生大量的毒性物质和抗营养因子。如蛋白酶抑制剂、溶血剂、神经毒剂等。到目前为止,自然界共发现四类蛋白酶抑制剂:丝氨酸蛋白酶抑制剂、金属蛋白酶抑制剂、巯基蛋白酶抑制剂和酸性蛋白酶抑制剂。这些蛋白酶抑制剂在抗虫基因工程研究中得到了广泛的应用。许多豆科植物产生相对较高水平的凝集素和生氰糖苷。植物凝集素在食用前未被消化或加热浸泡除去,可以造成严重的恶心、呕吐和腹泻。如果生食豆类和木薯,其生氰糖苷含量能导致慢性神经疾病甚至死亡。在通过对基因序列数据库EMBL和蛋白质序列数据库的SwissPort的查询中,共发现毒蛋白1458种。

从理论上讲,任何外源基因的转入都可能导致转基因生物产生不可预知的或意外的变化,其中包括多向效应。这些效应需要设计复杂的多因子试验来验证。如果转基因食品的受体生物有潜在的毒性,应检测其毒素成分有无变化,插入的基因是否导致毒素含量的变化或产生了新的毒素。在毒性物质的检测方法上应考虑使用mRNA分析和细胞毒性分析。

引入物质的安全性评价(非核酸物质)体外核酸技术能导入DNA,导致植物体内合成新的物质。这些物质可能是植物食品的常规组分(如蛋白质、脂肪、糖类、维生素),但对于重组 DNA 植物来说是新的成分。考虑到暴露原因,当一种物质或一种密切相关的物质作为食品可安全食用时,则不需考虑传统的毒理学试验。

在其他情况下,对引入的新物质有必要进行传统的毒理学试验研究。这需要从重组 DNA 作物中分离出新物质,或从另一种替代来源合成或产生该物质。在这种情况下,该物质必须在结构、功能和生化方面都与 DNA 植物所产生的物质具有等同性。引入物质的安全性评价应该确定此物质在重组 DNA 植物可食用部分的浓度,包括其变异和均值。也应考虑到其在亚人群当前膳食中的暴露和可能产生的效应。以蛋白质为例,对其潜在毒性的评价应集中于蛋白质与已知蛋白毒素和抗营养物质(如蛋白酶抑制剂、凝集素)的氨基酸序列相似性,其对热/加工的稳定性以及对适宜、典型的胃肠模型降解的稳定性。当待评价的外源蛋白没有有安全食用历史的相似蛋白质供参考,要经过适当的实验设计进行动物经口试验。应说明外源基因所表达的特性与供体的任何特性(即使可能对人体健康产生危害)无关。要提供确保供体中编码已知毒素或抗营养素的基因不被转入到在正常情况下并不表达这些毒素或抗营养素的重组 DNA 植物中的信息,这在重组 DNA 植物与供体的加工方式不同时显得尤为重要,因为对供体生物的传统加工技术可能使抗营养素或毒素失活。另外,在按个例处理的基础上还需对引入物质的毒性经体内、外研究加以评价。此研究依赖于引入物质的最初来源及它们的功能,研究内容可包括代谢测定、毒物动力学、慢性毒性/致癌性、对生殖功能的影响以及致畸性。

安全性评价应考虑到任何物质的潜在蓄积,如毒性代谢物、污染物或可能由于基因修饰而产生的害虫控制剂等。

一、转基因食品的毒理学评价主要内容

由于外源基因的插入导致植物中新物质的合成,这些新物质还包括新的代谢产物。评价时应考虑新物质的化学特性和功能,并确定这些新物质在可食用部分的浓度,包括差异和均值。还应考虑在目前饮食中的暴露情况和对特殊人群可能造成的影响。

对外源基因进行评估,确保已知毒素、抗营养因子的基因不被导入生物技术食品中。

在评价外源基因表达的蛋白质产物时,潜在的毒性分析应考虑蛋白质与已知蛋白毒素和抗营养因子在氨基酸序列和结构的相似性,外源蛋白对热或加工的稳定性,在模拟胃肠道消化液中的稳定性。当食物中的新蛋白与传统食物的蛋白存在较大差异时,要考虑新蛋白在植物中的生物功能,必要时需做急性毒性研究。

根据膳食中的暴露量和生物功能,未曾安全食用过新物质的潜在毒性应以个案的方式进行评估。按照传统毒理学评价的方法进行,开展的研究可以包括:代谢、毒物动力学、亚慢性毒性、慢性毒性、致癌性、繁殖试验和发育毒性试验等。

二、新表达物质毒理学评价

(一) 新表达蛋白资料

提供新表达蛋白质(包括目标基因和标记基因所表达的蛋白质)的分子和生化特征等信息,包括相对分子质量、氨基酸序列、翻译后的修饰、功能叙述等资料。表达的产物若为酶，应提供酶活性、酶活性影响因素(pH、温度、离子强度)、底物特异性、反应产物等。

提供新表达蛋白质与已知毒蛋白质和抗营养因子(蛋白酶抑制剂、植物凝集素等)氨基酸序列相似性比较的资料。

提供新表达蛋白质热稳定性试验资料，体外模拟胃液蛋白消化稳定性试验资料，必要时提供加工过程(热量，加工方式)对其影响的资料。

若用体外表达的蛋白质作为安全性评价的试验材料，需提供体外表达蛋白质与植物中新表达蛋白质等同性分析(相对分子质量、蛋白质测序、免疫原性、蛋白质活性等)的资料。

(二) 新表达蛋白毒理学试验

当新表达蛋白质无安全食用历史，安全性资料不足时，必须提供急性经口毒性资料，28天喂养试验毒理学资料视该蛋白质在植物中的表达水平和人群可能摄入水平而定，必要时应进行免疫毒性检测评价。如果不提供新表达蛋白质的经口急性毒性和28天喂养试验资料，则应说明理由。

(三) 新表达非蛋白质物质的评价

新表达的物质为非蛋白质，如脂肪、糖类、核酸、维生素及其他成分等，其毒理学评价可能包括毒物代谢动力学、遗传毒性、亚慢性毒性、慢性毒性/致癌性、生殖发育毒性等方面。具体需进行哪些毒理学试验，采取个案分析的原则。

(四) 摄入量估算

应提供外源基因表达物质在植物可食部位的表达量，根据典型人群的食物消费量，估算人群最大可能摄入水平，包括同类转基因植物总的摄入水平、摄入频率等信息。进行摄入量评估时需考虑加工过程对转基因表达物质含量的影响，并应提供表达蛋白质的测定方法。

三、转基因食品毒理学评价程序与方法

动物实验是食品安全毒理学评价最常用的方法之一，对转基因食品的毒性检测评价涉及免疫毒性、神经毒性、致癌性与遗传毒性等多种动物模型的建立。目前，我国的转基因食品安全性评价采用的是1983年由卫生部颁发的《食品安全性毒理学评价程序与方法》法规，该标准经1985年、1996年和2003年的三次修订。

毒理学研究主要通过动物实验来完成。目前常用的实验动物有大鼠、小鼠、斑马鱼、奶牛和小鸡等。通过微核实验、精子畸变实验、埃姆斯(Ames)实验、急性毒性实验、喂养实验等进行转基因食品毒理性分析。主要测定指标有体重、进食量、食物利用率、血红细胞和白细胞数量、脏体比(包括肝体比、肾体比和脾体比等)，以及血生化指标等。

表2-8是食品安全性毒理学评价程序与方法。

表 2-8 食品安全性毒理学评价程序与方法

序号	国家标准号	标准名称
1	GB 15193.1—2003	食品安全性毒理学评价程序和方法
2	GB 15193.2—2003	食品毒理学实验室操作规范
3	GB 15193.3—2003	急性毒性试验
4	GB 15193.4—2003	鼠伤寒沙门氏菌/哺乳动物微粒体酶试验
5	GB 15193.5—2003	骨髓细胞微核试验
6	GB 15193.6—2003	哺乳动物骨髓细胞染色体畸变试验
7	GB 15193.7—2003	小鼠精子畸形试验
8	GB 15193.8—2003	小鼠睾丸染色体畸变试验
9	GB 15193.9—2003	显性致死试验
10	GB 15193.10—2003	非程序性 DNA 合成试验
11	GB 15193.11—2003	果蝇伴性隐性致死试验
12	GB 15193.12—2003	体外哺乳类细胞(V79/HGPRT)基因突变试验
13	GB 15193.13—2003	30 天和 90 天喂养试验
14	GB 15193.14—2003	致畸试验
15	GB 15193.15—2003	繁殖试验
16	GB 15193.16—2003	代谢试验
17	GB 15193.17—2003	慢性毒性和致癌试验
18	GB 15193.18—2003	日容许摄入量(ADI)的制定
19	GB 15193.19—2003	致突变物、致畸物和致癌物的处理方法
20	GB 15193.20—2003	TK 基因突变试验
21	GB 15193.21—2003	受试物处理方法

(一) 毒理学评价试验的四个阶段

毒理学评价试验包括四个阶段。这四个阶段分别为急性毒性试验、遗传毒性试验、亚慢性毒性试验和慢性毒性试验。

1. 第一阶段：急性毒性试验

急性毒性试验包括经口急性毒性、联合急性毒性、一次最大耐受量实验。所谓经口急性毒性，即 LD_{50}，为半数致死计量，就是某毒性物质使受试生物死亡一半所需的绝对量。

2. 第二阶段：遗传毒性试验

遗传毒性试验的组合必须考虑原核细胞和真核细胞、生殖细胞与体细胞、体内和体外试验相结合的原则。遗传毒性试验包括 30 天喂养试验和传统致畸试验。这个阶段的评价试验对于转基因食品毒理学评价尤其重要。

(1) 细菌致突变试验：鼠伤寒沙门氏菌/哺乳动物微粒体酶试验(Ames 试验)为首选项

目,必要时可另选和加选其他试验。

(2) 小鼠骨髓微核率测定或骨髓细胞染色体畸变分析。

(3) 小鼠精子畸形分析和睾丸染色体畸变分析。

(4) 其他备选遗传毒性试验：V79/HGPRT 基因突变试验、显性致死试验果蝇伴性隐性致死试验,程序外 DNA 修复合成(UDS)试验。

(5) 传统致畸试验。

(6) 短期喂养试验。即 30 天喂养试验,如受试物需进行第三、四阶段毒性试验者,可不进行本试验。

3. 第三阶段：亚慢性毒性试验

亚慢性毒性试验包括 90 天喂养试验、繁殖试验和代谢试验。

4. 第四阶段：慢性毒性实验

慢性毒性试验包括致癌试验。

(二) 对不同受试物选择毒性试验的原则

凡属我国创新的物质一般要求进行四个阶段的试验。特别是对其中化学结构提示有慢性毒性、遗传毒性或致癌性可能者或产量大、使用范围广、摄入机会多者,必须进行全部四个阶段的毒性试验。

凡属与已知物质(指经过安全性评价并允许使用者)的化学结构基本相同的衍生物或类似物,则根据第一、二、三阶段毒性试验结果判断是否需进行第四阶段的毒性试验。

凡属已知的化学物质,世界卫生组织已公布每人每日容许摄入量(ADI,以下简称日许量)者,同时申请单位又有资料证明我国产品的质量规格与国外产品一致,则可先进行第一、第二阶段毒性试验,若试验结果与国外产品的结果一致,一般不要求进行进一步的毒性试验,否则应进行第三阶段毒性试验。

农药、食品添加剂、食品新资源和新资源食品、辐照食品、食品工具及设备用清洗消毒剂的安全性毒理学评价试验的选择。其中转基因食品属于新资源食品。

对于食品新资源及其食品原则上应进行第一、第二、第三 3 个阶段毒性试验,以及必要的人群流行病学调查。必要时应进行第四阶段试验。若根据有关文献资料及成分分析,未发现有或虽有但量甚少,不至构成对健康有害的物质,以及较大数量人群有长期食用历史而未发现有害作用的天然动植物(包括作为调料的天然动植物的粗提制品)可以先进行第一、第二阶段毒性试验,经初步评价后,决定是否需要进行进一步的毒性试验(李宁,2005)。针对转基因食品应该进一步完善具体适合的毒理学评价原则和试验,考虑到转基因食品的特殊性,应进行四个阶段的评价试验。

(三) 毒理学评价试验

1. 急性毒性试验

测定 LD_{50},了解受试物的毒性强度、性质和可能的靶器官,为进一步进行毒性试验的剂量和毒性判定指标的选择提供依据。

2. 遗传毒性试验

对受试物的遗传毒性以及是否具有潜在致癌作用进行筛选。

3. 致畸试验

了解受试物对胎仔是否具有致畸作用。

4. 短期喂养试验

对只需进行第一、二阶段毒性试验的受试物，在急性毒性试验的基础上，通过30天喂养试验，进一步了解其毒性作用，并可初步估计最大无作用剂量。

5. 亚慢性毒性试验

包括90天喂养试验、繁殖试验和代谢试验。受试生物以不同剂量水平经过较长期喂养后，观察对动物的毒性作用性质和靶器官，并初步确定最大作用剂量。并且要了解受试物对动物繁殖及对子代的致畸作用，为慢性毒性和致癌试验的剂量选择提供依据。

6. 代谢试验

了解受试物在体内的吸收、分布和排泄速度以及蓄积性，寻找可能的靶器官；为选择慢性毒性试验的合适动物种系提供依据；了解有无毒性代谢产物的形成。

7. 慢性毒性试验

如前所述，慢性毒性试验包括致癌试验。了解经长期接触受试物后出现的毒性作用，尤其是进行性或不可逆的毒性作用以及致癌作用；最后确定最大无作用剂量，为受试物能否应用于食品的最终评价提供依据。

(四) 各项毒理学评价试验结果的判定

1. 急性毒性试验

如 LD_{50} 剂量小于人的可能摄入量的10倍，则放弃该受试物用于食品，不再继续其他毒理学试验。如大于10倍者，可进入下一阶段毒理学试验。凡 LD_{50} 在人的可能摄入量的10倍左右时，应进行重复试验，或用另一种方法进行验证。

2. 遗传毒性试验

根据受试物的化学结构、理化性质以及对遗传物质作用终点的不同，并兼顾体外和体内试验以及体细胞和生殖细胞的原则，在第二阶段的(1)~(3)中所列的遗传毒性试验中选择四项试验，根据以下原则对结果进行判断。

(1) 如其中三项试验为阳性，则表示该受试物很可能具有遗传毒性作用和致癌作用，一般应放弃该受试物应用于食品；无须进行其他项目的毒理学试验。

(2) 如其中两项试验为阳性，而且短期喂养试验显示该受试物具有显著的毒性作用，一般应放弃该受试物用于食品；如短期喂养试验显示有可疑的毒性作用，则经初步评价后，根据受试物的重要性和可能摄入量等，综合权衡利弊再作出决定。

(3) 如其中一项试验为阳性，则再选择其他备选遗传毒性试验中的两项遗传毒性试验；如再选的两项试验均为阳性，则无论短期喂养试验和传统致畸试验是否显示有毒性与致畸作用，均应放弃该受试物用于食品；如有一项为阳性，而在短期喂养试验和传统致畸试验中未见有明显毒性与致畸作用，则可进入第三阶段毒性试验。

(4) 如四项试验均为阴性，则可进入第三阶段毒性试验。

3. 短期喂养试验

在只要求进行两阶段毒性试验时，若短期喂养试验未发现有明显毒性作用，综合其他各项试验即可作出初步评价；若试验中发现有明显毒性作用，尤其是有剂量-反应关系时，则考虑进一步的毒性试验。

4. 90 天喂养试验、繁殖试验、传统致畸试验

根据这三项试验中所采用的最敏感指标所得的最大无作用剂量进行评价，原则是：

(1) 最大无作用剂量小于或等于人的可能摄入量的 100 倍者表示毒性较强，应放弃该受试物用于食品。

(2) 最大无作用剂量大于 100 倍而小于 300 倍者，应进行毒性试验。

(3) 大于或等于 300 倍者则不必进行慢性毒性试验，可进行安全性评价。

5. 慢性毒性试验

根据慢性毒性试验所得的最大无作用剂量进行评价，原则是：

(1) 最大无作用剂量小于或等于人的可能摄入量的 50 倍者，表示毒性较强，应放弃该受试物用于食品。

(2) 最大无作用剂量大于 50 倍而小于 100 倍者，经安全性评价后，决定该受试物可否用于食品。

(3) 最大无作用剂量大于或等于 100 倍者，则可考虑允许使用于食品。

6. 新资源食品、复合配方的饮料等试验

在试验中若试样的最大加入量(一般不超过饲料的 5%)或液体试样最大可能的浓缩物加入量仍不能达到最大无作用剂量为人的可能摄入量的规定倍数时，则可以综合其他的毒性试验结果和实际食用或饮用量进行安全性评价。

四、进行转基因食品安全性毒理学评价时需要考虑的因素

(一) 人的可能摄入量

除一般人群的摄入量外，还应考虑特殊和敏感人群(如儿童、孕妇及高摄入量人群)。

(二) 人体资料

由于存在着动物与人之间的种族差异，在将动物试验结果推论到人时，应尽可能收集人群接触受试物后反应的资料，如职业性接触和意外事故接触等。志愿受试者体内的代谢资料对于将动物试验结果推论到人具有重要意义。在确保安全的条件下，可以考虑按照有关规定进行必要的人体试食试验(顾祖维，2005)。

(三) 动物毒性试验和体外试验资料

本程序所列的各项动物毒性试验和体外试验系统虽然仍有待完善，却是目前水平下所得到的最重要的资料，也是进行评价的主要依据。在试验得到阳性结果，而且结果的判定涉及受试物能否应用于食品时，需要考虑结果的重要性和剂量-反应关系。

(四) 安全系数

由动物毒性试验结果推论到人时，鉴于动物、人的种属和个体之间的生物特性差异，一般采用安全系数的方法，以确保对人的安全性。安全系数通常为 100 倍，但可根据受试物的理化性质、毒性大小、代谢特点、接触的人群范围、食品中的使用量及使用范围等因素，综合考虑增大或减小安全系数。

(五) 代谢试验的资料

代谢研究是对化学物质进行毒理学评价的一个重要方面，因为不同化学物质、剂量大小，在代谢方面的差别往往对毒性作用影响很大。在毒性试验中，原则上应尽量使用与人具有相同代谢途径和模式的动物种系来进行试验。研究受试物在实验动物和人体内吸收、分布、排泄和生物转化方面的差别，对于将动物试验结果比较正确地推论到人具有重要意义。

(六) 综合评价

在进行最后评价时，必须在受试物可能对人体健康造成的危害以及其可能的有益作用之间进行权衡。评价的依据不仅是科学试验资料，而且与当时的科学水平、技术条件，以及社会因素有关。因此，随着时间的推移，很可能结论也不同。随着情况的不断改变，科学技术的进步和研究工作的不断进展，对已通过评价的化学物质需进行重新评价，做出新的结论。

对于已在食品中应用了相当长时间的物质，对接触人群进行流行病学调查具有重大意义，但往往难以获得剂量-反应关系方面的可靠资料，对于新的受试物质，则只能依靠动物试验和其他试验研究资料。然而，即使有了完整和详尽的动物试验资料和一部分人类接触者的流行病学研究资料，由于人类的种族和个体差异，也很难作出能保证每个人都安全的评价。所谓绝对的安全实际上是不存在的。根据上述材料，进行最终评价时，应全面权衡和考虑实际可能。从确保发挥该受试物的最大效益，以及对人体健康和环境造成最小危害的前提下做出结论。

在对转基因食品进行毒理学评价时，并不需要按照"毒理学评价程序与方法"做所有试验，而是根据对急性经口毒性试验、亚慢性毒性试验的结果决定是否进行其他试验。

食品毒理学评价程序和方法是一个传统的标准方法，但是，转基因生物的特殊性，使得传统方法不能完全适用，1990年召开的第一届FAO/WHO专家咨询会议在安全性评价方面迈出了第一步。会议首次回顾了食品生产加工中生物技术的地位，讨论了在进行转基因食品安全性评价时的一般性和特殊性的问题。认为传统的食品安全性评价毒理学方法已不再适用于转基因食品。当前的焦点集中在三个方面：

第一，转基因产品在试验中的剂量设置问题，应该怎样设置剂量，最高剂量应该是多少。一种观点认为，应该根据国家的饮食习惯，按照最大饮食剂量来设置最高剂量，另一种观点认为，最高剂量应该按照动物的接受耐限和平均值来设置。在我国是按照最大饮食剂量来设置。但是，2007年欧盟发布了一个有关动物毒理剂量设置的征求意见文本，提出了一些主要转基因农作物种类设置的最高剂量，其中玉米的最高剂量为33%。

第二，转基因产品应该做哪些毒理学试验，在CAC《来源于转基因植物食品食用安全评价指南》中考虑到转基因植物的复杂性和种类多样性，按照个案评价的原则，考虑进行到毒理检测的哪个步骤。由于不明确，因此在对一些主要粮食作物评价时产生了冲突。

第三，在动物试验的时间方面，以美国为主的一些专家认为，动物的全食品喂养试验应该控制在45天以内，但是，以中国和欧盟为主的国家和地区认为需要进行90天的喂养试验。从目前的趋势来看，包括美国在内的国家逐渐接受了90天的喂养试验。

第三节　过敏性评价

转基因食品引起食物过敏的可能性是人们关注的焦点之一，特别是如果转入的蛋白质是新蛋白质时，这些异性蛋白质就有可能引起食物过敏，对儿童和体质过敏的人更是如此。一个典型的例子就是对巴西坚果过敏的人对转入巴西坚果基因后的大豆也产生了过敏。

食物过敏是人类食物食用史上一个由来已久的卫生问题。食物过敏常发生在某些特殊人群，全球有近2%的成年人和4%~6%的儿童有食物过敏史。食物过敏是指在食品中含有某些能引起人产生不适反应的抗原分子，产生一系列副作用，主要症状包括恶心、呕吐、腹痛、腹泻等，有时也有其他的局部反应及较少见的全身反应。这些抗原分子主要是一些蛋白质，这些蛋白质具有对T细胞和B细胞的识别区，可以诱导人免疫系统产生免疫球蛋白E抗体(IgE)。过敏蛋白含有两类抗原决定簇，即T细胞和B细胞的抗原决定簇。抗原一般为小于16个氨基酸残基的短肽。在食物过敏性反应中还有一类是细胞介导的过敏反应，包括由于淋巴细胞组织敏感产生的，称为滞后型的食物过敏。这种过敏反应是在进食过敏性食品8h以后才开始有反应，目前这种类型的反应多发生在婴儿。但在一些患有胃病的人群中，这种过敏反应也是常见的。例如，对谷蛋白敏感性胃病。食物过敏涉及各种类型的免疫反应，最常见的食物过敏反应为Ⅰ型过敏反应。发达国家可能有10%~25%的人发生过IgE介导的反应，儿童食物过敏的发生率比成人高，3岁以下儿童的患病率可能高达5%~8%。

转基因食品的致敏性是一个突出的问题。转基因食品中含有新基因所表达的新蛋白，有些可能是致敏原，有些蛋白质在胃肠内消化后的片段也可能有致敏性。因此转基因食品致敏性评价研究日益受到人们的重视(徐茂军，2003)。

一、转基因食品致敏性评价的重点内容

(一) 亲本作物和基因来源的历史

亲本作物是否含有致敏原以及转入基因是否来自已知致敏原，将决定对转基因食品进行的致敏性评价的策略。

(二) 新引入蛋白质与已知致敏原的氨基酸序列的同源性

若此基因来源没有过敏史，就应该对其产物的氨基酸序列进行分析，并将分析结果与已建立的各种数据库中的 198 种已知过敏原进行比较。氨基酸序列和任何已知过敏原相似吗？现在已经知道许多过敏原的氨基酸序列。最近已有从氨基酸序列推测蛋白质立体结构的软件。应用 Fasta 或 Blast 可以搜索引入蛋白质和已知过敏原的同源性、结构相似性以及根据 8 种连续的氨基酸所引起的变态反应的抗原决定簇和最小结构单位进行抗原决定簇符合性的检验。核对任何 8 个或更多相邻氨基酸和已知过敏原相同的片段，鉴定出可能代表过敏性抗原决定基的短片段。如果这样的评价不能提供潜在过敏的证据，则进一步应用物理及化学试验确定该蛋白质对消化及加工的稳定性。

(三) 新引入蛋白质的免疫反应性

新引入蛋白质与发生过敏个体血清 IgE 的免疫结合反应。如果新引入蛋白的氨基酸序列中有的序列和已知过敏原有同源性，就要测定这个新蛋白质和适当过敏个体血清 IgE 的反应性(这类蛋白质不大可能再进展下去)。

(四) pH 或消化的作用

大多数过敏原都能抵抗胃酸和消化酶，如胃蛋白酶，而普通植物蛋白质和引入的蛋白质是容易被消化的。

(五) 对热和加工的稳定性

食物中不稳定的过敏原，在食用前煮熟或进行其他加工，引起致敏的可能性就比较小。

(六) 引入蛋白质的表达水平的重要性

主要食物过敏原一般为植物蛋白质总量大于 1%。

其他参数，如蛋白质功能性，分子质量(10~40kDa)，糖基化等也是可能要考虑的因素。

国内外对转基因食品致敏性评价方法的研究仍在进行之中，目前尚无权威性的评价方法。因此，在中国建立合适的转基因食品致敏性评价程序和规范是当务之急。

二、可能的致敏性蛋白的评价

当食品中含有插入基因所产生的蛋白质时，应评价其在所有情况下的潜在致敏性。应当使用决策树原则来对新表达蛋白质的致敏性进行评价。如果所引入的遗传物质来自小麦、黑麦、大麦、燕麦或相关的谷物，应该评价重组 DNA 植物食品中新表达的蛋白质在引发谷朊敏感性肠道疾病中所起的任何可能作用。应当避免从通常的致敏食品或已知能诱导敏感个体发生谷朊敏感性肠道疾病的食品中进行基因转移，除非有材料证实被转移的基因不编码致敏原与谷朊敏感性肠道疾病有关的蛋白质。

安全性评价的目标可归结为新食品和与之比较的传统对应食品同样安全、且营养价值也不低于该传统食品。然而，如果新的科学信息对最初的安全性评价提出质疑，那么应该根据新的科学信息对安全性评价进行回顾。

食物过敏反应通常在食物摄入后的几分钟到几小时内发生。在儿童和成年人中，90%以上的过敏反应是由八种或八类食物引起的：蛋、鱼、贝壳、奶、花生、大豆、坚果和小麦。一般过敏性食品都具有一些共同特点，如大多数是等电点 pI＜7 的蛋白质或糖蛋白，分子质量在 10 000~80 000Da；通常都能耐受食品加工、加热和烹调操作；可以抵抗肠道消化酶的作用等。但是，具有这些特性的物质并非都是过敏原(贾旭东，2005)。

在对一些过敏蛋白的分子基础进行研究时发现，T 细胞抗原决定簇为两段十二肽，处于分子中的 105~116 及 193~204 位的氨基酸残基处，在抗原的分子表面起作用，参与 T 细胞识别。B 细胞抗原决定簇为 7 段短肽，多数位于分子的 C 端，与 B 细胞表面结合，产生 IgE。一般在下列情况下转基因食品可能产生过敏性：①所转基因编码已知的过敏蛋白；②基因含过敏蛋白，如 Nebraska 大学证明，表达巴西坚果 2S 清蛋白的大豆有过敏性，该转基因大豆因此未被批准商业化；③转入蛋白与已知过敏原的氨基酸序列在免疫学上有明显的同源性。可从 Genbank、EMBL、SwissPort、PIR 等数据库查找序列同源性，但至少要有 8 个连续的氨基酸相同；④转入蛋白属某类蛋白的成员，而这类蛋白家族的某些成员是过敏原。如肌动蛋白抑制蛋白为一类小相对分子质量蛋白，在脊椎动物、无脊椎动物、植物及真菌中普遍存在。但在花粉、蔬菜、水果中的肌动蛋白抑制蛋白为交叉反应过敏原。

已知过敏原的检测是比较容易的，例如，上述转基因大豆中引入的巴西坚果蛋白，当巴西坚果的基因插入大豆，用普通测试已知过敏反应的方法，就能测出巴西坚果的过敏原已经转入大豆。但是如果是一种新的可能的过敏原，用现有的标准测试方法，就很难肯定或否定它的过敏性。例如，由 Aventis 公司投放市场的 StarLink 转基因 Bt 玉米中，含有的 Cry9C 杀虫蛋白就是这种情况。这种 StarLink 品牌的转基因 Bt 玉米在美国只获准用于饲料和酿造业，没有批准用于食品。

转基因 Bt 玉米，就是在玉米中插入产生苏云金芽孢杆菌(Bt)杀虫毒素蛋白的 *Bt* 基因。Bt 杀虫晶体蛋白如 Cry1A 等，一般在胃酸中很快降解，对人无毒，但对害虫，如玉米螟等有毒。但是有的 Bt 杀虫蛋白，如 Cry9C 是耐热、比较耐酸和不能消化的，对胰蛋白酶的半衰期为 8h，分子质量 10~70kDa，很可能是一种糖蛋白。小鼠在通过腹膜内和口服 Cry9C 后，能引起一种 IgE 反应，血流中可以找到完整的 Cry9C，这些性质符合潜在过敏原的条件。不过 Cry9C 的氨基酸序列和已知过敏原没有同源性。

2000年9月美国一家独立测试公司 GeneticID, 在美国食品店销售的卡夫(Kraft)玉米面小薄饼(Taco Bell Tacoshells)中发现未获准用于食品的 StarLink 转基因 Bt 玉米成分。大约一周后, FDA 核实了 Genetic ID 的测试结果, 并于10月4日发布对 Tacoshells 的二级正式回收令。Aventis 公司也主动停止销售 StarLink 玉米。以后又在300多种食用玉米产品中发现 StarLink 玉米成分, 主要是无意中和非 StarLink 玉米混杂所致。Aventis 公司被勒令回收的 StarLink 玉米和产品估计价值数亿美元。关于 Cry9C 蛋白可能引发过敏反应问题, 各方还有不同的看法, Aventis 公司在2000年10月底向美国国家环境保护局(EPA)提交的 StarLink 转基因玉米安全性最新评价报告中提出, 消费者吃了这种食品, 即使是最坏情况, 也要比敏感个体产生过敏反应所需的量低几千倍。Aventis 公司要求 EPA 暂时给予 StarLink 玉米用于食品四年的临时批准。由于 Cry9C 蛋白的过敏原性质尚无法定论, EPA 最后还是判定 Cry9C 有中等可能性, 是一种过敏原, 但是, 已接触玉米的人群中出现过敏性的可能性低。然而, 这起在食品中混入未获准转基因成分的 StarLink 事件, 已挫伤了公众对美国食品安全管理系统的信任。为了避免以后再发生类似 StarLink 的纠纷, 2001年12月 EPA、美国国家健康研究所(National Institute of Health, NIH)和 FDA 联合召开转基因食品过敏性测试和管理规程讨论会, 会议规划制定了范围广泛的研究项目, 帮助发展可靠的过敏性测试方案, 但是要完全解决上述问题尚需时日。

三、转基因食品过敏性分析方法

(一) 分析转基因食品过敏性树状分析法

国际食品生物技术委员会与国际生命科学研究院(IFBC/ILSI)的过敏性和免疫研究所一起制定了一套分析转基因食品过敏性树状分析法(图2-3)。该法重点分析基因的来源、目标蛋白与已知过敏原的序列同源性、目标蛋白与已知过敏病人血清中的 IgE 能否发生反应, 以及目标蛋白的理化特性。

若基因来自已知的过敏原, 不管是常见的或不常见的过敏原, 只要其编码的蛋白质是转基因生物的食用部分, 就应该提供数据来确定该基因是否编码一种过敏原。

按照该分析法, 第一步是做目标蛋白的免疫反应分析, 即它与对供体生物过敏病人血清中的 IgE 抗体的免疫反应性, 可用目标蛋白, 也可用转基因食品的提取物做免疫分析。在免疫分析中有如下几种情况:

如果基因来自一种常见过敏原, 则必须用14种血清。14种血清的分析结果为阴性可以大于99.9%地保证供体的一种主要过敏原未转入转基因生物, 可以大于95%地保证影响20%敏感人群的一种次要过敏原未转入转基因生物。

如果基因来自一种不常见的过敏原, 则必须用5种血清。5种血清的免疫分析结果为阴性, 则可以大于95%地保证供体的一种主要过敏原没有转入转基因生物。在这种情况下, 对这种过敏原过敏的病人会更少。对消费者的风险就更小。如果所用血清少于5种, 则需进一步做目标蛋白对消化和加工的稳定性。如果免疫试验结果为阳性, 则已充分证明转基因食品含有过敏性。

第二步, 如果转基因食品中含常见的过敏原基因, 体外免疫试验分析为阴性或结果模棱两可, 则转基因食品必须做进一步的皮肤穿刺试验, 皮肤阳性即足以证明转基因食品的提取物能促发皮肤嗜碱白细胞释放组胺。

第三步，也就是最后对过敏病人做双盲、以安慰剂做对照的食物实验(DBPCFC)，以确定转基因食品的安全性。这两种体内试验的任何一种为阳性，即证明转基因食品有过敏性。

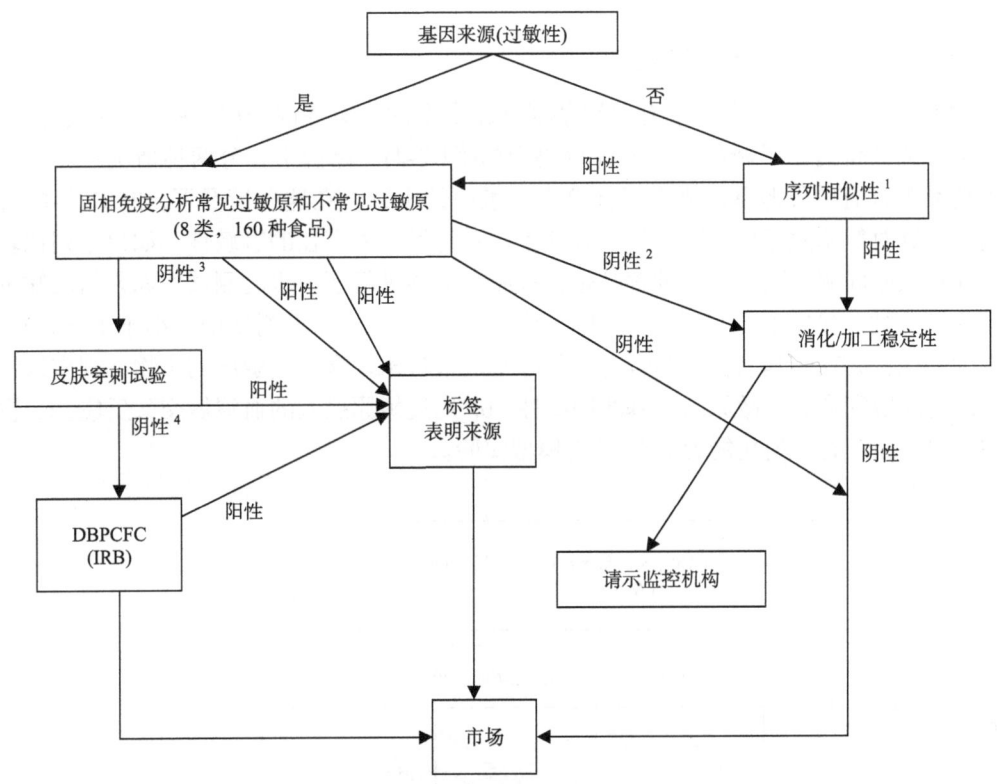

图 2-3 食品过敏性的树状分析法

1. 与所有已知的过敏原比较氨基酸序列相似性，分析所有基因产物对消化的稳定性；2. 固相免疫分析取决于能用多少血清；理想的血清是 14 种；如果少于 5 种，分析结果为阴性，则进行消化/加工稳定性测试，结果为阳性时应请示相应的监控机构；3. 如果结果模棱两可或怀疑为阴性，则进入皮试；4. 根据固相免疫分析和皮试结果，如果没有证据证明有过敏性，则进行食品的以安慰剂做对照的食物双盲试验(Double-blind, placebo-controlled food challenge, DBPCFC 试验)；DBPCFC 表示双盲、以安慰剂做对照的食物试验，为保证没有过敏性，DBPCFC 实验必须经机构审查委员会(Institutional Review Board, IRB)批准

如果基因来自未知是否有过敏性的生物，如病毒、细菌、昆虫、非食品植物等，则分析就比较困难。分析这类蛋白质的第一步是与已知的过敏原蛋白比较氨基酸序列。显著的序列相似性要求至少有 8 个连续的氨基酸相同。如果发现外源目标基因产生的蛋白质与已知的过敏原有序列同源性，就必须用对这一过敏原过敏病人的血清做免疫反应，步骤如上所述。

用这种树状分析法分析了含巴西坚果高甲硫氨酸储藏蛋白 2S 清蛋白的转基因大豆，这种大豆原拟作为改良的动物饲料。巴西坚果是一种常见的过敏性食物，用对巴西坚果过敏病人的血清做免疫分析，说明所转的储藏蛋白可能是一种过敏原。再用 SDS 凝胶电泳与巴西坚果过敏者的血清做免疫杂交，说明这种储藏蛋白的确是一种主要过敏原。它可为 9 个病人中 8 个血清所识别,在转基因大豆中也发现这种蛋白质。在对 3 位过敏病人的皮肤穿刺试验中,证明为阳性,进一步证明这种转基因大豆的潜在过敏性。孟山都公司也用这种树状分析评价抗除草剂草甘膦大豆的潜在过敏性,结果发现转入大豆的 EPSPS 酶与已知过敏原无明显的序列同源性,在模拟的哺乳动物消化系统中很快被消化降解。

(二) 新的过敏原评价决定树

2001 年 FAO/WHO 举行了有关转基因食品安全的专家咨询会议,在会议的报告中,对过敏原的评价提出了新的过敏原评价决定树(图 2-4)。评价主要分两种情况:①在转基因食品中含有的外源基因来自已知含有过敏原的生物,在这种情况下,2001 年的决定树主要针对氨基酸序列的同源性和表达蛋白对过敏病人潜在的过敏性。如果序列比较与已知过敏原同源,则表明这种食品是过敏原,无须进行下一步的测试。如果与已知过敏原无同源性,则需要用过敏病人的血清做进一步测试,如果测试结果小于 10kIU/L,则视为安全;②在转基因食品中含有的外源基因来自未知含有过敏原的生物,则应该考虑:a. 与环境和食品过敏原的氨基酸同源性。b. 用过敏原病人的血清做交叉反应。c. 胃蛋白酶对基因产物的消化能力。d. 动物模型实验。

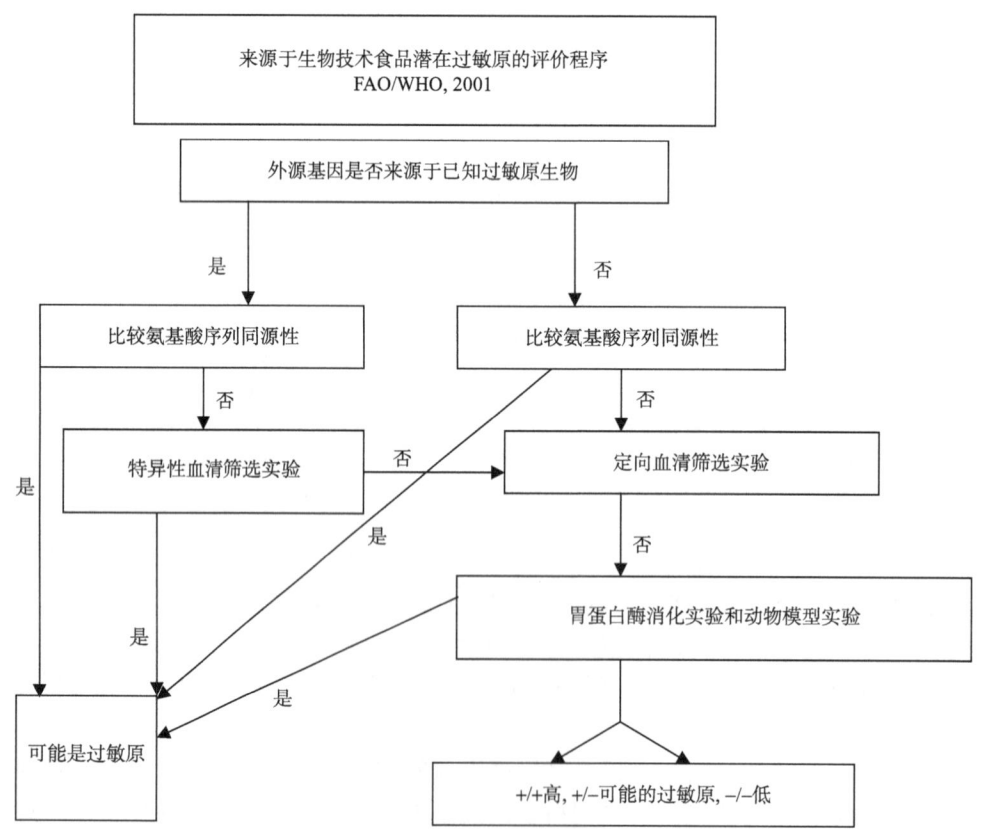

图 2-4 过敏原评价决定树(FAO/WHO, 2001)

新的过敏原评价决定树在评价过敏原时采用了如下方法：

(1) 与过敏原数据库的同源性分析

步骤一：从蛋白质数据库中获得所有过敏原的氨基酸序列，SwissProt 和 TrEMBL 可以在 http://expasy.ch/tools；PIR 在 http://www-nbrf.Georgetown.edu/pirwww。用 FASTA 的格式获得成熟蛋白质的形式作为一组数据。

步骤二：将要评价的蛋白质选取一段 80 个氨基酸的序列。

步骤三：进入 EMBL 网址：http://www.ebi.ac.uk，用该页面中的 FASTA 软件将步骤二选取的氨基酸序列与步骤一中的过敏原分别进行同源性分析。

如果同源性超过 35%则可以认为与过敏原有显著的同源性。如果氨基酸序列有六个连续的氨基酸相同则需要用抗体实验来证实是否是潜在的过敏原。

(2) 特异性血清筛选试验

选择已知有过敏病史病人的血清做免疫学分析，但必须考虑抗原决定簇的糖基化问题。因为糖基化会影响蛋白质加工和蛋白酶水解的容易程度，以及糖基化可以改变抗原决定簇的结构，从而使抗原具有免疫原性而造成人的过敏。糖基化可以发生在 Asn 的 N 端，也可以发生在 Ser 或 Thr 的 O 端。一般，N 端的糖基化可以准确预测，而 O 端糖基化则不能准确预测。

(3) 目标血清筛选试验

在许多情况下，通过比较蛋白质与过敏原并没有发现显著的同源性，但这并不能认为这种蛋白质不是过敏原，而应该考虑外源蛋白来自何种生物，用相应的有对这种生物过敏的病人血清做测试。

(4) 消化液抗性试验

用提纯和浓缩的蛋白质做消化试验，需要用食品中的非过敏蛋白(如大豆脂清蛋白和马铃薯酸性磷酸酶)和过敏性蛋白(如牛奶中的 β-乳球蛋白和大豆胰蛋白酶抑制剂)作为对照。

(5) 动物模型试验

动物模型试验可以用 Brown Norway 鼠模型和腹膜内鼠模型，以及其他动物模型。结果用 Th1/Th2 抗体产生的情况来评价过敏性。一般需要用两种以上的方法或动物来评价。

四、转基因食品致敏性评价的一般策略和方法

(一) 对转基因食品中外源基因供体进行分类

国际食品生物技术委员会(International Food Biotechnology Council, IFBC)/国际生命科学学会(International Life Sciences Institute, ILSI)所制定的转基因食品致敏性评价方法的第一步是根据转基因食品中外源基因的来源将外源基因供体分为常见过敏原、不常见的过敏原和外源基因供体的过敏性未知三大类。有 8 种食物被列为常见过敏原，它们是大豆、花生、坚果、小麦、牛乳、鸡蛋、鱼和贝类，根据联合国粮农组织(FAO)统计，世界上 90%以上的食物过敏是由上述 8 种食物引起的。此外，还有 160 多种其他食物曾有过引起过敏反应的历史，这一类食物属不常见过敏原。在转基因食品中还经常使用另外

一类外源基因,其供体无食用历史,例如,以病毒和某些细菌为供体的外源基因,其食物过敏性未知,这一类外源基因的供体被归为第三大类。根据转基因食品中外源基因供体所属类别的不同,采取相应的方法对转基因食品的致敏性进行评价(图2-5)。

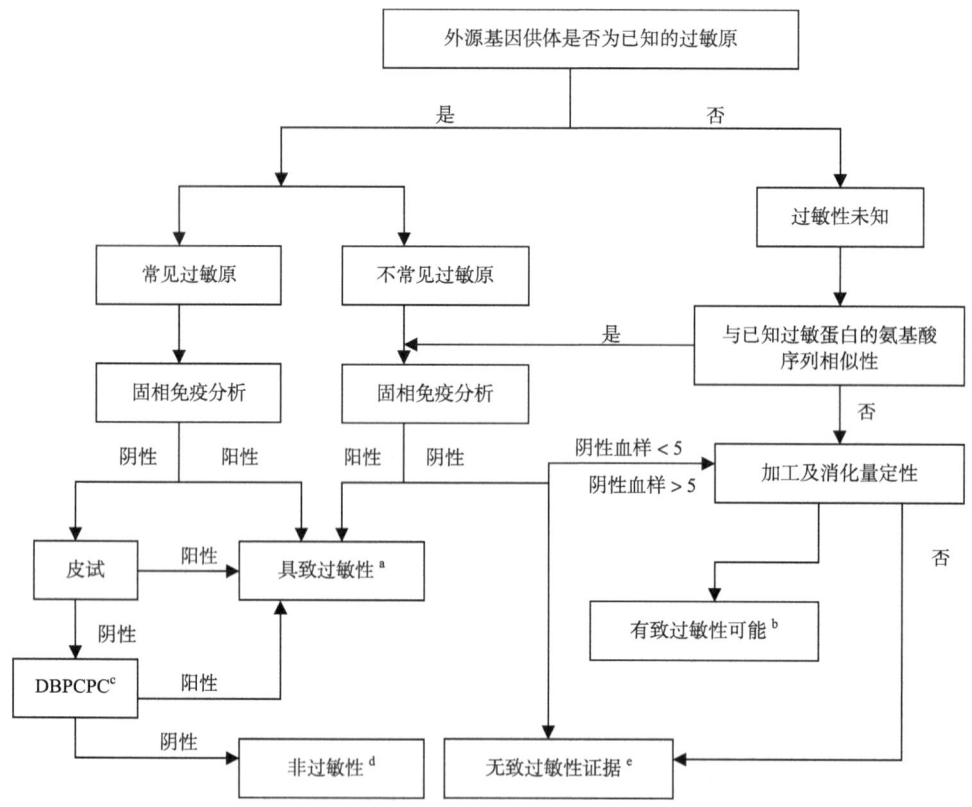

图2-5 转基因食品致过敏性评价流程图(徐茂军,2003)

参照 FAO/WHO 和 IFBC/ILSI 的方法。a. 在血清和人体试验中,任何一个试验结果出现阳性,都表明该外源基因编码蛋白为过敏原或潜在过敏原,含有此类外源基因编码蛋白的转基因食品必须加以标示,防止对此类蛋白质有过敏反应的人群误食。b. 对与已知的过敏蛋白无氨基酸序列相似性,或外源基因供体为不常见过敏原并且外源基因编码蛋白与过敏人群血清 IgE 免疫反应为阴性,但供试血样<5,并且外源基因编码蛋白具有加工和消化酶稳定性的转基因食品,应视为"具有致过敏性可能"。FAO/WHO 认为对此类食品的致过敏性需按"个案处理"(case-by-case)的原则进一步试验确认。c. 双盲无效物对照试验。d. 通过一系列的血清和人体试验,结果皆为阴性,表明含有此类外源基因表达蛋白的转基因食品"无致过敏性"。e. 对与已知过敏蛋白无氨基酸序列相似性,并且外源基因表达蛋白不具有加工及消化酶稳定性的转基因食品,可视为"无过敏性证据"。同样,对外源基因供体为不常见过敏原,外源基因编码蛋白与过敏人群血清 IgE 的免疫反应为阴性,且供试血样>5 的转基因食品,也视为"无致过敏性证据"。但是仅靠上述两个标准来评判此类转基因食品致过敏性的结果可信度一般,FAO/WHO 建议将其他一些因素,如外源基因表达水平、编码蛋白的功能等同时作为此类转基因食品致过敏性评价的依据

(二) 外源基因的供体为常见过敏原的转基因食品致过敏性评价

对此类转基因食品,除非其外源基因编码蛋白与来源于对外源基因供体有过敏反应人群的血清免疫球蛋白 E(IgE)抗体的免疫反应为阴性,否则可以直接视为"具致过敏性"。对上述免疫反应呈阴性的转基因食品,还需进一步进行皮试和双盲无效物对照试验对其

致过敏性进行进一步的评价。皮试和双盲无效物对照试验结果只要有一个呈阳性，则将该转基因食品视为"具致过敏性"。只有皮试和双盲对照试验结果全部呈阴性的转基因食品才能被最后确认为"非过敏性"食品。由于这类转基因食品的外源基因供体为常见过敏原，因此容易获得足够数量的有过敏反应的人群进行血清免疫分析和人体试验，所以上述评价结果具有非常高的可信度。

(三) 外源基因供体为不常见过敏原的转基因食品致过敏性评价

对这类转基因食品也需根据免疫反应的结果对其致过敏性进行评价。如果转基因食品中的外源基因编码蛋白与来源于对外源基因供体有过敏反应人群的血清免疫球蛋白E(IgE)抗体的免疫反应呈阳性，则将该转基因食品视为"具致过敏性"。如果上述免疫反应呈阴性，且供试的血清样品大于 5 个，则将该转基因食品视为"无致过敏性证据"。如果上述免疫反应为阴性，但供试的血清样品少于 5 个，则需要对外源基因编码蛋白进行加工及消化稳定性试验，并根据消化稳定性试验结果，评判转基因食品的致过敏性。由于在已知的食物过敏原中，除了花粉蛋白外，其他所有的过敏蛋白对消化酶都具有很高的稳定性，因此对消化酶的稳定性常被作为评判蛋白质是否为过敏原的一个指标，可以使用模拟胃液或其他一些方法进行转基因食品外源基因编码蛋白的消化稳定性试验。如果外源基因编码蛋白不具有消化稳定性，该转基因食品被视为"无致过敏性证据"，相反，则被视为"有致过敏性可能"。由于自然界中有一些蛋白质虽然具有消化稳定性，但却不一定是过敏原，因此利用消化稳定性为指标评价转基因食品致过敏性，所获结论的可靠性不是很高，往往需要进行进一步的试验确认，试验方法应视转基因食品的具体情况，采取"个案处理"的原则进行。

由于此类转基因食品中的外源基因供体为不常见过敏原，过敏反应的人群较小，往往难以获得足够数量的有过敏反应的人群进行血清免疫分析和人体试验，因此对这一类转基因食品的致过敏性评价方法不同于第一类转基因食品，即在进行有限的血清免疫分析的同时，还借助外源基因编码蛋白的消化稳定性试验进行致过敏性评价。与第一类转基因食品的致过敏性评价结果相比，这一类转基因食品的致过敏性评价结果的可靠性较低。

(四) 外源基因供体无食用和食物过敏史的转基因食品致过敏性评价

在所有转基因食品中，对此类转基因食品的致过敏性评价最困难。虽然在一般情况下，这类转基因食品中外源基因的表达水平都很低，因而引起过敏反应的可能性不是很大，但是在转基因食品被正式批准上市之前，仍需要进行相关的致过敏性评价。在 IFBC/ILSI 制定的转基因食品致过敏性评价方法中，对这类转基因食品的致过敏性评价主要是以转基因食品中外源基因编码蛋白与已知的过敏蛋白的氨基酸序列相似性比较和消化稳定性试验为依据。目前已有 300 多种已知的过敏蛋白的氨基酸序列被测定，因此，蛋白质的氨基酸序列相似性比较是转基因食品致过敏性评价的一个有效手段。在 IFBC/ILSI 制定的转基因食品致过敏性评价方法中，判断不同蛋白质之间具有氨基酸序列相似性的标准是至少要有 8 个连续的氨基酸残基完全相同，理由是能够与 T2 细胞特异结合并引起过敏反应的最小肽链长度为 8 个氨基酸残基。虽然 IFBC/ILSI 的方法是目前对外源基因供体无食用历史的转基因食品进行致过敏性评价的常用方法，但也有人对这一方法的判断标准提出异议，认为该判断标准未能将蛋白质的空间结构在过敏蛋白与T2细胞结合时所起的作用考虑在内。事实上，具有完整空间结构的过敏蛋白分子中与T2细胞结合的氨基酸残基在一级结构中有可能是不连续的。

由于这一类转基因食品中的外源基因供体无食用历史，因此无法像第一类和第二类转基因食品那样利用食物过敏症患者进行血清免疫分析和人体试验进行致过敏性评价。目前转基因食品中大量使用的外源基因的供体多属于第三种类型，例如，目前在转基因植物性食品中广泛使用的抗生素抗性基因、抗病及抗虫基因大多来自于无食用历史的微生物，因此此类转基因食品的致过敏性评价是转基因食品安全性评价中的重点内容。IFBC/ILSI和FAO/WHO目前所采用的方法都是以过敏蛋白的氨基酸序列相似性比较和消化稳定性试验为基础，对外源基因供体无食用历史的转基因食品的致过敏性进行评价，这种评价方法的结果存在着可信度低等问题。因此，如何针对此类转基因食品的特点，建立更加可靠的致过敏性评价方法将是今后转基因食品安全性评价的一个研究重点。

五、致敏性评价方法的其他存在问题

除了以上提到的常用的检测方法本身的一些问题外，还有以下几点因素需要考虑：

(一) 食品上市后的监测

对上市后的食品进行致敏性评价和监测有利于保证食品的安全性。其主要手段是建立一个报告系统，报告的主要内容包括：①与致敏性相关的临床结果；②报告的副作用与特定转基因食品成分的因果关系。从理论上讲，该报告系统非常理想。然而，有许多因素限制了转基因食品上市后监测系统的可行性：①转基因食品或成分的标示；②缺乏相关食物过敏的发生率和流行情况的背景资料；③存在许多混杂因素；④人们的膳食随时间而改变；⑤缺乏训练有素的专家和基础设施，在发展中国家更是如此。

(二) 蛋白质表达水平

强致敏原的表达水平一般比较高。然而，毫克水平的致敏原就能使敏感个体致敏。敏感个体低水平暴露时就能表现出食物过敏的客观症状，但暴露水平不能低于500μg。因此，从致敏性的角度来说，不可能确定一种蛋白质的安全表达水平。所以，2001年FAO/WHO生物技术食品致敏性联合专家咨询会议认为不能将表达水平作为重组蛋白质致敏性评估的标准。

(三) 非预期效应

就致敏性而言，要特别注意两类非预期效应：①基因插入激活或抑制宿主基因，使其特定蛋白质过度表达或低表达。如果宿主植物含有已知致敏蛋白质，则存在致敏原水平升高的可能性；②转基因食品和传统食品比较后，如果有证据表明插入基因产生了新蛋白质，则要对这些蛋白质的致敏性进行评价。

随着食品安全问题日益受到重视，转基因食品潜在致敏性的评估也引起了越来越多的关注。相关的国际组织建立了一些致敏性评价的程序。2000年起我国已开展转基因食品潜在致敏性的研究，并着手建立相应的评估方法、评估程序和管理法规。目前，对转基因组织中外源基因产物的致敏性研究较少,对其潜在致敏性的评估比较复杂。在多数情况下,仅仅将转基因的序列与已知致敏原做相似性比较是不够的。血清学试验及耐消化、耐热性检验应当是必需的。但是,如前所述,目前国内外转基因食品潜在致敏性评估的方法和手段尚不完善。主要的问题是:①评估策略需要进一步改进;②食物致敏原数据库资料不全,尚不能进行蛋白质间空间结构相似性比较;③国外已建立了较为完备的过敏患者血清库,国内尚处于创建阶段;④尚未建立致敏原评价的标准动物模型及动物模型试验的标准方法。

对致敏原做定量的评估时还涉及标准化致敏原的采用。有的研究者提到,不同糖基化的多肽致敏原其致敏性不同,应以克隆的致敏原基因在原核细胞中表达的多肽做标准试样进行比较试验,目前在国外已普遍采纳用重组致敏原做试验。有几种致敏原对中国人群十分重要,蒿属植物和葎草的花粉以及尘螨中所含的致敏原常引起过敏,临床诊断时,首先检查患者对这3种提取物致敏性的反应。如今关于蒿属、葎草致敏原的资料十分缺乏。因此,在检验一种未知的基因产物是否是中国人群的致敏原时,缺少精确的定性和定量测定手段,在加紧研究的同时,应当考虑使我国的评估手段更加符合中国的实际情况。应在科学的基础上研究并建立符合我国情况的致敏性评估程序、评估标准和评估方法。

第四节 非期望效应分析

人为地把新基因插入生物体时不可避免地新基因并非全部插入到研究者所期待的位点上,由此可能会产生某些没有预料到的效应,称为非期望效应。可以分为:可预料的非期望效应是指,插入了目的基因后超出其预期效应的效应,但是用我们目前所拥有的植物学知识和有关代谢途径的整合和交流的知识是可以解释的;不可预料的非期望效应指的是我们目前的认识水平所不能解释的变化。转基因作物至少要考察5代才能得出结论,因为不知道遗传稳定性如何。对健康有不良作用的各种非期望效应对转基因食品的安全性评价至关重要。农业遗传学家在研究与开发新的转基因作物初期,对非期望效应研究不多,对是否有可能损害人类健康(如基因转移)或生态环境(如基因污染)的效应不甚了解,而有些科学家的研究结论比较片面,或不够周到。

转基因食品的安全性主要决定于插入基因(目的基因)编码蛋白的功能及其与人体健康的关系:外源基因的插入对受体生物体原有基因表达的干扰,例如,使原来未表达的基因表达,其表达产物(一般为蛋白质)可能有害;对原有编码营养素的基因表达下调或不表达,使营养价值下降;对原有编码毒素的基因表达上调,产生更多的毒素(王晓通和娄义洲,2004)。因此,转基因食品的安全性涉及:①受体生物体毒素的增多,或者带来新的毒素,引起急性的或慢性的中毒。众所周知,在不少的传统食用植物中含有少量的毒素,如芥酸、黄豆毒素、番茄毒素、棉酚、龙葵素、腈水解酶、氢氰酸、固醇、酪胺和组氨酸等,它们可以被带入传统食品中。这些原有毒素的量在转基因食品中不应该增加,更不应该产生新的毒素。但这是难以预知的;②插入的外源基因产生新的蛋白质可能会引起人体的过敏反应;③转基因食品的营养成分改变了,可能使人类的营养结构失衡。这些可能的改变就是上面提到的非期望效应,要加以检测和评价。

无论哪一种原因引起转基因作物的细胞成分的改变，插入基因及其产物都可能对宿主细胞的代谢产生很大影响，因为激活基因的蛋白质产物可能导致非预期效应并产生有潜在毒性的产物，调节代谢会造成有害物的累积。因此，在将转基因作物上市前，必须对由插入基因可能引起的非预期和非目标结果的代谢紊乱给予足够的重视。例如，在番茄中表达反义酸性蔗糖酶基因可以改变番茄果实中的可溶性糖成分，使蔗糖浓度增加，己糖的浓度降低。但非预期的结果是蔗糖浓度高的番茄果实明显小于对照约30%，并且变小的果实乙烯生成速率增加。表2-9中列出了部分转基因作物表型和组分发生的非期望效应。

表2-9 一些转基因作物表型和组分发生的非期望效应

寄主植物	特性	非期望效应
马铃薯	表达蔗糖-6-果糖基转移酶	不利的块茎组织代谢紊乱、韧皮部糖类转运受损
小麦	表达磷脂酰丝氨酸合成酶	坏、腐
大豆	表达草甘膦抗性	高土温下(45℃)茎秆开裂，产量下降40%以上，正常土温下(20℃)木质素含量高达20%
小麦	表达葡萄糖氧化酶	产生植物毒素
水稻	表达大豆球蛋白	维生素B_6增加50%
马铃薯	表达大豆球蛋白	龙葵碱含量增加16%~88%
马铃薯	表达酵母转化酶	龙葵碱含量降低37%~48%
油菜	超量表达八氢番茄红素合成酶	维生素E、叶绿素、脂肪酸和八氢番茄红素的代谢发生变化
水稻	表达类胡萝卜素生物合成途径	形成未预料的类胡萝卜素衍生物(β-胡萝卜素、叶黄素、玉米黄质)

非期望效应的研究是国际上生物技术食品安全性研究的前沿课题，对其研究的分析手段涉及了现代分析仪器技术和现代分子生物学研究技术。目前的研究主要在以下两个方面进行。

一、定向方法检测非期望效应

对一些重要营养素和关键毒素进行单成分分析的定向方法，也就是第一节所介绍的营养成分与抗营养因子的检测，作为实质等同性概念的一部分，已经被国际团体广泛接受，并且被成功地应用到第一代转基因作物的安全评价中。使用定向方法来进行特定组分的比较分析，在确定转基因系与非转基因亲本之间遗传修饰的非期望效应差异上，是极为有用的。选择要分析的化合物是做定向分析的第一步，然而要完成风险评估过程，缺乏规定了需要分析的整个范围的公认的指导原则。此外，一些学者认为定向方法的结果是有偏倚的，只集中于研究已知的化合物以及预料到的/可预料的效应，而对未知的和不可预料的效应则永远是个盲区。

二、非定向方法检测非期望效应

压型分析方法(profiling method)包括，用微阵列分析基因表达(功能基因组学)、蛋白质双向电泳和质谱(蛋白质组学)分析蛋白质、液谱结合核磁共振分析化合物(代谢组学)。

有学者认为，压型方法在食品安全评价中会是完善定向方法的补充方案，因为用定向方法可能比较不出转基因与非转基因作物的组成差异。使用这套方法可以以非选择性、无偏倚的方式筛选出被修饰寄主生物在细胞或组织水平的生理或代谢水平的可能变化。下面分别从功能基因组学、蛋白质组学、代谢组学这三个水平进行介绍。

(一) 功能基因组学

功能基因组研究的是被转录基因和相关的调控元件的功能。在实践中，功能基因组研究的是基因的直接表达产物，这个表达产物即 mRNA 被反转录成更为稳定的 cDNA，用微阵列技术分析。这项技术的优势在于在一个固体表面排列有多个探针，实现在同一反应中要检测的标记样品同时与多个探针杂交。此外，在过去的几年中也开发了其他一些阵列，如电荷阵列系统和悬浮液阵列。电荷阵列系统是将标记好的带负电荷的 DNA 溶液与阵列上带正电的点杂交。悬浮液阵列的探针是结合在特定的聚苯乙烯树脂(polystrene)的珠子上，而不是常见的基因特异的 PCR 产物通过点样或原位合成结合在固体支持物表面。

根据此项技术可以建立转基因植物的单独的或混合组织样品的基因表达图谱，并与对照(未修饰的或整合有空载体序列的)植物的同等类型的样品做比较。基因表达图谱中所检测到的表达差异可能说明发生了遗传修饰的非期望效应，由此提供的信息可以进一步研究和毒理学的关系。微阵列技术可以大量地平行筛选不同来源组织的基因表达差异。这个方法在基础研究中的应用价值很大，微阵列上使用的探针是 cDNA 或功能特性了解得比较清楚的序列。此外，表达序列标签是与特定生理、发育、环境条件所联系的基因序列，用表达序列标签(EST)在微阵列分析中，可以研究与这些条件相联系的代谢途径的变化。对生物技术食品的基因表达研究应该集中在抗营养因子、天然毒素和正向营养因子(微量和大量营养素)形成的代谢途径上，来监测可能发生的非期望效应。目前还没有关于 DNA 微阵列技术用于检测转基因产品非期望效应的发表的数据。在欧盟第五框架项目 GMOCARE 中，用 DNA 微阵列技术分析基因表达差异作为未来食品安全评价的改进策略正在评估之中。

在使用微阵列技术评价转基因食品的安全性之前，几点值得注意的事项：

(1) 点样的数量和类型：为了通过分析杂交结果得到更多的信息，应该从来自所要研究的作物的相关组织中选取尽量多的序列点样。

(2) 点样的序列最好是不冗余的，每个序列只出现一次，序列的部分片段只出现有限次。

(3) 阵列最好包括在组织中通常不表达，但是通过基因修饰而被激活的代谢途径的序列。这在实际中可能不好操作，但是很有必要。

(4) 在基因组数据库中，关于 EST 的注释不是很可靠的，在讨论检测到的差异与毒理学关系之前要确认其功能。

(5) 取样过程很关键，因为用于点样的不同组织样品中 RNA 的变异可能要比由于基因修饰造成的基因表达差异更大。随着对各个组织天然变异引起的表达水平了解的增多，用参考序列可以修正取样过程。

(6) 微阵列方法得到的杂交结果的数据分析也很关键。目前这类软件的发展很快，使从大量数据中寻找由遗传修饰引起的基因表达图谱的相似变化更为容易。已经有将序列信息、遗传信息、基因表达、同形、调控、功能、相互反应和表型信息结合起来的数据库出现。

(二) 蛋白质组学

蛋白质组学主要应用于三个领域：①确定蛋白质、前体以及翻译后修饰；②用差异显示蛋白质组以确定蛋白质量上的变异；③研究蛋白质与蛋白质的交互作用。确定蛋白质复合体中的组分和研究细胞结构在功能分析中有很重要的作用，也将是蛋白质组学的最大的发展前景所在。

蛋白质组学实质上是三大技术的融合，即高分辨双向电泳(2-DE)分离组织中的蛋白质，图像分析帮助比较分离结果，质谱(MS)确定感兴趣蛋白质的性质。

1. 蛋白质组学的地位和应用

蛋白质组学方法完善了其他组学方法，对我们理解发育、结构和代谢很关键，随着数据库的扩大和完善，从双向蛋白质电泳凝胶上确定蛋白质的能力会不断增强，因此是未来检测和理解转基因作物非期望效应的很有前途的方法。除此之外，蛋白质组学方法结合适当的用人血清做的免疫印迹的方法能帮助确定作物或食物成分(如乳化剂和泡沫稳定剂)中的潜在过敏原。在确定前体、翻译后修饰和蛋白质的降解产物上，蛋白质组学方法也很有用处。蛋白质组学方法结合免疫学检测方法，对于研究新的融合蛋白是否是产生于转基因整合位点很有帮助。

与其他分离方法相比，双向蛋白质数电泳的分离有很高的分辨率。所分离的蛋白质以矩阵形嵌在凝胶中，可以高灵敏度地被检测到。分离出的蛋白质可以容易地提取出来做进一步分析，如做全序列分析。在一张胶中可以溶解 10 000 种不同蛋白质，这个数量级与真核细胞表达出的蛋白质估计数相类似。

虽然目前还未曾使用，但是蛋白质组学将是检测和分析转基因作物或其他育种方法培育的作物非期望效应的很有用的工具。以下的例子，用的虽然不是蛋白质组学的方法，但很近似。用反义技术开发的低谷蛋白稻米，用 SDS-PAGE 发现其他蛋白质如醇溶谷蛋白的水平非期望性地增长。用标准的营养分析(总蛋白/氨基酸图谱)这是检测不到的，但是如果用作食品，会影响营养品质和过敏性。

2. 蛋白质组学用于非期望效应检测的限制因素

在蛋白质组学的研究中，蛋白质的提取过程很关键。蛋白质提取的难易主要看蛋白质的来源(植物、组织、细胞分隔、蛋白质结构)。疏水蛋白和过大/过小的蛋白质、酸性／碱性的蛋白质在提取过程中很容易丢失，低丰度的蛋白质可能检测不到。虽然一些方法允许实验和对照样品在同一块凝胶上跑电泳，样品处理和电泳过程仍存在可重复性的问题。染色过程的灵敏度限制了用于上样、定性和定量的蛋白质的量，因为双向电泳凝胶图样的统计处理还没有完全解决。

为了使不同实验室得到的数据组之间能做比较，需要发展出一套样品分离和电泳的标准方法。因为在这个多步骤的过程中，很小的变化就能对最终得到的蛋白图样有很大的影响。此外也需要了解有关天然变异的背景信息。

不同种类作物的发育过程、储藏情况、遗传、农艺和环境因子同样会影响蛋白质组。还有一个值得考虑的问题是，样品可能含有非宿主蛋白，例如，由于有植物内生的微生物(真菌、细菌、病毒)，感染的植物材料和健康的蛋白质图样不同。

(三) 代谢组学

细胞中代谢物的总和叫做代谢组，研究测量代谢组的科学叫做代谢组学。

Fiehn 把有关代谢方面的研究分为四类，从中可以更好地理解代谢组学所处的地位和作用：

(1) 目标化合物分析(target compound analysis)：分析受修饰或实验直接影响的化合物；

(2) 代谢压型(metabolic analysis)：分析与已知代谢相连的一组化合物；

(3) 指纹图谱(fingerprinting)：不做单个化合物的定性和定量分析，广泛分析大量数据，迅速筛选为样品分类；

(4) 代谢组学(metabolomics)：辐射全部的化合物类别，为尽量多的各个化合物定性和定量。

目前代谢组学用到的主要技术是气相色谱(GC)、高效液相色谱(HPLC)和核磁共振(NMR)。分析上述类型的(1)和(2)传统的是用色谱法分离，用色谱法时要针对具体的分析物做校准。核磁共振和傅里叶转化近红外谱(FTIR)、质谱(MS)用于粗提物的指纹图谱分析。代谢组学结合了类型(1)、(2)和(3)的元素，确保能做出足够精确的有效定量比较，当然提取和测量步骤不是对每一个要测量的单一化合物都最适合。

代谢组学方法的好坏可以用以下的标准来判断：样品制备即提取过程要简单、方便、可重复；测量方法要迅速、可重复、自动化；高灵敏度、线性反应、高解析能力；能同时检测相当宽的浓度范围内的主要和次要组分；可以给光谱和色谱中位置的峰赋值；不同样品中峰的位置一致；从复杂的数据组中自动提取信息(化合物)；数据以适当的格式表示，用于统计分析。

目前 GC/MS 是最能接近满足以上条件的方法，GC/MS 的其中一个优势是可以对未知结构的代谢物定量，另一个优势是用特征离子定量有相似保留时间(不同特征离子)不同组分。Roesnner 等利用 GC/MS 分析技术，对马铃薯块茎中 150 种化合物进行了定性和定量分析，确定了过度表达葡萄糖激酶基因、葡萄糖磷酸酶基因等转化了不同基因的转基因植株的生物化学表现，是一个应用代谢组学技术通过比较转基因植株和非转基因亲本在代谢产物方面的差别，来对转基因生物及其食品进行安全性评估的例子。

指纹方法大大增加所分析化合物的数量，由此降低不确定性，是非定向、无偏倚的检测非期望效应的有效方法，是转基因食品安全评价进一步完善的发展方向。然而，在真正发挥效力之前还有很多工作要做，比如在取样和提取步骤上，方法的标准化上，掌握作物种属间关于自然变异的背景信息上。此外，一个严重的障碍是破解出所观察到的潜在差异与生物学和毒理学效应的关系。这就需要更好地了解作物中各种化合物的天然变异情况。为此，拥有包括了不同发育阶段、不同生长环境下特定作物品种的有关基因转录、蛋白质和代谢产物图谱方面数据的交互式数据库是很有帮助的。

第二代和第三代转基因作物加强了营养方面的特性，由遗传修饰带来的对代谢过程的影响更为复杂。引入植物中的新的生物合成途径或是针对一级和二级代谢关键酶的遗传修饰，可能会产生代谢干扰，是用我们现有的对植物学以及代谢途径的整合和交互联络知识所不能解释的，由此可能导致不可预计的非期望效应以及定向方法所不能显示的代谢物水平的变化。因此，如果将来能成功解释指纹方法得到的结果的话，这可能对通过插入多个代谢途径的基因而改进了营养特性的下一代转基因作物的安全性评价更有意义。

总之，非期望效应的检测方法现在还没有一个完善的体系，仍是科研领域研究热点。主要需要解决的问题是：①如何区分植物本身生理学差异的影响；②样品制备方法的完善性与可重复性；③数据的搜集与分析，以及数据库的建立。

第五节 抗生素标记基因的安全分析

转基因植物基因组中插入的外源基因通常连接了标记基因，用于帮助转化子的选择。转基因食品中的标记基因通常是一类抗生素抗性基因，它用于基因工程操作中对转基因外植体的最初选择。人们食用转基因植物食品后，其中的绝大部分 DNA 已降解，并在肠胃道中失活。极小部分(小于 0.1%)是否会有安全性问题？例如，标记基因特别是抗生素抗性标记基因是否会转移至肠道微生物或上皮细胞，从而产生抗生素抗性？就目前的研究来看，基因水平转移(horizontal gene transfer)的可能性非常小。随着技术的发展，现在已可将转基因植物中的标记基因通过无选择标记基因植物转化系统去除。到目前为止，凡是经过科学评价和政府部门严格审批获准上市的转基因食品都是安全的，全世界数亿人食用后没有出现一例转基因食品中毒事故。

一、标记基因的安全评价原则

标记基因的安全性评价是转基因食品评价的重要环节。WHO 提出了关于标记基因的安全性评价原则：一是明确标记基因的分子、化学和生物学特性；二是标记基因与其他基因一样进行评价；三是原则上，某一标记基因的资料一旦积累，应可用于任何一种植物，也可与任何一种目的基因连接。

二、抗生素标记基因安全性问题

美国食品与药品管理局(FDA)评价抗生素抗性标记基因时，认为在采取个案分析原则的基础上，应考虑如下内容：

(一) 判断标准

判断标准为，①使用的抗生素是否是人类治疗疾病的重要抗生素；②是否经常使用；③是否口服；④在治疗中是否是独一无二不可替代的；⑤在细菌菌群中所呈现的对抗生素的抗性水平状况如何；⑥在选择压力存在时是否会发生转化。

(二) 对人体产生的直接效应

抗生素抗性基因所编码的酶在消化时对人体产生的直接效应包括该产物是否是毒性物质、是否是过敏原或诱导其他过敏原的产生、是否具有使口服抗生素失去疗效的潜在作用。

(三) 抗生素抗性基因水平转入肠道上皮细胞或肠道微生物的潜在可能性

目前认为人们在食用食品后,大部分 DNA 经过肠胃道的核酸酶消化后,已成为戊糖、嘌呤和嘧啶碱基。即使有极少部分较大片段的 DNA,在没有选择压力的环境中,在不存在感受态的受体细胞,在没有大于 20kb 的同源区的情况下,抗生素抗性基因水平转入上皮细胞的可能性是极少的。加之上皮细胞的新陈代谢周期短,这种转移更是微乎其微了。

(四) 抗生素抗性基因水平转入环境微生物的潜在可能性

在对这种可能性进行评价时认为,在土壤中存在许多微生物含有可转移的质粒,有些质粒含有抗生素抗性基因,这些微生物的数量远远超过了转基因植物残存的抗生素抗性基因的数量,加之这些抗生素抗性基因是整合在植物基因组中的,其移动性又远远低于微生物中的质粒。因此,水平转移到环境微生物的可能性也非常小。

(五) 未预料的基因多效性

这是一些学者关心的问题之一。基因的多效性有的可以预测,有的则不可预测。其效应也是可以有利,或不利。在多效性中包括次生效应,如插入位点和插入基因的产物引发的"下游"效应对代谢过程的影响。如新霉素磷酸转移酶标记基因可改变细胞的磷酸化状态。

三、标记基因的安全评价

常用的标记基因有卡那霉素抗性基因(*NptII*)、潮霉素抗性基因(*Hpt*)、草甘膦(glufosinate)抗性标记基因(*Bar*、*Pat*)、草甘膦抗性基因(*Epsps*)、绿黄隆(chlorsulfuron)抗性基因、二氢叶酸还原酶基因(*Dhfr*)、庆大霉素抗性基因(*Gent*)、红霉素抗性基因(*Mls*)、四环素抗性基因(*Tet*)等。此外,还有报告基因,如冠瘿碱基因(*Opine*)、β-葡萄糖苷酸酶基因(*Gus*)、β-半乳糖苷酶(*LacZ*)、氯霉素乙酰转移酶基因(*Cat*)等。目前被认为可安全使用的标记基因是抗生素抗性基因(*NptII*)及抗除草剂基因(*Epsps*)。在安全性检查中需要考虑的,包括抗生素抗性标记基因在人和农场动物肠道中转移,以及在土壤中向微生物的潜在水平转移及其后果。美国 FDA 食品顾问委员会(1994)的结论是,番茄中的卡那霉素抗性 *NptII* 基因极不可能在消化道中转移到微生物,不会引起安全性问题。欧盟委员会的食品科学委员会(SCF)和动物营养委员会(SCAN)也认为使用氨苄青霉素抗性基因不会引起安全性问题。抵抗某些抗生素(如卡那霉素或氨苄青霉素)的细菌在环境和人肠道内是常见的,在摄取新鲜食物时,也能得到大量天然的抗性细菌。转基因品种中的抗性标记比天然抗性细菌的危险要小得多。

综合自然界的各种因素，转基因植物和细菌间的 DNA 体内基因转移的可能性极小，但也不是绝对不可能。de Vries 和 Wackernagel 就报道过，在理想化的实验室条件下，来自转基因植物的 DNA 可以低频率地转化到土壤中常见的细菌中。欧盟出版的指令(Directive，2001/18/EC)公告说，转基因组织中可能对健康有不利的作用的抗生素抗性标记，必须逐步淘汰，根据 C 部分批准的转基因组织必须在 2004 年 12 月 31 日前逐步淘汰，根据 B 部分权威认可的转基因组织必须在 2008 年 12 月 31 日前逐步淘汰。不属于临床和兽医使用的抗生素抗性标记，仍然可以使用。新发展的替代方法必须不再产生其他与安全性有关问题。

当前，培育无抗性标记基因的转基因植物已成为基因工程育种的重要目标。近几年，转基因植物中抗性标记基因的剔除技术，已取得突破性进展。目前有应用前景的安全标记基因主要包括化合物解毒酶基因和糖类代谢酶基因等。

1994 年 FDA 完成了 Flavr Savr 延熟番茄,和用作选择标记的卡那霉素抗性基因(*NptII*)及编码的 NPTII 蛋白的评价。批准 NPTII 可作为一种添加剂，可以安全用于番茄、油菜和棉花新品种。食品中的 NPTII 蛋白在肠胃中很快降解，不会影响口服卡那霉素或新霉素的治疗效果。

四、抗生素标记基因可能产生的不安全因素

抗生素标记基因可能产生的不安全因素包括两个方面，一是标记基因的表达产物是否有毒或有过敏性，以及表达产物进入肠道内是否继续保持稳定的催化活性。由于对标记基因表达产物的结构和功能了解的比较详细，因此一般不存在毒性和过敏性，在正常的肠道环境下，这类蛋白质也很容易分解，不会继续保留催化活性。标记基因的第二个不安全因素在于基因的水平转移。由于微生物之间可能会通过转导、转化或接合等形式，进行基因水平转移。因此，在构建转基因微生物时，要求不能使用目前治疗中有效的抗生素的抗性基因做标记基因，并应修饰载体，以减少基因转移至其他微生物的可能性，同时提倡发展无标记基因技术，以减少标记基因可能带来的危害。不过，有学者认为，人类肠道菌从转基因作物中获得并开启了耐受抗生素的基因，也不是什么大问题。因为正常情况下，微生物的耐药突变率就非常高，对于现在众多耐药菌来说，从转基因食品中获得耐药基因是微不足道的。

随着转基因技术的发展，基因删除技术在消除抗生素标记基因的广泛应用，在国际上已经形成了"在主要粮食和饲料作物中不应该含有抗生素标记基因"共识。在这方面的评价和检测标准方面的研究正在减少。

第六节 加工过程对安全性的影响

产品加工主要指转基因食品定型产品的加工过程，也包括在消费过程中的其他加工方式。适当的加工方法，可以消除或者减少原产品中的某些危害因素。例如，动物食品中的病原微生物可通过加热的方法消除，天然毒素可通过生化的方法降解，基因编码产物也可以在加工阶段从食品中除去。

在评价转基因食品食用安全性问题中，加工过程对安全性的影响非常重要。进行加

工过程安全性评价应提供与非转基因对照物相比，生产加工、储存过程是否可改变转基因植物产品特性的资料，包括加工过程对转入 DNA 和蛋白质的降解、消除、变性等影响的资料，如油的提取和精炼、微生物发酵、转基因植物产品的加工、储藏等对植物中表达蛋白含量的影响。

在当前研究的一些转基因植物中，一些蛋白酶抑制剂的基因使用在转基因作物中，这些基因的产物很多也是人的抗营养因子，如转基因水稻中使用的豇豆蛋白酶抑制剂等。加工过程能否使这些物质改变其原有的毒性，能否使它们变得安全，是需要在安全评价中考虑的问题。CAC 的评价指南中也专门提出了对转基因食品加工过程对安全性影响的评价，但是，目前还没有形成一个具体评价那些内容的共识，要求采取个案评价的原则对这部分内容进行评价。对转基因大豆和对照大豆成分分析结果显示，两种大豆加工产品(包括烘烤物、去脂物、粗卵磷脂和脱色除味的精炼油)的灰分、脂肪、糖类的含量有统计学显著性差异，但由于绝对差值很小，故无生物学意义。

食品成分复杂，同时含有盐、糖、油、香料或酸，加工过程的煎、炸、煮、烤等工艺又使原料的 DNA 受到不同程度的破坏，DNA 提取成为难题，而提纯 DNA 是整个实验的关键，其效率高低直接决定着后续 PCR 成功与否。转基因食品的外源基因一般包括三个重要组成部分：调控基因、标记基因和目的基因。其中调控基因包括启动子和终止子等。大约 75%的转基因植物中使用花椰菜花叶病毒的 *CaMV*35S 启动子，常用的终止子是胭脂碱合成酶的 *Nos* 终止子，选择标记基因常用的有 *Kmr*(卡那霉素抗性基因)、*Neor*(新霉素抗性基因)等，目的基因(靶基因)如抗虫、抗除草剂基因等。可以通过对其中一种或多种基因的检测实现对转基因食品的检测。PCR 灵敏度高，因此在实验中必须设计多组对照排除假阳性结果，还可进一步采用限制性内切核酸酶酶切、Southern 杂交、DNA 测序等方法进行确证。另外，由于食品中可能同时含有几种转基因原料，为了保证食品中的组成成分还需要设定一个内源特异参照基因的检测，如玉米内在基因常检测玉米醇溶蛋白基因，而大豆中常检测凝集素基因。PCR 既可以定性也可以定量，现在已有专门的定性检测试剂盒出售，定量检测主要有半定量 PCR 法、定量竞争 PCR 法、实时定量 PCR 法，现在已成功应用实时定量 PCR 法检测各种原材料、混合物成分如玉米、大豆种子、谷类淀粉混合物，调味剂，人造奶油，干果等混合制成的食品，制饼干用的水果填料，番茄酱，饮料等。

韩军花等(2006)对表达豇豆胰蛋白酶抑制剂基因大米(转 *SCK* 基因大米)与亲本大米烹调前后的食用品质进行比较。首先对两种稻米的米质进行了测定和比较，并测定了两种大米在 40℃、60℃时的吸水率；挑选 10 名志愿者，对两种米饭的感官品质进行了评价；利用国家标准确定的方法，测定并比较大米烹调前后主要营养成分的含量并计算烹调后营养成分的保留率。结果表明，转 *SCK* 基因大米与亲本大米营养成分保留率和吸水特性无差别，两种稻米的糙米率、精米率、胶稠度、碱消值等指标类似，但转基因大米的整精米率低于亲本大米，并且代表大米外观品质的垩白米率、垩白大小等在转基因大米中较高，而其透明度则低于亲本大米。但转 *SCK* 基因大米的米质和感官评分有所下降。试验结果可认为烹调前后这些营养素的含量变化不大；大米中的抗性淀粉在烹调后显著降低，其保留率在转基因大米和亲本大米中分别为 35.2%和 44.4%，这是因为在米饭的制作过程中，淀粉糊化，淀粉酶很容易进入淀粉内部，因此不被机体消化的抗性淀粉的量显著减少。本实验中测定的两种维生素(维生素 B_1 和尼克酸)在烹调后的保留率都在 90%左右,也说明大米中主要的两种维生素在烹调时损失不大。说明转 SCK 基因大米营养价值无明显改变,米质和感官评分的下降是否与外源基因的转入有关值得引起注意。

第七节 转基因食品对有毒物质的富集能力评价

一些生物在生长期间,会对一些毒物有富集作用,如一些食用菌可以富集重金属,螺旋藻对三价铬的富集等。转基因技术是否会造成食品对一些有害物质的富集,是人们关心的问题。目前,还没有研究发现转基因食品具有对有害物质的富集作用。但是,按照预先防范的原则,需要对转基因食品是否对有害物质具有富集作用进行评价。可以根据转基因食品的具体特点,确定评价的内容。如抗虫抗病的转基因作物,可以评价是否比非转基因亲本能富集更多的农药残留、真菌毒素和重金属。美国孟山都公司对转基因玉米的研究表明,抗虫转基因玉米中农药残留与非转基因亲本没有显著的差异,而玉米中赭曲霉毒素、黄曲霉毒素和伏马毒素在转基因玉米中显著降低,主要是因为抗虫转基因玉米减轻了害虫对玉米穗的危害,从而减少了产毒微生物侵染的机会,使玉米中的真菌毒素显著降低。

尽管在世界范围内对基因食品有很多争议,但这并不影响基因食品技术的迅速发展,随着转基因食品安全评价体系的逐渐完善,转基因食品发展将进入良性循环,为世界农业发展做出巨大贡献。

参 考 文 献

陈乃用. 2003. 实质等同性原则与转基因食品的安全性评价. 工业微生物, 33(3): 44-51
顾祖维. 2005. 转基因食品的安全性及其毒理学评价. 毒理学杂志, 1: 11-13
关海宁, 徐桂花. 2006. 转基因食品的安全评价及展望. 食品研究与开发, 27(4): 172-175
韩军花, 杨月欣, 边立华等. 2006. 转 SCK 基因大米和亲本大米食用品质的比较研究营养学报, 28(1): 15-18
贾旭东. 2005. 转基因食品致敏性评价. 毒理学杂志, 19(2): 159-162
李荔. 2004. 转基因食品检测技术与安全性评价. 广东药学院学报, 25(5): 547, 548
李宁. 2005. 转基因食品的食用安全性评价. 毒理学杂志, 19(2): 85-87
芮玉奎, 黄昆仑, 王为民等. 2006. 近红外光谱技术在检测转基因油菜籽中芥酸和硫苷上的应用研究. 光谱学与光谱分析, 26(12): 2190-2192
王晓通, 娄义洲. 2004. 核酸体内代谢与转基因食品安全. 食品研究与开发, 25(3): 88-90
徐茂军. 2003. 转基因食品致过敏性的评价. 中华预防医学杂志, 37(2): 133-135

第三章　转基因生物的环境安全评价

转基因生物是指运用重组 DNA 技术将外源基因整合于受体生物基因组，从而改变其遗传组成后产生的生物及其后代。转基因生物包括转基因动物、转基因植物和转基因微生物。目前，转基因动物的研究主要集中在模式动物、鱼类以及经济价值比较高的哺乳动物方面。转基因微生物的研究主要集中在微生物制药、医药业、轻工业以及相关生态环境的生物修复过程，如现在科学家利用能够分解石油的转基因微生物清除海上石油泄漏。转基因植物的研究目前主要应用于农业和医药领域。农业领域主要是向农作物导入各种靶标基因，如抗虫、抗病、抗杂草及抗干旱、盐碱等抗逆性基因，从而提升农产品的产量和质量。医药领域主要是利用转基因植物为"植物生物反应器"，生产口服疫苗及医用蛋白等。当人类在转基因生物技术领域的一系列研究的重大突破并将转基因作物大面积推广和种植于农业生态环境中，一系列有关转基因生物的安全问题引起了公众的巨大关注和全球范围内的剧烈争论。

《生物多样性公约》里有这样的描述，生物技术产生的活性改性生物体(LMO)引起的有关问题涉及的范围很广。它们包括：植物基因的稳定性、对非针对对象产生的影响、对生态系统过程的不利影响、基因改变植物潜在脆弱性等问题；基因改变、控制基因表现、预期和非预期的改变等问题；供体生物体的表现特征，如竞争性、致病性和毒性等问题；对人类健康产生有害影响等问题。说明在对生物技术作为 21 世纪希望的同时，还不能忽视其可能带来的一系列危机。

转基因生物特别是转基因植物可能出现一些难以预料而且又具有潜在的极大危险的问题。转基因植物的独特性状是通过转基因技术实现的，并非经过长期的自然选择和遗传进化获得，所以一旦转基因植物释放到环境中，其生态行为是难以预料的。它们的存在可能会引起生物多样性的丧失，改变生态环境中的物种组成，加快许多濒危物种的灭绝速度，从而导致生态环境的恶化(表 3-1)。目前，国际上转基因生物特别是转基因植物对生态环境安全性问题主要聚焦于几个方面，包括对转基因生物环境生物多样性的影响，转基因生物基因漂移的生态风险，转基因生物杂草化及生存竞争力风险，靶标生物对转基因生物抗性或适应性风险等(贾世荣，1999)。

表 3-1　转基因植物释放到环境后潜在的危险[1]

	对环境有害的影响	造成影响的过程
农田生态系统	增加杀虫剂的使用	抗性的选择和运输到兼容植物中
	产生新的农田杂草	基因流和杂交
	转基因植物自身变为杂草	插入性状的竞争
	产生新的病毒	不同病毒基因组和蛋白质衣壳的转衣壳
	产生新的作物害虫	病原体-植物相互作用 食草动物-植物相互作用[3]
	对非目标生物的伤害	食草动物的误食

续表

	对环境有害的影响	造成影响的过程
自然生态系统[2]	侵入到新的栖息地	花粉和种子的传播 失调[3] 竞争[3]
	丧失物种的遗传多样性	基因流和杂交 竞争[3]
	对非目标物种的伤害	改变了互惠共生关系
	生物多样性的丧失	竞争[3] 环境的胁迫 增加的影响(基因、种群、物种)
	营养循环和地球化学过程的改变	与非生物环境的相互作用[3] (如转基因植物与 N_2 固定系统)
	初级生产力的改变	改变了物种的组成[3]
	增加了土壤流失	增加的影响(与环境、物种组成的相互作用)

1. 此表是综合了文献 Falk 等(1994)，Kjellsson (1997)，钱迎倩等(1988)而成；
2. 在自然生态系统中的影响在农田生态系统中也会发生；
3. 详细的可参考文献 Kjellsson 等(1994)和 Kjellsson 等(1997)。

第一节 转基因植物环境安全评价

一、生物多样性

生物多样性是所有生物种类、种内遗传变异和它们的生存环境的总称，包括所有不同种类的动物、植物和微生物及它们所拥有的基因，它们与生态环境所组成的生态系统。一般来讲，生物多样性主要包括遗传多样性、物种多样性和生态系统多样性三个层次。

生物多样性是地球生命的基础，是人类获得物质与精神资源的源泉，对人类的生存与发展，对于维护整个生态平衡具有重要作用，一旦转基因生物对生物多样性具有潜在风险，其破坏性后果是不言而喻的。

二、转基因生物对生物多样性影响

(一) 对物种多样性影响

物种多样性指种与种之间的多样性，即物种在分类学上的多样性。当今大多数重要的农作物都是从野生物种中选择和培育而成的。畜、禽、鱼等许多重要的农业动物也是如此。目前，利用野生物种培育优良品种仍是育种工作的重要手段。例如甜番茄，就是从秘鲁的一个野生种培育而成的。中国的杂交水稻，也是利用野生稻的不育基因培育而成的。从发展的观点来看，许多物种的潜在价值尚未被认识。保护多样化的物种并对其进行深入的研究，是生物资源开发利用的前提，也是优化农业生态系统结构的基础。同时，物种多样性的保护和研究利用在病虫害综合防治，保护生态环境上也有重要作用。

转基因生物对物种多样性存在有潜在威胁。转基因生物若有很强的适应性与竞争能力，如转基因植物由于导入了耐除草剂、抗病毒、抗虫、抗特殊环境胁迫等性状，可能对生态系统中的靶标生物、非靶标生物物种及相关生物物种多样性产生影响也可能取代其他物种，产生复杂的生态效应。

1. 转基因作物的杂草化

由于杂草强大的生存竞争能力，造成世界农作物产量及农业生产蒙受巨大损失。为了控制杂草，世界各国每年都要投入巨大的资金和劳力。1972年统计，全世界因草害使作物减产达204亿美元。1991年仅美国就花费约40亿美元用以控制杂草，这个数字还在逐年增长(陈英明等，2002)。鉴于杂草能够产生严重的经济和生态上的后果，转基因作物可能带来的"杂草化"问题便成为最主要的风险之一。转基因作物杂草化问题包含两方面的含义：一是转基因作物本身的"杂草化"；二是转基因作物抗性基因(尤其是抗除草剂基因)漂移到杂草上，导致杂草抗性的产生，从而更加难以防除。

(1) 自身杂草化问题。在讨论转基因作物变成杂草的可能性时，首先应考虑遗传转化的受体植物有无杂草化的特征，许多重要的农作物并不具有这些特征。一般认为，杂草化是多个基因共同作用的结果，仅仅因为一两个基因的加入就使它们转变成杂草的可能性很小。抗虫、抗病、抗除草剂、抗逆的转基因植物，在一些特殊的生态环境下其生长势、竞争力应有所增加，一旦离开了特定的选择压，其生存竞争能力就不再增加，甚至会丧失。对本身就具有很强的杂草特性的作物，如甘蔗、苜蓿、大麦、水稻、莴苣、马铃薯、小麦、燕麦、高粱、油菜、向日葵等，由于具备了比原亲本植物更强的生存能力而有更多的机会变为杂草。转基因水稻、玉米、棉花、马铃薯、亚麻等的田间试验结果表明，转基因植株在生长势、种子活力及越冬能力等方面与非转基因植株差别不大，演变成为农田杂草的可能性很小。即使转入的基因是抗除草剂基因、抗虫基因，在没有选择压力的条件下，转基因作物的生存竞争能力与普通作物也没有区别。

(2) 通过"基因漂移"使杂草成为"超级杂草"。"超级杂草"一词最初来源于加拿大抗除草剂转基因油菜事件。由于多年在相邻地块中种植抗各种除草剂的转基因油菜，在加拿大的油菜地里发现了个别油菜植株可以抗一种以上的除草剂，被称为"超级杂草"，以后这一词被广泛应用。尽管后来发现这种所谓的"超级杂草"仍可被另外一种除草剂2,4-D杀死，但仍然引起了人们对转基因作物基因漂移问题的高度关注。

2. 对靶标生物及相关生物物种多样性的影响

长期使用一种除草剂，势必导致杂草对其抗性的提高。研究人员已经在特拉华州、新泽西州、马里兰州发现了具有抗草甘膦性状的加拿大飞蓬，并且认为是植物自身产生了抗草甘膦性状，牛筋草也表现出了抗草甘膦性状，而且农民喷洒除草剂的次数逐年增加，并且需添加辅助性除草剂。世界上已发现多种杂草对三氮苯类除草剂产生了抗药性。在农民使用除草剂的量不够多的情况下，对除草剂有抗性的杂草群体仍能萌发，对除草剂敏感的杂草群体也会发展出对除草剂的耐性，从而取代没有耐性的杂草，改变杂草种群结构。

抗虫转基因作物连年大面积种植，将会导致一个主要问题是靶标昆虫抗性演化。*Bt* 基因在植物体内持续表达，使得靶标害虫长期受到 Bt 蛋白的选择，促使害虫对 Bt 蛋白产生抗性。国内外已有研究表明：转基因抗虫棉对第一、第二代棉铃虫有很好的毒杀效果，但是在棉花生长的后期，由于毒蛋白表达量的降低，可能会导致棉铃虫对转基因抗虫棉产生一定的适应性。有报道指出，在实验室经过16代筛选，棉铃虫对3种Bt杀虫物质均产生抗性。实验室中已经发现，鳞翅目、鞘翅目和双翅目的某些昆虫对Bt毒素耐受性增加。

转基因抗病毒作物对生物多样性的影响也引起了科学家们的高度关注，它们可能导致新病毒的产生、病毒寄主范围扩大及通过病毒间的协同作用使得病毒病更加严重。在乌干达木薯中已发现非洲木薯花叶病毒(ACMV)和东非木薯花叶病毒(EACMV)在植物体内发生重组，形成新的杂种病毒。这种杂种病毒正在毁灭整个乌干达木薯。

3. 对非靶标生物物种多样性的影响

种植转基因植物不仅能够控制靶标害虫，而且可能对非靶标物种具有潜在风险。转基因植物的大面积应用，其花粉对家蚕等经济昆虫和传粉蜂类的潜在影响备受关注。此外，转基因植物的环境释放，有可能通过基因水平转移、根系活性分泌物改变和残体中生化成分的改变来影响土壤动物和微生物区系的组成和结构，进而影响整个土壤生态系统的功能。

(1) 对天敌的生态毒性

转基因抗虫植物表达的杀虫蛋白不仅作用于目标害虫，也必然影响到非目标害虫和天敌的生活力。这些影响包括转基因作物表达的毒蛋白或改性蛋白对天敌存活和发育的直接毒害或通过害虫对天敌产生的间接毒害，天敌对转基因作物上的目标害虫行为/生理/生殖的反应，天敌种类及种群数量的变化，天敌群落结构和种群动态的变化等。针对捕食性天敌，多数研究表明取食了转基因作物的植食性昆虫猎物对捕食性昆虫的个体生长发育、生殖、捕食行为等特性均无不良影响，转基因植物花粉和汁液对捕食性天敌没有直接毒性。但也有研究表明转基因抗虫植物对捕食性昆虫生物学特性产生不利影响，如取食Bt玉米的害虫对普通草蛉(*Chrysopa carnea*)幼虫具有毒害作用，使其发育时间延长、死亡率增大；龟纹瓢虫(*Propylea japonica*)幼虫取食Bt棉上的棉蚜，成虫的畸形率上升；用Bt棉饲养的斜纹夜蛾初孵幼虫，龟纹瓢虫1龄幼虫体重低于对照，较少发育至2龄。部分研究表明取食了转基因植物的植食性昆虫寄主对寄生性昆虫的个体寄生、发育、行为等产生不良影响；但也有报道指出转基因表达蛋白对寄生蜂生物学特性无不良影响。

(2) 对天敌种群和群落的影响

迄今，多数研究表明转基因作物对田间捕食性天敌和寄生性天敌种群数量或群落组成的影响较小，对天敌的生态功能也未见显著影响。但也有研究表明，转基因作物田间天敌群落发生显著变化，例如，转*Bt*基因玉米田和转*Cry3A*基因马铃薯田的步甲数量均明显少于常规作物田；转*Bt*基因棉田龟纹瓢虫等捕食性天敌与寄生蜂的种群数量下降，天敌亚群落的多样性显著降低。

(3) 对经济昆虫的影响

家蚕(*Bombyx mori*)和柞蚕(*Antheraea pernyi*)是我国的重要经济昆虫，与Bt作物的靶标害虫同属鳞翅目。Bt作物的花粉会飘落到柞树或桑树上，特别是我国南方养蚕地区的传统作物种植模式是桑稻间种，所以，Bt作物的大面积推广可能会对这两种经济昆虫造成不良影响。研究表明，转 *Cry1Ab* 基因水稻在我国南方养蚕地区推广可能对家蚕的生长发育产生负面影响；转 *Cry1Ac* 基因棉花、转 *Cry1Ac* 和 *CpTI* 基因棉花和转 *Cry1Ab* 基因玉米的花粉对家蚕发育和产卵均无显著影响，且无明显的剂量效应；转基因棉花花粉对柞蚕 1~3 龄幼虫的发育及取食也无显著影响。

(4) 对传粉昆虫的影响

自然界 75%~85%的显花植物是虫媒花，一些转基因植物需要蜂类传粉，或可作为传粉昆虫的食物来源。随着转基因植物种类的增加和种植面积的迅速扩大，蜂类等传粉昆虫受影响的可能性也越来越大，特别是抗虫转基因植物对传粉蜂类的影响。目前，转基因植物对蜂类的安全性评估已在不同层次展开。实验室层次上的研究表明，某些种类的转基因蛋白会对蜂类的生存、中肠蛋白酶活性和嗅觉学习行为等产生不良影响。Bt 棉的花粉对蜜蜂工蜂无急性毒性作用，工蜂的寿命和过氧化物酶活性也未受显著影响。目前未发现转基因植物对蜜蜂取食行为产生显著影响。半大田层次的试验则多未发现负面影响。现有研究表明，转基因植物对蜂类的影响与转基因植物的生物学特征、目的基因的类型和性质、转基因在植物不同部位的表达特异性及表达量等密切相关。

(5) 对土壤微生物的影响

转基因植物对土壤微生物的直接影响取决于转基因植物产生的外源蛋白质的作用范围及其在土壤环境中的积累量。由于外源基因的导入和表达，转基因植物的代谢、生理生化性质及根系分泌物组成可能产生变化，这些变化将对土壤微生物产生间接影响。目前国内外这方面的报道较少，结论也不一致。如用 T4 溶菌酶基因转化的转基因抗细菌病害马铃薯对土壤中的好氧微生物总量和有益微生物数量均无显著影响；Bt 棉可提高土壤中细菌和真菌的数量；不同生育期 Bt 棉根际微生物的数量与对照差异不显著；Bt 水稻田土壤中真菌数量提高，细菌数量显著降低，放线菌数量没有显著变化；Bt 水稻对土壤中反硝化细菌和产甲烷细菌种群有显著抑制作用，对厌氧发酵细菌种群有显著刺激作用，对厌氧固氮细菌种群有一定刺激作用。种植转基因番茄的土壤中微生物的数量和种类产生一定变化，但土壤的总 DNA 及菌株 DNA 中均未检测到外源基因扩增产物。可见，由于目前此类研究报道中转基因植物种类、考察的微生物种类和研究方法不同，结果也不尽相同。转基因植物对土壤微生物区系的影响有待进一步深入研究。

(6) 对土壤动物的影响

土壤动物功能群在土壤物质转化及养分释放中起着重要作用，可反映不明污染物在生态系统中造成的影响。近年来已发现转基因植物会影响土壤动物群落(吴建军和李全胜，1996)。例如，Bt 玉米影响土壤弹尾目昆虫的繁殖率；转 *Gna* 和 *Con A* 基因马铃薯降低土壤原生动物的活性；转基因烟草(蛋白酶抑制剂 I)增加土壤线虫的密度，导致土壤动物群落和植物残留物分解的改变；Bt 棉提高土壤线虫和分解者的密度；转几丁质酶和葡聚糖酶基因水稻可降低弹尾目昆虫的 *Folsomia candida* 和线蚓(*Enchytraeus crypticus*)的密度，提高弹尾目的 *Sinella curviseta* 的密度，对弹尾目昆虫 *Folsomia fimetaria* 则无显著影响。转基因植物对土壤动物区系的影响也待深入研究。

4. 转基因作物对生态系统害虫地位演化的影响

转基因作物的大量长时间种植，也会对田间生态系统中害虫的地位产生一些影响，以棉花为例，我国棉田的害虫有 300 余种，害虫的发生动态和为害程度和棉花品种、水肥管理条件、气候环境变化、防治措施等高度相关，主要的害虫种类在不同年代有较大的变化。如 20 世纪初期从美国大量引入脱脂棉等陆地棉品种而导致棉红铃虫 (*Pectinophora gossypiella*)成为 30~40 年代棉花生产的重大害虫；50 年代棉花苗期棉蚜 (*Aphis gossypii*)成为主要害虫，但 60 年代麦棉套种技术的应用，有效控制了棉花苗蚜的危害等。像历史上上述植棉技术的重大变革一样，Bt 棉花的大面积种植显著调控棉花害虫的为害种类及发生程度。Bt 棉花对红铃虫有 95%左右的控制效率，对棉铃虫有 85%左右的控制效率。随着 Bt 棉花的商业化种植，棉铃虫和红铃虫的发生程度呈下降趋势，区域性灾变风险显著降低。Bt 棉大田化学农药用量的减少，一方面增加了天敌昆虫的种类和数量，加强了部分害虫的自然控制作用，如瓢虫类、草蛉类和蜘蛛类天敌数量的增加，有效地控制了蕾铃期棉蚜的种群发展；但另一方面天敌控制作用较差的害虫如盲蝽象上升为重要害虫。在普通棉田，防治棉铃虫用药的兼治作用有效地控制了盲蝽象的种群发展，而使其成为棉田的次要害虫。在 Bt 棉田，由于防治棉铃虫农药用量的大幅度减少，盲蝽象取代棉铃虫上升为棉田的优势害虫，并在气候适宜年份造成重大经济损失。

(二) 对遗传多样性影响

遗传多样性是指每一物种内基因和基因型的多样性。遗传多样性保护就是保存品种(或类型)的基因库，即保存种群所具有的基因组合的基础体系，利用其中优良性状基因育成高产、优质、抗病、抗虫适应性强的品种，使生产力大大提高。

转基因作物大都具有高产、优质、抗病虫、耐严寒和高温、抗盐碱和倒伏、抗除草剂和提高作物某些营养成分等优点。和传统作物相比，转基因作物具有明显的优势。按照达尔文"物竞天择，适者生存"的生物进化论观点与竞争机制，那会消除生物群落中的野生物种，威胁生物多样性。一方面，如果大面积的种植转基因作物，那许多传统作物就会被淘汰，随着传统作物品种的退出，其体内的基因也就消失了，这就会造成作物"基因贫困化"，降低了作物的遗传多样性；另一方面，转基因作物性状单一，遗传基础较狭窄，其大面积推广，削弱了遗传多样性(陈英明等，2002)。况且大面积的种植同一种作物使生物多样性降低，单一的作物品种一旦受到病虫害的侵害，很有可能带来灾难性的影响。

著名的植物学家 Jack Harlan 指出，遗传多样性能防止人类发生灾难性饥荒，"其重要性是人们难以想象的"。基因污染不同于其他形式的污染，由于植物的繁殖性，基因污染可能会成为一种蔓延性的灾难。农作物的野生祖先含有对农业生产很重要的基因，可以用来改良我们的农作物的抗虫性、抗病性、产量与品质等重要农艺性状，一旦遭到破坏将给人类带来无法估量的损失。

转基因作物可以从以下几个方面影响作物遗传多样性：①通过基因漂移，外来基因在农家品种或野生种中固定，引起生物多样性的降低和野生资源的退化；②如果外来基因具有竞争优势,则可能加速野生资源的消亡;③少数转基因作物品种由于具有比常规品种更高的产量、更好的品质及更强的抗性,而被广泛种植,从而大大减少了常规品种和土著品种种植类型和数量,而逐渐灭绝,加剧了作物遗传多样性的流失。2001 年 11 月,美国加州大学伯克利分校的两位研究人员在《Nature》上发表文章声称在墨西哥南部 Oaxaca 地区采集的 6 个玉米地方品种中,两个样本中发现有 CaMV35S 启动子,4 个样本中发现有两段 NovartisBt11 抗虫玉米中的 Adh1 基因相似序列。此文一经发表立刻引起轩然大波,绿色和平组织更是大肆渲染,作为禁止转基因作物的理由。但是该文章受到众多科学家的批评,指出方法学上的许多错误,《Nature》编辑部也发表声明,称"论文证据不足,不足以证明其结论,原本不应该发表"。虽然如此,但墨西哥是玉米的起源中心和多样性中心,一旦受到基因污染后果不堪设想。因此墨西哥政府及墨西哥各种研究中心、协会等对墨西哥本土有关州的玉米基因污染做了更为广泛的各自独立的调查,结果发现共九个州的玉米当地品种发生了基因污染。中国是几大重要农作物如水稻、大豆、小麦、白菜型油菜和芥菜型油菜的起源地和多样性中心,有丰富的农家品种和野生资源,由于人类频繁活动的影响及外来物种的入侵,许多野生资源已经消失,大规模种植转基因品种可能成为促使其生物多样性中心消失的又一重要因素。但同时也有观点认为,转基因作物替代传统作物品种的结果会减少品种的多样性,这种可能性显然是存在的,不过这种可能性不仅限于转基因作物,优良品种的应用导致种植品种多样性的减少是农业生产的一个普遍现象。

(三) 对生态系统多样性的影响

生态系统多样性指生物群落与生态环境类型的多样性。随着人类对自然界的不断干扰,全球性的自然生态环境破碎化,生态系统解体的现象日趋严重。由于以工业化为特征的农业带来的环境问题,人们把科技发展的焦点对准了生物工程。同其他任何一项技术一样,它具有显著的成效的同时,也具有不可忽视的负面效应。转基因生物有可能对生态环境产生的负面影响如下。

1. 通过食物链对生物多样性的影响

如果转基因抗虫植物确实影响目标害虫和非目标昆虫。那么它们还会通过食物链进一步影响这些昆虫的捕食者,如鸟类等。据 2005 年 3 月路透社报道,在全球规模最大的一次转基因作物测试发现,食用天然油菜子的鸟类、蜜蜂比食用转基因种子的更易存活,但其原因并不在于转基因工程,而是杀虫剂的使用方式不同。英国农业生物技术委员会副主席 Tony Combes 指出,作物为农民们提供了一个更佳、更灵活的杂草管理选择方案,而且结果也表明种植转基因作物和非转基因作物给生物多样性带来的影响,差异是极小的。而"地球之友"运动的参与者 Clare Oxborrow 说,转基因作物会给农田中的野生动植物带来负面影响,这一结果对生物技术产业是一个很大的打击。

2. 对土壤生态结构影响

转基因抗虫棉中的外源蛋白进入土壤后能否保持活性是其对土壤生态系统产生影响的先决条件。研究表明纯化 Bt 毒素可被黏土矿物、腐殖酸和有机矿物聚合体等土壤表面活性颗粒快速吸附，并与之紧密结合，结合态的 Bt 蛋白在很长一段时间内仍保持杀虫活性，而且不易被土壤微生物分解。不仅纯化的 Bt 毒素能对土壤环境产生影响，抗虫棉的根系分泌物和残茬也可以向土壤释放 Bt 毒素。Rui 等发现 Bt 棉根系分泌的 Bt 毒素的高活性可持续 2 个月。Donegan 发现，*Cry1Ab* 基因棉花叶片和茎秆在砂壤土和黏壤土中分解释放毒素的高活性状态可分别持续 28 天和 40 天。Sims 的研究表明转 *Cry1A* 基因棉花秸秆室内或田间分解 40 天后的杀虫活性一致。Palm 等将转 Bt 棉花叶枝埋入 5 种不同微生态系统土壤中，发现 140 天后在 3 种土壤中能检测到 Bt 毒素。Flores 等发现转 Bt 抗虫棉残茬在土壤中的降解量比对应的常规棉少，而改用微生物悬浮液处理残茬时也得到同样的结果。James 报道，Bt 毒素可通过枯枝落叶和根系分泌物残留在土壤中，与土壤黏粒结合毒性难以降解。可见，无论转 *Bt* 基因作物根系分泌或秸秆分解释放的 Bt 毒素，并没有完全降解，仍可保持杀虫活性。大量研究表明 Bt 毒素在土壤中活性持续时间与黏粒含量呈正比，而与土壤 pH 呈反比。中性土壤中转 *Bt* 基因棉花的活性降低较快。目前，杀虫晶体蛋白在土壤中降解时间的报道差异较大，可能是杀虫晶体蛋白类型与浓度、转 *Bt* 基因棉花品种、土壤类型、土壤微生物组成、土壤水分等均能影响土壤中 Bt 毒素的降解速度。田间检测试验报道指出，种植了 3~6 年的 Bt 棉花田中，用 ELISA 法和生物测定法未检测到这种毒蛋白，认为种植了转 Bt 棉后残留在田中的植株残体等通过耕作方式向土壤释放的 Bt 毒蛋白的量很低，生物活性也不足以达到能检测到的水平(王洪兴等，2004)。

3. 对农业生态系统群落结构和生物多样性的影响

对 Bt 棉花节肢动物群落结构分析显示，Bt 棉花害虫多样性和天敌亚群落多样性与普通棉花施药和非施药处理没有显著差异，但由于 Bt 棉花中后期化学农药用量的减少，其中性昆虫多样性显著高于普通棉花施药处理，而使其节肢动物总群落多样性明显高于普通棉花施药防治棉铃虫处理。此外，转抗虫基因棉田害虫和天敌的主要种类数量都明显多于普通棉施药田，而显著提高了棉田中后期生态系统节肢动物的群落多样性，表明转抗虫基因棉花有利于保护棉田的生物多样性和棉田生态系统有害生物的管理。

三、转基因植物环境安全评价及个案评价程序

(一) 对生物多样性影响评价

转基因植物对生物多样性影响的评价程序：在抗除草剂转基因作物的大田里，施用了除草剂以后，对杂草群落以及食用杂草的植食性昆虫及其他动物的影响评价。以使用除草剂和不使用除草剂进行对照。

研究除草剂对主要杂草的影响(检测杂草密度、生物量等)；检测杂草抗性的产生(参见下面的检测方法介绍)；用含除草剂的食物饲喂主要的植食性昆虫及其他动物，研究除草剂的影响(检测生长发育指标、繁殖率、死亡率等)；在农田生态系统中，检测由于除草剂的使用，导致的杂草群落结构的变化以及主要动物群落结构的变化(检测主要杂草和动物的种类、密度乃至基因型等指标，计算物种多样性、遗传多样性等参数)。在转基因

作物的大田里,由于转基因作物的栽培,导致的对田间昆虫群落以及食用昆虫的捕食性天敌等的影响评价,以转基因作物和相应的非转基因受体作物进行对照。

以含转基因作物成分的食物饲喂昆虫(包括幼虫和成虫),设置饲喂非转基因受体作物的对照昆虫群体,检测比较昆虫的生长发育、繁殖率、死亡率等指标。

以含转基因作物成分的食物饲喂昆虫(包括幼虫和成虫),设置饲喂非转基因受体作物的对照昆虫群体,以及分别饲喂捕食性的昆虫或鸟类等,检测比较捕食性动物的生长发育、繁殖率、死亡率等指标;在农田生态系统中,检测由于转基因作物的使用,导致的田间昆虫群落结构的变化以及主要捕食性天敌的群落结构变化(检测主要昆虫和鸟类的种类、密度乃至基因型等指标,计算物种多样性、遗传多样性的指标)。

(二) 杂草化风险的评价

(1) 应该调查该转基因植物的受体或亲本植物乃至野生亲缘种植物是否具有杂草特性。判别一种植物是不是具有杂草化的趋势,主要看这种植物是否具有杂草的特征,这样的特征越多,其杂草化趋势也就越强。

(2) 如果确认转基因植物的亲本植物具有杂草特性或具有近缘杂草物种,可以进一步设计试验比较转基因植物与相应的非转基因对照(受体或其亲本植物)在生殖方式和生殖率、传播方式和传播能力、休眠期、适应性和生存竞争力等方面的差异,或进行种群替代试验,检验转基因是提高了该植物的杂草化趋势还是相反或者是没有影响。

(3) 即使转基因植物的亲本植物不具杂草特征,同时也不存在近缘杂草物种,也不能完全排除转基因植物杂草化的可能性,以上比较试验仍然需要进行。一般而言,很多转基因作物都具有选择优势的抗性基因(如抗虫、抗病、耐盐、耐旱基因),具有增强的环境适应性,从而在评价杂草化风险的时候,必须根据具体转基因的特性结合特定的环境条件进行综合的考虑。

(三) 对靶标和非靶标生物影响的评价

1. 抗病虫转基因植物对靶标生物影响的评价

抗病毒转基因植物对目标病毒的影响评价程序:对抗病毒转基因植物和非转基因受体植物对照进行人工接种目标病毒(如通过接替昆虫在接种箱中进行接种),控制接种数;定期观察症状发展直到症状稳定,记录发病率,定期用 RT-PCR 方法检测转基因植物和对照品种中的病毒,记录阳性率。

抗虫转基因植物对目标害虫的影响评价程序:首先,对不同种类的目标害虫群体,人工饲喂抗虫转基因植物的茎叶等组织,以饲喂非转基因植物组织的群体为对照,观测抗虫转基因植物组织对不同种类害虫的生长发育、繁殖率和死亡率等指标的影响。然后,在抗虫转基因植物的正常生长情况下,以非转基因受体植物为对照,通过人工导入不同密度、不同类群害虫虫口的办法,观测对抗虫转基因植物敏感的害虫的种类和群体数量动态变化,评价抗虫转基因植物的抗虫效果。最后,在自然的田间栽培环境中,分别栽培抗虫转基因植物和非转基因受体植物对照,评价抗虫转基因植物对主要目标害虫的群体数量、群落结构等的影响。此外，由于使用抗虫转基因植物(如 Bt 转基因抗虫作物)而导致标靶害虫产生抗性的评价在本章第四节中有详细介绍。

2. 抗病虫转基因植物对非靶标生物影响的评价

非靶标生物指的是那些本身不是转基因植物防治对象的生物。在具体评价转基因植物的非靶标效应的时候，可以首先把生物多样性划分为与特定的风险相关联的功能性类群，这将有助于迅速确定所要评价的非靶标物种。主要包括：①有益的物种，包括害虫的天敌(如瓢虫、寄生蜂)以及传粉者(如蜜蜂、蝙蝠)；②非靶标的食草动物；③土壤生物；④保护的物种，包括濒危物种和大众喜爱的物种(如君王斑蝶)；⑤对当地生物多样性有贡献的物种。

已有的研究表明转基因作物，特别是抗虫转基因植物，的确会对同一环境中的非靶标生物产生一系列的负面影响，并有可能进一步对生物多样性产生影响。1998 年，有报道指出，Bt 棉花所产生的 Cry1Ab 对捕食性的草蛉(*Chrysopa carnea*)的幼虫有不利的影响。他们用吃了 Bt 棉花的昆虫或含有纯 Cry1Ab 的食物饲喂 *C. carnea* 的幼虫，结果发现前者与对照相比有着更高的幼虫死亡率。随后的一系列研究也证明了他们的结论。通常认为 Cry1Ab 是仅针对鳞翅目昆虫的毒素，而属于脉翅目的昆虫 *C. carnea* 也对该毒素有不良反应，这样的研究结果指出 Cry 毒素可能并没有像原本相信的那样具有很强的专一性。2005 年，Lovei 和 Arpaia 回顾了 44 个转基因作物对节肢动物天敌的效应的实验室评估试验。尽管大部分试验的取样量比较少并且(或者)有较大的误差波动，结果仍有 35%的测定参数显示出转基因作物对节肢动物天敌具有显著的负面影响。评价转基因植物的非靶标效应，可以大量参考以上这类的文献，并对比农药释放的非靶标效应研究进行深入和全面的考察。应用关键的指示物种进行可控的试验研究是大部分转基因植物的非靶标风险评价的通常手段，但就个案审查原则而言，更为准确的评价应该在转基因植物可能释放的自然环境条件下进行，使得能够考察转基因作物对自然状况下真正可能出现的非靶标物种的类型和群体大小等的影响。

抗病虫转基因植物对非靶标生物的影响评价程序：在抗虫转基因作物的大田里，由于抗虫转基因带来的对目标昆虫群落的强大选择压乃至对非靶标生物的作用，导致的对田间昆虫群落以及食用昆虫的捕食性天敌等的影响评价，以抗虫转基因作物和相应的非转基因受体作物进行对照。

以含杀虫毒素的食物(使用抗虫转基因作物或用纯化的杀虫蛋白混合其他食物调制)饲喂昆虫(包括幼虫和成虫)，设置饲喂不含杀虫毒素的对照昆虫群体，检测比较昆虫的生长发育、繁殖率、死亡率等指标；

以饲喂或携带杀虫毒素的昆虫(包括幼虫和成虫)喂养捕食性的昆虫或鸟类等，设置以食物中不含、本身也不携带杀虫毒素的昆虫饲喂的对照群体，检测比较捕食性动物的生长发育、繁殖率、死亡率等指标；

在农田生态系统中，检测由于抗虫转基因作物的使用，导致的田间昆虫群落结构的变化以及主要捕食性天敌的群落结构变化(检测主要昆虫和鸟类的种类、密度乃至基因型等指标，计算物种多样性、遗传多样性等参数)。

(四) 转基因植物对土壤生物群落影响的评价

Bt 毒素通过转基因植物根际分泌物或者转基因植物残体进入到土壤生态系统之后，可能对土壤微生物群落及其他功能类群(如线虫、蚯蚓和其他小型动物)产生影响。1999 年，Saxena 等发现经由转基因棉花的根系分泌物进入土壤的 Cry1Ab 能够在土壤中持续存在至少 350 天。这样长的持续时间使得 Cry1Ab 可能影响转基因作物根际和土壤中的生物群落。2003 年，Zwahlen 等研究了用 Bt 棉花和非 Bt 棉花的残余物饲喂一种蚯蚓(*Lumbricus terrestris* L.)的幼虫和成虫，其死亡率和体重变化一直没有发现显著差异，直到 200 天后，以 Bt 棉花残余物饲喂的蚯蚓成虫与用非 Bt 棉花饲喂的相比，体重出现了显著的下降。

转基因植物对土壤生物群落影响的评价程序：

(1) 转基因作物的外源基因和基因表达产物在土壤中的活性。检测转基因及其产物在土壤中的持续情况(检测报告、浓度、时间、活力等指标)。

(2) 转基因植物对土壤生物的影响。

① 转基因作物的根际分泌物对土壤生物群落的影响。用含 Bt 毒素的培养基培养细菌、真菌等土壤微生物，与不含 Bt 毒素的对照组相比较，检测生长状况和种群数量动态等指标的差异。

用含 Bt 毒素的食物喂养线虫、蚯蚓等小型土壤动物，与不含 Bt 毒素的对照组相比较，检测生长发育状况、繁殖和死亡率等指标的差异。

实验估计转基因作物的根际土壤生物类群(包括遗传物质的多态性等)、数量和组成比例等，与相应的非转基因作物的根际土壤生物的相关指标进行比较。

② 转基因作物的残体对土壤生物的影响。以转基因作物的残体为主要食物成分，饲喂小型土壤动物，与用非转基因作物的残体饲喂的对照相比，检测生长发育状况、繁殖和死亡率等指标的差异。

转基因作物的残体在土壤中的分解状况，以相应的非转基因作物的残体的分解状况为对照，检测残体分解速度、对土壤生物类型和数量动态的影响等。

(五) 转基因植物通过食物链对生态环境的其他有益或有害作用的评价

主要的转基因植物环境安全问题来源于对上述的各方面风险的综合，另外的对生态环境的其他的有益的或者有害作用可能是更加隐蔽的，可能需要在转基因植物大规模释放到环境中之后，并经过在生态系统中的长时间积累和级联放大效应，最终才显现出来。对这样长远的时间进行评价和预测是非常困难的，甚至是较难实现的。不管如何，建立延续不断地对转基因植物及其环境效应的监控和调查是非常必要的，用大量的不同地域不同时间不同物种的检测数据构建共享的转基因植物环境安全评价信息数据库网络，应用数学模型进行模拟和预测等，这些途径都将进一步帮助我们对这一复杂问题进行全面的认识和评价，最终实现转基因植物的安全应用。

四、基因漂移的生态风险评价

基因漂移是指外源转基因通过天然杂交(或异交)渗入作物的非转基因品种或其野生

近缘种(包括杂草种类)的现象。通常基因漂移是由花粉流或种子传播来实现的。转基因作物和野生近缘种的天然杂种与非转基因作物的不断回交,也可能造成外源转基因向栽培作物扩散。转基因作物与其野生近缘种(包括杂草种类)进行天然杂交而产生的中间杂种可以进一步与野生近缘种回交而产生基因渗入,而将转基因扩散到野生近缘种的种群中将导致不可预测的生态后果。人们普遍认为基因漂移到作物的野生近缘种可能直接影响这些野生种群的遗传和生态适应性,进而影响该野生种群的生态和进化方向。

(一) 基因漂移的途径

1. 通过花粉传播在空间上逃逸

转基因植物花粉的传播成为外源基因空间漂移的主要渠道之一。这种漂移可能产生超级杂草。花粉传播的可能性取决于多种因素,如转基因植物与野生种间的相容性;传粉距离、花粉传播方式等。其中研究更多的是传粉距离,不同的转基因植物花粉传播的距离不同;转基因植物种群的大小也直接影响转基因植物的传粉距离,更是入侵成功的关键。表3-2为油菜、小麦和玉米花粉的传播距离情况。

表3-2 三种转基因作物的花粉散布

特性	油菜	小麦	玉米
是否异交	是	是(有限的)	是(有限的)
检测到的花粉漂流距离	2.5~30 000m	48~400m	50m
自播植物的化学控制	可以(8~11元/hm²)	可以(33元/hm²)	可以(费用各异)
需要的隔离距离	100m(类似品种) 800m(其他油菜作物)	3m(相同的作物种类) 10m(其他作物)	15~200m(依田间面积而定)

2. 通过种子在时间上漂移

基因空间逃逸的另一种主要途径是种子扩散。种子扩散引起的基因逃逸在某种程度上比花粉扩散更严重、范围更大。种子扩散的途径一是自然传播,二是人为传播。自然传播通过风和动物来完成。但由于自然传播的距离是有限的,最远也不过数百公里。因此,自然传播引起的种子扩散不是基因逃逸的主要途径。

3. 通过杂交漂移

杂交是生物入侵成功的原因之一,转基因植物与其野生亲缘种杂交产生的后代可能兼具双亲的有利性状,还可能产生双亲不具备的新性状,它们的生存能力超过双亲,产生很强的入侵性。转基因植物作为野生近缘种花粉的受体形成杂种,存留在自然界中的这种杂交种,在适宜条件下可与野生亲本不断回交,这样转基因植物中外源基因进入野生亲本的遗传背景就会造成外源基因在时间上的漂移。

4. 通过转基因植物残渣及根系分泌物漂移

转基因植物残枝落叶及根系分泌物进入土壤、水中或通过根系分泌物而破坏土壤生态环境等，而形成空间上的漂移。

5. 通过食物链漂移

转基因植物作为食物链的基本组成部分很可能会使转基因植物中的外源基因转移到其他非靶标动物中，从而完成转基因的逃逸。

(二) 基因漂移可能造成的危害

1. 基因污染

转基因生物中的外源基因通过多种途径如花粉(基因流)被转移到另外的生物体中，从而造成自然界的基因污染。基因流的目标通常是具有相似遗传背景的野生种。转基因通过基因流逐渐在野生种中定居后，不仅存在生物体本身及其野生近缘种成为杂草的可能，而且有学者认为，转基因在野生种群中的定居将导致野生种等位基因的丢失而造成遗传多样性的丧失。典型的例子是 2001 年报道的墨西哥玉米基因污染事件。墨西哥是世界玉米的起源地和遗传多样性中心，从平原到 2700 多米的高地，分布着 300 多种玉米品种，并且还有大量的玉米野生种分布。墨西哥政府为了保护本国的物种多样性安全，1998 年开始，禁止一切转基因玉米的大田试验和商业化生产。2001 年 9 月 17 日，《Nature》上报道了墨西哥环境部门公布的研究报告，说明在墨西哥的 Oaxaca 和 Puebla 两个州的 22 个地区中有 15 个地区发现了转基因玉米，同年 11 月《Nature》上发表了美国加利福尼亚大学伯克利分校的 Qiust 和 Chapela 的研究报告，在分子水平上证实了墨西哥地方品系种也受到了基因污染。虽然这个报道的数据真实性受到许多反对者的质疑，但 2002 年 1 月 23 日墨西哥环境部门公布了一个由环境与自然资源部、国家生态研究所和国家生物多样性委员会共同研究的研究报告，完善了 2001 年 9 月的数据，结果说明在 Oaxaca 州和 Pubia 州的偏僻山村中的转基因玉米的污染率高达 35%，再次确认了墨西哥玉米受转基因污染的事实。

2. 逃逸为入侵生物

转基因植物进入生态系统后可以逃逸为入侵生物，影响生态系统。转基因植物成为强势物种与生物入侵有相似之处。值得注意的是判断转基因植物是否能成为强势竞争种，首先应考虑经遗传转化的受体是否具有杂草型生活史这样的遗传背景。现在大规模释放的转基因作物，大部分是经过人类长期农业生产高度驯化的栽培植物，已经失去了一系列的杂草遗传特性，仅加入一个或数个基因就使它们转化成杂草的可能性很小。值得特别警惕的是曾经引起严重杂草化的作物，如向日葵、燕麦、草莓等。对处于"杂草边缘"的这类生物进行遗传转化后，一旦出现杂草化，具有抗虫、抗病、抗环境胁迫等的转基因植物就会成为超级的入侵生物，竞争并占据当地多种生物的生态位，造成严重并且难以根除的入侵危害，使当地的生物多样性受到极大破坏。

另外，转基因节肢动物也受到关注。1992 年底美国农业部批准通过了佛罗里达大学的一项申请，使世界上第一种转基因节肢动物——螨获得了大田试验。1995 年美国农业部收到了第一只遗传工程线虫向环境释放的要求，此外，转基因鱼及水生贝壳类动物在不少国家正在蓬勃地开展着。美国国内有许多科研工作者密切注视着这类生物的生物安全问题，他们要求美国农业部推迟批准，并认为转基因节肢动物存在着巨大的潜在环境风险，因为它们繁殖快，数量大，一旦确认生态危害存在，再考虑从环境中收回几乎是不可能的。

3. 可能形成新的病毒

1994 年，美国密歇根州立大学科学家把花椰菜花叶病毒外壳蛋白的基因插入豇豆，得到抗病毒的豇豆。当他们把缺少外壳蛋白的病毒再接种到转基因豇豆上时，发现 125 株豇豆中有 4 株又染上了花叶病。由此，他们认为插入转基因作物中的病毒可能与再接种病毒的遗传物质结合而形成新的病毒。或者说，转基因组织中的病毒 RNA 有能力再组成很多新的形式。为此，Falk 等在《Science》刊物上发表了题为《转基因作物将产生新病毒和新疾病》的论文。据报道，1996 年又有实验证据说明至少在实验室条件下，原来准备作为抗病疫苗的黄瓜花叶病毒(CMV)自发地突变。这种新的突变不仅仅不能抗CMV，反而更加剧了这种病毒对烟草的危害。闻大中也列举了改变某些动物病原体的基因，可使该病原体的毒性增强，或增加其对农药和抗生素的抵抗力，或者因基因的改变可使与动、植物共生的微生物具有致病力的例子。目前在发达国家转基因微生物已少数被批准释放。但应该认识到，转基因微生物的释放更是一个复杂的问题。因为目前绝大多数微生物尚未得到鉴定、定名或研究。微生物不同种、属之间的自然基因转移比较频繁，而所插入的带有明显选择优势的基因有可能在大范围的微生物界传播，这会造成对某一些转基因微生物长期影响做评估带来困难。

(三) 基因漂移控制

转基因在时空上的漂移将不可避免，因此需要有较好的技术和方法来控制和管理转基因作物的基因流动。目前，控制转基因漂移和传播的方法有：

(1) 设置作物的遗传隔离距离，在可能发生花粉交换的距离内清除作物的野生亲缘种；同时采取某些措施如在作物周围设置某种设施，防止和减少花粉从试验地流失，或在收获后使用除草剂等，都可以有效地减少转基因逃逸的风险。各种作物的隔离距离见表 3-3。

表 3-3 我国主要农作物田间隔距离

作物名称	隔离距离/m	花期隔离期
玉米(Zea mays)	300	或花期隔离 25 天以上
小麦(Triticum aestivum)	100	或花期隔离 20 天以上
大麦(Hordeum Vulgare)	100	或花期隔离 20 天以上
芸薹属(Brassica)	1000	—
棉属(Gossypium)	150	或花期隔离 20 天以上
水稻(Oryza sativa)	100	—
大豆(Glycine max)	100	—
番茄(Lycopersicon esculentum)	100	—

续表

作物名称	隔离距离/m	花期隔离期
烟草(*Nicotiana tabacum*)	400	—
高粱(*Sorghum Vulgare*)	500	—
马铃薯(*Solanum tuberosum*)	100	—
西葫芦(*Cucurbita pepo*)	700	—
白车轴草(*Trifolium repens*)	300	—
黑麦草(*Lolium perenne*)	300	—
辣椒(*Capsicum annuum*)	100	—

资料来源：《农业转基因生物安全评价管理办法》，中华人民共和国农业部令(第8号)，2002。

(2) 对栽培地区存在的作物与其亲缘种的杂交性进行研究，重点评估杂种的适合性。这可为政策制定者和田间试验者提供必要的信息，以认识转基因存在的可能性和生态风险迁移的特性。小规模的释放可以提供有关转基因或转基因作物特性的重要信息，并可以用来指导大规模的转基因作物的释放，对转基因作物大规模商品化释放所致的无法预测的花粉交换特性及随后在野生种群中转基因性状的发展应引起充分重视，为此转基因作物的隔离措施要与田块内及其周围的杂草防治措施相结合。

(3) 移去与作物有性亲和的种类，调整开花时间以及在其周围种植同种的非转基因作物作为缓冲区。部分作物花期调整的时间见表3-3。

(4) 用雄性不育品种来阻止转基因花粉的逃逸。因此，如不采用传统育种方法，转基因雄性不育品种的释放同样会导致风险。

(四) 基因漂移生态风险的评价程序

(1) 对转基因植物到非转基因植物(包括同种或近缘栽培种和野生近缘物种等)外源基因漂移及其后果的评价。

首先明确基因漂移的途径，相应的采取合适的实验检测方法和检测技术手段(如表型标记、抗性标记、分子标记等)。

参考对应的非转基因作物和野生近缘种的基因漂移及其后果的研究数据。这往往是大量和长期的历史事件的积累结果，能够提供科学证明说明栽培作物向野生近缘种的种质渗入及对野生群体的遗传多样性、遗传结构的影响等问题，这是短期和小规模的直接对转基因植物进行的安全评价试验所难以获得的。

直接的对转基因植物的外源基因漂移及其后果的评价，可以首先以转基因作物和相应的非转基因对照(受体或亲本植物、近等基因系)为实验模型，设计可控实验探讨在田间自然条件下外源基因漂移发生的最大可能性及其传播扩散的机制(距离效应、规模效应)和影响因素(风速或昆虫)，建立相应的外源基因漂移模型以能够进行风险预测和帮助制定相应的控制和减少外源基因漂移的管理方案和措施。

在转基因作物可能的释放区域内调查是否有野生近缘种群的分布，设计试验研究转基因作物和野生近缘种是否能够在自然情况下发生外源基因漂移(关键的因素包括花期和花时是否重叠、是否有共同的基因漂移途径和媒介以及是否存在其他生殖障碍等),并进一步设计可控试验探讨在自然情况下外源基因漂移发生的最大可能性及其传播扩散机制(距离效应、规模效应等)和影响因素(风速或昆虫等),扩散转基因漂移模型使得能够对以野生近缘种为受体群体的外源基因漂移进行风险预测和帮助制定相应的控制和减少外源基因漂移的管理方案和措施。

如果外源基因能够在自然状况下从转基因作物漂移到野生近缘物种,那么接下来最关键的问题就是评价外源基因对野生近缘物种适合度的影响。一般而言,可以通过人工干预的方式有计划的获取转基因植物以及非转基因植物对照和野生近缘种植物的转基因杂交种 F_1、F_2、BC_1、BC_2 等群体以及非转基因杂种 F_1、F_2、BC_1、BC_2 等对照群体,设计可控试验探讨外源基因在野生近缘种群体中的遗传规律和适合度,考察外源基因对野生近缘种植物的适合度的影响及其向野生近缘种群体渗入的可能性。

建立模型预测外源基因时能够通过影响子代的适合度来逐渐影响野生近缘种群体的遗传多样性和遗传结构,甚至产生新的杂草或入侵物种对农田生态系统、野生近缘种群体乃至其他物种群体产生灾难性的后果。

总体而言,必须坚持设计可控实验进行风险评价并设置极端的边界条件放大风险的可能性,以此为基础建立经验和理论模型对风险进行预测。

(2) 外源基因从转基因植物向远缘植物、动物和微生物的水平转移。

关于转基因从转基因植物向远缘植物、动物和微生物的水平转移问题,一旦发生,那将可能导致更大的风险。就目前而言,很多讨论还停留在理论猜测阶段或者基于严格的实验室条件,具体的实验评价由于难以设计和操作还非常少见。很多时候也可能是因为这样的事件在自然条件下往往发生的概率极低,所以很难检测。不过,普遍认为,外源基因从转基因植物向微生物特别是病毒的水平转移问题,必须引起足够的关注,并加大力度促进开展有效的实验研究。新的病毒可能会通过重组和交换衣壳蛋白等途径产生自抗病毒的转基因作物,这已经在实验室条件下得到证明(王忠华和叶庆富,2002),但缺少在自然条件下的证据,而且对于后果的研究和预测仍然非常缺乏。

五、生存竞争力评价

当前应用的转基因作物主要是转基因抗虫、抗病、抗除草剂的品种。其相对于传统的作物品种来说,可能具有潜在的生存竞争优势,可能对生态环境造成负面影响。

(一) 潜在的生存竞争优势

1. 转基因植物具有较宽的生态幅

一般认为,由于外源基因的导入增加了转基因植物的入侵性,植物在获得新基因后对环境的忍耐力如耐除草剂、耐寒、耐旱、耐涝、耐污染、耐贫瘠土壤以及对有害生物的耐受性等方面可能比非转基因植物强,使其在环境中获得对土著种的竞争优势,或能占据土著种不能利用的生态位。例如,一个抗虫基因(如 *Bt* 基因)所表现的优势和该种群比例上升,结果使其他基因型品种比例降低,同时伴随遗传多样性的丧失。

2. 转基因植物的繁殖能力强

转基因植物通过基因工程手段使植物的许多性状发生改变,如种子休眠期的改变、种子萌发率的提高、对有害生物和逆境的耐受性以及植物具有的生长优势,都有可能提高转基因植物的生存和繁殖力,使其可能成为入侵性杂草,它能够在引入地持续存在并能入侵和改变其他植物的栖息地,从而增加转基因植物的入侵性。破坏自然种群平衡,影响生物多样性,对经济和生态系统将造成严重后果。加拿大转基因油菜在麦田中已经变成了杂草,而且难以治理,就是这方面的例证。

3. 转基因植物的抗病虫性和产量要比常规品种好

孟山都公司培育的 Bt 棉在棉铃虫严重为害、不防治的情况下,皮棉产量为每公顷 318kg,而对照品种珂字 312 的皮棉产量仅为 220kg,Bt 棉比对照增产 69.2%。澳大利亚的转基因抗虫棉品种产量比当地的非转基因抗虫棉增产 10%~15%。中国农业科学院棉花研究所培育的抗虫棉品种在不治虫或大大减少治虫次数的情况下,中熟品种的皮棉产量可达每公顷 950~1200kg,早熟抗虫棉的皮棉产量可达每公顷 750~900kg,均接近常规棉推广品种的产量水平。在衣分(皮棉占籽棉的比例)方面,美国的抗虫棉衣分都在 40%以上,Calgene 公司培育的 ST807 衣分高达 45.4%。我国培育的转基因棉花衣分也较高,如中棉所 2 的衣分也在 40%以上(唐浩等,2006)。

和亲本材料相比,美国已报道的 9 个转基因抗虫棉品系中有 4 个纤维变长,8 个强度增大,2 个伸长率升高,马克隆值有 6 个转基因品系没有显著差异。我国培育的各类转基因抗虫棉其纤维品质与原始亲本材料基本相同,与目前推广品种的纤维品质相当,符合纺织工业的要求。

(二) 生存竞争力评价指标及程序

1. 生存竞争力指标

自然条件下,转基因和非转基因作物的生存竞争力指标主要有,种子活力、种子休眠期、种子的越冬越夏能力、抗旱抗寒能力、抗病虫能力、生长势、生育期、产量、落粒性等。

2. 生存竞争力评价程序

(1) 作物生存竞争力的检测程序

在土肥、气候条件相同的田间进行,分为两种处理类型。处理 1 除正常灌溉外不进行农事操作;处理 2 按当地常规栽培管理方式进行。小区采用随机区组设计,并设置一定的重复。合理的设置各小区的面积。定期进行田间调查,调查内容指标为杂草种类、株数,按植株垂直投影面积占小区面积的比例估算出杂草相对覆盖率;同时每个小区随机的调查一定株数作物的叶片数、主茎株高、生长发育期、相对覆盖率、成熟后穗数、每穗粒数及千粒重。结果用方差分析方法比较转基因作物和非转基因作物的成苗率、主茎株高、杂草覆盖率、每株穗数(或果实数)、每穗粒数(或每果实重)及千粒重等指标的差异。

(2) 种子发芽率的评价程序

测定转基因和非转基因作物的种子发芽率时,一般是在种子收获 30 天的时候进行发芽的检测,将收获的种子分别种在土肥、气候条件相同的田间或实验室中,定期记录转基因抗虫作物和对应的非转基因作物发芽种子数、未发芽种子数、正常幼苗数、不正常幼苗数。结果用新复极差法比较转基因抗虫作物和对应的非转基因作物发芽率的差异。

(3) 种子生存能力的评价程序

种子生存能力检测在种子收获后进行。按随机区组试验设计,设浅埋处理和深埋处理两组,合理设置种植深度,以及埋后 6 个月和 12 个月等 4 个处理,每个处理 4 次重复,小区面积 $1m^2$。待检测品种的种子 100 粒和品种名称或编号标签封装于 200 目尼龙网袋中,埋入土壤。分别于 6 个月和 12 个月后取出种子检测发芽率。结果用方差分析法对发芽率进行分析。

六、害虫抗性评价

(一) 害虫对转基因作物的抗性

抗性的定义:抗性是一个种群对一种杀虫剂敏感度的降低,这种降低是以遗传为基础的。抗性使得种群中等位基因的频率发生变化,所以可以定义为一种进化现象。

由于抗虫基因在植物体内持续表达,害虫在整个生长周期都受到杀虫蛋白的选择,将促使害虫对转基因植物产生相应抗性。害虫对转基因植物的抗性发展,不仅会削弱转基因植物本身的效益,而且会导致杀虫剂的再次大量使用,对环境产生负面影响。已知至少 10 种蛾类、2 种甲虫和 4 种蝇类在实验室对 Bt 毒素产生抗性。

害虫产生抗性的几个案例:

(1) 印度谷螟[*Plodia interpunctella*(Hübner)]

1985 年 Mc Gaughey 首先发现印度谷螟在室内汰选条件下很快对 Bt 产生抗性,汰选第二代就产生了 30 倍的抗性,到 15 代时产生了 100 倍抗性,不同种群对 Bt 产生抗性的程度不同,在被测的 5 个种群汰选 3 代内抗性达到 2~29 倍,到 40 代时达到 15~100 倍。

(2) 欧洲玉米螟[*Ostrinia nubilalis*(Hübner)]

多年来在田间应用 Bt 制剂防治欧洲玉米螟,尚未发现其对 Cry1Ab 或 Cry1Ac 产生抗性,然而在实验室中汰选几代后就会产生抗性。

(3) 亚洲玉米螟[*Ostrinia furnacalis* (Guenée)]

中国农业科学院植物保护研究所玉米害虫组以 Cry1Ab 杀虫蛋白汰选 38 代对 Cry1Ab 产生了 107 倍抗性的亚洲玉米螟抗性种群,对 Cry1Ac 杀虫蛋白产生了 10.4 倍的抗性;以 Cry1Ac 杀虫蛋白汰选 31 代,且对 Cry1Ac 产生了 14 倍抗性的抗性种群,对 Cry1Ab 杀虫蛋白产生了约 6 倍的抗性。说明亚洲玉米螟对 Cry1Ab 和 Cry1Ac 存在着很强的交互抗性。但 Cry1Ab 抗性种群在去掉选择压后,在普通饲料上连续饲养 6 代后发育期与敏感种群基本一致,亚洲玉米螟对 Cry1Ab 杀虫蛋白的抗性不能稳定遗传,失去选择压后其抗性会迅速丢失。

(4) 小菜蛾[*Plutella xylostella* (Linnaeus)]

小菜蛾是一种世界性的十字花科蔬菜害虫,迄今发现其对各类化学杀虫剂均已产生抗性,田间抗性种群在夏威夷、美国本土、马来西亚、中国、日本等地都有相关报道。Tabashinik 等首次报道夏威夷小菜蛾田间抗性种群的 LC_{50} 和 LC_{95} 分别是敏感种群的 25~33 倍。大田选择强度低,小菜蛾对 Bt 抗性发展较慢,抗性最高可达 30 倍,在温室、大棚内 Bt 施用频繁,抗性高达 200~1000 倍。

(5) 棉铃虫[*Heliothis armigera* (Hübner)]

梁革梅等通过室内试验表明,棉铃虫在室内经过 16 代筛选后,对 Bt 棉花的抗性指数上升到 43.3。据报道,2008 年初在美国棉田已经发现了对转基因抗虫棉具有抗性的棉铃虫。

(二) 害虫产生抗性的机理

一般来讲,抗性产生的机制总体上可分为生理、生化、行为三方面的因素。但这几方面的机制应该是与遗传控制因素紧密联系的。

1. 害虫 Bt 抗性的生理生化机制

产生抗性的主要生理生化机制与杀虫作用的特异性、靶标昆虫中肠受体蛋白存在数目、亲和性等有关。在印度谷螟中产生抗性主要是由于 Bt 毒素与昆虫中肠刷状缘膜小泡(BBMV)结合力下降,抗性印度谷螟与 Bt 毒素结合力下降至 2%以下,致使毒性降至 1%以下。一些研究发现,印度谷螟产生抗性后,编码类氨肽蛋白的基因发生变化,mRNA 的表达水平也偏高。据此有人认为害虫对 Bt 蛋白产生抗性可能因为抗性昆虫肠道中蛋白酶水平或类型的变化。此外,Bt 毒素在中肠的溶解作用降低、与作用部位结合后的敏感度降低,都能导致产生抗性。已经从烟草夜蛾中肠中分离鉴定出两类能够与 Bt 毒素结合的受体蛋白:一类是氨基氨肽酶(APN),另外一类是钙黏着蛋白(cadherin)。抗性昆虫体内这两类蛋白的量或活力都有明显的变化,其中钙黏着蛋白的改变可能是鳞翅目昆虫对 Bt 毒素产生抗性的普遍机制。

2. 害虫对 Bt 抗性的行为机制

Gould 曾讨论过食草动物对植物抗性的行为适应,如果时空上 Bt 毒素的浓度有差异,那么行为上尽量减少摄食将会构成一种抗性机制。对害虫和 Bt 作物的关系来说,害虫可以进化成避免取食有毒植株或有毒的部分。

3. 害虫 Bt 抗性的遗传机制

抗性的产生应该是以遗传为基础的,害虫 Bt 抗性的生理生化机制是与遗传机制紧密联系的。受体分子结构的变化将使毒素与受体的结合能力降低,是抗性遗传机制最直接的证据。至于害虫的行为抗性机制可能是一种生活习性改变的结果,有无遗传基础尚无定论(梁革梅等,2000)。

(三) 害虫对抗虫转基因植物抗性演化评价

害虫对抗病虫转基因植物抗性演化评价过程包括几个系统组成:室内建立抗性害虫种群及交互抗性的验证;监测室内和田间靶标害虫的抗性基线及抗性频率,以抗性遗传学为基础建立抗性预测模型；设置庇护所的模式。

在 Bt 棉花商业化种植之前，美国、中国已完成了棉铃虫对 Bt 毒蛋白敏感性基线的研究工作并一直进行抗性监测工作。虽然到目前为止，尚未有确凿的证据表明靶标害虫自然种群已对 Bt 植物产生抗性，但已有多个实验室获得抗 Bt 植物害虫品系。梁革梅等报道在实验室经过 16 代筛选，获得对 Bt 棉花产生抗性的棉铃虫品系，研究表明棉铃虫对 Cry1Ac 蛋白抗性是由单个不完全隐性基因控制的。田间条件下的情况要复杂得多。报道指出，目前应用的 Bt 棉品种能 100%杀死烟芽夜蛾的敏感个体和抗性杂合子，但不能 100%杀死美洲棉铃虫的田间种群，因此在 Bt 棉上活下来的棉铃虫并不一定是抗性个体。棉铃虫对 Bt 棉花抗性上升速度和棉铃虫的生物学特性、自然种群抗性个体的初始频率、抗性的遗传方式和稳定性、抗性个体的适合度、抗性和敏感个体的基因交流程度、寄主植物的种类和时空分布等多种因素有密切的关系。抗性治理模型估计害虫对转 Bt 基因植物的抗性频率的研究表明如不进行抗性治理，烟芽夜蛾对 Bt 棉产生抗性的时间为 10 年左右，而美洲棉铃虫可能只需 3~4 年。据澳大利亚科学家研究，如无庇护所，Bt 棉大面积种植有效时间 3~4 年，如采用包括庇护所在内的抗性延缓技术则可种植数十年。

高剂量和避难所策略是 Bt 植物抗性治理的主要手段。此种对策的实现需要三方面因素：较低的抗性频率、抗性成虫和敏感成虫的自由交配和抗性的隐性遗传方式。针对棉铃虫对 Bt 棉花的抗性风险，美国和澳大利亚在 Bt 棉花种植的初始阶段即开始实施基于人工提供庇护所的抗性延缓措施。在澳大利亚，Bt 棉种植区建立庇护所的原则为每 100hm² Bt 棉需种植 10hm² 不防治棉铃虫普通棉花或 50hm² 防治棉铃虫普通棉花或与 20hm² 普通玉米套种。研究发现大比例的庇护所能够有效延缓抗性的发展。另外，分别种植的庇护所能保持大量敏感昆虫种群并降低抗性水平，较混合种植的庇护所效果好。和美国、澳大利亚的大规模种植不同，我国个体农户的棉花、玉米、大豆、花生等多种棉铃虫寄主作物小规模混合种植的方式提供了天然庇护所，但此种庇护所的价值需深入研究。一个合适的庇护所应具有两方面的特征，一是可产生足够的敏感性个体，二是产生的敏感性个体和 Bt 棉花成活棉铃虫个体在羽化时间上有较高的吻合度，可交配性强。吴孔明等评价了华北 Bt 棉花种植区棉铃虫天然庇护所的作用，结果表明在华北地区农作物种植模式下，早播和晚播夏玉米的穗期可分别提供第三代和第四代棉铃虫的庇护所，但不能对第二代棉铃虫提供庇护作用。花生和大豆可在整个生育期分别对 2~4 代棉铃虫提供庇护作用，但作用显著小于穗期玉米。Bt 棉花棉铃虫幼虫发育速度显著晚于普通棉花，但由于 2 或 3 代成虫羽化分散和世代重叠的特点，Bt 棉田棉铃虫和其他作物棉铃虫从时间上仍具有较高的可交配性。依据上述研究结果，提出了通过增加春播玉米、花生和大豆面积为第二代棉铃虫提供庇护所延缓棉铃虫抗性发展的技术措施。

研究明确靶标害虫的生物学习性是转基因植物抗性治理的基本保障。美国国家环境保护局 2001 年 9 月有条件批准抗虫棉种植时间延长 5 年时，明确要求孟山都公司完成美洲棉铃虫在美国植棉区和玉米种植区迁飞规律的研究。我国科学家通过十年的研究表明，我国棉铃虫由热带型、亚热带型、温带型和新疆型四个地理型组成，其适宜分布的生态区分别为华南地区、长江流域、黄河流域、新疆南部的部分地区及东部的吐鲁番盆地。棉铃虫成虫具有兼性迁飞行为，可远距离迁飞转移危害。河北省和山西省北部地区，辽宁省、内蒙古自治区和吉林省等东北地区棉铃虫由华北地区春季和夏季随季风迁入。基于此项研究成果，我国棉铃虫对 Bt 棉花的抗性治理和 Bt 玉米等应结合棉铃虫地理型分布区域进行，以确保在棉铃虫生态区内存在足够的天然庇护所。

有专家认为如果能对害虫的抗性基因本身进行研究，获得一种简易的 DNA 方法来检测抗性基因的存在，就能够为农民提供一个早期预报工具，使农民能够及时停止种植转基因 Bt 作物而改用一段时间的化学杀虫剂，从而有效地延迟抗性的进化。

还应该指出，庇护所能够有效减缓抗性发展，但不能阻止抗性的产生。增加外源基因的多样性、利用与转基因无关且不会产生交互抗性的抗虫基因，也是提高杀虫活性并延缓抗性产生的主要技术手段。美国孟山都公司已经培育出能够同时表达两个 Bt 基因的棉花，其对靶标害虫的控制作用大幅度提高。抗虫棉田靶标害虫成活数量的减少，必将减低靶标害虫抗性演化速度。不过专家认为，表达多基因的植物也应该与敏感寄主植物搭配种植才更有益于延缓害虫抗性发展速度。

第二节 转基因动物环境安全评价

一、转基因动物生物安全评价现状

(一) 转基因动物研究开发及应用现状

1. 转基因动物研究开发现状

自 1982 年美国科学家 Palmiter 等将大鼠生长激素(GH)基因导入小鼠受精卵中获得转基因"超级鼠"以来，转基因动物已经成为当今生命科学中发展最快，最热门的领域之一。1985 年，美国人用转移 *GH* 基因、*GRF* 基因和 *IGF1* 基因的方法，生产出转基因兔、转基因羊和转基因猪；同年，德国 Berm 转入人的 *GH* 基因生产出转基因兔和转基因猪；1987 年，美国的 Gordon 等首次报道在小鼠的乳腺组织中表达了人的 *tPA* 基因；1991 年，英国人在绵羊乳腺中表达了人的抗胰蛋白酶基因。随后，世界各国先后开展此项技术的研究，并相继在兔、羊、猪、牛、鸡、鱼等动物上获得成功(张然等，2005)。

我国在转基因动物研究方面也取得了较大的进展，1985 年首次成功获得转基因鱼，1990 年成功研制出转基因猪，1991 年获得快速生长的转基因羊。目前大部分转基因家畜均已在我国研制成功。与此同时，转基因动物产业的发展也异常迅猛。据统计，全球现有以转基因技术为核心的公司超过 40 家，已成为 21 世纪生物技术领域的支柱产业。1998 年全球动物生物技术产品销售额估计为 6.2 亿美元。预计到 2010 年仅在农业领域销售额将达到 110 亿美元，其中 75 亿美元来自转基因动物品种；而利用转基因动物制作生物反应器生产药物和功能蛋白的销售额预计可达 500 亿美元(张然等，2005)。可见，虽然部分转基因动物还处于研究与开发生产阶段，但该项技术给我们生产和生活所带来的益处已引起国际学术界和产业界的高度关注(秦续明等，2008)。

2. 转基因动物应用前景

转基因动物技术能在个体水平从时间、空间角度同时观察基因表达功能和表型效应，有效地将基因水平、蛋白水平与临床、生产水平的研究有机地统一起来，显示了良好的应用前景。目前，关于转基因动物在动物育种、制造生物反应器、改善畜产品的营养结构、建立人类疾病模型、器官移植等领域的研究越来越广泛(潘伟荣等，2008)。

(1) 转基因动物在生物制药中的应用

20世纪70年代后期，随着DNA重组技术的问世，诞生了高产值、高效率的基因药物，它的出现给药物生产带来了一场革命，推动了整个医药产业的发展。转基因动物技术日趋成熟，在医药学领域中，既可作为基因药物的"生物反应器"应用，也可作为疾病动物模型用于疾病发生机制及药物筛选等的研究。转基因动物制药是转基因动物的一个非常重要的用途，它能生产出具有医药价值的生物活性蛋白质药物，一般是通过血液、膀胱、蚕茧、鸡蛋蛋清和乳腺的途径来获得。1992年，Swanson等制备了血液中含有人血红蛋白的转基因猪，这为从人以外的动物体获取珍贵的人血有效成分提供了一条新途径。1998年，Kerr等获得能在尿液中表达人类生长激素(GH)的转基因小鼠，含量高达0.5 g/L。2003年，Tomita等将原骨胶原蛋白III基因转入蚕体内获得成功，表明了某些昆虫的茧可以作为生产外源蛋白的良好生物反应器。2002年，Harvey等将β-内酰氨酶基因转入母鸡中，获得了蛋清中含有约3.5g外源蛋白的鸡蛋。1987年，Gorden等就建立了第一例乳腺生物反应器小鼠模型，成功地表达了人组织纤维酶原激活剂(tPA)，对于溶解血栓有着显著的疗效。Wilmut等用整合了人凝血因子IX和新霉素抗性基因的胎儿成纤维细胞作为核供体，通过体细胞核移植克隆出世界上第一头带有人类基因并能在乳汁中大量表达人类凝血因子IX的转基因绵羊"波莉"(Polly)。Cibelli等也把胎儿成纤维细胞作为供体，经核移植制作了3头含有外源标记基因(β-半乳糖苷酶基因)的犊牛。利用高效表达的克隆转基因动物生产珍贵医用蛋白是各国一直研究的重点，将医学上非常珍贵的蛋白质(如抗凝血酶III、人血清白蛋白、β-干扰素、降钙素、胰岛素、人生长激素等)的基因通过基因打靶技术，定点转入牛或羊的乳球蛋白质基因中，在乳腺中高效表达，便可自乳汁中回收该蛋白质。目前已从转基因的动物乳汁中生产出的治疗蛋白主要有：奶山羊乳汁中高度表达的抗凝血酶III和α-1-蛋白酶抑制因子，绵羊乳汁中表达的α-1-抗胰蛋白酶和人凝血因子IX，牛乳中表达的α-乳蛋白和乳铁蛋白，兔乳中表达的α-葡萄糖苷酶等 (张永忠，2000)。

(2) 转基因动物在疾病研究中的应用

①建立诊断和治疗人类疾病的动物模型。人类的许多疾病都与遗传因素相关，利用转基因技术制造出各种遗传病的动物模型，可以方便地分析检测出遗传病的致病基因、发病机理，从而更好地防治人类遗传病。②生产可用于人体器官移植的动物器官。异源器官移植可能是解决世界范围内普遍存在的器官短缺的有效途径。利用转基因技术改造异种来源器官的遗传性状，使之能适用于人体器官或组织的移植，是解决移植短缺的最有效途径(杨帆等，2002)。Lai等结合基因打靶和体细胞核移植技术，采用敲除α-1，3半乳糖转移酶基因的胎儿成纤维细胞作为核供体，成功地获得了α-1，3半乳糖转移酶基因敲除猪，从而消除了猪作为人类器官供体的一个主要障碍，进一步推动了器官移植的发展与应用。③进行异种细胞移植。已知很多疑难疾病、生理功能紊乱都与细胞凋亡或细胞功能异常有关，但到目前为止，人类细胞还不能很好地传代培养，因此将异种细胞尤其是猪的细胞移植到合适的位点，将使人类实现细胞治疗成为可能。1994年，Groth等将猪的胰岛细胞移植给糖尿病病人，取得了一定的成效。1997年，Deacon等将猪胎

儿神经细胞移植到患有帕金森疾病的病人大脑中，研究发现移植后的细胞能长久保持活力。

(3) 转基因动物在动物育种中的应用

在畜牧业方面，可以在实验条件下进行转基因整合、预检和性别预选，并采用简便的体细胞转染技术实施目标基因的转移。通过转基因克隆技术大量快速地繁殖出具有高产优质性状的转基因动物，以有利于降低生产成本，提高经济效益(高翔等，2001)。转基因技术用于育种，不仅可以加快改良遗传性状的进程，使选择的效率提高，改良的机会更多，而且不会受到有性繁殖的局限。继 Palmiter 将大鼠的 *GH* 基因导入小鼠基因组得到巨型小鼠之后，牛、绵羊及人的 *GH* 基因也先后导入小鼠基因组，得到的转基因小鼠在快速生长期生长速度达到对照组小鼠的4倍。人类在转 *bGH* 基因猪方面的研究表明，转基因猪日增重增加，饲料转化率提高(牛自兵等，2004)。Powell 等将毛角蛋白Ⅱ型中间细丝基因导入绵羊基因组，转基因羊毛光泽亮丽，羊毛中羊毛脂的含量得到明显的提高。许多科学家在研究疯牛病的病因时，采用转基因老鼠进行 *PrP* 基因结构分析，并利用转基因鼠研制出了抗 PrP 的单克隆抗体，通过临床试验已取得了有效成果，使人类对疯牛病在分子水平上有了科学评价和诊断依据，对疯牛病的病因有了明确的定位，只要提取其他动物抗 *PrP* 基因获得转基因牛，将会更好地防止疯牛病的发生(孙玉江等，2005)。

(4) 转基因动物在农业领域的应用

转基因动物在农业领域的应用主要表现在提高动物生长率方面。1985年中国科学院水生生物所的朱作言等首次用人类生长素(hGH)构建了转基因鱼。F1 代转基因鱼类的生长速度为转基因鱼的2倍。1990 年中国农业大学培育的转基因猪，生长速度超出对照组40%。1998 年美国培育出 IGF1 转基因猪群，其脂肪减少 10%，瘦肉率增加 6%~8%(曹果清等，2002)。转基因技术不仅可以培育出体积大、生长快的动物，还可以培育出微型动物。2000 年，Uchidal 等研制出微型猪，生长快、易处理、饲料成本低，使其更加适用于药物筛选和疾病研究。此外，转基因动物在提高动物产毛性能、提高动物不饱和脂肪酸含量、提高动物抗寒抗病能力、改变牛奶成分等方面均有重要意义。

(5) 转基因动物在环保领域的应用

在环保方面，转基因动物可用于检测并清除环境中的有毒物质。2000 年，Manuma 等把埃希氏菌属的 *rpsL* 基因转入斑马鱼中用以检测水生环境中的有害物质(Manuma et al, 2000)。这种以转基因动物作为环境检测器的方法快捷敏感，比常规环境检测具有明显的优越性。加拿大安大略省的科学家培育出一种转老鼠基因的"环保猪"，该猪粪便的含磷量减少 75%，对环保大有裨益。2004 年中国农业大学的科学家利用猪源唾液腺基因起动区，成功建立了模型动物，对磷污染的清除效果达到国际领先水平。

(6) 转基因动物在生物材料上的应用

用动物乳腺生产工业蛋白质，如蛛丝蛋白是转基因动物应用的一个新领域。蜘蛛丝是目前最为坚韧且有弹性的天然动物纤维之一，不仅具有优异的机械特性，还具有耐腐蚀、耐低温、抗酶解的特性。但是由于蜘蛛不能像家蚕那样大规模群体饲养，因此从蜘蛛中获得大量蛛丝是行不通的；而通过化学合成的方法也无法获得分子量超大的蛛丝蛋白。可见，用动物乳腺来生产蛛丝蛋白成为一种可行的方法。加拿大魁北克 NEXIA 生物技术公司的研究人员利用转基因技术，从山羊的乳腺中生产出蛛丝蛋白，并发明了一种提取方法。俄罗斯遗传科研所国家科学中心和应用微生物国家科学中心运用生物技术成功地合成了蛛丝蛋白,该科研项目得到了国际科学技术中心的资助。我国黄全生等也成功地用鸟枪法将蛛丝蛋白基因转入新疆海岛棉中(秦续明等,2008)。

(7) 转基因动物在毒理学中的应用(周莉等,2007)

① 转基因动物用于一般毒性研究

用 MT 转基因小鼠对镉等的抗性增加,而 MT 的基因删除小鼠对镉、银、汞、顺铂和四氯化碳的毒性敏感性增强。Smeyne 等用 *Fos-LacZ* 转基因小鼠证实 c-fos 持续过度表达与神经细胞凋亡有关。酵母人工染色体转基因小鼠模型被应用于亨廷顿舞蹈病(Huntington disease)的机制研究。应用阉割的转基因小鼠研究二甲苯对肝脏 P450 代谢的影响。

② 转基因动物用于致突变检测

包括 Muta TM 小鼠、Big Blue TM 大鼠和 Xenomouse 小鼠等,它们分别采用大肠杆菌乳糖操纵子的 lac Z 和 P 或 lac I 作为诱变的靶基因。黄建等建立了以穿梭质粒 pEsnx 为载体,携带 *xylE* 基因为诱变靶基因的转基因小鼠。曹洁、黎怀星等分别建立了在基因组 DNA 中整合有完整 pUC118NX 质粒的 C57BLP6J 转基因小鼠、pMTR1PC57BLP6 转基因小鼠模型。黎怀星等以 pSPORT1 质粒作为载体,建立了 D622 转基因小鼠模型,又以 pMTR1 质粒作为载体建立了 pMTR1PC57BLP6 转基因小鼠品系。

③ 转基因动物用于致癌检测

包括 TSPp53＋P-、Tg·AC,Hras2 和 XPA- P-等。Tg·AC 小鼠主要用于致癌性的两阶段研究,作用机制涉及各种特殊的转录因子、低甲基化、实验结果的细胞特异性表达以及 p53 基因的表达等。MA Bio-Services 公司提供的转基因动物用于致癌试验的资料,比用大量动物进行两年试验大大节省了时间和费用。

④ 转基因动物用于生殖毒性检测

利用 Hox2LacZ 转基因小鼠研究 Hox 基因在维甲酸致畸中的作用,利用 p532P2 转基因小鼠研究乙醇的雄性生殖毒性等。

⑤ 转基因动物用于毒物代谢研究

Corchero 等成功制备了表达人类 CYP2D6 的转基因鼠模型用于药理、毒理的临床前研究。Komori 等建立了携带犬肝药酶 CYP1A1 的转基因果蝇,可以取代哺乳动物用于毒物代谢研究。Kamataki 等发现中国仓鼠细胞导入 CYP3A7 的 cDNA 后,对霉菌毒素的敏感性升高。

(二) 转基因动物生物安全评价现状(吴惠仙等,2008)

转基因技术给人类做出了巨大的贡献,是人类发展史上一次划时代的进步。然而,转基因技术的继续发展面临着一系列安全问题,已经在全球范围内引起了激烈的争论与普遍关注,主要集中在食品安全性和环境安全性两方面。

1. 环境安全性评价

基因漂移(gene flow)是可能造成生态风险的主要因素之一。目前基因漂移造成生态风险的研究主要集中在转基因植物。尤其是 1998 年转 GNA 马铃薯的"普斯陶伊事件"

和 1999 年转 Bt 玉米的"斑蝶事件"引起了人们的极大恐慌与担忧。而目前的转基因动物中只有转基因鱼规模较大，释放到了人工控制环境和野外环境。对鱼的基因改造不容易被限制在固定的环境中，因而有可能将外源基因释放入自然界进而影响生态。转基因动物与其近缘野生种间的杂交是转基因漂移的主要形式。和植物相类似，转基因鱼的目的基因在野生种中稳定下来也可能造成生态问题，可能使野生近缘种获得选择优势，影响生态系统中正常的物质循环和能量流动。另外，还可能会导致野生等位基因的丢失，从而造成遗传多样性的下降。而野生物种基因库中有大量的优质基因，是人类的宝贵资源。这些正是人们最担心的问题。因此，对于转基因鱼，必须采取有效的跟踪管理措施，防止其种间杂交，从而保证环境安全。

除转基因鱼外，转基因动物中规模稍大的就是家养动物，其去向比较容易跟踪。另外，因其对环境的适应能力较低，很容易控制和捕捉，只要管理严格、措施得当，不会存在有很大的环境问题。其他转基因动物规模较小，还具有可控性。目前还不会造成环境安全问题。另外，目前的转基因宠物——荧光斑马鱼，因为是热带鱼，且转入荧光蛋白基因后，与普通斑马鱼没有其他特性的改变，其在野外不容易存活，不会造成安全问题。随着技术的发展，转基因动物的规模会越来越大，如果没有一套很好的跟踪、评估管理系统，势必从目前的可控状态变成无序的、不可控状态。因此，建立一套全球范围的转基因动物的跟踪管理规范、检测和评估系统是非常迫切的。

2. 食用安全性评价

对于转基因动物，有些外源基因及其启动子来自于病毒序列，有可能在受体动物体内发生同源重组或整合，形成新的病毒。外源基因在染色体内插入位点的不同也可能造成不同程度的基因改变，引起非预期效应。转基因动物还可能增加人畜共患病的风险，某些动物可能导致人类过敏性反应等。因此，对于转基因动物，我们必须提高警惕，要对转基因食品进行严格的食用安全性评价。检测转基因动物及其产品的营养成分、抗营养因子和天然毒素以及其他由于转入目的基因而发生的成分改变，是安全性评价的重要内容。

转基因食品进入市场后需要对其销售及消费状况进行追踪，并对消费人群进行监测，以便于了解转基因食品对消费者的长期效应和潜在作用。建立一套与国际接轨的适合我国国情的转基因动物食品安全性评价方法是目前食品安全领域需要解决的问题。

二、转基因动物生物安全评价内容

转基因动物及其产品在 21 世纪将形成巨大的产业，影响到人类社会活动的每一个方面，极大地造福于人类。但为了确保动物转基因及其产品不对人类社会产生负面效应，对转基因动物及其产品的安全性评估是十分必要的。本部分将从供体动物及受体动物、转基因动物构建过程、转基因动物整体三方面对转基因安全评价的内容进行探讨。

(一) 供体动物及受体动物的安全性评价

收集和掌握供体动物和受体动物的特征及健康情况，是转基因动物安全评价的一个重要方面。这些资料应该包括以下几个方面：

(1) 提供配子或胚胎干细胞的供体动物以及受体动物的情况，包括畜种、品种、产地、健康状况、用药记录以及系谱等应做详细的记录，并备案保存。

(2) 动物的健康状况应由兽医专家进行评价，包括与畜种及品种有关疾病的特别检查，传染性疾病流行地区的畜种不能用作供体或受体动物。

(3) 为控制某些偶发性病原菌的传播，供体和受体动物应满足同样的建立生产群所要求的偶发性病原菌检查标准。

(4) 作为异种移植物供体使用的转基因动物，对其供体和受体动物，来源地区的传染病检测要更为严格。由于有些传染性疾病潜伏期很长或晚期发病，所以作为异种移植物供体的转基因动物，对供体和受体动物还需终生检测其携带传染性病源的情况。

(5) 对工作人员的健康状况也要做系统检查，甚至要终生监测。

(6) 对上述健康检查结果要做详细记录并备案保存。

(7) 采集工作人员和供体及受体动物的样本，与上述有关供体和受体动物的备案资料合并存档做长期保存以备日后查询。

(二) 转基因动物构件过程的安全性评价

用于制备转基因动物的重组 DNA，对其特征应加以细致描述，以确保最终产品具有预期的特征。转基因的描述应包括构件的组装、克隆、纯化等。生产和检验通过重组 DNA 技术获得的新药以及生物制品需考虑的附加说明，包括核酸特征、遗传稳定性以及与表达重组蛋白质有关的讨论，对阐述转基因的结构都是十分有用的。

1. 转基因及表达系统安全性评价

提供准备导入动物的基因的详细特征，天然蛋白质及其功能以及表达形式，并说明用于克隆和分离基因的方法。转基因结构的描述应包括适当比例的图谱，曾报道过或最新测定的核酸序列。对载体上的大片段 DNA[如酵母人工染色体(YAC)上的片段]的描述应包括详细的限制性酶切图谱，如果核酸全序列尚未测定，在这种情况下至少应测定其 cDNA 的序列。详细说明产生最终转基因结构的策略，如果转基因结构中包含调节元件，如增强子、启动子、抑制子等，而且这些调节元件与转基因的定位表达有关，则应对这些调节元件的本质加以详细的描述，并说明转基因中是否含有显性控制区。如果转基因结构中导入显性的正、负转录调节因子，必须加以完整描述。

2. 标记基因及其表达产物的安全性评价

在转基因动物制作过程中，为了提高转基因动物的制作效率，往往需要应用标记基因对早期胚胎进行筛选，而且有些标记基因会是终生表达的，这样就需要对标记基因及其表达产物进行安全性检测。需要对所使用的标记基因的种类、来源(包括来自何物种)、是否进行过改造等要做翔实的记录并备案保存。另外根据转基因动物的用途不同这种安全检测的侧重面及检测方法也有所不同，对直接毒性、外源基因水平转移的可能性、未预料的基因多效性、随机插入激活毒性代谢途径、转基因动物及常规品种的关键成分实质等同性分析、标记基因的表达产物直接毒性效应、过敏效应、因蛋白质的催化功能而产生的副作用或产生对人类有害物质进行评价。

3. 转基因载体系统的安全性评价

目前转基因动物的制作方法很多如原核期显微注射法、精子载体法、PG & 细胞介导法、反转录病毒载体法等。在制订转基因动物制作方案时应说明采用哪一种基因导入方法。用病毒类载体(如反转录病毒载体等)制作转基因动物要特别慎重。这些载体的一些表达产物也有可能给动物或人类带来潜在的危害。这些危害可能是不明显，但对动物和人类的危害是有累积性的，这类转基因动物在应用于人类需要经几代的终生监测，对其生理心理以及疾病的易感性等各个方面进行监测，确证其产品对人类和动物无任何毒害作用后方可应用于人类，用作异种移植供体的转基因动物最好不用病毒载体法制作，尤其是异种移植器官就是该种病毒侵染部位时更是如此。已使用此类方法制作的转基因动物需经过严格测试后方可使用。

4. 外源基因的安全性评估

外源基因的安全性评估标准与标记基因的安全性评估标准基本相同。

另外，在此应特别说明的是，由于在转基因动物传代过程中与非转基因动物进行杂交，遗传背景会有所改变，在这种情况下，外源基因、标记基因及其表达产物和载体的行为会有所改变，因此转基因构件的安全性评估需要持续几代动物。

(三) 转基因动物安全性评估

1. 转基因动物释放的安全性评估

(1) 遗传稳定性的安全性评估

不论用何种方法生产的转基因动物都需要将其释放到环境中，这就要在释放前对其释放的安全性进行评估，转基因的遗传稳定性和表达的稳定性是一个值得重视的问题。外源 DNA 插入宿主基因组的方式一般为多拷贝插入，往往在同一染色体位点上，而这样的位点在宿主动物基因组中可能不止一个，并且转基因在插入过程中或插入后就有可能发生重排或缺失。在传代过程中也可能会发生染色体交换、易位等引起转基因在基因组中的位置的变化或基因结构变化进而引起所编码的蛋白发生变化以及新基因的灭活或激活沉默基因等，以致出现难以预测的不良后果。出于上述原因，在转基因动物释放之前应采用 Southern 印迹杂交、测序或其他方法监测几代转基因动物基因组中外源基因的稳定性。

(2) 表达稳定性的评估

转基因表达的稳定性会发生改变，这种改变取决于宿主动物的遗传背景与转基因之间互作的程度，以及转基因由于父系或母系遗传所表现出的印记作用。有观察结果表明，随着转基因传递代数的增加，转基因的表达水平降低。转基因表达水平的降低会带来许多问题，生产性状改良型转基因动物会因转基因表达水平的降低而丧失性状的优势，从而为饲养者带来极大的经济损失，药用蛋白生产型转基因动物会因转基因表达水平的降低而失去应用价值，从而为生产厂家带来难以估量的损失，异种移植用转基因动物也会因转基因表达水平降低而失去其可用性，如果不经检测便用于人的异种移植手术是极其危险的。因此应通过预实验或成本评估确定一个可接受的转基因表达的最低标准,并据此对转基因动物进行几代的筛选以获得表达水平稳定而且符合上述标准的转基因动物品系。

2. 转基因动物品系建立的安全性评估

动物不像细胞那样能无限期地保存,因此,发展一些方法以确保在很长时间内我们总能从转基因动物获取所需要的产品就显得十分重要,这样的研究应将每一代个体由于外源基因与不同背景的宿主基因组之间的互作从而潜在地影响产品质量、数量以及纯度的可能性考虑进去。可以像细胞生产方案一样为每个特别的转基因动物系建立类似的等级,称为始祖转基因动物库(master transgenic bank,MTB)和生产用转基因动物库(manufacturers working transgenic bank,MWTB)。这些库可由数目有限、高度特征化的转基因动物组成,如果有可行的技术,来自转基因始祖动物和它们的下一代的精子和胚胎均可用于建库以保存有价值的转基因系。这样做的好处是,库中的转基因动物可以稳定地产生后代,而这些后代能生产出合乎标准的产品。转基因动物也可以通过其他方式繁殖,也就是说可能有别的途径可实现上述确保转基因动物持续生产的目标。应严格描述转基因始祖动物产品的表达特征及产品的安全性,同时对始祖动物后代(始祖动物系)产品的表达特征也应予以描述,从而保证后代动物具有严格的转基因动物的特征。在转基因动物品系建立过程中不同用途的转基因动物应做不同的处理。

3. 生产动物群的组建和选择的安全性评估

一旦转基因始祖动物经鉴定和确证,它们即可用于繁殖生产动物,始祖动物通过与转基因动物或非转基因动物交配,即可将转基因性状和其他性状一并传递给后代。生产商应建立严格的标准选择转基因后代以组建生产群,从而保证转基因动物终生都能稳定地提供数量合理、使用安全的产品。应考虑为来自某个特定的转基因动物的每一个新的品系以及转基因动物与非转基因动物交配产生的品系建立相应的标准,例如,应包括那些与非转基因动物交配产生的杂合子生产动物。

4. 转基因动物的维持

详细制定保持转基因动物的计划,包括其健康状况的监测、圈养设施、终止利用、最后的处置及其副产品的利用。计划应根据国家相关的法律法规进行制定,并经由动物保护专家、动物营养专家、兽医专家、动物流行病专家、生态环境专家、人类医学专家和异种移植专家等组成的专家小组审议通过和国家有关部门批准。在这些内容中,监测转基因动物的健康起着十分重要的作用,具体如下:

(1) 监测转基因动物的健康一方面可确保转基因动物健康,另一方面可避免一些偶发性因素(如农药、动物药品等)造成的产品污染,制订的方案中应包括监测动物健康的详细计划。

(2) 对于作为异种移植物供体的转基因动物生产群的健康监测应依据兽医学关于物种保护方面的准则执行。而且要做详细记录,例如,在接种疫苗、采血、活组织检查等非胃肠道性操作中要使用无菌技术和灭菌设备等。任何可能影响生产动物群体健康的突发事件都要做详细记录(如逃出安全设施、疾病暴发、动物死亡等)。

第三节 转基因水生生物环境安全评价

一、我国转基因水生生物安全性评价的现状

(一) 转基因水生生物研究开发与应用现状

1. 转基因水生生物研究开发现状

我国是世界上最早培育出转基因鱼的国家。1985年朱作言等将小鼠重金属螯合蛋白基因启动子与调控序列和人生长激素基因的重组DNA注射到鱼的受精卵原核内，培育出生长速度快的转基因鱼，从而证明了外源基因可以在受体鱼内整合、表达、促生长，并通过性腺传递给子代，建立了世界上首例转基因鱼模型。随后又相继获得了转基因泥鳅、鲤、团头鲂等。目前，世界各国都相继开展了转基因鱼的研究，该领域已成为水生生物基因工程研究的热点领域。

目前，国内外对转基因技术的研究日益多元化。涉及的对象包括各种海、淡水经济鱼类、虾类、贝类及藻类。转入的目的基因有生长激素基因、抗冻蛋白基因、抗病基因等。外源基因导入受体细胞的方法也多种多样，主要有显微注射、电穿孔、精子携带、磷酸钙共沉淀、脂质体融合、逆转录病毒转染等方法。

用质粒携带外源基因的转化方法获得了转入opAFPGHf全鱼基因的具有快速生长特征的大麻哈鱼和转绿色荧光蛋白基因(green fluorescent protein，GFP)的中国对虾成体等。以精子为载体通过电脉冲导入外源基因是比较理想的基因导入方法，已经建立了电脉冲法转基因技术平台，该方法在转基因鱼类和其他水生生物中得到了广泛的应用，例如胡炜等、喻达辉等和江世贵等利用精子携带-电脉冲法对大珠母贝和合浦珠母贝进行了转基因研究，阳性率达50%；Tsai等用电脉冲介导的精子载体法将外源基因(opAFP2000CAT)导入杂色鲍中，其阳性率可达65%。最近发现聚乙烯亚胺(PEI)与精子载体法相结合在将外源基因转入皱纹盘鲍时的转导率、表达率都很高。在英国，生长迅速的转基因罗非鱼已研究成功，并有望成为生产贵重药物的生物反应器。(黄桂菊和喻达辉，2005)对虾类的转基因报道刚刚起步，贝类的蛤、牡蛎、贻贝等皆有转基因方面的研究报道。此外，转基因海带、海藻已逐渐在治理重金属污染、防止赤潮发生、作为廉价饵料和生产疫苗等方面发挥独特的作用。

2. 转基因水生生物应用前景

(1) 提高生长速度。鱼类是人类的主要蛋白质来源之一，用基因转移技术获得生长快，产量高的超级鱼对人类有极大的诱惑力。早期研究以转GH(growth hormone gene)基因的研究为多见。GH在鱼类生长发育中起着重要作用，鱼类经过外源GH基因转移后，可以增强摄食能力、加快生长速度、提高饵料利用率与改善肉质等。

在规模化中试养殖对比实验中：142日龄的转"全鱼"基因黄河鲤鱼子一代即达到商品鱼规格，其平均体重为648克。转基因鲤鱼不仅增长速度比对照鱼提高42%，而且

饵料利用效率提高 18.5%，具有明显的快速生长和饵料节省效应；营养成分分析上，转基因鲤鱼鱼体干物质和高蛋白质含量提高、脂肪含量减低，是一种优质食用鱼。养殖经济效益估算表明，养转基因黄河鲤比养对照黄河鲤增收提高 125%。

(2) 增强抗病性。可选择的抗病基因相当多，如转某些反义 RNA、核酸、抗体、干扰素、溶菌酶等基因，以提高鱼类的抗病能力，通过提高鱼类的抗病力来提高鱼类的养殖成活率，从而使产量得到提高。

例如，陈立祥采用显微注射法将克隆在鲤β-肌动蛋白基因启动子下游的人-α-干扰素基因转移到草鱼受精卵中，使得草鱼对出血病的抗性得到提高；钟家玉等将线性化的人类乳铁蛋白与鲤鱼β-肌动蛋白基因启动子构建的重组基因质粒，用电脉冲-精子介导转基因法导入草鱼受精卵中，发现部分转 $pCAhLF$ 基因草鱼的抗病毒能力显著提高；Rex 等将惜古比天蚕的杀菌肽 $Cecropin\ B$ 基因导入到斑点叉尾鮰，获得的子代鱼抗病原菌能力明显增强。

(3) 增强抗逆性。抗寒(耐寒)转基因主要是通过转移冷水性鱼类的抗冻蛋白基因到其他鱼类如热带鱼体内来实现。抗冻蛋白具有降低胞内溶液凝固点的作用，能够有效提高鱼类在寒冷地区或高寒山区的生存适应能力，延长它们的生长期，从而能够相应提高了鱼类产量。

Fletheher 等首次将美洲拟鲽的抗冻蛋白基因导入大西洋鲑的受精卵；丘才良成功地运用了改良的受精卵显微注射技术，获得了转移抗冻蛋白基因的大西洋鲑；朱新平等用显微注射的方法将抗冻蛋白基因转移到鲮鱼中，获得转基因鲮鱼。但由于获得转抗冻蛋白基因鱼的频率太低，获得的数量也少，尚未能进一步研究其耐寒特性。

(4) 环境保护。转基因鱼有可能用于环境保护，如清除水重金属污染物。已知金属螯合蛋白广泛地存在许多脊椎动物(如鱼)体内，它与一些重金属离子接触，产生一些特殊生理反应，在体内积累某些重金属物，如将携有外源金属螯合蛋白基因的转基因鱼释放到水体，会对防治重金属污染起到一定作用。

(5) 生物反应器。目前，利用转基因鱼来生产生物活性物质以满足医药需要也是一开发热点，而研制携带人类胰岛素的转基因鱼以提供胰岛素的研究正在进行当中。

(6) 观赏品种育种。此外，转基因技术还可以为鱼类培养一些新品种。据报道，台湾一科技公司首度发表全球第一条全身型红萤光基因鱼"邰港红色 1 号"。他们将珊瑚红色基因运用基因工程及基因转殖的生物技术殖入青鱼的胚胎中，培育出了全身发红萤光的萤光鱼；另外通过转入绿色荧光蛋白基因培育观赏鱼类新品种也有报道。

虽然转基因水生生物具有广阔的应用前景和良好的经济效益预期，其研究开发工作也已经取得了突出的成果，但是，转基因水生生物要进入商业化生产还有待转基因技术的进一步完善。同时，转基因水生生物的生态安全性和食品安全性等一系列问题也有待研究(苏永昌和黄丽琼，2008)。

(二) 转基因水生生物安全性评价现状

1. 环境安全性评价

转基因水生生物对生态环境的影响的焦点问题是对生物多样性可能造成的影响。转基因水生生物逃逸或释放到外界环境后，可能与野生物种进行交配，而导致外源基因的扩散，改变物种原有的基因组成，进而造成种质资源的混乱。其次，转基因个体经人工定向改造，往往抗逆、抗病性强，对环境具有更强的适应性和竞争力；尤其是肉食性水生生物通常以其他种群作为食物对象，通过追捕的方式来获取猎物，若水体中肉食性水生生物(如狗鱼、鳡鱼)种群生物量过大，对其他水生生物的捕食急剧增加，就会大大限制其他水生生物种群的繁殖和生长，甚至会引起它们的灭迹，使水生态系统的生物多样性降低、水生生物种群结构简单、水域生态失衡。因而在对肉食性水生生物进行基因转移，尤其是转生长激素基因时要慎之又慎。对于外源基因扩散的问题可以通过研制转基因的不育个体来解决。而对生态系统平衡的影响，需要对转基因生物的生存竞争能力和扩散能力以及对其生活水域的生态系统进行分析。

至1998年底，我国正进行的转基因水生生物安全性评估工作有两项：①转"全鱼"生长激素基因鲤的中试研究(中国科学院水生生物研究所)；②转大麻哈鱼生长激素基因鲤的生物学安全性评价(中国水产科学研究院黑龙江水产研究所)。

中国科学院水生生物研究所转生长激素基因鱼生物安全性研究(中试)的初步结果：①转生长激素基因鲤和对照鱼在一般形态特征、内脏器官形态及质量比、繁殖特征(性比、性腺发育切片观察)等方面无显著差异，但转生长激素基因鲤表现出明显的体高和背厚；②转生长激素基因鲤和对照鱼一样性情温和，区域防卫能力无差异，但转生长激素基因鲤具有较强的摄食竞争力和较弱的认别能力；③转生长激素基因鲤和对照鱼干物质中的脂肪酸组成无差异，而转生长激素基因鲤的氨基酸总量和部分人体必需氨基酸含量显著高于对照鱼；④在实验条件下，转生长激素基因鲤对高盐、高温和极端pH的耐受力有提高的趋势，尚待中试验证；⑤用转生长激素基因鲤饲喂肉食动物，8个月后，试验动物的血液生理、生化和病理无显著影响。

中国水产科学研究院黑龙江水产研究所对转基因鲤和非转基因鲤在相同的温度、碱度和pH等条件下进行了试验，未发现转基因鲤与非转基因鲤在这些条件下的存活情况有差异(李思发，2000)。

2. 食用安全性评价

由于转基因所用的大多为生长激素基因，其表达产物——生长激素对人体具有重要影响，因此引起全社会的普遍关注。对转基因产品的食用安全性评价显得极为重要。食用安全性评价包括对外源基因、表达产物及其代谢产物的直接毒性、过敏性、抗药性以及外源基因的水平转移等的评价。

目前已经对转基因鱼进行了一系列的食用安全性评价。如闫学春等把转牛(羊)生长激素基因的鲤鱼喂给猫吃，通过生理学、血液学指标、组织中的重金属含量及外源基因残存量的测定，表明转基因鱼对猫不产生任何不良的影响。陈开健等用转人-α-干扰素基因的草鱼喂大鼠，30天后进行血液、组织等方面检查，亦未见对大鼠有影响，但长期食用是否会有影响尚待进一步研究。朱作言等用420只小鼠进行了转"全鱼"基因鱼食品消费安全的详细研究：实验中对小鼠进行高强度饲喂转"全鱼"基因鱼，结果显示，转基因鱼对小鼠的生长、脏器发育、血液生理生化指标、繁殖能力及其后代的生长发育均无影响，证实了转"全鱼"基因鱼食品与非转基因鱼在食品安全上具实质等同性。

但是实验动物的食品安全性实验与以人类健康影响为目的的食用安全性评价有一定差距。因此，要真正对转基因鱼进行食品安全性的评价，还需要逐渐建立一套科学健全的评价标准和实验方法(苏永昌和黄丽琼，2008)。

二、转基因水生生物安全性评价内容

转基因水生生物的安全性评价包括实验研究、中间试验及环境释放等过程中的安全性评价，主要研究内容包括如下几个方面：

(一) 受体生物学研究

在环境与食用安全性评价中，常用实质等同性原则作为安全性评价的起点，即将转基因生物体与其亲本进行比较，分析转基因生物体除预期性状外的、由于转基因操作引起的生物学特性与营养特性变化。因此，对受体的生物学信息的研究是进行转基因水生生物研究开发与安全性评价的基础。

1. 受体基本信息

受体的基本信息包括受体名称、分类地位、主要分布产区、年产量或年渔获量、是野生种群还是驯化改良品种、在渔业生产中占有的地位和作用等。如为养殖品种，应了解其养殖历史和养殖方式。由于水生生物除了与同种进行交配外，有些还可以与近缘品种进行交配，因此还应了解受体生物有哪些近缘品种(品系)。

2. 受体形态特征

包括受体的体型特征，吻的形状和位置，鳍的结构、形态和在躯体的着生部位，以及鳍式等，受体的鳞被覆盖情况、鳞片及鳞式特征，不同生长阶段的传统形态学参数，牙齿生长特征和数目，鳃耙排列方式与数目，受体骨骼结构、组成，尤其是脊椎骨数目。掌握受体与近缘种的形态特征区别。

3. 生长、行为特性研究

受体生长特性的研究应包括受体不同环境因子(温度、盐度、饵料、光照、溶氧、pH等)对受体生长的影响，以及受体的生活习性，如在水体的生活区域和对水体空间的利用情况、食性与摄食方式以及对水域环境的适应能力。对于有洄游特性的水生生物，应了解其洄游时间和洄游路径。

4. 生殖和繁殖

要了解水生生物的繁殖周期、繁殖生态条件、繁殖力大小、精卵质量、胚胎发育方式及外部环境条件、与近缘野生种群或选育种群的可交配性如何、自交后代生存竞争力等应有较为详细的了解。生命史特征包括胚胎发育、性成熟年龄和规格、繁殖高峰时间与持续时间、生命周期等。

5. 生理、遗传特征研究

研究受体水生生物肌肉等组织中的主要生化组成及含量(如蛋白质、脂肪、矿物质、维生素、必需氨基酸等);与目的基因具有同源性的基因表达产物的结构、性质及在受体内的表达剂量等。

6. 对有毒、有害物质的富集力研究

了解受体对重金属元素及有害化合物的富集能力,掌握不同元素在受体内的富集差别,了解受体不同身体部位、器官或组织对有毒、有害物质的富集能力。

7. 对水环境及水生生物的危害性研究

了解受体是增加还是降低水环境质量,代谢产物能否造成水体的富营养化,对浮游生物群落结构的影响等。了解受体在空间、饵料等方面同其他水生生物的竞争性,能否形成绝对优势种群,压抑其他水生生物的生长和繁殖,产生生存竞争性危害。

8. 对人体健康有无危害

受体对人体健康危害(如致病性、毒性、过敏性等)记载史,对人类生产及生活是否产生过侵害(如干扰正常渔业生产、造成渔业损失、对人类产生攻击行为等)(刘谦和朱鑫泉,2001)。

(二) 基因操作过程安全性评价

1. 目的基因的安全性

对基因的安全性研究应包括目的基因与其他表达元件的基因来源和用途,以及来源物种和表达产物有无致病性、致敏性和毒性报道,记忆是否对生态环境产生过影响。

2. 载体的安全性研究

弄清所用载体的名称、来源、特性,有无标志基因。研究该载体有无致病性及演变为致病性的可能性。熟悉目的基因与载体的构建方法,了解目的基因在载体中的位置,即重组 DNA 分子的酶切图谱,了解 DNA 重组体的复制特性,该重组体是否对人体健康和生态环境具有现实或潜在危害。

3. 外源基因转移方法的安全性研究

选择有效和安全的基因导入途径。水生生物外源基因导入方法目前通常采用显微注射法或精子携带法等。

4. 目的基因的整合与表达安全性研究

通过研究目的基因在受体内的整合和不同时空的表达结果,了解目的基因是否对受体产生致害作用,如体畸形、生存力弱、抗逆性差等。

(三) 转基因水生生物安全性评价

1. 环境安全性评价

对转基因水生生物的环境安全性评价主要包括转基因水生生物的生物学特征,与其

他水生生物的相互作用能力，以及拟释放水体的水文特征的研究。

转基因水生生物的生物学研究是建立在与受体生物学相互比较的基础上的，与受体生物学研究内容相似，主要包括转基因水生生物的形态特征研究、生长与行为特征研究、生理与遗传特征研究、繁殖与生命史特征研究、对理化因子的耐受性研究、对有毒有害物质的富集力研究、抗病力研究等。其中需要关注的是转基因水生生物的生存竞争力的研究。目前的转基因水生生物以改良生长性能为主，如转入生长激素的转基因鱼，这种生物进入水体后，由于具有快速生长的性能，可能会对水体中的其他生物造成不良影响，如造成被摄食物种的急剧减少或者造成竞争性生物的生存弱势，而其天敌的数目则可能成比例增加，从而造成生态系统的混乱。对于这些可能的影响，应充分进行分析，并根据具体情况制定相应的管理防范措施，尽量减少转基因生物对自然界生态平衡的影响。

要了解以上转基因水生生物对生态系统的可能影响，其与其他生物的相互作用关系是必要的研究内容。水生生物各物种(种群)间的相互关系包括竞争、中立、互利、共生等关系。

转基因水生生物释放进入自然水体之前，应对释放水体情况进行全面调查。需要了解拟释放水体的地理位置和气候特征，水体的理化因子组成及变动规律。水文特征调查的一项重要内容是拟释放水体与周围养殖水体的间隔距离和相互作用关系，如拟释放水体与周围水体相隔较远，隔离设施牢固可靠，相互作用方式简单(如水体间交换途径单一、交换量少)，则该拟释放水体的安全性较高。反之，转基因水生生物很容易逃逸，对周围养殖水体造成"物种侵入"威胁，后果将是严重的。了解拟释放水体对自然灾害，尤其是洪涝灾害的防御能力。此外，研究拟释放水体的鱼类及其他水生生物的种群分布和空间利用状况，若水体存在较大的空白区间，转基因水生生物的释放能与其他水生生物相互补充，很好地利用水体空间，同时随着时间的演替，转基因水生生物发生范围扩张的机会极小，此释放是较安全的。

对水域中生产者、消费者和分解者之间的组成、相互作用关系和能量传递规律要进行研究。了解生产者、消费者和分解者之间的能量传递效率，以及能否形成基因迁移媒介。

2. 食用安全性评价

转基因水生生物的最终目的是为人类服务，为人类提供食用、药用等各种有价值的转基因水生生物。只有在实现对人体健康有利的前提下，才能实现研制转基因水生生物的价值。因而研究转基因水生生物的食用安全性具有极为重要的意义。

对转基因水生生物的食用安全性研究的基本原则是实质等同性原则，即转基因水生生物与人类所食用的受体水生生物具实质等同性。

首先在比较转基因水生生物与受体水生生物在形态、生理、生长、繁殖及抗病力等表型特征有何异同的基础上，研究转基因水生生物与受体水生生物的主要营养组分(蛋白质、脂肪、糖类、矿物质、维生素、必需氨基酸等)的实质等同性。若二者的主要营养组分具实质等同性，说明外源基因的导入并未改变受体水生生物对人类的营养价值。进而，对转基因水生生物进行毒性、致病性等研究。

在广泛分析转基因水生生物主要营养组分的基础上，进一步分析外源基因所造成的特定差异。首先研究外源基因是编码一种还是多种蛋白质，其表达产物的结构、功能和专一性是否与供、受体水生生物的表达产物具实质等同性,若具实质等同性,可认为外源基因的表达产物符合食物的安全性原则。除研究外源基因的直接表达产物的实质等同性外,还应研究外源基因及其表达产物是否产生其他物质,以及外源基因及其表达产物是否改变受体水生生物的内源性成分或在受体水生生物体内产生新的化合物,只有在这些改变的或新产生的物质证明对人体健康不会产生现实的或潜在的危害时,转基因水生生物才具有食物安全性。

首先研究转基因水生生物是否含有致毒原、致病原和过敏原,可对人体直接产生毒性、致病性或过敏性危害。可进行体外模拟试验或实验动物试验,研究实验动物在解剖学、病理学、血液学、生化、生理及对重金属富集力等方面有无异常状况。其次还应研究转基因水生生物进入人体消化道后,外源基因的降解情况,是否会通过消化道造成外源基因水平转移。

除了预期的性状外,外源基因的随机插入,可能造成非预期的效应:如:①造成人为突变,使相关基因决定的表型性状发生改变;②打破了性状间的基因连锁,造成多基因效益下降,从而使表型性状发生改变;③改变了基因的多效性关系。研究转基因水生生物在形态特征、生态习性、行为特征、生理和代谢特性、生命史特征、抗逆性、对有毒和有害物质及重金属的富集能力等,对于正确评价转基因水生生物的安全性具有重要意义(刘谦和朱鑫泉,2001)。

第四节 转基因微生物环境安全评价

一、转基因微生物的安全性评价现状

(一) 转基因微生物的研究开发与应用现状

1. 转基因微生物的研究开发现状

转基因微生物在农业生产、食品加工、医药卫生以及环境保护等领域得到了广泛的应用,可以作为生物反应器用于各种酶制剂、维生素、激素、抗生素等食品、药物和饲料添加剂的生产,如奶酪生产中使用的凝乳酶,饲料中使用的植酸酶以及养殖业中使用的牛生长激素(BST)和猪生长激素(PST)等,大部分来自转基因微生物;一些人用和兽用基因工程疫苗为转基因微生物产品;转基因微生物还用于生产生物农药和生物肥料,在农作物生产中发挥重要作用。本节综述了转基因微生物在食品生产、农业生产、医药生产和环境保护、传统工业改造等领域的应用现状,以及转基因微生物环境释放所涉及的主要生物安全问题。

据不完全统计,各国获准进入田间释放的重组微生物占已登记在案的转基因生物环境释放总数的1.15%,其中,受体微生物占1.04%、病毒占0.32%、真菌0.19%。仅以美国为例,经美国国家环境保护局(EPA)、美国农业部(USDA)批准环境释放的微生物遗传工程涉及十几种微生物,约50例,其中包括由Ecogen、Novartis、Mycogen和Research Seed等高科技公司生产的转Bt遗传工程菌以及提高苜蓿共生固氮和产量的转基因根瘤菌等商品化活体产品。20世纪90年代以来,以苏云金芽孢杆菌为主的转基因微生物杀虫剂得到了迅速的发展，在美国，应用转 Bt 遗传工程菌产品防治蔬菜害虫和玉米害虫的面积分别占蔬菜和玉米总种植面积的 80%和 50%，转基因微生物杀虫剂产品的销售额从 80 年代末的 4000 万美元上升到 90 年代的 5 亿多美元。美国研制和生产的重组苜蓿根瘤菌也是世界上首例通过了遗传工程菌安全性评价并进入有限商品化生产的工程根瘤菌。

中国对转基因微生物的研究和应用主要集中于农业生产方面。在中国境内申报并通过农业生物基因工程安全委员会批准的农业重组微生物在 40 例以上，其中，由中国农业科学院原子能所研制的转 *NtrC-nifA* 基因斯氏假单胞菌 AC1541、中国农业科学院饲料研究所研制的高效表达植酸酶的重组毕赤酵母、中国科学院武汉病毒研究所研制的重组棉铃虫核型多角体病毒杀虫剂和华中农业大学研制的延缓害虫对苏云金芽孢杆菌产生抗性的高产广谱工程菌 BMB820Bt，均已通过农业部农业生物基因工程安全委员会审批进入安全性评价的商品化生产阶段。

2. 转基因微生物的应用现状

(1) 转基因微生物在食品生产领域的应用

直接用作食品的转基因微生物，如发酵食品菌等目前在市场上尚未出现。在国外，将转基因细菌和真菌生产的酶用于食品生产和加工已经比较普遍，如奶酪生产中使用的凝乳酶、啤酒和饮料生产中的淀粉酶，以及面包等食品生产中的蛋白酶等。

在食品工业中，微生物可用于生产酶制剂、氨基酸、有机酸、维生素、色素、香料等添加剂。在全球范围内，很多企业已成功地应用转基因微生物生产食品酶制剂，如丹麦的 Novo-Nordisk 公司和荷兰的 Gist-Brocades 公司。生产食品酶制剂的转基因微生物包括浅青紫链霉菌、锈赤链霉菌、枯草芽孢杆菌、地衣芽孢杆菌、特氏芽孢杆菌、特氏克雷伯氏菌、解淀粉芽孢杆菌、米曲霉和黑曲霉等。转基因微生物生产的酶制剂产量高，品质均匀，稳定性好，价格低廉，很可能成为未来工业用酶制剂生产的主要工具。目前，利用转基因微生物生产酶制剂的目标是生产具有优于现在酶制剂加工特性而对食品感官属性又影响不大的酶制剂。随着基因工程技术的发展，转基因微生物用于酶制剂生产的前景将更加广阔。

转基因酵母菌在食品生产上的应用也较为多见，目前已获准商业化使用的转基因酵母菌有面包酵母和啤酒酵母。利用转基因啤酒酵母所生产的啤酒已被生产者、媒体代表与部分消费者饮用，但由于一般消费者对转基因生物衍生的食品和饮料购买欲仍然很低，因此，这类产品仍处于研究阶段。随着微生物分子遗传学的迅速发展，葡萄糖酵母的育种研究进入了一个新的水平。

(2) 转基因微生物在农业生产领域的应用

在农业生产上，微生物在病、虫、草、鼠害的生物防治、植物生长发育的调节、化学农药残留的生物降解，以及生物固氮等方面都发挥着巨大的作用。自 20 世纪 80 年代中期以来，农业微生物基因工程技术一直是国内外研究的热点，进入 90 年代后更成为一个发展最为迅速、应用前景看好的领域。应用于农业生产上的转基因微生物主要为转基因微生物农药、转基因微生物肥料以及利用转基因微生物生产饲料酶。

①转基因微生物农药

用于防治植物病、虫、草害以及对植物生长发育具有调节作用的微生物制剂称为微生物农药，主要有细菌、真菌、病毒、原生动物等。

20世纪80年代中期以来，国内外在防病杀虫转基因微生物的研究方面取得了一系列突破性进展，转基因微生物制品领先于转基因植物进入商业化应用，其中重要的有防治虫害的Bt高效工程菌剂、转基因病毒制剂、防治植物霜冻的无冰核活性工程菌、防治果树根癌病的入射土壤工程菌S1026等。

自"七五"以来，中国的"863"计划将农业重组微生物列入生物领域的一个重要研究专题。应用基因工程可以对微生物农药进行基因重组，提高其生物活性，并提高发酵水平和质量，或将某种控制杀虫活性基因转移到安全易培养的细菌中，使其生产更加容易。应用新的生物技术将使病毒制剂生产采用游离细胞培养的生产工艺，不仅使产量无限扩大，而且使产品质量稳定和提高。生物技术不仅能帮助开发生物农药，提高产量和质量，而且能改进生物农药。

②转基因微生物肥料

微生物肥料以固氮菌为主，还包括能够提高土壤肥力、改善植物营养条件的其他微生物。环境中长期大量施用化学肥料特别是化学氮肥可引起一系列不良的环境后果，如土壤板结、肥力下降、耗费能源、污染环境等。土壤中的一些微生物具有生物固氮、溶解磷钾等方面的能力，可以直接作为生物肥料或提高作物对一些养料的吸收和转化利用效率。例如，根瘤菌在豆科作物上结瘤固氮已在许多国家广泛推广应用。

③应用转基因微生物生产饲料酶制剂

生物体内的化学反应能顺利进行，与酶的作用密切相关。动物消化系统中分泌的淀粉酶、胃蛋白酶、胰脂酶、蔗糖酶、乳糖酶、麦芽糖酶等，是消化吸收不可缺少的，称为内源性酶。但仅依靠内源性酶，动物对饲料的利用能力仍然有限。因此，为了充分利用现有饲料来源，开发新的非常规饲料，同时也为减少动物排泄物对环境的污染，研制和生产外源性饲料酶已成为饲料工业中的一个重大课题。饲料用酶有20多种，其工业化主要采用微生物发酵技术，利用微生物中某些酵母、曲霉菌和其他细菌来生产。目前，有些饲料酶的生产已经开始利用基因工程技术。通过新生物技术的应用，各种饲料酶的活性、稳定性以及耐热性都有很大的提高。以基因工程菌生产的饲料酶也称重组酶，首先将可表达有特异多肽序列编码的特异互补DNA(cDNA)进行克隆和分离，再把cDNA转入到作为表达载体的某个菌株，该菌株要符合低成本和大规模发酵生产的要求，同时又能高水平地表达重组酶，最后再通过低成本的酶纯化方法而分离出纯化的重组酶。近年来已发现，某些丝状真菌如黑曲霉(*Aspergillus niger*)、米曲霉(*A.oryzae*)和无花果曲霉(*A.ficuum*)就具有这种低成本生产各种重组蛋白(包括酶)的表达系统。

(3) 转基因微生物在医药生产领域的应用

在医药生产方面，转基因微生物可用于生产基因工程疫苗和基因工程药物。其中基因工程疫苗可分为兽用和人用两种类型，而基因工程药物主要用于人类疾病的治疗。

基因工程疫苗是用分子生物学技术对病原体微生物的基因组进行改造，降低致病性，提高免疫原性，或者将病原微生物基因组中的一个或多个对防病治病有用的基因克隆到无毒的原核或真核表达载体上，制成疫苗后接种动物，使动物产生免疫力和抵抗力，达到防治传染病的目的。兽用基因工程疫苗的研究与开发，在病原方面涉及细菌、病毒和寄生虫，疫苗使用对象包括牛、马、猪、羊、犬、禽、兔和其他野生动物，疫苗的类型有：使用 rDNA 技术研制和生产的火活细菌、病毒和寄生虫亚单位疫苗；通过插入或缺失一个或多个基因所修饰的活的微生物疫苗，即基因缺失活疫苗；使用携带有编码免疫抗原的重组外源基因的活载体疫苗，即基因重组活疫苗三大类(刘谦和朱鑫泉，2001)。据不完全统计，国内外已有 40 多种兽用基因工程疫苗实现了商业化生产，100 多种兽用基因工程疫苗正在进行野外试验阶段或获得了专利，还有 360 多种处于实验室研究阶段(表 3-4)。应用生物技术定向改变与病毒毒力相关的基因，使其降低毒力的同时仍保持较好的免疫性，已成为研究制造减毒活疫苗株的新途径。人用基因工程疫苗包括工程减毒疫苗株、杂合减毒株，以及病毒载体重组株 3 种类型，此外，还有用于免疫治疗和基因治疗的重组病毒也是治疗人类疾病的基因工程微生物。

表 3-4 国内外部分兽用基因工程疫苗研究与开发情况

	进 展	重组亚单位疫苗/种	基因缺失活疫苗/种	基因重组活疫苗/种
国外	研究	200	50	100
	野外试验或获得专利	50	41	10
	商品化	30	12	2
国内	研究	5	0	10
	野外试验或获得专利	1	1	0
	商品化	1	0	1

资料来源：刘谦和朱鑫泉，2001。

基因工程制药改变了传统的制药方式，可以利用动物、植物、微生物来生产药物、利用人体内的天然物质治疗人类疾病一直是医学上的一个重要领域，但人体中多数极为重要的细胞因子、激素、酶等含量极低，难以大量提取，通过基因工程技术可以获得足够量的商品化药物，即利用基因工程技术，将外源目的基因经重组技术导入大肠杆菌、酵母等微生物、植物细胞，通过发酵或细胞繁殖生产大量多肽或蛋白质药物。目前工业化生产基因工程药物主要采用微生物发酵、动物细胞培养技术。基因工程药物和基因工程疫苗具有巨大的潜在市场，如美国基因工程药物的产值和销售额 1995 年为 48 亿美元，而 1997 年超过 60 亿美元，且每年以 20%速度增长。2000 年全球基因工程药物的产值和销售额已超过 200 亿美元。从 1982 年重组胰岛素批准上市至 1999 年，有近 40 种基因工程蛋白质药物投放市场，主要用于治疗癌症、血液病、艾滋病、乙型肝炎、丙型肝炎、细菌感染、骨损伤、创伤、代谢病、外周神经病、矮小症、心血管病、糖尿病、不孕症等疑难病。

(4) 转基因微生物在其他领域的应用

转基因微生物除了在食品生产、农业生产和医药生产方面可以发挥重要作用之外，在环境保护、传统工业改造以及新能源的开发与利用等方面也有着巨大的应用潜力。

①环境保护

在污染物的生物降解与去除方面，可以利用基因工程的方法构建工程菌，对工业废水和生活污水进行净化处理，一方面可以治理环境，另一方面也可以获取食用和饲料用的单细胞蛋白。

利用 DNA 重组技术改造微生物，可以使微生物降解农药的能力大幅度提高。目前的研究发现，降解酶往往比产生这类酶的微生物菌体更能忍受异常环境条件，而且酶的降解效果远胜于微生物本身。降解酶基因经过生物工程技术改造之后可以高效表达，这样就显著提高了对农药的降解率。

②传统工业改造

转基因微生物对于传统工业改造可发挥积极的作用。传统的化学工业过程几乎都是在高温高压下进行的，这是一个典型的高能过程。在化学工业使用转基因技术，不仅能节约能源，还能避免环境污染。

在发酵工业中，微生物发酵法可以生产许多化工原料，如乙醇、丁醇、乙酸、乳酸、柠檬酸、苹果酸等，利用基因工程的方法可以改造传统的旧工业。用转基因的方法构建工程菌，可以大大改进产品质量并提高产量。例如，我国在采用现代生物技术改造传统医药生产方面取得了很大进展，在头孢菌素 C 的发酵中采用基因工程菌株，使得发酵单位达到 2.8 万以上，已赶上国际先进水平。

③新能源开发

利用基因工程的方法还可以缓解能源危机。微生物发酵法用甘蔗、木薯粉、玉米渣等生产酒精，科学家们还在研究通过转基因的方法创造多功能的超级工程菌，使之分解纤维素和木质素，以便利用稻草、木屑、植物秸秆、食物的下脚料等生产酒精。以这种方法生产的酒精被称为绿色石油。

(二) 转基因微生物的安全性评价现状

1. 转基因微生物酶制剂的安全性

(1) 国外及国际组织对转基因微生物生产食品的安全性认定

1989 年，美国 Whowa Denko 公司应用重组 DNA 微生物技术生产的 L-色氨酸上市后造成 37 人死亡，1500 人致残，这一案例引起了公众对转基因微生物用于食品生产的极大担忧。美国食品与药品管理局认为，由于生产凝乳酶的转基因微生物不会残留在最终产物上，用于食品生产是安全的，符合 GRAS(generally recognized as safe)标准，它可应用于干酪的生产，在产品上也不需要标示。

1990 年，在联合国粮农组织和世界卫生组织的第一届生物技术与食品安全专家咨询大会上，对重组微生物的安全性评价做出了以下结论：第一，基因克隆过程中的载体需要做修饰，以尽量减少基因转至其他微生物的可能性。第二，来源于重组微生物的食品中不含活菌，不应在重组微生物中使用目前在治疗中有效的抗生素标记。

在国际上，"实质等同性原则"是对生物技术产品及食品成分的安全评价准则。1993 年，经济发展与合作组织在"现代生物技术食品安全性评估的概念与原则"报告中，引入了实质等同性概念，即通过生物技术生产的食品和食品成分是否与目前市场上销售的传统食品具有实质等同性。这是对新食品与传统食品相对安全性的比较，是一种动态过程，取决于已有的经验和食品及食品成分的性质。1995 年，WHO 将实质等同性原则运用于以现代生物技术生产的转基因食品的安全性评价。

2003年7月1日,在罗马召开的联合国食品标准署会议上,国际食品法典委员会通过了三项有关转基因食品安全问题的标准,其中包括用于生产啤酒和奶酪的转基因微生物的安全评估准则。该标准涵盖了目前转基因生物政策方面的争议性问题,包括现代生物技术食品风险评估原则以及重组体DNA食品的安全评估实施细则。被国际食品法典委员会采纳的标准将被自动视为"以科学为依据"。任何执行该标准的国家都可以免于在WTO内受到质询,并在解决国际贸易争端方面也有着非常重要的作用。

(2) 国内对转基因微生物用于食品生产的安全管理

中国国内相关法规明确规定,构建微生物转基因生物的各种生物在分类和遗传学上都必须明确鉴定;不含有害物质的基因和已知毒素的基因;载体的特性必须清楚;带有临床上重要抗生素抗性的基因不得使用在含有活性微生物的食品中;在不含活微生物的食品成分中必须证明其成分中不含活细胞,也不含有编码抗生素抗性的且具有生物活性的遗传材料等。此外,还规定由转基因生物产生的食品和食品成分在生产、加工和提取的每一个阶段都应建立相应的检测方法,以保证产品的质量和安全性。

2. 植物用转基因微生物产品的安全性

目前,转基因微生物农药和转基因微生物肥料这两类转基因微生物产品主要用于作物生产。对植物用转基因生物及其产品进行生物安全评价的主要目的是,针对植物用转基因微生物及其产品在研究、开发、生产、使用、越境运送、废弃物处置等各个环节中的有关活动,从技术上分析其可能对人类健康和生态环境造成的危害,根据潜在危险程度,确定其安全等级,为采取相应的安全管理措施、防范和控制有关活动的潜在危害提供科学依据。生物安全性评价的主要内容可以分为对人类健康的潜在危险和对生态环境的潜在危险两个方面(刘谦和朱鑫泉,2001)。

(1) 对人类健康的潜在危险

① 致病性。植物用转基因微生物对人的致病性主要是指其感染并致使人发病的能力,包括毒性、致癌、致突变、过敏性等。根据微生物对人和其他高等动物的致病性,可将微生物划分为不同的安全等级。不同国家对微生物安全等级的具体划分略有差异,但一般按照危险性由低到高的顺序将微生物分为4个安全等级。判断致病性的最主要依据,但对每一种微生物而言,其安全等级的划分还要结合该微生物的系统分类学地位、自然习性与自然存在方式、地理分布、宿主范围、传播方式、对抗生素和环境因子的抗性、对其他生物间的相互关系等进行综合分析来确定。

② 抗药性。病原菌对药物的抗性是治疗疾病时经常会遇到的一个问题,对抗生素类药物的抗性问题尤其突出,这主要是由于频繁使用或滥用抗生素药物而引起。在植物用微生物转基因工作中,应尽量避免使用对人类常用的重要的抗生素和其他主要药物有抗性的微生物和标记基因,或采用一些新技术使其不能表达甚至自动解离。

③ 食品安全性。植物是人类和畜禽的主要食物来源,转基因微生物及其产品应用于植物后,对植物作为食品、饲料和添加剂的安全性是否会有影响,以及如何评价转基因产品的食品安全性,这些问题已引起人们的广泛关注,并已在国际社会引起了较大争议。转基因微生物进入动物体后是否致癌、致畸和致突变,人类食用此种植物产品后是否对健康产生影响,转基因及其表达产物是否残留在植物产品中,人类食用后是否对健康产

生影响，这些疑问需要科学研究加以澄清。

(2) 对生态环境的潜在危险

植物用转基因微生物及其产品在农田、菜园、果园、茶园、草地、森林等生态系统长时期、大规模应用后，是否会对环境质量或生态系统造成不利影响，需要通过长期的科学研究才能得出确切结论。目前对植物用转基因微生物及其产品对环境影响的评价主要考虑在以下六个方面：

① 致病性和毒性。微生物对环境中植物和动物的致病性和毒性主要根据该基因的结构和功能确定。转基因微生物的致病性需要结合受体微生物和基因操作两方面的情况进行分析，在中间试验、产品登记等阶段还应通过实验研究确定。植物用转基因微生物大面积、长时期使用后，是否可能会对非靶动物和植物具有一定的致病性和毒性，与供体微生物和受体微生物相比是否会产生更强或新的致病性和毒性，这些问题仍有待进一步研究。

② 生存竞争能力。微生物在环境中的生存竞争能力包括存活力、繁殖力、持久生存力、定殖力、竞争力、适应性和抗逆能力等。微生物的生存竞争力越强对生态环境造成影响的可能性越大。转基因微生物是否具有天然微生物所不具有的生存竞争优势，是否能够通过对生态位和营养的竞争将一种甚至多种土著微生物减少到对生态环境和生物多样性造成严重影响的程度，甚至这些微生物进入人或动物体后，是否对正常肠道菌群产生影响，人们还不能对这些问题做出完全肯定或者否定的回答。有一些实验结果表明，除极少数情况外，大多数转基因微生物与其非转基因的亲本微生物(受体微生物)在自然环境中的存活、定殖和竞争能力基本上是一致的，并不具有特殊的生态竞争优势，甚至在相当多的实验条件下，转基因微生物的生存竞争能力比非转基因微生物的生存竞争能力还要弱。

③ 传播扩散能力。指微生物通过土壤、空气、水、植物残体、昆虫或其他动物等媒介进行近距离或远距离转移的能力。微生物传播扩散能力越强，对环境的影响越大。植物用转基因微生物在使用区内和向使用区外的环境(特别是水体和高空气流)中传播扩散能力、机制及其对生态环境的潜在危害是生物安全评价的重要指标。

④ 遗传变异能力。指植物用转基因微生物及其基因在不同生理生态条件下遗传的稳定性及其发生适应性变异或突变等的能力。由于微生物生长繁殖速度快，即使是低于百万分之一甚至亿万分之一的变异率，也能在较短的时间内迅速发展为数量可观的种群，从而对生态环境造成影响。由于对转基因微生物遗传变异方面的实验研究基本上是对在室内或可控条件下进行，而人为条件下实验的结果是否可直接作为转基因微生物生产应用阶段安全性评价的依据，这还需要根据微生物菌株本身的特性和环境条件来决定。

⑤ 遗传转移能力。指植物用转基因微生物向土著非转基因微生物的同种微生物和其他生物发生遗传物质转移的能力。转基因微生物中的抗生素抗性基因和其他提高生态适合度的基因向自然环境中的土著微生物或其他生物发生遗传物质转移的可能性及其可能带来的生态后果等问题，是生态学家较为关注的。有研究表明，在自然环境条件下，微生物之间，特别是土壤细菌之间发生遗传物质的转移或交换是一种非常常见的自然现象。细菌之间可以通过结合、转导和转化途径进行基因交流。但在自然生态系统中具有丰富的生物多样性，植物体表、体内、地下土壤及其周围环境中存在的大量微生物都是与植物长期共同进化的结果，这些土著微生物具有强大的缓冲能力，一般情况下，人为引进

的微生物很难与土著微生物竞争。然而,随着基因工程技术的发展,目的基因和受体微生物的来源越来越广泛,这些转基因微生物应用于植物以后,其外源基因是否会向土著微生物和其他动物转移,以及如果外源基因转移后可能会对生态系统造成何种影响,这些问题还需要通过实验观察,以及长期监测和跟踪,在积累了有关实验数据的资料等基础上才能做出评价。

⑥ 对生态环境的不利影响。植物用转基因微生物对生态环境可能发生的不利影响主要包括以下几个方面:转基因微生物广泛传播扩散或通过遗传变异成为有害生物或与其他生物协同作用增强对生态的危害性;转基因微生物的基因向其他生物转移产生新的有害生物或使原有害生物加重其危害性;对非靶生物造成危害,如生物防治微生物扩大寄主范围或杀虫杀菌谱而对蜜蜂、珍贵蝴蝶、有益微生物等造成危害,破坏生物多样性,改变生态系统的结构和功能,产生各种复杂的生态效应,如引起一些物种种群数量的显著下降甚至灭绝,对生态系统内能量流动和物质循环造成严重影响,并可能导致土壤肥力和土壤结构的破坏,出现新的生物灾害或环境问题,从而影响农业生产的可持续发展。

在植物用微生物基因工程中,我国采取的是美国和加拿大生物安全管理模式,从实验研究到环境释放具有多重安全保障。就目前而言,接受外源基因的受体微生物一般都是已知对人安全的,属于生物安全等级1或2级。而提供外源基因的供体生物来源广泛一些,其中可能会有少数属于不太安全的微生物或动植物,但是从该供体生物中截取的目的基因一般也是对其结构和功能研究较明确且已知与毒性或致病性无关的基因,因而对人是比较安全的。尽管如此,随着现代生物技术的不断发展,新的技术不断涌现、应用范围不断拓宽,今后的转基因微生物工作中,无论受体微生物、基因来源,还是产品生产方法都将远远超出传统微生物产品的范围,而目前的科学水平尚不能完全精确地预测外源基因在新的遗传背景下的全部表型效应和可能存在的基因漂移等诸多潜在问题,所以对这类新性状转基因产品对人类健康和生态环境安全性的影响进行科学、合理的评价与管理是必要的。

3. 兽用转基因微生物产品的安全性

常规技术生产的兽用微生物产品也不同程度的存在安全性问题。有的灭活疫苗因内毒素或过敏原可能导致接种动物的过敏反应,甚至可导致死亡。大多数减毒活疫苗在动物上都存在不同程度的毒力问题,并且在环境中有可能出现毒力返强的现象。而基因工程疫苗,特别是基因工程活疫苗是否安全,是否会对动物、人类和生态环境造成危害,与常规疫苗相比是否存在更大的安全性问题,目前国内外对此尚无定论。目前的科学技术水平还不能完全预测转基因在受体微生物遗传背景中的全部表现,人们对于转基因微生物可能出现的新组合和新性状及其潜在的危害性还缺乏足够的认识和预见能力,因此,在兽用转基因疫苗研究与开发的同时,必须加强安全性评估工作。

兽用转基因微生物的释放对环境可能产生的影响主要包括以下几个方面:①基因修饰活病毒,疫苗病毒本身或衍生株(变异株、重组株)可能引起靶动物或非靶动物的死亡。②改变对疾病的压力可能引起变异株的扩散。③宿主群居动力学的改变具有环境影响。

兽用转基因微生物的安全评价以科学为依据,以个案审查为原则,实行分级分阶段管理。根据安全等级,分阶段向农业部报告或者提出申请。安全评价分为四个阶段进行,即中间试验、环境释放、生产性试验和申请领取安全证书。中间试验是指在控制系统内或者控制条件下进行的小规模试验。环境释放是指在自然条件下采取相应安全措施所进行的中规模试验。生产性试验是指在生产和应用前进行的较大规模的试验。其具体的安全评价原则包括：①以促进兽医基因工程技术在动物疫病预防和治疗等方面的发展和应用，同时保障人类健康和生态环境的平衡为基本原则。②采取个案分析，实事求是的原则。③从受体微生物的安全性、基因操作的安全性和动物用转基因微生物及其产品的安全性三方面内容和对动物、人类与环境的安全性三个角度进行评价。从对动物安全的角度，着重评价动物用转基因微生物及其产品对靶动物和非靶动物的安全性；从人类健康角度，着重评价对人类、畜禽以及形成的食物链（食品）的影响；从生态环境角度，着重评价动物用转基因微生物及其产品对自然生态环境和畜牧业生态环境的影响。④涉及危害人类、动物健康和生态环境平衡的动物用转基因微生物及其产品，应对其安全性进行更为严格的评价。⑤从事兽用转基因微生物研究的机构或个人应逐级申报。国外公司在我国申请注册的兽用转基因微生物及产品，应按阶段进行安全性评价。⑥国家农业转基因生物安全委员会负责兽用转基因微生物及其产品的安全评价。兽用转基因微生物及其产品在获得农业转基因生物安全证书后，还需按兽用新生物制品进行申报审批，获得兽用新生物制品证书后方能进行商品化生产和应用。⑦从事兽用转基因微生物研究的机构或个人应按照《农业转基因生物安全管理条例》及相关配套管理办法的规定履行安全性评价的申报手续，填写安全生产评价申报书并提供相应的技术资料。⑧申报兽用转基因微生物安全性评价的机构或个人应首先按规定的试验规模和内容，严格根据农业部《农业转基因生物安全评价管理办法》规定的阶段，获得安全性审批后，方可进行相应阶段的试验，申报下一阶段的试验时，应提供其前一阶段经合法批准的试验中获得的安全性评价试验资料。

兽用转基因微生物及其产品的安全性评价内容与等级确定评价内容包括：兽用转基因微生物的分子生物学特性；在自然界的存活能力；遗传物质转移到其他生物体的能力和可能后果；与其他病原微生物重组的能力和可能产生的后果；兽用转基因微生物应用目的和范围；动物用转基因微生物的监测方法和监控手段。

兽用转基因微生物的生物安全评价是一项复杂的工作，它既牵涉政策法规，又涉及实验室的检测技术和评定标准；既要积极鼓励该产业的发展，还要将风险降低到最低程度。由于我们对转基因微生物潜在风险的认识还不是十分清楚，因此，兽用转基因微生物的生物安全评价检测还需进一步研究和完善。只有通过不断的兴利除弊，才能使兽用转基因微生物在动物疾病控制中发挥更好的作用。

4. 基因工程药物的安全性

(1) 重组 DNA 试验过程中的隐患

实验室重组 DNA 操作的对象主要是病毒、细菌及实验动植物。这些试验材料的致病性、抗药性、转移能力及其生态效应千差万别，一旦在策划和操作上发生意外，后果不堪设想。实验室重组 DNA 试验过程中的潜在危害主要有两个方面：①病原体特别是重组病原体对操作者所造成的污染；②病原体或带有重组 DNA 的载体及受体逃逸出实验室，对自然与社会环境造成污染。

(2) 基因工程药物产业化的潜在危险

大规模基因工程药物的工业化生产涉及的安全性问题比重组 DNA 试验更复杂。主要包括：①病原体及其代谢产物通过接触可能使人或其他生物被感染；②产品对人或其他生物的致毒性、致敏性或其他尚不预知的生物学反应；③小规模试验的情况下原本是安全的供体、载体、受体等实验材料，在大规模生产时完全有可能产生对人和其他生物及其生存环境的危害；④在短期研究和开发利用期间内是安全的基因工程药物很可能在长期使用后产生无法预料的危害。后两种情况一旦发生，将会是不可逆的。

(3) 基因工程疫苗的安全性问题

有些病毒具有导致靶组织损伤的基因，如肝炎病毒亲肝基因，决不能用于重组活疫苗的研制。该种基因可能使原本无害的微生物变得极其危险。此外，质粒 DNA 疫苗的安全性问题有：①注入体内的质粒 DNA 可能会导致插入突变，从而引起癌基因的活化；②由于对接种所用 DNA 表达抗原的持续时间尚不甚了解，外源蛋白的长期表达有可能导致免疫病理反应；③为提高免疫力而联合使用多种基因也可能导致免疫病理反应；④接种质粒 DNA 时，可能导致宿主体内高水平抗 DNA 抗体，并诱发异常的自身免疫应答；⑤体内合成的抗原可能会有不必要的生物学活性。

(4) 基因治疗的安全性问题

基因治疗虽然不同于基因工程药物治疗，但从基因治疗的实际效果看，它是通过转入体内的基因产生特定的功能分子(如细胞因子)而起作用，这相当于向人体导入一个具有治疗作用的给药系统，因此，可将导入的基因看作广义的基因药物。基因治疗的安全性问题主要有：①反转录病毒载体转入宿主后可能产生插入突变，从而使细胞生长调控异常或发生癌变；②导入的目的基因一般不具有表达调控系统，故导入基因的表达水平高低可能会影响机体的一些生理活动；③经反转录病毒——包装细胞系产生的带有目的基因的假病毒颗粒导入受体细胞的同时，也有将其污染的潜在危险。

(5) 基因工程药物与生态环境

通过重组 DNA 技术，人们已经能将动植物和微生物的基因引入各种生物的细胞中，甚至还可以人工合成一些自然界中原本不存在的基因。然而，在基因工程药物的研制过程中，那些经过重组而携带各种外源基因的生物体，一旦逃逸到环境中，将会引起生态系统的结构发生改变，从而打破其在长期进化过程中所形成的平衡体系，例如，转抗性基因生物的逃逸会因其竞争力的增强而使该物种过量繁殖，这将会使与之有竞争关系的其他物种更快的灭绝，从而破坏物种的多样性。如果重组 DNA 过程所用的病原体一旦逃逸到环境中，便会直接危害自然界中的生物，此外，人们还担心用于人类疾病治疗的基因工程药物是否会对人类以外的非目标生物产生危害。

基因工程药物来源于细菌或细胞等活的生物体，具有复杂的分子结构，其生产过程涉及的生物材料以及发酵、细胞培养、分离纯化目标产品等生物加工程序有其固有的易变性，质量控制尚无非常成熟的经验和方法，因此在生产和质量控制方面，生产企业必须严格遵守已批准的良好生产操作规范(Good Manufacturing Practice, GMP)标准，对生产全过程进行全程监控，如原材料的质量控制、培养过程的质量控制、纯化工艺过程的质量控制，以及对最终产品的质量控制。其中最终产品的质量控制过程需要测定产品的生物学效价、检查蛋白质纯度、测定蛋白质药物的比活性、鉴定蛋白质性质、检测杂质，以及对产品进行安全性实验(刘谦和朱鑫泉，2001)。

二、转基因微生物安全性评价内容

转基因微生物产品安全评价是以科学为依据，以个案审查为原则，实行分级分阶段管理。根据安全等级，分阶段向农业部报告或者提出申请。安全评价分为四个阶段进行，即中间试验、环境释放、生产性试验和申请领取安全证书。中间试验是指在控制系统内或者控制条件下进行的小规模试验。环境释放是指在自然条件下采取相应安全措施所进行的中规模试验。生产性试验是指在生产和应用前进行的较大规模的试验。

以下将以兽用微生物的安全性评价为主，介绍转基因微生物的安全性评价内容。

(一) 受体安全性评价

受体微生物的安全性评价包括背景资料，生物学特性，该受体适应的生态环境，受体微生物的遗传变异，如何进行监控，以及其他相关资料。

1. 受体微生物的背景资料

包括学名、俗名和其他名称；分类学地位；试验用受体微生物菌株名称；是天然野生菌种还是人工培养菌种；原产地及引进时间；用途以及在国内的应用情况；是否有长期安全使用记录，对人类健康或生态环境是否发生过不利影响以及演变成有害生物的可能性等。

对于受体微生物的安全性评价着重考虑其安全应用的历史，如果该受体对人类健康和环境具有潜在的不利影响，则不应考虑将其作为转基因的受体品种进行以后的研究。

2. 受体微生物的生物学特性

生物学特性要考虑生育期和世代时间；繁殖方式和繁殖能力；适宜生长的营养要求；适宜应用的动物种类；在环境中定殖、存活和传播扩展的方式、能力及其影响因素；对动物的致病性，是否产生有毒物质；对人体健康和植物的潜在危险性；其他重要生物学特性。

对于植物用转基因微生物则要考虑寄主植物范围；在环境中定殖、存活和传播扩展的方式、能力及其影响因素；对人畜的致病性，是否产生有毒物质和对植物的致病性等。

3. 受体微生物所适应的生态环境

受体微生物的生态环境包括自然分布和生长发育的适宜环境条件等。需要了解在国内的地理分布和自然生境，其自然分布是否会因某些条件的变化而改变；生长发育所要求的生态环境条件，包括温度、湿度、酸碱度、光照、空气等；是否具有生态特异性，如在环境中的适应性等；与生态系统中其他微生物和生物的生态关系，是否受人类和动物病原体(如病毒)的侵染，并要考虑生态环境的改变对这种(些)关系的影响以及是否会因此而产生或增加对动物健康、人类健康和生态环境的不利影响；对生态环境的影响及其潜在危险程度；涉及国内非通常养殖的动物物种时，应详细描述该动物的自然生境和其他有关资料。

植物用微生物还要考虑是否为生态环境中的组成部分，对农田土壤、植被、陆地、草地、水域环境的影响；当涉及国内非通常种植的植物物种时，应详细描述该植物的自然生境和有关其天然捕食者、寄生物、竞争物和共生物的资料。

4. 受体微生物的遗传变异

微生物通常具有变异性，即使很低的变异频率，在庞大的群体中也会产生大量的变异体，因此，对受体微生物的遗传变异性的研究对转基因微生物的研究具有重要的参考意义。包括以下几个方面：遗传稳定性；质粒状况，质粒的稳定性及其潜在危险程度；转座子和转座因子状况及其潜在危险程度；是否有发生遗传变异而对动物健康、人类健康或生态环境产生不利影响的可能性；在自然条件下与其他微生物(特别是病原体)进行遗传物质交换的可能性；在自然条件下与动物进行遗传物质交换的可能性。

相应的，除了前面几点外，植物用微生物受体要考虑其在自然条件下与植物进行遗传物质交换的可能性。

除以上几点外，还要考虑对受体微生物的监测方法和监控的可能性。对于可能存在的转基因微生物释放到环境中的监控措施提供参考。

(二) 基因操作的安全性评价

基因操作的安全性评价包括引入或修饰性状的描述，实际插入或删除序列的资料，载体中插入区域各片段的资料以及基因操作方法的安全性。此外，还要考虑目的基因表达的稳定性，目的基因的检测和鉴定技术，重组 DNA 分子的结构、复制特性和安全性。

其中，实际插入或删除序列的资料包括插入序列的大小和结构，确定其特性的分析方法；删除区域的大小和功能；目的基因的核苷酸序列和推导的氨基酸序列；插入序列的拷贝数；目的基因与载体构建的图谱，载体的名称和来源，载体特性和安全性，能否向自然界中不含有该类基因的微生物转移。

载体中插入区域各片段的资料包括：启动子和终止子的大小、功能及其供体生物的名称；标记基因和报告基因的大小、功能及其供体生物的名称；其他表达调控序列的名称及其来源(如人工合成或供体生物名称)。对各种改动序列的详细描述和对基因操作方法的了解，将有助于了解转基因操作对受体可能导致的影响。

(三) 转基因微生物的安全性评价

1. 动物用转基因微生物的安全性评价

(1) 评价内容包括：动物用转基因微生物的分子生物学特性；在自然界的存活能力；遗传物质转移到其他生物体的能力和可能后果；与其他病原微生物重组的能力和可能产生的后果；动物用转基因微生物应用目的和范围；动物用转基因微生物的监测方法和监控手段。

对动物的安全性——在靶动物和非靶动物体内的生存前景；对靶动物和可能的非靶动物高剂量接种后的影响；与传统产品相比较，其相对的安全性；宿主范围与载体的漂移度与免疫动物与靶动物以及非靶动物接触时的排毒和传播能力；动物用转基因微生物回复传代时的毒力返强能力；对接触动物的安全性；对免疫动物子代的安全性。

对人类的安全性——人类接触和感染的可能性及其危险性；广泛应用后对人类的潜在危险性。

对生态环境的安全性———动物用转基因微生物在环境中释放的范围；影响动物用转基因微生物在外界环境中的存活、增殖和传播的理化因素；感染靶动物和非靶动物的可能性或潜在的危险性。

(2) 主要动物用转基因微生物及其产品申请安全性评价的相关技术资料

① 基因工程亚单位疫苗和基因工程灭活疫苗

基因工程亚单位疫苗应重点评价受体微生物、基因操作、重组微生物的安全性，其产品本身的安全性不存在问题。利用重组微生物、基因缺失微生物制备基因工程灭活疫苗应重点评价受体微生物、基因操作和转基因微生物的安全性，基因重组和基因缺失对受体微生物的致病性及其表型可能造成的影响、转基因微生物的安全性。

② 基因工程重组活载体疫苗

应重点评价受体微生物、基因操作和重组微生物及其产品的安全性。评价试验内容主要包括重组微生物的稳定性、重组微生物中外源基因的稳定性、外源基因在免疫动物体内的表达和消长情况、重组微生物对免疫动物的安全性等。

③ 基因缺失活疫苗

重点评价祖代微生物、基因操作和缺失微生物的安全性。安全性评价试验内容主要包括缺失微生物的稳定性、缺失微生物的致病性和对免疫动物的安全性、缺失微生物与野生型微生物重组的可能性、缺失微生物的排毒、传播能力及其对环境的安全性。

④ DNA 疫苗

应评价质粒 DNA 的安全性、重组质粒 DNA 在免疫动物体内的存留时间与对宿主染色体整合的潜在可能性、DNA 疫苗免疫接种时的局部反应性和全身性毒性、DNA 疫苗潜在的致肿瘤性等(宁宜宝，2008)。

2. 植物用转基因微生物的安全性评价

主要将转基因微生物与其受体微生物进行比较，考察其生物学特性是否发生变化。如定殖能力、存活能力、传播扩展能力、毒性和致病性、遗传变异能力、受监控的可能性等生物学特性的变化，以及与植物和其他微生物、其他生物(动物和人)的生态关系是否发生变化，并要关注人类接触的可能性及其危险性，对可能产生的不利影响的消除途径等。

此外，还要考虑转基因微生物应用的植物种类和用途；与相关生物农药、生物肥料等相比，其表现特点和相对安全性；试验应用的范围，在环境中可能存在的范围，广泛应用后的潜在影响；对靶标生物的有益或有害作用；对非靶标生物的有益或有害作用；植物用转基因微生物转基因性状的监测方法和检测鉴定技术。

参 考 文 献

曹果清, 周忠孝, 朱向芳. 2002. 转基因猪的研究进展[J]. 畜牧与兽医, 34(5): 40-45
陈英明, 涂修亮, 刘义得. 2002. 转基因植物的生态影响. 湖北大学学报, 24(3): 272-276
高翔, 刘京贞. 2001. 动物的基因工程技术及其意义. 临沂师范学院学报, 12(3): 65-66

黄桂菊，喻达辉. 2005. 水产动物转基因研究进展. 动物医学进展，26(8)：6-9
贾世荣. 1999. 转基因作物的安全性争论及其对策. 生物技术通报，6：1-7
梁革梅，课维嘉，郭予元. 2000. 棉铃虫对转 Bt 基因棉的抗性筛选及遗传方式的研究. 昆虫学报，43：57-62
刘谦，朱鑫泉. 2001. 生物安全. 北京：科学出版社
宁宜宝. 2008. 我国兽用转基因微生物产品的安全评价.中国兽药杂志，42(1)：28-32
牛自兵，曾养志. 2004. 胚胎干细胞在生产转基因动物中的应用研究.饲料广角(5):38-40
潘伟荣，霍金龙，查星琴，张清政，牛自兵，曾养志. 2008. 转基因动物的研究进展与应用前景. 畜牧与饲料科学，29(6):58-61
秦绫明，惠大龙，黄邓高，陈银华. 2008. 转基因动物的研究现状与应用前景. 广东农业科学, (1):73-75
苏永昌，黄丽琼. 2008. 转基因鱼的研究进展及食品安全性. 福建水产，119：73-77
孙玉江，邓继先. 2005. 转基因动物的发展前景.生物技术通讯，16(1)：80-83
唐浩，李军民，段武德等. 2006. 转基因作物的生态环境安全. 农业科技管理，25(4)：45-48
王洪兴，陈欣，唐建军等. 2004. 转 Bt 基因水稻秸秆降解及对土壤可培养微生物类群的影响. 生态学报，24(1)：89-94
王忠华，叶庆富. 2002. 转基因植物中外源基因及其表达产物转移的途径. 生态学报，(9)：1521-1524
吴惠仙，白素英，金煜. 2008. 转基因动物的应用及问题安全. 畜牧兽医科技信息, 2: 4-6
吴建军，李全胜. 1996. 生物多样性保护和研究利用与农业生态系统发展. 杭州：浙江大学出版社，199-204
杨帆，吴文彦，杨红. 2002. 转基因动物乳腺生物反应器与基因工程药物. 细胞生物学，24(1)：14-19
张然，孔平，李宁，等.2005.转基因动物应用的研究现状与发展前景[J].中国生物工程杂志,25(8)：16-24
张永忠. 2000. 转基因动物及其在医学中的应用. 生物学通报，35(10)：9-11
周莉，李岩，高虹，何君. 2007. 转基因动物在毒理学中的应用. 毒理学杂志，21(4)：43
Manuma K,Takeda H,Amanuma H,et al.. 2000. Transgenic zebrafish for detecting mutations caused by compounds in aquatic environments [J]. Nature Biotechnol, 18: 62-65

第四章　转基因食品的安全管理

世界各国对生物技术都倾注了极大的兴趣并寄予高度的希望，但对基因工程工作及其产品的安全性也同样采取十分谨慎的态度。主要是对基因改性产品的安全性具有相对的不确定性而涉及人体健康、环境保护、伦理、宗教等影响；生物技术产品跨越政治界限的生态影响和地理范围；在一国或地区表现安全的基因产品在另一地区是否安全，既不能一概肯定，也不能一概否定，需要经过评价，实施规范管理。另外，随着世界市场的开放及其影响范围的扩大，已表明生物技术产品已超越本国的影响限度，这就带来无可回避的风险问题。

生物技术安全管理的法规体系建设主要包括：

(1) 建立健全生物安全管理体制的法规体系，明确规定将生物技术的实验研究、中间试验、环境释放、商品化生产、销售、使用等方面的管理体制纳入法制轨道。

(2) 建立健全生物技术的安全性评价、检测、监测的技术体系，制定能够准确评价的科学技术手段。

(3) 建立、完善和促进生物技术健康发展的政策体系和管理机制，保证在确保国家安全的同时，大力发展生物技术，进一步发挥生物技术创新在促进经济发展，改善人类生活水平和保护生态环境等方面的积极作用。

(4) 建立生物技术产品进出口管理机制，管理国内外基因工程产品的越境转移，有效地防止国外生物技术产品越境转移给国内人体健康和生态环境带来的危害。

(5) 提高生物技术产品的国家管理能力，建立生物安全管理机制和机构设置，加强生物安全的监测设施建设，构建生物安全管理信息系统，增强生物安全的监督实力，培训生物安全科学技术的人力资源。

总之，生物技术安全管理的总体目标是通过制定政策法规和法律规定，确立相关的技术标准，建立健全管理机构并完善监测和监督机制，积极发展生物技术的研究与开发，切实加强生物安全的科学技术研究，有效地将生物技术可能产生的风险降低到最低限度，以最大限度地保护人类健康和环境生态安全，促进国家经济发展和社会进步。

转基因植物和生物安全性管理一般是指植物基因改良体的安全管理，即转基因植物对人畜动植物和生态环境安全性的管理，包括转基因植物的研究开发、田间试验、运输销售、使用及其废弃物各个环节的生态安全和风险(遗传、物种和生态系统安全与风险性)、环境影响和安全性评价(水环境、土壤环境、大气环境和残留物的安全性评价)、环境管理等，它包括释放地点的地理位置、离人群最近的距离、当地的植物区系、动物区系及其活动范围、靶生物和非靶生物、转基因植物计划播种期、种植面积、植物数量、耕作措施、后处理方法，转基因植物的存活、繁殖、传播和竞争能力，基因转移到其他生物的可能性、转基因的遗传稳定性、对环境可能产生的潜在影响(如植物群体过度增长的可能性、对非靶生物的影响)等内容。根据转基因植物田间试验已积累的经验，国际生物科学组织和政策小组已对生物技术的安全性评价达成一致意见，即安全性主要与产品本身的特性有关(无论该产品是纯化的化合物还是活体生物)，而与基因改良无关，对转基因生物及其产品的监控应采取与其他产品一样的标准，而不是根据产生它的方法。在评价程序方面，各国比较相似，评价人员均是由转基因产品的开发者、管理人员和科学家组成。转基因植物生物安全性评价的计算式一般为

$$潜在危险性 = 有害概率 \times 有害程度$$

$$可接受危险 = \frac{有害概率 \times 有害程度}{产品效益}$$

生物安全性管理的核心是实施生物技术的风险评估、管理和生物安全能力建设，尽可能减少因释放技术改变的活生物或因使用生物技术而产生的环境灾害或事故。此项工作的实质是研究和探讨生物技术及其产品释放产生的环境影响评价与管理对策包括人畜健康安全评价、社会环境影响评价、生态影响评价、景观影响评价、环境风险评价、经济效益评价及其管理对策，其中最主要的是转基因植物对人畜健康和生态系统影响评价。生态环境的安全性包括自然生态环境和农业生态环境两部分。生物安全能力建设指人力资源和公共机构能力的加强或发展。生物安全能力建设包括与生物技术安全和风险评估、风险管理，相关技能推广普及、适当设施的发展和科学规划等。

转基因植物产品是用一种在自然进化中不可能的、以前从未有过的方法实现生物体遗传的产品，它对生态系统的干预比其他措施更复杂、影响面更大，国际上对包括转基因植物在内的生物安全问题十分关注。农业转基因生物的广泛应用解决人类面临的食物、资源、环境等重大社会、经济问题和推动社会进步的同时，也存在潜在的风险。

第一节 国际上转基因食品的安全管理

世界各国对生物技术食品的安全性具有相对的不确定性而涉及人体健康、环境保护、伦理、宗教等的影响给予了充分的关注；生物技术食品跨越政治界限的生态影响和地理范围；在一国或地区表现安全的生物技术食品，在另一地区是否安全，既不能一概肯定，也不能一概否定，需要经过评价，实施规范管理。各国在安全管理方面本着相同的目的，但又各不相同。归纳起来，主要有三种模式(朱光富，2001)：

1) 以美国为代表的，以产品为基础的生物安全管理模式

这种管理模式也称为宽松管理模式，这种模式认为，转基因生物和非转基因生物没有本质的区别，监控管理的对象应该是生物技术产品，而不是生物技术本身。在1992年修订的《生物技术协调管理框架》，阐明了转基因生物安全管理的基本框架，按照产品的最终用途规定了相应的管理部门，由美国农业部(USDA)、食品药品监督管理局(FDA)、环境保护局(EPA)分阶段、分用途对转基因生物进行管理。在2000年以后，在国内，药用转基因玉米和饲料用转基因玉米混入食品，引起消费者的恐慌，在国外，各国对转基因农产品采取严格的限制。迫于国内外的压力，美国政府发布了新的政策，要求加强安全管理，增加审批的透明度，让消费者和农民有更多的知情权，同时，对医药用、工业用转基因植物研究、试验、应用实施严格的安全评价和监督管理(林祥明，2004)。

2) 以欧盟为代表的，以技术为基础的生物安全管理模式

在对待转基因食品的态度上，欧盟采用了"预防原则"作为管理转基因食品的理论基础。这种管理模式也称为严谨管理模式，这种模式认为，重组 DNA 技术有潜在风险，无论是何种基因和生物，只要通过重组 DNA 技术获得的转基因生物均需要接受严格的安全性评价和监控。尽管目前所有权威机构的评估均未发现已进入市场的转基因食品对人体健康或生态环境具有危害，但欧盟仍坚持认为科学是存在局限的，科学评估转基因食品所需的完整数据要等到许多年后才能获得，无论研究方法多么严格，结论总会存在某些不确定性，而政府不能等到最坏的结果发生后才采取行动。而转基因食品可能存在的对人体和环境的危害更是坚定了欧盟对转基因食品的谨慎态度。欧盟的环境法规以两个法令为基础：

90/219/EEC 法令：有控制地使用转基因微生物(1990 年)，于 1998 年 10 月被修改为 98/81/EEC 法令。

90/220/EEC 法令：慎重地释放转基因生物体进入环境(1990 年)，目前正在修订。该指令的目的是协调欧共体各国有关向环境中释放和向市场投放转基因生物的法律。该指令将"故意向环境中释放"定义为任何在缺少化学的或生物的防护措施的情况下，故意将转基因生物引入环境，使之能够与普通大众和环境接触的行为。指令的第二部分规定了为科研和开发的目的向环境中释放转基因生物的安全管理。指令的第三部分对于将含转基因成分的产品投放市场规定了十分严格的审批条件和程序。一个含转基因成分的产品如果想被批准投放市场，必须满足三个条件：①产品已经根据该指令的第二部分获得环境释放许可，或者根据指令的第二部分做了风险分析；②产品符合指令第三部分关于环境风险评估的规定；③产品符合欧共体有关产品的法律法规(张华等，2001)。

3) 中间模式

这种模式介于美国和欧盟之间，包括：阿根廷、巴西、印度、泰国、马来西亚、菲律宾、南非、埃及、尼日利亚、肯尼亚、中国等大多数发展中国家。这些国家农业转基因技术发展相对落后，安全性评价研究和管理起步晚。近年来，这些国家的立法管理进程加快，安全评价技术研究投入增加。

一、美国管理

美国是转基因技术的发祥地，也是转基因技术最为先进、应用最广泛的国家。也是世界最主要的农产品输出国，因此对转基因食品及其国际贸易采取积极推动的政策。

(一) 美国转基因食品发展概况

美国是目前世界上转基因作物品种培育数量最多和商业化种植规模最大的国家。在美国，软饮料、啤酒、早餐麦片都含有转基因成分。美国甚至有 60%的零售食品中含有转基因成分。同时也涉及蔬菜、谷类和饮料。

如图 4-1 所示，就种植规模看，自转基因作物开始商业化种植以来，美国每年转基因作物的种植面积都占全球转基因作物种植面积的一半以上。据美国农业部统计，自 1996 年以来，美国的转基因作物种植面积已增长近 36 倍。其中，以头几年种植面积增长速度最快，如 1997 年、1998 年和 1999 年分别比上年增长 441%、135%和 40%；近年

来增速趋缓如 2001 年、2002 年和 2003 年增幅仅分别为 18%、9%和 5.3%。虽然近年来增长百分比不大，但就种植面积来说，美国仍是增长速度迅猛的国家。2003 年全国转基因作物种植面积达 4280 万 hm²，2004 年 4760 万 hm²，2005 年 4980 万 hm²，平均每年都以超过 200 万 hm² 的速度增长。2006 年全美转基因作物种植面积达到 5460 万 hm²，占全美主要农作物种植面积(12 894 万 hm²)的 42.3%，占全球转基因作物种植面积(10 200 万 hm²)的 53.5%。2006 年全美转基因作物种植面积较 2005 年增长 480 万 hm²，成为转基因作物种植面积增长速度最快的国家。

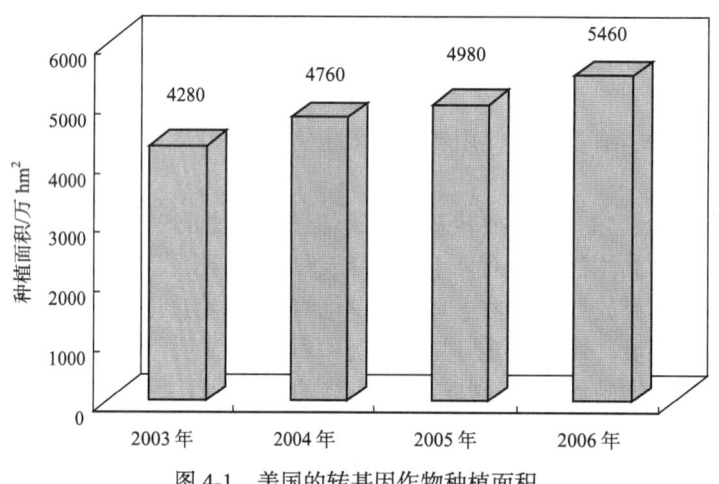

图 4-1 美国的转基因作物种植面积

就转基因作物的特性看，目前美国种植的转基因作物仍为第一代转基因作物，即输入特性基因作物。其中，抗除草剂类的产品一直在转基因作物的种植中占主导地位，其次是抗虫基因、混合基因及抗病基因产品。2006 年，应用抗除草剂技术的大豆、玉米、棉花和苜蓿的种植面积超过 3542 万 hm²，占全美转基因作物种植面积的 65%；应用抗虫基因的玉米和棉花种植面积超过 914 万 hm²，占全美转基因作物种植面积的 17%；应用抗除草剂及抗虫混合基因的玉米和棉花种植面积超过 723 万 hm²，占全美转基因作物种植面积的 13%。值得关注的是，2005 年美国首次种植了含有 3 种不同特性基因的玉米，这使得混合基因产品从 2 种基因混合开始向多种基因混合发展。

就种植转基因作物的品种看，目前，美国的大豆、玉米、棉花、油菜、南瓜、木瓜、苜蓿等均有转基因品种种植。其中，转基因大豆、玉米、棉花种植面积最大，2006 年种植面积达到 5171 万 hm²，占美国全部转基因作物种植面积 95%。抗除草剂苜蓿是 2006 年在全球范围内首次被美国商业化种植的新的转基因作物。抗农达苜蓿是第一个具备多年生特征的转基因作物，其 2006 年在美国种植面积为 8 万 hm²，约占当年全美 130 万 hm² 苜蓿种植面积的 5%。

转基因大豆一直是美国种植面积最大的转基因作物，2006 年种植面积达到 2699 万 hm²，占全球转基因大豆种植面积(5860 万 hm²)的 46%，占美国全部转基因作物种植面积的 50%。到目前为止，转基因大豆只有抗除草剂一种类型，但由于不断有新的抗除草剂产品推出，其抗除草剂的范围更广、功能更强，因此，深受广大农户的喜爱，种植面积逐年递增。2006 年美国转基因大豆的种植面积占全美大豆种植面积的 89%，其中密西西比州转基因大豆的种植面积占该州大豆种植面积的96%,也就是说该州种植的大豆基本上是转基因大豆。

转基因玉米是美国第二大转基因作物,其种植面积从1996年的16万hm^2,增加到2006年的1959万hm^2,占全球转基因玉米种植面积(2500万hm^2)的78%,占美国全部转基因作物种植面积的36%。在美国种植的转基因玉米主要有抗除草剂、抗虫及混合基因3种产品。由于含有抗除草剂及抗虫两种基因的转基因玉米不断被农户所接受,因此,自2004年起,抗虫型转基因玉米的种植面积开始减少,混合型转基因玉米的种植面积逐步增大,特别是2005年含有3种基因的转基因玉米开始种植,这使得混合型转基因玉米的种植面积进一步增大。2006年美国抗虫型转基因玉米的种植面积达到803万hm^2、抗除草剂型玉米674万hm^2、混合基因型玉米487万hm^2,其转基因玉米的种植面积占全美玉米种植面积的61%。其中南达科他州转基因玉米的种植比例最大,其转基因玉米的种植面积占该州玉米种植面积的86%。

转基因棉花是美国第三大转基因作物,转基因棉花有抗除草剂、抗虫及抗除草剂和抗虫混合型3种产品,自2002年开始,混合型转基因棉花的种植面积开始不断增大,到2004年已经成为转基因棉花种植面积最大的品种。2006年转基因棉花种植面积达到513万hm^2,占全球转基因棉花种植面积(1340万hm^2)的38%,其中,抗虫棉花111万hm^2、抗除草剂棉花161万hm^2、抗除草剂及抗虫混合基因棉花241万hm^2。到目前为止,转基因棉花占全美棉花种植面积的83%,其中,密西西比州及北卡罗来纳州转基因棉花种植比例最大,占该州棉花种植面积的98%(陈超等,2007)。

(二) 美国对转基因食品的态度

美国是世界上转基因作物研究开发最早、种植面积最大的国家。作为转基因作物最为发达的国家,美国以"可靠科学原则"为基石,认为目前还没有证据证明转基因食品会对人体健康产生危害,因此,转基因食品是安全的。而且由于转基因技术具有可降低生产成本,提高农产品的某一特性,甚至可以使某种自然的产品获得本来没有的特性,克服某些农产品先天具有的弱点,并具有可提高作物单位面积产量等方面的优势,加上开放的文化背景,美国对转基因食品持肯定的态度。

美国对转基因食品的基本态度主要体现在1986年白宫科技政策办公室颁布的"生物工程产品管理框架性文件"中。其框架的主要内容是转基因作物与非转基因作物或传统产品没有本质上的区别;管理的是产品而不是生产过程;管理应该以最终产品和个案分析为基础;现存的法律对于管理转基因技术产品的安全性提供了充分的保证。由此可见,美国对转基因食品的管理和监督关注于产品本身,而非产品生产的过程,并把转基因食品和非转基因食品对环境和人体的风险归为同一类型。

美国对转基因的管理方式为"自律性管理"。美国并不认为转基因技术与生产传统食品的技术存在本质不同,因此反对对转基因食品进行特殊管制,而是主张无论食品由何种技术生产制造,都应按照同样的标准进行管制。即对于任何食品都只应考察其本身是否会给人类健康造成威胁,而无论其是否为转基因技术的产品。基于这一理念,美国并没有像欧盟那样制定一系列的专门法律用于管制转基因食品,而是将转基因食品直接纳入保护人类健康的现有法律管制框架之内。只有在少数情况下,转基因食品才被认为可能带来额外的风险,而在风险评估和审批程序方面有特殊的要求和标准。

(三) 美国转基因食品管理机构

美国生物技术食品主要由美国食品和药品管理局、美国国家环境保护局和美国农业部负责检测、评价和监控。另外,还有职业安全与卫生管理局(简称 OSHA)和国立卫生研究院(简称 NIA)协调管理转基因食品。其中,FDA 的食品安全与应用营养中心是管理绝大多数食品的法定权力机构,主要管理食品与饲料的安全性和健康问题。美国农业部的食品安全和检测部门则负责肉、禽和蛋类产品对消费者的安全与健康影响的管理。另外,EPA 负责管理食品作物杀虫剂的使用和安全。其中 FDA 在转基因食品安全管理的问题起了至关重要的作用。

(四) 美国转基因食品管理法规及管理体系

FDA 于 1992 年颁布了食品安全和管理指南,以保证和加强 FDA 对那些通过现代生物技术所生产的食物和食物成分进行管理的权力。这个指南的原则与联合国粮农组织(FAO)、世界卫生组织(WHO)和美国国家科学院(NAS)对新食品管理的原则一致,即一种新食物的研制方法,如转基因技术,并不能作为决定这种新食物安全性的因素。同样,安全性评价应根据"实质等同性原则"来进行。转基因食品要接受 FDA 的食物销售法规的管理。加入食物中的物质应按食品添加剂的要求进行上市前审批。FDA 同时认为,由于重组 DNA 技术等的快速发展,管理方针应具有足够的灵活性以便允许随着技术革新而做必要的修改。

FDA 在指南中要求利用转基因技术生产食物的生产商除了考虑转基因食品可能发生的预料之中及预料之外的改变,还要检查受体、DNA 供体、被转入或被修改的 DNA 及其产物的特性。FDA 认为食品的安全性只是相对的,如许多食品包含某些成分,如果这些成分的含量超过能够接受的范围,才能表现出危险性。此外,某些人对某些食品过敏或者不能忍受。因此,FDA 认为绝对安全的食品是不存在的。但是生产商必须保证,不能将有毒物质转入受体,食物产生的毒性物质及抗营养因子不能超过无法接受的水平。应该考虑在营养成分、毒性、过敏和抗营养方面可能发生的质量和数量上的变化。新转入的或已知功能的转基因物质,如果曾经在其他的食物中以相当的水平被食用,或与那些安全食用的食物相似,则不需要再通过 FDA 的批准。至今,大多数被转入的物质均来源于非食物,但是在本质上这些物质被认为与那些已知食物中的物质相似。因此,FDA 不要求对其进行审批。但 FDA 要求各生产开发商参照"工业指南"里的有关条例和方法进行自我评估。1997 年,FDA 重申并公布了此类食品咨询程序指南,要求开发商在其商品上市前做好下面的准备:一是向 FDA 提交基于实验数据的安全性及营养性评估的简要报告;二是与有关顾问科学家们讨论支持评估的实验数据及信息,并组织企业及 FDA 的专家们就此开讨论会,以便对该产品深入了解。2001 年 1 月,美国 FDA 出台了转基因食品管理草案。该草案规定,来源于植物且被用于人类或动物的转基因食物在进入市场之前至少 120 天,生产开发商必须向 FDA 提出申请并提供此类食品的相关资料,以确认此类食品与相应的传统产品相比具有同等的安全性。FDA 还准备增加这些食品的审批透明度,并发布草案指导如何对转基因食物进行标识。FDA 将在标签中使用"来源于生物工程的"和"生物工程改造过的"等字样,而不用"GMO"、"非 GMO"、"GF"等字样。

如果要将结构、功能或成分特性均不同的蛋白质或油转入到食物中,则需要进行上市前的审批过程。对于糖类,如果基因操作并未引起消化性或营养价值的改变,一般不需要进行上市前的审批。如果转入的 DNA 来源于一种已知的过敏原或可能的过敏原,生产商就应向 FDA 进行咨询。此外,根据转入的蛋白质与已知过敏原的序列结构和分子大小的异同、对消化酶的抵抗力、对热的稳定性及其他科学标准,生产商来考察转入的蛋白质的过敏性以保证其不成为过敏原。另外,FDA 也鼓励生产商在研究和生产过程中,就遇到的科学及法律上的问题向 FDA 咨询。生产商应向 FDA 提交转入物质的安全性报告,FDA 接到有关安全报告后,如果没有特殊的安全问题,则不再对该产品的安全性表示怀疑。

由于动物试验的困难,FDA 提出利用多学科的方法来评估食品的安全性和营养成分。该方法基于植物的农艺性状、引入基因的稳定性遗传分析(如 Southern 分析)、新引入蛋白的安全性评估(毒性、过敏性)和重要毒素和营养物的化学分析。如果在此评估后,安全问题仍然存在,1992 年的指南指出应该进行进一步的毒理研究以解决遗留问题。FDA 认为一种新食品的研究方法,包括转基因技术,并不能成为解决这种新食品是否安全的重要因素,也就是说评价食品安全性时是以其特性作为基本内容而不过多关注在食品生产过程中是否采用了新的技术,以转基因植物,包括水果、蔬菜、谷物及其副产品为原料生产的食品与传统培育方法生产的食品安全性评价标准是一致的。

FDA 认为开发新的作物品种所使用的转基因技术是传统育种技术(如杂交)的延长线。尽管转基因技术与其他育种技术一样,也可能带来预想不到的、人们所不希望看到的后果。例如,突然变异、有益的与有害的特性同时导入、被导入的遗传因子产物或代谢产物受到遗传变化的影响而与其他细胞产物发生反应从而对人们的身心健康产生有害的影响等。但是只要经过充分的品种选育,可以将转基因技术对安全性的影响降到非常低的水平。目前没有证据表明利用基因工程生产的食品在安全性或质量上与其他方法生产的食物不同,例如,传统育种技术与现代化的育种技术对食品的影响可以认为差异不大。

FDA 在 1992 年 5 月 29 日的联邦法规汇编(57FR 22984)中发表了《源自新植物品种的食物的政策声明》,该声明适用于由新植物品种生产的食品,其中包括用重组 DNA(rDNA)技术培育出的植物品种(FDA 将转基因技术生产的食品称为"生物工程食品,bioengineering food")。这项政策包括:源自新植物品种的食品研究开发者要对一些问题做出回答的指南,以保证这类新产品是安全的并符合法定的要求;该政策鼓励食品企业向 FDA 咨询有关新食品的安全问题。

植物中自然含有蛋白质分解酶妨碍因子、溶血作用因子、神经毒素等多种毒素和抗营养因子,这些因子可以抵御害虫和病原体对植物的侵害。有些谷物和豆类的有毒因子如果不通过加热、清洗等手段除去,则有可能导致严重后果。FDA 要求保证转基因植物不含这种高浓度的毒素。

此外,所有食品的过敏性都是由蛋白质诱发的。FDA 对过敏的关注重点是转基因工程供体植物的过敏诱发性是否传递给宿主植物。例如,将含有过敏因子的生物遗传因子转入玉米中时，对花生过敏的人群是否也会对玉米产生过敏。另外食品的新型蛋白是否可能诱发一部分人的过敏症状也是关注的焦点之一。

从科学家试图开发一种具有市场潜力的转基因植物产品开始，到产品最终上市，美国的管理程序和管理机构分工如下：

(1) 提交资料前的研讨

美国对生物技术的管理从完成实验室研究即将进行大田试验前。首先，新植物开发商与三个管理部门(USDA、EPA 和 FDA)进行研讨，决定需要提交以备审查的数据资料。虽然对这一程序没有强行要求，但鼓励在提交资料前进行咨询，以避免以后出现麻烦和延迟。

(2) 大田试验许可

美国农业部负责管理遗传工程植物的开发和大田试验。按照 USDA 提出的管理要求，大田试验必须保证遗传工程植物及其后代不在试验田以外的环境中生存繁殖，必须采取特别措施防止花粉、植株或植物的一部分从试验田扩散，试验结束后的一年必须进行监测以防"漏网者"在试验地生存，另外一旦 USDA 批准一种新的生物工程植物进行大田试验，USDA 的检疫官员以及各州的有关检疫人员可以在大田试验前、中、后期进行检查，以保证试验措施安全有效。

(3) 向 USDA 申请撤销管制

经过几年的实验室和大田试验，开发商在决定将遗传工程作物品种商品化生产之前，必须向 USDA 申请撤销管制。做出撤销管制决定之前，必须审查新植物是否可能对环境造成以下影响：

① 植物有害生物：USDA 须审查该遗传工程植物的生物性状，如该植物是一年生还是多年生、自然生长的环境、生活周期等；审查该植物的遗传性状，包括所使用的遗传材料的性状和来源。还须审查该植物对环境中其他生物和农作物的潜在影响，评估其产生新的危险性有害生物如新的病毒病的可能性，新植物的抗虫、抗病性改变以及基因转移至有关野生植物上引起杂草难题的可能性。

② 对其他生物的可能影响：USDA 必须考虑生物工程作物是否对野生生物包括以其为食的鸟类和哺乳动物的影响。还须评价对有益生物如蜜蜂、濒危物种以及其他靶标生物的影响；审查引入新基因的结果，包括新酶的产物或植物代谢过程的改变等。

(4) EPA 对作物抗有害生物性状的管理

假如一种转基因作物表达的是有害生物特性的蛋白质，那么 EPA 在该产品的开发、商品化及商品化后阶段都有监督的职责。例如，对于耐除草剂作物，EPA 不仅观察除草剂对环境的安全性，而且要审查使用该除草剂是否会对食品和饲料的安全产生风险，以此决定是否要求在标签中注明，并确定公众安全消费的最大残留限量。在这种情况下，开发商必须提交详尽的有关耐除草剂作物中除草剂残留的资料。

含抗有害生物物质(通常是一种蛋白质)的转基因植物(如 Bt 玉米)则按农药制品由 EPA 管理。EPA 必须考虑所有对人类和环境有潜在危险的数据，确定不会产生不合理的副作用。此外，为防止昆虫产生抗性，从 2000 年开始，生产者在种植 Bt 玉米时必须种植相当于总面积 20% 的非 Bt 玉米。如果在棉区种植 Bt 玉米，必须同时种植不少于 50% 的非 Bt 玉米，目的是提供所谓的"避难所"，以及防止取食 Bt 玉米的昆虫产生抗性。

(5) FDA 审查食品和饲料的安全性

FDA 对食品和饲料的安全负责。FDA 与产品的开发商接触,对开展哪些适当的研究可以保证食品和饲料的安全提供指导。这个过程可以在开发商进行大田试验或与其他部门讨论的前、中、后期进行,时间由开发商或 FDA 针对需要考虑的问题种类而定。开发商需提交给 FDA 的文件包括为证明这种生物工程食品与传统同类食品一样安全所取得的各种数据资料。文件应记述所使用的基因,说明该基因是否来源于以其为原料的食品会使部分人产生过敏反应的植物,基因表达的蛋白质的特性(包括生物学功能、对人类和动物的安全性以及在食品中的含量等)。开发商还应告知 FDA 新食品是否达到预知的营养水平,是否含有毒素或有关安全使用的其他信息。

(6) 美国农业部动植物卫生检疫署(APHIS)的管理

美国农业部 APHIS 在管理转基因农作物的田间试验上扮演主要角色。APHIS 将根据转基因成分的释放是否对农业或环境造成危害以决定是否批准田间实验,经过田间试验后,申请人可向 APHIS 提出申请要求取消管制,以促进商品化。APHIS 将对申请进行细致的审查,包括植物农药的潜在风险,对植物新陈代谢的改变,新基因或经修饰基因的表达,对非靶标生物的影响,基因漂移的风险等。经过广泛的审查后,APHIS 如果认定转基因物质自由释放并不会对农业或环境造成危害,则该转基因生物可被解除管制,无需受到 APHIS 的核准便可自由种植。

(五) 美国转基因食品标识管理

美国认为,转基因食品和传统食品应适用相同的标签要求。只有在转基因技术改变了食品构成或可能对人体产生危害时,才需做出特殊标识。具体分为以下三种:如果转基因食品含有明显区别于传统食品的物质,则需贴特殊标签;由于美国人对提炼自牛奶、鸡蛋、鱼类等食物的蛋白质存在较为普遍的过敏现象,转基因食品如果使用该种蛋白质,需加贴标签提醒消费者;如果转基因食品可能含有其他导致消费者过敏的物质,也要求贴特殊标签。并规定标签上应注明该种食品的成分、营养物质含量、含有的过敏原及可能产生的后果等,但不必标明其生产方法。

1992 年的 FDA 政策还涉及对源自新植物品种(包括用生物工程技术培育的植物)的食品的标识问题。由于考虑到生物工程食品与其他食品并无差别,或者说,作为一类食品,它们所表现出的安全性与传统繁育技术生产食品的安全性并没有差异或并不比后者更危险,因此对于生物工程食品的标识并没有特殊的要求。

对一般食品标识的要求也可以用于生物工程技术的食品。标签必须反映食品中所有配料的实况。因此,如果一种生物工程食品与其传统对应食品明显不同,那么食品的通用名称已经不再适于说明这种新食品的特性,必须更名以便能说明两者的差异;如果一种新食品或其组分在食用方法或其食用后果方面存在问题,必须在标签上加以说明;如果一种生物工程食品的营养特点与传统食品有明显的不同,其标签必须能反映出这种差别;如果新食品含有一种过敏原,而消费者无法根据食品的名称判断存在该过敏原时,在标签上必须标明该食品含有哪种过敏原。为使得消费者能够得到有关产品的信息,按照现行的有关法律,FDA 将在网上发布信息和结论。当然,如果某种产品上市后引起公众疑虑,FDA 也有权立即从市场上撤出任何表明不安全的食品。

总的来说，美国的消费者对转基因食品持比较乐观和开放的态度。他们认为没有任何证据证明经过批准上市的转基因食品在安全性和品质质量上与其他现有食品存在不同。有调查显示，有70%以上的美国民众对转基因食品持"肯定"或"较为肯定"的态度，也有40%的消费者表示在购物时并不特别歧视转基因食品。

在转基因农产品贸易政策上，美国也采取了无需特殊标注和积极促进的态度。尽管由此而与欧盟产生了摩擦，但是可以认为美国的转基因农产品已经出口到了世界许多地区。特别是转基因产品所占比例较大的作物如大豆和玉米，更是有可能已经在不知不觉间走上了包括我国在内的广大消费者的餐桌。

二、欧盟管理

欧盟对转基因生物安全管理是最严格的。有关控制转基因生物体释放的欧洲法规，要求评估该物质对人类、动物和环境的危险；其中许多信息(基因转移的可能性、基因产物的安全性以及实质等同性的问题)也与对食品的安全性评价有关。各个欧盟国家都通过国家政府来实施这些法令。对于管理转基因生物的欧盟生物安全框架包括如下部分的特定法令，这些法令平等地对待转基因生物。生物安全框架跟踪转基因生物发展的进程是从封闭使用的试验阶段开始的，之后是有意释放和投放市场，然后是食品、饲料或加工用途的转基因生物的标识和可追踪性，最后是越境转移。

(1) 封闭使用指令 90/219/EEC；
(2) 有意释放指令 2001/18/EC；
(3) 转基因食品/饲料法规 1829/2003；
(4) 可追踪性法规 1830/2003；
(5) 越境转移法规 1946/2003(卡塔赫纳生物安全议定书的履约义务)——欧盟对转基因食品的相关法令。

(一) 食品安全性方面

欧洲所有国家都已经制定了控制食品安全的法规；全球大多数国家也都有这方面的法规。转基因食品必须符合 EC258/97 法规(新食品和新食品成分法规)的要求。这些法规对所有新食品(包括转基因食品)的评估规定了统一的程序。

(二) 新食品与转基因食品

欧洲对新食品和新食品组分的法规(EC258/97)于1997年5月生效，该法规要求，当转基因食品中含有活的转基因生物体，或者对某些特殊消费者可能造成危害或引起伦理方面的问题时，必须对该食品进行标识。此外，如果某种食品与现有食品或食品成分"不再等同"，即如果它们在组成、营养价值或用途等方面存在差异时，必须对该食品进行标识。

某些转基因玉米和转基因大豆产品受到随后出台的标签法规(EC1139/98)的管理。最重要的是，EC1139/98提供了一种类似已经批准的新产品的标识模式，即如果在一种新(转基因)食品或食品组分中发现了转基因生物体的蛋白质或 DNA，那么这种食品或食品组分与现有的非转基因食品不再具有等同性。1999年10月，欧盟食品常务委员会推荐了对 EC1139/98 法规的修正案：EC49/2000 法规于 2000 年 4 月开始生效，该法规对"意外的"转基因 DNA 或蛋白质设定了最小阈值。在产品的单个组分中，转基因组分达到 1%或以上时就要求标识(例如，某种含有玉米淀粉组分的加工食品，而其转基因玉米淀粉达到玉米淀粉总量的 1%或以上，则必须在这种产品标签上标识)。对"意外的"理解为"非有意的和不可避免的"，如果在食品或食品组分制作过程中曾努力排除转基因原料，则食品中有痕量转基因 DNA 或蛋白质是可以接受的。如果即使采取了严密措施，其中转基因 DNA 或其转基因的蛋白质含量仍超过此最小阈值水平，就不能被视为是"偶然意外出现的"。欧盟议会和欧盟理事会于 2001 年 3 月制定了《关于准备向环境中释放转基因生物和废止理事会 90/220EEC 指令的第 2001/18/EC 指令》。该指令于 2001 年 4 月 17 日生效，各成员国应该在 2002 年 10 月 17 日之前将该指令付诸实施。新的指令对转基因产品的环境释放，仍然根据释放的目的不同，分别规定了不同的管理规则。与 1990 年的指令相比，2001 年的指令有下列新的变化：

(1) 肯定了预先防范原则在管理转基因产品安全方面的重要地位。
(2) 加强了转基因标识和可追溯性方面的要求。
(3) 强化了对转基因产品风险的监控。
(4) 对公众意见的重视。

2002 年 1 月 28 日，欧盟《新食品法》(Regulation No. 178 2002)正式生效，并在 2003 年做出修订。该法规规定，如果经基因工程修饰使得新食品或食品成分不再等同于已经上市的食品，则应对该基因工程食品加贴特殊标签。所有含有可以检测到的转基因成分(DNA 或蛋白质)的食品都必须加贴标签；如果转基因食物不符合实质等同原则，即使检测不到最终产品中含有的 GM 成分，也必须对该产品加贴标签。在 2003 年 7 月，欧盟议会通过了在食品中含有 0.9%转基因成分需要标识的法规。自 2003 年 11 月 7 日起已经实施了转基因生物可追踪性和标识转基因生物、转基因食品和饲料的 1830/2004 条例。目前对于因偶然或技术不可避免的因素而含有未获授权的转基因材料(2007 年 4 月 18 日届满)的标识阈值暂定为 0.5%。2004 年 7 月，又通过了在种子中含有 0.3%转基因种子需要标识的规定。2006 年 1 月 1 日，欧盟实施新的《欧盟食品及饲料安全管理法规》，特别要求进入欧盟的食品和饲料等从生产的初始阶段就要严格遵守其新设的标准。

(三) 添加剂和加工助剂

EC258/97 未要求标识食品添加剂，但是 2000 年 4 月生效的 EC50/2000 法规要求标识转基因的食品添加剂(具体见 89/107/EEC 法令)和香料(88/388/EEC 法令)。从这些法规对添加剂和香料规格的要求可以明显看出，加工助剂(不管能否检出)未包括在法规之内。目前，该法规是以食物中所含的物质为依据；由于酶是加工助剂，如果在终产品中的酶无活性且不具有功能，就可以认为在终产品中不存在这些酶，就不要求进行标识。有些公司选择在产品的标签中标明使用了转基因的加工助剂，尤其在考虑到这种加工助剂对消费者有益的情况下愿意进行标识；例如，许多素食者更愿意选用转基因凝乳酶制作的奶酪。添加剂和香料可能被转基因蛋白质或 DNA 意外污染，EC50/2000 法令为将来可能要求规定一个标识阈值留下了余地。

(四) 转基因 DNA 或转基因蛋白质的标识和检测

由于要求对含有转基因大豆和转基因玉米的产品进行标识(不含转基因 DNA 和转基因蛋白质的产品除外——EC1139/98 法令),已经建立了许多检测转基因产品的方法作为执行法规的手段。其中包括:

(1) 基于蛋白质的方法来检测转入基因的产物。由于在加工过程中食物蛋白质会降解,使检测转基因蛋白质的方法只能用于未加工的食品原料。

(2) 基于 DNA 的方法来检测转入基因、相关的标志基因或 DNA 调控序列。这种检测依赖于扩增非常特异和敏感的 DNA 和所谓的聚合酶链反应(PCR)技术。大多数转基因作物和食品可以通过 PCR 来鉴定。

尽管未加工的食品原料可以被比较容易地确定是否为转基因产物,但是加工的食品却很难检测,因为经过复杂加工的食品中含有已被降解的 DNA 和能干扰 PCR 反应的物质。尽管能用 PCR 检测出相对短的 DNA 片段,但是食品加工程度越深,检测转入基因的难度就越大。

由转基因(如抗虫基因)作物所产生的高纯度油或糖中检测不出蛋白质或 DNA,在化学上与非转基因油或糖相同,因此不需要标识。

(五) 欧盟转基因食品安全评估程序

现行的新食品法规和其后的立法已强制性地要求转基因食品应对那些反映生活方式(或伦理道德)和安全性等方面的因素进行标识。但是涉及其他生活方式,如"有机的"、"素食者的"、"符合犹太人戒律的"等,则是自愿标识的。这可能会使全球标识法规的统一和协调变的更加复杂。世界各国的标识法规各不相同,如美国现行的法规并未对转基因作物及其产品的标识和区分做强制性要求。

欧盟国家对转基因农产品和食品的安全性评价和标记有非常严格的规定。1997 年 5 月,欧盟通过了《欧洲议会和委员会新食品和食品成分管理条例》(258/1997 号规定)。该规定确立了新食品或含有新成分的食品上市前的安全评估机制,对转基因食品的标识提出了明确要求。按照欧盟有关新食品的定义,它们包括含有转基因的食品和食品成分,其他分子结构被人为修饰过的食品和食品成分。转基因食品安全评估程序如图 4-2 所示。

从以上评估程序可以看出,一般新食品只要各成员国无异议即可上市,而转基因食品则必须经过专门委员会的审批,要求更为严格。欧盟现已通过 30 多种转基因产品的安全性审查。近几年,欧共体委员会共许可了如下转基因产品投放市场:如 2006 年 1 月 16 日,抗虫玉米进口、加工和用作饲料(MON810 × MON 810)决议编号为 2006/47/EC;2005 年 6 月 22 日,耐草甘膦(一种除草剂)的转基因油菜,决议编号为 2005/465/ EC;2004 年 5 月 19 日 BT11 转基因玉米可作为食品或作为食品原料,决议编号为 2004/657/ EC;2004 年 7 月 19 日,耐草甘膦的转基因玉米,决议编号为 2004/643/ EC 等。

欧盟对转基因食品实行强制性的标签制度。标签上必须标明该食物的组成、营养成分和食用方法。欧盟甚至规定,餐饮业销售的食品中如果含有转基因成分,则必须在菜单上清楚地标明"转基因食品",而不能简单标注"GMF"(转基因食品的简称)。这也是为了方便消费者做出判断和选择。

最近欧盟委员会通过决议,要求所有转基因食品、以转基因动植物和水产品为原料的加工食品及动物饲料等都必须标明使用了转基因技术外,还必须建立从生产者、流通业者和加工业者的相关档案,在必要时能具体追踪到哪一种食品采用了什么转基因原料、这些原料的流通情况和生产者的详细信息。过去没有列入标识范围的添加剂等也从2000年开始与转基因食品一样受到管理。欧盟对许多进口农产品都要求提供非转基因产品证明。

尽管欧洲各国政府对转基因食品的态度比较谨慎,但是没有妨碍他们在生物工程技术领域的研究。无论是科研投入和科研成果,欧洲都走在世界前列。欧洲市场上难以见到转基因食品主要与消费者对转基因食品的谨慎态度有关。

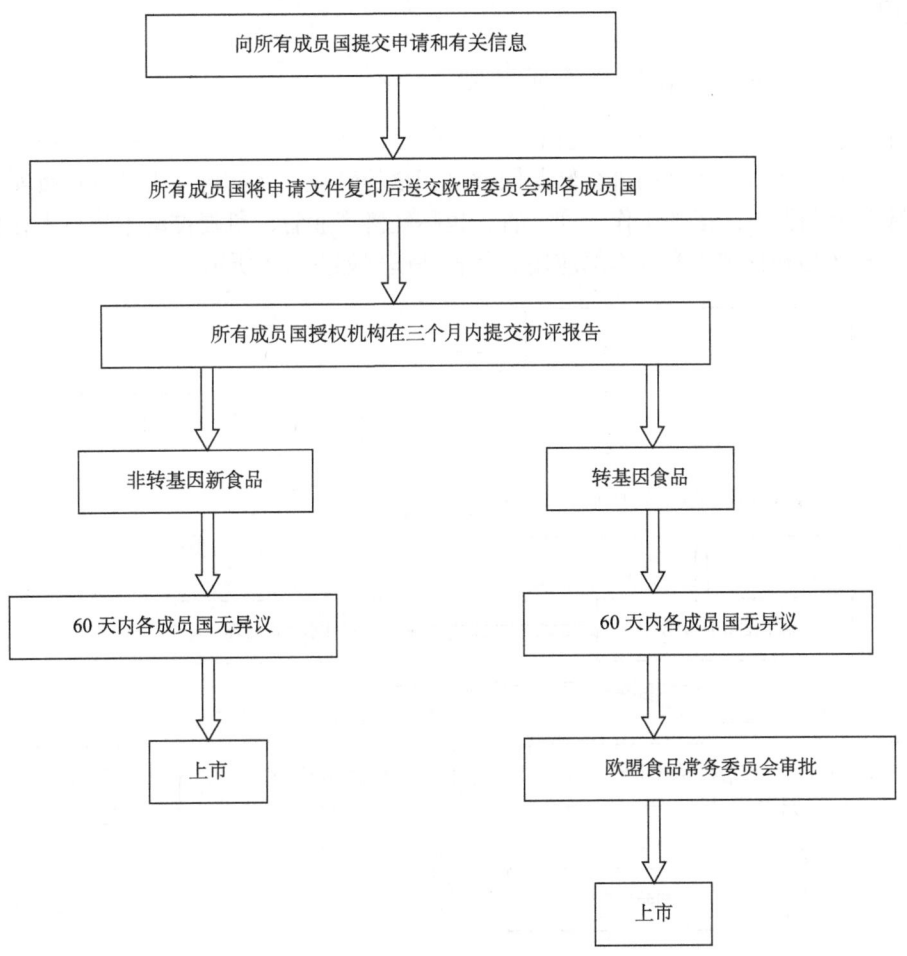

图4-2 欧盟转基因食品安全评估程序

三、日本管理

(一)日本对转基因食品的态度

日本与美国和欧盟的鲜明态度相比,一方面,由于转基因技术在提高单位面积产量等方面优于传统技术,对于日本这个耕地面积相对于其人口数量严重不足的国家而言,这无疑是一个福音。因此,转基因食品在日本得到了部分民众的支持。而另一方面,作为一个农产品的进口大国,转基因食品的不安全因素又使国内许多民众对转基因食品存在质疑。正是基于以上两点因素,导致日本在对转基因食品的态度上长期游荡于可靠科学原则与预防原则之间,使其对转基因食品的政策也试图在这两种原则的指导下,寻找一个新的平衡点。

日本政府和科研机构对生物工程技术的研究非常重视,有数十所大学和科研院所在从事转基因技术的研究。还有许多大公司也在转基因技术方面投入了大量的资源,并取得了很多成果。不过由于日本消费者对转基因食品非常敏感,因而所有这些成果还难以得到应用。

(二) 日本转基因食品安全管理框架

日本的转基因产品的研究、开发和安全性管理由文部科学省、通产省、健康劳务和福利部和农林水产省4个部门进行转基因食品安全的管理。文部科学省负责审批实验室生物技术研究与开发阶段的工作。通产省,也称经济产业省,负责推动生物技术在化学药品、化学产品和化肥生产方面的应用。其管理框架如图4-3所示。

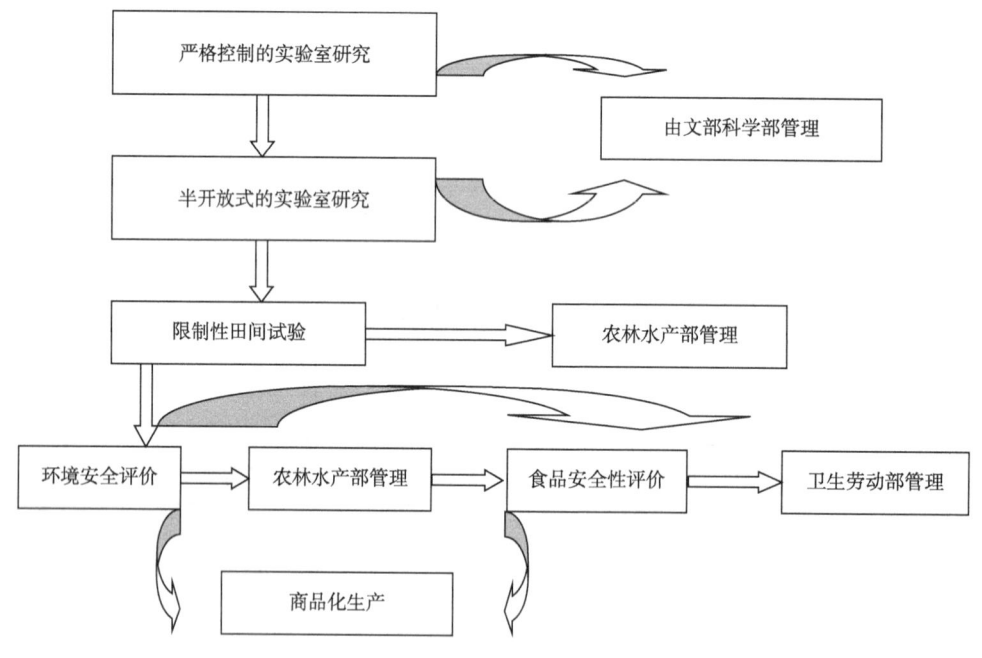

图4-3 日本转基因食品安全管理框架

所有在日本销售的转基因产品,都必须通过日本卫生劳动部的安全审查(进口产品即使通过了生产国的安全认定,在日本也必须按照上述程序重新进行安全性评价)。具体审查工作由食品卫生生物技术专门委员会完成。审查结果再由食品卫生委员会审议通过。食品卫生委员会由专家、生产厂家和消费者组成。审查的最终结果由卫生劳动部部长发表公告,告示国民,国民也可以申请查阅有关的审查资料。

为了确保转基因食品的安全性，10年前日本卫生劳动部就成立了生物技术应用食品安全性评价的专门研究课题组。针对转基因食品的安全性评价和基因的检测方法进行了许多研究。开发出了遗传因子检出法并已应用到市场抽样检测中。

日本对转基因食品也采取强硬性的标签制度。对于那些以转基因生物为原料的食品，只要其含量超过5%并且是三种主要原料之一，则生产厂家就有义务注明该产品为"转基因食品"或"使用了转基因原料"等标识。对于油菜等从成品中难以判断其是否使用了转基因原料的，暂时不做规定。对转基因原料的流通过程也做了详细规定，要求它们必须与非转基因产品分别包装、运输和储存。同时规定，有"有机食品"(相当于我国的"绿色食品")标签的食品不得含有任何转基因成分，也不得在生产和加工过程中使用任何转基因原料、添加剂。

日本健康劳务和福利部(MHWL)从2001年4月1日起，允许37种转基因产品用于生产，2002年增加到44种；农林水产部(MAFF)在2001年4月1日出台转基因生物标识规定，规定如果24种大豆、玉米产品转基因含量超过5%，进行强制性标识，2003年1月增加到30种。

不过大多数日本民众认为政府的法规过于宽松。为了迎合消费者的心理，许多生产厂商在包装上醒目地标注"没有使用转基因原料"等，以吸引消费者购买。例如，由于美国的大豆一半以上是转基因作物，引起了日本消费者的不安，因而许多厂商在努力寻求我国的稳定可供货源，但是我国大豆生产增长缓慢，目前尚无法满足需求；2001年7月美国宝洁公司日本分公司宣布回收800万罐土豆片，尽管这些土豆片在美国已经广为销售，按照标记要求，土豆片也属于无标记要求类别，但是在日本，人们仍然担心它对身体健康有害，因而生产厂商不得不承受巨大的经济损失而将这些产品回收。当然消费者对转基因番茄之类的直接食用的农产品，就显得更为敏感，这也迫使各大公司不断声明他们的制品中不含有转基因成分，尽管他们在这方面的研究从未停止过(刘培磊等，2006)。

第二节 国际组织在转基因食品安全管理中的作用

一、食品法典委员会生物技术食品政府间特别工作组

食品法典委员会(CAC)是由联合国粮农组织(FAO)和世界卫生组织(WHO)于1963年共同创立的。CAC是在FAO和WHO合作食品标准计划下成立的。它主要负责制定国际通用的食品标准、食品加工指南和相关食品生产操作手册等。合作食品标准计划的目标是保护消费者的健康、保障在食品贸易中的公正公平性、促进和协调国际组织和非政府组织间食品标准制定工作。CAC作为农产食品政府间国际标准化组织，其标准是为WTO认可的国际贸易仲裁依据。世界上已有160多个国家加入了CAC组织。CAC下设38个专门委员会，分别负责不同方面不同地区的标准制定修改完善等工作。其中仍在运作的有27个专门委员会，已经废除的有五个，无限期休会的有四个，解散的有一个(肉类)，改名的有一个(奶及奶制品)。另有FAO/WHO的五个专业合作委员会(食品添加剂、农药残留、有害微生物评估、生物技术食品安全性评估、专家顾问团)负责为CAC及其下设分委会提供专业建议，保证标准的科学性。食品法典委员会与联合国粮农组织(FAO)

和世界卫生组织(WHO)在科学事项方面关系的一个优势是其灵活性。近年来，联合国粮农组织和世界卫生组织就广泛的事项举行了专家科学磋商会。并非所有这些磋商会都导致制定新的《食品法典》标准，因为有时处理食品安全风险的最佳途径是通过其他手段来决定的。联合国粮农组织和世界卫生组织还就如何才能提出一个风险管理的备选手段提供建议。

1999年，CAC认识到其不太灵活的委员会结构不能应付人们对包罗日益广泛主题的标准和准则的需求。它决定建立第三类附属机构，称为《食品法典》政府间特设工作组。这是一种期限固定、职责范围非常有限的规范委员会。生物技术食品工作组从1999~2003年和2005~2009年每年召开一次会议，目前，已经发布"转基因食品食用安全评价指南"3项，正在制定的有2项，我国是该组织的成员国，参加了这些国际标准的制定工作。

二、联合国粮农组织/世界卫生组织联合专家会议

联合国粮农组织/世界卫生组织近期的联合专家会议和磋商会议中，有四次是关于生物技术或转基因食品安全性评价的会议：

1996年——生物技术与食品安全；
2000年——转基因植物源食品的安全方面；
2001年——评价转基因食品的过敏性；
2003年——转基因动物源食品(包括鱼类)的安全性方面。

这些专家咨询会议为食品法典标准的建立提供了科学的建议。因此，对于食品法典标准的制定具有重要的指导意义。这部分工作将在FAO/WHO工作中详细介绍。

三、FAO/WHO联合专家咨询会

自转基因作物问世以来，联合国FAO和WHO一直在关注转基因食品营养与安全性的争论，并不断地推动这方面的研究和建立体系的工作。主要工作是由FAO/WHO转基因食品联合专家咨询会议承担。

FAO与WHO于1990年和1996年先后召开了两次专家联合咨询会议，主要讨论了转基因食品的安全性和营养的问题。1990年的会议主要内容为生物技术是一个整体，包含传统的杂交技术和现代的DNA重组技术，同时会议就现代生物技术生产的食品安全性的含义达成一致，认为现代生物技术生产的食品安全性从本质上而言，不低于传统生物技术生产的食品。但同时指出，尽管如此，仍要关注转基因食品的安全性问题。同时，会议提出了"用相似的传统食品作为标准评价源于生物技术作物的食品，并考虑到食品的加工和用途"的观点。这是最早的关于转基因生物安全评价原则，OECD国际经济合作组织与FAO/WHO正是在此基础上提出并发展了"实质等同性原则"。

在1996年的会议上则重要点讨论了实质等同性的概念。本次会议上正式提出了转基因产品的安全性评价要遵循"实质等同性原则"，这是一项"新型食品相对于传统食品的动态的分析比较"。以下指标是在对转基因植物进行实质等同性评价时需要考虑的：分子特性、农学性状、关键营养素、毒素及致敏性。关于实质等同性的三种情况的定义与OECD 1996年的定义相似，即完全等同、部分等同、不等同。

由于成员国对转基因食品安全性日益关注，1999 年 FAO 与 WHO 在其下属的食品法典委员会的生物技术食品特别工作组工作的基础上，先后召开了一系列的关于转基因食品安全的专家咨询会议。自食品法典委员会的转基因食品特别工作组第一会议以来，FAO 与 WHO 已召开了两次专家联席咨询会议。

2000 年 5 月 29 日至 6 月 2 日 FAO 与 WHO 在日内瓦召开专家联合咨询会议，评价对于 1996 年推行实质等同性原则后的实施情况。会议的讨论议题涉及实质等同性、转基因的非期望效应、食品安全、营养作用、抗生素抗性基因及致敏性。这次会议认可了实质等同性原则作为转基因食品安全评价的具有实用价值的评价原则。2005 年 5 月在瑞士日内瓦举行的专家协商会议认为"实质等同性"是一个实用的概念且在现阶段，到目前为止还没有可替代方案(陈超等，2007)。然而这项原则的应用只是安全性评价的开始而非终点。这次会议中，对转基因食品与传统对照间的相似性与可能的差异进行了讨论，并且这些差异需要进行进一步的评价。

在这次会议中，还就由于基因插入可能造成的非期望效应，如失去原有的性状或者获得新的性状，进行了讨论。非期望效应并不是重组 DNA 技术的专利，在传统的育种方法中也经常发生。现有的非期望检测方法局限于化学成分如已知的营养因子与毒素的检测，即靶分析。为了提高非期望效应的检测水平，可以应用图谱技术与指纹技术，即非靶分析。这些技术尤其适用于检测转基因技术对生物的次级代谢的影响的检测。

此外，类似于食品添加剂的毒理检测的动物实验可应用于新表达的蛋白质的检测。如果除了可预期的影响外，其他成分的变化可通过全食品检测来反映。但是，这样的实验要按照"case by case"的原则，并且考虑到这一类的实验具有的局限性。对于长期消费的安全性评价要求最少要进行 90 天的喂养试验。如果 90 天喂养试验的结果显示可能存在有害的影响，则需要进行更长时间的观察。

此次会议指出，由于太多的影响因素与大量的人类基因与食品的相互作用的关系，我们关于任何食品的长期作用都知之甚少，而且也很难对长期作用进行定义。因此，专门对转基因食品进行定义也是不可能的。在各种传统食品的不可预料的干扰的背景下对转基因食品的流行病学研究也是很难进行的。因此，会议认为，在转基因食品上市前，大量的实验已经证明了其具有与传统对照相似的作用。当然，如果能够对随机抽取的人群进行试验研究，对长期安全性食用也能够提供更有力的证据。

此外，本次会议中还根据 IFBC/ILSI 1996 年建立的致敏评价树的基础上进行了修订，初步制定了一套新的致敏评价树。

同时会议就食品法典特别工作组第一次会议上提出的问题逐一给予回答。最后会议一致认为实质等同性是安全性评价框架的核心内容。另外，本次会议建议 FAO 和 WHO 在下一届会议上重点讨论转基因食品及其新蛋白致敏性的评价问题，并确定了如下需要讨论的议题：

(1) 转基因微生物的安全性评价；
(2) 转基因动物的安全性评价(包括鱼)；
(3) 功能食品包括转基因食品的营养问题的安全性评价；
(4) 整体食品安全性研究方法改进的讨论；
(5) 抗生素抗性基因的使用对转基因植物和微生物食品生产的影响等。

FAO/WHO2001 年专家联合咨询会议于 2001 年 1 月 22~25 日在罗马召开。会议重点讨论了转基因食品致敏性的问题,确定了转基因作物生产的食品的致敏性评价程序并进行了修订。同时,为了提高专家咨询会议的代表性和透明度,FAO 和 WHO 建立专家遴选程序,在因特网上从世界范围内征集候选专家,通过自愿申请登记资格认证和选举,确定专家名单,最终在因特网上公布。本次会议在 2000 年会议建立的致敏树的基础上进行了修订,制定了一套新的致敏评价树。

如果新蛋白来源于已知致敏原或者与已知致敏原具有序列同源性,推荐用对此致敏原敏感的病人的血清进行血清学检验。对于序列同源性的阳性结果规定为,新表达蛋白与已知致敏原的序列同源性大于 35%,或者具有连续相同的 6 个氨基酸。与以往的致敏树不同的是,新致敏树中取消了基于体外检测的常见致敏原和非常见致敏原的区分。任何阳性结果都说明产品可能为致敏原,并且要终止产品的进一步研究。体外的靶血清试验为阴性的话,则需要进行进一步的目标血清试验,检测表达蛋白的胃蛋白酶抗性和动物免疫学实验。目标血清试验是指对基因来源物种具有广泛敏感性的病人的血清。人体试验在有些情况下可以考虑,但不是强制的。

对来源于非致敏原的蛋白质,决定树关注的是蛋白质与已知致敏原的相似性,以及体外血清学检验交叉反应。如果有序列相似性或者血清学实验为阳性,则认为此蛋白质具有潜在致敏性。如果结果为阴性,则进一步的胃蛋白酶抗性和动物免疫学实验则可以帮助判断新表达蛋白的潜在致敏性的高低。

四、经济合作与发展组织

经济合作与发展组织很早就开始关注生物安全性的问题。1982 年发表《生物技术:国际趋势与展望》的报告,重点讨论了现代生物技术产品的安全性问题,同时报告的内容也涉及了生物技术的广泛领域,从那时起,OECD 及其各成员一直致力于现代生物技术产品安全性评价为基础的技术手段的探索工作。其中生物技术安全性国家专家组及其食品安全与生物技术工作小组在转基因食品安全性研究方面进行了开拓性工作,于 1993 年发表了现代生物技术生产的食品的安全性评价-概念与原则的报告(又称绿皮书)。提出"实质等同性"是评价食品安全性最有效的途径。实质等同性的核心是比较法,即是以现有的食品或食品源的生物为基础,来比较和评价消费者食用的通过饰变或新产生的食品和食用成分的安全性。目前这一概念在转基因生物的安全性研究受到广泛关注。

1999 年 6 月在科隆召开的 8 国政府首脑会议,授权的生物技术规章监督协调工作组和新食品及饲料安全性特别行动工作组研究和评价生物所涉及的问题以及其他与食品安全性有关的问题。这两个组织就"生物技术与食品安全的新问题"向 2000 年 7 月在大阪召开的 8 国首脑高峰会议提交了两份报告。总结了食品与环境安全评价的最新研究动态,并且提出了未来工作的内容和方向。

另外新近成立了食品安全性特别小组研究特别行动工作组和协调工作组研究范围不涉及的问题,包括食品安全性总体评价,以及食品安全管理的问题。特别小组的工作也包括国际食品安全性体系纲要的制定和目前及未来食品安全体系国家纲要和活动的制定。同时作为对 8 国首脑高峰会议响应,OECD 于 2000 年 2 月 28 日至 3 月 1 日在爱丁堡召开了有关转基因食品科学与健康问题,题为"转基因食品安全性评价"的爱丁堡会议。

作为环境生物安全性评价重要的技术保证，OECD 出版了一系列由成员国相互认可的转基因生物研究的一致性文件。这些文件提供了转基因生物及其产品用于安全性评价的基本数据，并且获得成员国的认可，因此是非常重要的安全评价资料。文件是以主要作物种类为分册，介绍了作物的起源中心和多样性，而后者与安全性评价有直接的关系。由于许多作物，如大豆、马铃薯等的起源中心分布在 OECD 成员国家以外的国家，这些报告的编写是通过与联合国工业发展组织(United Nations Industrial Development Organization, UNIDO)和 UNEP 有关系的国家组织专家主笔。一致性文件着重在 3 个方面讨论环境安全性问题：

(1) 重要农作物(如水稻、小麦和玉米)的生物学特征，包括起源地和多样性、在农业、园艺和林业中的应用、与相近植物种类杂交的可能性以及生态特性等。

(2) 导入植物体并产生新农艺性状的特殊基因及其产物的性状，如耐除草剂性状。

(3) 生物技术中使用的重要微生物的特性。

OECD 的另一个技术保证就是建立 OECD 信息系统，即 BioTrack Online 网站，通过因特网提供多方面的信息，网站的主要内容包括：

(1) 免费提供已出版发行的一致性文件；

(2) 发布成员国内部制定管理章程动态信息，详细介绍各成员国制定的有关法律、规章和准则以及各国管理归属的部门和人员情况等；

(3) 设立各成员国已准许田间试验的转基因生物数据库；

(4) 公布在成员国内已批准销售的转基因产品的信息。

目前正在开发一种特许鉴别系统。

值得指出的是 2000 年 10 月在瑞士 Charmey 召开的关于转基因植物特许鉴别系统讨论会，推动 OECD 了开发特许鉴别系统的研究，并且准备将其嵌合到 BioTrack Online 网站上。

目前 BioTrack Online 网站与 UNIDO's BINAS 合作，共同开发和建设 BIOBIN 网站。双方采用相似的格式提交相关的信息。但是提交的信息双方有侧重，OECD 主要介绍成员国的有关研究动态，而 BINAS(Biosafety Information Network and Advisory Service)则侧重于 UNIDO 组织中除 OECD 成员过以外的各成员国的信息。因此，BIOBIN 是一个重要的全球化的网站，尤其生物技术管理部门和研究人员在进行安全性评价时，其发布的信息有重要的参考价值。

最近召开的《卡塔赫纳生物安全议定书》政府间会议(ICCP)，突出强调了 BIOBIN 的作用，建议在生物安全性信息交换所试行阶段，使用现有的信息系统，包括 OECD/UNIDO 的数据库。

2001 年 2 月 5~7 日，特别工作组在加拿大卫生部协办下，召开了"新型食品和饲料营养评价"研讨会，重点讨论了与新奇食品和饲料营养评价有关问题。会议提出了营养评价包括如下几个重要的方面：

(1) 营养评价作为检测营养/效率指标和确定安全性的工具之一；

(2) 营养评价作为评估未来食品营养的基本要求：

(3) 从目前的单一食品或饲料产品评价途径向整体饮食评价转变的必要性；

(4) 新奇食品和饲料和特征的鉴定。

同样地，在新型食品和饲料的安全性研究方面，OECD也建立了一系列技术手段，以加强在与人类健康和动物饲养安全评价有关的国际协调工作。OECD于1999年成立了新型食品与饲料安全的专门工作组，该工作组的目的就是建立以科学为依据的，可被成员国接受的统一文件，这些文件含有应用法规进行某种食品/饲料评价的信息。在食品与饲料安全领域，工作组制定了一系列的关于转基因作物中需要检测的主要营养因子及抗营养因子，天然毒素及次级代谢产物等的文件，为转基因食品及饲料的安全评价提供科学依据。这些文件包括了以下转基因产品的食品安全与营养评价主要参数的数据：油菜子、大豆、甜菜、土豆、玉米、麦子、水稻、棉花、大麦、苜蓿及豆荚饲料以及来源于转基因植物的动物饲料。截至2005年，这个系列报告已经出版了13个文件。

五、ILSI关于转基因食品食用安全性评价的工作情况

国际生命科学研究院欧洲部曾经于1996年提出了一份关于新型食品安全性评价的文件。这份文件提供了所有来自于转基因生物的食品与饲料的背景资料。对于转基因食品，文献中包括了转基因DNA数据、表型，以及包括总体成分、营养因子、抗营养因子及毒素在内的营养成分数据。在这份文献中也提到了与OECD相似的实质等同性原则，对于比较的水平具有一定的自由度，例如，食品来源，产品以及分子水平。ILSI也规定了三种比较情况：①与参考食品或/成分具有等同性；②足够相似；③不足够相似。对于不相似的新型食品或成分，需要进行营养学、毒理学、潜在致敏性的评价。

国际生命科学研究院美国分部于2003年公布作物成分数据库，包含进行成分分析时的质控数据，是对OECD各种作物成分文献的有力支持。ILSI还与IFBC合作制定了评价转基因食品潜在致敏性的决定树转入的基因来源有三种可能：①常见致敏源；②不常见致敏源；③无致敏史物种。致敏决定树中采用的方法主要有五种：转入物质的来源、与致敏蛋白的序列同源性、血清学反应、模拟胃液与热稳定性、IgE结合反应，必要的话进行皮肤穿刺试验与双盲试验。对于无致敏史的转入物质主要由序列同源性比较和模拟胃液消化稳定性来决定其是否具有潜在致敏性。ILSI还对用动物进行转基因作物评价研究制定了执行指导。

六、其他国际组织关于转基因食品安全性评价工作概况

(一) 联合国工业发展组织

目前联合国工业发展组织已建立了生物安全信息网络与咨询服务网站BINAS。BINAS主要介绍全球生物技术规章制定的发展动态，并在生物技术协调方面与OECD共享信息资源，通过共同的联合网面BIOBIN把OECD生物追踪在线(OECD's BioTrack Online)网站与UNIDO的BINAS网站相互联结。还通过定期出版《BINAS NEWS》，免费提供生物技术安全评价的理论和方法，以及各国生物技术研究动态，介绍各国有关生物技术管理的法规和政策的信息。

(二) 生物多样性公约缔约国大会

自1992年5月22日在内罗毕起草并通过《生物多样性公约》以来，生物多样性公

约(CBD)缔约国大会一直将生物安全性作为其工作的重点之一。《环境与发展里约宣言》第 15 条原则要求，各缔约国应当关注由现代生物技术产生的活性改性生物(living modified organism，LMO)在安全转移、操作和使用过程中可能危及生物多样性的保护与持续利用以及人类健康的问题。经过艰苦的谈判，各缔约国于 2000 年 1 月 24~28 日在加拿大蒙特利尔通过了《卡塔赫纳生物安全议定书》。《卡塔赫纳生物安全议定书》是一部有关转基因产品管理的国际法规，它除重申"里约宣言"中所订立的预选防范原则外，也指出了公众关切的生物技术对生物多样性和人类健康构成风险的可能性。会议同时决定设立《卡塔赫纳生物安全议定书》政府间特别委员会(Ad Hoc Intergovernmental Committee for the Cartagena Protocol on Biosafety，ICCP)。

根据2000年5月在内罗毕召开的第五次缔约国大会会议上提出的议题，ICCP于2000年12月11~15日在法国蒙波利埃召开了第一次会议，重点讨论了信息的共享与建立、生物安全信息交换所、能力建设、决策程序、操作、运输、包装和鉴定等问题。会议通过了许多决定和建议，包括《卡塔赫纳生物安全议定书》蒙波利埃宣言。

ICCP 第二次宣言于 2001 年 12 月 1~5 日在加拿大的蒙特利尔举行。会议就第一次会议提出的议题进行进一步的协调，包括议定书中提到的责任与赔偿(条款 27)、监控与通报(条款 33)、秘书处职能(条款 31)，以及议定书中的有效执行等问题。

(三) 国际遗传工程与技术中心

国际遗传工程与技术中心(International Center for Genetic Engineering and Biotechnology, ICGEB)一直致力于分子生物学和生物技术的前沿研究和人员培训工作。向世界各国，尤其是发展中国家提供针对转基因生物环境释放阶段生物安全性的风险评价信息和人员培训。中心免费提供最新的安全性研究文献数据库，供相关人员查阅。截至 2001 年 1 月，数据库提供自 1990 年以来国际科学刊上发表的 2400 多篇科学论文(全文和摘要)。ICGEB 专家每月定期对数据库进行更新，并根据转基因生物环境释放的主题进行分类。1992 年以来，ICGEB 每年都举办一次"转基因生物释放的生物安全性与风险评估"讨论会，每次会议有 40 多个国家 500 多位科学家出席。在 2000 的会议上，除了有关生物安全性研究专家参加的传统讨论会外，还召开了由各国政府有关部门从事转基因生物风险评价官员参加的讨论会。ICGEB 于 2001 年继续召开类似的专题讨论会，其中有关生物安全性的会议就召开了 3 次。

目前 ICGEB 正在筹建转基因生物环境释放风险评估与管理的研究机构，主要目的旨在资助与农业生物工程产品安全使用有关的研究项目。

(四) 联合国环境规划署

联合国环境规划署(United Nations Environment Programme, UNEP)组织了一系列的国际会议，旨在世界范围内推动生物技术安全使用准则的制定工作。UNEP 在讨论 21 世纪议程的同时，为了公证客观地实施生物安全议书，根据旨在推动国际生物安全工作的 18/36B 决议，于 1995 年制定了 UNEP 生物安全性国际技术准则。技术准则从 5 方面分别就转基因生物安全性的一般原则、风险的评价与管理、国家及地区安全管理机构和能力建设等方面提出了具体的行动指南。准则的制定，为各国政府国家间组织私人团体以及其他国际组织在建立和实施生物技术安全性评价国家能力,推动合作和信交换等方面提供了参照依据。

(五) 8 国政府首脑会议

由于转基因食品问题受到公众的广泛关注,1999 年在德国科隆召开的 8 国首脑会议,邀请的生物技术规章监督协调工作组和新型食品和饲料工作组承担生物技术的影响和食品安全的其他问题的研究课题。

2000 年 7 月在日本大阪召开的 8 国首脑会议上认为,由于公众对转基因食品安全性的不断关注,必须通过科学研究和法律的手段,建立有效的国家食品安全体系。会议同时也强调了食品法典委员会工作的重要性,建议支持其下属的转基因食品政府间特别工作组在其 2003 年任其届满之前,提交一份完整的报告。会议也建议资助 CAC 的法规委员会研究在科学数据缺乏或者矛盾的情况下,如何进行食品的安全性评价,以及达到全球协同认可的可能性(刘继鹏,2002)。

第三节 我国转基因食品的安全管理

一、我国转基因食品发展现状及存在问题

农业问题一直是阻碍我国发展的重大问题,据了解目前我国农业发展还存在六大问题。即农药的大量使用问题;肥料的大量使用问题;水资源短缺问题;盐碱地占有面积大;酸性突然大量存在等不良环境的影响作物的种植和产量潜力的发挥问题,主要作物的品质问题和作物单位面积产量出现下降问题。农业问题最终可能要靠科技解决。目前,转基因作物的种植已经给我国农村带来了良好的经济效益。

我们国家的转基因技术研究尽管起步较晚,但是由于受到有关部门的高度重视,发展速度非常快,从 20 世纪 90 年代初,伴随着转基因工程技术研究的进展,开始了对基因工程技术的安全管理。在某些领域已经进入世界先进行列。无论是国家科技攻关项目、自然科学基金还是国家高新技术研究与发展计划(863 计划)和火炬计划,基因工程技术都是作为优先资助的领域,得到了强有力的支持。由于广大科学家的努力,我国已在烟草、蔬菜、棉花、鱼类和动物等多方面取得了重要进展。1993 年我国第一例转基因作物——抗病毒的烟草进入了大田试验阶段。1997 年转基因耐储藏番茄首先获准进行商品化生产。2000 年我国抗虫转基因棉花的种植面积超过了 550 万亩[①]。1997~2005 年,农业部共受理和批复农业转基因生物安全评价申请 1000 余项,其中,中间试验 333 项、环境释放 357 项、生产性试验 176 项、安全证书 176 个。2007 年 8 月 7 日在中国农业科学院召开的植物保护(中国)协会转基因作物研讨会上传来消息,目前我国政府已经批准抗病毒木瓜、抗病毒番茄、耐储藏番茄、抗病毒甜椒、抗病毒辣椒 5 种转基因食品作物进行商业化种植生产。此外,抗病虫转基因水稻商业化生产所需的各种安全评价程序和试验环节也已经完成。再加上我国每年都要从美国等进口大量的大豆等产品,可以说转基因食

---

① 1 亩≈667m²,后同。

品在不知不觉间已经变得与我们的生活密切相关。

由于转基因食品可能给人民生活带来巨大的经济效益和社会效益，而同时又存在着潜在的风险，因此，我国政府对转基因食品安全管理非常重视，国家有关部门先后出台了多项转基因食品安全管理条例和办法。由于我国法律尚不健全，我国在转基因食品管理上仍存在许多问题。

第一，我国还缺乏一部全面、完整的生物安全方面的法律。目前，我国关于转基因食品管理的法律、法规众多，但有一部分没有发挥应有的作用，各个法规之间的协调性还有待于提高。《农业生物基因工程安全管理实施办法》主要从保护我国的农业遗传资源、农业生物工程产业和农业生产安全的角度，对转基因生物的实验研究、中间实验、环境释放或商品化生产进行管理；《农业转基因生物安全管理条例》旨在加强农业转基因生物安全管理，保障人体健康和动植物、微生物安全、保障人体健康和动植物、微生物安全，保护生态环境，促进农业转基因生物技术的研究；农业部颁布的《农业转基因生物安全评价管理办法》、《农业转基因生物进口安全管理办法》、《农业转基因生物标识管理办法》、《农业转基因生物安全评价管理程序》、《农业转基因生物进口安全管理程序》和《农业转基因生物标识审查认可程序》是对《农业转基因生物安全管理条例》的细化和具体实施；卫生部颁布的《转基因食品卫生管理条例》是针对转基因食品安全和卫生管理而制定的法规，但是，目前转基因食品的管理主要由农业部负责，卫生部的《转基因食品卫生管理条例》没有发挥其应有的作用。因此，我国急需制定统一的生物安全法，统一转基因生物体的审批、实验、生产和安全检测程序，加强监督与规范管理。

第二，我国在转基因食品管理上存在执法不严的问题。例如，2002年3月20日，农业部出台了《农业转基因生物标识管理办法》并正式实施，要求对转基因食品进行标识。但是，直到2003年7月，我国的部分转基因食品才开始出现标识。而且，我国对美国的转基因食品标识连续三次放宽期限：第一次是中国给美国9个月的宽限期，即由原定的2002年3月20日到2002年12月20日；第二次又由2002年12月20日延迟到2003年9月20日；第三次则由2003年9月20日延迟到2004年4月20日。这反映了我国在转基因食品管理上存在执法不严的问题。

第三，我国的转基因食品管理存在多头管理，各个部门的协调性不高，部门之间的法律法规存在冲突的现象。虽然目前转基因食品的管理主要由农业部负责，但是卫生部、科技部以及环境保护局都介入了转基因食品管理，各个部门之间对转基因食品管理并没有形成统一有效的管理机制。

二、我国对转基因生物技术的态度

在我国，由于转基因技术起步较晚，在有关转基因食品安全性评价和管理上也起步较晚。我国将转基因食品归类为新资源食品，并于1990年由卫生部颁布了《新资源食品卫生管理办法》(以下简称《办法》)。《办法》规定，新资源食品的试生产和正式生产由卫生部审批，并且规定由卫生部聘请食品卫生、营养和毒理等方面的专家组成新资源食品评审委员会，委员会的评审结果作为卫生部对新资源食品试生产和生产的审批依据。不过这个《办法》既不是专门针对转基因食品的，又显得有些简单，难以完全消除人们对转基因食品安全性的困惑和担心。

在生物工程技术飞速发展的今天，人们越来越认识到加强转基因生物安全管理的重要性。由原国家科委领导、各有关部门于1990年在制定有关管理条例时确定我国基因工程技术的管理要求如下：

(1) 促进我国基因工程技术发展的同时，有效防范对人类健康和生态环境可能造成的危害；

(2) 管理条理例为行政性法规，要有可操作性，并与我国现行的有关法规相衔接，与我国现行管理体系相适应。

(3) 有关控制性规定应根据实际情况科学对待，宽严适度；

(4) 审批程序和评价系统要有明确的原则性规定。

按照上述要求，我国的生物与转基因食品安全管理原则可概括为如下几项原则：

(1) 研究开发与安全防范并重的原则。国际社会普遍认为，生物技术将在解决人口、健康、环境与能源等诸多社会、经济重大问题中发挥重要作用，并可望成为21世纪的支柱产业之一。对此，各国采取了一系列政策措施加强了对生物技术的研究和开发。我国也已采取了一系列政策措施，积极支持、促进生物技术的研究和产业化发展，同时由于转基因产品安全性还存在不确定因素，因而对转基因食品安全问题的广泛性、潜在性、复杂性和严重性也必须予以高度重视。同时还应充分考虑伦理、宗教等诸多社会经济因素，以对人类长远利益和子孙后代负责的态度加强生物安全，特别是转基因食品安全的管理工作。坚持在保障人们健康和环境安全的前提下，在充分保证人们的知情权和自由选择权的基础上，研究和发展转基因食品。

(2) 贯彻预防为主的原则。发展转基因食品必然走产业化的道路，转基因食品产业化离不开作为原料的生物技术产业的大规模化生产。由于生物技术的复杂性及其影响的不确定性，必须在实验研究、中间试验、环境释放、商品化生产异己加工、储运、使用和废弃物处理等诸多环节上防止其对生态环境的不利影响和对人体健康的潜在威胁。特别是生物工程技术与传统技术相比，考虑到其后果的不可预测性和影响的长久性，在最初的立项研究和中试阶段一定要严格地进行安全性评价和相应的检测，做到防患于未然。

(3) 有关部门协同合作的原则。转基因食品安全与农业、医药卫生和食品等行业都有关系。为此，必须坚持行业部门间的分工与协作，协同一致、各司其职。

(4) 公正、科学的原则。随着改革和发展的深刻变化，经济成分和经济利益多样化，社会生活方式多样化，转基因食品安全管理必须坚持公正、科学的原则。转基因食品的安全性评价必须以科学为依据，站在公正的立场上予以正确的评价，对操作技术、检测程序、检测方法和检测结果必须以先进的科学水平为准绳。在动植物原料生产过程中，对所有释放的生物技术产品要依据规定进行定期或长期的检测，根据监测数据和结果，确定采取相应的安全管理措施。安全性评价标准与检测技术应具备科学性、权威性和先进性，并应与国际接轨。

(5) 公众参与的原则。提高社会公众的生物安全意识是关系转基因食品安全性的重要课题。必须给予广大消费者以充分的知情权和选择权，使公众能了解所接触、使用的转基因食品与传统产品差异，这也有助于消费者合理地和正确的行使选择权。同时在普及科学技术知识的基础上，提高社会公众生物安全的知识水平，通过宣传教育，建立适宜的机制，使公众成为生物安全的重要监督力量。在生物安全的管理上对产品的生产、储运、加工和废弃物处理等方面，都要充分考虑社会公众对生物安全的认识差异和实际情况，借鉴国外的经验，实事求是地采取行之有效的必要措施，积极保护社会公众的利益，促进生物技术工作在我国迅速健康发展。

(6) 个案处理和逐步完善的原则。分子生物学的不断发展，开创了生物技术的新局面。基因工程技术使基因在不同生物个体之间，甚至不同的生物种属之间的转移及表达成为可能。但是就目前的研究条件和研究成果，人们还不能精确地控制每种基因在生物有机体中的遗传信息的具体交换及其影响。事实上，各种受体生物经过不同的遗传操作时产生的遗传信息交换的作用可能带来错综复杂的影响。为此，必须针对每种基因产品的特异性，根据科学的资料进行具体分析和评价。

三、我国转基因食品安全管理

在用于对生物技术食品的管理法规方面。1993年12月中华人民共和国科学技术委员会发布了《基因工程安全管理办法》对基因工程的安全等级和安全性评价、申报和审批、安全控制措施等做了相应规定。办法按照潜在的危险程度将基因工程分为4个安全等级，分别为Ⅰ、Ⅱ、Ⅲ、Ⅳ级，分别表示对人类健康和生态环境尚不存在危险、具有低度危险、具有中度危险、具有高度危险，规定从事基因工程实验研究的同时，还应当进行安全性评价。其重点是目的基因、载体、宿主和转基因生物的致病性、致癌性、抗药性、转移性和生态环境效应以及确定生物控制和物理控制等级。随后，1996年7月农业部颁布了《农业生物基因工程安全管理实施办法》对不同的农业生物转基因生物做了详细的规定：植物转基因生物及其产品安全性评价，动物转基因生物及其产品安全性评价，植物用微生物转基因生物及其产品安全性评价，兽用转基因生物及其产品安全性评价，水生动植物转基因生物及其产品安全性评价。这些管理细则分别从受体生物的安全性评价、基因操作的安全性评价、转基因生物及其产品的安全性评价、释放地点、试验方案上进行管理。

《全国食品工业"十五"发展规划》(2001~2005年)中则明确提出要建立转基因食品审批制度，加强转基因食品的管理。可以认为。在2001年，我国在1996年农业部颁布的《农业生物基因工程安全管理实施办法》基础上，由国务院颁布了《农业转基因生物安全管理条例》，由国家法律的形式加强了对转基因食品的管理，其目的是为了加强农业转基因生物安全管理，保障人体健康和动植物、微生物安全，保护生态环境，促进农业转基因生物技术研究。条例规定对国家对农业转基因生物安全实行分级管理评价制度，将农业转基因生物按照其对人类、动植物、微生物和生态环境的危险程度，分为Ⅰ、Ⅱ、Ⅲ、Ⅳ四个等级；并决定建立农业转基因生物安全评价制度和对标识制度。《条例》还详细指定了罚则。在2002年由农业部出台了配合国务院《农业转基因生物安全管理条例》的三个法规，即《农业转基因生物安全评价管理办法》、《农业转基因生物进口安全管理办法》和《农业转基因生物标识管理办法》。这四个法规成为我国对转基因食品管理的基础。2002年4月8日，卫生部根据《中华人民共和国食品卫生法》和《农业转基因生物安全管理条例》，制定并公布了《转基因食品卫生管理办法》。其目的是为了加强对转基因食品的监督管理，保障消费者的健康权和知情权。该办法将转基因食品作为一类新资源食品，要求其食用安全性和营养质量不得低于对应的原有食品。卫生部建立转基因食品食用安全性和营养质量评价制度，制定并颁布转基因食品食用安全性和营养质量评价规程及有关标准，评价采用危险性评价、实质等同、个案处理等原则。食品产品中(包括原料及其加工的食品)含有基因修饰有机体和表达产物的，要标注"转基因××食品"或"以转基因××食品为原料"。

根据《农业转基因生物安全管理条例》和《农业转基因生物安全评价管理办法》的规定，我国建立农业转基因生物安全评价制度，主要评价农业转基因生物对人类、动植物、微生物和生态环境构成的危险或潜在风险。具体工作由国家农业转基因生物安全委员会负责，农业部依据评价结果在20日内做出批复。安全评价工作按照植物、动物、微生物三个类别，以科学为依据，以个案审查为原则，实行分级分阶段管理。根据危险程度，将农业转基因生物分为尚不存在危险、具有低度、中度、高度危险四个等级；根据农业转基因生物的研究开发进程，将安全评价分为实验研究、中间试验、环境释放、生产性试验和申请领取安全证书五个阶段。对于安全等级为Ⅲ和Ⅳ的实验研究和所有安全等级的中间试验，实行报告制管理；对于环境释放、生产性试验和申请领取安全证书，实行审批制管理。凡在我国境内从事农业转基因生物研究、试验、生产、加工以及进口的单位和个人，应按照《条例》的规定，根据农业转基因生物的类别和安全等级，分阶段向农业部报告或提出申请。通过国家农业转基因生物安全委员会安全评价，由农业部批准进入下一阶段或颁发农业转基因生物安全证书。农业部每年组织两次农业转基因生物安全评价，受理申请截止日期分别为3月31日和9月30日。

我国对转基因作物的安全评价是根据《农业转基因生物安全管理条例》和《农业转基因生物安全评价管理办法》，对转基因作物进行安全评价，一般应当经过中间试验、环境释放和生产性试验三个试验阶段，并在申请领取农业转基因生物安全证书后方可进行品种审定。通过品种审定后，方可申请办理转基因作物种子生产许可证和经营许可证。

在转基因作物安全评价的田间试验阶段，重点考察其遗传稳定性、环境安全性和食用安全性。其中，环境安全性主要包括转基因作物生存竞争能力、基因漂移的生态风险及对生物多样性的影响等；食用安全性主要包括转基因作物的营养学评价，过敏性评价，毒理学评价等。在生产性试验阶段，农业部还要委托检测机构对转基因作物进行目标性状检测验证，确保转基因作物的生产应用安全。在生产性试验结束后，申请人可以向农业部提出领取农业转基因生物安全证书的申请。申请时，应当按照《农业转基因生物安全评价管理办法》的规定和上一阶段的批复要求，提供全面、完整的转基因作物安全评价技术资料和生产性试验总结报告、农业转基因生物技术检测机构出具的检测报告。农业部收到申请后，组织国家农业转基因生物安全委员会进行安全评价。安全评价合格的，由农业部颁发农业转基因生物安全证书。

我国对农业转基因生物实施标识管理。根据《农业转基因生物安全管理条例》和《农业转基因生物标识管理办法》的规定，我国对农业转基因生物实行标识制度。凡在中华人民共和国境内销售列入农业转基因生物标识目录的农业转基因生物，应当进行标识；未标识和不按规定标识的，不得进口或销售。对列入农业转基因生物标识目录的农业转基因生物，由生产、分装单位和个人负责标识；经营单位和个人拆开原包装进行销售的，应当重新标识。

标识管理办法规定，农业部负责全国农业转基因生物标识的监督管理工作。县级以上地方人民政府农业行政主管部门负责本行政区域内的农业转基因生物标识的监督管理工作。国家质检总局负责进口农业转基因生物在口岸的标识检查验证工作。境外公司向中国境内出口实施标识管理的农业转基因生物，应当向农业部提出标识审查认可申请；国内或个人生产、销售实施标识管理的农业转基因生物，应当向所在地县级以上农业行政主管部门提出标识审查认可申请，经批准后方可使用。

第一批实施标识管理的农业转基因生物包括以下5类17种产品：①大豆种子、大豆、大豆粉、大豆油、豆粕；②玉米种子、玉米、玉米油、玉米粉(含税号为11022000、11031300、11042300的玉米粉)；③油菜种子、油菜子、油菜子油、油菜子粕；④棉花种子；⑤番茄种子、鲜番茄、番茄酱。

根据《农业转基因生物安全管理条例》和《农业转基因生物进口安全管理办法》的规定，我国对进口农业转基因生物实行审批和管理。从境外引进农业转基因生物，或向我国出口农业转基因生物，由引进单位或境外公司向农业部提出申请，其中，用于生产的农业转基因生物，从中间试验开始逐阶段申报安全评价；用作加工原料和直接消费的农业转基因生物，可直接申请进口农业转基因生物安全证书。境外公司向我国出口农业转基因生物用作加工原料，首先由境外研究开发商提出申请，经农业部委托的技术检测机构进行环境安全和食用安全检测，经国家农业转基因生物安全委员会安全评价合格后，由农业部颁发农业转基因生物安全证书。进口商凭研究开发商的安全证书复印件，办理每一批次的进口安全证书和标识审查认可批准文件，凭农业部的批件向口岸出入境检验检疫机构报检，经检验检疫合格后，向海关申请办理有关手续。对进口农业转基因生物的安全评价申请，农业部和国家质检总局自收到申请人申请之日起270日内做出批准或不批准的决定，并通知申请人。

我国对农业转基因生物及其产品的食用安全性评价是依据CAC的指导原则，以实质等同性原则为基本原则，结合个案分析原则、分阶段管理原则、逐步完善原则、预防为主原则等制定的。其评价的主要内容分为四个主要部分：①农业转基因生物及其产品的基本情况，包括供体与受体生物的食用安全情况、基因操作、引入或修饰性状和特性的叙述、实际插入或删除序列的资料、目的基因与载体构建的图谱及其安全性、载体中插入区域各片段的资料、转基因方法、插入序列表达的资料等；②营养学评价，包括主要营养成分和抗营养因子的分析；③毒理学评价，包括急性毒性试验、亚慢性毒性试验等，其依据是2004年修订的"食品毒理学评价程序与方法"；④过敏性评价，主要依据国际食品生物技术委员会与国际生命科学研究院的过敏性和免疫研究所一起制定了一套分析遗传改良食品过敏性树状分析法和FAO/WHO提出的过敏原评价决定树；⑤其他，包括农业转基因生物及其产品在加工过程中的安全性、转基因植物及其产品中外来化合物蓄积资料、非期望效应、抗生素抗性标记基因安全等(周曙东等，2006)。

四、我国在农业转基因生物安全管理上建立的五大体系

我国农业转基因生物安全管理体系主要包括法规体系、安全评价体系、技术检测体系、技术标准体系及安全监测体系(刘继鹏，2002)。

(1) 法规体系。2001年，国务院颁布的《农业转基因生物安全管理条例》(简称《条例》)，该法规以国家法律法规的形势规定了国家对农业转基因生物安全的管理；2002

年，农业部颁布的《农业转基因生物安全评价管理办法》、《农业转基因生物进口安全管理办法》和《农业转基因生物标识管理办法》，这三个是与《条例》配套的规章，是对《条例》的细化；2004年，国家质检总局颁布的《进出境转基因产品检验检疫管理办法》，是对转基因产品进出口贸易的检验检疫进行管理。

(2) 安全评价体系。对农业转基因生物进行安全评价，是世界各国的普遍做法，也是国际《生物安全议定书》的要求。安全评价是利用现有的科学知识、技术手段、科学试验与经验，对转基因生物可能对生态环境和人类健康构成的潜在风险进行综合分析和评估，在风险与收益利弊平衡的基础上做出决策。我国对农业转基因生物实行分级管理安全评价制度。凡在中国境内从事农业转基因生物的研究、试验、生产、加工、经营和进口、出口活动，应依据《条例》进行安全评价。通过安全评价，采取相应的安全控制措施，将农业转基因生物可能带来的潜在风险降到最低程度，从而保障人类健康和动植物、微生物安全，保护生态环境。同时，也向公众表明，农业转基因生物的研究和应用建立在安全评价的基础之上，符合科学、透明的原则。根据《条例》的规定，由农业部设立国家农业转基因生物安全委员会负责农业转基因生物的安全评价工作。国家农业转基因生物安全委员会是安全评价体系的核心力量。

(3) 技术检测体系。技术检测体系由农业转基因生物安全技术检测机构组成，服务于安全评价与执法监督管理。检测机构按照动物、植物、微生物三种生物类别，转基因产品成分检测、环境安全检测和食用安全检测三类任务要求设置，并根据综合性、区域性和专业性三个层次进行布局和建设。在通过农业部质量管理办公室组织的计量认证和审查认可后，由农业部授权开展对转基因植物、动物、植物用微生物、动物用微生物、水生生物的环境安全、食品安全与产品成分的检测、鉴定、监测、监控与复核验证等工作。其中，食用安全、环境安全技术检测机构主要为国家开展农业转基因生物安全评价和监督管理服务；产品成分技术检测机构主要为中央和地方农业行政主管部门开展农业转基因生物产品标识和安全监管服务。

(4) 监测体系。监测体系以安全评价及检测为技术平台，由行政监管系统、技术检测系统、信息反馈系统和应急预警系统组成。按照《条例》的要求，开展对于从事农业转基因生物的研究、试验、生产、加工、经营和进口、出口活动的全程跟踪和长期的监测和监控工作，并为安全评价出具环境安全方面的技术监测报告。目前，根据我国农业转基因生物研究开发、进口与监管需要，农业转基因生物安全管理办公室组织编制了《国家农业转基因生物安全监测体系建设规划》。近期，将对转基因棉花等主要生态区、进口转基因产品加工区等进行重点监测。

(5) 标准体系。标准体系由全国农业转基因生物安全管理标准化技术委员会、标准研制机构和实施机构组成。按照《中华人民共和国标准化法》的规定和《农业转基因生物安全管理条例》的要求，开展农业转基因生物安全管理、安全评价、技术检测的标准、规程和规范的研究、制订、修订和实施工作，为安全评价体系、检测体系、监测体系和开展执法监督管理工作提供标准化技术支持。

第四节 转基因生物安全风险交流制度的建立与运行

一、风险交流现状与趋势

风险交流，是风险评估者、风险管理者和其他相关部门(个人)间就风险问题交换信息和意见的交互过程，是在风险分析过程中将风险信息和风险结果(包括信息、数据、假设、未知因素、方法和结果等内容)进行双向、多边交换和传达，主要交流对象有政府部门、研究开发、生产、流通、消费、监管、媒体等部门与群体。风险交流是风险分析的三个组成部分之一(图 4-4)。

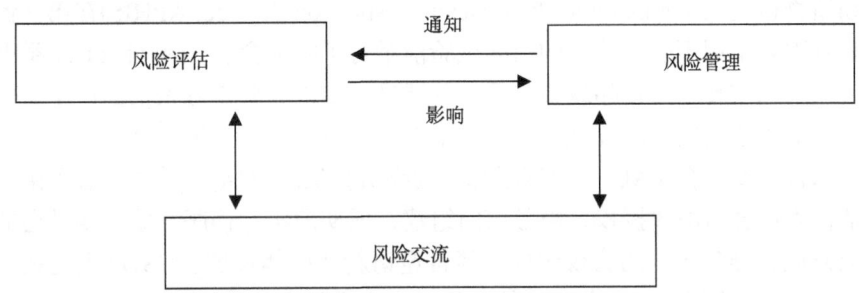

图 4-4 风险分析由风险评估、风险管理及风险交流三个部分构成

(一) 国外风险交流现状、特点与趋势

美国、欧盟、日本等发达国家风险交流的主要特点是法规完善、渠道畅通。其相应的法规中，均强化了社会公众参与交流的权利，包括非政府组织(研究开发商联合会、行业协会组织、绿色和平组织等)均积极参与风险交流。同时，对产品研究开发者有严格的责任约束。

1. 良好的公众参与政府决策制度

以美国为代表的发达国家在政府决策过程中十分重视公众参与和监督的权利，制定了公众参与政府决策的制度，包括公示制度、听证制度等，提高风险交流水平。

转基因生物风险交流的实质是生物技术信息的传播过程，而要将复杂的概念尤其是科技新概念在社会上广泛传播是一项很困难的工作，极易出现传播障碍，进而大大降低风险交流的效果，引发和加深群体冲突，制约生物产业的健康发展。鉴于上述原因，目前发达国家在生物安全管理法规中，均对风险交流进行了专门规定，强化了社会公众参与风险交流的权利和研究开发者在风险交流中的义务和责任，最终目的就是要尽力促进科学信息的真实无障碍传播，为技术进步和产业发展创造和谐的社会环境。

(1) 美国

美国十分重视转基因生物决策过程中的透明度，采取了多种有效形式便于公众参与。公众参与政府决策的主要形式包括：

一是参与法律的制定。各联邦机构制定相关法律下有关转基因生物安全管理的执行法规时，均要在联邦注册公告中发布，在固定时间内寻求公众评议。公众可以通过电子邮件、信件等多种形式向联邦政府提出评议意见,根据《管理程序法》,各联邦机构要对评议中的每一个具有实质性的新问题予以回复。如 USDA 在一个提议的法规评议中收到 25 万条评议意见。

二是专家会议。通过邀请发言人的方式,召开专家对某些特定的技术问题进行讨论,一般都对公众开放。USDA、EPA 在处理出现的科学问题经常采取这种方法。如 1988~1993 年举办对特殊作物早期田间检查相关技术问题研讨会;1997 年举办了抗病毒转基因作物培训班;2000 年 USDA 与 FDA 举办生物制剂研讨会;2003 年举办转基因林木与果树培训班等。

三是举办公众会议。此方式经常用作辩论或直接寻求公众在某一问题上的态度。美国农业部动植物检疫局(Animal and Plant Health Inspection Service, APHIS)在第一例抗花叶病毒的转基因烟草用于生产药物的田间试验前举行了听证会。1999 年 FDA 举办三次会议征求公众对当前转基因食品政策与程序的意见,结果收到 5 万条书面评论,主要关于自愿标识、缺乏透明度、对处理未来发展不充分,分歧点在标识问题。

四是联邦咨询委员会(FAC)。根据联邦咨询委员会法(FACA),委员会必须由国会特许或者邀请,委员会由法律授权,由各部门组建,任期两年,程序开放。委员会的所有记录向公众开放,准备正式的会议纪要,经常邀请新闻媒体参加。USDA 生物技术咨询委员会(BAC)有三个小组,即农业生物技术研究咨询委员会(1988~1996 年)、农业生物技术与政策委员会(2000~2002 年)、农业生物技术和 21 世纪农业咨询委员会(2003~2005 年),其中农业生物技术和 21 世纪农业咨询委员会有 18 个成员,包括学术的和国际农业研究咨询组(Consultative Group on International Agricultural Research, CGIAR)科学家,生物技术、食品、饲料、运输企业界代表、农民、消费者、环保组织、生物伦理学家,每年大约举办四次面向公众的会议(肖唐华等,2008)。

(2) 巴西

巴西转基因生物安全管理机构由国家生物安全理事会、国家生物安全技术委员会和政府相关部门组成,这些机构在人员组成、职责任务等方面均对公众参与进行了详细规定。

人员组成:国家生物安全理事会可特别邀请公共机构以及公民社会实体的代表参加会议,国家生物安全技术委员会必须有消费者权益专家参加。

国家生物安全理事会(CNBS)隶属于共和国总统办公室,作为共和国总统的高级辅助机构,制定和实施国家生物安全政策。CNBS 共 11 人,由共和国总统公民议会首席长官任主席,科技部、土地开发部、农业部、司法部、卫生部、环境保护局、工业发展与对外贸易部、外交部、国防部 9 部门的部长和总统办公室水产养殖和渔业特别大臣为成员。CNBS 下设立秘书处,负责日常事务,秘书处隶属于共和国总统公民议会。CNBS 在主席以及多数成员提议的任何时候,应召开会议。会议可以在不少于六个成员参加的情况下举行,由投票做出决定。来自公共机构以及公民社会实体的代表可特别邀请参加。

国家生物安全技术委员会(CTNBio)为咨询审议综合性团体,主要为联邦政府制定和实施国家转基因生物安全政策提供技术支持,在评价转基因生物及其产品对动植物健康、人类健康、环境风险的基础上,建立关于批准转基因生物和产品研究和商业化应用的安全技术准则。CTNBio 委员 27 名,其中,各领域专家 12 人,科技部、农业部、卫生部、环境保护局、土地开发部、工业发展与对外贸易部、外交部、国防部及总统办公室水产养殖和渔业特别秘书处各 1 人，消费者权益专家 1 人(司法部委派)，健康专家 1 人(卫生部委派)，环境专家 1 人(环境部委派)，生物技术专家 1 人(农业部委派)，农场分配专家 1 人(土地开发部委派)，职业健康专家 1 人(劳动就业部委派)。

职责任务：国家生物安全技术委员会众多职责中包括发布所有的生物安全信息系统的日程，个案实施步骤会议记录以及其他相关活动的信息。而在卫生部、农业部、环境部、总统办公室水产养殖和渔业特别秘书处下属的行政管理及监测机构应与 CTNBio/FONT 技术观点、CNBS 规则及法律法规提供的机制保持一致，并负责及时在生物信息系统(SIB)刊登最新开展转基因生物及其产品活动和项目机构和个人的信息；向公众提供注册和批准的信息等职责。

(3) 菲律宾

菲律宾的生物安全管理主要由国家生物安全委员会(NCBP)来执行，该委员会设立秘书处负责科技评价组(STRP)的工作，同时，负责生物安全小组(IBC)的管理。

① 人员组成：生物安全委员会和生物安全小组的人员组成中均包括公众代表。

国家生物安全委员会由农业部、环境与自然资源部、卫生部、科技部和其他代表组成，其成员由总统任命。委员会的主席由科技部主管科研与发展的副部长担任，其他成员有农业部、环境与自然资源部、卫生部、科技部各 1 名代表，生物科学家 1 名，环境科学家 1 名，自然科学家 1 名，社会学家 1 名，公众代表 2 名。

有意从事转基因生物工作或其潜在危害研究的各个组织、政府的和私营的机构内都应建立生物安全小组，该小组由 5 名成员(其中至少有 2 名成员为公众代表)，是国家生物安全委员会(NCBP)和倡议者之间的桥梁(图 4-5)。

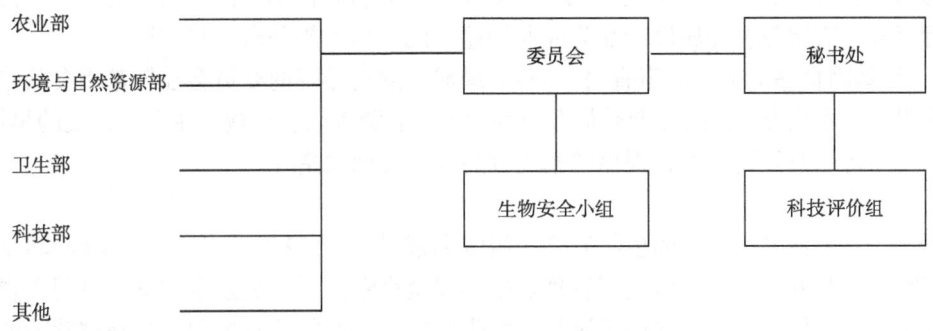

图 4-5　国家生物安全委员会组织图

② 职责任务：安全委员会制定安全指南计划、提供法律规章修改咨询等。

国家生物安全委员会的职能是，确认和评估基因工程实验的潜在危害；确认和评估转基因生物的引入和有害物种进入环境的风险；推荐使风险最小化的措施；建立和修订国家生物安全政策和指南，监督实施；做出与评价、监测和检查涉及生物安全政策和指南的计划相关的可操作性的安排；介绍建立风行评价草案和在指南指引下的生物学研究对环境的长期影响的评价的研究计划的进展；为建立、修改有关法律、规章和规定提供帮助；审查并任命各机构推荐的生物安全小组成员。

生物安全小组的职责是：从事生物安全检验或提出建议；从事田间试验对人类健康

和生态环境的安全评价和审查，并提出合适的建议；对从事田间试验的个人的资格和经历进行审核；保证对所有试验项目有能力、可接受的专业实践和足够的监督管理。

科技评价组(STRP)，则对释放申请实施评价，其人员组成至少由 3 名从事相关研究的专家组成，其职责是安全评价审查，利弊评估，在 30 天内向国家生物安全委员会提出建议。

2. 公众参与安全过程管理

(1) 美国

公众参与转基因农产品开发和安全评价的全过程管理：

① 转基因生物的研究开发。根据国立卫生研究院发布的《重组 DNA 分子研究工作导则》，开发商在开发转基因产品时，需成立由本单位员工和公众组成的生物安全委员会，该委员会负责审查转基因生物可能存在的环境和健康风险，若委员会认定该转基因生物具有不可接受的风险，开发商应终止研究开发。

② 申请解除监控状态。开发商在向农业部申请转基因生物解除监管状态时，农业部应将有关信息在联邦登记公告上注册，接受公众的评议。

③ 转基因抗虫(病)植物的大面积试验许可。当转基因抗病虫植物的田间试验面积超过 10acre[①]时，必须获得环境保护局的许可，并将在联邦登记公告中，接受公众的评议。

④ 杀虫蛋白含量的豁免申请。环境保护局负责审查转基因抗虫植物中杀虫蛋白对人类、动物和环境的安全性，并决定是否限制(或免除)转基因植物中杀虫蛋白的含量。如果开发商具有该蛋白的安全性资料或安全使用的历史，可以申请豁免。环境保护局将在联邦登记公告中注册，接受公众的评议。

⑤ 转基因抗虫(病)植物的商业用注册。环境保护局对转基因抗虫植物的研究累计数据进行审查，决定是否注册该产品为商业用途。此过程需要公众参与评论。

⑥ 转基因食品上市前的审查。食品药品局成立的食品咨询委员会在转基因食品审批过程中提供技术指导，食品咨询委员会由科学家、消费者代表组成。在产品开发的早期，食品药物局将与开发商会面，提供转基因食品安全方面的指导。

(2) 巴西

研究开发单位自己建立的生物安全小组(5 名成员，至少 2 名为公众代表)参与转基因生物研究开发和安全评价的全过程管理。生物安全小组指派一名技术主管，专门负责项目的安全管理工作，包括：向职工讲解有关生物安全方面的注意事项，如易被感染的操作活动，可能发生事故操作程序，以及健康和安全事宜；实施预防和监控措施，保证设备操作在国家生物安全技术委员会限定的安全标准之下进行；为国家生物安全委员会提供转基因生物安全性评价、注册和审批的申请材料；记录每一转基因生物及其产品的活动和监控结果；向国家生物安全委员会、审批机构、监测机构以及工会报告风险评估结果和任何能导致转基因生物扩散的意外事件和事故；调查与转基因生物及其产品相关的事故和疾病，向国家生物安全委员会提供调查结果和检测方法。

---

① 1acre = 0.404 686hm^2，后同。

(3) 德国(欧盟)

社会公众参与安全评价全过程。国家生态安全与基因评估委员会由 30 人组成,其中有投票表决权的 15 名固定成员分别由 10 名技术专家、5 名社会名流和企业代表担任,另外 15 名无投票表决权的人员为公众代表,他们可以发表意见,并作为安全评价结果的参考。

(4) 菲律宾

公众参与安全管理全过程,通过突出公众评价在审批中的作用来体现。国家生物安全委员会收到申请后,在 21 天内发布公众信息调查;公众信息调查发布或见报时间后的 30 天为公众评价期;所有的评价以挂号信通过提议者送交国家生物安全委员会秘书处;15 天内把对公众的反馈意见通知提议者。这一过程最少需要 60 天。申请的审批过程如图 4-6 所示。

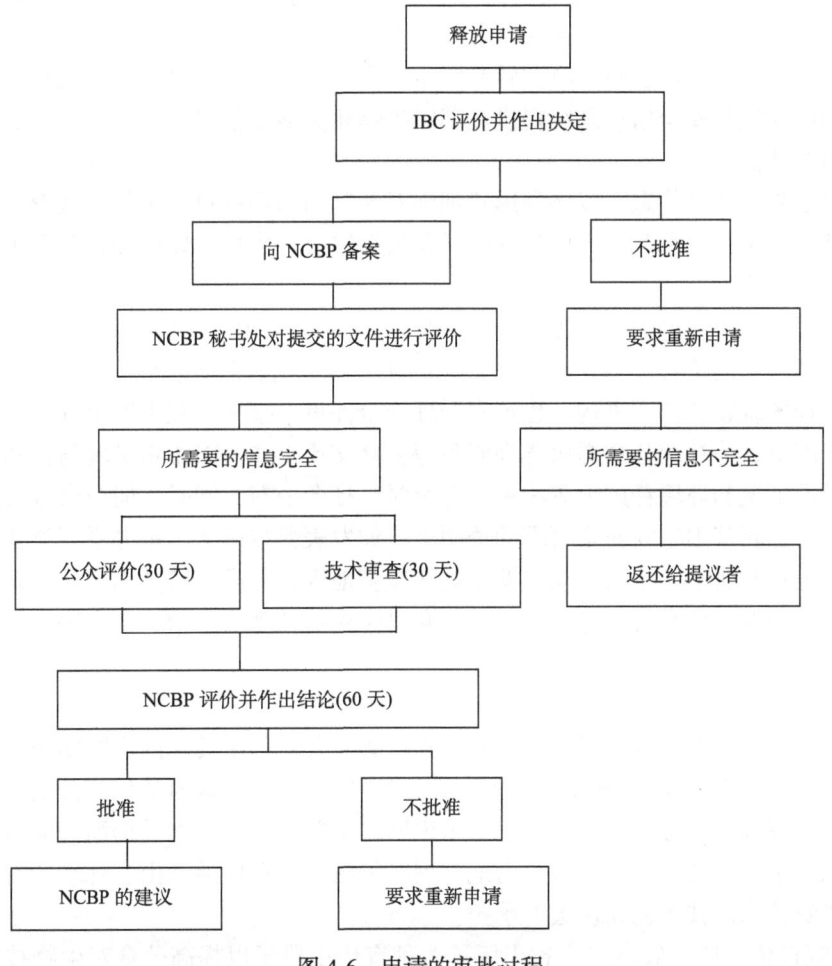

图 4-6 申请的审批过程

国家生物安全委员会根据评价意见做出最后批准或者不批准的结论:项目建议,包括修改和附件材料;IBC 评价;科技评价组评论和建议;公众评论;NCBP 认为有关的其他文件和信息。

3. 完善的公众信息宣传、发布、收集与反馈渠道

(1) 美国

国家图书馆，提供安全教育、安全培训及相关信息，并与农业研究机构、大学和政府机构合作，创设了农业网络信息中心，提供多种信息资源。

农业经济研究局，通过杂志、研究报告、市场分析报告等形式定期向公众提供有关经济和政策信息。

农业部海外农业局，其重要职能是负责市场发展、商业协议谈判、收集分析市场统计信息等。

(2) 巴西

国家建立生物安全信息发布制度，建立生物安全信息系统，系统发布与转基因生物及其产品相关的分析、批准、注册、监控、调查活动的信息。生物安全信息系统(SIB)应在法律修改生效的当日，将法律法规及行政规章的修改和增补对转基因生物及其产品的生物安全法的影响进行发布。有关转基因生物安全的审批、注册和监控机构应在其能力许可范围内为生物安全信息系统提供转基因生物相关活动信息。

(3) 德国(欧盟)

法律上强制性公开信息。以多种形式加强对转基因植物的科普宣传与教育，在转基因植物的开发、审批、示范、推广过程中，积极引进公众力量，以增加转基因植物研究开发与管理的透明度。

在转基因作物申报过程中，需要公众参与，并在 90 天内得到审批结果。

德国隶属联邦消费者保护、食品与农业部的罗伯特·科赫研究所(RKI)，作为转基因生物安全管理的统领和协调机构，也负责受理安全评审申报书，收集安全性评价信息，建立数据库网络，为社会公众提供咨询服务等公众交流工作。RKI 将试验与检测结果、安全评价批准情况和环境释放地等相关信息及时向社会公布。同时，向公众进行形式多样的宣传，增加转基因生物安全管理的透明度，如发表科技论文、举办系列科普讲座、印发转基因生物小册子、组织公众定期参观试验基地等，并配合转基因产品标识，充分保障公众的知情权，接受公众监督，引导公众科学对待转基因生物，自主决定转基因产品消费。

(4) 日本

政府组织了一系列宣传教育活动。农林水产省对公众关于转基因生物知识方面的宣传始于 1995 年，即日本开始进口第一批转基因作物的前一年。政府认识到公众宣传与安全评价对于实现基因工程技术的巨大潜力来说同等重要，因此，为了提高公众对转基因生物的认识水平，农林水产省不遗余力地开展宣传活动。宣传活动由农林水产省直接进行或委托"农林水产技术创新协会"承担。

① 出版宣传手册。农林水产省出版了两种宣传小册子以提高公众对生物技术的了解。《日常生活中的生物技术》一书通过照片和图表的形式，以通俗易懂的语言向公众介绍了与农业和食品有关的现代生物技术和传统生物技术；《转基因作物问答》通过问答的形式除了解释"DNA""基因工程"等一些生物技术术语，还对基因工程技术的潜力、发展趋势、在转基因作物上的应用及对安全问题做了回答。农林水产省免费向公众

提供这些小册子。公众对这些小册子的需求非常大，1996年以来，"转基因作物问答"已印刷了14万册。另外，该书还刊登在农林水产省的网站上。此外，还出版了有关转基因作物方面的录像带。

② 通过因特网刊登相关信息。农林水产省拥有其生物技术的网站，提供了一系列有关生物技术方面的信息如上述转基因作物问答，转基因生物安全评价法规及通过安全评价的转基因作物的目录。这些信息也用英语刊登在网站上。此外，厚生省在因特网网站上提供有关转基因食品安全评价方面的信息，回答网民们提出的问题。

③ 举办研讨会。农林水产省每年都在暑假期间在国立研究机构众多的Tsukuba举行每周一次的研讨会，旨在增强政府与消费者之间的沟通与信息交流。参加研讨的人员主要是高中教师、营养师、消费者组织代表。在研讨会上，与会者可以直接从政府官员那里了解到政府在生物技术方面的政策以及生物技术最新进展，做一些基因操作方面的简单试验(如基因分离、用基因枪导入基因等)。

此外，消费者协会和地方政府也为公众了解和讨论生物技术提供机会，农林水产省和厚生省都派员参加类似活动。

④ 举办展览。农林水产省每年在东京组织一次大型的农业、林业和渔业方面的展览。展览会上，农林水产省和厚生省向公众展示农业生物技术产品，并附有专门的说明，同时还通过举办专题讨论会和分发小册子的形式向公众提供其所需信息。

⑤ 征求公众建议。农林水产省采用"认同会议"的形式就"转基因作物的风险与好处"这个题目征求公众建议。首先从479个应征者中选出18个人作为代表，由专家为其提供包括问题、答案等在内的必要信息，代表们通过讨论对此达成一致意见，并于2000年11月形成了"公众意见与建议"的报告。该报告分为九个部分，包括背景、基因工程技术及其未来、生物技术的优点、转基因作物环境安全性、转基因作物对人类健康的安全性、安全管理法规、转基因产品的标识、日本农业生物技术应用的现状、国际争端及政府的信息发布这些内容。代表们认识到生物技术已得到广泛应用，因而生物技术产品在全球范围内的流通不可避免。报告强调，考虑到生物技术在为人类带来益处的同时可能存在风险，因而在实际应用中应当采取审慎的态度。因此，有关部门应当及时发布信息，组织开展长期环境效应评估研究，公众应当具有在权衡风险及益处后由其自身进行选择的权利。

根据该报告的建议，今年农林水产省启动了包括种植转基因和非转基因水稻、玉米、油菜长期环境效应的研究计划。同时，农林水产省又选择了另外的代表开展了第二轮的公众意见搜集。

(5) 韩国

2000年5~8月，为了解消费者对转基因生物的知晓度，韩国的一所大学对750名消费者进行了问卷调查。调查结果表明，消费者对转基因生物感到不安，且只有少数消费者对转基因生物有所了解。此外，20%的消费者愿意购买转基因产品，而50%以上反对转基因产品。22.7%的消费者表示可接受抗除草剂大豆，而55.1%持反对态度。对于含有丰富维生素大豆，有57.8%消费者接受，22.7%的消费者反对。调查结果说明，消费者可以接受那些对其有益的转基因产品，反对含有抗除草剂基因的转基因产品。这表明，消费者并不拒绝转基因产品，但对其安全性持保留态度。

(6) 菲律宾

生物安全指南：包含公众信息调查等交流规定。

生物安全指南转基因生物田间释放的方案包括如下内容：题目；目标；释放的生物、释放地理位置描述；所处的自然环境和生态环境；转基因生物的遗传特性；在控制条件下的稳定性、生存力和转移力的资料；实验过程；其他支持这一实验的文献、研究成果的信息；其他问题(如亲本生物、基因结构、表现型、环境因素)；公众信息调查；IBC 备案；项目工作人员简介等(陈超，2007)。

4. 政府机构间高效的分工和协调机制

机构间分工明确、实时沟通，做到管理层次清晰、程序清楚。

(1) 美国

美国农业部、环境保护局和食品药物管理局对转基因生物安全管理的职能主要来自现有的法律，如《联邦植物保护法》、《联邦植物害虫法》、《联邦植物检疫法》、《病毒、血清、毒素法》、《联邦杀虫剂、杀真菌剂、灭鼠剂法》、《有毒物质控制法》、《联邦食品、药品和化妆品法》等。但是由于上述法律并不是主要针对转基因生物，难免在执行过程中有交叉和重复，于是 1986 年总统科技政策办公室发布了《生物技术管理协调框架》，这是一份具有里程碑意义的文件，该框架规定生物技术产品与未修饰的有机或传统产品没有本质不同，监管的重点是最终产品而非生产过程。各部门对转基因生物的安全管理应该基于产品最终用途并且遵循个案审查原则。现有的法律为监管生物技术产品提供足够的权力。该框架明确了美国的转基因生物安全管理由农业部、环境保护局和食品药物管理局负责。根据这些规定，农业部与环境保护局在审批转基因抗虫作物时做到了很好的沟通，如在基因漂移、非靶标生物的影响等方面经常通过电话会议、小型会议等形式互通信息，如环境保护局与食品药物管理局在转基因食品毒性、过敏性方面也进行了较好的沟通。由于三个联邦机构分工明确，并建立了良好的协作机制，使得美国转基因生物安全管理层次清晰、程序清楚。

(2) 巴西

当涉及转基因生物及其产品时，CTNBio/FONT 的技术观点应与其他行政机构实体保持一致。当分析转基因生物及其产品商业应用时，如技术分析方面，无论何时 CTNBio 提出要求，行政管理及检测机构应于 CTNBio/FONT 技术观点保持一致。CTNBio 应为行政管理机构及检验机构提供指导和支持，提供技术基础摘要，详细说明安全检测方法，使用转基因生物的限制，并考虑到巴西人因地域差异而构成的体质特殊性。CTNBio 可以召开公众听证会。

(3) 德国(欧盟)

德国转基因生物安全评价工作由联邦消费者保护、食品与农业部全面负责。卫生与社会保障部和环境、自然保护与核安全部协助，三者分工明确并相互配合，在各自的业务范围内领导安全评价机构开展工作。具体安全评价工作由罗伯特·科赫研究所全权负责，联邦农林生物研究中心和联邦环境署配合，根据业务分工开展工作。联邦州政府配有专门机构或专职人员，管理地域范围内的转基因生物研究、环境释放和产品监督。经过认证的有关大学、科研院所或实验室，作为国家安全评价的分支机构或联邦州政府的技术支撑机构，在其专业范围内开展安全评价和检测鉴定工作。直属于安全评价机构的生态检测点和环境释放基地，对转基因生物进行长期的定点监控。

5. 有效的危机处理机制

建立新闻发言人及培训制度，实施统一调度、快速反应、一致行动方案。

危机事件出现后，相关研究机构、组织和大学协调一致，开始积极开展实验研究，以科学实验数据为基础平息事态。

如转 *Bt* 基因玉米和蝴蝶事件后，由美国农业生物技术协会、农业部农业研究中心以及马里兰大学等的支持，联合另外相关几所大学机构，进行了系列试验研究，并通过各种渠道将研究报告提交国内媒体大众和相关国家、国际组织。

6. 密切的政府间合作与国际组织

(1) 生物安全议定书

我国政府已于 2005 年 4 月底核准了卡塔赫纳生物安全议定书。第二大会决定通过生物安全资料交换机制所收集关于国家执行情况和经验的信息，对风险评估和风险管理中的信息交流等内容进行了重点审议，还审议了有关生物安全研究的信息交流等科学技术问题；对加强公众保护生物安全的意识、参与程度和教育所具有的重要意义达成高度一致。大会形成决议"促请各缔约方和其他国家制定并实施有关改性活体安全转移、处理和使用的公众意识、教育和参与(包括让公众获得资料)的国家方案"。为此，需要研究制订"公众参与转基因生物安全问题的国家方案"，以明确公众参与的机制、渠道、形式和内容，明确生物技术安全培训和教育方面的需求，建立公众教育和培训的计划，制定规范和引导非政府组织活动并发挥其积极作用的政策和策略。

(2) 国际食品法典委员会

联合国粮农组织和世界卫生组织共同设立了一个国际食品法典委员会。该委员会下设的生物技术食品政府间特别工作组，负责制订生物技术食品安全性评价的基本原则和技术准则，食品标签分委会负责制订转基因食品标签管理准则。

2003 年 7 月 1 日食品法典委员会已通过了三项有关转基因食品安全问题的标准，它们分别是《现代生物技术食品风险评估原则》、《转基因植物食品的食品安全评价指南》、《转基因微生物食品的食品安全评价指南》。这三项标准起草工作从 2000 年开始，到 2003 年 3 月完成，全部工作在日本进行。三项标准规定了生物技术食品所涉及的安全性评价原则、技术规则、分析方法、技术指标、可追溯性、安全性相关的其他合理因素、预防原则、上市后监测、转基因生物标识、健康声明等原则性和技术性问题，都将对进出口贸易产生重大影响。

(3) 联合国粮农组织、世界卫生组织等

联合国粮农组织与世界卫生组织等机构合作，致力于全球"食品与农业生物技术政策与管理框架发展过程中的能力建设"，并建立"生物安全保障窗口"，拟在食品安全、生物安全、动植物健康等方面提供以因特网的基础的信息决策支持工具。

7. 非政府组织的巨大作用

国际技术研究开发和技术标准组织、行业协会、绿色和平类环保组织等，一方面在技术标准、实验方法、风险评估监督等领域具有一定的权威，另一方面又在社会公众、新闻媒体中具有较强的影响力，因此积极面对并充分开展与他们的交流、沟通、合作，发挥其科学公正的引导和监督作用，已经成为风险交流的重要组成部分。

(1) 产品研究开发者

目前，许多公司已经制定出积极的计划，以对转基因问题引起的公众负面情绪进行持续的监控和评估。多数公司都已经设计出"标准工具包"，其中包括新闻发布声明、备用应急声明、常见问题解答材料、表明对转基因基本立场的白皮书等。为了迅速地应付种种可能引发危机、在媒体报道和舆论中造成不良影响并有损名誉的问题，他们还专门制订了若干规程。

2000年，由于发现产品中含有转基因作物成分，卡夫食品公司主动召回了其玉米片产品 Taco Bell Home Originals。一个专门独立实验室的检验表明：抽检的多种卡夫的玉米类产品中，含有成分说明中没有注明的转基因玉米——联星玉米的成分，联星玉米的采用事先并没有得到有关部门的批准。在获悉产品成分的问题之后，卡夫公司立即向美国食品与药物管理局(FDA)和原料供应商进行了咨询。为了减轻消费者的恐惧和疑惑，卡夫迅速发布了召回相关产品的新闻，新闻援引了主管人员和科学家对产品安全性所做的评价，同时对非 FDA 认证的有关转基因生物的科学证据采取谨慎的态度。他们还举行了一系列的媒体见面会，不断向消费者澄清事实。卡夫公司还在公司网站上发布"特别报告"，并开通 800 专项免费电话，回答顾客关心的任何问题。

(2) 技术标准组织

其观点基于科学实验比较公正，有较强的社会影响力。

我国政府对参与国际标准化工作十分重视，专门成立国际食品法典(CAC)转基因生物安全专家组，在国际食品法典委员会的一般原则工作组和分析方法工作组也涉及转基因生物安全的内容。在借鉴 CAC 食用安全评价标准的基础上，农业部颁布了转基因生物食用安全评价导则等 5 项技术标准。在转基因生物环境安全性、食用安全性和产品成分检测方面，与国际标准委员会(ISO)、欧盟和 OECD(国际经济合作组织)开展了实质性合作。中国以观察员身份参加了 OECD 转基因生物法规和技术标准的讨论，参加了 ISO 转基因检测国际标准的制定，参加了欧盟转基因检测网络。我国科学家研制的转基因油菜 RT-73 品系特异性定性检测、内标准基因 HMG I/Y 检测方法已经通过 10 余个国际相关实验室循环实验；转基因水稻内标准基因 SPS 检测方法已经在新加坡等国家使用，今年中国和欧盟转基因检测网络实验室将共同组织国际协同实验，为制订国际技术标准做准备。

(3) 行业协会或组织

多从自身利益出发，对本国政府有较强的影响力。

各研究开发公司和非政府组织为了支持或反对转基因生物的问题开展了轰轰烈烈的公关战，在安全性问题方面也强势宣传。如生物产业组织和美国食品制造商团体，全力以赴支持转基因生物，而类似绿色和平组织这样的机构则极力表示反对。从各组织的宣传中，可发现他们都多少带有偏见。而在所有发布转基因生物安全性信息的非政府组织当中，消费者协会的态度最为公允。

OECD 在生物技术相关领域工作已有 20 年，包括生物技术科学、工业、卫生和农业应用领域。对于生物安全问题研究很多，目的是对生物技术管理中忽视的环节进行国际协调，在避免对生物技术产品实施非关税壁垒措施的同时，以确保各国能够正确评估环境安全问题。目前为止，已经出版了 18 个供各成员国在生物技术环境安全评价时参考的技术文本，内容涉及生物(植物、动物、微生物)或新性状的生物学特性。

政府机构和学院也尽量做到客观，但两者也常常因为与生物技术公司之间的往来而遭到批评。比如美国国家研究委员会因为一份有关转基因食品的研究文件引火上身，该文件发布于 2000 年 4 月，而当时参与该研究的某个成员现在成了生物技术产业组织的常务理事。

(4) 环保类组织

如绿色和平组织、地球之友等，虽然其部分观点具有积极意义，如特别强调风险管理的"可追溯性"，以及对非预期效应的监控和标识管理等问题。但是其多数观点往往比较极端，属于保守派力量。同时，由于其社会影响力强，加强与他们的交流沟通显得日益重要。

绿色和平组织在 2002 年 6 月，与一些国内机构在北京召开"转基因生物与环境学术研讨会"，并发布《转 Bt 基因抗虫棉环境影响研究的综合报告》，声称已证实中国转基因抗虫棉对环境带来了明显的负面影响。2002 年 12 月声称发现 6 种雀巢食品含有不明基因，2005 年 3 月制造"乐之饼干"含转基因成分风波，2005 年 4 月宣布在湖北发现"非法转基因稻米"等。对转基因技术和国内媒体产生了重大影响。

许多非政府组织，借助各种形式的行动以引起媒体对其目标的关注。无论是采用抗议、游行还是请愿的形式，都是为了增加公众对于当时社会环境的关注，同时把媒体的目光吸引到转基因生物产品的影响上来。1998 年，孟山都在印度开展"终结基因"田间试验，愤怒的印度农民焚毁了孟山都公司的试验田，并由此引发了一场波及印度全国的"烧死孟山都"战役。1999 年，1 万名市民发起了"抵制孟山都印度日"行动，向孟山都印度公司总部递交了谴责该公司大搞殖民主义的抗议书。

在东南亚，一个代表上百万农民的大型非政府组织联盟为引起当地对转基因食品问题的警惕，发动了一场双面出击的行动：一方面抵制一切基因工程公司，另一方面尽力储存和保护传统未受转基因生物污染的种子。1999 年，500 名东南亚农民乘坐大篷车穿越欧洲，以戏剧的形式表现他们对转基因作物及其在世贸组织内自由贸易的抗议。他们把世界贸易组织支持跨国农业化学公司的行为称作"生物海盗行为"。

8. 重视研究开发者责任和知识产权保护

美国动植物检疫局负责转基因植物引入的管理，包括进口、州际运输、田间试验、商业化生产。其管理过程分为通知、许可、解除监控、监管几种形式。

如解除监控状态许可时，申请者需要提供以下材料：作物生物学和分类学描述；基因型、表型差异；田间试验报告；相关试验数据，发表的和未发表的数据；不利的信息和数据；植物害虫风险特性；疾病和害虫的感染能力；基因表达产物，新产生的酶，或植物新陈代谢的改变；杂草化和对具有性亲和能力的植物的影响；农业和种植习惯的影响；对非靶标生物的影响。

同时，美国农业部在受理某一转基因生物安全评价申请时，要求申请人提供两份申请资料，一份为全套资料，另一份中则删去了商业秘密。全套资料只能由主管部门有关负责安全评价的人员参阅，其他人员无权阅览。联邦法律规定，主管部门对该资料负有保密的义务，一旦泄密，有关责任人将处以巨额罚款及行政处罚。而删去了商业秘密的资料则上网公布，任何人都可以浏览。

9. 日益完善的风险交流法规

生物安全是指生物技术从研究、开发、生产到实际应用整个过程中的安全性问题，它包括为确保生物技术以环境安全和人类健康的方式应用而采取的政策法规和技术程序。生物安全的核心是安全性评价和风险控制。对安全性要求过高、控制过严，会妨碍生物技术的发展；对安全性要求过低、控制过松甚至不加管理，又可能会使人类健康和环境遭受严重威胁。生物安全政策与法规的根本目的，就是在保障人类健康和环境安全的同时推动生物技术的发展，使两者达到高度和谐与统一。目前，众多国家陆续制定了生物安全方面的安全准则、条例、法律或法规。经合组织、联合国工业发展组织、环境规划署、粮农组织和世界卫生组织还一直致力于形成生物安全的国际性法规。

(二) 我国风险交流现状与特点

目前，我国农业转基因生物安全管理法规虽然未规定风险交流的内容，但相关政府部门根据转基因生物安全管理条例的要求，在风险交流方面开展了积极有益的工作，特别是与产品研究开发者和贸易商的交流比较到位，而与生产者、非政府组织和媒体的交流较欠缺。整体呈现交流不系统、随意性运动式交流多，群体间交流不均衡等特征。

1.《农业转基因生物安全管理条例》与生物技术的宣传培训调查

为了加强转基因生物的安全管理，提高生物安全专家的技能和普通公众的生物安全意识，国家相关部门近年来多次举办生物安全研讨会和培训班。

农业部通过农业广播电视学校对社会公众宣传教育；举办学习班等形式对省级(农业厅)管理部门、国内外进出口商等进行了培训；设计编写转基因生物问答科普材料。

农业部委托零点公司开展社会公众对转基因产品和技术的趋向性调查。

1998年和1999年，国家环境保护总局举办了三次由相关部门管理官员和科学家参加的研讨会和培训班，重点介绍了国内外生物技术研究开发状况、转基因生物风险评估和风险管理的原则、程序和方法以及全球生物安全立法的进展；1998年，国家环境保护总局同瑞典斯德哥尔摩环境研究所共同举办了"生物安全管理和实践"的研讨会，就生物安全的立法和实施、转基因生物的影响评估与监测以及生物安全能力建设进行研讨，分享经验。2001年，国家环境保护总局还同加拿大食品检验署合作开展了"中国生物安全法规和技术准则的能力建设"项目，在项目实施过程中，加方生物技术风险评估主管官员来中国给各省、市和自治区环境保护局的管理者、有关高等院校和科研院所的技术人员进行转基因作物风险评估和风险管理的培训。

2. 政府与产品研究开发者和贸易商交流良好

根据转基因生物安全管理条例，转基因产品研究开发者需要向政府管理部门提供符合要求的科学实验材料，才能获得释放和生产许可，材料申报本身就是双向交流的过程。对于进出口贸易商，法规条例的解释咨询、许可申请与批复等也需要充分的交流沟通。在此交流环节，政府管理部门已获得了丰富成果和管理经验。

3. 政府与生产者、非政府组织和媒体的交流比较欠缺

政府管理部门与生产者、非政府组织和媒体的交流欠缺，主要体现在交流渠道的缺失上。没有建立起与之适应的交流机制，包括长期的宣传培训、定期发布和联系制度等。

二、我国风险交流存在的主要问题

随着生物技术发展和转基因安全管理工作的深入，我国转基因生物安全风险交流活动日益频繁和规范，但由于安全管理法规不完善、社会环境限制和管理工作有缺陷等原因，使我国转基因生物风险交流呈现运动式、不系统、群体间交流不均衡等现象。具体可概括为存在信息透明度低、信息不对称、风险管理目标不明确、信息反馈渠道缺失等问题，这也是要通过风险交流制度的建立，着力改进和提高的风险交流工作目标(肖显静和陆群峰，2008)。

(一) 交流工作缺乏系统性

风险交流与技术进步一样是长期系统性工作，没有良好的统筹或顶层设计，不将现代相关生物技术知识系统地纳入教育、培训、科普、宣传体系中，就不能构建良好的社会交流环境或交流基础。由于这部分工作的缺失，往往形成运动式交流、不均衡交流局面，并造成广泛的社会交流困难结局。

(二) 信息透明度低

当前，我国风险管理中信息的透明度虽然越来越高，但离社会的要求尚有较大的差距。因各种原因众多不涉及保密规定的过程和结果信息均未向公众充分披露，这不但是对社会资源的浪费，还将造成更大的交流沟通困难，对产品研究开发和市场化开发带来严重障碍。因此，建立信息交流制度，提高转基因生物安全风险分析信息透明度，不仅是社会资源最大化利用的需要，也是促进我国生物发展、建设和谐社会的要求。

(三) 信息匮乏且不对称

目前，我国产品研究、生产、流通等环节缺乏有效记录，同时，风险交流各部门、各群体间信息交流不畅，造成彼此掌握信息的不一致，而往往引起误解和矛盾。通过建立有效的交流平台，可促使信息通畅流动，达到群体间信息共享对称，消除不必要误解和矛盾的目的。

(四) 风险管理目标不明确

风险管理在于对未知风险的防范、预警，而不是对已知风险和标准的管理，然而我们现行的管理模式正好与此相反。因此，要通过风险充分交流，以明确风险管理的目标所在，并据此制定相应的风险防范措施等预案，提高我们对风险事件的应对效率和处理效果。

(五) 信息反馈渠道缺失

我国风险交流体系不完整，缺少信息反馈渠道，严重影响了风险交流效果和风险管理水平的提高。通过建立有效的风险交流机制，把交流中获取的社会需求等信息予以分析反馈，以便改进风险评估、风险管理以及风险交流本身的程序、途径、方式方法等环节，为最终推进我国生物产业的健康发展提供保障。

(六) 行业组织作用有限

由于各种原因，我国包括行业协会在内的非政府组织发展程度较低、作用有限，但是大力提高其行业影响力已经成为社会共识。因此必须加强同行业协会的交流合作，充分发挥其行业宣传和自律作用。同时，积极加强与国际非政府组织的合作交流，为我国生物安全管理创造良好的国际环境(韩梅，2007)。

三、采取的对策

(一) 交流原则

以促进我国生物产业的健康发展为终极目标，通过创新交流机制、搭建交流平台、理顺交流渠道，建立一套以政府部门为主体，实行统一调度、分级实施、属地管理，调动社会各阶层和群体广泛参与，形成具有层次清晰、程序清楚、长期规范的风险交流体系或平台。平台建立和实施过程中，采取循序渐进分步实施战略，逐步加大信息申报范围，提高信息透明度，并通过多种方式、各种渠道进行信息的收集、交流、宣传和反馈，促进交流机制完善、社会资源高效利用和社会和谐发展。

(二) 主要措施

1. 创新交流机制

(1) 建立风险交流协商委员会制度

设立以政府部门牵头，涵盖研究、生产、流通、消费、监管、媒体等环节和部门群体代表的风险交流协商委员会。委员会定期召开相关会议，就不同群体关心的问题展开交流沟通，使信息对称透明，达成共识。会后各委员有义务对所代表群体进行宣传和进一步交流。此外，对突发事件采取不定期会议等形式，责成相应的部门或行业组织积极应对、快速反应。

(2) 建立分级实施属地管理制度

充分调动地方和部门力量，对风险管理和交流信息根据影响范围、重要程度等进行分级处理。在属地管理的基础上，国家管理部门统一备案、协调调度，采取有效对策、方法和途径，预防危机事件发生并化解其不利影响。

(3) 建立风险交流公示制度

逐渐扩大信息内容的公开范围，稳步推进，最终实现对非机密信息向社会公众的完全开放。

(4) 建立信息定期发布制度

完善与媒体的交流渠道，建立定期新闻发布制度，密切与新闻媒体及其从业记者间的关系，提高他们对生物安全领域及其技术发展趋势的把握能力，为相关信息的正确公正传播和对社会公众的正确引导奠定基础。协商委员会及其组成代表，均具有与媒体保持良好沟通的责任。

(5) 建立安全信息"可追溯性"制度

建立安全信息"可追溯性"制度，加强信息记载、标准统一、物品编码和数字化管理软硬件建设工作，构建多网络平台的生物安全信息快速溯源系统。强调生产企业和经济组织应当建立产品生产记录，并保持足够期限(如 2 年)。这对产品生产、加工和出口，以及构筑公平贸易环境均具有重要作用。

(6) 建立危机事件处理制度

建立新闻发言人及培训制度，实施统一调度、快速反应、一致行动方案。

(7) 建立公众信息反馈制度

风险管理全过程各阶段，都必须设置相应的公众参与交流和评议接口，并具体规定一定的评议期限、委员会及会议的公众代表名额等，以便充分采纳和尊重公众意见，改进风险管理工作。

同时，协商委员会、各群体代表处等应设立公众信息反馈和监督途径，由专人受理、分析、整理和通报各种书面、电子、电话和谈话等信息。使风险交流及风险分析日益改进完善以适应社会公众需要，促进生物产业和谐健康发展。

2. 拓展交流范围和加强交流深度

(1) 发挥行业组织的积极作用加强与生产者的交流宣传

充分发挥各行业组织在行业自律、技术交流、科普宣传等方面的积极作用。行业组织应作为行业代表加入风险交流协商委员会，并积极参与相应的信息交流、宣传和信息收集、反馈等工作。同时行业组织要加强生物安全普法宣传，增强农业转基因生物研究开发、生产、经营单位的安全意识和守法意识。

(2) 扩大政府间以及国际非政府组织间的交流沟通

扩大政府间交流，学习借鉴先进的交流组织管理方法，增进理解信任。与此同时，还必须积极主动地加强与国际非政府组织的合作交流，可建立定期交流机制，实现信息共享，为提高我国生物安全技术研究和管理水平服务，为生物安全管理工作创造良好的国际环境。

(3) 进一步加强对产品研究开发者和贸易商的交流合作

目前，政府管理部门与产品研究开发者和贸易商之间的交流合作，是所有群体间交流最通畅部分，但还有扩大交流范围、加深交流强度的需要。在相关法规规定中拟增加加深交流的条款，并研究和正确设立企业技术秘密与社会共享信息之间的划分标准。同时，要加强生物安全管理法规、标准的宣传和培训，提升监管单位依法行政的水平和安全检测机构的技术保障能力(马骏等，2007)。

(三) 交流方案设计

系统设计和完善对消费者的科普宣传交流工作，在交流对象选择细分、内容设计、方法渠道和制度建设等方面进行深入研究，提出较完善和高效率的交流设计方案。

1. 交流对象细分

交流对象涵盖产品研究开发到产品消费全过程中的所有参与者。而由于这些参与者的知识结构、所处立场和关注重点的不同，其交流方式、交流目的和交流态度均有所不同，所以对交流对象进行细分，并分别采取有针对性的交流模式，将大大提高交流效果，有利于促进社会整体科学公正态度的形成。

2. 交流内容范围

交流内容范围涉及产品研究开发到消费全过程。主要包括以下几个方面：产品标准的信息交流、标准制定、调查的设计和实施以及风险评估方法；研究方面的合作、实验方法和结果信息交流以及科学风险评估；生产技术和信息交流；贸易政策、法规信息交流；有关国际标准机构及安全性工作，共同的安全性前景；相关技术管理专家和交流管理人员访问；法规、技术知识的宣传、普及方法和内容交流等。

3. 内容版本设计

宣传交流内容的版本设计要以提高科普宣传交流效率为目标，针对不同的人群(交流对象)设计不同版本内容，如针对不同年龄段、不同知识结构水平和理解能力，分别设置趋向知识性、趣味性和卡通性的宣传交流材料，通过激发交流对象的热情和兴趣来提高交流效果。

4. 交流渠道和方式选择

在交流渠道和方式的选择上必须全方位系统地开展教育、宣传与培训活动。除编辑发放技术问答类科技普及小册子外，还应在中小学教材和字典工具书内容编制中、在农村城市电影电视播放中、在传统媒体和网络门户网站版面中等，均要针对不同受众放置相应的交流内容。

5. 宣传交流制度建设

运动式的宣传交流方式效果非常有限，科普宣传必须是长期系统的交流过程，因此建立常态的有专职人员和部门负责实施的科普宣传交流制度非常重要。拟以协商委员会为核心，设立下属日常业务办公室，定期联络召集交流会议，执行信息发布和收集分析任务。

(四) 保障条件

1. 完善转基因安全管理条例

建议在转基因安全管理条例中增加风险交流条款，从法规上强化风险交流的程序性规范和研究开发单位对公众提供研究开发过程真实信息的责任。包括信息披露方式、期限、时效、争议处置等程序性规范，以及提供真实的实验方法、过程及结果等科学研究内容。同时，调整信息保密制度，正确设置企业技术秘密与社会共享信息划分标准。

2. 培养建立风险交流人才队伍

风险交流过程是对现代生物技术、风险管理技术以及生产贸易和信息传播技术等的融合应用过程，从业者需要掌握相关领域的新知识。因此，培养和建立高素质的复合型风险交流人才队伍，对促进信息流通、提高信息交流效果、防范安全风险均具有重要意义。

3. 建立风险交流与共享平台

以国家现有生物安全信息交流网络为基础，扩充农业部转基因生物环境释放数据库，建设开发较完善的生物安全信息交换数据库及其因特网共享平台，在协商委员会的管理协调下，坚持全面、公正、透明的原则，向所有政府、非政府组织和社会公众发布权威安全信息。其主要信息内容应包括：国际生物安全议定书，国家主管当局，生物安全政策和法律法规，生物安全评价技术指南，转基因生物封闭使用、田间试验和商品化生产数据库，转基因活生物体越境转移数据库，生物安全专家名录，生物安全新闻，国内外生物安全相关网站链接等。

4. 必要的风险交流经费支持

风险交流涉及社会不同群体部门，它服务于生物技术行业整体，需要有系统的顶层设计，构建强有力的交流平台，并维持其正常运转，因而，必须获得足够的人、财、物支持。建议运转经费纳入社会公共财政开支范围，列入国家财政预算。

参 考 文 献

陈超，展进涛，廖西元.2007. 国外转基因生物安全管理分析及其启示. 中国科技论坛，(9)：112-115
韩梅. 2007. 农业转基因生物安全管理现状及对策.江苏农业科学，(6)：282-284
林祥明，朱洲. 2004. 美国转基因生物安全法规体系的形成与发展. 世界农业，(5)：14-17
刘继鹏. 2002. 转基因食品的健康问题及安全性评价. 解放军预防医学杂志，20(4)：310-312
刘培磊，李宁，汪其怀. 2006. 日本农业转基因生物安全管理实施进展. 世界农业，(8)：43-46
马骏，王金艳，李刚. 2007. 转基因作物的生物安全及安全管理的几点思考. 杂粮作物，27(3)：248，249
肖唐华，周德翼，李成贵. 2008. 美国转基因生物安全行政监管特点分析. 生态经济，(3)：91-94
肖显静，陆群峰. 2008. 国家农业转基因生物安全政策合理性分析. 公共管理学报，5(1)：91-99
张华，王冲. 2001. 欧盟转基因生物安全立法与管理情况. 全球科技瞭望，(11)：14-16
周曙东，崔奇峰. 2006. 我国转基因农产品管理中存在的问题及对策建议. 中国科技论坛，(1)：60-63
朱光富. 2001. 世界各国对转基因食品的态度和管理. 粮油食品科技，9(3)：1-4

第五章 转基因食品安全对贸易的影响

转基因技术和遗传工程带给人类前所未有的巨大冲击,其对生产方式的变革将远胜于以往的任何技术。尽管市场上仍然是天然食品占统治地位,但转基因食品在市场与超市的出现已经越来越普遍,改善并代替了许多传统的天然食品。随着转基因技术的不断发展,转基因农产品大有与传统食品争夺半壁江山之势。然而由于转基因产品对人类健康和环境的影响还难以确定,因此许多国家和地区仍然对转基因农产品贸易实施限制措施,围绕其安全性以及是否应该对其进行限制问题引发的国际贸易争端愈演愈烈(殷丽君,2003)。在农产品国际贸易市场上,由于经济利益驱动,转基因农产品进口国企图阻止转基因农产品的进口,转基因农产品出口国则指责进口国实施贸易技术壁垒措施,并由此产生了一系列链式反应。

第一节 贸易技术壁垒设置的法律法规依据

在世界贸易组织(World Trade Organization,WTO)框架下与转基因农产品密切相关的重要多边国际协定主要有两个,一个是《实施卫生与植物卫生措施协定》(Agreement on Implementation of Sanitary and Phytosanitary Measures,SPS),另一个是《技术性贸易壁垒协议》(Agreement on Technical Barrier to Trade,TBT)。

《卡塔赫纳生物安全议定书》(Cartagena Protocol on Biosafety,BCP)是一个在非WTO框架下与转基因农产品国际贸易密切相关的独立的国际协定。

一、实施卫生与植物卫生措施协定

卫生与植物卫生措施是指WTO成员国为保护人类、动物或植物的生命或健康而实施的所有相关的法律、法规、要求和程序。随着经济发展和社会进步,人类和动植物面临着越来越多的安全挑战。于是许多国家规定进口农产品必须满足本国制定的卫生检疫措施规定,否则可以禁止该农产品的进口。然而,在国际贸易实践中,有的国家却借口保护人畜生命安全和生态平衡,设置了一些不合理的卫生检疫措施和标准,使其成为影响贸易正常发展的非关税壁垒,由此引发了一系列国际贸易纠纷。为了消除这种非关税壁垒,解决相关的贸易纠纷,乌拉圭回合谈判将农产品卫生检疫问题纳入重要谈判议题并达成了《实施卫生与植物卫生措施协定》。

《实施卫生与植物卫生措施协定》旨在指导各缔约方制定、采用或实施卫生与植物卫生措施,并将这些措施对贸易的消极影响降低到最低限度。所谓卫生和植物卫生措施是指一方面为了保护缔约方领土内人的生命免受食品和饮料中的添加剂、污染物、毒素和外来病虫害传入的危害,另一方面为了防止外来病虫害传入缔约方领土内造成危害,而采取的任何措施等。

按照SPS协定宗旨,缔约各方有权采取"保护人类、动物及植物的生命和健康"的措施，在必要时可以采取限制贸易措施，缔约方在制定和实施卫生与植物卫生措施时应遵循的规则包括：非歧视地实施卫生与植物卫生措施；以科学为依据实施卫生与植物卫生措施；基于国际标准制定卫生与植物卫生措施；等同地对待出口缔约方达到要求的卫生与植物卫生措施；根据有害生物风险分析确定适当的保护水平；接受"病虫害非疫区"和"病虫害低度流行区"的概念；以及保持卫生和植物卫生措施有关法规的透明度。此外，《实施卫生和植物卫生协定》还对发展中成员享有的特殊和差别待遇、卫生和植物卫生措施委员会的职能以及争端解决机制做出了相应规定。

下面重点提出遵循的几条原则。

(1) 科学证据原则

《实施卫生与植物卫生措施协定》第 2 条从总体上为成员规定了基本的权利和义务，以后几条可以说是第 2 条基本权利和义务的具体适用性措施。《实施卫生与植物卫生措施协定》第 2 条第 1 款首先肯定了成员有权利采取卫生与植物卫生检疫措施以保护人类、动植物的生命和健康。但紧接着又在第 2 条第 2 款中规定："各成员应确保任何卫生与植物卫生检疫措施的实施不得超过为保护人类、动植物的生命或健康所必须的程度，并以科学原理为依据，如果没有足够的科学依据，则不得实施，但第 5 条第 7 款规定的除外。"

(2) 国际标准原则

SPS 第 3 条第 1 款规定："为在尽可能广泛的基础上协调卫生与植物卫生措施，各成员的卫生与植物卫生措施应根据现有的国际标准、指南或建议制定，除非本协定特别是第 3 款中另有规定。"该条款不但反映了《实施卫生与植物卫生措施协定》的目标和宗旨——在尽可能广泛的基础上协调卫生与植物卫生措施，而且同时指出实现这一目标和宗旨的手段——鼓励各成员根据国际标准、指南或建议来建立自己的动植物卫生检疫措施。但"以国际标准为依据"并不等于"完全符合国际标准"或"与国际标准完全一致"。因为"根据"与"完全符合"或"完全一致"并不是等同的概念。如果某成员国采取的措施完全体现国际标准并且将其转变为国内标准在国内加以实施，该成员就可以享有其措施"被视为与本协定和《关税与贸易总协定》(GATT1994) 的有关规定相一致"的优势。一方面允许成员政府采取比有关国际标准更严格的动植物检疫措施，确立高于国际标准的保护水平；另一方面，又为行使这一权利设定了严格的限制条件：要么陈述科学理由，要么证明现行的有关国际标准达不到该国认为适当的健康保护水平。

(3) 风险评估和适度保护原则

SPS 允许各国在风险评估基础之上，根据自己的可承受危险程度，制定本国的标准和规则，同时还须考虑国际组织制定的风险评估技术(第 5.1 条)。在进行风险评估时，各成员应考虑可获得的科学证据、加工与生产方法，相关生态和环境条件等因素(第 5.2 条)。SPS 协定规定，为了将对贸易造成的负面影响降至最低程度，成员国应在考虑有关风险评估因素的基础上确定其可接受的风险水平，并据此制定保护的适度水平(第 5.4 条)。

(4) 透明度原则

因为保护水平的确定难免带有任意性，易导致贸易纠纷，所以《实施卫生与植物卫生措施协定》第 7 条和附件 B 对动植物卫生检疫措施的透明度提出了要求。主要体现在三个方面：第一，法规的公布义务。各成员应保证迅速公布已采用的卫生与植物卫生法规，以使有利害关系的成员知悉，并且，法规的公布和生效之间应留出合理时间间隔。

第二,设立咨询点义务。每一成员应保证设立一咨询点,负责解答有关成员提出的问题并提供有关文件。第三,通知义务。各成员对动植物卫生检疫措施的改变要进行通知,并提供其动植物卫生检疫措施的详尽信息。

二、贸易技术壁垒

(一) 技术性贸易壁垒的含义

技术性贸易壁垒,是国际贸易中商品进口国在实施贸易进口管制时,通过颁布法律、法令、条例、规定,建立技术标准、认证制度、检验制度等方式,对外国进口的产品制定过分严格的技术标准、卫生检疫标准、商品包装和标签标准,从而提高进口产品的技术要求,增加进口难度,最终达到限制进口的目的的一种非关税壁垒措施。它是目前许多国家尤其是发达国家,设置贸易障碍,推行贸易保护主义的最有效手段。

技术性贸易壁垒是非关税壁垒的重要组成部分,且有广义与狭义之分。狭义的 TBT 主要是指世界贸易组织在《技术性贸易壁垒协议》中规定的那些强制性或非强制性确定商品某些特征的技术法规、标准、合格评定程序,以及在检验商品是否符合这些技术法规或技术标准的认证、审批程序中形成的不合理的贸易障碍。广义 TBT 是指所有影响贸易的技术性措施,不仅包括世界贸易组织《技术性贸易壁垒协议》(WTO/TBT 协议)的内容,同时它还包括世界贸易组织《实施卫生与植物卫生措施协议》(WTO/SPS 协议)、《知识产权协议》、《服务贸易总协定》中的有关动植物卫生检疫规定、绿色壁垒、信息技术壁垒等内容。另外,它还涉及由国际社会签署的与环境和资源等问题有关的在国际条约中与贸易有关的内容。

如下图所示根据 WTO/TBT 协议,技术性贸易措施可分为三类,即技术法规、标准和合格评定程序,并把符合 WTO/TBT 协议的原则和国际标准的技术法规视为合理的、

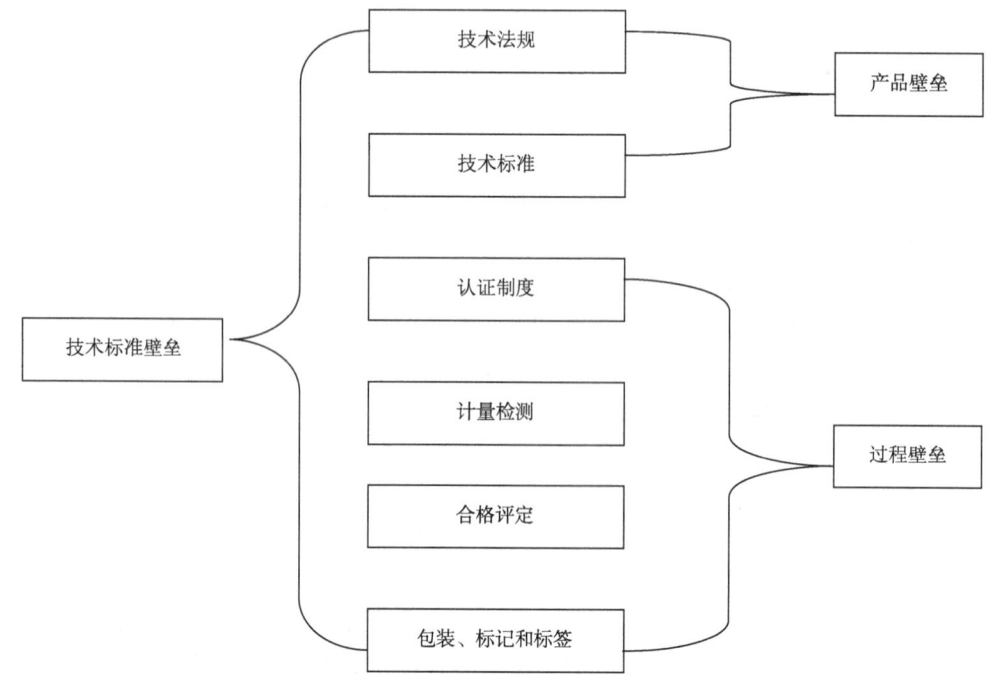

允许的,不构成贸易壁垒,而把不符合 WTO/TBT 协议的原则和技术法规、标准作为贸易壁垒,要求消除。由此,需区分一对易混淆的概念:技术壁垒(technological barrier),它是指科学技术上的措施或要求,即指国家或地区政府对产品制定的(属科学技术范畴内的)技术标准,如产品的规格、质量、技术指标等,达不到一定技术标准的不能进口,阻止低技术产品进口(WTO/TBT 协议的技术法规/标准中有此含义);或达到某种技术标准的产品不能出口,即限制高技术产品出口,从而在技术方面对进出口贸易构成壁垒。在这里,我们把对产品本身性能、指标等规定直接形成的壁垒,称为产品壁垒;由技术标准、法规在执行过程中间形成的壁垒称为过程壁垒。贸易技术壁垒有一定的合法性,但常常政治化。

(二) 《技术性贸易壁垒协议》的有关规定

《技术性贸易壁垒协议》适用于所有工业产品和农产品,但政府采购实体制定的采购条例以及有关动植物卫生检疫的措施不受其约束。在《技术性贸易壁垒协议》中有两方面值得关注:其一是关于风险评估的规定,即缔约方不得制定、采用或实施技术管理规定作为非必要的国际贸易壁垒;技术管理规定对贸易的限制不应超过实现合法目标的限度,并且要考虑不能实现合法目标将会导致的风险;合法目标的范围比较广泛,其中包括国家安全的需要,如人类生命健康和安全的保护、动物或植物的生命或健康、环境等;在风险评估中,最重要的问题是能够获得的科学和技术信息、有关的加工技术和预期的终产品。其二是关于标准化机构的行为要求,这主要体现在《技术性贸易壁垒协议》附件三《关于制定、采用和实施标准的良好行为规范》中。该附件规定,所有的标准化机构均应尽量采用国际标准,并充分参与国际标准化机构的工作;标准化机构还应确保其制定、采用或实施的技术管理规定不会成为非必要的国际贸易壁垒。

TBT 中维护国家安全、保护环境、维护消费者利益是其存在的合法性理由,技术法规、协议、标准和认证体系、合格评定程序等是其外在的表现形式,其结果是对出口国构成贸易障碍。TBT 的前言明确规定:"不得阻止任何成员方按其认为合适的水平采取诸如保护人类和动植物的生命与健康以及保护环境所必须的措施,只要这些措施不对情况相同的成员方造成武断或不公正的歧视对待以及不对国际贸易构成变相限制,并且符合本协议的规定。无论是技术法规、标准,还是合格评价程序的制定,都应该以国际化标准机构制定的相应国际标准、原则或建设为基础,但在涉及维护国家安全、防止欺诈行为、保护人类、动植物健康和安全以及保护环境的情况下,允许各成员国实施与国际标准不尽相同的技术法规,但是必须提前给予通报。"

三、生物安全议定书

(一) 《卡塔赫纳生物安全议定书》的含义

《卡塔赫纳生物安全议定书》(以下简称《议定书》)是一份为保护生物多样性和人体健康而控制和管理转基因生物越境转移、过境、装卸和使用的国际法律文件。它是依据《生物多样性公约》(以下简称《公约》)相关条款而制定的。《公约》的起草与谈判开始于 1988 年,在 1992 年 6 月的巴西联合国环境与发展大会上通过,并在 1993 年 12 月

29日生效,现已有177个国家被批准加入该公约,它是国际上最重要的保护生物多样性的条例。公约的序言部分开宗明义地说明生物多样性的保护应该建基于预防原则"注意到预测、预防和从根源上消除导致生物多样性严重减少或丧失的原因,至为重要";"并注意到在生物多样性遭受严重减少或损失的威胁时,不应以缺乏充分的科学定论为理由,而推迟采取旨在避免或尽量减轻此种威胁的措施"。

经过多年的谈判,2000年1月29日,来自世界131个国家的代表,在联合国主持下,于加拿大的蒙特利尔召开的《公约》缔约国大会特别会议续会上签署一部有关转基因食品安全的《议定书》最终文本。这是第一部有关现代生物技术生产的活性转基因生物的国际法。我国于2000年8月8日签署了《议定书》,2005年4月27日国务院批准了《议定书》(张剑智,2006)。

至2003年6月5日,已有103个国家签署了本《议定书》,48个国家已批准加入该《议定书》。《议定书》将在50个国家批准加入后的第90日自动生效。《议定书》为各国管理转基因生物制定了最低的标准,缔约国必须履行《议定书》的基本内容。《议定书》的出现反映了国际社会对转基因生物所带来的健康及环境风险的关注,它在序言部分指出:"本议定书缔约方意识到现代生物技术扩展迅速,公众亦日益关切此种技术可能对生物多样性产生不利影响,同时还需顾及对人类健康构成的风险。"

《议定书》由前言、40个条款和3个附件组成,主要内容包括:议定书目标、适用范围、提前知情同意程序、风险评估和风险管理、标识、国家主管部门和国家联络点、生物安全信息交换机制、能力建设、赔偿责任和补救、公众参与、财务机制等。《议定书》的基础是预防原则,目标是保证转基因生物及其产品的安全性,尽量减少其潜在的可能对生物多样性和人体健康造成的损害,在缺乏足够科学依据的情况下,可对转基因生物采取严格的管理措施。

《议定书》以生物安全为其规范的核心,其第4条规定:"本议定书应适用于可能对生物多样性的保护和可持续使用产生不利影响的所有改性活生物体的越境转移、过境、处理和使用,并考虑到对人类健康构成的威胁。"所谓"活性改性生物体"(living modified organism,LMO)是指任何具有凭借现代生物技术获得的遗传材料新型组合的活生物体。LMO也即日常生活中人们所谓的"转基因生物"(genetically modified organism,GMO)。"现代生物技术"是指下列技术的应用:一方面是试管核酸技术,包括重新组合的脱氧核糖核酸(DNA)和把核酸直接注入细胞或细胞器,另一方面是超出生物分类学科的细胞融合,此类技术可克服自然生理繁殖或重新组合障碍,且在非传统育种和选种中所作为国际法,《议定书》只能在国际交往的领域发挥作用。作为生物安全国际保护领域最重要的立法适用于所有可能对人体健康和生物多样性产生不利影响的活性改性生物的越境转移、过境、装卸和使用,但不包括供人类使用的药物的LMO。《议定书》所称"越境转移"(transboundary movement)是指从一缔约方向另一缔约方转移活性改性生物,但就第17条和第24条的目的而言,越境转移所涉范围当予扩大到缔约方与非缔约方之间的转移(《议定书》第3条)。然而,并非所有的LMO的越境转移都在《议定书》的调整范围内。

(二)《卡塔赫纳生物安全议定书》的适用范围

《议定书》的第5、第6条规定了3种例外情况：①药物。"本议定书不应适用于由其他有关国际协定或组织予以处理的、用作供人类使用的药物的活性改性生物体的越境转移"；②过境的LMO。在不违反过境国的有关规定且不影响其相关权利的情况下，过境的LMO可不适用议定书所规定的相关制度如事先知情同意的程序的规定；③封闭使用的LMO。"本议定书中有关提前知情同意程序的规定不应适用于那些拟按照进口缔约方的标准用于封闭使用的活性改性生物体的越境转移"。"封闭使用"是指"在一设施、装置或其他有形结构中进行的涉及活性改性生物体的任何操作，且因对所涉活性改性生物体采取了特定控制措施而有效地限制了其与外部环境的接触及其对外部环境所产生的影响"(《议定书》第3条)。生物安全属于学术界目前广泛讨论的与传统的军事安全、政治安全及经济安全相区别的非传统安全中环境安全的一种(张谨，2004)。生物安全属于各国的内政事务，在很大程度上只能依赖各国在国内加以解决。因而LMO的越境转移成为《议定书》调整生物安全的重点。

(三)《卡塔赫纳生物安全议定书》的重要制度

1. 事先知情同意程序

在《生物多样性公约》中，"事先知情同意"被设计为一项原则，而在《议定书》中，则作为一项程序出现，这是一个巨大的进步。因为将原则具体化更加利于执行。《议定书》规定：凡是适用于《议定书》范围的活性改性生物体的转移，均须执行事先知情同意程序，亦即出口缔约方应以书面形式通知进口缔约方，进口缔约方应在收到通知后的90天内，以书面形式向出口缔约方确认收到通知和相关资料，并应在收到通知后的270天内，向出口缔约方和生物安全信息交换所通报是否同意进口的决定和相应的理由。在此，如果进口缔约方未能及时答复出口缔约方，并不表示默示同意进口。"有意向环境中引入的活性改性生物体"应为"非指拟直接用作食物或饲料或用于加工的活性改性生物体(for direct use as food or feed or for processing，FFP)"(《议定书》第7条第2款)。在此暂且将适用于"有意向环境中引入的活性改性生物体"的事先知情同意程序(AIA)称为"一般程序"，将适用于"拟直接用作食物或饲料或用于加工的活性改性生物体"的活性改性生物体的程序称为"特别程序"。

"一般程序"的规定集中于《议定书》的第8、第9、第10、第12条。第8条规定了出口缔约方的通知中应列明的资料，这些资料在附件一中有详细的规定。进口缔约方收到通知后在风险评估的基础上，可做出三种决定：有条件地核准进口、无条件核准进口、禁止进口。至于风险评估，进口缔约方既可以要求出口方进行，也可以自行进行并要求出口方承担其费用(《议定书》第15条)。应当注意的是，"在亦顾及对人类健康构成的风险的情况下，即使由于在活性改性生物体对进口缔约方的生物多样性的保护和可持续使用所产生的潜在不利影响的程度方面未掌握充分的相关科学资料和知识，因而缺乏科学定论，亦不应妨碍该缔约方酌情就以上第3款所指的活性改性生物体的进口问题做出决定，以避免或尽最大限度减少此类潜在的不利影响"(《议定书》第10条第6

款)。

"特别程序"的规定则比"一般程序"更为严格和规范。主要表现在：①缔约方应将FFP活性改性生物体越境转移的相关决定于一定期限内经由生物安全资料交换所通报给各缔约方，此种资料至少应附有议定书附件二所规定的文件。而一般程序中没有此项硬性要求；②缔约方应以国内法律规章的形式确保FFP活性改性生物体的越境转移在法律框架内进行。各缔约方须将该类法律的副本提交给生物安全资料交换所。即对于直接用作食物、饲料、加工之用的活性改性生物的进口，各缔约国承担着建立、健全国内法律法规的义务，否则，不仅违反议定书的规定，还会给其利益带来不利影响。

此外，《议定书》还对活性改性生物的标签问题做了规定。对于一般引入环境的和封闭使用的活性改性生物体，《议定书》规定必须明确标示其为"活性改性生物体"。而对于FFP活性改性生物体的标示在经历了异常激烈的争论后，各方经妥协同意，每一缔约方应采取措施，要求作为FFP用途的基因改造产品应附有标识，明确说明其"可能含有"活性改性生物且无意将它引入环境之中。

该议定书的最大成果之一，就是实行了转基因食品的标签制度。但遗憾的是议定书并没有对标签的名称、内容、标识做出具体的说明，而是要求缔约国在议定书生效两年之后在缔约方大会上做出决定。议定书的这一规定是美加和欧盟两大集团相互妥协的产物，说明两大集团没有最终解决转基因食品的标签问题。尽管《议定书》当时存在着许多尚未澄清与解决的问题，但它的形成至少也表明了两大集团愿意在转基因食品发生严重问题之前，希望通过共同努力来面对这些问题。事实上，处理、运输、包装和标识问题直到2006年3月的第三次缔约大会方达成了一个妥协案文。

此外，《议定书》还就食品和食品成分规定了独立的程序：首先，缔约方在做出使用(含投放市场)直接用于食品和饲料、或者用于食品和饲料加工的活性改性生物最后决定的15天内，应通过生物安全资料交换所通知对方，缔约方有权根据《议定书》目标一致的国内法律框架，做出进口决定。其次，就可能对生物多样性保护和可持续利用以及人类健康带来的潜在的有害影响，无论是直接用于食品和饲料，还是用于食品和饲料加工，都不应以缺乏科学知识、不能做出科学定论为借口，而不采取恰当的行动以防止该活性改性生物体的进口，避免或减少此种潜在不利影响。

2. 风险评估和风险管理

风险评估和风险管理主要集中在《议定书》的第10、第15和第16条中规定。据此，在风险评估方面，进口国应确保根据《议定书》进行风险评估。对LMO的风险应以科学为依据进行评估，并且根据采用已得到公认的风险评估技术，并根据第8条提供的最低限度的信息、其他可以获得的活性改性生物产生有害的潜在环境影响和对人类的健康风险，鉴别、评估科学证据。在风险管理方面应建立和健全适当的机制和战略，根据风险评估所做出的鉴定，管理和控制活性改性生物体在使用、处理和越境转移中产生的风险。《议定书》还规定，应在风险评估基础上，采取必要的措施以防止活性改性生物在进口国境内产生潜在的有害环境影响和对人类健康的风险；所有缔约方均应采取适当措施以防止活性改性生物体的无意越境转移，包括活性改性生物第一次释放前进行的风险评估。有关缔约方应就鉴定活性改性生物和活性改性生物的特性开展合作，并采取适当措施处理具有潜在的有害环境影响和对人类健康构成风险的活性改性生物体或活性改性生物体的特性。

进口缔约方可以要求出口缔约方进行风险评估并承担费用,管理措施的制定和变更必须以此为基础。但是,即使是缺乏足够的科学依据,进口缔约方也可以对 LMO 采取严厉的如禁止进口等管理措施。

3. 装运、包装和标志要求

《卡塔赫纳生物安全议定书》第 18 条规定了"处理、运输、包装和标识",其中关于标识的规定尤为重要,其主要内容包括:拟有意引入进口缔约方的环境的活性改性生物体(LMO)应附有单据,明确将其标明为活性改性生物;应具体说明其名称和特征及相关的特性和特点、关于安全处理、储存、运输和使用的任何要求以及供进一步索取资料的联络点,并酌情提供进口者和出口者的详细名称和地址;同时还应列出关于所涉转移符合《议定书》中适用于出口者的规定之声明。

4. 国家主管当局、联络点和生物安全信息交换所

《卡塔赫纳生物安全议定书》规定了国家主管部门和国家联络点。《议定书》第 19 条规定:缔约方应当指定一个国家联络点,负责代表缔约方与秘书处进行联系;缔约方还应指定一个或数个国家主管部门,负责行使《议定书》所规定的行政职能、依授权代表缔约方行使此类职能,也可以指定一个单一的实体同时负责履行联络点和国家主管部门的这两项职能。《议定书》决定建立生物安全信息交换所,交流信息、协调履约,缔约方应及时提供包括法规的各种有关信息。

《卡塔赫纳生物安全议定书》事实上为有利于环境保护的生物技术应用创造了一个基础性的法律架构,使各缔约方能够在最大限度地降低生物技术对环境和人类健康可能造成的风险同时,尽可能地从生物技术的不断发展中获得最大的收益;同时,该《议定书》也标志着人类在生物技术发展与促进国际贸易良好协调方面迈出了非常重要的一步,为生物技术工业这一迅速成长的全球性工业的发展所需解决的一系列问题提供了一个较为明确的国际法框架。我国签署了该《议定书》,在进行转基因生物安全立法的时候,就应该遵循其规定,对其中的某些规定进行借鉴,比如风险评估、越境转移等。这才能使我国的立法真正和国际接轨。从而保护我国生物技术的发展,将转基因技术可能带来的危害减至最小。

由上可见,SPS 和 TBT 忽视了科学技术的动态发展和复杂程度,没有预见到 WTO 的贸易争端解决机制要面对技术日益复杂和科学证据不充分的高科技产品的争议。BCP 除了声明贸易与环境协议须互为补充之外,没有确切地描述其与 WTO 的关系。SPS 要求所采取的管理措施必须有科学依据,而根据 BCP,一个国家可以采取预防风险的管理措施。由于 BCP 不附属于其他国际协定,同时亦不改变缔约方根据现行国际协定所享有的权利和所承担的义务,因此,转基因农产品的国际贸易争端将会逐年增加。孰是孰非,用 BCP 和 WTO 贸易规则评判,其结论会截然相反。

第二节 贸易技术壁垒对转基因食品产业的影响

世界各地区转基因食品产业发展极不平衡，转基因作物的种植分布不均匀，转基因食品研究开发水平、生产技术和销售数量也不尽相同。如果不针对地区的特点做具体分析，将极有可能阻碍转基因食品产业在当地的良好发展态势，给地区乃至国家经济造成损失，甚至由于贸易壁垒的关系与美国加拿大等转基因食品输出大国之间产生诸多贸易纠纷，影响国际贸易。目前全球对于转基因产品的贸易，演变成两个阵营，分别是对转基因产品贸易持肯定态度的迈阿密集团阵营以及对转基因产品贸易持反对观点的以欧盟为首的转基因农业产品进口国阵营。前者坚持转基因产品和天然食品在本质上并无差别，同样是安全的，因此认为进口国无需对其进行限制；而后者则认为转基因产品可能威胁到人体的健康和生存环境，因此极力主张限制转基因农产品进口。在这种冲突中最典型的是美国和欧盟的转基因贸易摩擦。

1998年10月欧盟以转基因产品的安全性不能得到科学证明为由，冻结了新的转基因产品的上市。而美国等转基因产品生产大国认为欧盟对转基因产品的排斥没有科学依据，违反了自由贸易原则，由此开始双方进行了旷日持久的谈判磋商。由于没有与欧盟在这一分歧上达成任何谅解，美国于2003年向世贸组织提出要求就欧盟长达五年的非法"暂时禁止"转基因农作物进口问题对欧盟进行诉讼，并要求组成争端解决小组，并于2003年6月正式向世贸组织提出举行WTO听证会的要求。在此案悬而未决的情况下2004年8月欧盟调整了政策，容许消费者购买贴有明确标识的转基因食品。然而与此同时出台了新的欧盟转基因标识法，该法规要求所有具有生物技术生产成分的食品和饲料必须带有转基因标识并需提交大量文件，这对于美国转基因产品出口来说看似利好，实则更是骑虎难下。对此法律美国有强烈反应，这标志着本场旷日持久的贸易摩擦升级。直至目前为止，本次诉讼仍然悬而未决。

转基因技术的迅速发展，在一定程度上为人类解决了食物短缺的问题、改善了食物品质，也增大了转基因产品国际贸易的潜在空间。民以食为天，转基因食品作为新型食品，对人体的健康和心理有无不良影响？这已引起世人的关注，并引发了一场激烈的争论。由于国际上尚无统一的法规，一些国家也因此制定了转基因食品的相关法规，旨在保护本国的食品安全，限制转基因食品的进口，于是产生了转基因食品的贸易技术壁垒。随着全球贸易化进程中各种非关税贸易壁垒的拆除，绿色壁垒逐渐增多，成为目前国际贸易中使用的技术贸易壁垒的一种主要形式(江树勋等，2003)。

一、引起贸易技术壁垒的原因及分析

(一) 转基因技术发展的不平衡

由于转基因技术是一门新兴生物技术，目前世界上除少数国家掌握较为成熟的转基因技术外，大多数国家仍处于研究和探索阶段。因此，世界各国由于自身利益考虑对转基因农产品持有不同的态度。转基因技术发展的不平衡是诸多转基因贸易问题的深层次原因。在一国转基因技术尚未成熟时，转基因产业便成为其急需发展和保护的幼稚产业，因此，根据保护幼稚工业理论，需要设置贸易壁垒。限制转基因农产品的输入。

(二) 技术因素

进入 21 世纪，科技发展日新月异，正是在此大背景下。基因技术被推上了历史的大舞台。从第一项转基因技术商业化开始，各国很快意识到转基因产品的巨大紧急潜力。各发达国家更不惜重金，大量投入到转基因技术的研究开发上。然而面对层出不穷的产品，各国检验体系、方法上都明显存在滞后性。尤其是那些转基因技术尚不成熟的国家，在这种情况下，许多国家往往都采取"一刀切"的预防原则，限制转基因产品进口。关于转基因农产品的检验和鉴定并未形成统一的科学标准，且转基因产品的鉴定工作难度极大。另外，为了区分转基因产品和非转基因产品往往必须借助复杂的化学手段，一般来讲，在特定基因已知的情况下，不仅检验程序繁琐，而且检验成本昂贵，检验时间也会延长。由于转基因检验工作的难度导致其检验结果往往得不到出口国或进口国认可，因此极容易引起双方各执一词。

(三) 国外例证

美国是全球最大的农产品出口国，也是世界上转基因作物商业化生产最多的国家。20 世纪 90 年代初，面对美国农产品在激烈的国际竞争中出口量下降的局面，美国政府采取的一项重要措施就是将其拥有绝对优势的生物技术应用于农业，实施以降低成本和提高产量为目标的转基因农业战略，以巩固其世界农业强国和农产品出口第一大国的地位。与其农业战略和全球战略相适应，美国在转基因产品的贸易政策方面一直持积极开放的态度，主张将转基因产品和传统农产品同等对待，将推动转基因产品贸易作为国家出口战略和国家安全战略的重要措施之一。

欧盟向来是美国等国家农产品的主要出口地。但是自 20 世纪 90 年代以来，欧盟境内不断发生的疯牛病、口蹄疫等食品安全问题引起人们的广泛恐慌，而转基因产品正好是在欧洲人普遍担心食品安全的时期迅速发展起来的。在这种情况下，欧盟在制订食品安全规则时显得格外小心，以食品安全和保护消费者等因素为由，对美国的转基因产品进行抵制，以及限制他国转基因产品倾销的可能。世界各国转基因技术发展的不平衡以及转基因产品对生物多样性、生态环境和人类健康影响的不确定性，由各国设置的贸易技术壁垒都对转基因食品产业造成了深远的影响。欧盟国家不急于放行转基因农产品，一方面是由于其本身粮食压力不大；另一个重要原因就是欧盟许多国家转基因技术的落后。欧盟对转基因农产品限制的原因在于贸易而非安全性，一旦做好准备欧盟将自己撤销这种技术壁垒，把对自己的转基因产品推向国际社会。

从长期来看，新的农业生物技术将会导致发展中国家农业生产的一个显著的转变，可能会使发展中国家在贸易上处于更加不利的地位、背负更多的债务和更加依赖发达国家。发达国家利用基因技术方面的发展优势，不断掠夺发展中国家的基因资源进行研究开发，并在世界各国申请专利，发展中国家使用基因专利还要支付高额的专利费。在这次基因争夺战中，发展中国家与发达国家的两极分化的问题将更加严重，影响社会安全和社会稳定。

二、各成员国越来越重视转基因农产品和食品问题

基于 SPS、TBT、BCP 三个有关转基因生物的协定，以及农业转基因技术所带来的潜在风险，自 1995 年以来，转基因生物对人体健康和环境安全的潜在风险已经成为 WTO 众多成员国在农产品贸易中设置 TBT 的重要手段之一。从 1995 年 1 月至 2001 年 3 月，共有 16 个 WTO 成员就转基因农产品和食品所采取的措施(制定的法规和标准)向 WTO 各成员进行了通报。在 16 个进行通报的 WTO 成员中，发达国家 10 个，占通报成员的 63%，其中，新西兰通报最多，为 14 条，美国和日本次之，均为 10 条，列第三位的是澳大利亚为 7 条。这表明发达国家在通过立法控制和管理转基因食品方面走在了发展中国家前面。

到 2001 年为止，16 个 WTO 成员就转基因农产品和食品做出的通报共 71 条，且呈逐年上升的趋势，如 1995 年的通报为 4 项，到了 1999 年就达到 16 项，而 2000 年几乎又翻了 1 倍，达到 31 项。这说明对转基因农产品和食品的问题，各成员越来越重视，并通过制定相关的法规和标准对其进行控制和管理。在 71 条通报中，涉及 TBT 领域的 28 条，涉及 SPS 领域的 43 条。各国所采取的检验检疫措施大致可以分为以下几类，其中，当前采用较多的有安全性评估和标签措施。

(1) 安全性评估制度在转基因产品进入消费渠道前或进口前，必须对转基因产品或生物进行安全评估，以决定是否允许该转基因产品或生物进口或上市。采取这种措施的 WTO 成员有 8 个，为新西兰、澳大利亚、美国、加拿大、欧盟、瑞士、韩国和日本。其中，澳大利亚、新西兰和日本还在安全性评估的基础上，制定了已批准的转基因食品名单，列入该名单的转基因食品可以进口或上市。

(2) 标签制度制定强制性标签法规，转基因产品必须在其标签上标明"GMO 或转基因"字样。采取这种措施的成员有 11 个，包括：新西兰、澳大利亚、美国、加拿大、瑞士、德国、荷兰、挪威、韩国、日本和印度尼西亚，其中，美国、挪威、欧盟和瑞士还对产品中转基因物质含量做出了规定，如转基因物质低于一定含量，无需在标签中标明"GMO 或转基因"字样。欧盟认为对转基因产品加贴标签有着重要意义，既便于消费者识别，让消费者在选购时真正享有知情权和选择权，又可以作为对转基因产品进行检测、监控和管理的有效手段。但实际上，欧盟如此坚决地提倡加贴标签，也是从其自身的经济利益来考虑的。欧盟要求加贴标签主要是利用消费者偏好的转移来保护当地生产者的利益，加贴标签会增加转基因产品的生产成本和销售成本，会增加进口申报程序要求，延长审批时间，这样转基因产品贸易的不确定因素(如价格风险、汇率风险等)会随之增加，导致部分进口商减少进口数量。事实上，欧盟虽然大力抵制转基因产品，但是对转基因作物的研究从未停止过，并且一直在加强。近十年来，欧盟国家农业转基因研究单位由 0 增加到 480 家，并继续呈上升趋势，申报有关项目由每年一项上升到 1999 年的 434 项。根据 2003 年 7 月 2 日欧洲议会通过的新的转基因产品条例欧盟将简化和统一转基因产品的上市审批程序，有条件地允许转基因产品在其市场上销售，这是多年来欧盟对转基因产品的禁令首次有了松动。这表明，欧盟的贸易保护政策只是暂时的，是在当前经济利益驱使下进行的，一旦其转基因技术成熟，生产达到一定规模，就有可能像美国那样积极倡导转基因产品贸易自由化，大量出口转基因产品赚取丰厚利润。针对

转基因食品的大量进口实行转基因产品标识制度，给消费者以选择的自由，可间接起到限制转基因食品进口的目的。

(3) 通报制度包括以下两类通报。售前通报，加拿大和瑞士要求转基因产品在进入销售渠道前，应向指定部门进行通报。进出口通报，美国则要求进出口转基因产品时，应向指定部门进行通报。

(4) 进口许可证制度。哥伦比亚制定了进口许可证制定，对转基因产品进行管理。

(5) 申请批准制度。美国和瑞士制定了转基因生物及其产品的申请制度，对转基因产品进行管理。

(6) 注册制度。美国还对有关进口的转基因产品及其国外机构采取注册制度，对进口转基因产品进行管理。

(7) 禁令。马来西亚对含转基因物质的婴儿食品采取了禁令。挪威则对含抗生素基因编码的转基因食品及其配料采取了禁令。

(8) 其他措施。许多WTO成员还对转基因产品或生物采取了其他措施，如墨西哥对转基因产品或生物的运输等做出了规定。

2003年3月，美国参议院财政委员会共和党主席葛拉斯里表示，欧盟四年来对基因改造食物的进口禁令，每年造成美国农民3亿美元销售损失，并影响到投入重大资源发展基因改造作物的公司。出于避免贸易战的考虑，2003年7月2日，欧洲议会通过了新的转基因产品条例，取消了对转基因农产品贸易实行了五年的禁令，但允许这类产品进入欧盟市场的同时，要求对转基因成分超过0.9%的产品，包括动物饲料、植物油、种子和副产品，都必须清楚地标明"本产品产自转基因生物体"字样的标签。新规则还要求转基因产品的生产者详细提供各个生产环节的情况，所有使用转基因生物作为配料的公司必须对每个产品进行"从产地到货架"的追踪，并规定任何一个成员国都可以对转基因作物的生产方式进行限制，以避免"感染"传统的农作物。欧盟议会通过新法规后，美欧转基因之争不但未得到缓解，反而进一步加剧。美国表示，欧盟对转基因产品加贴标签的规定降低了美国农产品在世界消费市场上的竞争力，将进一步阻碍美国产品进入欧盟市场，当其他国家群起而效仿欧盟的做法时，美国农产品生产商的利益将会受到极大损害。

由上我们可以看出，美国对转基因产品的政策无论是在审批制度还是标识制度上都属于鼓励型，其目的在于积极发展和推广转基因技术，千方百计的扩大转基因产品的出口。虽然这些政策在一定程度上保护了消费者、动植物和生态环境，但其各项政策仍然十分宽松。与美国不同的是，欧盟的转基因产品管理政策则属于谨慎型，目前，欧盟范围内转基因作物播种面积很小，这源于欧盟对转基因作物的商业化应用、转基因产品的生产流通和销售所规定的严格的制度。在本质上，欧盟的政策旨在保护本国消费者和维护本国农民的利益。而相对于欧美，日本对于转基因的政策则平和的很多，而且呈现出游荡在欧美政策之间的态势。由于对转基因产品的质疑声浪的加强，目前日本转基因政策更偏重于谨慎，即与欧盟的政策更为相近。

此外，应该注意的是，目前食品法典委员会(CAC)和国际植物保护公约(IPPC)秘书处正在着手制定有关转基因食品和植物产品的国际标准。

三、对转基因农产品贸易中采取的主要措施

由于世界各国转基因技术发展的不平衡及转基因农产品品质安全的不确定性,进口方开始大为不安并且采取一些措施予以限制。出口方则认为这是一个变相的贸易保护措施,要求进口方取消(陈英周和陈雷,2007)。转基因农产品的安全审批制度和标识管理制度是设置 TBT 的主要手段。

(一) 发达国家在对转基因农产品贸易中采取的措施

1. 环境方面

以欧盟为例。有关控制转基因生物体释放的欧洲法规,要求评估该物质对人类、动物和环境的危险;其中许多信息(基因转移的可能性、基因产物的安全性以及实质等同性的问题)也与对食品的安全性评价有关。各个欧盟国家都通过国家政府来实施这些法令。欧盟的环境法规以两个法令为基础,分别如下。

其一是 90/219/EEC 法令。90/219/EEC 指令对转基因微生物在密闭系统内的使用进行了规范,这一指令经过了 1998 年和 2001 年的修正及补充之后至今仍然有效,这主要是由于其规范内容与转基因产品贸易的关联不大,也不易引发消费者对环境保护与人体健康有害影响的关注。因此,在实施中不会引发太多的争议与讨论(李辉,2007)。

有控制地使用转基因微生物,于 1998 年 10 月被修改为 98/81/EEC 法令;关于封闭使用转基因生物的第 90/219/EEC 号指令于 1990 年 4 月 23 日通过,1991 年 10 月 23 日开始施行。该指令适用于包括科学研究和商品化为目的的所有转基因微生物在控制设施内的使用。根据该指令,转基因生物分为低风险型和高风险型两类,指令同时将转基因生物的应用划为小规模试验应用、大规模试验应用及工业应用,并据此做出了相应的规定。同时,该指令还做出了相应的程序性规定,例如,在应用危险基因及良性基因时,要求操作者必须提前 90 天及 60 天通知有关当局,以听取有关转基因生物应用的意见。第 90/219/EEC 号指令是欧盟在转基因生物封闭使用方面的最为重要的法规之一。第 90/219/EEC 号指令发布后,欧洲经济委员会对其进行了广泛的评议,并于 1995 年 12 月通过了一项关于修订该指令的建议书 43,该建议书将转基因微生物纳入了风险小组,规定了最低含量标准,并针对每一风险小组的封闭使用活动规定了相应的控制措施。同时,该建议书还对有关管理程序提出了改进建议,并将其与转基因微生物有关活动引起的风险联系在了一起。

1998 年,欧盟对第 90/219/EEC 号指令进行了修订,发布了关于转基因微生物的封闭使用的第 98/81/EEC 号指令。该指令包括修改后的四个附件和正文,附件中明确规定了遗传修饰的法律定义,不受该指令控制的遗传操作技术,以及实验室、温室、试验动物等科研活动中对动物控制的要求等。该指令的主要更新之处包括:明确了一般分析评估的要素;改进了物理控制措施要求,统一了环境保护标准;规定了在一定标准下对人类健康和环境安全的微生物的豁免;简化管理程序,缩短审批/通报周期等。根据该规定,欧盟各成员国应当在 2000 年 6 月 5 日前将该指令的要求纳入国家法律,但截至 2001 年 5 月,只有芬兰、瑞典和丹麦三个国家做到了这点。

其二是 90/220/EEC 法令。90/220/EEC 法令慎重地释放转基因生物体进入环境，目前正在修订，预计于近期完成。早在 1990 年，欧洲经济共同体就颁布了一个关于故意向环境中释放转基因生物的指令(90P220PEEC)。该指令的目的是协调欧共体各国有关向环境中释放和向市场投放转基因生物的法律(杨丽，2002)。该指令将"故意向环境中释放"定义为任何在缺少化学或生物的防护措施的情况下，故意将转基因生物引入环境，使之能够与普通大众和环境接触的行为。指令根据向环境中释放转基因生物的目的的不同，分别规定了不同的监管办法。在 90P220 指令实施了十年后，欧盟议会和欧盟理事会于 2001 年 3 月又制定了《关于准备向环境中释放转基因生物和废止理事会 90P220EEC 指令的第 2001P18PEC 指令》。该指令于 2001 年 4 月 17 日生效，并代替了旧的 90P220 指令。该指令对转基因生物的安全管理规定了一系列规则，具体如下。

肯定了预先防范原则在管理转基因产品安全方面的重要地位。欧盟 2001 年的环境释放指令明确采纳了预先防范原则，它在前言的第 8 段指出：在起草该指令时考虑了预先防范原则，在实施该指令时也必须考虑该原则。

加强了转基因标识和可追溯性方面的要求：欧盟 2001P18 环境释放指令的第 21 条要求各成员国均应采取措施，保证投放市场的转基因生物在各阶段均能够被追溯。为了保证这种可追溯性，指令的第 21 条和 26 条要求转基因产品必须按照许可其环境释放的文件中所核准的方式标明"本产品含有转基因生物"，该种转基因标识要么加在产品之上，要么载入伴随产品的文件之中。第 21 条还要求确定一个食品中含转基因成分的最低标识标准，也就是说，产品中转基因成分低于某种数量可以不再标注其含转基因成分。根据该指令的要求，欧盟现在确定产品中转基因成分低于 0.19% 的可以不标识。根据该指令，欧盟于 2003 年起草了一个《食品和饲料条例》。该条例规定：所有的转基因产品，不论最终产品中是否还含有转基因成分，只要在生产过程中使用了转基因原料，也不论是提供给人食用的产品，还是用作饲料，一律应进行转基因标识。如果食品或饲料中含有的转基因产品与用传统方法生产的产品在成分、营养价值、营养效果、使用目的或对特定人群的健康影响方面不同，或者该转基因产品可能引起伦理或宗教方面的关注，有关的信息都必须在食品或饲料上标识。这里值得注意的是：要求标识的内容已经不限于健康，而宗教、文化和伦理方面的内容可能让人怀疑是对通过市场途径分销食品的信息的政治控制。根据 2001P18 指令关于保证转基因产品的可追溯性的要求，欧盟于 2003 年起草了一个《转基因食品和饲料的可追溯性和标识条例》。该条例进一步细化了对用转基因产品生产的食品和饲料进行标识和追踪的规则，并将 2001P18 指令的相关规定进行了修改和完善。根据该条例，可追溯性是指在转基因生物和转基因生物的生产加工品通过生产和分销链条投放市场的各阶段追踪它们的能力。每个转基因产品的经营者都必须向下一个在生产和分销链条上的经营者提供产品含有转基因生物的信息，该转基因产品的接受者还必须将有关的资料自交易发生之日起保存 5 年，接受者是最终消费者的除外。欧盟关于转基因产品必须具有可追溯性的要求在实践中可能会给产品的提供者造成较大的负担，特别是转基因产品的生产加工者。美国的食品加工企业抱怨说，要满足欧盟的要求很困难，因为某些食品的加工过程和工艺非常复杂，原材料也可能来自不同的国家，而在某些国家，转基因产品和非转基因产品可能并没有严格区分，或者没有可追溯性方面的要求。

2. 食品安全性方面

欧洲所有国家都已经制定了控制食品安全的法规；全球大多数国家也都有这方面的法规。转基因食品必须符合 EC258/97 法规(新食品和新食品成分法规)的要求。这些法规对所有新食品(包括转基因食品)的评估规定了统一的程序。

3. 进入市场的转基因农产品管理方面

欧洲对新食品和新食品组分的法规(EC258/97)于1997年5月生效，该法规要求，当转基因食品种含有活的转基因生物体，或者对某些特殊消费者可能造成危害或引起伦理方面的问题时，必须对该食品进行标识。此外，如果某种食品与现有食品或食品成分"不再等同"，即如果它们在组成、营养价值或用途等方面存在差异时，必须对该食品进行标识。通过采取这些措施，欧盟有效地控制了来自转基因生产大国美国、加拿大、阿根廷和巴西的转基因农产品(候鲜明，2007)。

事实上，欧盟虽然大力抵制转基因产品，但是对转基因作物的研究从未停止过，并且一直在加强。近十年来，欧盟国家农业转基因研究单位由0增加到480家，并继续呈上升趋势，申报有关项目由每年一项上升到1999年的434项。根据2003年7月2日欧洲议会通过的新的转基因产品条例，欧盟将简化和统一转基因产品的上市审批程序，有条件地允许转基因产品在其市场上销售，这是多年来欧盟对转基因产品的禁令首次有了松动(候鲜明，2007)。这表明，欧盟的贸易保护政策只是暂时的，是在当前经济利益驱使下进行的，一旦其转基因技术成熟，生产达到一定规模，就有可能像美国那样积极倡导转基因产品贸易自由化，大量出口转基因产品赚取丰厚利润。

美国是世界上转基因产品的最大出口国，对转基因作物贸易的任何限制都会损害其国家利益，所以美国会坚决反对各种对转基因产品进行限制的政策；而欧盟和日本等一些国家转基因作物的种植面积很小，美国对欧盟出口的农产品日益增加已经影响了欧盟各国农产品市场，所以它自然会采取措施来阻止或减小转基因产品对本国市场的冲击。从美国和欧盟在转基因产品贸易上的激烈争端可以看出，表面上看，双方争论的焦点是食品安全和环境保护，但这只是从科学研究的角度看问题，若置于国际贸易的大背景中，则是由双方经济利益的冲突引起的。转基因技术在农牧业、食品等领域的应用潜力十分巨大，能显著地提高农业劳动生产率，从而使技术拥有方享受比较利益优势带来的巨大经济利益。随着技术的进步和市场门槛的降低，转基因产品不断显现其蕴藏着无限的商机和巨大的潜在利益。美国和欧盟由于双方在技术上存在的相对优势和相对劣势，他们从各自的经济利益出发，分别采取了自由贸易政策和贸易保护政策(李晓璇，2002)。

(二) 发展中国家在对转基因农产品贸易中采取的措施

以我国为例。在限制转基因技术情形下，由于主要发达国家对转基因农产品进口采用限制措施，我国农作物出口量明显下降(金明，2004)；而我国对转基因农产品没有明确的限制措施，发达国家如美国等国家的转基因农产品在其他国家受限后，把目标瞄准中国，致使大量转基因农产品涌入我国，所以我国的农产品进口量相对有所上升，而我国自身的农产品产量相对下降，主要农产品市场由进口转基因农产品所占据，使它们无意中已经成了转基因产品的试验场(战雁，2001)。

从静态的角度分析，技术贸易壁垒对我国外贸的负面作用非常明显。主要原因有两种：一是市场准入的限制。发达国家通过立法及苛刻的环境、品质、安全、卫生等方面的技术标准，使我国农产品难以进入到国际市场参加公平竞争，丧失了其他国家对我国农产品的信任度。二是对竞争力的影响。发达国家虽然不对产品和服务的市场准入直接设限，但通过开展绿色认证，征收绿色关税及实施所谓的反补贴措施，使我国出口农产品的成本增加，进而削弱该产品的国际竞争力。

从动态的角度分析，对我国实施可持续发展战略，实现经贸与环境的协调发展，提高产品的内在质量，特别是安全质量水平，具有特别重要的积极意义。从本质来讲，技术贸易壁垒作为一种外源性的贸易措施，其对我国经济发展影响力如此之大，这就使得我们除了在多边贸易框架下开展贸易协调外，还应努力提高环境管理水平，发展我国传统农业，加大对发达国家限制转基因农产品进口的技术贸易壁垒的研究力度，努力促进我国农业的持续健康发展。

农产品价格低迷，增产不增收是中国农村的普遍现象。加入WTO以后，关税壁垒逐渐取消，国外廉价优质农产品大量涌入，势必对我国的农业造成冲击，尤其是转基因农产品的大量涌入，对我国的市场威胁很大。所以，必须加强对进口农产品中含有转基因产品的监控和管理。在以往的国际标准制定中，由几个少数大国发起并制定的现象并不少见，这往往在很大程度上只代表了参与者的利益，并不能体现未参与者的要求，为了避免这种态势的扩展，建议发展中国家做到以下几点：第一，转变观念，以需求定生产；第二，农业生产规模化、专业化；第三，完善技术标准和质量监督体系的建设；第四，掌握技术壁垒的游戏规则。

通过标准和技术法规的制定和实施，防止进口不符合标准和技术法规的产品，有利于保护动物、植物和人类自身的健康和安全，保护环境和保护消费者自身利益。而出口国，特别是技术落后的出口国，通过效仿发达国家标准或制定自己的标准，逐步提高了本身出口商品的质量和生产技术水平，也算是不利中的有利。为了限制商品进口而制定的技术壁垒同样也适用于本国的生产厂商。如果他们的商品达不到这些严格的技术要求，同样不容许在本国市场上销售，这也是对自己的限制。

综上所述，我们可以看出，由于目前转基因技术仍处于发展阶段，各国转基因技术发展不平衡等特点，有关转基因产品的贸易摩擦和争端仍然是不可避免的。但随着转基因技术的不断发展，其必将走向成熟阶段，各发达国家技术差距将随着转基因技术的不断发展而缩小，则转基因技术发展不平衡的问题将会得到进一步缓解，而如上所述的环境和安全问题将会随着转基因技术研究的深入以及实践的推广和时间的推移逐步淡化甚至消失。因此我们有理由相信，有关转基因产品的贸易技术壁垒将会随着时间的推移以及技术的进步日益消亡或融入普通农产品的贸易争端中。

第三节 伦理和文化差异对转基因食品产业的影响

转基因食品来自转基因生物，而转基因生物对生态环境的影响包括对农田生态系统的影响、对自然生态系统的影响和对生物多样性(包括物种和遗传多样性)的影响。转基因生物之所以会有上述安全问题，主要是由转基因生物技术本身决定的。因为这一技术就是将一个种属的外源性目标基因人为地转入到另一个不同种属的生物遗传物质中，实质上是人为地实施不同种属间的"基因漂移"，是人为地跨越物种间屏障。在该技术的激励或诱导下，基因易在非人为控制下越种属转移，引起杂乱的"基因漂移"，造成"基因污染"。转基因食品对生态安全和生物多样性有较大的负面影响。它直接关系到后面许多伦理问题的论述。自然和生态系统都具有整体性，转基因食品对生态整体性的影响将是一个突出的问题。

伦理学的基本理论非常多，既有我们常用的道义论、后果论和儒家伦理学，也有德性伦理和判例法，还有当代发展起来的生态伦理和女性主义伦理学。伦理学理论很多，容易产生冲突并且很难统一，而转基因食品的伦理问题又非常复杂，涉及的面非常广。

不同的文化传统和伦理道德习惯自始至终的约束和影响着人类的探索活动。当然转基因产业也不例外，下面就文化传统和伦理道德层面举例来说明对转基因食品产业的某些影响。

一、文化传统对转基因食品的影响

(1) 南美洲人眼中的基因组计划

由于南美洲独特的历史——最初的移民(印第安人)来自亚洲，大约 500 年前被欧洲殖民者统治，随后又涌入大批来自非洲的黑奴。所以，许多年来，遗传学家一直对现在的南美人有多少遗传特征颇感兴趣。因此，随着人类基因组计划的进展，南美洲人类遗传学的研究大多集中于此，即人口遗传学。其中一个引人注目的成果是，在西班牙人或葡萄牙人与印第安人的混血儿中发现了很高比例的美洲印第安血统(78%)，尤其是那些印第安母亲产下的混血儿中比例更高。后来，又发现西班牙人后裔中有很高比例的非洲母系 DNA 血统。这项遗传学研究的重要性远远超出科学的范围，尤其是在充满差异的南美洲。以哥伦比亚为例，80 万美洲印第安人使用 60 多种语言，他们分属于大约 80 个民族和 10 多种语系。然而，作为主流社会的欧洲后裔一直轻视这种多样性，并且时至今日，还有许多人把印第安人看作劣等人，对他们带有很深的社会歧视。而人口遗传学的研究告诉那些人们：轻视别人正意味着轻视自己，种族主义的态度是没有科学根据的。这也有助于改变欧洲后裔们的传统观念：抛弃对土著人的排斥和蔑视及自身的优越感，而代之以爱和尊重。向孩子们灌输这些科学事实将对整个拉丁美洲都是意义深远的。而 1994 年在南美启动的人类基因组计划(Human Genome Project, HGP)的相关计划——人类基因组多样性计划(HGDP)却遭到了土著人团体的强烈反对，因为这使他们重新感受到富国的剥削。HGP 和 HGDP 都使人清楚地意识到：遗传学研究可以转化成商品。土著人对外国科学团体和外国公司的调查方式非常反感，计划很快就和商业开发挂上了钩。人们担心这会逐步加深贫富鸿沟，1994 年和 1995 年美国为土著人细胞系设立专利，更加剧了人们的这种忧虑。土著人非常反对这种基因滥用，因为逐渐累积的专利权税会给他们的经济困境雪上加霜，而且会给第三世界的人们得到医疗产品设置障碍。事实上，人类基因组计划说明土著团体受歧视是没有任何道理的。

(2) 基因多样性和印度人

印度次大陆上也生活着各种各样不同形态特征、不同遗传特征、不同文化和语言的人，历史上不同部族的人们之间冲突不断，遗传多样性和相关性的研究对整合印度次大陆意义重大。研究结果表明：印度人在遗传学上介于高加索人和蒙古人之间；南、北印度的人在遗传特征方面差异很大；地理上的邻近，而不是社会文化的密切联系，决定了印度人之间遗传特征的相似性。这似乎有悖于基本的人类学观点，可种姓制度下严格的同族通婚却造成了印度这样的现实。进一步的研究表明：即使不同种姓之间每代的通婚率小于 0.01%，由于高加索人和蒙古人本身的遗传特征差异不大，所以两者之间会逐渐趋同。这对印度传统的根深蒂固的种姓观念是一个极大的挑战。在进行研究的过程中，也引发了许多伦理问题。所以印度的基因多样性较差，也造成了印度社会对转基因新生事物的排斥。

(3) 有原则的实用主义——英美传统

英美传统是一种后果论(实用主义)传统，相应的就会强调研究的实际利益。1992 年英国进行的关于新遗传学的社会调查也反映了这个问题：人们普遍对 HGP 这样的长期战略发展不感兴趣，而对涉及基因工程、基因指纹分析等实际应用有较大兴趣。英国政府也一向以"有原则的实用主义"而引以为自豪，2001 年 1 月英国成为第一个使克隆人类早期胚胎合法化的国家。这再次明确传达出一个强烈的信号：伦理方面的争议归争议，政府还是要充分利用新科技为本国发展服务。这种"急功近利"的做法势必会引起一系列的伦理问题：对遗传信息的保密以防止雇主、教育机构、保险公司和行政机关滥用；在就业、保险和教育方面由于遗传信息而受到歧视并导致"基因劣等人"的产生；在含义尚未完全明晰前，对基因的自然缺陷指手画脚；"制造"完美婴儿；对科学家"扮演上帝"和"支配自然"的忧虑等。

(4) 欧洲大陆传统

欧洲大陆传统是一种道义论传统，强调贯穿于各种遗传学研究中的内在义务，即人的尊严和社会的休戚与共。所以，这些国家对在人类基因组计划基础上开展的遗传学研究一直都持谨慎的态度，尤其是德国。德国的这种态度既受到在纳粹时代滥用生物研究而感到内疚的影响，也受到纽伦堡法典的影响。德国人对任何基因干预都是抵触的，包括转基因食品、胚胎干细胞研究、基因检测和基因治疗。可随着人类基因组计划的进展，对基因进行医学目的或非医学目的的增强都将成为现实。这也提醒着德国人时刻警惕希特勒"优生"实践的复活。所以，伦理学家重新强调：应用人类基因组研究成果提供遗传学服务的直接目的应该是更为有效地治疗和预防疾病，在与婚有关的问题上应该是通过向当事人提供遗传咨询服务，帮助当事人做出符合他们最佳利益的决定，从而促进他们及其家庭的幸福，减少人口中的残疾人比例只是一个间接效应。生命伦理学家路德维希·洪勒菲尔德的话"即使是现在，遗传咨询只是由医生单独进行的，并没有像在其他国家通常所做的那样也听取其他学者的意见"，表达出人们对此仍满怀忧虑。所以，目前欧洲对转基因的管理也最为严格和最为苛刻。

(5) 天主教道德传统

1994 年 10 月 28 日，教皇约翰·保罗二世在对教皇科学院的成员发表演讲时，对人类基因组计划持赞成态度。天主教会并不仇视科学。相反,他们非常欢迎能有益于人类的健康和福利的科学进步。对基因组作图、测序,是对人类理性的更好诠释。而信仰与理性并不矛盾,它们是互补的。教会也注意到,许多伦理问题产生于对基因组计划获得的知识的应用。如生殖性克隆,对体外授精得到的"多余胚胎"的使用等。他们认为:人不能被归结为他自己的遗传物质,人是生物学生命和人格生命的统一体,不能将其割裂开来。对胚胎干细胞和治疗性克隆最激烈的反对声音来自罗马天主教会。因为胚胎干细胞来自具有发育为个体潜力的人胚胎;而罗马天主教会的观念认为人类的生命开始于受精。关于人的生命是从何时开始,天主教会自己在历史上也有不同的认定。公元5世纪,圣·奥古斯丁宣称:胎动初觉——胎儿足够大时他的活动就能被母亲感觉到,这个时间大约是发育的第4周至第5周,在此之前流产,既不是罪过也不是杀人。然而,1869年,罗马教皇庇护九世改变了教会的引导方向,在天主教历史上第一次认为,从受精的那一天起,流产就相当于杀人,这些被定入了宗教法规的1917年法典。2000年8月,针对胚胎干细胞的研究,梵蒂冈发表声明:"切除胚泡内细胞团将对人的胚胎产生关键性、无法弥补的损坏,剥夺胚胎发育的权利,这是严重的不道德行为和严重的违法行为",将未出生的孩子仅仅视作"生物学物质"而任意处置,是对其生命权的践踏。

(6) 儒家传统和基因组计划

对儒家而言,人生最重要的事莫过于成为一个德行高尚的人,并最终成为一名圣人。所以,儒家对能扩展人们的知识并服务于道德实践的智力追求都持支持的态度,要求人们拥有渊博的知识。因此,作为遗传学研究的一个特殊计划——HGP,从儒家的观点来说,本身没有错误并且应予以支持,尤其是作为理论研究。但具体到对从HGP中获得的信息和生物技术的应用,因为儒家强调"天地之性人为贵",强调一个人道德实践的最高成就是参与"道"的生成,而新形式的基因构造(如人兽嵌合体)和转基因食品都有可能给人类带来灭顶之灾,违背了儒家行善和不伤害的原则。此外,儒家非常强调家庭观念,认为涉及家庭或家族的遗传信息与纯粹的个人信息不同。因此,进行遗传筛查时除征求本人同意外,还必须征得家庭同意,并且严格保密。对于生殖系基因治疗,因为它会导致种族和家族血缘关系的特定基因的消失,按照儒家的观点,也应予以反对。随着人类遗传学的进展和HGP的成功,人们体验的越完全越是把人当作一种生物机器,从而降低了人的价值,剥夺了人的创造性。对HGP的成果及其应用所涉及的不同文化类型的比较研究是非常有限的,尤其是对基因组作图、测序已完成之际,伦理学的义务——对各种伦理难题和挑战给出不同文化背景下的答案,并且以可持续的方式将生命科学上的突破融入社会,也已迫在眉睫。技术造就了一种义务:凡是我们能够做到的,我们就要做到。而伦理学却问:凡是我们能够做到的,我们都应该做吗?

利用基因工程对动植物进行基因修饰,增强生物个体某种特性,这只是转基因动植物研究的第一步。目前,科学家们更注重研究开发生物个体本身原本没有的性质。例如,荷兰科学家将人的血清蛋白基因转入马铃薯;美国一家公司用转基因烟草生产疟疾疫苗;中国科学院生物化学与细胞研究所等六家单位合作培育乙型肝炎表面抗原的转基因兔也获得了成功。这种利用转基因动植物作为"生物反应器"生产药物,已成为新的发展潮流。以后,人们将通过食用这种转基因动植物加工而成的转基因食品就可以达到治病救人的目的。美国一家公司正在培育用基因工程技术改造的山羊,这批山羊已可生产足够的抗凝血酶,可取代价值 1.15 亿美元的工厂。因此,转基因动植物不仅可为人类带来更多的农产品、畜产品,而且也可能成为基因药物生产的一支生力军。虽然人们对于是否给动植物讲伦理道德的问题存在争论,但是对动植物保持起码的尊重和不伤害,应该是文明社会人的应有之义,就像文明社会提倡保护一草一木、保护环境一样是社会文明的重要标志。然而,基因工程的迅猛发展,人类对动植物的所作所为显然是有悖于社会文明的。古希腊的神话中,存在一类混体动物,如狮身人面兽、狮头羊身和蛇尾的吐火女怪。对生活在古时候的人们来说,动物身体的形状和特征被看作是能体现出精神和情感的载体,创造出混体动物将这些象征融为一体,从而就创造出有意义的和持久的本质——智慧、力量、坚韧、服从或美丽的象征,再将它们视为图腾,成为崇拜的偶像。近年来,生物技术学家们也开始着手创造混体动物,但这次创造出的混体动物不再是想象中的怪物,而是一些活生生的转基因动物。通过基因工程而使动物具有人或其他生物的遗传特征,已不是宗教中神话,而是基因工程师们意欲为食品和医疗市场创造出更有效和更有利可图的动物而做出的努力。研究人员正在将人体基因以及其他生物基因转入家禽和家畜体内的遗传物质中,以便创造出"超级"动物,满足人们不断增长的需求。将人体基因转入研究动物体内的遗传物质中,从而使这些动物成为更有价值的实验室研究工具,甚至还将一些动物变成生产高价值人体材料的生物工厂,如生产转基因器官、胰岛素、血红蛋白等。

随着基因工程的发展,人们将会看到 5t 重的牛,长着人耳的老鼠,能发出荧光的烟草,这些转基因动植物看上去更像是午夜时分的喜剧节目,而不是严肃的科技产品。这种以人为中心,将地球上的所有生物仅仅看作是利用工具的想法和做法,不仅会给人类的生存环境带来灾难,而且还可能直接危害到动植物的生命。利用基因工程技术,将动物变成人体生物制品的制造工厂、人体器官工厂,当人类需要时,要么从活生生的动物体中提取出来,要么先将动物杀死,后再提取。不论是哪种方法,都是残忍的。同样,给家禽、家畜转入生长基因,让其体型比普通体型大出几倍,其结果是危害动物的自然特性,使其正常生长困难。英国研究人员创造出的转基因猪关节变曲,几乎站立不起来。这无疑增加了动物的生存困难,增加了它们的痛苦,这样做,对动物是不公平的,也是不道德的。毫无疑问,转基因技术代表着改造生命以及人体生物材料商业化倾向,虽然这样做能为农业、畜牧业、人类健康做出巨大贡献,但是带来的伦理问题,也是不容忽视的。创造转基因动植物,以及它们在人体商场方面的利用方式,引起了人们深深的不安。基因工程技术对动植物永久性遗传密码的改变,是对动植物地位以及生物完整性史无前例的践踏。虽然在养殖业、实验室中过去也常发生虐待动物的事件,但是转基因研究会使动植物受虐待的程度和范围进一步扩大。如果我们在未来几十年中继续按我们的需要以及以获取商业利润为目的去混合和拼接动物基因,那么我们所了解的自然界就会消失。人类基因组计划的负责人之一克雷格仗特尔对此就表示了他的忧虑:"更为可怕的是,一旦我们掌握了基因组图谱的全部代码,从理论上讲,我们就能设计出新人类。如果向人类和鸟类的基因组研究投入足够的资金和精力,我们无疑能将鸟儿的翅膀插在人的身上。"究其原因,人作为一个类概念,本质上是完美主义者。他们吹毛求疵,无法忍受一点不足与缺憾,同时又狂妄自大,不承认世界现状的合理性,认识不到自然安排中潜藏着美的原则而无知地以自己的审美观作为唯一真理,并强加给自然界。人以自身为标准,擅自改变生物的自在性,将其由自在之物强制改造成为为我之物。阿诺德·汤因比的话,今天已经显得悲壮:"人类在以往 200 年间对生命层所获得的权利是史无前例的,在如此纷乱的情况下,肯定可以得出一个假说,人,大地母亲的孩子,不会在谋害母亲的罪行中幸免于难。"因此,保持对生物的尊重,保护生物完整性,实际上是在保护人类自己。

二、文化崇拜对转基因食品的影响

文化崇拜对转基因产业提出了更高的要求,这也就给转基因产业带来了更大的挑战。因为文化崇拜或者避讳的产品是转基因产业所触及的地雷区,可能会带来更多的抗议和示威。比如转基因鼠、转基因猪以及其他转基因物种等。

许多伦理问题的分析和判断,还要依据具体情况和借助其他的伦理原则进行综合权衡。实际上,人类的活动或多或少地要伤害到自己或者别人或者其他生命客体或者自然界。一般来讲,我们要尽量避免故意的伤害,或者更准确地说,故意的伤害是应该禁止的,是不应该做的;在伤害不可避免的情况下,尽量将伤害降低到最小;对于伤害的风险,我们要有"未雨绸缪,防患于未然"的风险防范意识和小心谨慎的负责态度,尽量将风险降低到最小或者消灭在萌芽状态,"化险为夷"。就转基因食品而言,伤害主要是无意的伤害(例如,种植转基因作物引起的基因污染、破坏生态环境和生物多样性)和伤害的风险(例如,转基因食品可能对人体健康的危害)。在伤害不可能避免的情况下,尽量将转基因食品的伤害降低到最小;对于转基因食品伤害的风险,应该提高风险防范意识和保持谨慎负责的态度,尽量将风险"防患于未然"或降低到最小。在当今的大科学时代,科学技术呈现出一种非线性的发展特点,它对人类社会的影响是全方位的、多维的、立体式的,而人类所面临的问题同样展现出非线性的特征。传统的还原论的和线性的思维方式已不能适应大科学时代的科学技术发展的要求,人类只有实现思维范式的转换,由还原论的思维方式向有机整体论的思维方式的转换,线性的思维方式向非线性的思维方式的转换,才能把握当今科学技术发展的方向,才有可能解决人类生存与发展的危机。

正确认识转基因食品安全带来的种种问题,将其风险"防患于未然",避免给人类健康与生态环境带来不必要的伤害,实现在转基因产业上的飞速发展,共创美好的基因时代。

参 考 文 献

陈英周,陈雷. 2007. 出口米制品企业面临转基因技术壁垒. 中国检验检疫, (6): 50, 51
候鲜明. 2007. 美欧之间转基因产品贸易争端与启示. 国际贸易, (6): 37-40
江树勋,陈文炳,邵碧英等. 2003. 转基因食品的贸易技术壁垒及对策探讨. 福建农业科技, (6): 34, 35
金明. 2004. 技术性贸易壁垒对我国外贸的影响及对策探析. 税务与经济, (6): 39-41
李辉. 2007. WTO 转基因农产品贸易争端与欧盟转基因产品管制立法评析. 环球法律评论, (2): 53-63
李晓璇. 2002. 贸易技术壁垒对我国农产品出口的影响及对策. 贵州教育学院学报, (6): 65-68
杨丽. 2002. 国际农产品贸易技术壁垒现状综述. 世界标准化与质量管理, 4(4): 20, 21
殷丽君. 2003. 转基因食品. 北京: 化学工业出版社
战雁. 2001. 国外技术性贸易壁垒对我国商品检验工作的影响. 北方经贸, (7): 170, 171
张剑智. 2006. 美国转基因农产品的研究开发驱动力与国际贸易障碍. 国际瞭望, (8): 78-80
张谨. 2004. 生物安全问题及我们的对策. 社会科学, (9): 67-70

第六章 食品中转基因成分的检测技术

转基因生物中被整合到宿主基因组中的外源基因一般都具有共同的特点,即由启动子、结构基因和终止子组成,一般称之为基因盒(gene cassette)。在许多情况下,可以由两个或更多的基因盒插入宿主基因组的同一位点或不同位点。此外,在转化时,往往还有外源的抗性筛选标记基因和报告基因,这些都是检测时应考虑的。因此,在检测转基因食品时,主要针对外源启动子、终止子、筛选标记基因、报告基因和结构基因的 DNA 序列和产物进行检测。检测的方式主要有基于核酸的 PCR 检测技术、基于蛋白质的酶学和免疫学检测技术、向自动化技术发展的生物传感器与生物芯片技术、基于现代分析仪器的近红外光谱和质谱分析技术等。但是,只有基于核酸的 PCR 检测技术和基于蛋白质免疫学检测技术是目前应用于生物技术食品检测的两大技术。

第一节 以蛋白质为基础的检测技术

一、酶学检测技术

报告基因和抗性筛选标记基因是所有转基因生物中具有的共同特点。一般来说,对它们的检测是检测外源基因是否转化成功的第一步。报告基因和抗性筛选标记基因一般都具有两个主要特点:一是其表达产物和产物功能在未转化的生物组织中并不存在;二是便于检测。目前在基因工程中应用的报告基因和抗性筛选标记基因都是编码某一种酶,主要有:卡那霉素抗性标记基因($NptII$)、β-葡萄糖苷酸酶基因(Gus)、氯霉素乙酰转移酶基因(Cat)、胭脂碱合成酶基因(Nos)、章鱼碱合成酶基因(Oct)等,在瑞士已将对它们的检测列为官方指定的对转基因检测的筛查项目。以下分别介绍几种报告基因和抗性筛选标记基因检测基本原理与方法。

(一) Gus 基因的检测

Gus 基因存在于某些细菌体内,编码β-葡萄糖苷酸酶(β-glucuronidase,Gus),它是一种水解酶,可以催化许多β-葡萄糖苷酯类的化合物水解。该酶在表现活性时不需要辅酶,最适 pH 范围较宽为 5.2~8.0,同时也适应较宽的离子浓度,该酶的专一性较差,β-葡萄糖苷酸酯(X-Gluc)、4-甲基伞形酮酰-β-D-葡萄糖醛酸苷酯(4-MUG)和对硝基苯β-D-葡萄糖醛酸苷(PNPG)都可以作为底物。目前,常用的方法有:①组织化学染色定位法;②荧光光度法测定 Gus 活性;③分光光度法测定 Gus 的活性。

(二) Cat 基因的检测

Cat 基因编码氯霉素乙酰转移酶,该酶催化乙酰 CoA 上的乙酰基转向氯霉素生成1-乙酰氯霉素、3-乙酰氯霉素、1,3-二乙酰氯霉素。乙酰化的氯霉素不再具有氯霉素的活性，失去了干扰蛋白质的作用。真核细胞不含 *Cat* 基因，无该酶的内源活性，转化 *Cat* 基因的细胞可以产生对氯霉素的抗性，并可通过检测转化细胞中 *Cat* 活性来了解是否是转基因生物。*Cat* 的活性通过反应底物乙酰 CoA 的减少或反应产物乙酰化氯霉素及还原型 CoASH 的生成来测定。目前常用的方法有硅胶 G 薄层层析法及 5，5-二硫二硝基苯甲酸分光光度法。

(三) 冠瘿碱合成酶基因的检测

冠瘿碱合成酶基因存在于农杆菌 Ti 质粒或 Ri 质粒上，该基因与 Ti 质粒的致瘤作用无关，该基因的启动子是真核性的，在农杆菌中并不表达，整合到植物染色体上后就可以表达。目前发现的冠瘿碱合成酶有两种：

一种是胭脂碱合成酶，催化冠瘿碱的前体物质精氨酸与 α-酮戊二酸进行缩合反应，生成胭脂碱。

精氨酸 + α-酮戊二酸 + NADH ⟶ 胭脂碱 + NAD^+

另一种是章鱼碱合成酶，催化精氨酸与丙氨酸缩合生成章鱼碱。

精氨酸 + 丙酮酸 + NADH ⟶ 章鱼碱 + NAD^+

植物细胞中章鱼碱的检出，目前主要采取 Otten 的方法，其原理是利用纸电泳分离被检组织的抽提物，然后用菲醌染色，因为菲醌是胍基类化合物的特异性染色剂，与精氨酸、胭脂碱、章鱼碱作用后在紫外光下显示黄色荧光，放置两天后变成蓝色。

(四) *NptII* 基因的检测

该基因来源于细菌转座子 Tn5 上的 *aphA2*，编码氨基糖苷-3-磷酸转移酶，使氨基糖苷类抗生素(新霉素、卡那霉素、庆大霉素等)磷酸化而失活。使用了 *NptII* 基因转化植物可以使植物细胞产生对氨基糖苷类抗生素的抗性，因此，是一个有效的选择标记基因，同时，该酶可以通过反应检测其表达，因而又是一个常用的报告基因。检测原理是利用放射性标记的放射性核素[γ-^{32}P]ATP，通过[γ-^{32}P]基团转移，生成带放射性的磷酸卡那霉素，通过点渍法、层析法、凝胶原位检测法对放射性[γ-^{32}P]进行定量分析检测。

(五) *Pat* 基因检测

Pat 基因编码抗除草剂 PPT 的乙酰转移酶(PAT)，除草剂 PPT 是一种谷氨酸结构的类似物，可以竞争性的抑制谷胺酰胺合成酶(GS)的活性，使细胞内的 NH_4^+ 积累而中毒死亡。*Pat* 基因编码的 PPT 乙酰转移酶(PAT)可以催化乙酰 CoA 分子上的乙酰基转移到游离氨基上，使 PPT 乙酰化失去对 GS 的抑制作用，而表现出抗性。*Pat* 基因有 *Bar* 基因和 *Pat* 基因两种，分别来源于吸水链霉菌(*Streptomyces hygrocopicus*)和绿色产色链霉菌(*S.viridochromogenes*)。*Bar* 基因可以作为筛选转化体的标记基因，也可以因为检测方法灵敏作为报告基因。目前对 *Pat* 基因的检测方法有硅胶 G 薄层层析法及 DTNB 分光光度法。

酶学检测方法一般适用于对鲜活组织的检测和对接受基因工程改造生物体的初步检测，目前在许多情况下，国外一些公司可以通过一些技术手段删除抗性筛选标记基因，因此用酶学检测转基因食品原料，在应用中有一定的局限性。

二、免疫学检测技术

在哺乳动物细胞中存在一套复杂的自身防御系统,以保护自己在受到外来有害物质和病原菌侵染时不受到致命伤害。其中有一部分防御反应是一种称之为淋巴细胞的细胞经过诱导产生特异的蛋白质,这些蛋白可以与外来物质结合,这种结合物质可以被机体中的专门从事清理外来物质的细胞(如巨噬细胞)吞噬,被消化或被排出体外。机体的这一防御过程就是免疫反应,淋巴细胞产生的特异蛋白就是抗体(antibody)。与其相对应,能刺激免疫系统发生免疫反应,产生抗体或形成致敏淋巴细胞,并能与相对应的抗体或致敏淋巴细胞发生特异性反应的物质,就是抗原(antigen)。

抗原和抗体(免疫球蛋白)之间的结合特异性是免疫学检测技术的基础。在检测中,抗原应该是要检测的对象,而抗体是抗原刺激产生的具有对抗原特异结合能力的免疫球蛋白。从目前的研究而言,利用免疫学检测技术已经达到了纳克(ng)、皮克(pg)级的水平。而可利用抗原的范围也在扩大,现在无论是生物大分子还是有机小分子,都可以通过免疫技术获得相应的抗体(或单克隆抗体),这样就大大拓宽了免疫检测的应用范围。从目前的现代分子检测技术而言,免疫学检测方法是最特异、最灵敏、用途最广泛的技术之一。目前,采用免疫学方法,尤其是利用酶联免疫吸附测定法制备的试剂盒在转基因成分快速检测中得到广泛的应用。

(一) 原理

酶联免疫吸附测定 (enzyme-linked immunosorbent assay, ELISA) 是免疫酶技术中的一种,是目前应用最为广泛的免疫学检测方法。有其独特的优点:专一性强、灵敏度高、样品易于保存、结果易于观察、可以定量测定、仪器和试剂简单等。其基本原理是基于抗原或抗体的固相化及抗原或抗体的酶标记。结合在固相载体表面的抗原或抗体可以保留其免疫学活性,抗原或抗体的酶结合物既保持其免疫学活性,又保留酶的活性。在测定时,把受检标本(抗体或抗原)和酶标记抗体或抗原按不同的步骤与固相载体表面的抗原或抗体起反应,用洗涤的方法将形成的抗原抗体复合物与其他物质分开,这样结合在固相载体上的酶量与标本中的受检物质的量就会成一定的比例。加入酶反应的底物后,底物被酶催化变为有色产物,产物的量就与标本中受检物质的量直接相关,于是就可根据呈色的深浅进行定量或定性分析。由于酶的催化效率很高,可极大地放大反应结果,从而可以使测定达到很高的灵敏度。但对于转基因食品,特别是经过深加工的食品,由于要检测的目的蛋白(抗原)发生了变性,造成三级或四级结构的改变,使抗体无法识别抗原,使检测结果出现假阴性,因此,在实际应用中有其局限性,只能用于对未加工食品的检测(陈茹等,2001)。

目前,在转基因植物源食品商业化前的安全性评价中,对抗性标记筛选基因、报告基因、外源结构基因表达产物的检测,以及在模拟消化道的降解试验、过敏试验、环境安全等的检测中大多应用这一技术。利用双抗夹心 ELISA 已对卡那霉素抗性基因 *NptII*,Bt 内毒素基因 *Cry1A*、*Cry2A*、*Cry3A*、*Cry9C*,草甘膦抗性基因 *Cp4-epsps*、*Epsps*、*Gox* 基因、*Gus* 基因等产物进行了检测和安全性评价。但是用 ELISA 不能对加工过的食品进行检测。因为在加工过的食品中,抗原蛋白质发生了变性,不能被抗体所识别,因此在应用上有其局限性。

(二) ELISA 方法分类

常用的测定抗原的 ELISA 方法主要有以下四种。

1. 竞争法

方法的基本原理可见图 6-1：本法首先将特异性抗体吸附于固相载体表面，我们把抗原和抗体吸附到固相载体表面的这个过程，称为包被(coated)，也可叫做致敏。经洗涤后分成两组：一组加酶标记抗原和被测抗原的混合液，而另一组只加酶标记抗原，再经孵育洗涤后加底物显色，这两组底物降解量之差。即为我们所要测定的未知抗原的量。

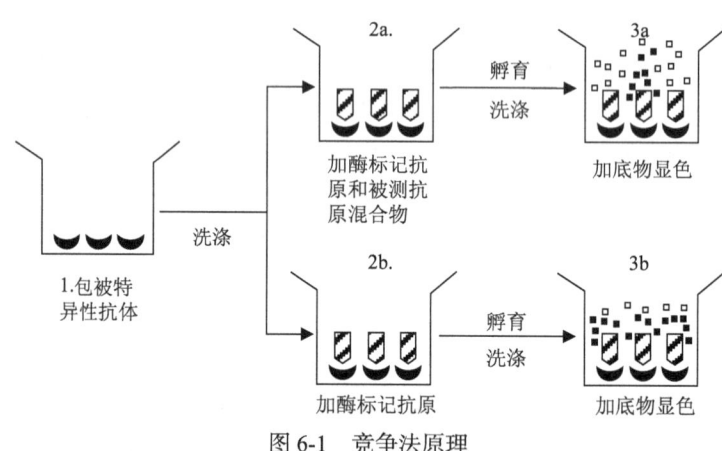

图 6-1 竞争法原理

这种方法所测定的抗原只要有一个结合部位即可，因此，对小分子抗原如激素和药物之类的测定常用此法。该法的优点是快，因为只有一个保温洗涤过程。但需用较多量的酶标记抗原为其缺点。

2. 双抗体夹心法

本法首先也是用特异性抗体包被于固相载体，经洗涤后加入含有抗原之待测样品，如待检样品中有相应抗原存在，即可与包被于固相载体上的特异性抗体结合，经保温孵育洗涤后，即可加入酶标记特异性抗体，再经孵育洗涤后，加底物显色进行测定，底物降解的量即为待测抗原的量。

方法的基本原理可用图 6-2 来表示：

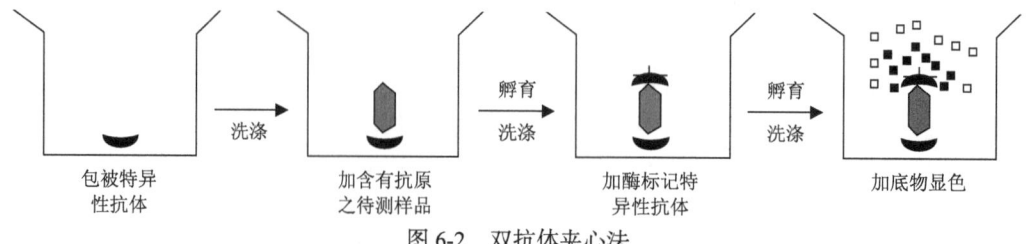

图 6-2 双抗体夹心法

这种方法待测的抗原必须有两个可以与抗体结合的部位，因为其一端要包被于固相载体上的抗体作用，而另一端则要与酶标记特异性抗体作用。因此，不能用于相对分子质量小于 5000 的半抗原之类的抗原测定。

3. 改良双抗体夹心法

本法是双抗体夹心法的一种改良形式，也是用于测定抗原的，其原理可用图 6-3 来表示。

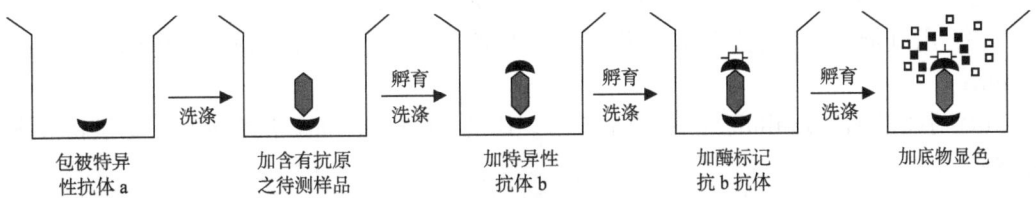

图 6-3 改良双抗体夹心法

本法首先是将特异性抗体 a 包被于固相载体，经洗涤加入含有待测抗原的待检样品。经孵育洗涤后再加一次未标记的特异性抗体 b，而这次加入的抗体 b 于第一次包被于固相载体上的特异性抗体 a 对被测抗原来说都是特异性的，但不是用同种动物免疫制备的，否则可出现非特异性反应。经孵育洗涤后，再加酶标记抗 b 抗体，再经孵育洗涤后加底物显色进行测定。这种方法与双抗体夹心法不同之处是多加了一层抗体。因此，放大的倍数更高，故比双抗体夹心法更加灵敏。同时避免标记特异性抗体，而另一优点是只要标记一种抗抗体，即可达到多种应用。

4. 间接法

基本原理可见图 6-4，它是先用抗原包被固相载体，然后分为两组，一组加入用参考抗体和被检标本混合孵育后的混合溶液，假如标本中不含抗原，则参考抗体未被结合。因此它可以和包被于固相载体上的抗原结合。如标本中含有抗原，则抗原先与参考抗体结合，故参考抗体不再与包被于固相载体上的抗原结合。对加入酶结合物(抗球蛋白)和底物仅显示剩余结合的抗体量。再与另一组不加待检标本的参考系统比较，被检标本对底物显色的抑制程度与标本中所含抗原量成比，二者之差，即为待测抗原的量。

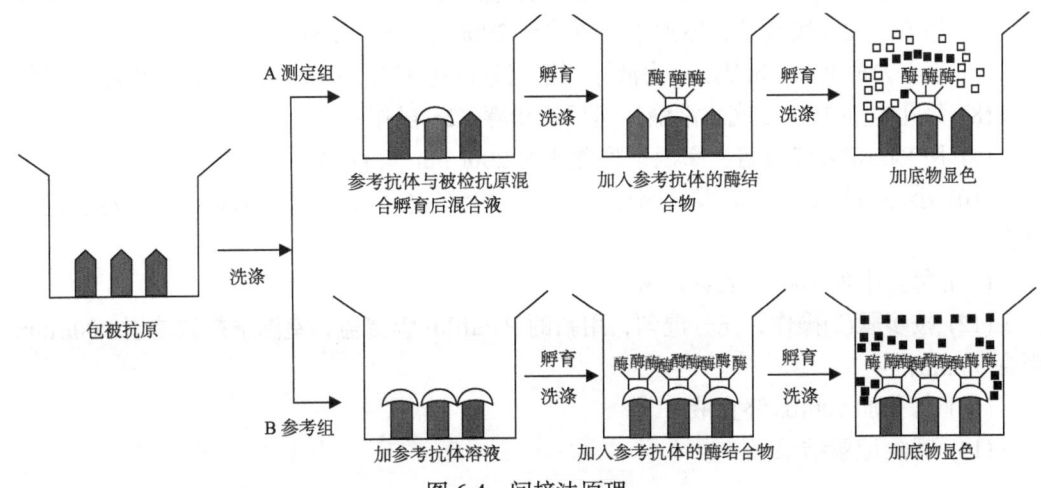

图 6-4 间接法原理

三、方法

(一) 直接法

(1) 向酶联板每孔中加 100μL 抗原,设空白对照和阴性对照;
(2) 将酶联板在实验台上水平快速摇动 20~30s,勿使样品溢出;
(3) 用 Parafilm 膜覆盖样品孔防止样品挥发,室温下静置或者 200r/min 孵育 30min;
(4) 小心去掉 Parafilm 膜,将样品弃去,用洗液(每孔 300μL)洗涤 4 次,尽量将液体弃尽;
(5) 每孔加 100μL 酶标抗体,按步骤(2)操作;
(6) 用 Parafilm 膜覆盖,室温下静置或者 200r/min 孵育 2h;
(7) 小心去掉 Parafilm 膜,弃去液体,用洗液(每孔 300μL)洗涤 4 次,尽量将液体弃尽;
(8) 每孔中加 100μL 底物溶液;
(9) 按步骤(2)操作充分混匀,用新的 Parafilm 膜覆盖,室温下静置或者 200r/min 孵育 30min;
(10) 每孔加 100μL 终止液;
(11) 观察记录结果。

(二) 间接法

(1) 向酶联板每孔中加 100μL 抗原,设空白对照和阴性对照;
(2) 将酶联板在实验台上水平快速摇动 20~30s,勿使样品溢出;
(3) 用 Parafilm 膜覆盖样品孔防止样品挥发,室温下静置或者 200r/min 孵育 30min;
(4) 小心去掉 Parafilm 膜,将样品弃去,用洗液(每孔 300μL)洗涤 4 次,尽量将液体弃尽;
(5) 每孔加 100μL 酶标抗体,按步骤 (2) 操作;
(6) 用 Parafilm 膜覆盖,室温下静置或者 200r/min 孵育 2h;
(7) 小心去掉 Parafilm 膜,弃去液体,用洗液(每孔 300μL)洗涤 4 次,尽量将液体弃尽;
(8) 每孔中加 100μL 底物溶液,然后按步骤 (2) 操作;
(9) 用 Parafilm 膜覆盖,室温下静置或者 200r/min 孵育 2h;
(10) 小心去掉 Parafilm 膜,将样品弃去,用洗液(每孔 300μL)洗涤 4 次,尽量将液体弃尽;
(11) 每孔中加 100μL 底物溶液;
(12) 按步骤(2)操作,充分混匀,用新的 Parafilm 膜覆盖,室温下静置或者 200r/min 孵育 30min;
(13) 每孔加 100μL 终止液;
(14) 观察记录结果。

(三) 双抗夹心法

(1) 向酶联板每孔中加 100μL 特异抗体；
(2) 将酶联板在实验台上水平快速摇动 20~30s，勿使样品溢出；
(3) 用 Parafilm 膜覆盖样品孔防止样品挥发，室温下静置或者 200r/min 孵育 2h；
(4) 小心去掉 Parafilm 膜，将样品弃去，用洗液(每孔 300μL)洗涤 4 次，尽量将液体弃尽；
(5) 每孔加 100μL 酶标抗体，按步骤 (2) 操作；
(6) 用 Parafilm 膜覆盖，室温下静置或者 200r/min 孵育 2h；
(7) 小心去掉 Parafilm 膜，弃去液体，用洗液(每孔 300μL)洗涤 4 次，尽量将液体弃尽；
(8) 每孔中加 100μL 底物溶液，然后按步骤 (2) 操作；
(9) 用 Parafilm 膜覆盖，室温下静置或者 200r/min 孵育 2h；
(10) 小心去掉 Parafilm 膜，将样品弃去，用洗液(每孔 300μL)洗涤 4 次，尽量将液体弃尽；
(11) 每孔中加 100μL 底物溶液；
(12) 按步骤 (2) 操作充分混匀，用新的 Parafilm 膜覆盖，室温下静置或者 200r/min 孵育 30min；
(13) 每孔加 100μL 终止液；
(14) 观察记录结果。

四、注意事项

(一) 影响 ELISA 检测方法的因素

1. 固相载体

包被抗体用的固相载体材料大部分是塑料。良好的 ELISA 板应该是吸附性能好，空白值低，孔底透明度高，各板之间、同一板各孔之间、同一板各孔之间性能相近。聚苯乙烯 ELISA 板由于原料的不同和制作工艺的差别，各种产品的质量差异很大，因此，每一批号的 ELISA 板在使用前须事先检查其性能。常用的检查方法为，以一定浓度的人 IgG(一般为 10ng/mL)包被 ELISA 板各孔，洗涤后每孔内加入适当稀释度的酶标抗人 IgG 抗体，保温后洗涤，加底物显色，终止酶反应后，分别测每孔溶液的吸光度。控制反应条件，使各孔读数在吸光度 0.8 左右。计算全部读数的平均值。所有单个读数与全部读数的均数之差，应小于 10%。蛋白质与聚苯乙烯固相载体是通过物理吸附结合的，靠的是蛋白质分子结构上的疏水基团与固相载体表面的疏水基团间的作用力。这种物理吸附是非特异性的，受蛋白质的相对分子质量、等电点、浓度等的影响。载体对不同蛋白质的吸附能力是不相同的，大分子蛋白质较小分子蛋白质通常含有更多的疏水基团，故更易吸附到固相载体表面。聚乙烯板可通过不同处理，增加其吸附性能，通过实验比较，采用了方法简单、效果较好的紫外线照射的处理方法。

2. 包被的条件

包被用抗体的浓度，包被的温度和时间，包被液的 pH 等应根据试验的特点和材料的性质而选定。在包被过程中应避免使用非离子洗涤剂(TritonX-100、吐温-20)，因为它们可与蛋白质竞争，妨碍疏水反应的发生，不利于蛋白质的包被。影响蛋白质在固相载体上吸附效果的因素主要有温度、时间和蛋白质浓度等。

3. 封闭

封闭是继包被之后用高浓度的无关蛋白质溶液再包被的过程。抗原或抗体包被时所用的浓度较低，吸收后固相载体表面尚有未被占据的空隙，封闭就是让大量不相关的蛋白质充填这些空隙，从而排斥在 ELISA 其后的步骤中干扰物质的再吸附。封闭的程序与包被相类似。

4. 酶的底物及供氢体的选择

对供氢体的选择要求是价廉、安全、有明显的显色反应，而本身无色。有些供氢体[如邻苯二胺(OPD)等]有潜在的致癌作用，应注意防护。有条件者应使用不致癌、灵敏度高的供氢体，如四甲基联苯胺(TMB)和 2，2'-连氮基-双-(3-乙基苯并二氢噻唑啉-6-磺酸)二铵盐(ABTS)是目前较为满意的供氢体。而 TMB 的效果最好，主要表现在：①OD 差值大，曲线斜率大，检测下限低；②所需 H_2O_2 最适浓度低；③受 pH 影响小；④灵敏度高；⑤可兼用于酶标定位和定量；⑥不致癌。底物作用一段时间后，应加入强酸或强碱以终止反应。通常底物作用时间，以 10~30min 为宜。底物使用液必须新鲜配制，尤其是 H_2O_2 在临用前加入。

(二) ELISA 操作要点

1. 试剂的准备

按试剂盒说明书的要求准备实验中需用的试剂。ELISA 中用的蒸馏水或去离子水，包括用于洗涤的，应为新鲜的和高质量的。自配的缓冲液应用 pH 计测量较正。从冰箱中取出的试验用试剂应待温度与室温平衡后使用。试剂盒中本次试验不需用的部分应及时放回冰箱保存。

2. 加样

在 ELISA 中一般有 3 次加样步骤，即加标本，加酶结合物，加底物。加样时应将所加物加在 ELISA 板孔的底部，避免加在孔壁上部，并注意不可溅出，不可产生气泡。加标本一般用微量加样器，按规定的量加入板孔中。每次加标本应更换吸嘴，以免发生交叉污染，也可用一次性的定量塑料管加样。加酶结合物应用液和底物应用液时可用定量多道加液器，使加液过程迅速完成。

3. 保温

在 ELISA 中一般有两次抗原抗体反应，即加标本和加酶结合物后。抗原抗体反应的完成需要有一定的温度和时间，这一保温过程称为温育(incubation)。ELISA 属固相免疫测定，抗原、抗体的结合只在固相表面上发生。以抗体包被为例，加入板孔中的标本，其中的抗原并不是都有均等的和固相抗体结合的机会，只有最贴近孔壁的一层溶液中的抗原直接与抗体接触。这是一个逐步平衡的过程，因此需经扩散才能达到反应的终点。在其后加入的酶标记抗原与固相抗原的结合也同样如此。这就是为什么 ELISA 反应总是需要一定时间的温育。37℃是实验室中常用的保温温度，也是大多数抗原抗体结合的合适温度。在建立 ELISA 方法做反应动力学研究时，实验表明，两次抗原抗体反应一般在 37℃经 1~2h，产物的生成可达顶峰。保温一般均采用水浴方式，可将 ELISA 板置于水浴箱中，ELISA 板底应贴着水面，使温度迅速平衡。为避免蒸发，板上应加盖，也可用塑料贴封纸或保鲜膜扭盖板孔，此时可让反应板漂浮在水面上。若用保温箱，ELISA 板应放在湿盒内，湿盒要选用传热性良好的材料如金属等，在盒底垫湿的纱布，最后将 ELISA 板放在湿纱布上。湿盒应先放在保温箱中预温至规定的温度，特别是在气温较低的时候更应如此。无论是水浴还是湿盒温育，反应板均不宜叠放，以保证各板的温度都能迅速平衡。室温温育的反应，操作时的室温应严格限制在规定的范围内，标准室温温度是指 20~25℃，但具体操作时可根据说明书的要求控制温育。室温温育时，ELISA 板只要平置于操作台上即可。应注意温育的温度和时间应按规定力求准确。为保证这一点，一个人操作时，一次不宜多于两块板同时测定。

4. 洗涤

洗涤在 ELISA 过程中虽不是一个反应步骤，但却也决定着实验的成败。ELISA 就是靠洗涤来达到分离游离的和结合的酶标记物的目的。通过洗涤以清除残留在板孔中没能与固相抗原或抗体结合的物质，以及在反应过程中非特异性地吸附于固相载体的干扰物质。聚苯乙烯等塑料对蛋白质的吸附是普遍性的，而在洗涤时又应把这种非特异性吸附的干扰物质洗涤下来。可以说在 ELISA 操作中，洗涤是最主要的关键技术，应引起操作者的高度重视，操作者应严格按要求洗涤，不能马虎。洗涤液多为含非离子型洗涤剂的中性缓冲液。聚苯乙烯载体与蛋白质的结合是疏水性的，非离子型洗涤剂既含疏水基团，也含亲水基团，其疏水基团与蛋白质的疏水基团借疏水键结合，从而削弱蛋白质与固相载体的结合，并借助于亲水基团和水分子的结合作用，使蛋白质回复到水溶液状态，从而脱离固相载体。洗涤液中的非离子型洗涤剂一般是吐温-20，其浓度可在 0.05%~2%，高于 0.2%时，可使包被在固相上的抗原或抗体解吸附而减低试验的灵敏度。

5. 显色和比色

显色是 ELISA 中的最后一步温育反应，此时酶催化无色的底物生成有色的产物。反应的温度和时间仍是影响显色的因素。在一定时间内，阴性孔可保持无色，而阳性孔则随时间的延长而呈色加强。适当提高温度有助于加速显色进行。在定量测定中，加入底物后的反应温度和时间应按规定力求准确。四甲基联苯胺(TMB)经辣根过氧化物酶作用后，约 40min 显色达顶峰，随即逐渐减弱，至 2h 后即可完全消退至无色。但为保证实验结果的稳定性，宜在规定的适当时间阅读结果。用 H_2SO_4 作为 TMB 终止液，则会使蓝色转变成黄色，此时可用特定的波长(450nm)测读吸光值；比色前应先用洁净的吸水纸拭干板底附着的液体，然后将板正确放入酶标比色仪的比色架中。比色时应先以蒸馏水校零点，测读底物孔(未经任何反应仅加底物液的孔)和空白孔(以生理盐水或稀释液代替标本做全过程的孔)，以记录本次试验的试剂状况。其后可用空白孔以蒸馏水校零点，以上各孔的吸光度需减去空白孔的吸光度，然后进行计算。比色结果的表达以往通用光密度(optical density，OD)，现按规定用吸光度(absorbance，A)，两者含义相同。通常的表示方法是，将吸收波长写于 A 字母的右下角。此外，酶标比色仪不应安置在阳光或强光照射下，操作时室温宜在 15~30℃，使用前先预热仪器 15~30min，测读结果更稳定。

(三) 抗原的酶标记

辣根过氧化物酶(HRP)是常用的标记酶，采用改良的过碘酸钠简易法偶联 HRP 和抗原。简易法的偶联过程中，使用了 SephadexG-25，反应中 SephadexG-25 迅速膨胀，增加了反应液中的蛋白质浓度，可提高 HRP 与抗原的偶联产物量，同时还可以吸附 $NaIO_4$ 分子，避免多余的 $NaIO_4$ 对酶活性的不良影响。在稳定过程中，形成的席夫碱被硼氢化物还原。改进后的方法步骤简单，所用设备简易，而且标记效果良好，是一种很好的酶标记方法，适合一般实验室使用。但在实验中应严格掌握所用试剂的 pH、浓度及用量，所用 HRF 的纯度(RZ)值应大于 3.0，氧化和偶联的时间不可随意延长和缩短。此外还应注意下列因素：使用双蒸水，防止某些弱氧化金属和其他杂质的污染，因为酶对这些污染物十分敏感；氧化反应过程应在避光条件下进行；用碳酸盐做反应溶液，反应应在密闭容器中进行，以防止 pH 发生改变。

(四) 试剂盒的使用中易出现的问题

1. 样本的吸光值高于标准曲线的最大吸光值

在竞争性 ELISA 反应中，标准曲线最大吸光值的点不含有待测物质，如果样本测定的吸光值高于标准曲线中的最大吸光值，则其结果出现负值，出现这种现象的原因有 3 个：第一，零标准样本稀释错误，或者用于稀释标准品的无待测物样本实际含有一定量的待测物(抗原或抗体)。第二，样本中含有某些干扰物质，而且用于稀释标准品的无待测物样本对其他样本的代表性差。第三，ELISA 方法的灵敏度低。对于第一种情况，可将样本中的最大吸光值的点作为零标准点，绘制标准曲线。但在第二种情况下，则需对样本进行适当的前处理，如稀释、抽提等。

2. 样本吸光值低于标准曲线中的最小吸光值

在竞争性 ELISA 方法中出现这种情况，说明样本中的待测物含量较高，必须加大稀释倍数后重新测定。

3. 最大吸光值较低

出现这种现象的原因可能有：第一，抗体效价降低或是酶的活性下降。由于这些制品均为蛋白质，极易受保存和运输条件的影响而降低活性。第二，酶标抗体中的酶标记物的活性虽未降低，但因发生脱落而使免疫活性降低。第三，酶底物系统受运输和保存条件的影响而变质。

五、应用

酶联免疫吸附测定法是最常用的一项免疫学测定技术，该种方法具有很多优点：特异性强，灵敏度高，样品易于保存，结果易于观察，可以定量测定，仪器和试剂简单等。目前，这种方法已经被广泛地用于分析测定转基因作物中外源基因所表达的靶蛋白质的水平。这些基因产物有 BT 杀虫蛋白 Cry1Ab(MON810)、EPSPS 蛋白、NptII 蛋白、抗除草剂 PAT 蛋白质。

近几年来，科学家们以 ELISA 法为基础将特异性蛋白抗体涂抹在支撑物上，建立了测流试剂条(lateral flow)和试剂盒等快速检测方法。实际分析时只需将试剂条直接与样品中的蛋白质抗原接触即可，使操作过程趋于简单化和自动化，可不受场地及实验室条件限制，灵敏度高，方便地适合于田间快速检测，并且可以对转基因产品实行半定量分析。

然而，ELISA 法用于检测转基因产品具有一定的局限性：①外源基因并非都能导致特异性重组蛋白质的表达或表达的水平太低而无法检测，一般的，表达产物仅占作物总可溶性蛋白质的 0~2%，即使在强启动子的驱动表达下其上限水平也低于 2%，而通常达不到此限，因而不易检测出来，而且基于蛋白质水平的检测不能区别转入同一目的蛋白的两种不同的转基因植物；②特异性蛋白质有时仅在作物的特定部位或在一定的生理阶段合成，有时在不同部位其表达水平也不一致，如 EPSPS 蛋白在 Roundup Ready 大豆的叶片和种子的表达量分别为 459μg/g 和 288μg/g；③目的蛋白抗原必须保持完整的三级或四级结构才能识别特定的抗体，因此不适用于经过深加工的、抗原发生变性的转基因产品；④由于转入的目的基因的种类众多，抗体种类需求也多；⑤不能区别转入同一目的蛋白的两种不同的转基因植物；⑥混合样品中存在的皂角苷、酚复合物、脂肪酸及内源性磷脂酶等杂质可影响 ELISA 法的准确性和精确性；⑦检测极限较低，商业性 ELISA 试剂盒只能检出占样品总量 0.3%~5%以上的转基因大豆。所以，蛋白质检测在转基因检测中不能作为首选方法。

第二节　以核酸为基础的检测技术

随着分子生物学的发展，各种针对核酸分子的检测方法不断地出现和完善，逐步形成了一套核酸分子的检测方法，主要包括：聚合酶链反应(polymerase chain reaction, PCR)、Southern 杂交、Northern 杂交、连接酶链反应(ligase chain reaction, LCR)、PCR-ELISA、NASBA(nucleic acid sequence-based amplification)检测等，这些技术广泛用于对转基因生物和非转基因生物的检测和功能分析。但是研究和利用最为广泛的是 PCR 技术，利用 PCR 技术进行转基因产品成分检测是目前应用最成熟，最活跃，作为转基因检测标准技术广为认可的技术。

一、聚合酶链反应

(一) 原理

聚合酶链反应简称 PCR 反应,最早是由 Kleppe 等概念性的描述了反应的原理。但实验数据的第一次公开发表是在 20 世纪 80 年代中期,PCR 是一项体外扩增特异性 DNA 片段的技术。该方法操作方便有效,可以在数小时内在试管中扩增获得数百万个特异 DNA 序列的拷贝。该技术在经过近 20 年的发展已经渗透到分子生物学研究的各个领域,成为一项非常有用的研究和检测工具。

PCR 技术的原理如图 6-5 所示:在有 DNA 模板、引物和 4 种脱氧核糖核苷酸的存在下,耐热的 DNA 聚合酶在 $5'\rightarrow 3'$ 聚合酶活力的催化下,按碱基互补的原则进行合成。一般反应分三步:第一步,变性,通过在 95℃左右的高温使模板 DNA 和引物变性,形成单链;第二步,退火,一般温度在 50~64℃,使引物和模板互补配对;第三步,延伸,在耐热 Taq DNA 聚合酶最适温度 72℃,在有一定浓度的 Mg^{2+} 和 4 种脱氧核糖核苷酸的存在下,按碱基互补的原则进行链的延伸。以上三步反应为一个循环,在经过 25~30 个循环后,扩增的片段可达 $2\times(10^6\sim 10^7)$。

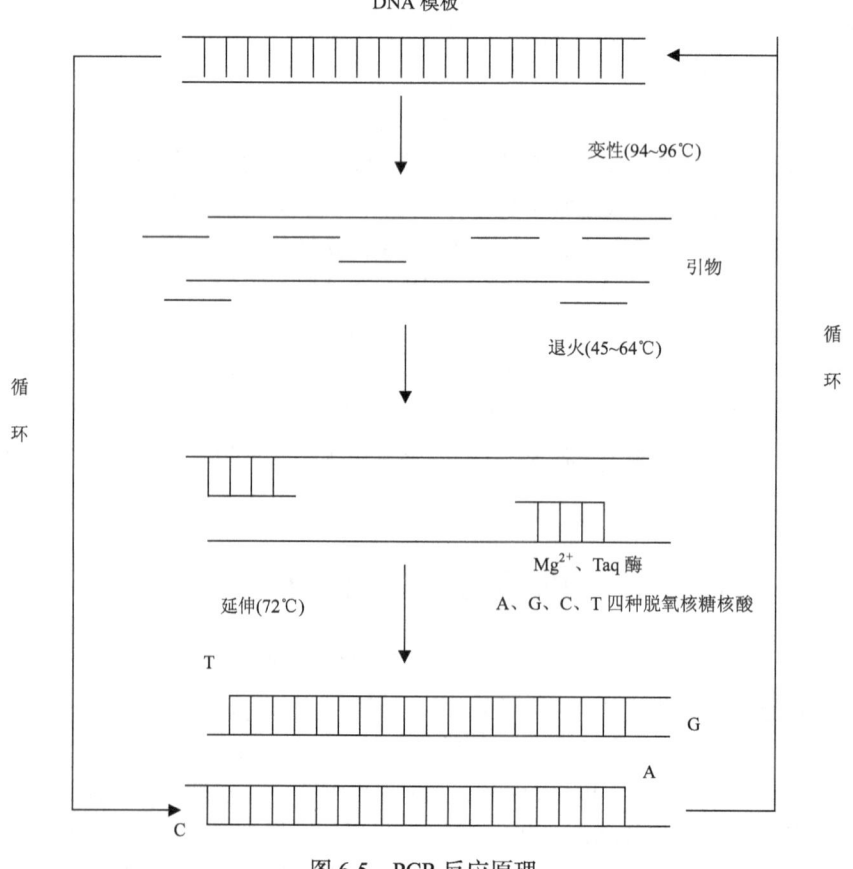

图 6-5 PCR 反应原理

(二) PCR 反应的条件

1. DNA 模板

符合 PCR 反应的 DNA 模板应该不含有 Taq DNA 聚合酶抑制因子，DNA 提取液中的 RNA 量不应太大，因为这会螯合 PCR 反应体系中的 Mg^{2+}，使 Mg^{2+} 浓度下降影响 PCR 反应。因此，选择合适的 DNA 提取方法，对于进行 PCR 反应是非常重要的。在进行 PCR 反应时，模板的数量也是一个重要的因子，一般来说，数量不足的模板将会造成扩增数量减少，而产生假阴性。同时，用于扩增的模板 DNA 越多，可以减少由于交叉污染而造成的反应失败。一般情况下，真核生物的 DNA 模板数量应 25~50ng(50μL 反应体系)。细菌的 DNA 模板数量在 1~10ng(50μL 反应体系)，质粒在 0.1~1ng(50μL 反应体系)。

2. 引物

用于 PCR 反应的引物一般为 15~30 个核苷酸，过短或过长都会降低扩增的特异性。在进行 PCR 反应时，引物的浓度一般在 0.1~0.6μmol/L，不超过 1.0μmol/L。引物浓度太高，会增加错配的概率造成假阳性，并增加非特异性产物。引物浓度太低会造成较低的产物浓度，而造成假阴性。

3. Mg^{2+} 浓度

在 PCR 反应体系中，Mg^{2+} 浓度一般为 1~5mmol/L，大多数情况下选择 1.5mmol/L。Mg^{2+} 可以影响聚合酶的活力和增加双链 DNA 的 T_m 值。Mg^{2+} 浓度过低造成聚合酶活力下降，扩增产物降低，产生假阴性。Mg^{2+} 浓度过高，造成非特异性扩增和引物二聚体的数量增加。

4. 四种脱氧核糖核酸

在加入 dNTP 时，应该使用同样浓度的四种脱氧核糖核酸，常常使用混合好的 10mmol/L 或 2.5mmol/L dNTP 溶液。在 PCR 反应体系中，一般每种脱氧核糖核酸终浓度在 50~500μmol/L。但经常使用的每种脱氧核糖核酸终浓度在 200μmol/L。

5. 反应缓冲液

一般 PCR 反应使用的缓冲液为 10 倍，在使用时应稀释为 1 倍。10×PCR 缓冲液的组成：500mmol/L KCl，100mmol/L Tris-HCl，1.0% TritonX-100，BSA 等。在一般情况下，在反应缓冲液中加入下列物质可以增加 PCR 扩增的特异性：①三甲铵乙内酯 (0.5~2mol/L)；②牛血清白蛋白(BSA，100ng/50mL)；③二甲基亚砜(DMSO，2%~20%)(V/V)；④去污剂；⑤明胶；⑥甘油(1%~5%)；⑦焦磷酸化酶(0.001~0.1 单位/反应)；⑧亚精氨；⑨$t4$ 基因 32 蛋白。

6. PCR 反应条件的优化

因为用 PCR 扩增不同的基因，其反应效率和反应忠实性受许多因素的影响，例如，受到不同生物基因组复杂程度、扩增基因片段在基因组中的拷贝数、核酸提取方法、退火温度、变性温度等多种因素的影响。并且，这些因素之间也是相互影响的。因此，要得到一个 PCR 反应效率高，而且反应忠实性高的反应条件，需要综合考虑许多影响 PCR 反应的因素。在借鉴前人研究成果和经验的基础上，往往还要通过不断的优化反应条件来达到最佳 PCR 反应条件。

(三) 常见问题及解决方法

PCR 常见问题及解决方法见表 6-1：

表 6-1　普通 PCR 易出现的问题、可能原因和解决方法

问题	可能的原因	解决方案
没有产物	①反应不平衡	检查反应各组分浓度
	②反应循环条件	检查反应循环条件
	③多加或漏加某种成分	用同样模板和试剂重复反应
	④模板浓度太低	增加模板的浓度
	⑤引物浓度或顺序不优化	优化引物的浓度或重新设计引物
	⑥模板质量差(降解、污染、含抑制因子)	①使用可以扩增小片段的引物
		②尝试加入 DMSO 和去污剂增加反应效率
		③控制 Mg^{2+} 浓度在 1.5~5.0mmol/L
		④选择合适的 DNA 提取方法重新提取高质量的 DNA 模板
		⑤将常用模板储存在 4℃冰箱
	⑦Taq 酶量不够或活力低	①用阳性对照和引物扩增
		②用新批次的酶
		③增加循环次数
		④增加酶的浓度
产物呈弥散状	次级扩增产物的存在	检查各组分浓度和循环条件
		检查 Mg^{2+} 浓度
		优化引物浓度
		减少循环次数
		减少模板数量
		减少聚合酶的数量
非特异扩增产物	引物的非特异性结合	提高退火温度
		优化引物浓度
		用热启动 PCR 反应
		重新设计特异性引物
		减少 Mg^{2+} 浓度
	模板被污染	使用新模板

二、检测常用的 PCR 技术

(一) 普通 PCR 技术

1. 原理

见聚合酶链反应(PCR)原理。

2. 注意事项

(1) 变性:模板变性完全与否是 PCR 成功的关键,一般先于 94℃(或 95℃)变性 3~10min,接着 94℃变性 30~60s。

(2) 退火:退火温度一般低于引物本身变性温度 5℃。引物长度在 15~25bp 可通过式 T_m=(G+C)×4℃+(A+T)×2℃计算退火温度,一般退火温度在 40~60℃,时间为 30~45s。如果 G + Cmol%低于 50%,退火温度应低于 55℃。较高的退火温度可提高反应的特异性。

(3) 延伸:延伸温度应在 Taq 酶的最适温度范围之内,一般在 70~75℃。延伸时间要根据 DNA 聚合酶的延伸速度和目的扩增片段的长度确定,通常对于 1kb 以内的片段 1min 是够用的。

(4) 循环数:PCR 的循环数主要由模板 DNA 的量决定,一般 30~40 次循环较合适,过多的循环数会增加非特异扩增产物,具体要多少循环数可通过预试验确定。

(5) PCR 产物积累规律:反应初期产物以 2^n 呈指数形式增加,至一定的循环数后,引物、模板、DNA 聚合酶形成一种平衡,产物进入一个缓慢增长时期("停滞效应"),即"平台期"。到达平台期所需 PCR 循环数与模板量、PCR 扩增效率、聚合酶种类、非特异产物竞争有关。

3. 应用

这是目前应用最为广泛的技术,是其他 PCR 技术的基础。通过对要扩增的目标 DNA 序列设计特异引物(或简并引物),优化反应条件,达到对目标序列扩增的目的。目前所说的 PCR 技术多指这种情况。在我国目前的定性标识管理中,对食品中转基因成分的检测主要采取这种方法。利用普通 PCR 检测大豆产品中转基因成分(白卫滨,2006)的实例见图 6-6:

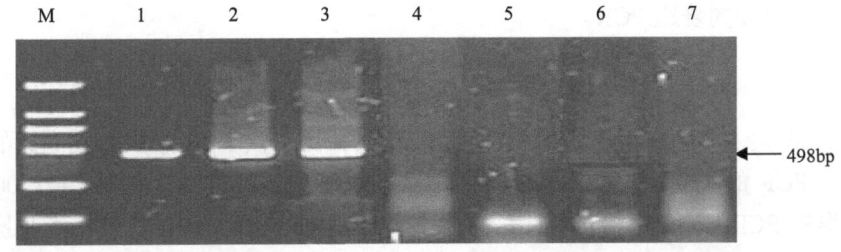

图 6-6(1) 普通 PCR 检测食品中转基因大豆成分 *cp4-epsps* 基因

M. DNA DL2000 Marker;1. 阳性对照;2. 大豆盲样 1;3. 豆奶粉;4. 大豆盲样 2;5. 阴性对照;6. 锅巴;7. 空白对照;大豆草甘膦抗性基因(*cp4-epsps*)引物序列:上游引物 5′cct tca tgt tcg gcg gtc tcg 3′;下游引物 5′ gcg tca tga tcg gct cga tg 3′;预期扩增片段 498bp

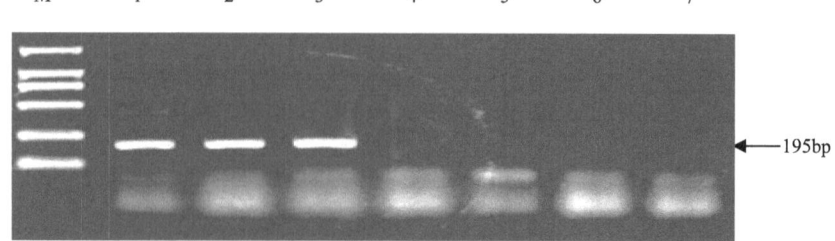

图 6-6(2)　普通 PCR 检测食品中转基因大豆成分 *CaMV* 35S 启动子

M. DNA DL2000 Marker；1. 阳性对照；2. 大豆盲样 1；3. 豆奶粉；4. 大豆盲样 2；5. 阴性对照；6. 锅巴；7. 空白对照；花椰菜花叶病毒 35S 启动子(CaMV35S promoter)引物序列：上游引物 5′gct cct aca aat gcc atc 3′；下游引物 5′gat agt ggg att gtg cgt ca 3′；预期扩增片段 195bp

(二) 巢式、半巢式 PCR 技术

1. 原理

巢式(nested)、半巢式(semi-nested)PCR 技术是一种消除假阴性、假阳性，提高灵敏度的方法。巢式 PCR 技术是设计两对引物，其中一对引物结合的位点在另一对引物扩增的产物之中。首先扩增大片段的引物，然后以第一次扩增的产物作为模板，进行第二次扩增，这样通过产物的琼脂糖凝胶电泳比较就可以知道检测结果。如果第一次扩增是非特异的，而且扩增的片段大小与设计的相似，在电泳中无法区别，这时通过第二次扩增，由于第二对引物与扩增产物中没有配对的序列，因此不能扩增出产物。这样就消除了假阳性的干扰。同时，由于第一次扩增起到模板数量放大的作用，使检测的灵敏度增加了 3~6 个数量级，使检测的低限达到皮克乃至发克级。

2. 注意事项

(1) 第一轮 PCR 是 15~30 个循环的标准扩增,然后要将第一轮 PCR 产物进行适当稀释(根据产物浓度情况,一般将扩增产物稀释 100~1000 倍)加入到第二轮扩增中进行 15~30 个循环。或者,也可以通过凝胶纯化将起始扩增产物进行大小选择。

(2) 巢式 PCR 的引物设计原则与常规 PCR 相同。通常内引物与外引物间隔多长距离也没有统一要求,具体情况根据每个试验而定。

其余注意事项同普通 PCR。

3. 应用

巢式 PCR 大多应用在当模板 DNA 含量较低时,用一次 PCR 难以得到满意的结果,这时用巢式 PCR 的两或三轮 PCR 扩增可以得到很好的效果。黄昆仑和罗云波(2003)采用巢式和半巢式 PCR 成功检测到转基因大豆 Roundup Ready 及其深加工食品,见图 6-7；张明辉等(2006)也采用三重巢式 PCR 技术建立了检测抗草甘膦转基因大豆深加工产品的方法。

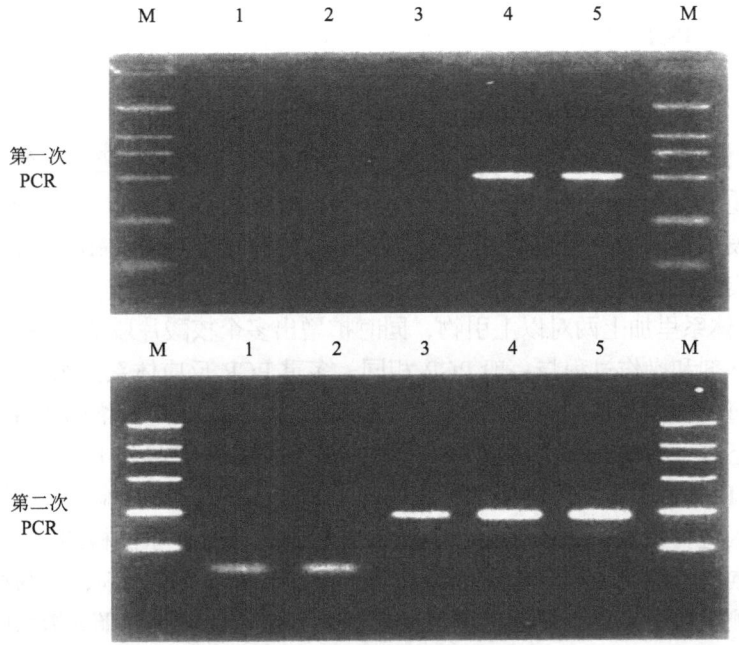

图 6-7(1) 巢式 PCR 电泳示意图

M. DNA DL-2000 Marker；1. 阴性对照；2. 样品 1；3. 样品 2；4. 样品 3；5. 阳性对照；通过巢式 PCR 反应后，样品 2 为阴性；虽然样品 3 在第一次 PCR 后没有在凝胶中看到产物，但在第二次 PCR 后可以看到产物，因此，样品 3 为阳性；样品 4 在第一次 PCR 就可以判定是阳性；因此在三样品中只有样品 1 是阴性，其余为阳性

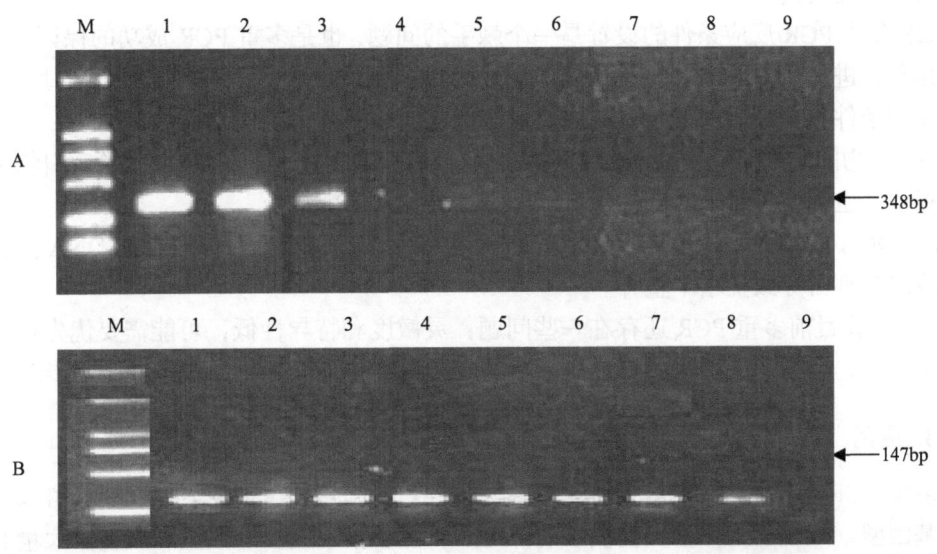

图 6-7(2) 巢式 PCR 检测转基因大豆 *CaMV* 35S-*cpt*4 基因电泳图

A. 第一次扩增；B. 第二次扩增；M. DNA DL2000Marker；1. $3.4×10^{-7}$ g/μL；2. $3.4×10^{-8}$ g/μL；3. $3.4×10^{-9}$ g/μL；4. $3.4×10^{-10}$ g/μL；5. $3.4×10^{-11}$ g/μL；6. $3.4×10^{-12}$ g/μL；7. $3.4×10^{-13}$ g/μL；8. $3.4×10^{-14}$ g/μL；9. 空白对照

(三) 多重 PCR 技术

1. 原理

一般 PCR 仅应用一对引物，通过 PCR 扩增产生一个核酸片段，主要用于单一基因的鉴定。多重 PCR (multiplex PCR)，又称多重引物 PCR 或复合 PCR，是在常规 PCR 基础上改进并发展起来的一种新型 PCR 扩增技术。1988 年，Chamberlain 首次将其用于杜氏肌营养不良症(Duchenne muscular dystrophy，DMD)基因外显子缺失的检测。它是在同一 PCR 反应体系里加上两对以上引物，同时扩增出多个核酸片段的 PCR 反应，其反应原理，反应试剂和操作过程与一般 PCR 相同。多重 PCR 反应体系的组成和 PCR 循环的条件需要经过优化以确保同时扩增多个片段。理论上只要 PCR 扩增的条件合适，引物对的数量可以不限，目前有一次多重 PCR 反应同时扩增 9 条特异性 DNA 片段的报道。

多重 PCR 的特点有：①高效性，在同一 PCR 反应管内同时检出多个模板，或对有多个目的基因进行检测；②系统性，多重 PCR 很适宜一个体系的检测；③经济简便性，多种基因在同一反应管内同时检出，将大大的节省时间，节省试剂，节约经费开支，为外源基因检测提供更多更方便的信息。多重 PCR 还能提供内部对照，指示模板的数量和质量，使得多重 PCR 技术已发展成为一种通用的技术。

2. 注意事项

(1) 引物设计：引物设计是多重 PCR 成功的重要保证，除遵循普通 PCR 的引物设计原则外，还要求所选择的引物和靶基因有高度的特异性，引物之间彼此无同源性，不会出现交叉错配的情况。

(2) 多重 PCR 反应条件的设置是一个棘手的问题，也是多重 PCR 成功的保证。一般策略是首先进行单个 PCR，分别设定各引物对反应条件。然后，依次增加引物对，不断调整反应条件直至最后保证所有的引物对都能在同一条件下扩增出目的条带。

(3) 引物间的配对、引物间的竞争性扩增等均影响多重 PCR 的扩增效果。引物浓度和模板浓度也需要进行不断调整优化才能达到最佳扩增效果。

(4) DNA 的抽提质量也是影响多重 PCR 扩增效率的一个重要方面，如 DNA 抽提不干净或降解都可导致扩增不整齐。

(5) 尽管目前多重 PCR 还存在一些问题：灵敏度和特异性低，可能需要优先扩增某一特定片段，容易形成引物二聚体等。这些问题需要在不断优化反应条件中逐步解决。

3. 应用

多重 PCR 有着单个 PCR 无可比拟的优越性：时间短和试剂少，一次反应可以检测多个基因型，减轻了工作量，提供了内部对照，能够指示模板的数量和质量。大量的单个 PCR 技术已改为多重 PCR 扩增来进行转基因产品的检测。张平平等采用多重 PCR 方法对大豆转基因食品进行了定性检测。于忠娜等(2007)采用多重 PCR 快速检测出豆粕饲料中大豆内源基因、35S 启动子基因、*nos* 终止子和 35S-*ctp4* 基因。采用多重 PCR 检测转基因番茄扩增结果如图 6-8 所示：

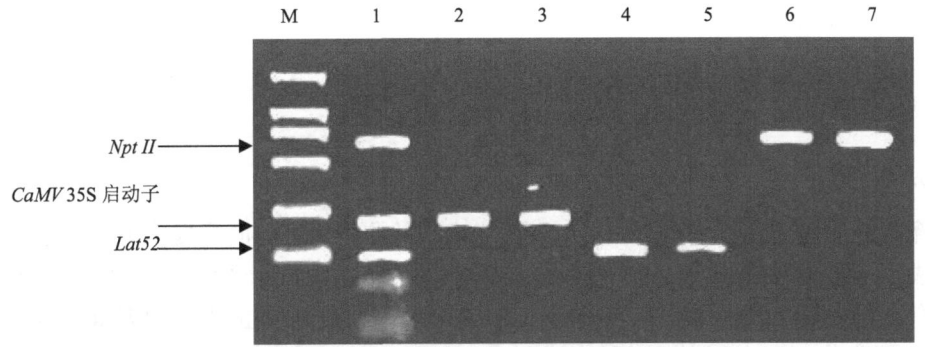

图6-8 转基因番茄多引物扩增结果

M. DNA DL2000 Marker；1. 多引物扩增；2. *Nos* 终止子基因回收产物 PCR；3. *Nos* 终止子基因 PCR；4. *Lat52* 基因回收产物 PCR；5. *Lat52* 基因 PCR 产物；6. *NptII* 基因 PCR 产物；7. *NptII* 基因回收产物 PCR

(四) 降落 PCR

1. 原理

降落 PCR(touch-down PCR)是 Don 于 1991 年最早发明的，代表了一种完全不同的用于寻找最佳退火温度 PCR 优化方法，在用一个反应管或一小组反应管，在适合于扩增目的产物而不得到非特异性产物或引物二聚体的循环条件下反应；设计多循环反应的程序，使相连循环的退火温度越来越低、由于开始时的退火温度选择高于估计的 T_m 值，随着循环的进行，退火温度逐渐降到 T_m 值，并最终低于这个水平。这个策略有利于确保第一个引物-模板杂交事件发生在最互补的反应物之间，即那些产生目的扩增产物的反应物之间。尽管退火温度最终会降到非特异杂交的 T_m 值，但此时目的扩增产物已开始几何扩增，在剩下的循环中一直处于主导地位。由于目标是在较早的循环中避免低 T_m 值配对，在降落 PCR 中必须应用热启动技术。当引物和模板的同源性未知时，降落 PCR 尤其有价值，当引物是根据氨基酸序列设计的简并引物时，或者扩增多基因家族成员时，或者想进行进化 PCR 时经常会碰到这种情况。编设降落 PCR 程序的目的是要设定一系列退火温度越来越低的循环，退火温度的范围应该跨越 15℃左右，从高于估计 T_m 值至少几度到低于它 10℃左右。

它的主要特点有：第一，低水平、高特异性的扩增在循环的早期开始，此时的退火温度高于"最适合"的退火温度；第二，当退火温度的目的产物的 T_m 值与假阳性产物的 T_m 值之间时，目的产物的竞争优势更加明显；第三，较低的退火温度能很有效的增加目的物的量，同时使非特异性的扩增降到最低。

2. 注意事项

(1) 降落 PCR 一般要比常规 PCR 方法多 5~10 个循环，因为降落 PCR 程序开始的温度高于最适退火温度，在降落 PCR 程序中，有效的扩增知道运行几个循环后才开始，为了补偿，降落 PCR 要比常规 PCR 多运行几个循环。具体的起始温度和循环数需通过不断优化后获得。

(2) 降落 PCR 与普通 PCR 相比,只是退火温度设置的不同,因此在操作时的注意事项与常规 PCR 相同。

(3) 降落 PCR 虽然有一定的优势,但并非万能,在降落 PCR 中出现的问题,应具体问题具体解决。

3. 应用

降落 PCR 的出现对于解决 PCR 过程中出现的非特异性的问题提供了一个很好的解决方法,与普通 PCR 相比,它能够增加特异性及目的产物的产量。现在许多 PCR 仪上都具有设置降落 PCR 的程序,降落 PCR 在转基因检测领域也得到了应用(田路明等,2006)。用降落 PCR 快速检测出高羊茅转基因植株,结果见下图 6-9:

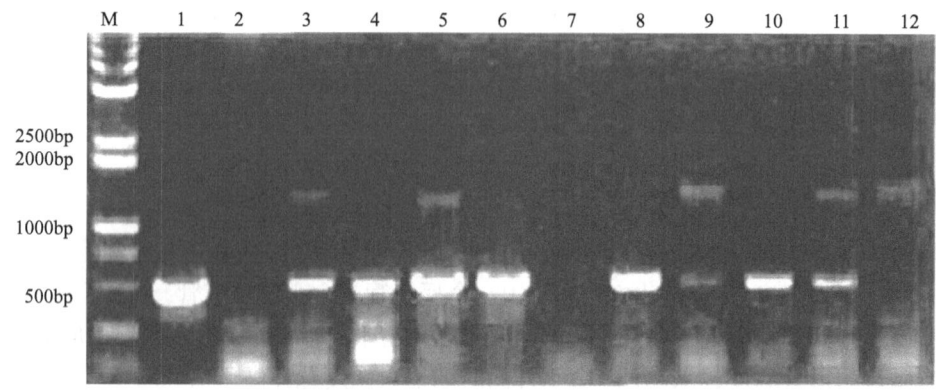

图 6-9(1) *Dsisap1* 基因琼脂糖凝胶电泳

M. DNA DL2000 Marker;1. 质粒阳性对照;2. 非转基因阴性对照;3~12. 部分转化植株

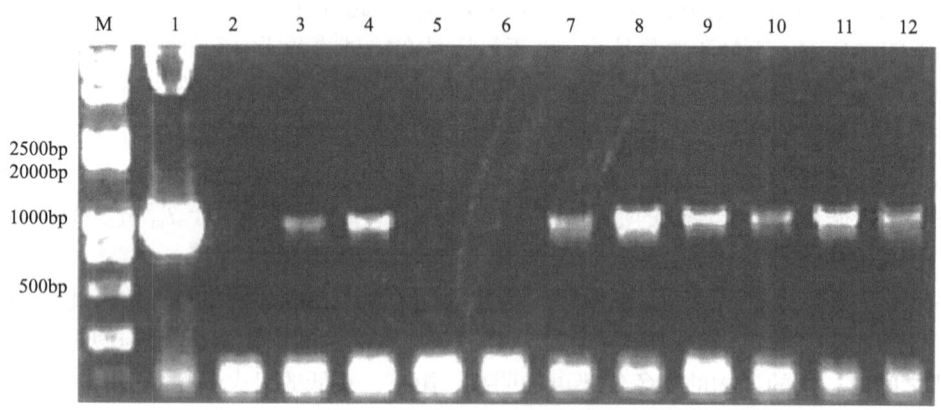

图 6-9(2) *Gfp-nos* 基因片段琼脂糖凝胶电泳

M. DNA DL2000 Marker;1. 质粒阳性对照;2. 非转基因阴性对照;3~12. 部分转化植株

(五) 热启动 PCR 技术

1. 原理

热启动 PCR 是针对非特异性产物设计的,可以提高产物的特异性。热启动 PCR 可分为物理方法，化学方法。物理方法就是将 PCR 各反应物加好之后，放在冰浴中(Taq 酶活性降低)，待 PCR 仪温度上升至 70℃，再将扩增管放入。化学方法有 N-尿嘧啶糖基化酶法，Taq 酶单抗法和酶修饰法。N-尿嘧啶糖基化酶法是在扩增管中同时加入微量的 dUTP 和 N-尿嘧啶糖基化酶，在反应温度到达 70℃之前，dUTP 可掺入非特异性结合的产物中，而正好可以被尿嘧啶糖基化酶消化，从而减少非特异性产物，温度到达 70℃后，尿嘧啶糖基化酶失活。Taq 酶单抗法是设计针对 Taq 酶的单克隆抗体，在 70℃前，抗原抗体复合物使 Taq 酶无法发挥作用，70℃以后抗体失活，Taq 酶开始发挥作用。酶修饰法主要是在 Taq 酶的某些氨基酸残基引入温度特异性酶，经修饰过的酶在 70℃以下没有活性，70℃以上开始恢复活性。降落 PCR 主要是在一系列逐渐降低的退火温度中进行 PCR 的过程，目的是寻求最佳的退火温度。降落 PCR 和热启动 PCR 配合，可以提高 PCR 的特异性，提高产量。但不是一定要联合的。

2. 注意事项

热启动 PCR 与普通 PCR 相比，只是热启动酶或酶的添加步骤不同，因此在操作时的注意事项与常规 PCR 相同。

公司销售的热启动酶通常是加过酶的抗体的酶，只有在高温下，酶才能与抗体分离，发挥作用，起到抑制形成引物二聚体和发生非特异结合的作用。Platinum DNA 聚合酶对于自动热启动 PCR 来说方便高效。Platinum Taq DNA 聚合酶的成分为复合有抗 Taq DNA 聚合酶单克隆抗体的重组 Taq DNA 聚合酶。抗体在 PCR 配制，以至于在室温的延时保温过程中抑制酶的活性。Taq DNA 聚合酶在变性步骤的 94℃保温过程中被释放到反应中，恢复了完全的聚合酶活性。同经化学修饰用于热启动的 Taq DNA 聚合酶相比，Platinum 酶不需要在 94℃延时保温(10~15min)以激活聚合酶。使用 Platinum Taq DNA 聚合酶，在 94℃进行 2min 就可以恢复 90%的 Taq DNA 聚合酶活性。也可以单买抗体，加到普通的酶里。还有用石蜡包裹酶的，都是为了达到同一个目的。有一种省钱且方便的方法可以在普通的 PCR 仪上操作，即在加 PCR 混合液时，先不加酶，当预变性结束后，暂停 PCR 仪的程序，打开上盖，加入酶，再继续反应。

3. 应用

热启动 PCR 技术由于克服非特异性产物的产生，大大提高了 PCR 反应的特异性，在转基因产品的检测中也得到了应用，目前已经有研究机构采用热启动 PCR 进行转基因检测方法研究。此外，为了提高荧光定量 PCR 的精准定量，部分公司如美国生物应用公司提供的 Master Mix 添加了热启动酶，起到了良好的效果，随着热启动酶的进一步开发，相信其应用会更加广泛。

(六) PCR-ELISA 技术

1. 原理

PCR-ELISA 检测法将 PCR 和 ELISA 两种技术结合在一起。首先，将寡核苷酸作为固相引物共价交联在 PCR 管壁上，并在 Taq 酶作用下，以目标核酸为模板进行扩增，扩增产物经洗涤后大部分交联在管壁上为固相产物,洗涤液中也游离有一小部分扩增产物为液相产物。然后,将固相产物用于 ELISA 检测:以适当比例和用生物素或地高辛标记的探针进行杂交,再加入碱性磷酸酯酶标记的抗生物素或抗地高辛抗体,最后加入底物溶液显色,通过酶标仪读数测定。液相产物可通过凝胶电泳进行检测,也可进行杂交检测。常规的 PCR-ELISA 检测法只是定性实验;若以不同浓度标准的阳性样品做参照,做出吸光值与转基因含量的标准曲线图,以此便可以确定检测样品的转基因含量,实现半定量检测的目的。也有在 PCR 扩增过程中加入地高辛,使扩增的目的 DNA 产物被地高辛标记;然后,产物以适当比例和特异杂交探针(此探针用生物素标记)混合,加入预包被链霉亲和的酶联板,温育后再加入酶标记的抗地高辛抗体,最后加入底物溶液显色 (黄留玉等,2005)。

PCR-ELISA 检测方法具有如下优点:①快速,灵敏度高。PCR-ELISA 检测法的灵敏度高于常规的 PCR 和 ELISA 检测法,可达 0.1%,足以达到欧盟的要求(转基因检测阈值为 1%);②特异性强,检测结果可靠,可用于半定量检测。PCR-ELISA 采用了特异探针与固相产物杂交,提高了检测的特异性;用紫外分光光度计或酶标仪判定结果,以数字的形式输出,无人为误差;在对扩增的固相产物进行 ELISA 检测的同时,可通过凝胶电泳对液相产物进行检测,这两次检测有效地避免了假阳性出现,提高了检测结果的可靠性;③所需仪器简单,操作简便,包被管能长时间保存,杂交可以自动化进行,可实现大批量检测。

2. 注意事项

(1) 捕获探针必须和 PCR 扩增产物内部序列互补,捕获探针序列的长度最好为 17~40 个核苷酸。

(2) 即使有相同的长度和解链温度,不同的捕获探针仍会造成不同实验敏感度的差异,这是因为捕获探针以及 PCR 产物各自的二级结构不同所造成的。二级结构甚至能够影响捕获探针和 PCR 产物片段之间的杂交反应,导致信号丢失。用计算机程序对探针结构进行分析是必要的,可以避免一些明显的二级结构的形成,但尚不能精确的预测特定探针在 PCR-ELISA 中对结果的影响。

(3) 对于单个 PCR-ELISA 样品,所需的捕获探针数量在 1~50pmol,依赖于相应反应条件。最优化的数量尚需要相应实验进行摸索。

(4) 可以通过改变加入 PCR 产物的量的大小来调整实验的敏感度。

(5) 杂交孵育 3h 比只孵育 1h 可以增加 50%的光吸收值,但更长的孵育时间作用却并不明显。

(6) 在杂交孵育过程中,保持 300r/min 的摇动。

(7) ELISA 是一个开放性的反应,特别是洗板,很容易产生污染而引起假阳性。为减小污染,一定要严格分区隔离,以尽量避免污染。

3. 应用

刘光明等(2006)应用 PCR-ELISA 检测技术,建立了转基因大豆与玉米中常用外源基因的快速检测体系,并将其应用于进出境产品的转基因检测。结果表明,此法可对转基因大豆、玉米及其他转基因产品进行定性和定量检测。陈茹等 (2001) 针对转基因水稻中普遍存在的花椰菜花叶病毒(CaMV)35S 启动子(p35S)、胭脂碱合成酶 NOS 终止子(*Tnos*)，筛选标记了潮霉素磷酸转移酶基因(*hpt*、*hph*)、*β*-葡萄糖苷酸酶基因(*gus*)、抗草丁膦除草剂基因(*Bar*)等，建立了 Dig-PCR-ELISA 检测方法，可进行半定量检测；其敏感性试验表明，较常规电泳检测其敏感性提高了 1000 倍，可检测含量仅为 0.1%的转基因样品，且全过程可在 24h 内完成。雷勃钧等利用 PCR-ELISA 法，对转基因大豆的检测灵敏度较欧盟推荐的 PCR 方法提高了 5~10 倍。

PCR-ELISA 检测法已成为转基因植物及其产品检测的一种重要而有效的方法，同时也是一种适合推广的检测法，其必将越来越受到海关等检疫部门的重视。但是，目前 PCR-ELISA 定量检测转基因产品可能会受到 DNA 产量与纯度、杂交是否完全以及批次间差异等因素的影响，所以优化 PCR-ELISA 技术体系，使之成为稳定、易操作且又规范化的转基因标准检测方法，将是今后研究的主要方向。

(七) 竞争性定量 PCR 技术

1. 原理

竞争性 PCR 是向样本中加入一个作为内标的竞争性模板，它与目的基因具有相同的引物结合位点，在扩增中两者的扩增效率基本相同，而且扩增片段在扩增后易于分离，然后根据内标的动力学曲线求得目的基因的原始拷贝数。

定量竞争 PCR 法的实验原理比较巧妙，实验程序设计较为严谨，采用构建的竞争 DNA 与样品 DNA 中相互竞争相同底物和引物，并根据电泳结果做出工作曲线图，从而得到可靠的定量分析结果，具体的反应原理见图 6-10。

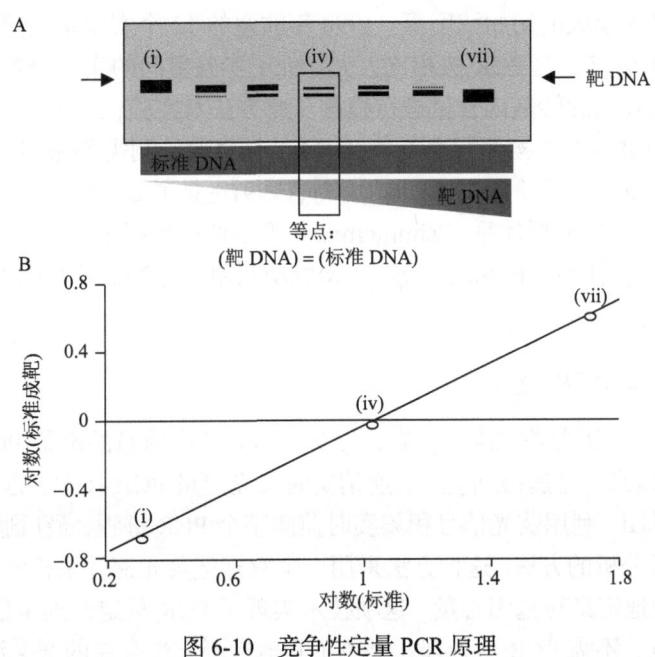

图 6-10 竞争性定量 PCR 原理

2. 注意事项

(1) 引物设计　引物的设计是竞争性 PCR 成功的重要保证。事先通过 GDB(基因数据库)、NCBI (生物技术信息中心)等因特网查得引物相关位点的 DNA 序列信息,以获得所扩增基因引物的详细序列信息。设计引物时,除按引物设计通用准则(如 G+ Cmol/%为 40%~60%,引物长度 23~28bp,退火温度 45~60℃等)外,引物间连续互补不能超过 4bp,以防止发生交叉错配。引物序列确定后,到因特网上进行 BLAST 序列查询比较,不会出现交叉错配的情况,保证所选择的引物与靶基因有高度的特异性。不同引物复性温度要相近,以确保在同一复性温度下不同引物均能扩增成功。

(2) 竞争性 PCR 反应条件的设置是一个棘手的问题,也是竞争性定量 PCR 成功的保证。可以应用热启动 PCR 或降落 PCR 程序,分别设定各引物对反应条件。

(3) 竞争性定量 PCR 反应条件的优化:严格优化 PCR 扩增反应的实验试剂与条件(有关影响 PCR 的实验参数);进行不断的校正试验,在校正试验中应用标准模板的渐进而有少量改变的浓度梯度样品进行 PCR 扩增实验;建立竞争性定量 PCR 技术的可再现性的方法,通过对于同一套模板与独立制备的样品所获得的实验结果进行多重统计学显著性分析。

3. 应用

尽管竞争性 PCR 还存在一些问题:①参考模板如何设计,尚未有统一的技术方法;②定量测定的准确性有待于进一步提高;③如何实现多个靶序列的实时荧光定量 PCR 分析等。但竞争性 PCR 有着常规 PCR 无可比拟的优越性:时间短、试剂少,一次反应可以检测多个基因型,减轻了工作量,并且是目前精确度最好的 PCR 定量方法之一,能够测定样品中靶基因模板的初始浓度等。1998 年欧盟的 12 个实验室共同对竞争 PCR 法进行了研究,PCR 法与定性 PCR 法相比大大降低了实验室间的实验误差,竞争 PCR 法完全可以对转基因食品的转基因含量进行检测。此方法对实验仪器的要求不高,不足之处是需要利用基因重组技术构建标准竞争 DNA,且每次检测需要做多个标准样品的对照,不太适合高通量的样品检测。Hardegger 等(1999)建立了 *CaMV* 35S 启动子和 *Nos* 终止子的竞争性定量 PCR 分析体系。Zimmermann 等(2000)利用该方法建立了转基因 Bt11 玉米的定量 PCR 分析体系。E. Studer 等(1998)成功利用该方法对转基因大豆、玉米的转基因含量进行了定量分析。

(八) 实时定量 PCR 技术

实时荧光 PCR 被认为是准确、特异、无交叉污染和高通量的定量 PCR 方法。该方法自 1992 年问世以来,迅速得到应用。所谓实时荧光定量 PCR 技术,是指在 PCR 反应体系中加入荧光基团,利用荧光信号积累实时监测整个 PCR 进程,最后通过标准曲线对未知模板进行定量分析的方法。这种方法采用一个双标记荧光探针来检测 PCR 产物的积累,可以非常精确地定量转基因含量。这项技术实现了 PCR 从定性到定量的飞跃。由于采用完全闭管检测,不需 PCR 后处理,避免了其他检测方法存在的交叉污染问题。

目前使用的实时荧光 PCR 检测仪与光学系统与电脑相连,将检测到的荧光信号数据通过数学模式计算后描绘出扩增曲线,根据标准曲线判断待检样品的阴阳性和未知样本中待检基因的含量。

1. 原理

实时定量 PCR 是利用合成带有荧光和猝灭基团标记的探针或可以和双链 DNA 嵌合增加荧光强度的荧光染料,在专门设计的荧光定量 PCR 仪上进行反应,通过荧光强度的变化来检测目的扩增片段大小的技术。目前,主要应用的方法:

(1) 双链 DNA 结合染料 Sybr Green I,利用 PCR 扩增产物与 Sybr Green I 结合后,在激发光的作用下,荧光增加的原理,对 PCR 过程进行实时监控和分析。该方法的致命弱点是 Sybr Green I 染料的结合特异性差,受 PCR 反应中引物二聚体的干扰严重。

(2) 荧光共振能力转移 (fluorescence resonance energy transfer,FRET)探针技术。

该技术的原理如图 6-11 所示:荧光双链探针是由两条反向互补的寡核苷酸链构成,两条链碱基分别与扩增的靶序列互补,在探针的一条链上标记荧光剂,另一条链上标记猝灭剂,因为探针呈双链结构而使荧光剂和猝灭剂靠近,二者发生荧光能量传递,荧光被猝灭。PCR 反应过程中,变性阶段的高温使探针两条链分开,使荧光能量不能转移到猝灭基团上,标记在探针上的荧光剂发出荧光。退火阶段,若无靶序列存在,探针将重新形成双链结构而不发荧光,此时若有扩增的靶序列产生,探针与靶序列特异性结合并发出荧光,没有结合的多余探针仍然恢复双链状态。因此,通过测定 PCR 反应过程中荧光强度的变化,就可判定是否存在靶序列以及靶序列的含量。但两个探针结合于模板上影响扩增效率,并且合成的两个探针较长,因此检测的成本相对较高。

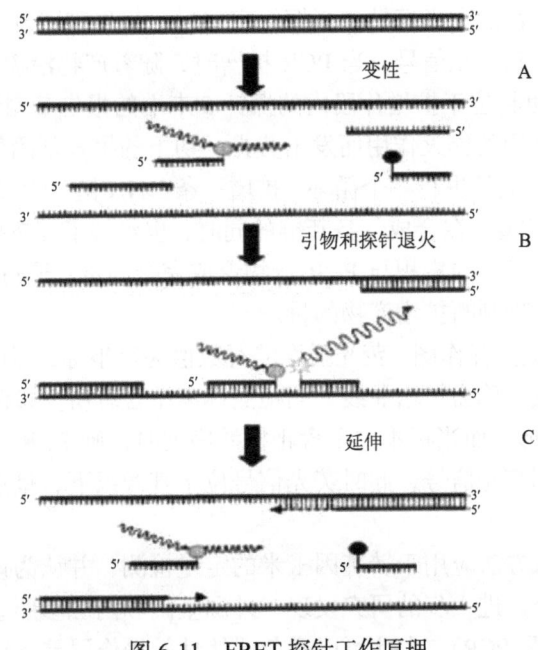

图 6-11 FRET 探针工作原理

(3) TaqMan 探针技术。

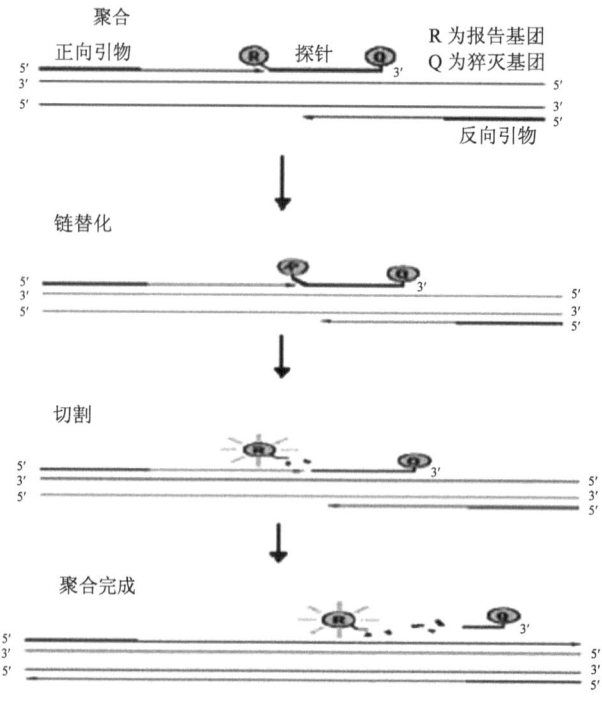

图 6-12 TaqMan 荧光探针扩增原理

TaqMan 荧光探针使用最为广泛，原理如图 6-12。TaqMan 探针为一寡核苷酸，5'末端标记一个荧光报告基团(reporter)，3'标记一个荧光猝灭基团(quencher)。在常规 PCR 反应体系中加入一个特异性的荧光探针，当探针完整时，报告基团发出的荧光信号被猝灭基团吸收，这时检测不到荧光信号；当 PCR 扩增时，随着产物沿模板的延伸，Taq 酶具 5'→3'的外切酶活性，可将位于扩增片段内的探针 5'末端的报告基团切下，切下的报告基团脱离了 3'末端猝灭基团的猝灭作用而发出荧光，切下的报告基团数量与扩增产物呈一对一的关系，即 PCR 反应每进行一个循环，扩增一条 DNA 链，就有一个荧光分子形成。随着 PCR 反应的循环往复，在合成 n 条新链的同时，也水解了 n 条探针，亦释放了相应数量的荧光基团。荧光信号的累积与 PCR 产物形成完全同步。通过检测 PCR 反应导致的荧光值变化，即可准确判断扩增产物的量。

以 PCR 循环数为横坐标作图，荧光强度的对数值为纵坐标，即可得到一条连接每一个循环后荧光值的曲线，称为扩增曲线。当检测标本中含有所要检测的靶核酸序列时，所得到的曲线呈"S"形，而当标本中不含靶核酸序列时，则 PCR 过程不发生，探针不被水解，也就检测不到荧光信号，此时荧光信号位于基线以下，呈点状分布或不规则的曲线。如图 6-13 所示。

Lin HY(2000)将该方法应用于转基因玉米的定量检测，并认为该方法可以定量检测各种食品中转基因成分。进一步的研究发现，外源基因和内源参照基因的检测可以在同一支管中同时进行(多重 PCR)，由此可以避免偶然性的操作误差，还可以提高检测结果的准确性和精确度，避免假阴性结果的出现。到目前为止，实时荧光 PCR 被认为是转基因植物及其产品定量(性)检测最有效的检测方法。

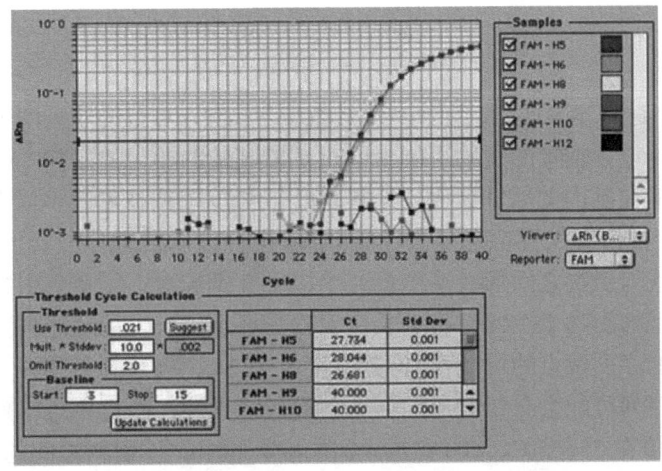

图 6-13 实时荧光 PCR TaqMan 探针扩增曲线

(4) 分子信标技术。

分子信标(molecular beacon)荧光 PCR 技术由 Tyagi 和 Krammer (1996)首次建立，其原理见图 6-14。

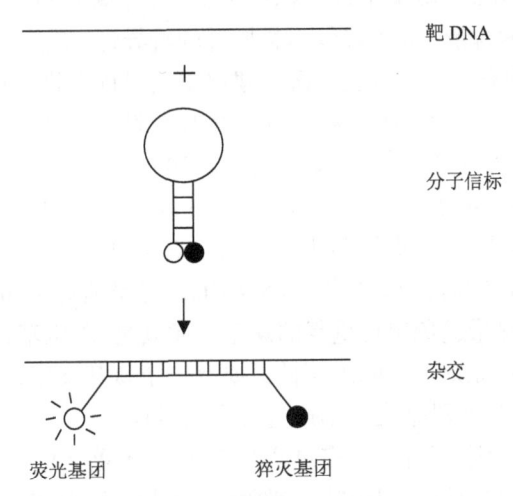

图 6-14 分子信标工作原理

"分子信标"为一环形发夹型探针，探针 5′末端和 3′末端自身可形成一个含有 8 个碱基左右的发夹结构，其发夹环状部分与靶序列互补，位于主干部分的 5′末端和 3′末端分别标记报告荧光基团和猝灭荧光基团。正常时，发夹呈环形关闭状态，报告荧光和猝灭荧光相距很近，报告荧光被猝灭；PCR 扩增时，溶液中有模板序列，探针环序列与模板杂交，探针的发夹结构被破坏而呈线性展开，此时，报告荧光和猝灭荧光距离拉开，而释放荧光。荧光强度的增加与 PCR 产物量成正比。

虽然分子信标的应用没有 TaqMan 探针和 FRET 探针广泛，但在点突变研究上应用较多。因此，该方法有可能应用于经过单核苷酸修饰的转基因作物的定性定量检测上(白卫滨，2006)。

2. 注意事项

(1) 引物设计是 PCR 中最重要的一步。理想的引物只对目的序列两侧的单一序列而非其他序列退火。设计糟糕的引物可能会同时扩增其他的非目的序列。引物设计原则如下：①序列选取应在基因的保守区段；②扩增片段长度根据技术的不同有所分别：Sybr Green I 技术对片段长度没有特殊要求；TaqMan 探针技术要求片段长度在 50~150bp；③避免引物自身或与引物之间形成 4 个或 4 个以上连续配对；④避免引物自身形成环状发卡结构；⑤典型的引物 18~24 个核苷长。引物需要足够长，保证序列独特性，并降低序列存在于非目的序列位点的可能性。但是长度大于 24 个核苷的引物并不意味着更高的特异性。较长的序列可能会与错配序列杂交，降低特异性，而且比短序列杂交慢，从而降低了产量。T_m 值在 55~65℃，G + C mol%在 40%~60%；⑥引物之间的 T_m 相差避免超过 2℃；⑦引物的 3′末端避免使用碱基 A；⑧引物的 3′末端避免出现 3 个或 3 个以上连续相同的碱基；⑨为避免基因组的扩增，引物设计最好能跨两个外显子。

(2) 探针设计。以常用的 TaqMan 为例介绍其一般设计原则：①探针位置尽可能地靠近上游引物；②探针长度通常在 25~35bp，T_m 值在 65~70℃，通常比引物 T_m 高 5~10℃，G + C mol%在 40%~70%；③探针的 5′末端应避免使用碱基 G；④整条探针中，碱基 C 的含量要明显高于 G 的含量；⑤为确保引物探针的特异性，最好将设计好的序列在 Blast 中核实一次，如果发现有非特异性互补区，建议重新设计引物探针。

(3) TaqMan MGB 探针设计注意事项：①MGB 探针较短(14~20bp)，更容易找到所有排序序列的较短片段的保守区；②短片段探针(14~20bp)加上 MGB 后，T_m 值将提高 10℃，更容易达到荧光探针 T_m 值的要求；③MGB 探针的设计原则：探针的 5′末端避免出现 G，即使探针水解为单个碱基，与报告基团相相连的 G 碱基仍可猝灭基团的荧光信号；用 Primerexpress 软件评价 T_m 值，T_m 值应为 65~67℃；尽量缩短 TaqMan MGB 探针，但探针长度不少于 13bp；尽量避免出现重复的碱基，尤其是 G 碱基，应避免出现 4 个或 4 个以上的 G 重复出现；原则上 MGB 探针只要有一个碱基突变，MGB 探针就会检测到(MGB 探针将不会与目的片段杂交，不产生荧光信号)。

(4) 实时多重 PCR 探针的选择。多重实时 PCR 的多重含意有两种：一为选择保守的探针和引物，利用不同的染料标记探针，在检测时可根据荧光的颜色来判定不同的产物。另一种为选择保守的引物，扩增不同长度的目的片段，反应中加入 Sybr green 染料，最后根据不同目的片段的 T_m 值来判定不同的物品。

多重实时 PCR 的荧光探针应为同一类型：如同时为 TaqMan 探针、或同时为 MGB 探针、或同时为 Beacon 探针。在多重 PCR 中，多重 PCR 的各个引物之间相互干扰和各个探针之间相互干扰分析：设计好各对引物和探针后，重新在用 DNAstar 软件中的 Primerselect 软件，打开保守在同一文件中的多重 PCR 的引物文件，然后两两分别选中所设计的多重引物或两两分别选中所设计的多重探针后，在"report"菜单下"primer pair dimers"，分析上下游引物的 dimers。弹出的窗口中就告诉此对引物有多少个 dimer，并对此对引物用 dG 值进行评价(通常给出最差的 dG 值，理论上是 dG 值越大越好)。

(5) 引物、探针的纯度和稳定性。定制引物的标准纯度对于大多数 PCR 应用是足够的。部分应用需要纯化，以除去在合成过程中的任何非全长序列。这些截断序列的产生是因为 DNA 合成化学的效率不是 100%。这是个循环过程,在每个碱基加入时使用重复化学反应,使 DNA 3′→5′合成。在任何一个循环都可能失败。较长的引物,尤其是大于 50 个碱基,截断序列的比例很大,可能需要纯化。引物产量受合成化学的效率及纯化方法的影响。定制引物以干粉形式运输。最好在 Tns-EDTA 缓冲液中重溶引物,使其最终浓度为 100μmol/L。也可以用双蒸水溶解。

引物的稳定性依赖于储存条件。应将干粉和溶解的引物储存在−20℃。以大于 10μmol/L 浓度溶于 TE 的引物在−20℃可以稳定保存 6 个月,但在室温(15~30℃)仅能保存不到 1 周。干粉引物可以在−20℃保存至少 1 年,在室温(15~30℃)最多可以保存 2 个月。

探针即寡核苷酸进行荧光基团的标记,标记本身有效率的区别。探针标记以后一般应该纯化,纯度高、标记效率高的探针不仅荧光值高,且保存时间可以高达一年以上。不同的生物技术公司探针标记效率和纯度有很大的区别。

由于反复冻融易导致探针降解,在确认探针质量好的情况下,最好稀释成 2μmol/L(10×)。

(6) 模板质量。模板的质量会影响产量。DNA 样品中发现有多种污染物会抑制 PCR。一些在标准基因组 DNA 制备中使用的试剂,如 SDS,在浓度低至 0.01% 时就会抑制扩增反应。分离基因组 DNA 较新的方法包括了 DNAZol,一种胍去垢剂裂解液,以及 FTA Gene Guard System,其可以同基质结合,在血液及其他生物样品中纯化储存 DNA。应注意进行 PCR 反应的模板质量,以增加 PCR 反应的成功率。

(7) 模板浓度。起始模板的量对于获得高产量很重要。对大多数 PCR 扩增和荧光 PCR 扩增,10^4~10^6 个起始目的分子就足以观测到好的荧光曲线(或在溴化乙锭染色胶上观察到)。所需的最佳模板量取决于基因组的大小(表 6-2)。举例说,100ng~1μg 的人类基因组 DNA,相当于 $3×10^4$~$3×10^5$ 个分子,足以检测到单拷贝基因的 PCR 产物。质粒 DNA 比较小,因此加入到 PCR 中的 DNA 的量是皮克级的。对于一般的检测样品,10~100ng 的量就足够检测了。当然对模板做一个梯度稀释,对于定量 PCR 而言是非常容易,且能分析扩增效率。

表 6-2 基因组大小和分子数目的比例

基因组 DNA	大小/bp	靶分子/μg 基因组 DNA	DNA 量/(μg/10^5 个靶分子)
E. coli	$4.7×10^6$	$1.8×10^8$	0.001
Saccharomyces cerevisiae	$2.0×10^7$	$4.5×10^7$	0.01
Arabidopsis thaliana	$7.0×10^7$	$1.3×10^7$	0.01
Drosophila melanogaster	$1.6×10^8$	$6.6×10^5$	0.5
Homo sapiens	$2.8×10^9$	$3.2×10^5$	1.0
Xenopus laevis	$2.9×10^9$	$3.1×10^5$	1.0
Mus musculus	$3.3×10^9$	$2.7×10^5$	1.0
Zea mays	$1.5×10^{10}$	$6.0×10^4$	2.0
pUC 18 质粒 DNA	$2.69×10^3$	$3.4×10^{11}$	$1×10^{-6}$

(8) 防止残余(carry-over)污染。PCR 易受污染的影响,因为它是一种敏感的扩增技

术。小量的外源 DNA 污染可以与目的模板一块被扩增。当前一次扩增产物用来进行新的扩增反应时，会发生共同来源的污染。这称之为残余污染。从其他样品中纯化的 DNA 或克隆的 DNA 也会是污染源(非残余污染)。

在 PCR 过程中使用良好的实验步骤减少残余污染。使用带滤芯的移液管可以阻止气雾剂进入 Eppendorf 管内。为 PCR 样品配制和扩增后分析设计隔离的区域，在准备新反应前更换手套。总是使用不含有模板的阴性对照检测污染。使用预先混合的反应成分，而不是每个反应的每个试剂单独加入。一种防止残余污染的方法是使用尿嘧啶 DNA 糖基化酶(UDG)。这种酶(也称为尿嘧啶-N-糖基化酶或 UNG)移除 DNA 中的尿嘧啶。在扩增过程中将脱氧尿嘧啶替换为胸腺嘧啶使得可以把前面的扩增产物同模板 DNA 区分开来。因为前面的扩增产物对 UDG 敏感，所有可以在 PCR 前对新配制的反应用 UDG 处理以破坏残余产物。

(9) 适用的荧光仪器、实验设计、荧光曲线和数据分析。

目前市场上有许多种实时 PCR 仪：其中包括 ABI7700，ABI7900，ABI7000 (Applied Biosystems)；MX4000 (Stratagene)；iCycler (Bio-Rad)；Smartcycler(Cepheid)；Robocycler (MJ Research)；Lightcycler (Roche)；ROTORGENE(Corbert)；杭州博日(Linegene)。不同的仪器使用方法有所区别，但都具备对 TaqMan 探针和 Sybr green 染料法的检测波长和检测能力。QPCR MASTER Mix-UDG(热启动)和通用 PCR Master Mix 均适合在这些仪器上进行使用。

为确保实验数据的有效性，每次实验都设阴性对照和 4 个标准品，每个样品都平行做 2 个复孔。基线或阈值的设定通常是以 10~15 个循环的荧光值作为阈值，也可以以阴性对照荧光值的最高点作为基线。

3. 应用

随着各国转基因标识制度的纷纷出台，对转基因食品检测的要求不仅是要能够给出是或否的定性检测结果，更要能够对食品中的转基因成分进行精确定量，荧光定量 PCR 检测技术由于具有灵敏、快速、精准定量等特点而在转基因检测中得到了广泛的应用。白卫滨等(2006)利用荧光定量 PCR 技术建立了快速检测转基因产品的方法，曹际娟等(2004)采用实时荧光定量 PCR 方法鉴定出的转基因玉米 T14/T25，郭兆奎等(2000)利用实时荧光定量 PCR 技术成功检测出转基因烟草，李葱葱等(2007)用实时荧光 PCR 方法定量检测 Bt176 转基因玉米。欧盟国家的定量标准基本都是采用荧光定量 PCR 技术建立的，我国目前尚在论证阶段的部分转基因产品定量检测标准也是采用荧光 PCR 技术来实现的。

(九) DNA 的提取与纯化

在 DNA 提取方法上，目前展开的研究主要有两大类方法：一是用改进的传统方法；二是用商业化试剂盒。Andreas Zimmermann 等利用传统的 DNA 提取方法和一些商业化 DNA 提取纯化试剂盒针对大豆及其加工产品进行了 DNA 的比较实验。在传统方法中，使用了 CTAB 方法、ROSE 法、改进 ROSE 法、碱法、改进碱法、Chelex100 法、SDS 蛋白激酶法；在商业化试剂盒中，使用了 Wizard 试剂盒(Promega,USA)、DNeasy Mini Spin

Column试剂盒、Nucleon Phytopure试剂盒(Scotlab Bioscience, USA)。通过比较认为，传统的DNA提取方法可以获得较高产量的DNA，但是，DNA的质量比较差，DNA的产量在不同批次的提取中有较大的变异范围，最主要的问题是传统的DNA提取方法，除十六烷基三甲基溴化铵(CTAB)法和十二烷基硫酸钠(SDS)蛋白激酶法可以获得部分好的结果外，其余几种方法均不能获得好的结果。相比较而言，商业化的试剂盒获得的实验结果比较好，虽然它们在提取DNA的产量上要比传统的提取方法低许多，但是获得的DNA质量较高。在商业化的试剂盒中，Wizard试剂盒的效果最好，在PCR检测中，可以检测到1ng的DNA样本。

在传统的DNA提取方法中，使用最多的是CTAB方法。1980年H. G. Murray最先报道了CTAB法在提取DNA中的应用，之后CTAB方法广泛应用于植物DNA的提取，成为植物分子生物学研究的DNA的经典提取方法。但是，CTAB方法不能很好地完全消除PCR反应的抑制因子，使PCR反应受到影响。目前的研究已经证实：多糖类物质、酚类物质、蛋白质变性剂(CTAB、SDS、LS等)、EDTA、高含量的蛋白质、高含量的RNA等都可能成为PCR反应的抑制剂。在食品中情况要复杂得多，食品在加工过程中产生的物质和食品添加剂等，均可能成为PCR反应的抑制因子，如血色素、硝酸盐等。所以，单纯的CTAB方法和SDS方法，在获取较好质量的食品DNA上，已经变得很困难。

由于CTAB方法可以比较好的消除多糖和蛋白质等物质，作为DNA提取的上游部分，有其一定的优势，因此，德国和瑞士官方将CTAB法作为DNA提取的一部分与商业化纯化试剂盒一起作为GMO检测DNA制备方法，在欧盟新制定的标准草案中，也推荐使用CTAB法和SDS法作为DNA制备的一部分。

(十) 内参照基因

内参照基因是PCR定性和定量不可缺少的参照物，在定性检测中，主要用于对PCR反应体系稳定性的校准和指示PCR反应体系中是否有反应抑制剂，以及DNA模板的量是否达到检测的要求；内参照基因在定量检测中，用来作为定量的校准系数。目前的研究报道主要集中在大豆和玉米的内参照基因。大豆主要是一个特异保守的单拷贝基因大豆凝集素基因(*Lectin*)，玉米主要是两个特异保守的单拷贝基因：转化酶基因(*invertase*)和征服蛋白基因(*Zein*)。在其他植物上内参照基因的研究相对比较少(表6-3)。因此，对内参照基因的研究也是目前PCR检测转基因食品需要迫切解决的一个主要问题。

表6-3 PCR检测内参照基因的研究概况

产品	扩增基因	扩增片段大小/bp	产品	扩增基因	扩增片段大小/bp
玉米	*invertase*	226	大豆	*Lectin*	164
玉米	*18S rDNA*	137	大豆	叶绿体基因非编码区	500~600
玉米	*Hmg*	175	大豆	*18S rDNA*	137
玉米	*Zein*	329	油菜	*BnACCg8*	103
玉米	*Zein*	485	甜菜	叶绿体基因非编码区	500~600
玉米	*Zein*	277	马铃薯	叶绿体基因非编码区	500~600

续表

产品	扩增基因	扩增片段大小/bp	产品	扩增基因	扩增片段大小/bp
大豆	*Lectin*	407	马铃薯	叶绿体基因非编码区	550
马铃薯	叶绿体 tRNA 基因	550	马铃薯	叶绿体 tRNA 基因	550
番茄	*18S rDNA*	137	番茄	*Pg*	383

第三节 检测策略

随着各国转基因标识制度的相继建立和公众对转基因产品关注度的提高，对转基因检测技术的灵敏度和准确性提出了严格的要求，因此，各种转基因检测技术也就成了研究热点。为了加强对我国转基因作物检测的监管，我国农业部转基因安全管理办公室目前正在全国筹建 50 个转基因检测中心，并且制定了 20 多个的转基因产品的成分检测标准。近十几年来，我国农业转基因生物技术得到了飞速的发展，转基因农作物的种植面积从 1996 年的 170 万 hm^2，增加到 2006 年的 1.02 亿 hm^2。展望 2006~2015 年转基因作物发展的第二个十年，克里夫·詹姆斯预测，全球转基因作物的种植面积将翻番，达到 2 亿 hm^2。经过近二十多年的不懈努力，目前中国依然是全球农业生物技术应用的领头羊，已经取得了令人瞩目的进展。1997 年以来，我国转基因抗虫棉花、延熟番茄、抗病辣椒、抗虫杨树和抗病番木瓜等已先后获得安全证书，进入了商业化生产(许文涛等，2008)。在转基因检测技术的研究方面，国外的科学研究是处于本领域的前沿，因此为了促进我国转基因检测人员以及从事转基因作物的相关科技研究开发、推广和监管人员对于全球转基因检测技术的现状以及未来发展趋势有个较为清晰和全面的了解，下面对目前通用的以 PCR 为基础的检测策略进行了介绍。

以 PCR 技术为基础的 GMO 定性检测根据其特异性的不同至少可以分为四类——筛查法、基因特异性方法、构建特异性方法和转化事件特异法方法。图 6-15 说明了四种转基因产品检测策略的重点和每种策略的灵敏度比较。

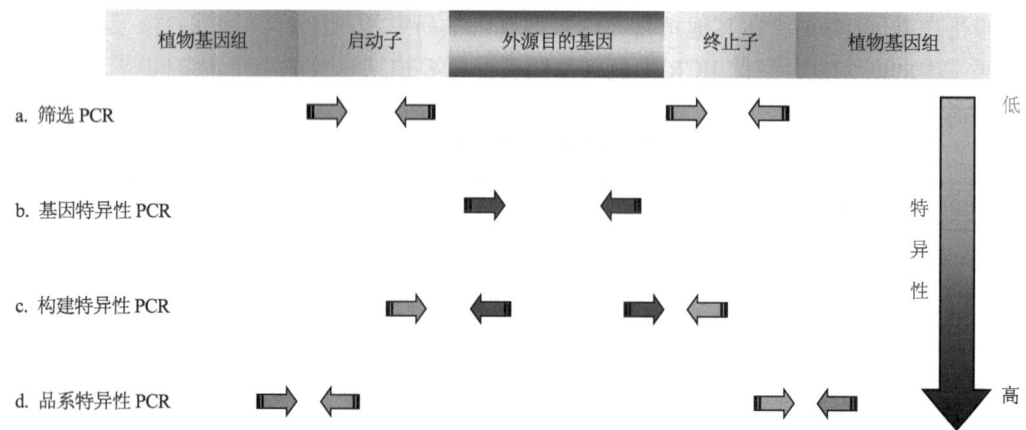

图 6-15 转基因产品 PCR 检测策略示意图及特异性比较

一、筛选 PCR

筛选 PCR 是对转基因产品中的通用元件进行检测，包括启动子、终止子和标记基因，以转基因产品的通用元件和标记基因为特异性扩增片段，例如，*CaMV* 35S 启动子、*FMV* 35S 启动子、*Nos* 终止子、7S 3′终止子等通用元件以及 *NptII*、*Hpt*、*Pat*、*Gus*、*Aad* 等标记基因。由于相同的通用元件和标记基因经常被用于多种转基因产品的研究与生产中，从而大大降低了筛选 PCR 检测的特异性，只能用于转基因产品检测的初步筛选。目前常用的启动子、终止子和标记基因的 PCR 检测方法都已经建立起来，并用于转基因产品 PCR 检测。最常见的是对烟草花叶菜花叶病毒 *CaMV* 35S 启动子、农杆菌胭脂碱合成酶终止子 *T-Nos* 及报告基因 *NptII* 进行检测的筛查法，在瑞士已将对它们的检测列为官方指定的对转基因检测的筛查项目。然而，仅鉴定筛选基因(如 35S 启动子，*Nos* 终止子，报道基因 *NptII* 等)已经不能满足转基因产品检测的要求。这是因为 35S 启动子存在于天然花椰菜花叶病毒，*Nos* 终止子存在于植物病毒 Ti 质粒中，抗生素类报告基因在自然界中也普遍存在，因而仅是检测筛选基因，极易出现假阳性结果，同时也达不到鉴定转基因植物的目的。

二、基因特异性 PCR(gene-specific PCR)检测

基因特异性 PCR 是指对目的基因进行检测。目的基因可能源自天然，但通常会被轻微的修饰，比如序列缩短或密码子改变。并且，能获取的基因的数量要比启动子和终止子多很多。因此，以目的基因为特征序列的基因特异法更具有特异性。以插入外源基因的特异性 DNA 片段作为目的检测片段，例如，*Cry1Ac*、*Cry1Ab* 和 *Cp4-Epsps* 等基因，目前已经建立很多种外源目的基因的特异性 PCR 检测方法，基本上涵盖了所有商业化种植的转基因产品的外源目的基因。但是，由于相同的外源基因可能在相同或不同的植物中表达，形成新的具有相同农艺性状的品系或新的转基因植物，因此基因特异性检测方法不能特异性的区分具有相同农艺性状的转基因植物及其品系，在建立基因特异性检测的同时还应引用其他 PCR 检测方法作为辅助。

三、构建特异性 PCR 检测

构建特异性 PCR 检测是通过检测外源插入载体中两个元件的连接区的 DNA 序列实现的，如图 6-15 所示。这种方法具有相对较高的特异性，在转基因产品检测中使用较多，目前商业化种植的各种转基因植物的构建特异性 PCR 检测方法已经基本上建立，尤其是用于食品原材料的转基因大豆、玉米、番茄、油菜和马铃薯等农作物。但是由于相同的转基因外源表达载体在转基因转化过程中，可能以一个、两个或者多个拷贝的形式插入到不同或者相同的植物基因组中，形成具有相同农艺性状的不同的转基因品系，因此构建特异性检测方法不能特异性的区分具有相同农艺性状的转基因植物和不同培育品系。该方法具有更高的特异性。比如转基因玉米 Bt176 对基因盒不同基因序列 *Dpk-Cry/A(b)* 为目标的检测，转基因玉米 Bt11 的 *1VS-CryA(b)*，转基因大豆 Roundup Ready 大豆的 35S-*Ctp*，*Cp4-Ctp* 等结构基因。通过此方法得到的阳性信号只会出现在含有转基因的材料中。

四、品系特异性 PCR 检测

品系特异性 PCR 检测是通过检测外源插入载体与植物基因组的连接区序列实现的，如图 6-15 所示。由于每一个转基因植物品系，都具有特异的外源插入载体与植物基因组的连接区序列，并且连接区序列是单拷贝的，所以品系特异性检测方法具有非常高的特异性和准确性。鉴于上述四种转基因产品检测策略的优缺点，品系特异性检测已经成为目前转基因产品检测研究的重点，并逐步地为国际检测标准和国际各检测实验室所采用。到目前为止，已有相当部分的转基因植物品系的品系特异性检测方法的报道，例如，转基因 Roundup Ready 大豆、转基因玉米品系(Mon810、NK603、T25、Bt11、Mon863、StarLink、GA21 和 Bt176)、转基因油菜 GT73 等。

对于单个性状的转基因转作物来说，转基因作物的品系特异性检测技术就是转化事件特异性检测技术。而对于复合性状的转基因作物来说，品系特异性检测技术则与转化事件特异性检测技术就不一样了，这取决于复合性状转基因材料的获得方式上的差异，一种方式是把两种具有单个转化事件的转基因作物通过传统的遗传杂交方式来获得的具有复合性状的转基因作物新品种，另一种方式是对单个转化事件的转基因作物再进行一次基因工程转化而获得的具有复合性状的转基因作物新品种。对于前者就不能再用转化事件特异性的检测方式进行检测了，目前全球也还没有找到合适的品系特异性检测手段；对于后者还可以用转化事件特异性的检测方式进行检测。

五、检测步骤

检测步骤如图 6-16 所示。

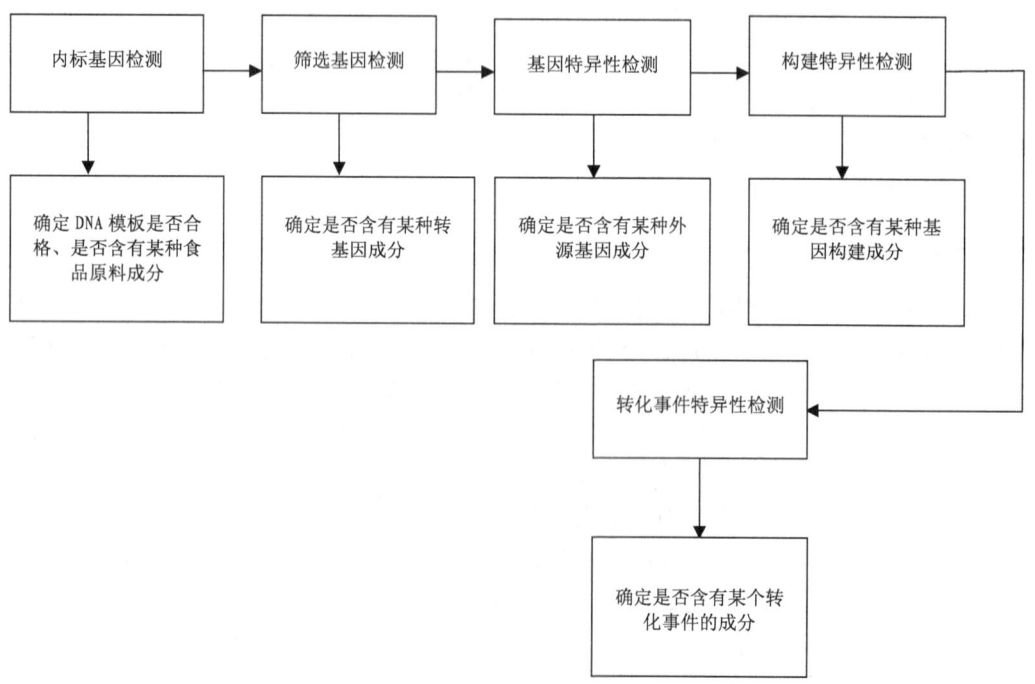

图 6-16　检测步骤

六、应用

当前,我国农业转基因生物的研究开发进入了产业化的关键时期,转基因生物的监管工作也到了一个关键的时期。为防止未经安全审批的转基因作物进入生产试验和区域试验造成大面积扩散,保障我国的农产品和食品安全,对参加国家生产试验和区域试验的水稻、玉米和大豆品种是否含有转基因成分开展检测工作。

目的是检测国家水稻、玉米生产试验品种和区域试验品种是否含有转基因成分,查明是否存在未经审批的转基因水稻和玉米材料进入生产试验和区域试验的情况。

(一) 检测材料

水稻、玉米或大豆等参加区域试验样品。

(二) 抽样

1. 组织抽样

由抽样地点的省农业厅(委、局)组织种子检测机构负责抽样。

2. 抽样要求

抽样要具有代表性,一个区域试验品种或一个生产试验品种作为一个样品,采取五点抽样方式,抽样部位选取幼嫩组织(选取上部可见叶第三、第四叶),水稻取整叶,每点取 20 片,每个样品取 100 片。玉米每点取 2 片,取叶片前部,长度 20cm 左右,每个样品取 10 片。按照区域试验品种或生产试验品种的编号或名称标记样品,并填写抽样单。抽样后放入装有碎冰的容器中,返回驻地后在 4℃冰箱保存,时间不超过 5 天,如果储藏时间超过 5 天,须在 –20℃冰箱保存。

3. 样品保存

将取回的样品分别由抽样单位和技术检测机构保存 3 个月。

(三) 检测方案

1. 技术路线

检测技术路线如图 6-17 所示。

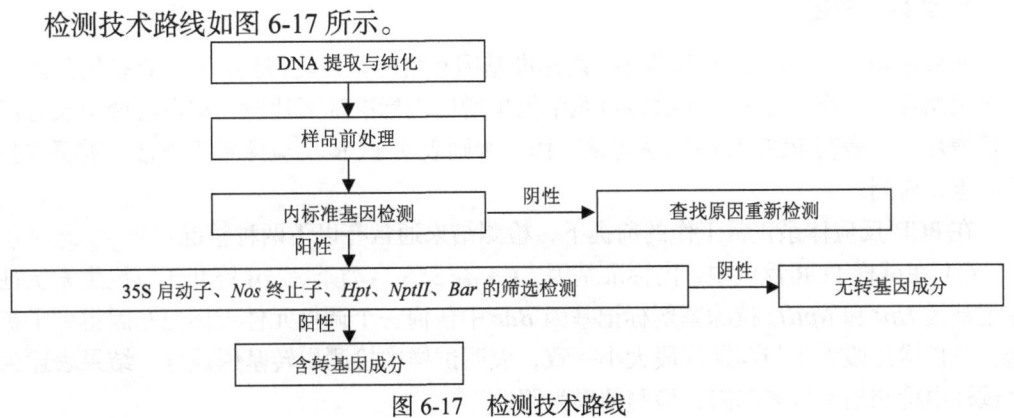

图 6-17 检测技术路线

2. 引用标准和方法

NY/T 672－2003《转基因植物及其产品检测通用要求》；

NY/T 674－2003《转基因植物及其产品检测 DNA 提取和纯化》；

农业部 869 号公告—3－2007《转基因植物及其产品成分检测抗虫和耐除草剂玉米 Bt11 及其衍生品种定性 PCR 方法》；

《转基因水稻定性 PCR 检测技术规范》；

《转反义 PEP 基因超高油油菜超油 1 号定性 PCR 检测技术规范》。

3. DNA 提取与纯化

依据 NY/T 672－2003《转基因植物及其产品检测通用要求》和 NY/T 674－2003《转基因植物及其产品检测 DNA 提取和纯化》执行。

4. 内标准基因检测

依据 NY/T 672-2003《转基因植物及其产品检测通用要求》、农业部 869 号公告—3－2007《转基因植物及其产品成分检测 抗虫和耐除草剂玉米 Bt11 及其衍生品种定性 PCR 方法》和《转基因水稻定性 PCR 检测技术规范》。

5. 阳性对照

CaMV 35S 启动子、*Nos* 终止子和抗生素抗性标记基因 *Hpt* 检测用转基因水稻 II 优科丰 6 号作为阳性对照，抗生素抗性标记基因 *NptII* 检测用转基因棉花 33B 作为阳性对照，抗除草剂标记基因 *Bar* 检测用转基因玉米 Bt176 作为阳性对照。

6. 筛选检测

对所有样品进行 *CaMV* 35S 启动子、*Nos* 终止子、抗生素抗性标记基因 *Hpt* 和 *NptII*、抗除草剂标记基因 *Bar* 进行检测。依据 NY/T 672-2003《转基因植物及其产品检测通用要求》、《转基因水稻定性 PCR 检测技术规范》和《转反义 PEP 基因超高油油菜超油 1 号 定性 PCR 检测技术规范》。

7. 结果与表述

如果在阳性对照的 PCR 反应中，内标准基因和目的基因均得到扩增，且扩增片段大小与预期片段大小一致，而在阴性对照中仅扩增出内标准基因片段，空白对照中没有任何扩增片段，表明 PCR 反应体系正常工作。否则表明 PCR 反应体系不正常，需要查找原因重新检测。

在 PCR 反应体系正常工作的前提下，检测结果通常有以下两种情况：

(1) 在试样 PCR 反应中，内标准基因、*CaMV* 35S 启动子、*Nos* 终止子、抗生素抗性标记基因 *Hpt* 和 *NptII*、抗除草剂标记基因 *Bar* 中任何一个调控元件或标记基因得到了扩增，且扩增片段大小与预期片段大小一致，表明试样中检测出转基因成分。结果表述为"试样中检测出×××基因，检测结果为阳性"。

(2) 如果在试样的 PCR 反应中，内标准基因片段得到扩增，且扩增片段大小与预期片段大小一致，而 *CaMV* 35S 启动子、*Nos* 终止子、抗生素抗性标记基因 *Hpt* 和 *NptII*、抗除草剂标记基因 *Bar* 均未得到扩增，或扩增片段大小与预期片段大小不一致，表明试样中未检测出转基因成分。结果表述为"试样中未检测出 *CaMV* 35S 启动子、*Nos* 终止子、抗生素抗性标记基因 *Hpt* 和 *NptII*、抗除草剂标记基因 *Bar*，检测结果为阴性"。

第四节 商业化转基因食品的检测方法

掌握国内外已经商业化的转基因作物品种、品系及其转入的外源基因的种类，是进行转基因产品检测的前提条件，也是实际工作中设计检测方案和检测方法、避免漏查和减少不必要劳动的基础。这些转基因作物品种、品系及其转入的外源基因种类的资料和信息，对于正确判断检测结果有着重要的意义。

目前已经商业化的转基因作物所转入的外源基因主要是抗性基因，即耐除草剂和/或抗虫、抗病毒、抗真菌、抗细菌、抗线虫等，只有少数是改良作物品种性状(如油脂含量或组分的改变、营养成分的改变、推迟成熟期、改变花色等)随着新的研究成果不断的进入田间实验，已经在田间实验的转基因作物不断商品化，将会有大量的新转基因作物出现、需要经常关注并及时跟踪(黄昆仑，2003)。

一、转基因大豆类食品的检测信息及策略

(一) 转基因大豆类食品的检测信息

1. 转基因大豆 A2704-12，A2704-21，A5547-35

为拜耳公司产品，目前，美国、加拿大和日本已批准在食品和饲料中使用。具有抗草铵膦 (glufosinate-ammonium) 的特性。其 *Pat* 基因由 *CaMV* 35S 启动子和 *CaMV* 35S 终止子控制。*Pat* 基因进行了点突变以减少高的 G+Cmol/%，使 *Pat* 基因在植物中能更好地表达。

基因组	*CaMV* 35S 启动子	*Pat*	*CaMV* 35S 终止子	基因组

2. 转基因大豆 A5547-127

为拜耳公司产品，具有抗草铵膦的特性。其 *Pat* 基因由 *CaMV* 35S 启动子和 *CaMV* 35S 终止子控制。此外，还有 *Bla* 基因。目前，仅美国批准在食品和饲料中使用。

基因组	*CaMV* 35S 启动子	*Pat*	*CaMV* 35S 终止子	基因组

基因组	细菌启动子	*Bla*	未知终止子	基因组

3. 转基因大豆 G94-1，G94-19，G168

为杜邦公司产品，目前，美国、加拿大、澳大利亚和日本已批准在食品和饲料中使用。具有高油酸的特性。来自大豆的 δ12 脱饱和酶由大豆种子球蛋白特异性启动子 (*Gmfad*2-1)和菜豆蛋白终止子[3′ poly(A) signal from phaseolin gene from *Phaseolus vulgaris*]控制；*Gus* 基因是由 *CaMV* 35S 启动子和 *Nos* 终止子控制；此外，还有 *Bla* 基因。

基因组	CaMV 35S 启动子	Gus	Nos 终止子	基因组

基因组	细菌启动子	Bla	未知终止子	基因组

基因组	大豆种子球蛋白特异性启动子	Gmfad2-1	菜豆蛋白终止子	基因组

4. 转基因大豆 GTS 40-3-2(Roundup Ready)

为孟山都公司产品，目前已有阿根廷、美国、巴西、日本、加拿大、欧盟、韩国、墨西哥、荷兰、南非、俄罗斯、瑞士和乌拉圭批准在食品和饲料中使用。具有抗草甘膦的特性。*Cp4-Epsps* 基因受增强的 *CaMV* 35S 启动子和 *Nos* 控制并融合了来自牵牛花的叶绿体转移肽基因 *Ctp4*。

基因组	CaMV 35S 启动子	Ctp4	Cp4-Epsps	Nos 终止子	基因组

5. 转基因大豆 GU262

为拜耳公司产品，目前，仅美国批准在食品和饲料中使用。具有抗草铵膦的特性。其 *Pat* 基因在 *CaMV* 35S 启动子和 *CaMV* 35S 终止子控制。此外，还有 *Bla* 基因。

基因组	CaMV 35S 启动子	Pat	CaMV 35S 终止子	基因组

基因组	细菌启动子	Bla	未知终止子	基因组

6. 转基因大豆 W62，W98

为拜耳公司产品，目前，仅美国批准在食品和饲料中使用。具有抗草铵膦的特性。*Bar* 基因受 *CaMV* 35S 启动子控制。此外，还有 *Gus* 基因。

基因组	CaMV 35S 启动子	Bar	未知终止子	基因组

基因组	未知启动子	Gus	未知终止子	基因组

7. 转基因大豆 DP356043

为杜邦公司产品，目前，仅美国批准在食品和饲料中使用。具有抗草甘膦的和抗乙酰乳酸合成酶特性。*Gat*4601 基因受 TMV omega 5′-UTR 启动子控制，*Gm-Hra* 基因受 *SAMS* 启动子的控制。

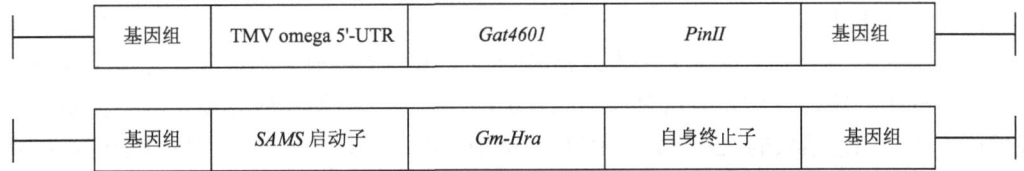

8. 转基因大豆 MON89788

为孟山都公司产品，目前已在澳大利亚、加拿大、日本、美国批准在食品或饲料中使用。具有抗草甘膦的特性。*Cp4-Epsps* 基因受增强的 *P-FMV/TSF1* 启动子和 E 9 3′控制并融合了来自牵牛花的叶绿体转移肽基因 *Ctp2*。

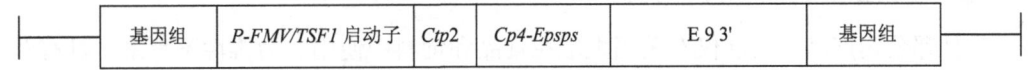

(二) 转基因大豆成分的检测策略

目前，世界商业化的转基因大豆有 13 种，种植面积最大的是孟山都公司的 GTS40-3-2(Roundup Ready™)。这些转基因大豆有共同的特性，即含有 *CaMV* 35S 启动子基因。因此，对 *CaMV* 35S 启动子基因的 PCR 检测，可以起到筛选的作用。在瑞士官方发布的食品手册中对转基因大豆的检测采用 *CaMV* 35S 启动子基因的 PCR 检测做筛选，并制订了检测的流程。对转基因大豆的检测可以采用图 6-18 的程序。

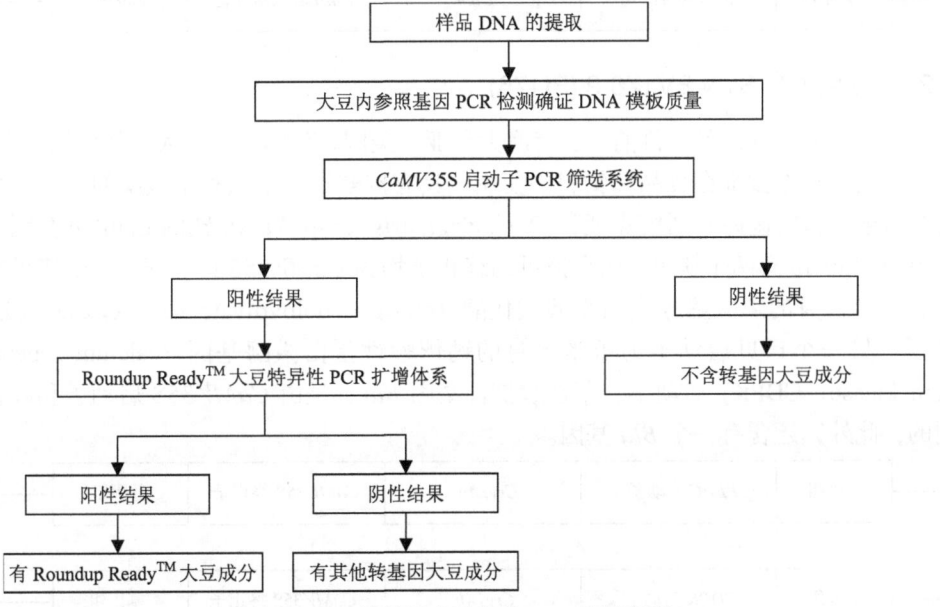

图 6-18 转基因大豆定性 PCR 检测程序

通过对大豆内参照基因 Lectin 的 PCR 检测,以确证 DNA 模板的质量和数量是否符合 PCR 的扩增要求,如果大豆内参照基因 Lectin 的 PCR 不能扩增出预期的条带,说明 DNA 模板的数量太少,或在 DNA 模板中存在 PCR 反应的抑制因子。表明 DNA 模板不符合 PCR 反应的要求,需要重新提取 DNA。如果大豆内参照基因 Lectin 的 PCR 可以扩增出预期的条带(除空白对照外),表明 DNA 模板符合 PCR 反应的要求,可以进行下一步检测步骤,用转基因大豆共有的 CaMV35S 启动子基因,进行 PCR 筛选,阳性结果表明含有转基因成分,需要进行下一步的检测步骤,阴性结果则表明不含有转基因成分。在这一步骤中,阴性对照和空白对照不能有扩增,否则,表明反应体系有污染,需要查找原因。在对阳性结果的 RR 特异性 PCR 检测中,阳性结果表明转基因成分是抗草甘膦大豆 Roundup Ready^{TM},阴性结果表明含有其他的转基因大豆成分。

二、转基因玉米类食品的检测信息及检测策略

(一) 转基因玉米类食品的检测信息

1. 转基因玉米 676,678,680

是杜邦公司产品,目前仅有美国批准在食品和饲料中使用。为雄性不育系,具有对草铵膦的耐受性,其 Pat 基因由 CaMV35S 启动子控制;在该品系中含有一个来自大肠杆菌的基因 Dam (DNA adenine methylase),该基因可以编码 DNA 腺苷酸甲基化酶。该基因的启动子是来自玉米的特异性启动子,终止子是来自马铃薯(Solanum tuberosum)的蛋白酶抑制剂基因 PinII 的转录终止序列。

| 基因组 | CaMV35S 启动子 | Pat | 未知终止子 | 基因组 |

| 基因组 | 521Del 启动子 | Dam | PinII 转录终止区 | 基因组 |

2. 转基因玉米 SYN-EV176-9 (Bt176)

为先正达公司的产品,目前,已有澳大利亚、美国、英国、加拿大、阿根廷、欧盟、瑞士、荷兰、日本批准在食品和饲料中使用。具有抗鳞翅目昆虫和草铵膦的作用,含有来自苏云金芽孢杆菌库尔斯塔克亚种(B. thuringiensis subsp. Kurstaki)的 Cry1Ab 基因。在基因组中 Cry1Ab 有两个拷贝,两个拷贝的终止子均为 CaMV35S 终止子,一个拷贝的启动子为玉米自身的磷酸烯醇式丙酮酸羧化酶 (phosphoenolpyruvate carboxylase,PEPC) 启动子,另一个拷贝启动子为玉米自身的钙依赖性蛋白激酶基因 (calcium-dependent protein kinase,CDPK) 启动子;草铵膦抗性基因 Bar,是由 CaMV35S 启动子和终止子控制的;此外,还含有一个 Bla 基因。

| 基因组 | PEPC 启动子 | Cry1Ab | CaMV35S 终止子 | 基因组 |

| 基因组 | CDPK 启动子 | Cry1Ab | CaMV35S 终止子 | 基因组 |

| 基因组 | 细菌启动子 | *Bla* | 未知终止子 | 基因组 |

| 基因组 | *CaMV*35S 启动子 | *Bar* | *CaMV*35S 终止子 | 基因组 |

3. 转基因玉米 B16 (DLL25)

Dekalb Genetics 公司的产品，目前在美国、加拿大和日本批准在食品和饲料中使用。具有对草铵膦的耐受性，其 *Bar* 基因在启动子 *CaMV*35S 启动子和 *Tr7* 终止序列控制下。此外，还含有一个筛选基因 *Bla*。

| 基因组 | 细菌启动子 | *Bla* | 未知终止子 | 基因组 |

| 基因组 | *Tr7* 终止子互补区 | *CaMV*35S 启动子 | *Bar* | *Tr7* 终止子 | 基因组 |

4. 转基因玉米 BT11

为先正达公司产品，目前，已有澳大利亚、美国、英国、加拿大、阿根廷、欧盟、瑞士、日本批准在食品和饲料中使用。具有抗鳞翅目昆虫和抗草铵膦的特性，*Cry1Ab* 基因受 *CaMV*35S 启动子和 *Nos* 终止子基因控制，在 *Cry1Ab* 与 *CaMV*35S 启动子间插入了玉米乙醇脱氢酶基因的 *IVS6* 内含子以增加转录的效率和稳定性；*Pat* 基因受 *CaMV*35S 启动子和 *Nos* 终止子基因控制，在 *Pat* 基因和 *CaMV*35S 启动子间插入了玉米乙醇脱氢酶基因的 *IVS2* 内含子以增加转录的效率和稳定性。

| 基因组 | *CaMV*35S 启动子 | *IVS2* | *Pat* | *Nos* 终止子 | 基因组 |

| 基因组 | *CaMV*35S 启动子 | *IVS6* | *Cry1Ab* | *Nos* 终止子 | 基因组 |

5. 转基因玉米 CBH-351

为安万特公司产品，该品种于 1998 年被美国批准在饲料中使用。又名联星(Starlink)。具有抗除草剂草铵膦和抗鳞翅目昆虫的特性，其中，*Bar* 基因由 *CaMV*35S 启动子和 *Nos* 终止子控制；*Cry9C* 来自苏云金芽孢杆菌多窝亚种(*B. thuringiensis* subsp. *Tolworthi*)，启动子是 *CaMV*35S 启动子，终止子是 *CaMV*35S 终止子；抗性筛选基因是 *Bla*。由于控制措施不严，使该品种(系)玉米进入食品市场，在 2001 年，部分美国消费者在食用含该品种(系)玉米后出现了过敏现象。

| 基因组 | *CaMV*35S 启动子 | *Cpt* | *Cry9c* | *CaMV*35S 终止子 | 基因组 |

| 基因组 | 细菌启动子 | *Bla* | 未知终止子 | 基因组 |

| 基因组 | *CaMV*35S 启动子 | *Bar* | *Nos* 终止子 | 基因组 |

6. 转基因玉米 DBT418

Dekalb Genetics 公司的产品，目前已有阿根廷、日本、美国、加拿大和澳大利亚批准在食品和饲料中使用。具有抗鳞翅目昆虫和抗草铵膦的特性，*Bar* 基因由 *CaMV*35S 启动子和 *Tr* 终止序列控制；*Cry1Ac* 由 *CaMV*35S 启动子和 *Ocs* 双倍增强子控制，在 *CaMV*35S 启动子和 *Cry1Ac* 间插入了乙醇脱氢酶基因 *Adh1* 以增强转录的效率和稳定性，终止子是马铃薯蛋白酶抑制剂基因的转录终止序列；*PinII* 基因，是来自马铃薯蛋白酶抑制剂基因，受启动子 *CaMV*35S 的控制，终止子是马铃薯蛋白酶抑制剂基因的转录终止序列 *PinII* 终止子和 *Tr7* 终止序列。此外，还有一个抗性筛选基因 *Bla*。

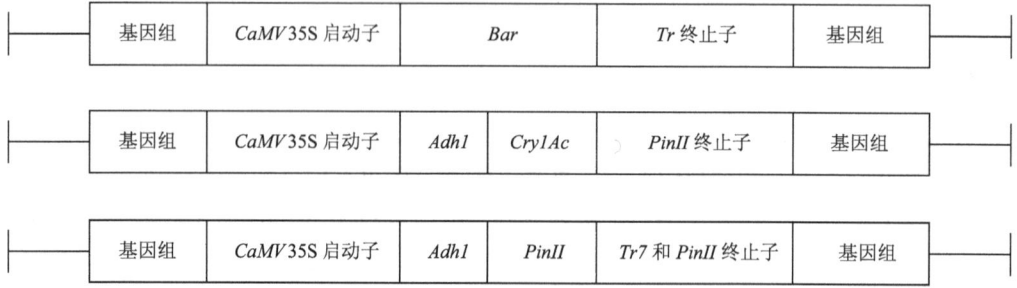

7. 转基因玉米 GA21

为孟山都公司产品，目前，已有阿根廷、日本、美国、加拿大、韩国和澳大利亚批准在食品和饲料中使用。具有草甘膦的抗性。该品系含有的 *M-Epsps* 基因由水稻 *r-actinI* 启动子和 *Nos* 终止子控制。*M-Epsps* 基因是通过对玉米本身的 *Epsps* 基因进行体外点突变所获得。在转化过程中使用了 pBR322，因此，在外源基因中还有 *bla* 基因。

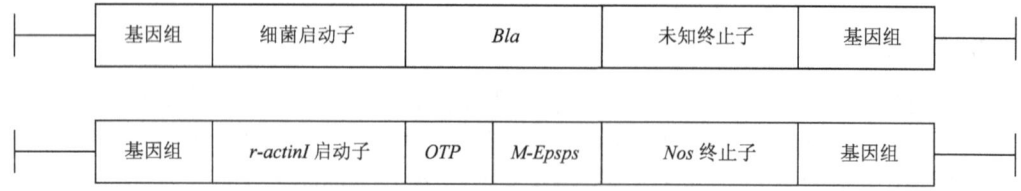

8. 转基因玉米 MON809

为杜邦公司产品，目前已有美国、加拿大和日本批准在食品和饲料中使用。具有抗鳞翅目昆虫和抗草甘膦的特性，外源基因 *Goxv247* 融合有 *Ctp1*；*Cp4-Epsps* 融合有 *CTP2*，受到增强的 *CaMV*35S 启动子的控制；*Cry1Ab* 受到增强的 *CaMV*35S 和 *Nos* 终止子的控制。

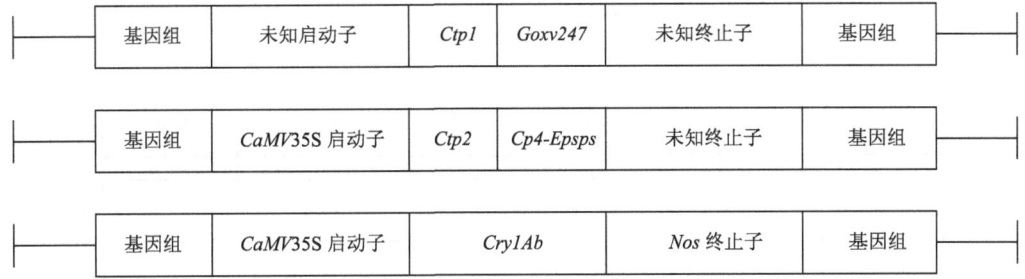

9. 转基因玉米 MON80100

为孟山都公司产品，目前仅有美国批准在食品和饲料中使用。具有抗鳞翅目昆虫的特性，外源基因 *Goxv247* 受到 *CaMV* 35S 和 *Nos* 终止子控制，在 *Goxv247* 基因上融合有 *Ctp2* 基因；*Cry1Ab* 和 *Cp4-Epsps* 也受到 *CaMV* 35S 和 *Nos* 终止子的控制，在 *Cp4-Epsps* 基因上融合有 *Ctp1* 基因；此外，还有 *NptII* 基因。推荐检测基因：*CaMV* 35S 启动子、*Gox*、*Cry1Ab*、*Cp4-Epsps* 基因和各基因的交联区域。

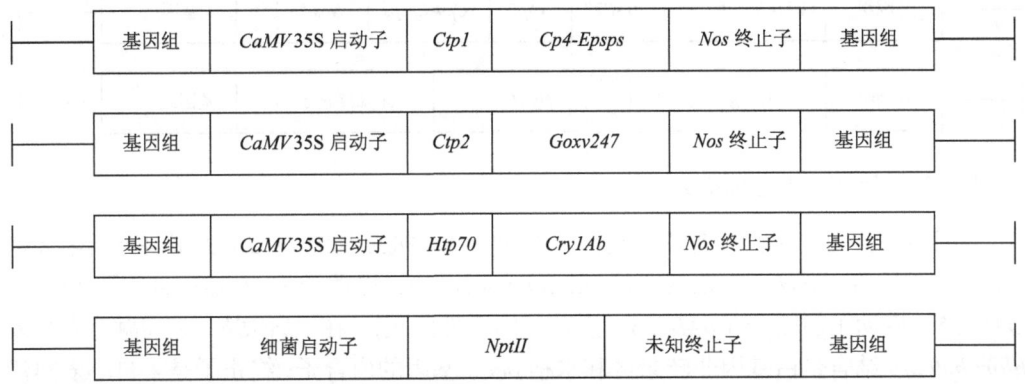

10. 转基因玉米 MON810

为孟山都公司产品，目前已有美国、加拿大、阿根廷、欧盟、韩国、南非、瑞士、澳大利亚和日本批准在食品和饲料中使用。具有抗鳞翅目昆虫的特性。*Cry1Ab* 受到增强的 *CaMV* 35S 的控制。

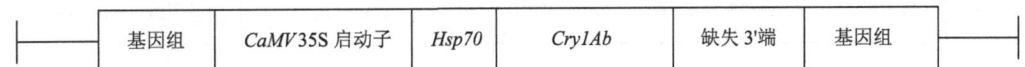

11. 转基因玉米 MON802

为孟山都公司产品，目前已有美国、加拿大和日本批准在食品和饲料中使用。具有抗鳞翅目昆虫和抗草甘膦的特性，外源基因 *Goxv247* 融合有 *Ctp1*；*Cp4-Epsps* 融合有 *Ctp2*，受到增强的 *CaMV* 35S 启动子的控制；*Cry1Ab* 是受到增强的 *CaMV* 35S 和 *Nos* 终止子的控制；此外，还有 *NptII* 基因。

| 基因组 | 未知启动子 | *Ctp1* | *Goxv247* | 未知终止子 | 基因组 |

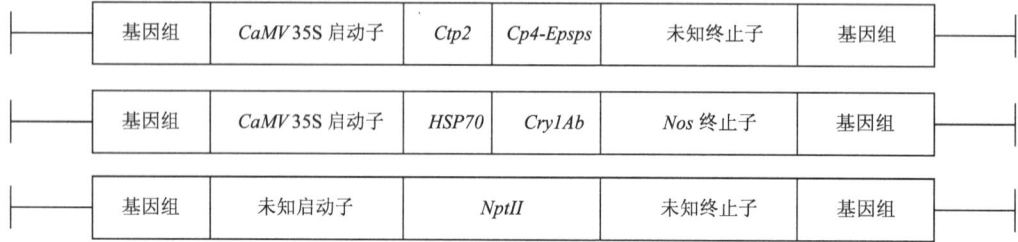

12. 转基因玉米 MON832

为孟山都公司产品,目前已有加拿大批准在食品和饲料中使用。具有抗草甘膦的特性,外源基因 *Goxv247* 融合有 *Ctp1*,受到 *CaMV* 35S 的控制;*Cp4-Epsps* 融合有 *Ctp2*,受到 *CaMV* 35S 启动子和 *Nos* 终止子的控制;此外,还有 *NptII* 基因。

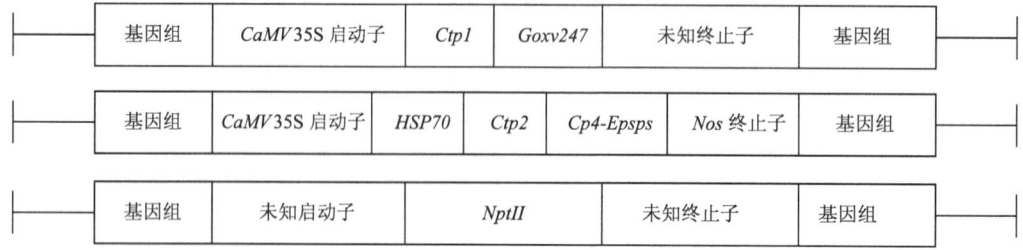

13. 转基因玉米 MON863

为孟山都公司产品,具有抗鳞翅目昆虫的特性。抗虫基因 *cry3Bb1* 来自苏云金牙孢杆菌熊本亚种(*B. thuringiensis* subsp. *Kumamotoensis*),启动子是 4-AS1 启动子(单一的 *CaMV* 35S 启动子加四个 *CaMV* 35S 启动子的活性区域),在 *Cry3Bb1* 之间融合有小麦 *chlorphyll a/b* 结合蛋白基因非转录区和水稻 *actin* 基因的内含子,终止子是来自小麦热激蛋白基因的 3′转录终止序列;*NptII* 基因受 *CaMV* 35S 启动子和 *Nos* 终止子控制。目前,仅有美国在 2001 年批准在食品中使用。

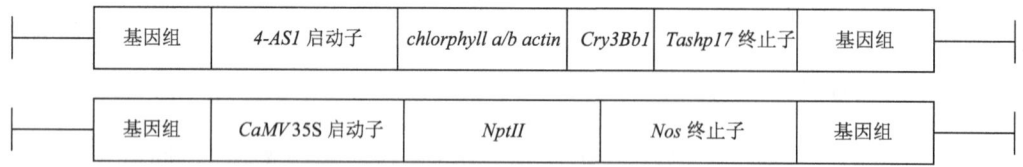

14. 转基因玉米 MS3

为拜耳公司产品,目前已有加拿大和美国批准在食品和饲料中使用。具有抗草铵膦和雄性不育的特性。来自解淀粉芽孢杆菌(*Bacillus amyloliquefaciens*)的雄性不育基因 *Barnase*,该基因可以产生一种核糖核酸酶,这种酶只产生在花粉囊的绒毡层细胞中,可以干扰 RNA 的形成,从而造成花粉细胞败育。该基因受到来自烟草花粉特异性启动子 *pTa29* 和 *Nos* 终止子控制;来自吸水链霉菌(*S. hygroscopicus*)的 *Bar* 基因受 *CaMV* 35S 启动子和 *Nos* 终止子控制。此外,还有 *Bla* 基因。

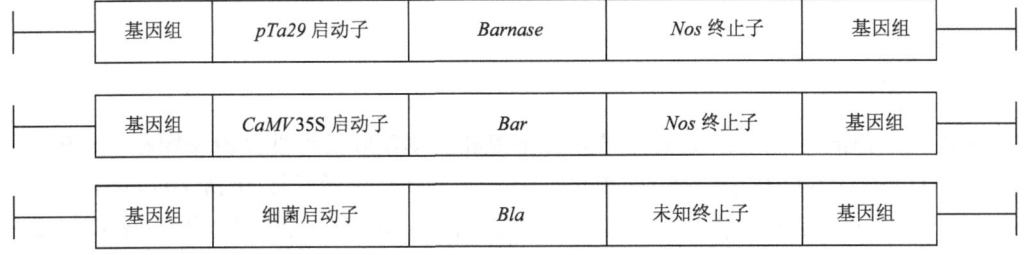

15. 转基因玉米 MS6

为拜耳公司产品，目前只有美国于 2000 年批准在食品和饲料中使用。具有抗草铵膦和雄性不育的特性。来自解淀粉芽孢杆菌(*Bacillus amyloliquefaciens*)的雄性不育基因 *Barnase*，该基因受到来自烟草花粉特异性启动子 *pTa29* 控制；来自吸水链霉菌(*S. hygroscopicus*)的 *Bar* 基因受 *CaMV* 35S 启动子和 *Nos* 终止子控制。此外，还有 *Bla* 基因。

16. 转基因玉米 NK603

为孟山都公司产品，2001 年该品系在美国、加拿大和日本得到批准在食品和饲料中使用，2002 年阿根廷批准在食品中使用。具有抗草甘膦的特性，有两个 *Cp4-Epsps* 基因，各有一个拷贝。一个由水稻 *P-ract1* 启动子(在 *P-ract1* 启动子和 *Cp4-Epsps* 间插入 *Ctp2* 以增强转录的效率和稳定性)和 *Nos* 终止子控制；另一个是由增强的 *P-e*35S 启动子和 *Nos* 终止子控制。

基因组	P-e35S 启动子	Cp4-Epsps	Nos 终止子	基因组

基因组	P-ract1 启动子	Ctp2	Cp4-Epsps	Nos 终止子	基因组

17. 转基因玉米 T14，T25

为拜耳公司产品，目前已有美国、日本、加拿大、澳大利亚和欧盟批准在食品和饲料中使用。具有抗草铵膦的特性。其 *Pat* 基因在 *CaMV* 35S 启动子和 *CaMV* 35S 终止子控制下。此外，还有 *Bla* 基因。

基因组	细菌启动子	Bla	未知终止子	基因组

基因组	CaMV35S 启动子	Pat	CaMV35S 终止子	基因组

18. 转基因玉米 TC1507

为杜邦公司产品,该品系在美国 2001 年被批准在食品和饲料中使用,日本 2002 年批准其在食品和饲料中使用。具有抗鳞翅目昆虫和抗草铵膦的特性。*Pat* 基因在 *CaMV* 35S 启动子和 *CaMV* 35S 终止子控制下;来自苏云金芽孢杆菌鲇泽亚种(*B. thuringiensis* subsp. *aizawai*)的基因 *Cry1Fa2* 是受玉米泛素(ubiquitin)启动子和来自根癌农杆菌(*Agrobacterium tumefaciens*) ORF25 的多聚腺苷酸的转录终止序列控制。

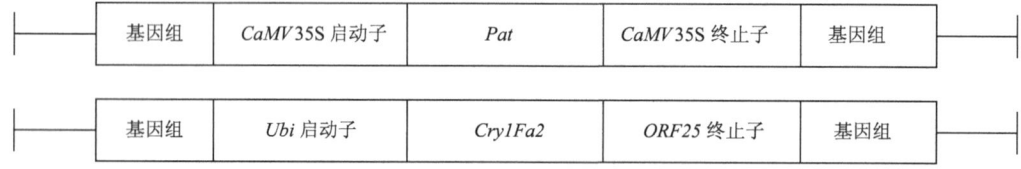

(二) 转基因玉米(maize)类食品的检测策略

转基因玉米定性 PCR 检测程序如图 6-19 所示:

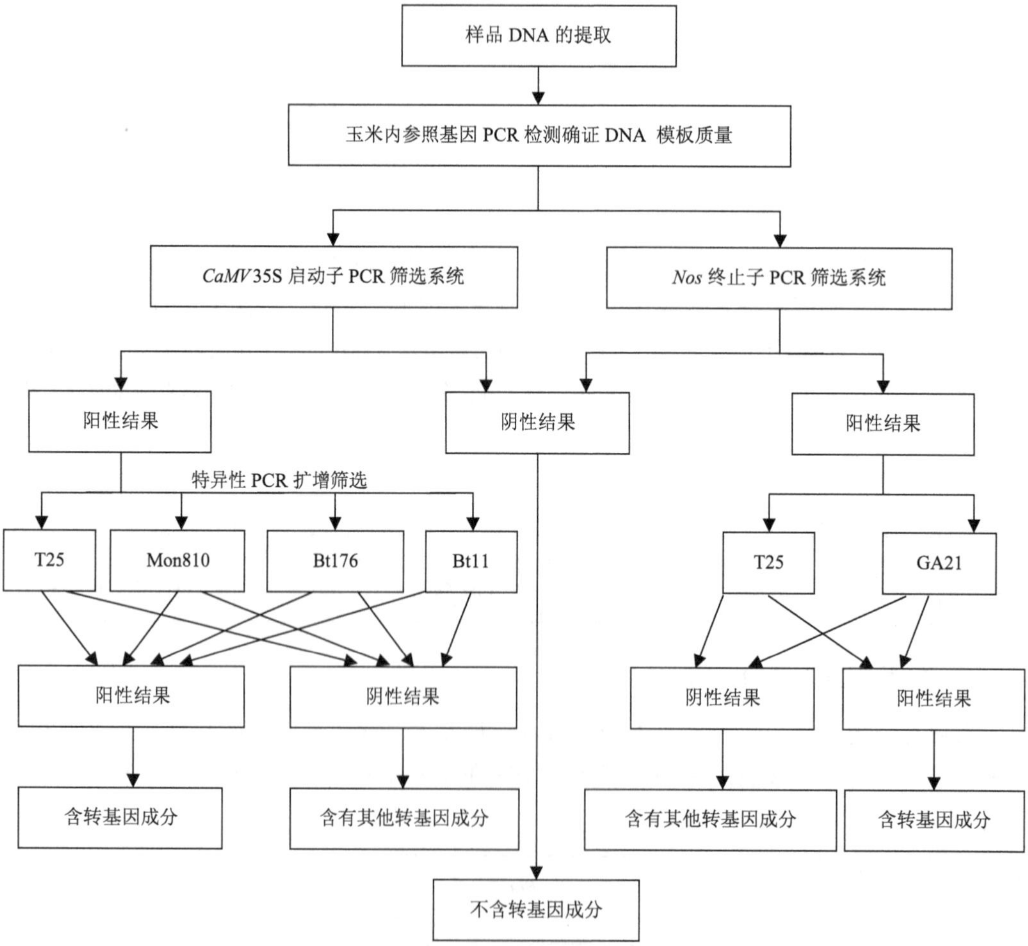

图 6-19 转基因玉米定性 PCR 检测程序

三、转基因棉花类食品的检测信息与检测策略

(一) 转基因棉花类食品的检测信息

1. 转基因棉花 31807/31808

为杜邦公司产品,目前,已有日本和美国批准在食品和饲料中使用。具有双抗的特性,可以抗鳞翅目昆虫和溴苯腈 (oxynil) 类除草剂。其中,外源基因 *Bxn* 由一种嵌合启动子调控,该启动子由 *CaMV* 35S 启动子和来自根癌农杆菌(*A. tumefaciens*)甘露碱合成酶的启动子嵌合而成的。外源基因 *Cry1Ac* 来自苏云金芽孢杆菌库尔斯塔克亚种(*B. thuringiensis* subsp. *Kurstaki*) (Btk),由 *CaMV* 35S 启动子调控。此外,还含有标记基因 *NptII*。

| 基因组 | *CaMV* 35S-mas 启动子 | *Bxn* | 未知终止子 | 基因组 |

| 基因组 | 细菌启动子 | *NptII* | 未知终止子 | 基因组 |

| 基因组 | *CaMV* 35S 启动子 | *Cry1Ac* | 未知终止子 | 基因组 |

2. 转基因棉花 BXN

为杜邦公司产品,目前已有日本、美国、加拿大和澳大利亚批准在食品和饲料中使用。具有耐受溴苯腈类除草剂的功能,含 *Bxn* 基因和 *NptII* 基因,其中 *Bxn* 基因受 *CaMV* 35S 启动子和 *Tm1* 终止子调控,*NptII* 基因受 *CaMV* 35S 启动子和 *Nos* 终止子调控。

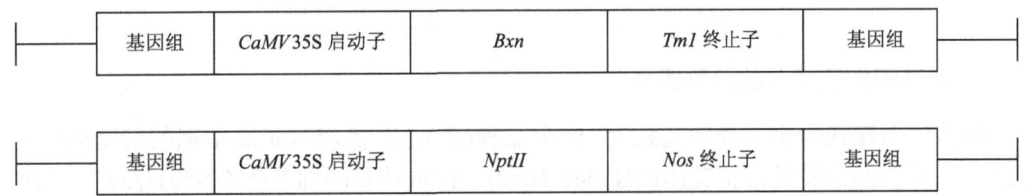

| 基因组 | *CaMV* 35S 启动子 | *Bxn* | *Tm1* 终止子 | 基因组 |

| 基因组 | *CaMV* 35S 启动子 | *NptII* | *Nos* 终止子 | 基因组 |

3. 转基因棉花 MON1445/1698

为美国孟山都公司的产品,目前,阿根廷、美国、日本、加拿大和澳大利亚批准在食品和饲料中使用。具有耐受除草剂草甘膦 Roundup Ready 的作用。含有来自 *Agrobacterium* sp. strain CP4 的 *Cp4-Epsps* 基因,该基因受来自玄参科花叶病毒改造过的 *CMoVb* 启动子和来自豌豆 *Rubisco* E9 基因终止序列调控。*Cp4-Epsps* 基因上融合了 *Ctp2* 基因;*aad*(aminoglycoside adenyltransferase)基因来自 *E. coil* 转座子 Tn7,可以分解奇霉素和链霉素 (spectinomycin and streptomycin),因此,作为抗性筛选标记基因,该启动子由细菌原来的启动子和终止子控制;*NptII* 基因由 *CaMV* 35S 启动子和 *Nos* 终

止子控制。

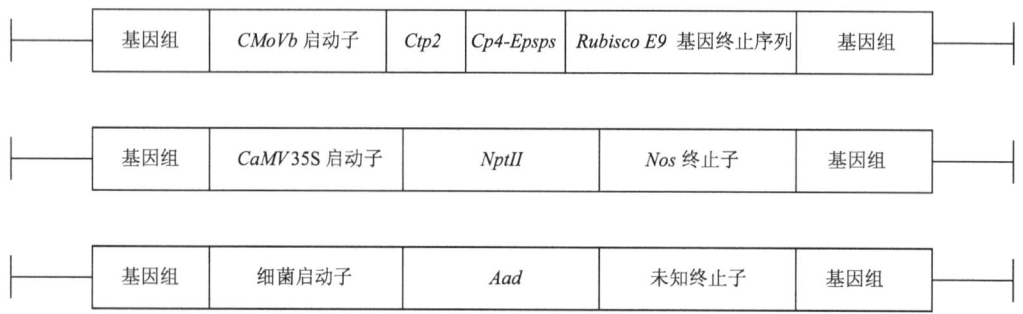

4. 转基因棉花 MON531/757/1076

为美国孟山都公司的产品，目前，已有美国、加拿大、阿根廷、墨西哥、日本、澳大利亚和南非批准在食品和饲料中使用。印度于 2002 年批准环境释放。可以抗鳞翅目昆虫。外源基因 *Cry1Ac* 来自苏云金芽孢杆菌库尔斯塔克亚种(*B. thuringiensis* subsp. *kurstaki*)(Btk)，由增强的 *CaMV* 35S 启动子和来自大豆 *β-conglycinin* 基因的 poly(A)终止信号区调控。*NptII* 基因由 *CaMV* 35S 启动子和 *Nos* 终止子控制。此外，还有 *aad* 基因。

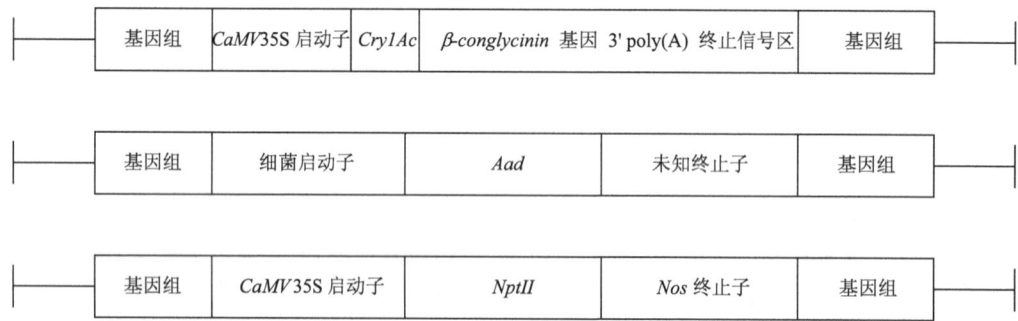

5. 转基因棉花成分的检测策略

转基因棉花在全世界商业化的有 8 个品种(系)，有抗溴苯腈除草剂的转基因棉花(bxn)、抗草甘膦的转基因棉花(MON1445/1698)、抗虫转基因棉花(MON531/757/1076)和抗溴苯腈抗虫双抗转基因棉花(31807/31808)。但种植面积最大的是抗虫转基因棉花。在转基因棉花中有共同的特性即含有 *CaMV* 35S 启动子基因、*NptII* 基因、*Nos* 终止子基因，在抗虫转基因棉花中还有苏云金杆菌δ内毒素 *Cry1Ac* 基因。因此对转基因棉籽的检测可以按图 6-20 的程序进行。其分析方法与对转基因大豆的分析方法相似。

(二) 转基因棉花类食品的检测信息与检测策略

转基因棉花(cotton)定性 PCR 检测程序见图 6-20。

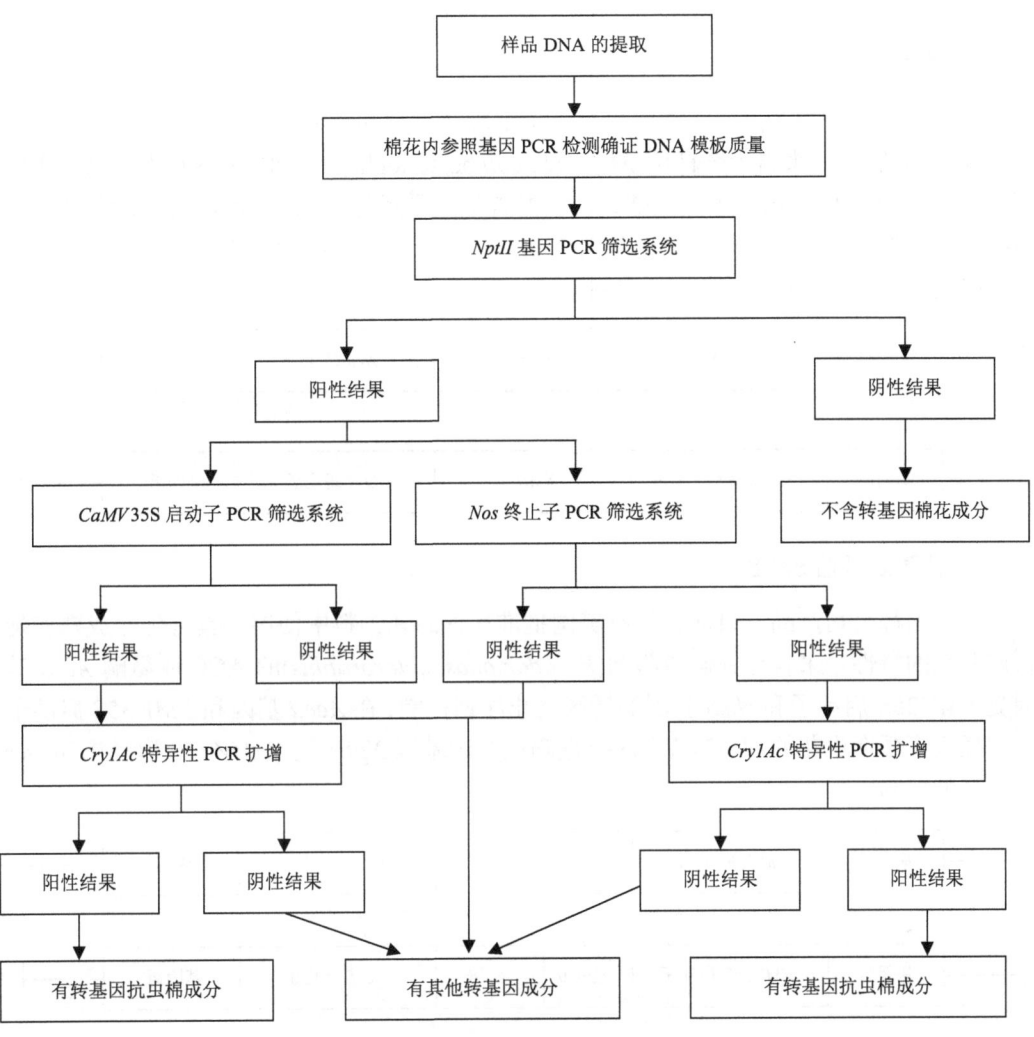

图 6-20 转基因棉花定性 PCR 检测程序

四、转基因番茄类食品的检测信息与检测策略

(一) 转基因番茄(tomato)类食品的检测信息

1. 转基因番茄 1345-4

为植物 DNA 技术公司产品,目前,已有美国和加拿大批准在食品和饲料中使用。具有延迟成熟和延长储藏期的特性。来自番茄但有缺失的 1-氨基-环丙烷-1-羧酸(ACC)合成酶,可以干扰正常 ACC 合成酶的功能,从而影响乙烯的合成。该酶受 CaMV 35S 启动子和 Nos 终止子控制。NptII 基因在 Nos 启动子和 Ocs 终止子的控制下。

| 基因组 | CaMV 35S 启动子 | Acc | Nos 终止子 | 基因组 |

| 基因组 | Nos 启动子 | NptII | Ocs 终止子 | 基因组 |

2. 转基因番茄 351N

为 Agritope 公司产品，目前，仅有美国批准在食品和饲料中使用。具有延迟成熟和延长储藏期的特性。来自大肠杆菌抗生素(*E. coli* bacteriophage T3)的 *S*-腺苷甲硫氨酸水解酶(sam-k)可以分解 *S*-腺苷甲硫氨酸，使它的含量水平降低，减少 ACC 合成的前体，从而控制乙烯的生成。抗性筛选标记基因 *NptII* 受 *Nos* 启动子和 *Ocs* 终止子的控制 *Cam-k* 基因受启动子 *P-E8* 和 *Nos* 终止子控制。

| 基因组 | *P-E8* | sam-k | *Nos* 终止子 | 基因组 |

| 基因组 | *Nos* 启动子 | *NptII* | *Ocs* 终止子 | 基因组 |

3. 转基因番茄 8338

为孟山都公司产品，目前，仅有美国批准在食品和饲料中使用。具有延迟成熟和延长储藏期的特性。来自绿针假单胞菌(*Pseudomonas chlororaphis*)的 ACC 脱氨酶 *Accd* 基因受 *FMV* 35S 启动子和 *rbcS* 基因的转录终止序列控制，在 *Accd* 基因和 *FMV* 35S 启动子之间插入了矮牵牛花的 *Hsp70* 基因；抗性筛选标记基因 *NptII* 受 *CaMV* 35S 启动子和 *Ocs* 终止子的控制。

| 基因组 | *CaMV* 35S 启动子 | *NptII* | *Ocs* 终止子 | 基因组 |

| 基因组 | *FMV* 35S 启动子 | *Hsp70* | *Accd* | *rbcS* 终止子 | 基因组 |

4. 转基因番茄 5345

为孟山都公司产品，目前，已有美国和加拿大批准在食品和饲料中使用。具有抗鳞翅目昆虫的特性。*Cry1Ac* 是在 *CaMV* 35S 启动子和来自大豆 β-conglycinin α-亚单位基因的转录终止序列 *7S* 控制下；抗性筛选标记基因 *NptII* 受 *CaMV* 35S 启动子和 *Nos* 终止子的控制。此外，还有 *Aad* 基因。

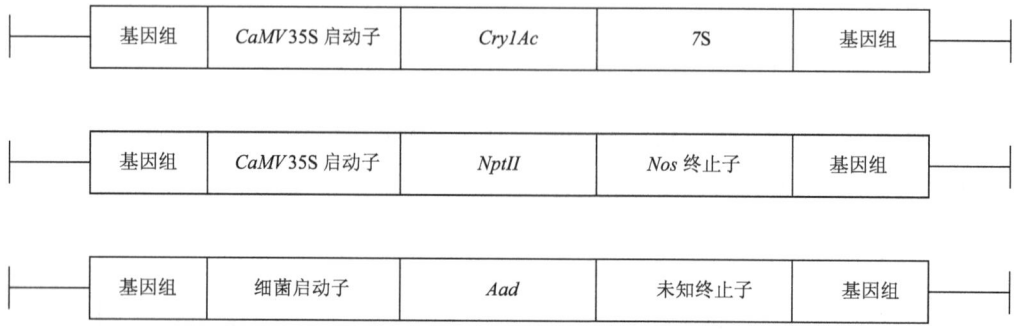

· 224 ·

5. 转基因番茄 B, Da, F

为 Zeneca Seeds 公司产品,目前,已有美国和加拿大批准在食品和饲料中使用。具有延迟成熟和延长储藏期的特性。来自番茄的多聚半乳糖醛酸酶 *Pg* 基因,被反义转入番茄基因组,从而抑制了番茄 *Pg* 基因的正常表达,该反义基因在 *CaMV* 35S 启动子和 *Nos* 终止子的控制下;抗性筛选标记基因 *NptII* 受 *Nos* 启动子和 *Ocs* 终止子的控制。

| 基因组 | *Nos* 启动子 | *NptII* | *Ocs* 终止子 | 基因组 |

| 基因组 | *CaMV* 35S 启动子 | 反义 *Pg* | *Nos* 终止子 | 基因组 |

6. 转基因番茄 FLAVR SAVR

为 Calgene 公司产品,具有延迟成熟和延长储藏期的特性。来自番茄的多聚半乳糖醛酸酶 *Pg* 基因,被反义转入番茄基因组,从而抑制了番茄 *Pg* 基因的正常表达,该反义基因在 *CaMV* 35S 启动子和章鱼碱型农杆菌 *Tml/Tr7* 终止子的转录制止序列的控制下;抗性筛选标记基因 *NptII* 受甘露碱合成酶 *Mas* 启动子和 *Mas* 终止子的控制。目前,已有美国、加拿大、日本和墨西哥批准在食品和饲料中使用。

| 基因组 | *CaMV* 35S 启动子 | 反义 *Pg* | *Tml/Tr7* 终止子 | 基因组 |

| 基因组 | *Mas* 启动子 | *NptII* | *Mas* 终止子 | 基因组 |

7. 转基因番茄成分的检测策略

转基因番茄的种植面积很小,品种(系)有 8 个,其中 7 个是延熟的,一个是抗虫的。这些转基因番茄有共同的特点,即含有 *NptII* 基因。除 351N 品种(系)外,其余都含有 *CaMV* 35S 启动子基因。因此,转基因番茄的检测可以对这两个基因进行。首先用番茄的内参照基因作为检测样品 DNA 模板的 PCR 扩增,然后用扩增 *NptII* 基因作为筛选,对于阳性结果再用 *CaMV* 35S 启动子基因的扩增来进一步确证。检测程序可以按照图 6-21 进行。

(二) 转基因番茄类食品的检测信息与检测策略

转基因番茄定性 PCR 检测程序见图 6-21。

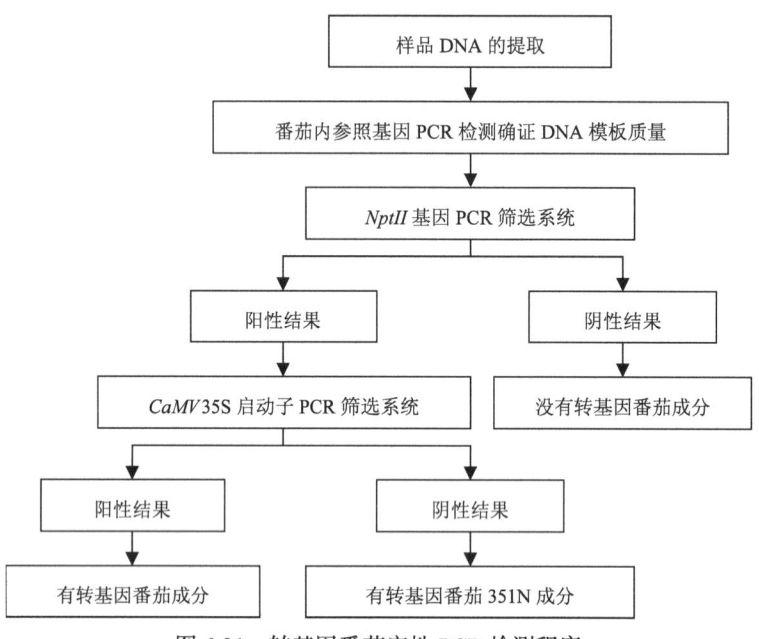

图 6-21 转基因番茄定性 PCR 检测程序

五、转基因油菜类食品的检测信息

(一) 转基因油菜类食品的检测信息

1. 转基因油菜 23-18-17，23-198

该品种(系)的油菜是通过基因工程技术把加州桂(*Umbellularia californica*)的一个编码硫脂酶(thioesterase)的基因转入油菜中，这个酶可以在油菜种子成熟过程中，积累三酰甘油酯(triacylglycerol)。三酰甘油酯含有脱脂的月桂酸(lauric acid)和少量的肉豆蔻酸(myristic acid)。用这个新品种加工的油含有的月桂酸的水平与食用椰子和棕榈油相似。在转入的外源基因中，*thioesterase* 基因由一种没有公开的种子特异性启动子控制，来自 *E. coil* k12 的 *NptII* 基因由 *CaMV*35S 启动子和 *Nos* 终止子控制，*thioesterase* 基因编码一个 382 个氨基酸的未成熟的蛋白质，其拷贝数是 15 个，在种子和植株中可以检测到 *NptII* 的产物。目前，只有美国和加拿大分别于 1994 年和 1996 年批准商业化生产，并可以作为食品和饲料。

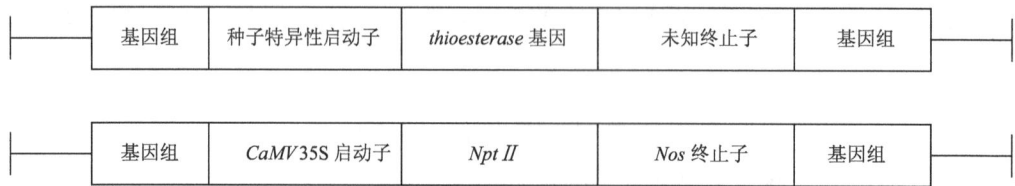

2. 转基因油菜 GT200

为美国孟山都公司产品，目前只有加拿大于 1997 年批准商业化生产，可用于食品。

该品系具有对除草剂 Roundup Ready 的耐受性,该品系含有两个外源基因可以产生耐受除草剂 Roundup Ready 的产物,一个来自于根癌农杆菌(*Agrobacterium tumefaciens*) strain CP4 的 *Cp4-Epsps* 基因,该基因编码 5-烯醇式丙酮酸莽草酸-3-磷酸合酶(5-enolpyruvylshikimate-3-phosphate synthase,EPSPS),该酶是芳香族氨基酸合成途径上的酶,合成苯丙氨酸、色氨酸和酪氨酸。该酶可以减少植物对草甘膦的亲和力,增加植物对草甘膦的耐受性。另一个外源基因是来源于人苍白杆菌(*Ochrobactrum anthropi*) strain LBAA 的草甘膦氧化酶(glyphosate oxidase,GOX),可以使草甘膦分解成氨基甲基膦酸(aminomethyl phosphonic acid,AMPA)和乙醛酸(glyoxylate)。这两个基因是由相同的组成性启动子控制,在启动子和 *Cp4-Epsps* 基因、*Gox* 基因之间融合了叶绿体转移肽基因,以帮助产物可以进入叶绿体。

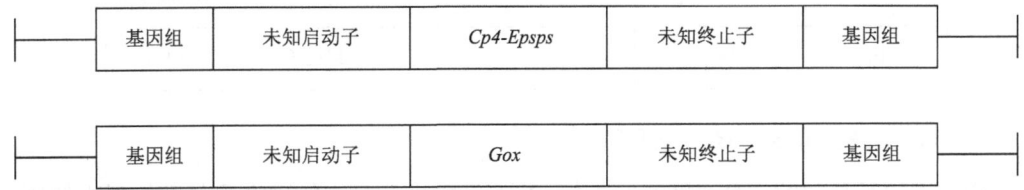

3. 转基因油菜 GT73,RT73

为美国孟山都公司产品,该品系具有对除草剂 Roundup Ready 的耐受性,该品系含有两个外源基因可以产生耐受除草剂 Roundup Ready 的产物,一个来自于根癌农杆菌(*Agrobacterium tumefaciens*) strain CP4 的 *Cp4-Epsps* 基因,另一个外源基因是来源于人苍白杆菌(*Ochrobactrum anthropi*) strain LBAA 的草甘膦氧化酶。这两个基因由相同的组成性启动子控制,在启动子和 *Cp4-Epsps* 基因、*Gox* 基因之间融合了叶绿体转移肽基因,帮助产物可以进入叶绿体。*Cp4-Epsps* 基因受来自玄参科花叶病毒 *35S*(Figwort mosaic virus 35S promoter)启动子基因和来自豌豆的 *rbcS E9* 的 3'末端调控。在该基因的 5'末端融合了来自鼠耳芥(*Arabidopsis thaliana*)的叶绿体转移肽基因 *Cpt2*;*Goxv247* 除融合了鼠耳芥叶绿体转移肽基因 *Ctp1* 外,其余与 *Cp4-Epsps* 相同。目前,已有美国、日本、加拿大和澳大利亚批准在食品和饲料中使用。

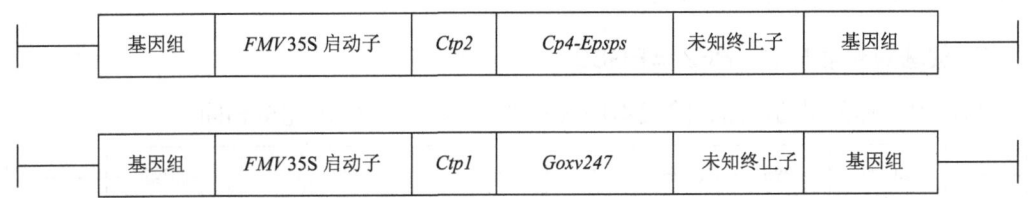

4. 转基因油菜 HCN10

为德国拜耳公司的产品,目前,有日本、美国和加拿大批准在食品和饲料中使用。该品种(系)具有对除草剂草铵膦的耐受性。该品系转入了来自链霉菌绿色产色链霉菌(*Streptomyces viridochromogenes*)的 *Pat*(phosphinothricin-*N*-acetyltransferase)基因,该基因受 *CaMV 35S* 启动子的调控。

| 基因组 | CaMV 35S 启动子 | Pat | 未知终止子 | 基因组 |

5. 转基因油菜 HCN92

为德国拜耳公司的产品,目前,加拿大、美国和日本已批准在食品和饲料使用,1998年欧盟批准市场准入。具有对除草剂草铵膦的耐受性。该品种(系)转入了来自绿色产色链霉菌(Streptomyces viridochromogenes)的 Pat 基因,该基因受 CaMV 35S 启动子的调控,终止子是 CaMV 35S poly(A)信号序列 35S 终止子。该品系还含有一个来源于 E. coil k12 的 NptII 基因,该基因由 Nos 启动子和 Ocs 终止子调控。

| 基因组 | CaMV 35S 启动子 | Pat | 35S 终止子 | 基因组 |

| 基因组 | Nos 启动子 | NptII | Ocs 终止子 | 基因组 |

6. 转基因油菜 MS1× RF1 ⇒PGS1

为德国拜耳公司的产品,目前,已有美国、加拿大和日本批准在食品和饲料中使用。欧盟在 1996 年批准可以进入欧盟市场。该品种(系)是由 MF1 和 RF1 杂交而成的杂交品系,其中,MF1 是父本,其本身也是遗传修饰的产物,含有两个外源基因,即来自解淀粉芽孢杆菌(Bacillus amyloliquefaciens)的雄性不育基因 Barnase,该基因可以产生一种核糖核酸酶,这种酶只产生在花粉囊的绒黏层细胞中,可以干扰 RNA 的形成,从而造成花粉细胞败育。在母本 RF1 中含有一个来自解淀粉芽孢杆菌(Bacillus amyloliquefaciens)的育性恢复基因 Barstar,该基因产生的酶可以专一性的抑制 Barnase 基因 RNase 的表达。因此,可以使育性得到恢复。在 PGS1 中含有来自吸水链霉菌(S. hygroscopicus)的 Bar 基因,受来自鼠耳芥(Arabidopsis thaliana)的 PSsuAra 启动子和 97 终止子控制,在 Bar 基因上融合有来自鼠耳芥(Arabidopsis thaliana)的叶绿体转移肽基因;雄性不育基因 Barnase 受到来自烟草(Nicotiana tabacum)花粉特异性启动子 pTa 启动子和 Nos 终止子控制;育性恢复基因 Barstar 为 pTa29 启动子和 Nos 终止子控制;来源于 E. coil k12 的 NptII 基因,是由 Nos 启动子和 Ocs 终止子调控。

7. 转基因油菜 MS1× RF2 ⇒PGS2

为德国拜耳公司的产品,除父本用 RF2 外,其余与 PGS1 完全相同。

| 基因组 | PSsuAra 启动子 | Ctp | Bar | 97 终止子 | 基因组 |

| 基因组 | Nos 启动子 | NptII | Ocs 终止子 | 基因组 |

| 基因组 | pTa29 花粉特异性启动子 | Barnase | Nos 终止子 | 基因组 |

| 基因组 | pTa29 启动子 | Barstar | Nos 终止子 | 基因组 |

8. 转基因油菜 MS8× RF3 ⇒PGS3

为德国拜耳公司的产品，目前，已有美国、加拿大和日本批准在食品和饲料中使用。与 PGS2 和 PGS1 基本相似，不同之处在父本用的是 MS8，母本使用的是 RF3，另外所用的筛选标记是 *Bar*，没有使用 *NptII* 基因。

9. 转基因油菜 PHY14，PHY35，PHY36

为德国拜耳公司的产品，目前仅有日本批准在食品中使用。外源基因与 PGS3 相同，但不知父本母本的来源。

| 基因组 | *PSsuAra* 启动子 | *Ctp* | *Bar* | 97 终止子 | 基因组 |

| 基因组 | *pTa29* 花粉特异性启动子 | *Barnase* | *Nos* 终止子 | 基因组 |

| 基因组 | *pTa29* 启动子 | *Barstar* | *Nos* 终止子 | 基因组 |

10. 转基因油菜 OXY-235

为德国拜耳公司的产品，目前已有加拿大、美国、日本和澳大利亚批准在食品和饲料中使用。对溴苯腈类除草剂有耐受性，该品系含有来自肺炎克雷伯氏菌臭鼻亚种(*Klebsiella pneumoniae* subsp. *ozanae*)的腈水解酶基因(*bxn*)，该酶的基因受 *CaMV* 35S 启动子和 *Nos* 终止子调控。

| 基因组 | *CaMV* 35S 启动子 | 玉米 *RuBisCO* 非转录区 | *Bxn* | *Nos* 终止子 | 基因组 |

11. 转基因油菜 T45

为德国拜耳公司的产品，目前已有加拿大、美国、日本和澳大利亚批准在食品和饲料中使用。含有来自绿色产色链霉菌(*Streptomyces viridochromogenes*)的基因 *Pat*，该基因由 *CaMV* 35S 启动子控制。

| 基因组 | *CaMV* 35S 启动子 | *Pat* | 未知终止子 | 基因组 |

12. 转基因油菜 ZSR500/502

是波兰油菜，为孟山都公司产品，目前仅有加拿大批准在饲料中使用，含有 *Goxv247* 和 *Cp4-Epsps* 基因，*Gox* 基因和 *Cp4-Epsps* 基因均受启动子 *CMovb* 控制，另外 *Cp4-Epsps* 受 *E9* 终止子控制。

| 基因组 | *CMovb* 启动子 | *Gox* | 未知终止子 | 基因组 |

| 基因组 | *CMovb* 启动子 | *Cp4-Epsps* | *E9* | 基因组 |

(二) 转基因油菜的检测策略

转基因油菜是商业化种植面积最大的作物之一,共有 17 个品种(系)。由于品种(系)较多,所含外源基因种类也较多,因此给检测带来较多的困难。从总体上可以分为三大类:由美国孟山都公司研究开发的转基因油菜,这类油菜含有两个共同的基因:*Cp4-Epsps* 和 *Gox*;由拜耳公司研究开发的转基因油菜。其中一类油菜含有共同的基因:*Bar*、*Barnase* 和 *Barstar*;另一类油菜含有共同的基因:*CaMV* 35S 启动子基因和 *Pat* 基因。因此,转基因油菜的检测策略可以按图 6-22 的程序进行。

转基因油菜定性 PCR 检测程序见图 6-22。

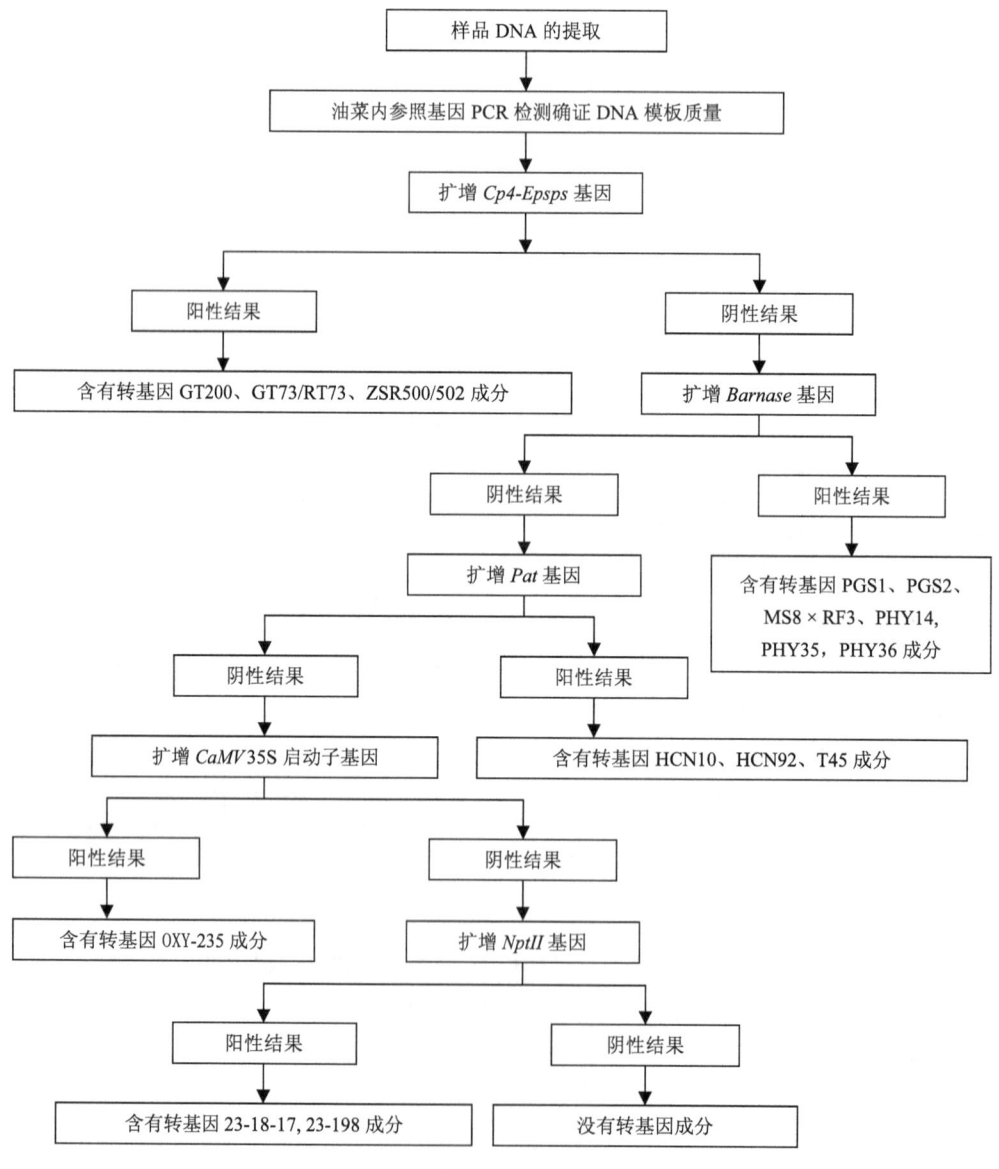

图 6-22 转基因油菜定性 PCR 检测程序

参 考 文 献

白卫滨. 2006. 转基因植物及其产品快速检测方法的研究. 暨南大学药学院论文
曹际娟, 覃文, 朱水芳等. 2004. 用实时荧光PCR方法鉴定转基因玉米T14/T25. 遗传, 26(5): 689-694
陈茹, 林志雄, 刘琳琳等. 2001. 用地高辛标记的PCR-ELISA技术快速检测转基因鱼. 中国水产科学, 4: 13-16
郭兆奎, 魏继承, 于艳华等. 2000. 烟草转基因检测标准及PCR反应体系的研究. 中国烟草学报, 3: 18-22
黄昆仑, 罗云波. 2003. 用巢式和半巢式PCR检测转基因大豆Roundup Ready及其深加工食品. 农业生物技术学报, 11(5): 461-466
黄昆仑. 2003. 食品中转基因成分定性PCR检测技术研究. 北京: 中国农业大学论文
黄留玉, 王恒樑, 史兆兴等. 2005. PCR最新技术原理、方法及应用. 北京: 化学工业出版社
李葱葱, 王青山, 李飞武等. 2007. 用实时荧光PCR方法定量检测Bt176转基因玉米. 吉林农业科学, 32(5): 24-27
刘光明, 徐庆研, 龙敏南等. 2003. 应用PCR-ELISA技术检测转基因产品的研究. 食品科学, 24 (1): 101-105
田路明, 黄丛林, 张秀海等. 2006. 降落PCR法快速检测高羊茅转基因植株. 生物技术通报, 3: 85-87
许文涛, 白卫滨, 罗云波等. 2008. 转基因产品检测技术研究进展. 农业生物技术学报, 16(4): 714-722
于忠娜, 苗向阳, 单虎等. 2007. 豆粕饲料中转基因成分的多重PCR快速检测. 动物医学进展, 28(1): 53-56
张明辉, 高学军, 于艳波等. 2006. 三重巢式PCR技术检测抗草甘膦转基因大豆深加工产品. 14(5): 752-756

第七章 食用安全检测技术

第一节 营养学评价方法

一、营养元素、抗营养因子和天然毒性物质的检测方法

对转基因植物及其产品中的营养成分(包括营养元素、抗营养因子和天然毒素)的检测是转基因食品安全性评价的一个重要组成部分。一方面，营养检测本身能够体现转基因食品的主要营养成分与抗营养成分的变化情况，为基因转入后的非期望效应提供定向检测依据；另一方面，主要营养成分的检测为转基因食品的动物营养学评价与动物毒理学评价提供了饲料配制的参考数据，是动物学试验的基础。

虽然转基因食品的成分检测是重要的一个环节，但是由于各种转基因作物及其加工后产品的主要营养成分、抗营养因子与天然毒素各不相同，需要检测的项目与指标也就不一而足。针对这种情况，经济合作发展组织(OECD)出台了一系列的作物成分手册，给出了不同种的作物及其加工产品的营养检测指标，并提供了相应的历史数据和参考文献，包括油菜籽，大豆，甜菜，土豆，玉米，小麦，水稻，棉花，大麦，蘑菇，向日葵，苜蓿及其他饲料作物。同时国际生命科学研究院(ILSI)也建立了各种农作物的成分数据库(http://www.cropcomposition.org)，作为对各种转基因作物成分的范围参考。需要注意，转基因植物不同部分、不同用途、不同加工方法的产品其需要检测的成分均不相同。

检测完各种成分后，就需要对转基因作物的成分进行分析，其采用的评价标准主要是前面提到的"实质等同性"的比较方法，即将转基因作物的各种成分与其非转基因同源亲本进行比较。如果二者之间没有显著性差异，则认为转基因作物与其亲本同样"安全"；如果二者有显著性差异，则认为转基因作物存在潜在的毒理与营养方面的改变，需要进行进一步的生物学评价。但是，由于遗传与环境的差异，即使是同一品种的植株间也会有差异，因此很难保证转基因作物及其亲本的各种成分均保持完全一致。这时候就要参考OECD与ILSI提供的相应作物的历史参考数据，以判断这种差异是否在正常的范围内。此外，欧盟规定，进行实质等同性分析的数据不得低于两个种植季，并且每次选取的地点不得少于六个。这样做的目的是为了减少由于气候与环境的差异造成的统计分析的误差。

以下将以转基因水稻的成分检测为例，介绍转基因食品的检测指标与检测依据。

(一) 用于食品的水稻的检测指标

以转基因水稻的成分检测为例，在OECD的作物成分手册中给出了详细的水稻的各种加工产品，加工部位的营养成分与抗营养因子的历史参考数据：

水稻中的主要营养素包括水分，蛋白质，脂肪，灰分，糖类，木质素，总能量。
其中，蛋白质部分又包括不同溶解度的蛋白质(白蛋白，清蛋白，谷蛋白，醇溶谷蛋白)与18种氨基酸的含量(丙氨酸、精氨酸、天冬氨酸、胱氨酸、谷氨酸、甘氨酸、组氨

酸、异亮氨酸、亮氨酸、赖氨酸、甲硫氨酸、苯丙氨酸、脯氨酸、丝氨酸、苏氨酸、酪氨酸、缬氨酸、色氨酸)。

糖类又可以细分为可利用糖类：淀粉(直链淀粉与支链淀粉)，游离糖；中性洗涤纤维：粗纤维，纤维素，半纤维素，戊糖。

脂肪主要由脂肪酸[棕榈油(16∶0)，油酸(18∶1)，亚油酸(18∶2)]与中性油脂(甘油三酯、自由脂肪酸、糖脂、磷脂、卵磷脂、磷脂酰乙醇胺等)两大部分组成。

矿物质主要包括钙、镁、磷、钾、硅、硫、铜、铁、锰、钠、锌、植酸磷。

对水稻中维生素的检测主要包括维生素 A，维生素 D，维生素 E，维生素 B_1，维生素 B_2，维生素 B_6，维生素 B_{12}，烟酸，泛酸，叶酸，氨基苯酸，生物素，肌糖等成分。

水稻中的抗营养因子目前发现的有植酸，胰蛋白酶抑制剂，凝集素，致敏性蛋白，米谷蛋白，α-淀粉酶枯草杆菌蛋白酶抑制剂等几种物质。

以上是对水稻的食用部分进行的历史检测资料，对于用于饲料作用的水稻植株，其关注的检测指标包括：蛋白质，中性洗涤纤维，酸性洗涤纤维，无氮提取物，灰分(主要包括钙与磷)。而对于水稻加工过程中的副产物用于饲料用途的如谷粒、碎粒、谷壳、麸、稻秆等，其关注的营养成分包括干物质含量、蛋白质、粗脂肪、中性洗涤纤维、酸性洗涤纤维、粗纤维、灰分、糖类、淀粉、钙、磷、氨基酸(精氨酸、甘氨酸、组氨酸、异亮氨酸、亮氨酸、赖氨酸、甲硫氨酸、半胱氨酸、苯丙氨酸、苏氨酸、色氨酸、酪氨酸、缬氨酸)。

对于每一种具体的应用，要求的检测成分也不相同。如表 7-1 所示，用于食物用途与用于饲料用途的各种加工产品，其要求检测的指标各不相同：

表 7-1 不同部位不同用途的水稻产品要求的检测指标

检测指标	麸油	米粉	稻谷	稻草	植株
总营养素 a		√	√	√	√
矿物质			√		
维生素			√		
氨基酸		√			
脂肪酸	√	√			
植酸磷			√		
直链淀粉		√	√		
钙			√	√	√
磷			√	√	√

a 包括蛋白质，脂肪，总膳食纤维，灰分与糖类。

(二) 检测依据

以上成分的检测方法主要以已经成为通用标准的方法为准，国外常用美国官方分析化学家协会(Association of Analytical Communities，AOAC)及美国油类化学家协会(American Oil Chemists' Society，AOCS)推荐的检测方法，而国内常用国标(GB)中的食品成分检测方法。对于没有正式规定的方法则采用OECD文件中推荐的参考文献的方法。表7-2中给出部分检测指标的检测依据：

表7-2 部分指标检测依据

检测参数	引用标准	标准名称
水分	GB/T 5009.3—2003	食品中水分的测定
灰分	GB/T 5009.4—2003	食品中灰分的测定
脂肪	GB/T 5009.6—2003	食品中脂肪的测定方法
蛋白质	GB/T 5009.5—2003	食品中蛋白质的测定方法
粗纤维	GB/T 5009.10—2003	植物类食品中粗纤维的测定
脂肪酸	GB/T 17377—1998	动植物油脂 脂肪酸甲酯的气相色谱分析
氨基酸	GB/T 5009.124—2003	食品中氨基酸含量的测定
铁、镁、锰	GB/T 5009.90—2003	食品中铁、镁、锰的测定
钾、钠	GB/T 5009.91—2003	食品中钾、钠的测定
钙	GB/T 5009.92—2003	食品中钙的测定
锌	GB/T 5009.14—2003	食品中锌的测定
硒	GB/T 5009.93—2003	食品中硒的测定
铜	GB/T 5009.13—2003	食品中铜的测定
磷	GB/T 5009.87—2003	食品中磷的测定
植酸	GB/T 5009.153—2003	植物性食品中植酸的测定
维生素A	GB/T 5009.82—2003	食品中维生素A和维生素E的测定
维生素B_1	GB/T 5009.84—2003	食品中硫胺素的测定
维生素B_2	GB/T 5009.85—2003	食品中核黄素的测定
维生素B_6	GB/T 5009.154—2003	食品中维生素B_6的测定
维生素B_{12}	GB/T 5413.14—1997	婴幼儿配方食品和乳粉 维生素B_{12}的测定
维生素E	GB/T 5009.82—2003	食品中维生素A和维生素E的测定
泛酸	GB/T 18397—2001	复合预混合饲料中泛酸的测定 高效液相色谱法
烟酸、叶酸	GB/T 17813—1999	复合预混料中烟酸、叶酸的测定 高效液相色谱法
淀粉	GB/T 5009.9—2003	食品中淀粉的测定
直链淀粉	GB/T 7648—87	水稻、玉米、谷子籽粒直链淀粉测定法
支链淀粉	GB/T 7648—87	水稻、玉米、谷子籽粒直链淀粉测定法
中性洗涤纤维	GB/T 20806—2006	饲料中中性洗涤纤维(NDF)的测定
酸性洗涤纤维	GB/T 20805—2006	饲料中酸性洗涤木质素(ADL)的测定

(三) 成分分析方法

对转基因作物及其亲本进行了成分检测后，就要进行两种作物之间的相应成分差异分析。其分析方法常采用 t 检验的方法，$p<0.05$ 则认为二者之间有显著性差异。但是，统计学上的差异显著性不一定有生理意义。所得的比较结果还要与其他品种或参考资料的范围进行比较。如果转基因作物的成分与非转基因对照相比无显著性差异，则认为它与其亲本同样"安全"；如果二者成分有差异，则应与文献参考范围相比较，若转基因作物的成分超出文献范围，则应对其进行进一步的生物营养学与毒理学分析。

随着转基因技术的发展，单纯提高农作物的抗逆性质已不能满足市场需求，通过引入外源基因改善农作物的营养品质的转基因作物，即第二代转基因产品，正在成为研究开发的主流。例如，降低致敏蛋白含量的低致敏大米，提高 β-胡萝卜素含量的"黄金水稻"，以及提高必需氨基酸含量的高蛋白的水稻等。对于这一类产品的营养品质分析就不能用简单的营养等同来评价其是否安全。例如，K. Momma 等对转入大豆球蛋白的转基因水稻进行营养成分分析时，就发现转基因水稻的蛋白质含量比非转基因亲本高出 20%，并且相应的一些氨基酸含量也有所提高。这种情况下，蛋白质与氨基酸含量升高就是期望的目的性状，并非不安全的表现。对于这一类产品的安全评价一方面可以重新选择合适的对照，另一方面要结合营养学、毒理学及免疫学评价方法。

二、动物营养学评价

对转基因食品的成分检测是其营养学评价的基石，要了解转基因食品是否具有与传统食品同样的营养功能，动物营养学评价手段是必不可少的。这里所说的营养学评价主要是指两个方面：一是通过动物生长情况、营养指标或者动物产品的营养情况来评价转基因食品对实验动物的营养作用；二是通过动物的生长与代谢指标来评价转基因食品中某种营养物质的生物利用率。

常用于转基因食品营养学评价的动物模型可以分为两大类。一类是以大、小鼠、仓鼠为代表的啮齿类实验动物，另一类是以鸡、猪、牛为代表的禽畜类动物。

对于啮齿类动物的评价方法，与全食品的毒理学评价方法类似，通常是将转基因食品以一定的比例掺入动物饲料中，或者提取营养成分后直接灌胃动物。但是，由于这些转基因食品一般不是试验动物的主要膳食来源，因此，考虑到膳食平衡的问题，其添加量往往有限。而家禽家畜本身就是以谷物或者秸秆类为主要食物来源，在进行此类试验时可以以高达 100% 的添加量饲喂动物，因此，对于转基因食品的基因改变引起的非预期的效应更敏感。同时，肉、蛋、奶等禽畜产品也是人类食物的重要组成部分，对食用转基因植物的禽畜产品的营养学检测对食物营养学也具有重要的参考价值。

进行营养学评价的主要目的除了观察动物的生长情况，健康状态以外，还可以检测特定营养成分的生物利用率，从而推断转基因产品的生物利用情况与营养转化情况。

相比于毒理学评价，营养学评价通常采用幼龄动物，并进行 28~42 天的短期生长试验。试验后，建立动物的生长曲线，以观察动物整体的生长情况；检测试验动物的血液学及脏器重等营养学指标，并与非转基因对照组进行比较，评价转基因产品对动物的营养作用，为转基因产品进一步应用于人类食品提供参考。而对于营养利用率试验，需要测定膳食中与动物排泄物中的目标营养素的含量，监测动物的进食量与体重增加量，最后计算该营养素的生物利用率。以下将介绍一般的营养学评价试验方法与营养利用率试验方法。

(一) 常规营养学评价试验

大鼠的营养学评价试验设计主要参考的是《食品毒理学评价程序》中的《30 天与 90 天喂养实验》的方法进行设计。因此，与亚慢性毒性试验具有一定的相似性。

具体的实验方法如下：

一般选用雌、雄两种性别出生后 6~8 周的 Sprague Dawley 或 Wistar 大鼠。试验开始前给予常规基础饲料适应 3~5 天，试验开始时各动物体重之间的差异应不超过平均体重的±20%。设转基因植物(转基因植物产品)组、传统对照物对照组和常规基础饲料对照组。转基因植物(转基因植物产品)组和传统对照物对照组至少设低、中和高三个剂量组，每组至少 20 只动物，雌、雄各半。在营养平衡的基础上，应以饲料中最大掺入量作为高剂量组。转基因植物及其产品与传统对照物在饲料中的比例应一致，饲料中其他各主要营养成分的比例和饲料的最终营养素含量也应一致。

每天观察并记录试验动物一般表现、行为、毒性表现和死亡数量，每周称量摄食量和体重，最后计算体重增重和食物利用率，并绘制动物生长曲线。在试验中期和末期测定血红蛋白、红细胞计数、白细胞计数及分类、血小板数，必要时，测定网织红细胞数、凝血能力。在试验中期和末期测定丙氨酸氨基转移酶、天冬氨酸氨基转移酶、碱性磷酸酶、乳酸脱氢酶、尿素氮、肌酐、血糖、血清白蛋白、总蛋白、总胆固醇和甘油三酯，必要时，测定胆酸和胆碱酯酶。

试验结束时，所有试验动物应进行解剖和肉眼观察各脏器外部异常表现，并将重要器官和组织用固定液固定保存。称量试验动物心脏、肝、肾、肾上腺、脾、胸腺、睾丸的绝对质量并计算相对质量(脏/体值)，必要时，称量其他脏器质量。进行试验动物脑、心脏、肺、肝、肾、肾上腺、脾、胃肠(十二指肠、空肠和回肠)、胸腺、甲状腺、睾丸、附睾、前列腺、卵巢和子宫组织病理学检查，必要时，进行其他组织、器官的组织病理学检查。

对于这一类的实验已经有大量的研究应用。王茵等用抗除草剂转 *Bar* 基因水稻按照三个剂量组饲喂大鼠 30 天，结果表明各剂量组大鼠生长发育、体重、食物利用率、血常规、脏体比及病理组织学观察等指标与阴性对照组差异不显著。无作用剂量为 64g/kgBW。李英华等在对 Xa21 转基因水稻进行了实质等同性分析后，根据美国制定的满足啮齿类动物生长发育营养需求的 AIN93G 饲料配方及转基因水稻和传统水稻的营养成分(主要是蛋白质含量)设计出满足大鼠营养需求的水稻粉的最大添加量。在对 72 只雌雄各半的 Wistar 大鼠进行了为期 28 天的喂养后，对其进食量、体重身长、蛋白质功效比、血常规、血生化、脏体比和骨密度等营养指标进行了检测和比较，认为转基因大米对大鼠没有明显的毒副作用。

而对于改善营养品质的转基因品种来说，通过动物喂养试验来观察改变的营养特性可能造成的影响也是必不可少的。K. Momma 等将转入了大豆球蛋白的高蛋白大米加水磨成粉(25%，*m/V*)后，按照 10g/kg 体重的剂量灌胃 SD 大鼠，以非转基因亲本大米作为对照。三周后，两组大鼠的体重、食物利用率，血液学指标和脏器重等营养学指标无明显差异。肾脏与肝脏的组织病理学检查也未发现异常。只是灌胃了转基因高蛋白大米的大鼠摄食量稍有下降，经分析认为可能正是由于大米中蛋白质含量高引起的，因此可认为是预期效应。

除了以上用大鼠进行的营养学评价试验外,还有用家禽或家畜进行的评价试验。杨月欣等和韩军花等在对转豇豆胰蛋白酶抑制剂(SCK)大米进行食用安全性评价时,采用了中国实验用小型猪作为实验对象。在用转SCK大米和亲本大米对断乳小型猪进行了62天的短期喂养后,观察动物的进食量、体格发育和脏器发育、血常规、血生化、骨骼发育和组织病理等营养状况,结论认为转SCK大米对小型猪的生长发育没有可观察到的非预期的不良结果。

由于仔鸡的生长迅速、对营养物质变化比较敏感等特点,常常被选用为营养学评价的模式动物。B. Schat等用含有30%的转基因抗除草剂水稻喂鸡42天,其生长率、采食量、谷物利用率、屠宰率等指标与传统水稻基本等同。

在以上进行的实验中有一个重要的问题被忽视了,那就是人类食用转基因大米时是经过蒸煮或发酵处理的,而不是生食。这也是"实质等同性"原则中考虑的一个重要的方面。因为加工方法的不同而造成的食用结果不同也是有例可循的。如王忠华等在用转Bt抗虫水稻稻米喂养家蚕时就发现生米粉与熟米粉的结果截然不同。用生米粉喂养时,家蚕的体重、熟蚕数、结茧数、全茧量和茧层量均明显低于对照,病理切片电镜分析也表明食用了生的转基因米粉的家蚕的肠细胞亚显微结构发生了明显的变化;而食用了熟的转基因米粉的家蚕则与对照组没有明显的差异。这是由于蒸煮后转基因水稻中的Bt杀虫蛋白变性失活所致。由此可见,在进行转基因大米的食用安全性分析时,其加工过程导致外源蛋白的变化也是不可忽视的。

(二) 生物利用率试验

食品或饲料中的营养素的生物利用率是食品营养的一个重要研究领域,在转基因食品的营养学评价中也是必不可少的,尤其是对于以提高作物营养品质为目的的第二代转基因食品来说更是不可或缺,单单提高了某种营养素的含量还不能说明问题,只有提高的营养素能够被动物体所吸收,这种改变才是有意义的。

以测定蛋白质生物利用率的蛋白质功效比值为例,其测定方法如下:

(1) 试验动物。断乳雄性大鼠30只,个体体重差异不超过10g,适应环境3~7天。按体重顺序采用随机区组法分组,每组10只,组间动物体重差异不超过5g。饲养环境,温度22~24℃,相对湿度50%~65%。

(2) 试验饲料。共3组,转基因玉米组,非转基因玉米组,酪蛋白对照组。各组试验饲料及参考酪蛋白组饲料间各种营养素及热量相等,相互间有可比性。

(3) 试验操作。试验期为28天,在此期间,动物单笼饲养,分别喂饲各组实验饲料,动物进食计量不限量,自由饮水。在此期间记录:①试验开始时每个试验动物的体重;②间隔一定期间后记录一次体重和摄食量;③试验最后一天记录动物的体重与摄食量。

(4) 结果计算

① 计算每只动物28天内体重增长值(g)。

② 计算每只动物28天蛋白质摄入量(g)。

③ 计算蛋白质功效比值(PER):

直观 PER=体重增长值(g)/蛋白质摄入量(g)

相对 PER=实验组 PER/酪蛋白对照组 PER

如需测定粗蛋白消化率、蛋白质生物学价值(BPV)、净蛋白利用率(NPU)，初始期 7 天饲喂后，8~14 天进行 7 天平衡试验，每组取 6 只大鼠置于代谢笼中，每天收集尿液与粪便。平衡试验结束后，继续进行喂养试验。于①试验开始；②平衡试验开始；③平衡试验结束；④整个喂养试验结束；称量大鼠体重。试验结束后，测定粪氮(F)与尿氮(U)。I：摄入食物中的氮含量。

试验结果：消化率 = $(I–F)/I$；表观 BPV = $(I–F–U)/(I–F)$；NPU=$(I–F–U)/I$。

此外，以上方法得到的消化率是经过肠道中细菌消化后的结果。为了避免这一情况，得到动物本身的消化结果，可以对猪进行手术，在回肠末端安插瘘管，接收消化后的食糜，计算蛋白质等营养物质的消化率。李英华等进行了猪回肠蛋白质及氨基酸消化率的比较研究。在对实验猪进行外科手术放置"T"形瘘管后，分别饲喂转 SCK 基因大米和亲本大米，收集动物回肠末端消化产物，计算并分析了两种大米的蛋白质和氨基酸的消化率。结果显示，除了转基因大米组的赖氨酸消化率与亲本大米组有差异外，其余的氨基酸及蛋白质的消化率均相似，认为基本满足实质等同性的要求。

第二节 毒理学评价方法

毒理学检测是转基因食品食用安全性评价必不可少的一部分，也是保障转基因食品安全性的有利手段。对于除了插入性状外，其他成分分析结果为"实质等同"的转基因作物来说，只需要对其引入的外源基因产物进行详细的毒理学与致敏性评价，可以不用对全食品进行营养与毒理评价的动物喂养实验。而对于除了插入性状外，又产生了新的非预期改变的转基因作物，尤其是以改善营养品质为目标的第二代转基因作物，常常伴随着其他成分的改变，除了新引入性状及已知的变化成分的毒理学评价外，对其进行全食品的营养与毒理学评价也是必要的。

目前转基因食品毒理学评价的方法主要是基于传统单一成分化学物质的毒理学评价手段，国际上主要依据的是 OECD 关于化学物质评价方法，我国的转基因食品安全性评价采用的是 1983 年由卫生部首次颁发的《食品安全性毒理学评价程序和方法》，该标准经 1985 年、1996 年和 2003 年的三次修订。

一、外源基因表达产物的毒性检测

外源基因表达产物的检测可以依照传统化学物质的安全性评价方法。由于大部分插入性状为外源蛋白质，因此这里主要针对外源蛋白的安全性进行评价。对外源基因表达产物的检测一般有 3 个指标：

(1) 通过与公共数据库中已知的毒性蛋白进行核酸和蛋白质氨基酸序列的同源性比较，分析是否具有潜在的毒性。

(2) 在加热和胃肠道中，外源基因表达产物是否稳定；

(3) 外源基因表达产物急性经口毒性试验。

(一) 外源基因表达产物的毒性生物信息学比较

1. 序列比对工具

Blast 是在蛋白质序列库中搜索氨基酸序列的工具,是 NCBI 研制的 Blast 程序(basic local alignment search tool)的一种。Blast 的一项重要特性就是所报告的匹配序列的统计学显著性评分。这一统计学显著性评分是用 Karlin-Altschul 算法决定的,所算出的 Poisson 概率表明所得到的序列相似性随机出现的可能性。Fasta 是另一个常用的核酸和蛋白质序列库搜索程序。Fasta 首先在序列库中进行快速的初检,找出与待检序列高度相似的序列。这一快速检索局限于待检序列和序列库序列之间较短的完全相同序列区段上。一旦通过初始的快速检索找到一批评分最高的序列,就可以仅对这些高分序列进行第二轮比较。无论采用 Fasta 或 Blast,推断相似性是否具有生物学意义都取决于研究者。因为 Blast 和 Fasta 采用不同的算法,同时用这两种搜索引擎重新检索某一特定序列往往是可取的,两者的结果往往比较一致。

2. 利用 Fasta3 与蛋白质数据库中的毒性蛋白序列进行全长比对

利用 Fasta3 搜索工具进行外源蛋白序列与公共数据库如 GenBank 和 SwissProt 中的毒蛋白序列的全长比对。Fasta 程序除了能直接对比各种蛋白质的氨基酸序列(初级蛋白结构)外,还能用于推导更高一级的结构相似性(二级和三级蛋白质结构)。在整个的序列里有高度相似性的蛋白,常常是同源蛋白,而同源蛋白经常具有同样的二级和三级结构。蛋白质在识别后,按照其与目标蛋白的相似程度,进行定级。可以从 ftp://ftp.virginia.edu/pub/fasta/ 下载 Fasta3 分析软件。搜索参数设置均为默认值(去掉结构复杂性较低的区域选项,因为结构复杂性较低的区域比对会产生不相关的比对结果)。给出结果中的期望值(E 值)越小,代表比对的两个蛋白在进化同源性和结构相似性程度也越高,相似性程度极高的 E 值一般小于 1×10^7。

(二) 在加热和胃肠道条件下外源基因表达产物的稳定性

在模拟食品加工的加热条件下,采用聚丙烯酰胺凝胶电泳(SDS-PAGE)方法检测在加热过程中,外源基因表达产物是否发生了降解,并通过免疫学方法检测外源基因表达产物的免疫原性是否发生了变化,通常采用单克隆抗体或多克隆抗体的酶联免疫吸附测定(ELISA)和蛋白质印迹(Western blot)方法进行检测。此外,对于具有生物活性的表达产物还需要进行加热前后的活性检测与比较。由以上几个方面的检测结果可以判断外源基因表达产物在食品加工的加热条件下是否稳定存在。

外源基因表达产物在胃肠道中是否稳定,需要在模拟胃肠消化液的离子、pH、酶活、温度等条件下,检测目的蛋白的降解性。检测手段与加热稳定性相似,通过 SDS-PAGE 的条带降解情况,并结合 Western blot 的免疫原性检测及蛋白质活性检测。目前,该方法的试剂基本上是参照美国药典配制的,多个国家级实验室对其具体操作进行了联合研究,我国已经制定了该方法的标准《转基因生物及其产品食用安全检测——模拟胃肠液外源蛋白质消化稳定性试验方法》(农业部 869 号公告—2—2007)。

通常认为蛋白质的热稳定性与胃肠道消化稳定性与其潜在的致敏性密切相关,因此,这两种检测方法将在外源蛋白的致敏性检测中详细介绍。

(三) 外源基因表达产物急性经口毒性试验

由于蛋白质类毒素对哺乳动物的毒性作用通常为急性模式，因此，对于外源蛋白的毒性检测往往关注其急性毒性。

急性经口毒性试验在我国主要按照《食品安全性毒理学评价程序与方法——急性毒性试验》(GB 15193.3—2003)标准程序进行。实验动物采用小鼠或者大鼠，设空白对照组(即溶剂组，常用水、磷酸缓冲液或生理盐水等)，阴性对照组(常采用牛血清白蛋白作为阴性蛋白)，以及外源蛋白组(来源于转基因植物或重组大肠杆菌)。其中，外源蛋白组又可设 2 或 3 个剂量组。基于对外源蛋白产物的了解，如果其存在毒性的可能性较小，可以采用最大耐受剂量法进行此试验，即一次性给予试验动物较大的灌胃剂量，如果没有出现动物死亡，则认为该灌胃剂量为受试蛋白的最大耐受剂量。动物灌胃后观察 7~14 天，除了在初始和试验末期称量体重外，还要进行详细的中毒表现的观察，以推断蛋白质毒性作用的靶器官。

如果在实验过程中出现动物死亡情况，则要计算出受试蛋白的半致死量(LD_{50})，根据 LD_{50} 可以将受试物的毒性分为极毒，剧毒，中等毒性，低毒，实际无毒，无毒六种情况(表 7-3)。根据标准，如果蛋白质的灌胃量≥5000mg/kg 体重，仍未对动物产生毒性作用，则认为这种蛋白质是安全的。在试验中，也有用人类最大可能暴露量的 1000 倍或 5000 倍作为安全系数。

结果判定：如果该受试物的 LD_{50} 剂量小于人的可能摄入量的 10 倍，则放弃该受试物用于食品，不再继续进行其他毒理学试验。如果大于 10 倍，可进入下一阶段的毒理学试验。凡 LD_{50} 数值在人的可能摄入量的 10 倍左右，应进行重复试验，或者用另一种方法进行验证。

表 7-3 急性毒性(LD_{50})剂量分级表

级别	大鼠口服 LD_{50}/(mg/kg)	相当于人的致死量	
		mg/kg	g/人
极毒	<1	稍尝	0.05
剧毒	1~50	500~4000	0.5
中等毒	51~500	4000~30 000	5
低毒	501~5000	30 000~250 000	50
实际无毒	5001~15 000	250 000~500 000	500
无毒	>15 000	>500 000	2500

资料来源：GB 15193.3—2003《食品安全性毒理学评价程序与方法 急性毒性试验》。

以新霉素磷酸转移酶 II(NPTII)的急性毒性试验为例，具体如下：选用 80 只 CD-1 小鼠，分成四组，每组雌雄各 10 只，分别灌胃 0，100mg，1000mg，5000mg NPTII 蛋白/kg 体重。由于蛋白质溶解性较差，分两次灌胃，相隔 4h。灌胃后，动物自由进食与饮水，每天观察两次动物的死亡与中毒情况。在第一天与第七天称量动物体重，第七天称量动物进食量。第八天与第九天处死动物，进行大体病理学检查。

在为期两个星期的试验期间，全部小鼠均存活，且未发现与处理有关的临床症状。试验期间，全部小鼠的体重均有所增加，并且处理组与对照组的体重增加与进食量无处理相关的显著性差异。大体病理观察也未发现脏器病变。因此蛋白质急性口服的最大耐受剂量确定为≥5000mg/kg体重。

如果急性毒性试验显示该蛋白质对动物存在毒性作用，则需要对该蛋白质进行后续的毒理学评价研究。

二、全食品的毒理学检测

目前全食品的毒理学检测主要是采用传统化学物质的评价手段，如短期(30 天)与中长期(90 天)的大鼠喂养实验来评价转基因食品的整体的安全性。按照传统食品的毒理学评价程序，应先进行 30 天喂养实验，着重观察动物的生长与中毒表现，再进行 90 天的中长期喂养实验，着重观察受试物对动物的长期作用。在 1996 年，FAO/WHO 的专家咨询会议就提出，如果转基因产品与非转基因对照相比，存在成分上的显著的差异，或者对其转基因操作存在非期望效应的忧虑，就应该进行至少 90 天的动物喂养实验。传统的化学物质的安全性评价经验已经证实，与更长的喂养实验相比，90 天的动物喂养实验已经足够反映出受试物的毒性作用。因此，90 天亚慢性毒性喂养实验是转基因食品的中长期毒性作用以及非期望作用的主要评价手段。目前，我国农业部已经出台了相应的行业标准 NY/T1102—2006《转基因植物及其产品食用安全检测——大鼠 90 天喂养试验》，并将此项试验作为转基因食品安全性评价必经环节。

通常，动物实验饲料中受试物的添加量要高于人类的每日容许摄入量 100 倍以上，但是，全食品与单一的化学物质相比，其成分复杂且有些成分(如糖类)含量很高，不能像化学物质一样简单地添加到饲料中去，目前的做法是采用半合成饲料，用转基因食品中的各种营养物质代替原饲料中的相应物质，从而得到一个较大添加量的营养平衡饲料。

具体的实验方法如下：一般选用雌、雄两种性别出生后 6~8 周的 Sprague Dawley 或 Wistar 大鼠。试验开始前给予常规基础饲料适应 3~5 天，试验开始时各动物体重之间的差异应不超过平均体重的±20%。设转基因植物(转基因植物产品)组、传统对照物对照组和常规基础饲料对照组。转基因植物(转基因植物产品)组和传统对照物对照组至少设低、中和高三个剂量组，每组至少 20 只动物，雌、雄各半。在营养平衡的基础上，应以饲料中最大掺入量作为高剂量组。转基因植物及其产品与传统对照物在饲料中的比例应一致，饲料中其他各主要营养成分的比例和饲料的最终营养素含量也应一致。

每天观察并记录试验动物一般表现、行为、毒性表现和死亡数量，每周称量摄食量、体重，最后计算体重增重和食物利用率，并绘制动物生长曲线。在试验中期和末期测定血红蛋白、红细胞计数、白细胞计数及分类、血小板数，必要时，测定网织红细胞数、凝血能力。在试验中期和末期测定丙氨酸氨基转移酶、天冬氨酸氨基转移酶、碱性磷酸酶、乳酸脱氢酶、尿素氮、肌酐、血糖、血清白蛋白、总蛋白、总胆固醇和三酰甘油，必要时，测定胆酸和胆碱酯酶。

试验结束时，所有试验动物应进行解剖和肉眼观察各脏器外部异常表现，并将重要器官和组织用固定液固定保存。称量试验动物心脏、肝、肾、肾上腺、脾、胸腺、睾丸的绝对质量并计算相对质量(脏/体值)，必要时，称量其他脏器质量。进行试验动物脑、心脏、肺、肝、肾、肾上腺、脾、胃肠(十二指肠、空肠和回肠)、胸腺、甲状腺、睾丸、附睾、前列腺、卵巢和子宫组织病理学检查，必要时，进行其他组织、器官的组织病理学检查。

《食品毒理学评价程序和方法》是个传统的标准方法，但是，转基因生物的特殊性，使得传统方法不能完全适用，在 1990 年召开的第一届 FAO/WHO 专家咨询会议在安全性评价方面迈出了第一步。会议首次回顾了食品生产加工中生物技术的地位，讨论了在进行转基因食品安全性评价时的一般性和特殊性的问题。认为传统的食品安全性评价毒理学方法已不再适用于转基因食品。当前的焦点集中在三个方面：

第一，转基因产品在试验中的剂量设置问题，应该怎样设置剂量，最高剂量应该是多少。一种观点认为，应该根据国家的饮食习惯，按照最大饮食剂量来设置最高剂量，另一种观点认为，最高剂量应该按照动物的接受耐限和平均值来设置。在我国是按照最大饮食剂量来设置。但是，2007 年欧盟发布了一个有关动物毒理剂量设置的征求意见文本，提出了一些主要转基因农作物种类设置的最高剂量，其中玉米的最高剂量为 33%。

第二，转基因产品应该做哪些毒理学试验，在食品法典委员会(CAC)《来源于转基因植物食品食用安全评价指南》中考虑到转基因植物的复杂性和种类多样性，按照个案评价的原则，考虑进行到毒理检测的哪个步骤。由于不明确，因此在对一些主要粮食作物评价时产生了冲突。

第三，在动物试验的时间方面，以美国为主的一些专家认为，动物的全食品喂养试验应该控制在 45 天以内，但是，以中国和欧盟为主的国家和地区认为需要进行 90 天的喂养试验。从目前的趋势来看，包括美国在内的国家逐渐接受了 90 天的喂养试验。

第三节 过敏性检测方法

根据 FAO/WHO 2001 制定的决策树，对转入转基因生物中的外源蛋白的过敏性预测与检测主要包括以下几个内容：

(1) 外源蛋白与已知过敏原的序列同源性分析；
(2) 血清筛选试验；
(3) 外源蛋白的模拟胃肠道消化稳定性；
(4) 外源蛋白的动物模型致敏性。

首先进行氨基酸序列的相似性比较，如果证明重组蛋白质和已知致敏蛋白质间存在相似序列，就可判定该重组蛋白质为可能致敏原，无需进行下一步试验；如果重组蛋白质和已知致敏蛋白质间不存在相似序列，则需用对基因来源物种过敏患者的血清进行特异 IgE 抗体结合试验。在进行血清学试验时，该评估策略没有区分转入的基因是否来源于常见的致敏性物种，只要氨基酸序列相似性比较结果为阴性，都需进行特异 IgE 抗体检测试验。如果特异 IgE 抗体检测试验结果为阳性，就可判定该重组蛋白质为可能致敏原，无需进行下一步试验，如果试验结果为阴性，则需进行定向筛选血清学试验、模拟胃肠液消化试验和动物模型试验。

但是由于目前对致敏机制了解的局限性，现有的方法只能为外源蛋白的致敏性评价提供有价值的信息，但没有一项指标与待测蛋白质的致敏反应有直接的联系，当以上所得结果为阴性时，待测蛋白质仍可能是一种致敏原；如果得到阳性结果，仍需进一步试验来证实新蛋白质的潜在致敏性。

一、与过敏原数据库的同源性分析

用计算机进行序列分析已成为研究不同蛋白质间结构、功能和进化关系的重要手段，通过对蛋白质的氨基酸序列分析，可以了解重组蛋白质是否含有与致敏蛋白质相同的氨基酸序列。促发过敏反应所要求的与T细胞结合的最短肽链长度为8个或9个氨基酸，应至少含有两个IgE抗体结合位点，因此，检索8个连续相同的氨基酸的分析方法应是比较可靠的。1996年IFBC/ILSI分析策略中，显著的序列相似性要求至少有8个连续相同的氨基酸。2001年FAO/WHO分析策略中，显著的序列相似性要求有6个连续相同的氨基酸，同时增加了相同氨基酸含量的指标。与8个连续相同的氨基酸相比，只要求有6个连续相同的氨基酸，更容易产生假阳性，但有研究表明，除了氨基酸顺序决定簇之外还存在构象决定簇引起过敏，序列相似性分析并不能包括构象决定簇分析，即使没有8个连续相同的氨基酸，只要蛋白质能形成相应的空间结构，也存在IgE抗体的结合位点。目前，序列相似性分析仅局限于氨基酸一级序列的比较，并不包括蛋白质之间空间结构相似性的比较，所以，将连续相同的氨基酸数量和含量联合比较能够得到更合理的结果。在进行序列相似性比较时，使用合理的运算法则和参数十分关键。目前多采用Fasta(fast alignment)或Blast(basic local alignment search tool)等程序。常用的过敏原数据库见表7-4。

表7-4 常用过敏原数据库

数据库	网址	版本/日期
IUIS	www.allergen.org	October 2001
SWISS-PROT AllergenIndex	www.expasy.ch/cgibin/lists?allergen.txt	November 2002
BIFS	www.iit.edu/sgendel/fa.htm	Release 3. 2002
CSL	www.csl.gov.uk/allergen	September 2001
FARRP	www.allergenonline.com	Ver.1.02 September 2001
PROTALL	www.ifr.bbsrc.ac.uk/Protall	June 2001
ALLALLERGY	www.allallergy.net	2001
Asthma&Allergy	cooke.gst.de/asthmagen/main.cfm	December 2002

资料来源：Brusic et al.，2003。

2001年FAO/WHO生物技术食品致敏性联合专家咨询会议推荐的操作程序如下。

第一步：以Fasta模式从数据库中查询所有致敏原的氨基酸序列(只要成熟后的蛋白质序列，不包括引导序列)作为数据库1。相关数据库网址：SwissProt和TrEMBL的网址为http://expasy.ch/tools，PIR(protein information resource)的网址为http://www-nbrf.georgetown.edu/pirwww；

第二步：准备重组蛋白质序列的完整的一套80个氨基酸长度的序列作为数据库2(也是不包括引导序列)；

第三步：在 EMBL 上，用 Fasta 程序比较数据库 1 和数据库 2。

如果这 80 个氨基酸中，含有相同氨基酸的数量大于或等于 35%，或含有 6 个连续相同的氨基酸，就认为重组蛋白质和已知致敏原有可能发生交叉反应。考虑到两者之间含有 6 个连续相同的氨基酸存在一定的偶然性，咨询会议建议：如果重组蛋白质与致敏原有 6 个连续相同的氨基酸，而二者含有相同氨基酸的数量大于 35%，应选择人或动物相应的抗体进行确证。当然，如果含有相同氨基酸的数量小于 35%，二者发生明显交叉反应的可能性不大，那么重组蛋白质与已知致敏原空间结构是否相似对结果评定具有重要的参考意义，如果重组蛋白质属于一些结构相关的蛋白质家族如 lipocalins、napin、非特异性转脂蛋白和小清蛋白等，这些蛋白质家族包含几种致敏原，那么就可以认为它有可能是致敏蛋白质。功能相似但结构不相似，一般来说不会导致明显的交叉反应。

然而，在进行氨基酸序列相似性比较时，并不是所有的致敏原蛋白质的氨基酸序列在数据库中都能找到。限制序列相似性比较的因素除了数据库的结构、完整性外，还包括查询的策略和运算法则及评估查询的标准等。

以转基因水稻中重组蛋白 Cry2A*的致敏序列同源性比对(秦伟，2007)为例，帮助读者进一步理解以上方法。

(一) 数据库与比对方法

1. 选用的过敏数据库

(1) 在线致敏原数据库

在线致敏原数据库由内布拉斯加州大学(Nebraska University)的食品过敏原研究与资源项目维护的。几乎每年都更新一次，最近的一次更新是在 2007 年 1 月，已经达到 7.0 版本。7.0 版的该数据库包含 1251 个来自食品、空气、可接触物及毒素致敏原的同行认可的已知和推测的致敏蛋白序列，是比较全面又比较权威的致敏蛋白数据。从以下网站：http://www.allergenonline.com可以链接到该数据库。

(2) 美国 NCBI Entrez 致敏蛋白数据库

NCBI Entrez 蛋白质数据库由美国国立生物技术信息中心(NCBI)维护的一个大型蛋白质数据库(http://www.ncbi.nlm.nih.gov/blast/)，该数据库包含 Swiss-Prot、PIR、PRF、PDB 大型数据库的所有非冗余的编码序列。NCBI Entrez 数据库每天都更新，在该数据库中搜索可以弥补 AllergenOnline 数据库的不足。截至 2007 年 5 月 2 日该数据库已有 4 891 795 个序列。

2. 序列比对工具

Blast 是在蛋白质序列库中搜索氨基酸序列的工具，是 NCBI 研制的 Blast 程序(basic local alignment search tool)的一种。Blast 的一项重要特性就是所报告的匹配序列的统计学显著性评分。这一统计学显著性评分是用 Karlin-Altschul 算法决定的，所算出的 Poisson 概率表明所得到的序列相似性随机出现的可能性。

Fasta 是另一个常用的核酸和蛋白质序列库搜索程序。Fasta 首先在序列库中进行快速的初检，找出与待检序列高度相似的序列。这一快速检索局限于待检序列和序列库序列之间较短的完全相同序列区段上。一旦通过初始的快速检索找到一批评分最高的序列，就可以仅对这些高分序列进行第二轮比较。

无论采用 Fasta 或 Blast，推断相似性是否具有生物学意义都取决于研究者。因为 Blast 和 Fasta 采用不同的算法，同时用这两种搜索引擎重新检索某一特定序列往往是可取的，两者的结果往往比较一致。

3. 利用 Fasta3 与致敏蛋白数据库 AllergenOnline 进行全长比对

利用 Fasta3 搜索工具对阳性对照样品及 Bt 毒蛋白序列与 AllergenOnline 数据库(7.0 版)中过敏蛋白序列进行全长比对。Fasta3 版本是 3.4t25b1(2004 年 11 月 12 日更新)，可从 ftp://ftp.virginia.edu/pub/fasta/下载。搜索参数设置均为默认值(去掉结构复杂性较低的区域选项，因为结构复杂性较低的区域比对会产生不相关的比对结果)。给出结果中的期望值(E 值)越小，代表比对的两个蛋白质在进化同源性和结构相似性程度也越高，相似性程度极高的 E 值一般小于 1×10^{-7}。如果比对结果具有显著相似性，则看序列等同性的大小来判断是否需要进行交叉反应评估。如果与致敏蛋白超过 70%的相似性，则该蛋白很可能会产生交叉反应，或有 IgE 结合特性；如果小于 50%的相似性，发生交叉反应的可能性很小。

4. 利用 Fasta3 与致敏蛋白数据库 AllergenOnline 进行 80 个氨基酸片段比对

利用 Fasta3 搜索工具对阳性对照样品及 Bt 毒蛋白序列与 AllergenOnline 数据库(7.0 版)中过敏蛋白序列进行 80 个氨基酸片段比对。在 AllergenOnline 数据库中只需输入氨基酸全长序列，系统会自动搜索连续 80 个氨基酸长度的片段，并自动把所有 80 个氨基酸片段序列与该数据库中的致敏蛋白进行序列比对。搜索参数设置均为默认值。Fasta3 版本是 3.4t25b1(2004 年 11 月 12 日更新)。

5.利用 Blastp 与 NCBI Entrez 致敏蛋白数据库进行比对

利用 Blastp 工具来进行阳性对照样品及 Bt 毒蛋白序列的搜索比对，参数选择"sequences from all organisms, with a filter of 'allergen'"，使比对限制在致敏蛋白序列中，总序列由 4 891 795 个减少到 3771 个。搜索条件为 expectation value (10), word size (3), scoring matrix(BLOSUM62)及 gap penalties (−11 existance, plus extension of −1)，并关掉"low complexity" filter。Blastp 版本是 2.2.16(2007 年 5 月 2 日更新)。

(二) 结果与分析

1. 利用 Fasta3 与致敏蛋白数据库 AllergenOnline 进行全长比对

(1) 阳性对照样品(Ory s 1 蛋白)全长氨基酸序列的比对

来自水稻花粉中的一个致敏原(Ory s 1)的序列用作比对时的阳性对照。Ory s 1 与 AllergenOnline 进行比对时，发现统计数据基本符合正态分布，Ory s 1 与数据库中的致敏蛋白有高度相似性，最高可达 100%，其余的也都达到 70%以上，E 值显著性偏低，说明 Ory s 1 蛋白具有高度致敏性(表 7-5，表中只列出了得分最高的前 5 个致敏蛋白特性)。

表 7-5 利用 Fasta3 与 AllergenOnline 进行 Ory s 1 全长比对

GenBank 中的 GI 号	来源	描述	序列长度/bp	E 值	序列相似性程度/%	氨基酸比对长度/bp
8118421	水稻 (*Oryza sativa*)	β-棒曲霉素 (beta-expansin)	267	6.8×10^{-98}	100	267
8118439	水稻 (*Oryza sativa*)	β-棒曲霉素 (beta-expansin)	267	3.4×10^{-85}	82.6	265
2498586	水稻 (*Oryza sativa*)	主要花粉过敏原 (major pollen allergen)	263	6.2×10^{-82}	87.6	267
3901094	梯牧草 (*Phleum pratense*)	花粉过敏原 phl PI (pollen allergen Phl pI)	263	2.8×10^{-71}	71.4	262
473360	梯牧草 (*Phleum pratense*)	花粉过敏原 phl PI (pollen allergen Phl pI)	263	5.2×10^{-71}	71.8	262

(2) Bt 毒蛋白全长氨基酸序列的比对

Bt 毒蛋白的氨基酸序列(Cry2A*)与 AllergenOnline 数据库中进行比对分析结果如表 7-6 所示。发现统计数据基本符合正态分布，Bt 毒蛋白与数据库中致敏蛋白没有显著相似性。序列相似性程度都明显低于 70%，因此不会发生交叉反应和 IgE 结合特性。

表 7-6 利用 Fasta3 与 AllergenOnline 进行 Bt 毒蛋白的全长氨基酸序列比对

GenBank 中的 GI 号	来源	描述	序列长度/bp	E 值	序列相似性程度/%	序列比对长度/bp
170738	普通小麦 (*Triticum aestivum*)	γ-醇溶蛋白 (gamma-gliadin)	327	0.16	22.8	114
4538529	毛头鬼伞 (*Coprinus comatus*)	毛头鬼伞致敏原 (Cop c1 allergen)	81	0.78	30.8	52
62484809	普通小麦 (*Triticum aestivum*)	假定的γ-醇溶蛋白 (putative gamma-gliadin)	285	0.8	22.6	146
8117843	海兽胃线虫 (*Anisakis simplex*)	副肌球蛋白 (AF173004_1 paramyosin)	869	1	32.6	95
124148	马铃薯 (*Solanum tuberosum*)	半胱氨酸蛋白酶抑制剂 (API11_SOLTU aspartic protease inhi)	188	1.1	21.0	119

2. 利用 Fasta3 与致敏蛋白数据库 AllergenOnline 进行 80 个氨基酸片段比对

(1) 阳性对照样品(Ory s 1 蛋白)的比对

Ory s 1 蛋白含有 267 个氨基酸残基，从 1~80，2~81，3~82…总共可以得到 188 个含有 80 个氨基酸长度的片段，每一个片段都与数据库中致敏蛋白比对结果如表 7-7 所示。表 7-7 只列出得分最高的前 5 个，在 188 个含有 80 个氨基酸片段中，几乎每一个片段都与所有致敏蛋白具有超过 35% 的相似性。说明 Ory s 1 具有显著致敏性。

表 7-7 利用 Fasta3 与 AllergenOnline 进行 Ory s 1 所有 80 个氨基酸片段长度的比对

GenBank 中GI 号	来源	描述	比对评分/%	80 个氨基酸片段比对相似性>35%个数	全长比对相似性程度/%
8118421	水稻(Oryza sativa)	β-棒曲霉素(beta-expansin)	100	188	100
2498586	水稻(Oryza sativa)	主要花粉过敏原(major pollen allergen)	100	188	87.6
8118439	水稻(Oryza sativa)	β-棒曲霉素(beta-expansin)	91.2	188	82.6
33149333	鸭茅(Dactylis glomerata)	组1过敏原(group 1 allergen)	85	188	73.5
18093991	鸭茅(Dactylis glomerata)	未命名的蛋白产物(unnamed protein product)	85	188	69.7

(2) Bt 毒蛋白比对结果分析

Bt 毒蛋白含有 653 个氨基酸残基,总共可以分成 574 个含有 80 个氨基酸长度的片段,每一个片段都与数据库中致敏蛋白比对分析。结果没有发现任何与 Cry2A*具有 35%以上的系列相似性。说明 Cry2A*产生致敏的可能性很小。

3. 利用 Blastp 与 NCBI Entrez 致敏蛋白数据库进行比对

虽然 AllergenOnline 数据库是目前最好的专业化的致敏蛋白数据库,但序列来源于 NCBI Entrez 中,且其更新速度不是很快,NCBI Entrez 几乎每天都更新。因此为弥补 AllergenOnline 数据库的不足,有必要对 NCBI Entrez 数据库进行搜索比对。

(1) 阳性对照样品(Ory s 1)比对结果

利用 Blastp 与 NCBI Entrez "allergen" 进行 Ory s 1 比对发现 Ory s 1 蛋白与致敏蛋白具有高度的同源性,最高达 100%,最低的也有 42%,E 值显著性偏低(表 7-8 列出了相似性程度最高的前 5 个致敏蛋白序列)。因此可以作为比对时的阳性对照。

(2) Bt 毒蛋白比对结果

利用 Blastp 与 NCBI Entrez "allergen" 进行 Cry2A*比对结果如表 7-9 所示。总共只搜索到 3 个与之相匹配的序列。Cry2A*与这 3 个序列的同源性不高,比对结果最好的序列相似性只有 23%,E 值也达到 1.5,远低于 70%。说明 Cry2A*存在潜在致敏性的可能性很小。

表 7-8 利用 Blastp 与 NCBI Entrez "allergen"进行 Ory s 1 比对

GenBank 中的GI 号	来源	描述	序列长度/bp	E 值	序列相似性程度/%	氨基酸比对长度/bp
115450177	水稻(Oryza sativa)	日本籼稻品种(japonica cultivar-group)	267	4×10^{-136}	100	245
115450171	水稻(Oryza sativa)	日本籼稻品种(japonica cultivar-group)	264	1×10^{-132}	98	245
16517019	水稻(Oryza sativa)	β-棒曲霉素(beta-expansin OsEXPB13)	267	2×10^{-131}	95	245
125542063	水稻(Oryza sativa)	印度粳稻 品种(indica cultivar-group)	319	1×10^{-127}	99	231
115450175	水稻(Oryza sativa)	日本籼稻 品种(japonica cultivar-group)	267	3×10^{-119}	81	243

表 7-9　利用 Blastp 与 NCBI Entrez "allergen"进行 Cry2A*比对

GenBank 中的 GI 号	来源	描述	序列长度/bp	E 值	序列相似性程度/%	氨基酸比对长度/bp
119871925	冰岛热棒菌 (*Pyrobaculum islandicum*) DSM 4184	假设蛋白 (hypothetical protein)	450	1.5	23	116
82704036	德国小蠊 (*Blattella germanica*)	过敏原 (allergen Bla g 6.0301)	154	3.0	38	36
46406002	人疥螨 (*Sarcoptes scabiei hominis*)	过敏原 (Sar s 1 allergen Yv5032C08)	340	6.7	33	24

虽然氨基酸序列相似性评价已经作为一个转基因食品安全性评价的重要的方法被广泛应用，但是对于该方法的评价标准还存在一些争议：①外源蛋白这 8 个连续氨基酸中可以是与致敏原序列中化学性质相似的氨基酸；②使用 6 个或者 4 个连续氨基酸作为评价标准；③当对不相关的蛋白质进行比对时，使用局部比对(具有高度相似性的部分)而不用全局比对；(对整个蛋白质序列进行比对)；④使用35%的同源性作为辅助的评价标准；⑤发展数据库与比对方法，对构象型或者非连续的抗原决定簇进行比对，即进行 3 维构象的比对而不仅仅是初级序列的比对。

相似性的评价标准是氨基酸同源性比较中最具有争议的问题。在 IFBC/ILSI 的致敏树中，对氨基酸序列相似性采用的 EAAM 策略(eight amino acid match approach)，即连续 8 个氨基酸序列匹配。而目的蛋白小于连续 8 个氨基酸匹配则认为不具有致敏原同源性。采用这一标准的依据是大多数食源致敏原的抗原决定簇是线性的 T 细胞抗原决定簇，这种决定簇通常最少有 8 个氨基酸组成。但是，抗原决定簇分为两种，一种是线性的抗原决定簇，一种是构象型抗原决定簇。T 细胞主要识别线性的抗原决定簇，而 B 细胞则两者都可识别。B 细胞抗原决定簇往往可以由少于 8 个氨基酸组成，并且在食物中也存在这种情况。因此，以 8 个氨基酸为最少匹配序列的评价标准受到了质疑。在 2001 年的 FAO/WHO 的致敏评价策略中改用 6 个连续氨基酸匹配作为评价氨基酸与已知致敏原相似性的评价标准。但是，这种评价又往往会造成假阳性的结果。因此，又辅助了 80 个氨基酸中大于 35%的序列同源性的标准进行综合评价。

然而以上方法对于构象型抗原决定簇以及由糖蛋白引起的致敏来说，仍然不够充分。对于致敏作用起决定性作用的是抗原决定簇，因此，如果能够直接用转入蛋白质序列与抗原决定簇进行比较则是最理想的方式。但是，目前对于致敏原中的抗原决定簇我们还知之甚少。尽管，90%的致敏反应主要是由 8 种食物引起的，但是，已经鉴定出序列的抗原决定簇仍然是寥寥无几。因此，当前的迫切解决的问题之一就是鉴定各种致敏原的抗原决定簇，并且制备相应的抗体。

糖基化对蛋白致敏性的影响，一是糖基太大遮蔽了部分蛋白质表面，另一个影响是引入多糖抗原决定簇，并极易发生交叉反应。真核体系(如植物)中可以对蛋白质进行糖基化修饰，而原核体系中(如大肠杆菌)则不能。但是，目前用于安全性评价的蛋白质多为原核表达蛋白，因此，建议对重组蛋白的天然来源(食物源)进行评价而不是重组表达蛋白。

此外，建立标准的致敏数据库以及发展非连续性比对方法(包括对糖基化的比对方法)也是极为重要的。之前，国际上在对 GMO 致敏性的评估中，主要是与 GenBank、EMBL、SwissProt、PIR 等大型数据库的记录进行序列相似性比较。即输入基因或蛋白质序列，通过 Blast 或 Fasta 等程序搜索数据库，列出与输入序列有较高相似性的基因或蛋白质序列，然后再寻找其中有无已知致敏原序列。通常情况下，搜索程序给出的序列非常多，从众多列项中找到对评估有用的序列过程繁琐。而且，这种大而全的序列比对并未考虑致敏原与 IgE 结合的抗原决定簇氨基酸顺序，很可能出现假阳性或假阴性结果。目前国际上已经建立了致敏原氨基酸序列的数据库，该数据库共有包括食物致敏原在内的大约 300 种致敏原的氨基酸序列，查询网址为 http://www.iit.edu/~sgendel 以及 http://www.allergenonline.com。北京大学生命科学中心建立的食物致敏原数据库可以提供转基因食物与已知食物致敏原氨基酸序列以及与已知的 20 个抗原决定簇的相似性比较及相关的研究方法 (http://www.ambl.lsc.pku.edu.cn)。一方面需要不断鉴定新的抗原决定簇，并且随时更新数据库内容。另一方面，需要对构象型或者非连续型抗原决定簇的空间构象和比对方法进行进一步的研究。此外，对于具有化学相似性的氨基酸在进行相似性比对时应加以考虑。

二、血清筛选试验

在进行序列相似性比较之后，与已知致敏原相似性较高或含有已知致敏原决定簇的目的蛋白要进行血清学试验。由于对不同食物过敏的病人血清中所含的特异 IgE 不同，因此检测目标蛋白的血清，需要用不同过敏病人的等量血清组合配制而成。酶联免疫吸附测定(ELISA)、放射性变应原吸附试验(RAST)和 RAST 抑制试验是检测致敏原的常用方法，尤以后两种最为常用。

放射性变应原吸附抑制试验(RAST inhibition)是检测致敏原的一种重要方法。在 RAST 抑制试验中，作为标准的致敏原样品可以是致敏原提取液，也可以是原核表达致敏原。RAST 抑制试验的血清池必须由多个过敏病人的血清等量配成，病人越多越能准确反映致敏原总体的抗原性。血清池通常含有至少 5 个过敏病人的等量血清。单独某个过敏病人的血清不能构成血清池。在 RAST 抑制试验中，作为标准的致敏原样品可以是致敏原提取液，也可以是原核表达致敏原。进行致敏性评估时抑制线斜率和 50%抑制点是比较重点。抑制线平行或接近平行表明致敏原样本含相同或相近的致敏原组分。样本 RAST 抑制线间的斜率无显著差异时，可以进行 50%抑制点的比较。致敏原的抗原性越强，其抑制作用也就越强，达到 50%抑制所需要的致敏原的量也就越少。

在血清学试验中获得含特异 IgE 的血清非常重要。血清学试验若为阳性，则充分证明此种转基因食品有致敏性。若转入的基因不来源于致敏性食品，也需要进行血清学试验。一般选用 5 种或更多的血清做免疫分析，如果结果为阴性，则风险非常小；若所用血清少于 5 种，则需要进一步在标准化的条件下做胃酶、胰酶对该蛋白的消化试验。

血清种类的选取十分重要，是血清学试验的关键。一般来讲，对某种食品如贝类过敏的个体，其血清中含有对贝类特异的 IgE。因此，如果摄入某些贝类蛋白质或结构相似的蛋白质，就可能致敏。如果血清学试验发现目标蛋白与其血清没有免疫反应，则说明目标蛋白与贝类致敏原或结构相似的其他致敏原无关，对这个人来说，此种转基因食品是安全的。但对另外一个对花生过敏的个体是否安全，还要拿他的血清进行免疫学试验加以验证。因此，选取血清时应考虑用尽可能多的对不同食品过敏个体的血清。在经济合作发展组织关于转基因食品致敏性评估的专家建议中，十分强调建立血清库的重要性。

2001年FAO/WHO生物技术食品致敏性联合专家咨询会议推荐的判断标准为，如果转入的基因来自一种常见的致敏性食物，与6个相关食物过敏患者的血清中特异IgE抗体结合试验结果为阴性，则有95%的把握认为该重组蛋白质不是致敏原；用8个相关患者的血清免疫试验结果为阴性，则有99%的把握认为该重组蛋白质不是过敏原；用14个相关患者的血清免疫分析结果为阴性，则有99.9%的把握认为该重组蛋白质不是致敏原。如果转入基因来自一种非常见致敏性食物，用17个相关患者的血清免疫分析结果为阴性，则有95%的把握认为影响至少20%敏感人群的一种次要致敏原未转入该种食品；用24个相关患者的血清免疫分析结果为阴性，则有99%的把握认为影响至少20%敏感人群的一种次要致敏原未转入该种食品。如果患者血清中特异性IgE抗体的浓度过低，有可能产生假阴性。所以，在该血清学试验中，要求患者血清中特异性IgE抗体的浓度大于10kIU/L。如果相关患者血清的数量达不到要求，也有可能得到假阴性。FAO/WHO 2001年联合专家咨询委员会建议宁可用较少种高IgE抗体含量的血清，也不使用多种低IgE抗体含量的血清。

随机进行过敏患者血清反应试验往往不是十分有效的，采用定向血清筛选试验更为合理。定向筛选血清试验是2001年FAO/WHO生物技术食品致敏性联合专家咨询会议推荐的转基因食品致敏性树状评估策略中新增加的评估方法。对于序列同源性分析结果为阴性的蛋白质，根据转入基因的来源不同，采用含高浓度特异IgE抗体过敏患者的血清(表7-10)，按照前面介绍的RAST或ELISA方法进行重组蛋白质与特异IgE抗体的结合试验。结果为阳性，即可判定该重组蛋白质为可能致敏原(吕相征和刘秀梅，2003；倪挺等，2002)。

表7-10 不同基因来源应采用的患者血清

转入基因的来源	血清来源
单子叶植物	对草、大米等单子叶植物过敏的患者
双子叶植物	对树花粉、芹菜、花生和坚果等双子叶植物过敏的患者
霉菌	对霉菌、酵母和真菌等过敏的患者
无脊椎动物	对螨、蟑螂、虾、摇蚊和蚕等过敏的患者
脊椎动物	对实验动物、牛奶、鱼、鸡蛋和血浆蛋白等过敏的患者
细菌等其他生物	目前尚不能进行定向血清筛选

获得含高浓度特异IgE抗体的血清后，用RAST或ELISA方法进行重组蛋白质与特异IgE抗体的结合试验。结果阳性，即可判定该重组蛋白质为可能致敏原。但是，FAO/WHO不建议采用大的血清池(大于5个血清混合)检测，认为会造成血清中交叉抗体的稀释。最好的检测方法是采用单个血清进行检测。理想的情况是，选用各组中25个气源致敏原抗血清和25个食源致敏原抗血清进行检验。

FAO/WHO在致敏评价树中除了传统的特异IgE血清学试验外，又提出了靶血清筛选试验(target serum screen)。这实际上是用与转入基因原始来源相关的一类物质的抗血清对转入蛋白进行交叉反应的检测。但是，考虑到实际情况，由于血清来源有限，许多国家、检测部门及相关实验室没有条件进行血清学筛选试验，因此，这一条在实际评价过程中往往被忽略。因此，对于我国来说，有必要建立有针对性的过敏血清库，除了与西方相同的过敏人群的血清外，还需要收集我国特有的过敏人群的抗血清。

此外，只有血清是不够的。还需要有高浓度的抗体。目前情况是，通过医院收集的血样不一定都符合这种要求。如果用低抗体浓度的血清进行筛选就会产生假阴性的结果。这也是需要解决的一个问题。

三、模拟胃肠道消化试验

通常，食物致敏原能耐受食品加工、加热和烹调，并能抵抗胃肠消化酶，在小肠黏膜或被吸收入血后产生免疫反应，所以模拟胃肠液消化试验结果是评估蛋白质致敏性的一个重要指标。模拟胃肠液中蛋白酶、离子成分和 pH 这三个要素应尽量符合人体胃肠中的情况。模拟胃肠液配制通常根据美国药典：在 1000mL 模拟胃液中，胃蛋白酶 3.2g，NaCl 2.0g，HCl 调 pH 至 1.2；在 1000mL 模拟肠液中，胰酶 10.0g，磷酸二氢钾 6.8g，NaOH 调 pH 至 7.5±0.1。一些主要的食物致敏原如卵清蛋白、牛奶β-乳球蛋白等在该消化液中 60min 仍不分解，而非食物致敏原如蔗糖合成酶等 15s 内即被酶解。通常是用 SDS-PAGE 分离蛋白质-蛋白酶混合液，用考马斯亮蓝染色。该方法能将 1~100kDa 的蛋白质分离开，可以用来检测含 10 个以上氨基酸的多肽对蛋白酶的稳定性。

2001 年 FAO/WHO 生物技术食品致敏性联合专家咨询会议推荐的模拟胃液(SGF)试验方法为，将含 500μg 受试蛋白质、0.32%(m/V)的蛋白酶和 30mmol/L NaCl 的混合液 200μL(pH 2.0)在 37℃水浴中振荡反应。分别在 0、15s、30s 和 1min、2min、4min、8min、15min、60min 时用缓冲液中和，终止反应。然后和 SDS-PAGE 上样缓冲液混合，90℃加热 5min，用 SDS-PAGE 分离蛋白质-蛋白酶混合液。试验中需要设立阳性(如牛奶β-乳球蛋白、大豆胰蛋白酶抑制剂等)和阴性(如大豆脂氧化酶、土豆酸磷酸酶等)对照，认为不能被降解的蛋白质或降解片段大于 3.5kDa 的蛋白质可能是致敏蛋白质。但是，蛋白质降解片段小于 3.5kDa 也不能完全肯定蛋白质无致敏性，还需要与致敏树中的其他评价标准的结果相结合。

在此标准中，FAO/WHO 强调，除了对表达纯化的重组蛋白进行模拟胃液消化外，还要对存在于食物中的重组蛋白进行胃蛋白酶抗性检测。这种情况下，就需要用多克隆 IgG 抗体进行结果分析。免疫分析的结果应与 SDS-PAGE 银染或考染结果相结合，并且反映相同情况下胶中染色的情况。但是，食物中可能存在蛋白酶抑制剂或其他底物促进或抑制目的蛋白的降解。降解片段也可能不与多克隆抗体反应。并且，最重要的是，蛋白的致敏性与其在模拟胃液中的降解情况可能没有绝对的相关性。因此，必须结合决定树中的其他标准进行综合评价。

但是，模拟胃肠液消化试验并不能完全反映食物在消化系统中被消化的实际结果，因为在消化系统中，食物很少是作为单纯蛋白质存在的，食物中的其他成分可能影响蛋白质的稳定性和胃肠内的 pH。另外，虽然蛋白质经酶解后可以破坏其本来含有的抗原决定簇，但小于 8 个氨基酸的多肽仍可含有 IgE 抗体的结合位点。因此，在模拟胃肠液中不被酶解并不能表明该蛋白质一定是致敏原，易被酶解也不能认为该蛋白质一定不是致敏原。尽管如此，综合研究转入基因来源、序列相似性比较、加工、加热耐受试验结果，模拟胃肠液消化试验仍可以为转基因食品的致敏性评估提供有价值的资料。

在外源蛋白毒性检测部分中，我们已经介绍了外源蛋白模拟胃肠道消化检测的基本情况。一些研究表明，大多数致敏蛋白对胃肠道消化液具有抗性，因此，外源蛋白的模拟胃肠道消化稳定性试验被用来检测外源蛋白的潜在致敏性。我国已经制定了关于模拟胃肠道消化稳定性实验的标准：农业部 869 号公告—2—2007《转基因生物及其产品食用安全检测——模拟胃肠液外源蛋白质消化稳定性试验方法》。以下将举例介绍其具体操作方法。

案例——转基因水稻外源重组蛋白 Bt 毒蛋白的模拟胃肠道消化实验(秦伟，2007)

(一) 试验材料

模拟胃液消化试验：阴性对照：牛血清白蛋白(BSA)；阳性对照：大豆胰蛋白酶抑制剂(STI)。

模拟肠液消化试验：阴性对照：酪蛋白(casein)；阳性对照：大豆胰蛋白酶抑制剂(STI)。

受试物：重组大肠杆菌表达 Bt 毒蛋白。

(二) 试验方法

将模拟胃(肠)液与蛋白样品溶液(对照样品或受试蛋白)按照 19∶1(V/V)的比例混合，快速振荡混匀，置于 37℃水浴中，开始计时。在 0、15s、30s、1min、2min、5min、10min、20min、30min、60min 时间点取样，向模拟胃液中快速加入碳酸氢钠溶液终止反应，再加入蛋白质电泳样品缓冲液，沸水煮 5min，进行蛋白质电泳。电泳结束后进行考马斯亮蓝染色与脱色，并拍照。另取一份平行样品蛋白质电泳后，电转至硝酸纤维素膜上，进行蛋白质印迹杂交，并拍照。

(三) 试验结果

1. 模拟胃液消化试验

模拟胃液消化试验中，阴性对照牛血清白蛋白在 15s 内迅速消化(图 7-1)，而阳性对照大豆胰蛋白酶抑制剂在 60min 内仍稳定存在(图 7-2)，说明该反应体系正常。重组外源蛋白 Cry2A*在电泳图上显示 30s 内迅速消化(图 7-3)，Western 杂交显示 2min 内迅速消化(图 7-4)。可判断该蛋白质在模拟胃液中易消化。

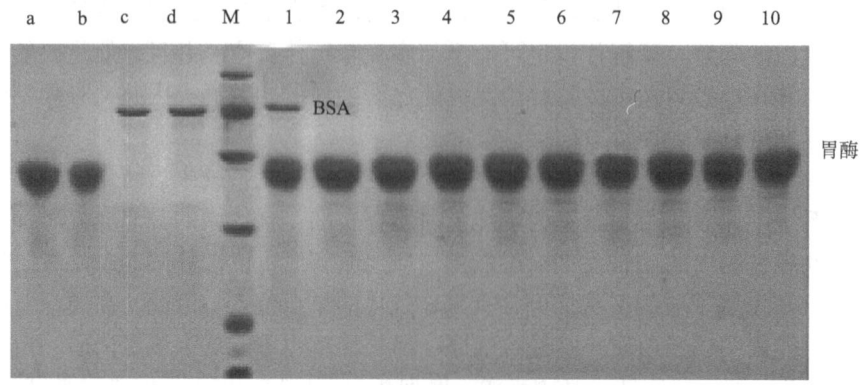

图 7-1 模拟胃液阴性对照(牛血清白蛋白)

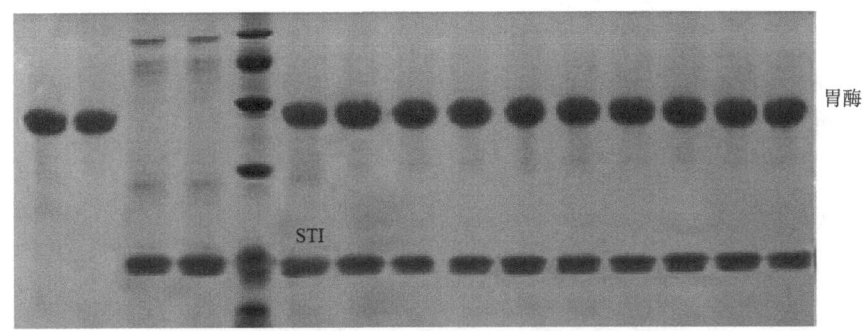

图 7-2 模拟胃液阳性对照(大豆胰蛋白酶抑制剂)

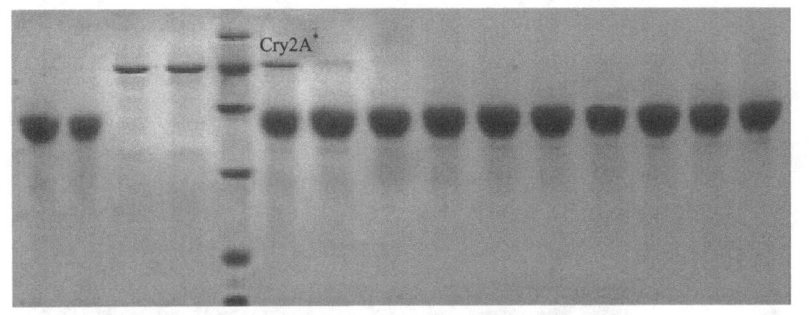

图 7-3 模拟胃液消化 Bt 毒蛋白

电泳图 7-1，图 7-2，图 7-3 的上样顺序为 a、b 分别为胃蛋白酶在 0 和 60min 时的对热稳定性样品；c、d 分别为蛋白质在 0 和 60min 时的对热稳定性样品；M.低相对分子质量标准蛋白质，从上至下分子质量依次为 97.4kDa、66.2kDa、43.0kDa、31.0kDa、20.1kDa、14.4kDa；1~10.蛋白质在模拟胃液中消化时间分为 0、15s、30s、1min、2min、5min、10min、20min、30min、60min 的样品

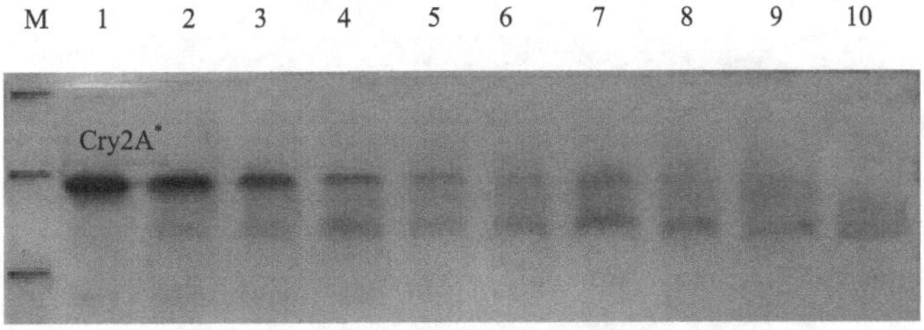

图 7-4 模拟胃液消化 Bt 毒蛋白(Westernblot)

上样顺序为 M.低相对分子质量标准蛋白，从上至下分子质量依次为 97.4kDa、66.2kDa、43.0kDa、31.0kDa、20.1kDa、14.4kDa；1~10. Cry2A*在模拟胃液中消化时间分为 0、15s、30s、1min、2min、5min、10min、20min、30min、60min 的样品

2. 模拟肠液消化结果

模拟肠液消化试验中，阴性对照酪蛋白在 15s 内迅速消化(图 7-5)，而阳性对照大豆胰蛋白酶抑制剂在 60min 内仍稳定存在(图 7-6)，说明该反应体系正常。重组外源蛋白 Cry2A*在电泳图上显示在 60min 内仍不能完全消化(图 7-7)，Western 杂交证实该蛋白质在 60min 内仍存在(图 7-8)。可判断该蛋白在模拟肠液中极难消化。

· 253 ·

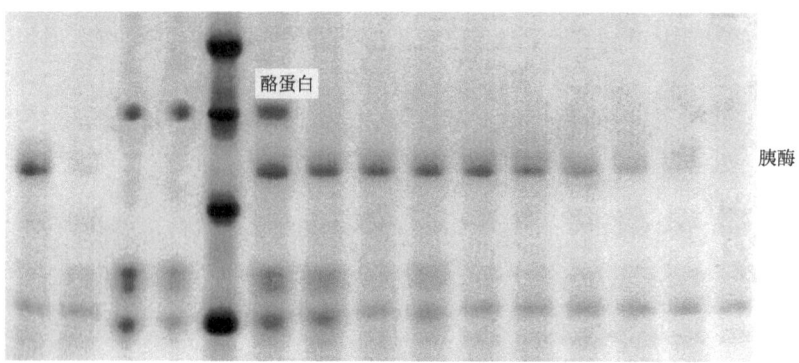

图 7-5 模拟肠液阴性对照(酪蛋白)

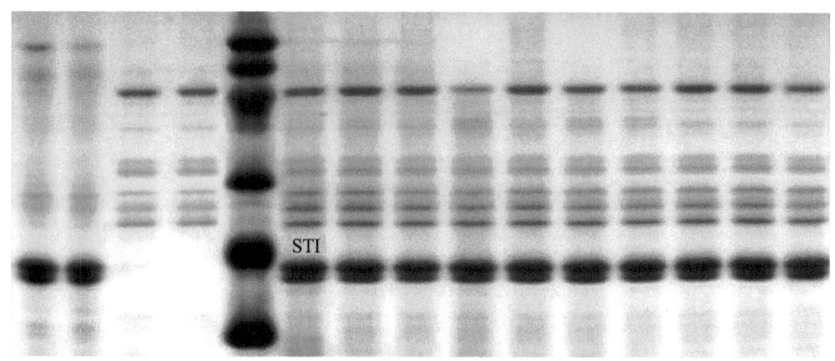

图 7-6 模拟肠液阳性对照(大豆胰蛋白酶抑制剂)

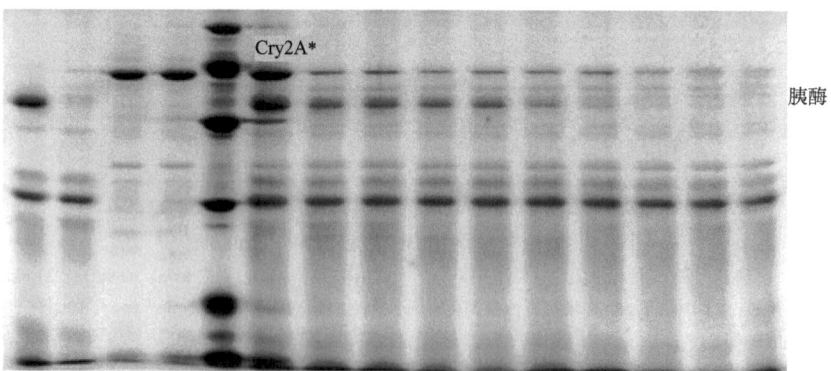

图 7-7 模拟肠液消化 Bt 毒蛋白

电泳图 7-5，图 7-6，图 7-7 的上样顺序为 a、b 分别为胰酶在 0 和 60min 时的对热稳定性样品；c、d 分别为 Bt 毒蛋白在 0 和 60min 时的对热稳定性样品；M.低相对分子质量标准蛋白，从上至下分子质量依次为 97.4kDa、66.2kDa、43.0kDa、31.0kDa、20.1kDa、14.4kDa；1~10：Cry2A*在模拟肠液中消化时间分为 0、15s、30s、1min、2min、5min、10min、20min、30min、60min 的样品

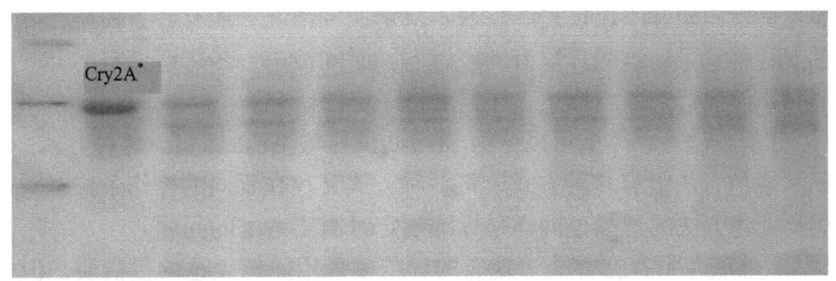

图 7-8 模拟肠液消化 Bt 毒蛋白(Western blot)

M. 低相对分子质量标准蛋白，从上至下分子质量依次为 97.4kDa、66.2kDa、43.0kDa、31.0kDa、20.1kDa、14.4kDa；1~10. Cry2A*在模拟肠液中消化时间分为 0、15s、30s、1min、2min、5min、10min、20min、30min、60min 的样品

蛋白质对胃蛋白酶和胰蛋白酶消化的抗性被认为是蛋白质具有潜在致敏性的特征。但是，也有一些研究者认为，这两者之间是不成比例的。这方面的争论目前还没有明确的结果，但是这又是对这个检测方法的是否可行的关键基础性问题，因此，对于蛋白对胃肠消化的抗性与其致敏性的关系还需要进行进一步的论证。

对于模拟胃液消化的试验方法，除了最初的参照美国药典上的配方外，FAO/WHO 又给出了一个比较详细的步骤，但是我们应该看到，这个标准步骤中的蛋白质与酶的比例相对偏高，因此在实践中采用此方法的很少。而实验设计中还有许多存在问题的地方：

(1) 胃蛋白酶的来源不同造成活力不同，因此，采用质量比例添加会造成很大的差异。对于这个问题，一些研究表明，采用酶活力与蛋白质的比例进行添加(10U 胃蛋白酶活力/μg 目的蛋白)，可以避免不同实验室间产生误差。但是，这种比例是否比原有比例科学还需要经过实践的检验。

(2) pH 的问题。在美国药典中采用的是 pH1.2，而考虑到实际情况，摄入食物后，胃中的 pH 可能发生很大的改变，FAO/WHO 建议采用 pH2.0。在 Helms 向 FAO/WHO 的建议书中提到，应采用系列 pH(1.0，1.5，2.0，4.0，6.0)进行分析。这个问题还需要进一步的研究。

(3) 对照蛋白。FAO/WHO 建议使用已知的致敏蛋白作为阳性对照，及已知的非致敏原作为阴性对照，但是对于致敏对蛋白酶的抗性是否与其致敏性直接相关，目前还有争论。而且，能否抵抗消化也是一个相对的问题，通常在提高酶与蛋白质的比例时，原本不能够被消化的蛋白质致敏原也可以被消化掉，反之，降低酶与蛋白质的比例时，原本能够被消化掉的蛋白质也会延长抵抗时间。因此，对于对照的选择还需要进行进一步的详细的规定。

(4) 时间点的设置。FAO/WHO 设定的时间点为 0、15s、30s 和 1min、2min、4min、8min、15min、60min。也有学者采用其他时间点(5min、10min、30min)，这个问题的关键在于，如何来进行消化快慢的判定。是 15s 认为是快速消化，还是 5min 以内认为是快速消化；反之，是 60min 不被消化认为是抗消化，还是 10min 以上是抗消化。目前，对于结果的评定还没有一个公认的标准。

(5) 对于降解结果分析还不完善。在 FAO/WHO 及相关标准中都没有关于降解结果的详细的描述。蛋白质并不仅仅是降解与不降解两种情况，还有些蛋白质在降解时会产生一个或多个降解片段，这些片段有的经过一段时间被进一步降解，有的会一直存在。对于这些情况如何进行判断与描述，还需要进一步的研究。

(6) 结果分析方法。总体上可以分为 SDS-PAGE 与 Western blot 两种方式。但是，对 SDS-PAGE 的染色方法就有多种方式。每一种方式又存在不同的操作条件，对此，进行电泳、杂交及染色方法的选择也同样是标准制定时需要考虑的问题。

(7) 蛋白质的来源及存在方式。现有的评价多采用原核表达的蛋白质，但是，蛋白质在植物及动物中的表达方式及存在情况的影响也是不可忽视的。因此，FAO/WHO 建议采用天然来源的蛋白质(作为食物的重组植物或动物)，或者蛋白质的天然存在状态(与食物中其他成分一起)接受模拟消化试验。目前，这方面还需要实践研究。

除了以上胃蛋白酶消化试验中存在的各项问题，还有是否采用胰蛋白酶消化试验的问题。因为，胰蛋白酶消化除了存在以上几点问题外，还有一个更棘手的问题，那就是胰酶是一种混合酶制剂，包括蛋白酶、淀粉酶、脂酶等多种成分。不同来源的胰酶活性相差很大，很难对其成分及活性进行严格的定义。但是，任何一种酶成分的变化都有可能对最终的结果造成影响。在这种情况下，要在不同实验室间进行比较则是难上加难。有人认为，胃蛋白酶是主要的消化酶，大部分蛋白酶在胃中可被消化。但是，也有的蛋白酶可以抵抗胃蛋白酶的消化却不能抵抗胰蛋白酶的消化。因此，Helms 建议当蛋白酶不能被模拟胃液消化时则采用模拟肠液进行消化。

与模拟胃肠道消化试验类似的还有蛋白质的热加工稳定性试验。致敏学家认为蛋白质对热的稳定性是其作为食物致敏原的一个特征。在美国国家环境保护局(EPA)接受的 Bt 作物的申请中，EPA 含糊的认为蛋白质的热稳定性与其致敏性具有相关性。但是，EPA 没有对相关试验进行严格的要求。因此，生物公司的申请书中只是描述为加工过的玉米或棉籽中不具有生物杀虫活性。这些检测方法的缺陷在于，失去杀虫活性不代表就失去致敏性。因此，Helms 向 2001 FAO/WHO 联合咨询提出了标准的热加工稳定性试验方法：使用天然的或者重组表达的外源蛋白，在 90℃加热 5min。然后采用 SDS-PAGE 进行分析。但是该方法在 2001FAO/WHO 的致敏树评价策略中并未被采用。但是，这种方法在实践中被广泛应用。孟山都及其他生物农业公司进行的转基因产品的安全性评价中经常提到此方法。但是，对热稳定性的检测方法是生物活性检测。这样的检测结果无法令人信服，因为失去生物活性不一定就失去了致敏性。虽然有人提出采用类似模拟消化的检测方法，但是，目前还没有一个标准化组织采用此方法，对这种方法的科学性还存在质疑。

四、动物致敏模型

毫无疑问，上述方法为评价外源蛋白质致敏性提供了有价值的信息，然而，没有一项指标与待测蛋白的致敏反应有直接关系。当以上指标所得结果为阴性时，待测蛋白质仍有可能是一种强致敏原；如果得到阳性结果，仍需进一步试验来证实新蛋白质的潜在致敏性。因此，确定蛋白质致敏性的最直接方法就是建立一种广泛接受的动物模型并对其进行证实。动物模型应用于致敏性研究已经不是初次尝试。从 20 世纪 60 年代开始，部分工厂的工人中出现对酶过敏的现象，Protor&Gamble 就开始进行使用动物模型进行吸入式致敏的研究，并且取得显著成效，即通过几内亚猪和小鼠模拟人类的吸入式致敏反应。但是，适用于吸入式致敏的动物模型不一定适用于食物致敏。因此，许多科研人员开展了食物致敏模型的研究。2001年FAO/WHO生物技术食品致敏性联合专家咨询会议发布的转基因食品致敏性评估树状分析策略中新增加了使用动物模型的评估方法。FAO/WHO建议通过对BN大鼠进行灌胃或者对BALB/c小鼠进行腹腔注射的方式进行评价，通过检测Th1/Th2抗体类型进行潜在免疫或过敏活性分析。建议使用强致敏原、弱致敏原和非致敏原作为对照对目的蛋白进行评价。但对动物试验是否代替人体试验尚有争议，有人认为动物的免疫试验可能与人的遗传过敏情况完全不同，也不会产生人IgE反应的多样性，另外，试验用的原核表达蛋白质有时会与转基因植物中表达的蛋白质略有不同，而这些不同可能导致不同的致敏性。

虽然动物实验不能反映微小变化，但设计合理的动物喂养实验可以为其他试验提供验证和安全证据。许多研究者仍在继续寻找合适的动物模型，以便更好地模拟人的抗体反应，甚至同样致敏性病人的同样临床反应(贾旭东等，2004；贾旭东，2005)。

案例——以潮霉素磷酸转移酶(HPT)为材料的BN大鼠致敏试验

(一) 试验材料

选用4周龄离乳的BN雄性大鼠18只，按体重随机分为3组，自由进食与饮水。

(二) 实验方法

三组动物分别灌胃1mL水、1mL OVA卵清蛋白(1mg/mL)和1mL HPT(5mg/mL)，每天灌胃一次，共灌胃六周，不加佐剂。每天观察并记录动物的一般表现、行为、中毒表现和死亡情况。每天观察腹泻、发病以及死亡等可能出现的症状。每周进行详细的临场观察，包括：运动、呼吸、常规活动和外表的异常。

(三) 指标检测

分别于28天与42天采血检测IgG，IgE与组胺含量。

(四) 实验结果

由 $P/N = 2$，即OD值大于阴性样品平均值2倍的血清为阳性结果，总结出特异IgG、IgE测定结果。

用OVA注射BN大鼠可以引起血清中特异IgG水平的升高，第28天出现了5例阳性结果，第42天出现了4例阳性结果；而HPT蛋白检测结果显示无一例阳性结果，说明该蛋白质未引起明显的IgG免疫反应。

同样，检测用OVA注射BN大鼠血浆中特异IgE的水平。第28天出现了4例阳性结果，第42天出现了5例阳性结果。而HPT蛋白灌胃的大鼠血浆中IgE检测结果与阴性对照无明显差异，即无一例阳性结果，说明该蛋白质未引起明显的致敏反应。检测结果显示灌胃OVA的大鼠血浆中组胺的水平很高，而灌胃HPT蛋白质的大鼠血浆中组胺的含量与阴性对照组的一致。经统计学分析，灌胃HPT蛋白的大鼠组胺水平与阳性对照组有显著性差异($p<0.05$)，而与阴性对照组无显著性差异。

到目前为止，尚未建立动物模型试验的标准方法，也没有建立致敏原评估的标准动物模型。包括狗、幼猪、豚鼠、BALB/c 小鼠、C3H/HeJ 小鼠、挪威棕色大鼠等很多种动物被用作试验研究。

对于动物模型除了寻找并建立合适的评价致敏的动物模型外，方法的选用也是极为重要的。

(1) 理想的动物模型的建立

通常认为，致敏性评估中的动物模型应具有以下几个特点：①暴露于人类致敏原后产生过敏反应，暴露于非人类致敏原后不产生过敏反应；②对不同致敏原产生的过敏反应的强度与人类相似，对人类强致敏原(如花生)产生的过敏反应的强度>中等致敏原(如牛奶)>非致敏原(如菠菜叶)；③与人类的胃肠系统相似；④能发生和人体相似的抗原—抗体反应；⑤给予途径最好为口服。理由是许多天然屏障如胃肠道黏膜或表皮层的酸变性及酶降解能阻止、减少或以其他方式影响所摄入蛋白质的致敏性；⑥最好不用佐剂。虽然在实际生活中，佐剂可能在过敏反应中起重要作用，然而为了评价蛋白质内在致敏性，最好不加佐剂；⑦受试动物能产生明显数量的 IgE 或其他 Th2 特异抗体；⑧受试动物应该能耐受大部分的食物蛋白质；⑨模型应操作简单、可重复。

(2) 常用的试验动物

包括狗、幼猪、豚鼠、BALB/c 小鼠、C3H/HeJ 小鼠、挪威棕色大鼠等很多种动物被用作试验研究。食物致敏性研究中，常用 3 种啮齿类动物：豚鼠、小鼠和大鼠。豚鼠经常用来研究口服蛋白质致敏性，研究证明其非常敏感。然而它的一些缺点局限了其进一步的应用，包括：其免疫生理与其他品系有明显区别，对其免疫系统缺乏了解，缺乏研究其免疫系统的工具以及其过敏反应的特异性等。另一类就是小鼠，特别是 BALB/c 小鼠，研究表明通过腹腔注射的方法给予致敏原也能产生特异性 IgE，但口服给予致敏原易产生耐受性。目前研究最多的就是大鼠动物模型，BN 大鼠为最常用的品系。用大鼠研究食物致敏性的优点包括：大鼠为毒性试验最常用的品系，因此可以结合其他信息来评价蛋白质致敏性；对大鼠免疫系统有一定的了解而且有许多免疫相关的研究工具。

由于 BALB/c 小鼠和挪威棕色大鼠具有显性遗传性过敏性疾病，所以普遍认为这两种动物作为动物模型更具有前途。不同之处在于，挪威棕色大鼠是经灌胃致敏(经饮水致敏无效)，而 BALB/c 小鼠主要是通过腹腔注射致敏。Dearman 等对两种动物模型及不同的致敏方式进行了比较，结果发现，以卵清蛋白作为致敏原，挪威棕色大鼠经灌胃致敏后没有检测到特异的 IgE 抗体，BALB/c 小鼠腹腔注射致敏后检测到低浓度的特异 IgE 抗体。但另有文献报道，同样是以卵清蛋白作为致敏原，挪威棕色大鼠经灌胃致敏后却检测到特异的 IgE 抗体。所以，虽然灌胃是比较合理的致敏途径，但其致敏效果尚未最终确定。值得强调的是，由于重组蛋白质可能在胃肠道内被蛋白质酶水解或不能被吸收，因此在经腹腔注射致敏时，产生特异 IgE 抗体的反应结果并不能完全代表人体经膳食暴露后免疫反应的实际情况。另外，由于不同的致敏途径可能得到不同的结果，经一种致敏途径得到的阴性结果并不能排除经另一种致敏途径可以得到阳性结果。所以，建议用两种致敏途径给同种或不同的动物模型致敏来判定结果。

(3) 给药方法

主要有两种途径即口服和腹腔注射。二者各有其优缺点。腹腔注射的优点是可以研究蛋白质的内在致敏性，其缺点是该途径不是人类摄入的天然途径。而口服的优点就是其暴露途径与人类最相关，其缺点是易产生口服耐受性。因此，最好的方法就是结合二者的优点建立一种合适的动物模型。除此之外，是否加佐剂，给药量，给药次数，取血时间等条件也需要优化。

(4) 结果评估

在动物模型试验中，都是通过动物暴露于受试物后引起的免疫反应来评估受试物的致敏性的，主要是通过检测动物血中特异 IgE 抗体含量。检测的方法有 ELISA 和被动皮肤过敏反应(PCA)等。也有学者检测特异性 IgG 与总 IgG。此外，FAO/WHO 规定采用 Th1/Th2 作为致敏结果的评价。但是，还需要进行详细的规定。

(5) 对照物的选择

目前的大部分试验研究都是采用 OVA 与 BSA 进行的，但是由于用药量与用药方式的差异，即使同一种蛋白质也没有统一的结果。因此，在对重组蛋白进行评价时，对照物的选择就需要慎重考虑。

(6) 蛋白质来源

这个问题与序列分析和模拟消化中的问题相似，由于原核表达的蛋白质致敏性可能与实际情况有差异，因此，还要考虑受试蛋白的来源问题。

参 考 文 献

贾旭东. 2005. 转基因食品致敏性评价. 毒理学杂志, 19(2): 159-162

贾旭东, 李宁, 王伟等. 2004. 蛋白过敏性研究——BN 大鼠动物模型.卫生研究, 33(1): 63-65

吕相征, 刘秀梅. 2003. 转基因食品的致敏性评估. 中国食品卫生杂志, 15(3): 238-245

倪挺, 胡鸢雷, 林忠平等. 2002. 转基因产品致敏性评估的规范化. 中国农业科学, 35(10): 1192-1196

秦伟. 2007. 转基因水稻外源抗虫基因 $cry2A^*$ 的原核表达纯化及其致敏性研究.中国农业大学硕士论文

第八章　环境安全检测技术

随着转基因生物技术的不断发展，以及人们对转基因产品的认识加深，一场关于转基因作物安全性的争论由此展开。在民间环保组织的推动以及媒体的炒作下，争论很快就变成了恐慌。从一般的民众到政府首脑，从科学、宗教、新闻出版界到各国政府的主管部门，直至联合国的各级组织，都先后发表评论和看法，或召开有关会议，制定有关法律法规。目前，它已对各国政治、科学、文化、宗教等各方面造成很大影响。其争论的问题主要集中在转基因释放的环境安全性和有转基因生物生产出的食品的安全性上。支持者认为在具有自然界隔离的不同物种之间进行基因操作，是自然进化的延续，有利于物种的进化，并且认为已有成千上万的实验数据表明转基因食品对人类无副作用，转基因食品和非转基因食品"实质等同"，无显著差异，不需要特别标明。还认为转基因生物和同种非转基因生物除转基因性状外，实质等同，而转基因性状在自然界的存在，经过严格的环境释放试验后，不会对环境造成多大影响。而反对者认为不同物种之间的基因操作可能会造成灾难。认为目前转基因食品安全性试验主要由开发者完成，而且大多是短期的动物实验，实验数据不充分，并且认为转基因食品和非转基因食品"实质不等同"，它们是不一样的，要有标签标明是否含有转基因成分，让消费者选择。还认为转基因生物进入生态环境后会对生态环境造成未知的影响。特别是一些需要长期观察的生态问题，需要科学数据。

从事实来看，对于任何新生事物的出现都是不可能做出"完全肯定"或"完全否定"的结论的。一方面政府部门和科研机构应该加强转基因植物或其产品的评审程序，尤其是对环境的影响(图 8-1)。

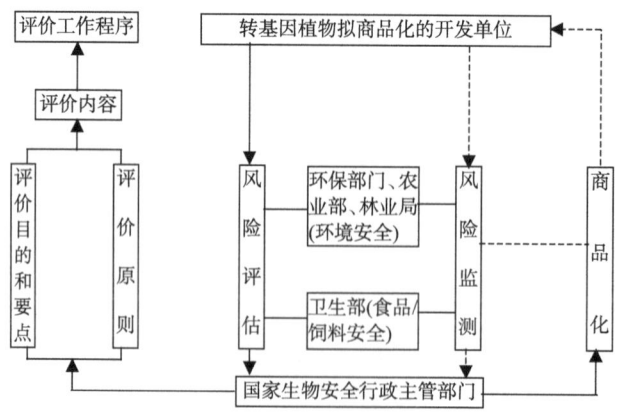

图 8-1　转基因植物商品化的环境影响评价体系框架图

另一方面，科学家需要做的是以现有的知识和技术水平尽量考虑转基因作物可能的潜在风险。目前，已经比较全面的考虑到了转基因风险评估的内容以及风险评估技术(表 8-1)。

表 8-1　不同层次上对转基因植物的测试项目及实验方法

层次	测试项目	试验方法 [1]
基因和基因组	染色体结构的改变	基因图构成 核型分析：染色体数、大小和形式
	插入检测，遗传标记(标记基因)	形态特性分析 聚合酶链反应(PCR) Southern 和 Northern 杂交
个体	异花授粉，自花授粉	在柱头上的花粉：花粉数和捻性 种子发育分析 空间自相关分析
	交配系统，不亲和性	双列杂交 实验授粉 花粉萌发试验
	传粉者活性	传粉者吸引力：化学提示、直观提示 传粉者觅食行为
	植物竞争	叶面积 相对生长速度 两个物种混合物
种	种群动态，补充	萌发试验 半存留期 Leslie 矩阵模型 种子埋藏处理 有效种群-大小
	花粉传播	父系(来源)分析 花粉计数 花粉收集 花粉生活力试验
	基因流，杂交，基因渗入	扩增片段长度多型性(AFLP) DNA 测序 F-统计 单模标本统计 减数分裂分析：染色体配对和重组 形态特性分析 蛋白质电泳：同工酶分析 随机扩增多型性 DNA(RAPD) 限制性片段长度多态性(RFLP)
	遗传稳定性，遗传多样性，遗传漂移，非亲缘交配	适合性测量 遗传距离 遗传邻域-大小 自交和非亲缘交配率
生态系统	入侵，入侵能力	生物地理测定和监测 地区适应分析 外来植物的繁殖 移植实验
	生物多样性，群落结构	多样性指标 去氧程序；植被分析 空间格局分析

1. 具体测定方法在文献 Kjellsson 等(1994)及 Kjellsson 等(1997)上都有详细说明。

转基因植物的大规模种植，是否会对生物多样性构成威胁，是否会产生基因漂移的风险，如何应对害虫对转基因作物产生的抗性等问题是值得我们深入研究讨论的，以及如何对这些可能发生的情况做到及时准确的检测，也显得尤为重要。本章将全面的介绍转基因植物环境安全检测技术，主要包括：生物多样性检测技术、基因漂移的生态风险检测技术、生存竞争力检测技术、抗性治理策略和监测技术等。

第一节　生物多样性检测技术

转基因植物在减少化学农药对环境的影响、提高作物产量、改善品质和保持水土等多方面具有潜在优势。转基因作物的应用为农业生产带来了一次新的革命，但以重组DNA技术为代表的现代生物技术在带来巨大利益和效益的同时，也可能对生态环境安全造成不必要的负面影响。

一、转基因植物对生物多样性的影响

(一) 转基因抗虫植物对非靶标昆虫的影响

1. 对非靶标害虫的影响

虽然抗虫棉对非鳞翅目害虫没有直接的影响，但可以通过鳞翅目害虫及其天敌而间接地对非鳞翅目害虫产生影响。田间的调查表明，抗虫棉花通过对鳞翅目害虫的影响而间接地促进了甘薯白粉虱的种群增长。有数据显示，转基因抗虫棉田棉蚜、棉叶螨、棉盲蝽、白粉虱和棉叶蝉等刺吸性害虫的发生危害呈加重趋势；斜纹夜蛾、甜菜夜蛾在赣北抗虫棉区已上升为主要害虫。在相同越冬虫源的棉田，Bt棉田的红蜘蛛种群发展比常规棉田显得更快，而在未防治的条件下抗虫棉的节肢动物群落和害虫亚群落的多样性指数在棉花生长前期和后期要高于常规棉。

2. 对害虫天敌的影响

在田间，转基因抗虫棉的害虫存在很多的寄生性天敌和捕食性天敌，Bt棉可能会通过影响其害虫而影响到昆虫天敌。关于抗虫棉对害虫天敌的影响的报道目前很不一致，一些检测证明Bt毒蛋白对捕食性天敌没有影响；转Bt基因棉对棉田自然天敌影响不显著而且能够间接提高天敌的捕食率；抗虫棉田瓢虫类、草蛉类和蜘蛛类捕食性天敌的数量与常规化学防治田相比大幅度增加；在未防治的条件下抗虫棉的天敌亚群落多样性指数在棉花生长后期要高于常规棉，但在棉花生长的早期和中期，两者的大小没有表现出显著性差异。但有报道指出，田间发现棉铃虫的优势寄生性天敌的数量明显减少，捕食性天敌的数量减少不明显。种植转Bt基因棉严重影响棉铃虫幼虫优势寄生性天敌的寄生率、羽化率和捕食量。

(二) 对土壤生态系统的影响

1. 对土壤微生物群落的影响

土壤微生物对环境变化最为敏感，而土壤微生物多样性对土壤生态系统的结构和功能有着重要作用。现在已经发现4种不同转Bt基因棉花促使了土壤中细菌和真菌数量发生短暂性的显著增加。转 *Bt* 基因棉花可以提高土壤中细菌和真菌的数量。另外，有数据显示转基因植物可改变根际细菌的生物学环境。不同年份和生育期的抗虫棉根际微生物数量存在差异，但年度间和相同的发育时期棉花根际微生物的数量变化趋势一致。学者采用对原核生物核糖体小亚基 16Sr DNA 全序列分析的方法，研究转基因抗虫棉根际土壤微生物的多样性，也没有发现抗虫棉田与非抗虫棉田间有显著的差异。Stotzky 认为纯化的 BTT(*Bacillus thuringiensis* var. *tenebrionsis*)和 BTK(*Bacillus thuringiensis* subsp. *kurstaki*)毒素自由态或结合态杀虫蛋白，对细菌(革兰氏阳性)、真菌(酵母菌，丝状体)和藻类(绿藻，硅藻)的原位生长没有影响。在美国的 247 和 249 品系 Bt 抗虫棉土壤中的微生物数量、种类和组成与常规棉差异显著，但这种差异可能并不是 Bt 毒素本身引起的，而是由于遗传修饰后的植株的生理生化特性发生了变化，随着植物的不断种植而积累，从而对土壤微生物产生影响。

2. 对土壤动物的影响

土壤原生动物种群的变化是最敏感的监测指标之一。一些研究表明抗虫棉对土壤动物产生影响。通过生物测定(bioassay)研究纯化的 Bt 蛋白与土壤颗粒结合后的活性的研究表明，与土壤颗粒结合的 Bt 蛋白对烟草甲虫类害虫和天蛾类害虫(*Manduca sexta*)的幼虫仍有毒害作用；纯化的 Bt 毒蛋白分别与腐殖质酸和蒙脱石—腐殖质酸—铝羟基聚合物的复合体的结合态和游离态都具有对烟草天蛾幼虫的杀虫活性。

但以上研究大多针对鳞翅目昆虫，关于对其他土壤动物的研究情况则不同。研究表明 Bt 棉的杀虫蛋白对土壤中一种弹尾虫和一种奥甲螨没有产生负面影响；将蚯蚓在被 Bt 毒素污染的土壤中培养 45 天，其肠道物和粪便中均含有 Bt 毒素，但蚯蚓实验种群的数量和生长状况正常，将蚯蚓转移到新鲜无污染土壤 2~3 天后，肠道物中的 Bt 毒素消失(李国平等，2003)，说明结合态 Bt 毒素只是经过了蚯蚓的消化系统，并没有被其消化系统的酶降解，也不影响其正常生长。

二、转基因植物对生物多样性影响的检测技术

(一) 对靶标生物影响的检测技术

1. 抗病毒转基因植物对目标病毒的影响检测方法

对抗病毒转基因植物和非转基因受体植物对照进行人工接种目标病毒(如通过接替昆虫在接种箱中进行接种)，控制接种数；定期观察症状发展直到症状稳定，记录发病率，定期用 RT-PCR 方法检测转基因植物和对照品种的病毒，记录阳性率。

2. 抗虫转基因植物对目标害虫的影响检测方法

首先，对不同种类的目标害虫群体，人工饲喂抗虫转基因植物的茎叶等组织，以饲喂非转基因植物组织的群体为对照，观测抗虫转基因植物组织对不同种类害虫的生长发育、繁殖率和死亡率等指标的影响。然后，在抗虫转基因植物的正常生长情况下，以非转基因受体植物为对照，通过人工导入不同密度不同类群害虫虫口的办法，观测对抗虫转基因植物敏感的害虫的种类和群体数量动态变化，评价抗虫转基因植物的抗虫效果。

最后，在自然的田间栽培环境中，分别栽培抗虫转基因植物和非转基因受体植物对照，评价抗虫转基因植物对主要目标害虫的群体数量、群落结构等的影响。此外，由于使用抗虫转基因植物(如 Bt 转基因抗虫作物)而导致标靶害虫产生抗性的评价在本章第四节中有详细介绍。

(二) 抗病虫转基因植物对非靶标生物影响检测技术

在抗虫转基因作物的大田里，由于抗虫转基因带来的对目标昆虫群落的强大选择压乃至对非靶标生物的作用，导致的对田间昆虫群落以及食用昆虫的捕食性天敌等的影响评价，以抗虫转基因作物和相应的非转基因受体作物进行对照。抗病虫转基因植物对非靶标生物影响的检测方法：

(1) 以含杀虫毒素的食物(使用抗虫转基因作物或用纯化的杀虫蛋白混合其他食物调制)饲喂昆虫(包括幼虫和成虫)，设置饲喂不含杀虫毒素的对照昆虫群体，检测比较昆虫的生长发育、繁殖率、死亡率等指标；

(2) 以饲喂或携带杀虫毒素的昆虫(包括幼虫和成虫)喂养捕食性的昆虫或鸟类等，设置以食物中不含、本身也不携带杀虫毒素的昆虫饲喂的对照群体，检测比较捕食性动物的生长发育、繁殖率、死亡率等指标；

(3) 在农田生态系统中，检测由于抗虫转基因作物的使用，导致的田间昆虫群落结构的变化以及主要捕食性天敌的群落结构变化。检测主要昆虫和鸟类的种类、密度乃至基因型等指标，计算物种多样性、遗传多样性等参数(张大勇等，1999)。

(三) 对土壤生物群落影响的检测技术

1. 转基因作物的根际分泌物对土壤生物群落的影响的检测方法

(1) 用含 Bt 毒素的培养基培养细菌、真菌等土壤微生物，与不含 Bt 毒素的对照组相比较，检测生长状况和种群数量动态等指标的差异；

(2) 用含 Bt 毒素的食物喂养线虫、蚯蚓等小型土壤动物，与不含 Bt 毒素的对照组相比较，检测生长发育状况、繁殖和死亡率等指标的差异；

(3) 实验估计转基因作物的根际土壤生物类群(包括遗传物质的多态性等)、数量和组成比例等，与相应的非转基因作物的根际土壤生物的相关指标进行比较。

2. 转基因作物的残体对土壤生物的影响的检测方法

(1) 以转基因作物的残体为主要食物成分，饲喂小型土壤动物，与用非转基因作物的残体饲喂的对照相比，检测生长发育状况、繁殖和死亡率等指标的差异；

(2) 转基因作物的残体在土壤中的分解状况，以相应的非转基因作物的残体的分解状况为对照，检测残体分解速度、对土壤生物类型和数量动态的影响等。

(四) 转基因植物通过食物链对生态环境的其他有益或有害作用的评价

主要的转基因植物环境安全问题来源于对上述的各方面风险的综合，另外的对生态环境的其他的有益的或者有害作用可能是更加隐蔽的，可能需要在转基因植物大规模释放到环境中之后，并经过在生态系统中的长时间积累和级联放大效应，最终才显现出来。

对这样长远的时间进行评价和预测是非常困难的，甚至是较难实现的。不管如何，建立延续不断的对转基因植物及其环境效应的监控和调查是非常必要的，用大量的不同地域不同时间不同物种的检测数据构建共享的转基因植物环境安全评价信息数据库网络，应用数学模型进行模拟和预测，等等。这些途径都将进一步帮助我们对这一复杂问题进行全面的认识和评价，最终实现转基因植物的安全应用。

三、生物多样性影响的检测技术案例

案例1——转 Bt 基因抗虫水稻对生物多样性影响检测

本试验设计适用于转基因抗虫水稻对家蚕和柞蚕、稻田主要害虫、优势天敌、节肢动物群落结构及主要水稻病害影响的检测。

(一) 试验材料

转基因抗虫水稻品种(系)和对应的非转基因水稻品种(系)。

(二) 试验方法

1. 试验设计

小区采用随机区组设计，小区面积不小于150m^2，4次重复，小区间设有1.0m宽隔离带，处理包括：

转基因抗虫水稻品种(系)适时喷施化学农药防治非靶标害虫；

转基因抗虫水稻品种(系)不喷施任何化学农药；

对应的非转基因水稻品种(系)统一喷施化学农药；

对应的非转基因水稻品种(系)不喷施化学农药。

2. 播种

水稻材料按当地单季水稻播种(或按水稻品种特性确定)，25~30 天秧龄(或按水稻品种推荐秧龄)时单本移栽，按当地常规栽插密度或供试品种推荐密度进行栽插。

3. 调查和记录

(1) 对稻田节肢动物群落结构的影响

① 调查方法。直接观察法：田间调查采用盆拍法平行跳跃式取 20~30 个样点，每个样点取两穴，瓷盘规格为 30cm×40cm，从水稻移栽以后，每隔 7 天调查一次，记载整株水稻上各种昆虫和蜘蛛的数量、种类和发育阶段。开始调查时，首先要快速观察活泼易动的昆虫和(或)蜘蛛的数量。对田间不易识别的种类进行编号，带回室内鉴定。

吸虫器调查法：在水稻苗期、分蘖期、扬花期和乳熟期各调查 1 次，每小区采用对角线 5 点取样。每点用吸虫器抽取 0.5m×0.5m 面积的水稻(全株)及其地面上的所有节肢动物。将抽取的样品带回室内清理和初步分类后，放入75%乙醇溶液保存，供进一步鉴定。

② 结果记录。记录所有直接调查观察到的和吸虫器抽取到的节肢动物的名称、发育阶段和数量。

③ 结果表述。采用节肢动物群落的多样性指数、均匀性指数和优势集中性指数 3 个

指标,分析比较转基因抗虫水稻田靶标害虫、非靶标害虫和天敌亚群落,以及捕食性天敌和寄生性天敌功能团的稳定性。

节肢动物群落的多样性指数按式(1)计算。

$$H^{'} = -\sum_{i=1}^{s} P_i \ln P_i \tag{1}$$

式中,H' 为多样性指数;$P_i = N_i/N$;N_i 为第 i 个物种的个体数;N 为总个体数;S 为物种数。

节肢动物群落的均匀性指数按式(2)计算。

$$J = H/\ln S \tag{2}$$

式中,J 为均匀性指数;H 为多样性指数;S 为物种数。

节肢动物群落的优势集中性指数按式(3)计算。

$$C = \sum_{1}^{n} (N_i/N)^2 \tag{3}$$

式中,C 为优势集中性指数;N_i 为第 i 个物种的个体数;N 为总个体数。

(2) 对稻田主要鳞翅目害虫影响

① 调查方法。采用平行跳跃法取样,每点连续调查相邻 2~4 穴水稻,每小区查 25 点,分别在移栽后 25~30 天(分蘖中期)、分蘖末期、齐穗期和乳熟期各调查 1 次。调查指标包括每穴水稻的分蘖数、叶片数,稻螟虫(二化螟、三化螟、大螟)造成的枯鞘、枯心或白穗数,稻纵卷叶螟造成的卷叶数及卷叶程度,其他鳞翅目害虫如稻弄蝶、稻眼蝶、稻螟蛉的数量。

② 结果表述。依式(4)计算控制效果。确定转基因抗虫水稻对主要鳞翅目害虫的田间影响效果。

$$E = \frac{D-T}{D} \times 100 \tag{4}$$

式中,E 为控制效果,用百分率表示;D 为对照小区受害植株数或虫数;T 为供试小区受害植株数或虫数。

(3) 对稻田主要刺吸性害虫影响

① 调查方法。调查每个小区飞虱(褐飞虱、灰飞虱、白背飞虱等)和叶蝉(黑尾叶蝉等)的种类和数量,下述两种方法任选 1 种。

方法 1:参照 GB/T15794.4 中本田飞虱的调查方法,即采用平行双行跳跃式法取样。每小区用盆拍法调查 15~30 点(虫多选点少,虫少选点多),每点查 2 穴水稻,记录稻飞虱及叶蝉的种类、虫态和数量。分别在苗期、分蘖期、孕穗期和黄熟期各调查 1 次。记录稻飞虱及叶蝉的种类、虫态和数量。

方法 2:采用机动吸虫器取样法,用对角线 5 点取样法,分别在苗期、分蘖期、齐穗期和黄熟期各调查 1 次。每个样点用吸虫器吸取 0.25m²(6 穴)范围内水稻全株及其地面的所有害虫。将抽取的样品带回室内清理并记录稻飞虱和叶蝉的种类、虫态和数量。

② 结果表述。按式(4)计算转基因抗虫水稻对主要刺吸性害虫的田间影响效果。

4. 对家蚕和柞蚕的影响

(1) 水稻花粉的采集

在水稻扬花盛期，采用拍打法将转基因抗虫水稻花粉收集到瓷盘中。分别将转基因抗虫水稻和非转基因对照水稻花粉取回到实验室中。采集的花粉用 200 目的分样筛过筛，除去花药等杂质，放入 50mL 离心管，迅速用液氮冷冻后放入 –20°C 冰箱中保存备用。

(2) 不同浓度水稻花粉叶片的制备

将转基因抗虫水稻和非转基因水稻花粉按每毫升蒸馏水 1mg、5mg 和 10mg 的花粉量分别制成不同花粉浓度的悬浮液，将新鲜桑叶或柞树叶片分别放入不同浓度的花粉悬浮液中，并充分摇动，使花粉均匀地分布在叶片上，然后取出晾干，制备成 0、100 粒/cm²、500 粒/cm² 和 1000 粒/cm² 花粉浓度桑叶或柞树叶片，以对应的非转基因水稻花粉做对照。

(3) 检测方法

取直径 20cm 的培养皿，底部铺一湿润的滤纸，放入沾有水稻花粉的新鲜桑树或柞树叶片，然后接入 20 头家蚕或柞蚕的初孵幼虫(蚁蚕)，每 2 天更换一次新鲜叶片，检测在 25℃，L∶D = 16∶8 光照条件下进行，到第 7 天结束。

(4) 调查记录

每两天检查取食沾有水稻花粉叶片的家蚕或柞蚕初孵幼虫的存活率，检查时用毛笔尖轻触虫体无反应为死亡判断标准，第 7 天对存活的幼虫称重。

(5) 结果表述

根据在取食沾有不同浓度转基因抗虫水稻花粉和对应的非转基因水稻花粉桑叶或柞树叶家蚕或柞蚕初孵幼虫第 7 天的死亡数和幼虫体重是否存在显著差异，评价转基因抗虫水稻花粉对家蚕和柞蚕的影响。

5. 对水稻主要病害的影响

(1) 对水稻白叶枯病害的影响

在灌浆期调查一次，每小区采用 5 点取样，每点取 10~20 穴水稻，对水稻白叶枯病发生情况进行调查。

水稻白叶枯病的发病情况用病情指数表示，按式(5)计算。

$$I = \frac{\sum(N \times R)}{M \times T} \times 100 \tag{5}$$

式中，I 为病情指数；Σ 为相应病级及其株数乘积的总和；N 为某一病级的植株数，单位为株；R 为病级；M 为最高病级；T 为调查总株数，单位为株。

(2) 对水稻稻瘟病的影响

苗瘟在 4 叶期调查 1 次，采用 5 点取样法，每点 10~20 穴。叶瘟在分蘖末期调查，采用 5 点取样法，每点 10~20 穴。穗瘟在灌浆期调查，采用平行双行跳跃式或棋盘式取样，每小区调查 50~100 穴。水稻稻瘟病的发病情况用病情指数表示，病情指数按式(5)计算。

(3) 对水稻纹枯病的影响

分别在孕穗期、灌浆期各调查 1 次，每小区采用平行 10 点取样，每点 10~20 穴。水稻纹枯病的发病情况用病情指数表示，病情指数按式(5)计算。

(4) 对水稻条纹叶枯病的影响

在水稻分蘖盛期和孕穗期各调查 1 次，每小区采用 5 点取样，每点调查 10~20 穴水稻，调查总株数、病株数，计算病穴率及病情指数。

(5) 对稻曲病的影响

在水稻灌浆期调查 1 次，每小区采用 5 点取样，每点调查 10~20 穴水稻，调查总株数、病株数，计算病穴率。

6. 结果分析

采用方差分析方法比较转基因抗虫水稻与对应的非转基因水稻对主要鳞翅目害虫、主要刺吸性害虫、节肢动物群落结构、主要经济昆虫以及主要病害的影响。

案例 2——转基因植物的杂草化风险的检测

(1) 首先应该调查该转基因植物的受体或亲本植物乃至野生亲缘种植物是否具有杂草特性。判别一种植物是不是具有杂草化的趋势，主要看这种植物是否具有杂草的特征，这样的特征越多，其杂草化趋势也就越强。

(2) 如果确认转基因植物的亲本植物具有杂草特性或具有近缘杂草物种，可以进一步设计试验比较转基因植物与相应的非转基因对照(受体或其亲本植物)在生殖方式和生殖率、传播方式和传播能力、休眠期、适应性和生存竞争力等方面的差异，或进行种群替代试验检验转基因是提高了该植物的杂草化趋势还是相反或者是没有影响。

(3) 即使转基因植物的亲本植物不具杂草特征，同时也不存在近缘杂草物种，也不能完全排除转基因植物杂草化的可能性，以上比较试验仍然需要进行。一般而言，很多转基因作物都具有选择优势的抗性基因(如抗虫、抗病、耐盐、耐旱基因)，具有增强的环境适应性，从而在评价杂草化风险的时候，必须根据具体转基因的特性结合特定的环境条件进行综合的考虑。

案例 3——种群替代率试验

第一年，在区组内不同小区中分别播种数目确定的转基因作物(t)和亲本植物(n)的种子，在小区内 t 和 n 均处于相同的环境，然后进行试验。替代率测试方法如下：

(1) 每块地中采收种子样本；

(2) 计算每块地中有活力的 t 或 n 的种子数目数；

(3) 计算每块地中 t 或 n 的 R 值；

替代率 $R_{t(n)}$ = 搜集到的有活力的 t (或 n)的种子数/播种时有活力的 t (或 n)的种子数

净替代率(R)的理论意义：若 $0 \leqslant R < 1$，那么意味着这个物种种群不能够更新维持自身稳定，因而也就必然会最终消失；若 $R = 1$，则物种刚好能更新自身，种群数不会增加；若 $R > 1$，则种群已不再是简单的取代，而是得到了扩增，扩增的倍数等于$(R-1)$的值。

(4) 计算所有地块的 R_t 或 R_n 的平均值；

(5) 搜集完数据后，将每块地中搜集到的种子再重新在原地块上播种。

种子库测试：

将已知数目的转基因及亲本作物种子装入防腐小袋中，然后将其在不同地块中掩埋。首先测定在掩埋时的种子活力，然后分别在第六个月及年终取出小袋，测定每种环境条件下 t 及 n 种子的活力。

第二年净替代率测试，在第二年年底时测定。内容如下：

(1) 似于第一年末时，搜集第二年的数据；
(2) 计算第二年的 R_t 和 R_n 的值；
(3) 以类似于第一年的方式播种。

种子库测定：分别在第六个月及年终取出小袋，测定每种环境条件下 t 及 n 种子的活力。第三年净替代率测试，在第二年年底时测定，内容如下：

(1) 类似于第一年年末时，搜集第三年的数据；
(2) 计算第三年的 R_t 和 R_n 的值；
(3) 计算三年来每一环境下的总 R_t 和总 R_n 的值。

种子库测试内容如下：分别在第六个月和年底时取出小袋，测定每种环境条件下 t 及 n 种子的活力。最后通过对实际存货的种子取对数，与时间做线性回归分析，就可以估算出种子库半衰期 H_t 及 H_n。种子库的半衰期(H)是指种子库中有一半种子死亡或只有一半的种子能发芽所需要的时间。较长的半衰期，意味着种子在土壤中能保持较长时期的活力，具有较长的环境适应性。

对两类作物的 R 和 H 值进行简单比较，就可以看出哪一类作物在特定环境下有更好的表现，依次可进行评价。具体试验可设置多种不同的环境条件，控制不同的选择压力、栽培密度、竞争状况等。

第二节　基因漂移的生态风险检测技术

随着转基因技术的日益成熟，越来越多的转基因作物被批准进入大田释放和商业化生产。但在种植转基因作物时，容易发生外源基因漂移造成基因污染。因而转基因作物的安全性及可能带来的生态风险已引起人们的关注。其中，转基因漂移所造成的基因流是释放后可能带来风险的重要方面。因此，转基因作物基因流及其基因污染一直是转基因作物生态风险评价和管理的关键和研究的热点问题。在本节我们主要介绍基因漂移的风险评估、研究基因漂移的方法和检测技术。

一、基因漂移的风险判断

Kjellsson 把生态风险分析的程序分成三个层次：第一层次是基于对生物体可用的一些资料或从文献上收集的资料，例如，亲缘关系、插入性状与生活史等。第二层次是基于基因、个体及种群试验得到的数据。第三层次是从生态系统试验中得到的数据。第一层次的信息主要是定性的，而第二、第三层次的数据是定量的。每一个层次只要信息或者数据足够时，都可以做出"否定"或"接受"的结论，当不够时再继续做下去。当然这里有一个决策标准问题，在定量测试时，转基因植物与非转基因植物比较在统计学上应该无重大的偏离，这才是"安全"的，如果转基因植物与非转基因植物的测试值相等，或在同一试验条件下转基因植物表现的稍好一些，这就没有价值了。

Parker 等提出为转基因植物释放建立一个检测程序，包括转基因植物的扩散、抗性基因向野生亲缘种的转移以及可能引起的生态系统的改变等。转基因植物向各种作物的起源中心释放时(如南美的马铃薯)，应该特别考虑到它对当地杂草的直接影响以及对原始基因库长期保护的影响。表 8-2 列出的有关资料和数据，人们常常根据时间发生的可能性和从转基因植物释放试验得到的数据，对风险进行判断。

表 8-2　进行转基因植物基因漂移评价所需的资料和试验数据

涉及的方面	要求的资料
受体生物体(植物)	遗传学组成、分类学、进化历史、生活史特性、竞争能力(杂草化)、授粉和基因转移、繁殖、移植和栖息地的选择
转基因(插入的性状)	性状类型
生物技术方法和稳定性	技术的精确度、所用生物载体的基本信息、拷贝数和位点数
转基因植物	插入基因的表达(表型)、转基因产物或代谢的毒性、改变了的生活史特性
转基因的命运	基因转移和杂交、种子传播和存活种群的建立

二、我国转基因植物基因漂移的风险评估

我国主要农作物多数具有同地存在的同属野生亲缘种，对这些物种来说，转基因漂移是可能的，其极端类型，如大麦存在同种的野生类型，在这种情况下，若栽培类型和野生类型之间存在花粉互换，则转基因的漂移几乎是不可避免的。而对小麦、玉米等作物来说，没有同属野生亲缘种，转基因漂移的可能性不大，其他一些物种中转基因漂移的可能性因种间杂交的亲和性的不同而异。根据主要农作物的特性，对转基因漂移的风险进行了初步评价(表 8-3)。

表 8-3　我国主要农作物转基因漂移风险的初步评价结果

作物	传粉	交配	同属种数	风险	说明
粮食作物：					
水稻	自	自	5	—	野生稻濒危
小麦	自	自	1	—	
大麦	自	自	9	+	同种野生类型以杂草形式存在
玉米	风	杂	1	—	引入种，无野生同属种
粟	自、风	混	10	++	狗尾草为常见杂草
高粱	自	自、混	5	++	其中引入的约翰森草为杂草
燕麦	自	自	3	+	野燕麦为常见杂草，天然杂交率 0.4%~1.3%
黍	自	自	15	++	天然杂交率一般为 0~3%，高可达 20%
荞麦	自、虫	自、混	8	+	
大豆	自	自	4	+	野大豆广布，杂交率很低

续表

作物	传粉	交配	同属种数	风险	说明
甘薯	自	自	20	+	
马铃薯	自	自	39	+	
经济作物:					
花生	自	自	1	—	无野生同属种
油菜	虫	混	15	+	
向日葵	虫	混	1	—	无野生同属种
芝麻	自	自	1	—	无野生同属种
红花	虫	混	1	—	无野生同属种
蓖麻	虫	杂	1	—	无野生同属种
烟草	自、虫	混	2	—	无野生同属种
甘蔗	风、虫	杂	3	+	
甜菜	风	杂	1	—	无野生同属种
棉花	自	自	4	—	无野生同属种
苎麻	虫	杂	35	++	
红麻	自	自	24	+	
黄麻	自	自	4	+	杂交率为2%~17%
大麻	风	杂	1	++	存在同种野生类型
亚麻	自	自	6	+	

注：— 表示无风险或风险小；+ 表示风险中等；++ 表示风险较大。

在27种主要农作物中，有11种通过花粉导致转基因漂移风险较小或没有，占总数的41%，这些物种大多数是从国外引种的，我国多没有同属的野生亲缘种。水稻也划为风险小，主要因为它是自花受精物种，花粉传播距离很近杂交率极低，在水稻原种制作中，也只需相隔3m就能有效地防止由于花粉扩散导致的种质混杂，而我国水稻的祖先中普通野生稻由于生境遭到破坏，也处在濒危状态，其他3种野生稻(疣粒野生稻、药用野生稻以及尼瓦拉野生稻)分布范围很小，也是濒危保护种。转基因漂移风险中等的有12种，这些物种存在较多的野生亲缘种，或者野生亲缘种分布较广，但由于这些作物以自花传粉为主，自然状况下杂交率较低。如在大豆中，其野生亲缘种野大豆的分布范围很广，从东北到西南都有分布，生境适应性强，但大豆的天然杂交率小于1%，在原种制作时也只要隔离3m就可以。芸薹属的物种在我国处在栽培状态，然而一些种在国外被认为是杂草，如油菜(*Brassica campestris*)。这些物种为虫媒传粉，花粉流较大，综合考虑，将油菜转基因漂移风险设为中等。转基因漂移风险较大的作物有5种，这些物种都有较多的野生亲缘种或者野生亲缘种分布范围较广，有的野生亲缘种已经列入杂草，它们的自然杂交率比较大，花粉的传播距离也比较远。以我国北方种植面积较大的粟为例，它虽然自花传粉，但也进行风媒传粉，存在一定的天然杂交率，而它的野生亲缘种也比较多,其中,狗尾草和金色狗尾草是常见的杂草。高粱也是如此,虽然是自交为主,但杂交率变化很大,我国引入的约翰森草在美国被列入危害最大的杂草之一,即使相隔100m,约翰森草中来自高粱的基因也达2%。

三、基因漂移的检测方法

基因漂移的第一步是转基因作物和野生近缘物种杂交产生F_1,第二步是基因渗入,即F_1与野生近缘种回交,使转基因性状进入野生近缘种。这两个过程密切配合才能产生真正意义上的基因漂移。目前,研究测定基因漂移的方法主要如下,见表8-4:

表8-4 研究植物基因漂移的方法

方法	
直接测定方法:	
记录柱头花粉粒数目	Thomson and Plowright, 1980; Waser and Price, 1982; Handel, 1983
人工模拟法	Ogden et al., 1974; Raynor, 1979; Handel, 1983
遗传标记法	Muller, 1977; Schall, 1980; Handel, 1985; Bos et al., 1986; Smyth and Hamrick, 1987
父系分析法	Ellstrand, 1984; Ellstrand and Marshall, 1985; Hamrick and Sohnabel, 1985
间接测定方法:	
化学标记法	Gaudreau and Hardin, 1974; Handel, 1976; Stockhouse, 1976; Reinke and Bloom, 1979; Waser and Price, 1982
观察传粉者活动	Schmitt, 1980; Levin, 1981; Handel, 1983
$F_{ST}(G_{ST})$法	Wright, 1951
稀有等位基因法	Slatkin, 1980, 1985; Slatkin and Barton, 1989

(一) 转基因作物花粉散布的检测

由于目前大多数转基因植物的培育采用组成型启动子,使得外源目的基因在所有组织和器官中均有表达,因此转基因植物中花粉的散布成为外源基因漂移的主要渠道之一,也是转基因作物的抗性基因向近缘种漂移的主要原因。其实花粉的散布在非转基因植物中也相当普遍,植物育种学家对如何保护作物不受外来花粉污染的研究已经进行了半个多世纪,主要根据外来花粉与保护作物杂交的频率来确定传粉隔离距离。这种方法为转基因花粉散布距离的研究提供了宝贵的思路。花粉传播距离是研究转基因作物花粉漂移的一个重要部分,它既对抗性作物的安全性评价有参考价值,又为抗性作物的隔离距离提供了有益资料。

1. 研究传粉距离的方法

目前研究花粉传播距离的方法主要包括两种:一是直接观察花粉粒,一是使用诱饵植物来检测花粉。Timmons等用设在离地面10m的花粉采集器来评价长距离的花粉移动,收集器可以旋转360°,并配一装置使其正对风向,计数每24h每立方米上花粉的数量。

使用诱饵植物检测一般是在实验地中央设一个转基因作物的样方，周围是植物诱饵，于作物成熟后在不同方向的不同距离取一定面积的样方分析成熟种子或果实中转基因存在的频率，作为转基因传粉的频率。Mcpatlan 和 Dale 使用该方法检测了抗除草剂转基因马铃薯(*Solanum tuberosum*)向非抗性马铃薯和野生近缘种欧白英(*S. dulcamara*)和龙葵(*S. nigrum*)的抗性基因漂移率，结果表明在抗性马铃薯与非抗性马铃薯隔行种植时，抗性基因漂移比例为 24%，隔离 3m、10m 和 20m 的漂移率分别为 2%、0.017% 和 0，没有发生向野生近缘种的抗性漂移。Messeguer 等用这种方法测定了抗除草剂转基因水稻的花粉距离，并为田间释放转基因水稻的隔离距离提供了信息。使用这两种方法各有其优缺点。第一种方法，没有考虑花粉的死亡率，而过高地估计了花粉的传播能力；使用诱饵植物测定花粉的传播距离时没有考虑抗性作物的花粉和诱饵植物的亲和性，而且如果用小面积的诱饵植物测定大面积作物的花粉，那么得出的污染率会比实际值高，这种方法的优点是测出的污染率是可育花粉的污染率，这一点对于监测花粉污染时是非常重要的，因为没有活力的花粉是不可能发生杂交的(葛松等，1994)。为了区分这两种方法测出的花粉散布性的不同，通常把直接测出的花粉称为花粉浓度，用诱饵植物测出的称为污染率，并引入实际污染率(花粉污染率除以花粉浓度)这一概念。从 20 世纪 40 年代开始先后有许多研究者对不同作物的花粉传播距离进行了研究，总的来讲，直接测定的方法比用诱饵植物测出的花粉散布性能下降比例低，传播距离远。近年来由于除草剂转基因作物的出现使这一研究更受人们的关注。Hokanson 和 Thompson 比较了同一品种转基因作物和非转基因作物花粉的散布性能，结果表明两者之间没有差异。

2. 花粉传播距离的影响因子

作物花粉的传播距离和作物本身有密切的关系，近 10 年来人们对不同转基因作物的传粉距离进行了研究，包括棉花、高粱、粟、马铃薯、油菜、甜菜、向日葵、西瓜、芥菜和拟南芥等粮食和经济作物。不同转基因作物的传粉距离是有差别的，如转基因油菜、马铃薯、芥菜、棉花和向日葵花粉的漂移距离分别是 12m、20m、35m、100m 和 1000m。这与特定作物的生物学传粉特性有关。还和周围的环境条件以及气象条件密切相关。同一作物不同试验所估测出的距离也存在很大的变异性。例如，原来对转基因马铃薯隔离距离的估计达到 600m，现在则不到 50m，这可能与周围植被的类型和密度、其他植物的开花期和气象条件等因素有关。同时和转基因作物的释放面积也有较大关系。在转基因油菜的研究中，一些研究表明，释放的面积只有 47m^2，47m 处转基因传粉频率就降到 0.000 33%，它们在另一处释放中，转基因油菜的面积为 400m^2，200m 处的传粉频率为 0.0156%，400m 处的传粉频率为 0.0038%，而在一次面积达到 10hm^2 的大规模的释放中，360m 处的花粉密度只降到释放地边缘花粉密度的 10%，在 1.5km 处，仍计数到 22 粒 / m^2 的花粉，这种差异除了传粉距离易变性的原因外，释放的规模是一个决定因素。Dale 认为，从小规模转基因作物释放所获得的花粉距离的资料对大规模商业性释放的参考价值比较有限，也就是说大田试验所得的数据不能作为商业性释放的依据。在实验的基础上许多研究者对基因流动给出了数学模型，Karevia 等给出了可靠的函数，Lavigne 等使用数学模型估测了单株转基因油菜在田间的平均花粉散布。他们在 2002 年又提出了不同于以往的基于实验数据的花粉散布模型的方法，因为作物种子数量大，亲本的基因型已知或较易获得,可使用从野生近缘种向作物的花粉漂移数据来分析作物向野生近缘种的花粉散布,研究抗除草剂转基因作物的花粉散布对估测潜在的基因漂移是有益的,但该方法不能最终证明抗性基因能否成功漂移到野生近缘种中,还需要其他更进一步的试验来证实。

(二) 和野生近缘种的杂交情况检测

目前研究转基因和野生近缘种的杂交主要有如下几种方法:一是自然杂交,二是人工授粉条件下的杂交,其中,包括人工杂交后仅研究杂交率和杂交后不同时间观察携带转基因的花粉在近缘种柱头上的萌发、在花柱中的生长、双受精及胚胎发育等,三是通过胚珠培养或胚胎挽救技术得到杂交种。

1. 自然杂交

指在田间条件下的杂交率研究。在试验设计上基本有三种方法:亲本混合种植;隔行种植;父本(或母本)种在实验地中央,母本(或父本)隔一定距离绕四周种植。Jorgenson 等认为抗除草剂转基因油菜和野生近缘种的中间杂交率与实验设计有关(包括亲本比例)。Darmency 和 Fleury 研究转基因抗除草剂油菜和灰芥的自发杂交时,为混合种植;Baranger 和 Chever 研究 5 个不同基因型油菜和抗除草剂油菜顶交后与野胡萝卜杂交采用的是隔行种植;Chadoeuf 和 Darmency 在研究油菜和灰芥以及野胡萝卜杂交时采用隔行种植(行距 0.3m);Arias 和 Rieseberg 研究转基因抗除草剂向日葵和野生种之间的杂交时采用第三种方法,围绕实验地中央的栽培种,每隔 3m、200m、400m、600m 和 1000m 种植野生种,结果表明距离栽培种 3m 的杂交概率最高,为 25%,随着距离的增加,杂交率降低。Arriola 和 Ellstrand 在研究抗除草剂转基因高粱和石茅(*Sorghum halepense*)的基因漂移时采用的也是类似的方法,在实验地中央种植 $1/5hm^2$ 的高粱,每隔一定距离种植石茅(0.5m、5m、50m、100m),试验结果表明在 0.5~100m 有杂交种出现。采用该方法可得到自然条件下花粉的漂移距离,因而也被用于研究花粉的漂移距离。目前尚未见明确报道表明自然条件下的杂交率研究采用何种田间设计,但可以肯定的是杂交率和试验设计中亲本的比例和距离有很大的关系。

2. 人工授粉

人工授粉是把母本植株去雄或采用雄性不育系,通过人工授粉把父本和母本杂交。由于这种方法花粉来源较易控制而被广泛应用。Lefol、Seguin-swartz 和 Downey 研究抗除草剂转基因油菜和十字花科杂草杂交时,采用手工去雄和人工授粉研究杂交率。此外借助人工授粉,杂交后不同时间观察携带转基因的花粉在近缘种柱头上的萌发、在花柱中的生长、双受精发生与否和胚胎发育等,找出不亲和的原因和具体时期的研究也有一些报道。Kerlan,Chever 和 Eber 等使用荧光显微镜观察了转基因抗草丁膦油菜花粉在近缘种柱头上的萌发及花粉管的生长情况,结果表明父本花粉能在卷心菜(*Brassica oleracea* var. *capitata*)柱头上萌发并穿过柱头,授粉后 48h 在卷心菜的子房中观察到了油菜的花粉管但没有发生珠孔受精;油菜的花粉在野萝卜的柱头上部分萌发但不能穿过其柱头;在野欧白芥(*Sinapis arvensis* L.)的柱头上油菜的花粉不能萌发。

3. 体外胚珠培养和胚胎挽救技术

该方法用于亲和性较低，杂交存在障碍而导致杂交后的胚或胚乳不能正常发育的种和种之间。通过这种技术得到杂交种只能说明自然条件下能发生杂交。例如，Kerlan 等对花蕾去雄，授粉 4~6 天后，切去子房，培养在 E12 介质中，待幼苗长出。利用该技术以转基因油菜为父本与其近缘种杂交得到 F_1 代。Kerlan 等用子房培养研究油菜和近缘种杂交的 F_1 代细胞遗传特点。Lefol 等也用类似方法研究了转基因油菜和野欧白芥的杂交。

以上方法都有一些不足，例如，自然杂交耗时耗力，经历的时间较长，易受外界环境条件的影响；人工授粉大多是在蕾期进行，人为增加了花粉杂交的可能性，通过该方法得到的杂交种和通过胚胎挽救技术得到杂交种都不可能表明自然状况下能发生基因漂移，因而不能客观反映实际情况。重要的是这些方法都不能明确杂交不亲和的具体原因和时期，虽然部分研究者采用生殖生物学手段对杂交的亲和性做过一定的工作，但没有详尽的把有关亲和性的研究和评价抗性基因漂移的指标与体系联系在一起。国内关于抗除草剂转基因做物基因漂移的安全性评价研究尚未见报道。因此，采用生殖生物学方法，以种与种的亲和性为重点，结合人工授粉试验及田间自然杂交试验，对转基因作物基因漂移的安全性评价方法进行深入探讨研究，建立评价抗除草剂转基因作物基因漂移的安全性评价体系是非常必要的。

(三) 基因渗入情况的检测

产生 F_1 的可能性及其可育性以及基因渗入的可能性依植物种类不同而有很大的差别。但总的来讲，亲缘关系的远近与基因渗入的可能性成正比。

1. 转基因作物和野生近缘种的杂交及回交率的检测

在不同的植物和试验设计中产生的杂交率不同。Till-Bettraud 和 Rebound 研究栽培品种—种狗尾草(*Setaria italica*)和野生狗尾草(*S. viridis*)的杂交，表明正交和反交的自发杂交率分别为 0.001%~0.6%，且随父本比例与相隔距离而变化。认为栽培型和野生型在自然条件下能够交换遗传信息，田间释放可能会带来生态冲击。Mikkelsen 等则认为转基因从抗除草剂转基因欧洲油菜到白菜型油菜原始种(*Brassica camperstris*)的基因渗入速度很快，在回交一代中，形态上像白菜型油菜原始种的植株染色体数为 20，有较高的花粉可育性，携带了油菜的转基因。这样只通过两次杂交就得到了形态上像杂草而携带了转基因的植株，证明了抗性基因从转基因油菜到白菜型油菜原始种的快速渗入。

2. F_1 或回交代的花粉可育性的检测

F_1 或回交代花粉不可育，则不能完成基因渗入。因此许多研究学者测定了 F_1 花粉的活力。Kerlan 等采用乙酰洋红染色检测 F_1 花粉的可育性，结果表明可育性随植物种类不同而不同。Mikkelsen 等采用 Alexander 染色法测定了芸薹属种间杂交种花粉的染色力为 60%，而亲本花粉的染色力为 100%。

3. 杂交种的适合度的检测

作物和野生近缘种的杂交种由于导入了作物的基因而适合度发生改变，因此其适合度需要通过检查种子的休眠水平，存活能力，母本的繁殖能力等特征进行研究。虽然关于作物特性在野生种群中的适合度报道不多，但已有的文献值得人们关注。例如，Chadoeul 等研究了转基因抗除草剂油菜(母本)和灰芥 F_1 的生存能力，结果表明在土壤中埋藏 41 个月而不进行任何处理和埋藏在进行正常耕作管理的田间 3 年以后的结果类似，灰芥的种子生活力最强，油菜次之，杂交种居最后，但 3 年以后杂交种的出苗率仍然保持在 1%左右，说明抗性基因在遗传上发生了空间上的漂移。

四、外源基因漂移检测技术案例

案例 ——以转基因抗虫水稻为例

试验设计用于转基因抗虫水稻与普通栽培水稻、杂草稻及普通野生稻的异交率以及外源基因漂移距离和频率的检测。

(一) 试验材料

转基因抗虫水稻品种(系)、生育期相当的普通栽培水稻、杂草稻和普通野生稻。

(二) 试验方法

1. 与普通野生稻、杂草稻及常规栽培水稻不同基因型异交率

(1) 试验设计

按当地常规种植密度单行相间种植，按对比法顺序排列，受体材料不少于 10 个。试验小区面积不少于 $10m^2$，4 次重复。

(2) 播种

转基因抗虫水稻宜分期播种，应使其与受体材料花期相遇，按常规播种量播种，常规栽培方式管理。

(3) 检测和记录

将收获的非转基因材料种子(每处理不少于 1000 粒，少于 1000 粒需要全部检测)在温室或田间种植，出苗后进行生物学测定或分子生物学方法检测，记录含有外源基因的植株数。

(4) 结果表述

异交率按式(6)计算。

$$P = \frac{N}{T} \times 100 \quad (6)$$

式中，P 为异交率，单位为百分率(%)；N 为检测的含有外源基因的植株数，单位为株；T 为播种后出苗总数，单位为株。

(5) 结果分析

采用方差分析方法比较转基因抗虫水稻与普通野生稻、杂草稻及常规栽培水稻不同基因型异交率的差异。

2. 基因漂移距离和漂移率

(1) 试验设计

试验地面积不小于 10 000m²(100m×100m)，在其中央划出一个 25m²(5m×5m)小区种植转基因抗虫水稻，周围种植非转基因水稻。试验不设重复。

(2) 播种

转基因抗虫水稻宜分期播种，应使之与非转基因水稻花期相遇，按常规播种量播种，常规栽培方式管理。

(3) 调查方法

沿试验地对角线的 4 个方向，分别用 A，B，C，D 标记，距转基因抗虫水稻种植区 1m、2m、5m、10m、20m 和 50m，每点随机收获 10 株水稻种子。并按照 A1，A2，A3…的顺序做上标记。记录每点收获的籽粒总数。

(4) 检测方法(生化检测和分子检测任选其一)

生化检测：收获后的种子当年在温室条件下或次年田间种植，根据转基因抗虫水稻中筛选标记的生化特性(如抗生素抗性、除草剂抗性或显色反应等)对水稻幼苗进行检测，确定是否含有外源基因。

分子检测：采用分子生物学方法对水稻幼苗中 DNA 或蛋白质进行检测、验证，确定是否含外源基因。

(5) 结果表述

按式(6)计算不同距离的外源基因漂移率。

用方差分析方法比较转基因抗虫水稻中外源基因的漂移距离和不同距离的漂移率。

第三节 生存竞争力检测技术

转基因技术用于作物育种，可以克服常规种难以克服的困难，大大拓宽基因的来源，打破种间隔离的天然障碍，实现不同生物体间的大转移，提高育种的选择效率，加快育种进程，增强作物的抗性，如抗虫、抗病、抗逆(耐除草剂、抗旱、抗冻、抗盐碱)、控制发育等，提高作物的产量与品质。由于转基因植物某些性状质或量的改变，其相对于传统的作物品种来说，可能具有潜在的生存竞争优势，可能对生态环境造成负面影响。自然条件下，检测和评价转基因和非转基因作物的生存竞争力指标主要有，种子活力、种子休眠期、种子的越冬越夏能力、抗旱抗寒能力、抗病虫能力、生长势、生育期、产量、落粒性等。

以转 Bt 基因抗虫水稻为例。通过设计田间试验来检测转基因植物的生存竞争力，用于转基因抗虫水稻变为杂草的可能性、转基因抗虫水稻与非转基因水稻及杂草在稻田中竞争能力的检测。

一、竞争力的检测

(一) 试验设计

试验在稻田进行，分为两种处理类型。处理 1 除正常灌溉外不进行农事操作；处理

2 按当地常规栽培管理方式进行。小区采用随机区组设计,4 次重复。处理 1 小区面积为 $6m^2(2m \times 3m)$,处理 2 小区面积为 $24m^2(4m \times 6m)$。

(二) 播种与移栽

处理 1 采取直播方式,播种量：50 粒$/m^2$。处理 2 采取育苗移栽方式,25~30 天秧龄(或按水稻品种推荐秧龄)时单株移栽,按当地常规栽插密度或供试品种推荐密度进行栽插。

(三) 调查和记录

处理 1：播种后 30 天记录每小区的水稻株数；分别在播种后 30 天及以后每隔 20 天采用对角线 5 点取样法调查记录每点$(0.5m \times 0.5m)$杂草种类、株数,按植株垂直投影面积占小区面积的比例估算出杂草相对覆盖率；同时每小区随机调查记录 10 株水稻的主茎株高、分蘖数、叶片数、生长发育期、相对覆盖率,成熟后穗数、每穗粒数及千粒重。

处理 2：分蘖期调查记录每小区水稻株数；分别在分蘖期、拔节期、齐穗期和黄熟期采用对角线 5 点取样法调查每点$(1.0m \times 1.0m)$杂草种类、株数,按植株垂直投影面积占小区面积的比例估算出杂草相对覆盖率；同时每小区随机调查记录 10 株水稻的主茎株高、分蘖数、叶片数、生长发育期、相对覆盖率,成熟后穗数、每穗粒数及千粒重。

(四) 结果分析

用方差分析方法比较转基因抗虫水稻和对应的非转基因水稻在成苗率、分蘖数、主茎株高、杂草覆盖率、每株穗数、每穗粒数及千粒重等指标的差异。

二、自生苗和再生苗的检测

(一) 调查和记录

在稻田竞争性试验的同一块田中进行。水稻收获后调查试验小区的稻茬数。分别在收获后 20 天和 40 天调查试验小区内自生苗和再生苗情况,并在翌年当地水稻分蘖期调查 1 次。对出现的自生苗拔除后带回实验室验证,全部调查结束后翻耕田块。

(二) 自生苗的验证

对自生苗进行生物学测定或分子生物学检测,确认是否为转基因抗虫水稻。

(三) 结果表述

按式(7)~(9)计算所得结果,用方差分析方法比较转基因抗虫水稻和对应的非转基因水稻、自生苗数及再生苗数的差异。

单位面积的自生苗或再生苗数按式(7)计算。

$$X = \frac{n_1}{A_1} \tag{7}$$

式中，X 为单位面积出苗数，单位为株/m²；n_1 为出苗总数，单位为株；A_1 为调查的面积，单位为 m²。

自生苗的转基因植株检出率按式(8)计算。

$$X = \frac{n_2}{N_2} \times 100 \tag{8}$$

式中，X 为自生苗的转基因植株检出率，单位为百分数(%)；n_2 为自生苗的转基因植株检出数，单位为株；N_2 为自生苗的总数，单位为株。

转基因抗虫水稻自生苗产生率按式(9)计算。

$$X = \frac{n_3}{N_3} \times 100 \tag{9}$$

式中，X 为转基因抗虫水稻自生苗产生率，单位为百分数(%)；n_3 为单位面积自生苗中转基因抗虫水稻检出数，单位为株；N_3 为单位面积稻茬数，单位为株。

三、种子发芽率检测技术

(一) 试验设计

种子收获后 30 天进行发芽率检测。

(二) 调查和记录

记录转基因抗虫水稻和对应的非转基因水稻发芽种子数、未发芽种子数、正常幼苗数、不正常幼苗数。

(三) 结果分析

用新复极差法比较转基因抗虫水稻和对应的非转基因水稻发芽率的差异。

四、种子生存能力检测技术

(一) 试验设计

种子生存能力检测在种子收获后进行。按随机区组试验设计，设浅埋(3cm)和深埋(20cm)以及埋后 6 个月和 12 个月等 4 个处理，每个处理 4 次重复，小区面积 1m²。待检测品种的种子 100 粒和品种名称或编号标签封装于 200 目尼龙网袋中，埋入土壤。分别于 6 个月和 12 个月后取出种子检测发芽率。

(二) 结果分析

用方差分析法对发芽率进行分析。

第四节 抗性治理策略

转 *Bt* 基因作物的推广使用为害虫的综合治理(IPM)提供了新途径,同时减少了化学农药对环境的污染和中毒事件的发生,使作物品质提高,生产成本降低。同各种化学农药一样,随着转 *Bt* 基因作物的大面积推广应用,害虫对转 *Bt* 基因作物的抗性问题就成为其面临的最主要生态风险。迄今为止,在田间和实验室研究中已经发现有十多种昆虫对 Bt 杀虫毒蛋白产生了抗性。由于转 Bt 作物能够持续地高水平表达单一的杀虫毒蛋白,因而转 Bt 作物的释放将会加速昆虫的抗性进化。"自然界中的生物体对遗传工程作物的进化反应将使这类作物的优势消失殆尽"。然而,转 Bt 基因作物具有很高的经济价值,其商业化释放势在必行,而害虫对转 Bt 作物的抗性是不可避免的,因此现在我们应该做的工作应该是研究如何延缓害虫 Bt 抗性的演化。

一、抗性发展的特点

(一) 影响抗性产生和发展的因素

许多因素都会影响抗性的产生和发展。首先,抗性的产生和发展的速度与选择压力成正比关系。一般来说,用 Bt 处理昆虫时,选择压力在 60%以上,而且选择压力越高,昆虫产生抗性也就越快。如果抗性选择是不连续的,则无疑降低了选择压力。大田害虫在长期接触 Bt 后尚很少产生抗性,可能和选择择强度低及不连续有关。其次,害虫抗性的产生与作用于昆虫的 Bt 毒素有关。单一 Bt 毒素蛋白比 Bt 制剂(含多种毒素的孢晶混合物)更易使害虫产生抗性。Moar 等研究了在相同条件下甜菜夜蛾分别对 HD-1 孢晶混合物和 HD-133 的 CryIC 蛋白进行选择的情况,经过 20 代选择后,甜菜夜蛾对 HD-1 的孢晶混合物产生了 3~4 倍的抗性,却对 CryIC 蛋白产生了 50 倍的抗性。另外,同种昆虫对不同品系和不同昆虫对同一品系 Bt 产生抗性的能力也不同。一些研究表明用 Bt 的商品制剂 Dipel 对 5 个印度谷螟品系和一个粉蝶螟品系进行选择,在其他条件相同的情况下,5 个印度谷螟品系均产生了不同程度的抗性。其中,获得抗性最高的品系比最低的品系抗性水平高 10 倍左右。与印度谷螟相比,粉斑蝶螟产生的抗性水平则低得多。

(二) 交叉抗性的产生

已经获得抗性的昆虫对其他 Bt 制剂或毒素有可能会产生交叉抗性。例如,McGaughey 等检测了经实验室选择对 B.t.k HD-1 菌株产生抗性的印度谷螟对 57 个不同品系 Bt 制剂的敏感性,发现对其中的 26 个 Bt 制剂产生了不同程度的抗性。Tabashnik 等用一株从田间获得的抗 Bt 小菜蛾品系对同种 Bt 的其他品系进行检测,结果发现都产生了交叉抗性。由此说明,害虫对某一 Bt 制剂一旦产生了抗性,会诱导交叉抗性的产生。

(三) 抗性的稳定性和遗传性

研究表明,早期害虫获得的抗性往往是不稳定的。但是当抗性选择的代数较长时,害虫的抗性水平就会提高，其稳定性也就较强。从田间采集抗性，在实验室饲养15代后(但不接触Bt)小菜蛾对Bt的敏感性提高了6倍多(赵建周等，1993)。但也有一株印度谷螟品系连续不处理29代，抗性水平依然很高。McGaughey等认为抗性的稳定性与抗性基因的显隐性有关，Gould等则认为抗性是一种多基因遗传现象，Tabashnik等也赞同多基因遗传学说，并进一步应用数量遗传学方法推导出计算抗性遗传率及其他参数的数学公式。

二、抗性的治理策略

(一) 国外抗性治理情况

以转基因抗虫棉为例。美国和澳大利亚是最早开始Bt抗虫棉商业化应用的国家，它们对抗性问题及其治理都很重视，研究工作比较深入，已取得了一些有益的经验。主要体现在以下3个方面。

1. 管理体系

在美国，与Bt抗虫棉商业化应用有关的法规管理主要是纳入农药登记管理的范围。美国国家环境保护局(EPA)通过修改其《联邦杀虫、杀菌和杀鼠剂条例》(FIFRA)中的有关规定，将这类转基因植物划为"植物农药"(plant-pesticide)加以管理，在其商业化应用之前需向EPA申请登记；申请资料除了常规实验数据外，还需要提供专门的抗性治理计划。EPA在1995年10月批准Monsanto公司Bt抗虫棉的"有条件登记"(conditional registration)时，曾提出9项要求，其中，重点是针对抗性问题进行必要而深入的研究、提交抗性监督计划、每年提交抗性监测数据及抗虫棉应用情况报告、继续提供抗虫棉中Bt杀虫蛋白表达量及防治效果的资料。

此外，EPA在1995~1999年每年都针对抗性问题组织科学顾问会、学术研讨会或公众听证会，在广泛调研的基础上对抗性治理对策及时提出调整的建议。EPA及农业部最近提出的对Bt抗虫作物抗性治理的原则包括：①为了达到抗性治理的长期目标，需要制定专门的抗性治理计划；②采用"高剂量/庇护所"(high dose/refuge)对策是长期抗性治理计划的关键措施；③对农民的培训及组织实施是抗性治理成功的基本保证；④应将Bt抗虫作物纳入有害生物防治体系(IPM)的技术体系；⑤需要每年有组织的检测、检查Bt抗虫作物的田间防治效果，并检测抗性发展动态；⑥当怀疑或肯定发生抗性问题时，需要立即有组织的采取补救措施；⑦制定抗性治理对策需要因地制宜；⑧为了达到对有害生物持续治理的目标，需要采用多种IPM措施；⑨对抗性治理对策需要进行长期的研究、评价及必要的调整。

在澳大利亚，对Bt抗虫棉的管理由联邦政府的全国登记局(National Registration Authority)负责，1996年准予有限制的商品化应用，其中，规定直到1998~1999生长季节种植Bt抗虫棉的最高比例为30%，并要求在种子标签上注明抗性治理措施，既有法律效力。此外，还针对抗性问题成立了"转基因作物与昆虫治理对策委员会"(TMS)，负责制定和发布抗性治理计划。由于法规管理对种子公司和棉农均具有较强的约束力，从而保证了其抗性治理计划的顺利实施。

2. 技术对策

国外关于抗性治理的技术对策，目前主要采用的是"高剂量/庇护所"的策略，以延缓害虫的抗性发展速度，延长 Bt 抗虫棉的使用寿命。其中的"高剂量"为杀死敏感种群所需要杀虫蛋白浓度的 25 倍，达到该计量的抗虫棉将能杀死绝大多数的抗性杂合子个体(RS)。"庇护所"是指人们种植和管理的适合目标害虫繁育的非 Bt 抗虫作物，其目的是繁殖和提供未经 Bt 杀虫蛋白淘汰的害虫敏感个体(SS)，经与 Bt 抗虫作物上可能汰选出的抗性个体(RR)杂交可产生抗性杂合子(RS)，从而最大限度地减少抗性个体之间杂交的机会(卢光美等，1999)。由于上述的"高剂量"能杀死 RS 个体，因此"高剂量"与"庇护所"的有机结合可达到稀释害虫抗性基因和延缓抗性发展的目的。

在最初由孟山都公司提出并经 EPA 批准的美国 Bt 抗虫棉抗性治理计划中，非抗性棉庇护所占各农场棉花面积的比例为，如果在庇护所施用农药防治目标害虫则为 20%，如不施药则为 4%。由于近年来已明确 Bt 抗虫棉对美洲棉铃虫不能达到"高剂量"，在美国有很多专家和社会团体建议提高"庇护所"的比例，并严格限制非抗虫棉庇护所与抗虫棉之间的空间距离不能太大，以保证抗、感个体之间的杂交机会。EPA 已经基本接受了这些建议，今后对烟芽夜蛾还有美洲棉铃虫的"庇护所"比例将从目前的 20% 或 4% 分别提高到 30% 或 10%。

在澳大利亚，可从以下三种庇护所方针中选择一种，即每种植 100hm^2 的 Bt 抗虫棉，必须在本农场最少种植常规棉花品种 50hm^2，但可施用除 Bt 制剂外的其他药剂防治棉铃虫；或种植常规棉花品种 10hm^2、但不能使用任何药剂防治田内的棉铃虫；或种植高粱或玉米 20hm^2、但不能使用任何药剂防治田内的棉铃虫。其"庇护所"的比例明显高于美国，但一些研究表明，根据澳大利亚 Bt 棉对棉铃虫防效低的现状，认为上述庇护所比例仍不足以有效的延缓抗性，从理论上分析不施药常规棉庇护所最少应占 20%，但定的比例过高又面临棉农难以接受的矛盾。根据模型分析结果，Roush 认为种植转多(双)基因的抗虫作物可以显著减少所需要的庇护所比例，并能有效地延缓抗性发展，目前已明确可选用两种无互交抗性的 Bt 杀虫蛋白基因，如在棉花中用 *Cry1Ac* 和 *Cry2A*，在玉米中用 *Cry1A* 和 *Cry9C*。转两种 Bt 杀虫蛋白基因抗虫棉品种在澳大利亚正处于田间试验阶段，但何时能进入商品化应用尚存在不确定因素。转多(双)基因抗虫作物的应用将作为第二代抗性治理对策中的主要措施。

3. 推广应用

美国现有的农业科研与推广一体化的体制，保证了将抗性治理研究的最新成果向棉农推广，并根据研究进展对抗性监测和治理技术及时调整，出现问题时也能及时补救(如 1996 年 Texas 州局部地区美洲棉铃虫严重的问题)。此外，在孟山都公司与棉农之间签订 Bt 抗虫棉的种植合同(grower contract)中，也包括对抗性治理的要求。据统计，1996 年在美国种植 Bt 抗虫棉的农户中，种植"庇护所"的占 98%，其中，选择 20%(可施药)和 4%(不施药)方案的分别占 60% 和 38%。棉农参与的态度和执行情况将是任何抗性治理计划成败的关键，在制定抗性治理方案时需要考虑其可操作性。

(二) 我国抗性治理的技术对策

由于我国的 Bt 抗虫棉推广品种、主要目标害虫、种植制度、农户规模等生态和社会环境与美国和澳大利亚有很大差异，因而在国外广泛采用的以"高剂量/庇护所"为主的抗性治理对策很难在我国实施。根据"863"计划课题的阶段性研究结果，提出了我国对 Bt 抗虫棉的抗性治理对策，其中包括：①完善管理体制，在与 Bt 抗虫棉有关的基因安全管理和种子管理中，在批准商品化应用之前，应对其杀虫效果的时空动态、害虫防治配套措施、抗性治理方案等进行必要的审查；②保证 Bt 抗虫棉品种的纯度高，杀虫蛋白表达量高，并通过行政和技术措施控制棉农自行繁种，以免除种子混杂、杀虫效果降低而加速抗性发展；③保护田间自然"庇护所"，尤其应禁止在同一地区同时种植 Bt 棉和 Bt 玉米；④加快转双价基因抗虫棉的研究与应用；⑤加强棉铃虫田间种群对 Bt 抗虫棉的抗性监测；⑥根据不同棉区的特点，研究推广以 Bt 抗虫棉为基础的棉花病虫综合治理技术体系。

进一步展开抗性治理策略包括以下几个部分

(1) 多毒素策略

目前已发现的抗虫基因有多种，除常见的 *Bt*、*CptI* 基因外，还有淀粉酶抑制剂基因、外源凝集素基因、几丁质酶基因、核糖体失活蛋白基因、脂肪氧化酶基因、蝎毒素基因、营养杀虫蛋白基因、胆固醇氧化酶基因等。计算机模拟实验证明，将两个不同的基因同时转入同一棉株，其抗虫持久性可由含单一基因的 8~10 年延长到 20~30 年。目前美国等已经大面积商业化种植含有 *Cry1A* 和 *Cry2A* 两种 *Bt* 基因的双价抗虫棉(郭三堆等，1999)，*CryA + Cry1* 和 *Cry + VIP* 基因的双价抗虫棉也有一定的规模种植，含有 8 个基因抗虫、抗病兼抗除草剂的转基因棉花也已经研究开发成功。我国的转 *Bt + CptI* 基因双价抗虫棉 sGK321 也已应用于生产多年。

(2) Bt 毒素或其他杀虫产物在特定组织或特定时间内表达产生

Bt 等外源基因在植株中的表达部位可通过启动子来调控，有些启动子能使 *Bt* 等外源基因在特定的组织部位表达产生杀虫蛋白。在明确靶标害虫为害特性的基础上，选用表达特异性的启动子，可达到在植株内为靶标害虫提供避难所的目的。如对于害虫很少为害的马铃薯块茎部分就不必表达 *Bt* 基因，而棉花中的 *Bt* 基因可以特异性表达于棉铃中，使抗性因子仅在幼铃中表达，幼虫就会依赖其他部分，引起较少的损失。该方法将允许很多敏感性昆虫正常地生长和繁殖，因而增加了它们的捕食者和寄生者的数量(范贤林等，2002)，同时，在主要的部分或生活史阶段能够免受损失。

(3) 理化因素调控外源抗虫基因在植物体内的高效表达

外源抗虫基因在棉株体内的表达除与启动子关系密切外，还与其在细胞内外的理化因素有关。又如 Williams 等报道，在正常情况下，转 *Bt* 基因烟草并不产生 Bt 毒素蛋白，昆虫可以任意取食，当烟草发病或人为喷施水杨酸时，它们就会作用于 PR-1a 启动子，使 *Bt* 基因表达产生 Bt 毒素蛋白，杀死侵食植株的害虫。因而在害虫压力小的情况下，不喷施水杨酸，使 *Bt* 基因不能表达，而当害虫达到一定密度时，喷施水杨酸使 *Bt* 基因迅速表达，并在较短的时间内积累大量的 Bt 毒素蛋白，将害虫杀死。由于害虫不经常接触 Bt 毒素蛋白，从而不易产生抗性和适应性，也可以有效地提高转基因植株的抗虫性及抗性的持久性。

(4) "庇护所"策略

庇护所策略是目前害虫抗性治理的主要方法。其原理为在抗性作物周围种植一些非抗性作物，作为敏感害虫的庇护所，使敏感个体与抗性植株上的抗性个体随机交配，产生的杂合子后代在抗性植株上不能存活，从而达到治理害虫的目的。庇护所的方式有两种：一种是抗性作物与常规作物的种子混合种植，呈随机分布，常规作物作为敏感虫源的庇护带。另一种在抗性作物周围设置特定的区域种植非抗性作物，非抗性作物何种分布形式的选择要根据害虫的取食和运动特性决定。对于幼虫单食性、运动性差和成虫扩散能力弱的害虫，可选用随机分布形式；而对于幼虫多食性、运动性强且成虫能远距离迁飞的害虫如棉铃虫，适宜选择分区种植方式。但大多数研究认为，分区种植能更好地保护敏感个体。对二化螟和三化螟的研究表明，幼虫在抗性稻田和非抗性稻田的迁移，削弱或限制了庇护所的作用，抗性治理的最好办法是分区种植，保护区与稻田的距离在内较适宜。庇护所面积的大小、远近也影响该策略的成功与否，对成虫迁移扩散能力强的害虫来说，庇护所的面积可小一些，与田的距离可远一些；反之庇护所面积要大，与作物间隔的距离也要近。另外，如果作物中毒蛋白能够高表达，只需较小的庇护所即可，反之庇护所面积就要扩大，见表8-5。

表8-5 不同Bt作物中延迟抗性的最小避难所面积

公司	产品名称	作物	避难所面积
Monsanto	Bollgard™	棉花	25%面积的非转基因棉花(如果需要，可以用任何杀虫剂，但不包括与转基因棉相同的Bt杀虫剂措施)或4%的非转基因棉花(不用任何的杀虫措施)
	Natore Cord™	玉米	使用对欧洲玉米螟有99%以上水平的致死高剂量对策；并且建议使用5%~50%面积的非转基因玉米
	Newleaf™	马铃薯	20%的非转基因马铃薯(若需要，可用任何杀虫剂)
Novartis	Maximizer™	玉米	使用对欧洲玉米螟有99%致死量水平的高剂量对策；并且建议种植5%~50%面积的非转基因玉米
Mycogen	Yield Cord™	玉米	5%面积的非转基因玉米，避难所中不用任何杀虫剂

目前"高剂量"与"庇护所"策略相结合被认为是作物抗性治理的最佳方式。因高剂量能杀死大多数的抗性杂合子，且庇护所的代价较小，易被农民接受。

在国外，就棉铃虫的抗性治理，已形成了特定的种植模式。在美国：80%抗性棉花＋20%普通棉花或95%抗性棉花＋5%普通棉花(不防治棉铃虫)；在澳大利亚：30%抗性棉花＋70%普通棉花。我国虽然还没有这种种植模式，但在华北棉种植区已形成了其独特的抗性治理方式，即棉花、玉米、大豆、花生等多种棉铃虫寄主作物小规模交叉混合种植，为棉铃虫提供了天然庇护所。春播玉米、花生和大豆为第二代棉铃虫提供庇护所，早播和晚播夏玉米的穗期可分别为第三、第四代棉铃虫提供庇护所。同样，水稻害虫的抗性治理可借鉴转基因棉的成功经验。除水稻外，茭白、荸荠也是二化螟的寄主；大螟除了危害水稻外，还危害糯玉米；禾本科和莎草科杂草也是稻纵卷叶螟完成世代发育的寄主。因此在栽培制度上，可考虑水稻与茭白和荸荠间作或隔离种植。另外，还可考虑水旱田间作或相邻种植,如在稻田周围种植糯玉米,田埂或地头适当保留一些杂草,这些措施均可为害虫的抗性治理提供帮助。

(5) 轮换种植或混系种植不同类型的转基因品种

对一种毒素蛋白产生抗性的害虫不一定对另一种毒素蛋白产生抗性,因此可以分离不同小种的 Bt 基因或其他抗虫基因分别导入不同植株体内,以培育出具有不同 Bt 基因或其他抗虫基因的转单一基因的抗虫棉新品种,然后将这些单抗品种混合在一起作为混系品种种植,这样不仅可以增加抗虫基因的多样性,也可以抑制害虫群体的发展,及时将对某一个抗虫基因产生抗性的害虫消灭在携带有另一种抗虫基因的植株上。此外,也可以将这些转基因再生植株的后代培育成不同的品种或品系,进行轮换种植,在时间上遏制害虫的定向选择,将上年产生抗性的害虫消灭在下年与此不同的转基因抗虫品种或品系中,从而避免了害虫对转基因抗虫棉产生稳定的抗性变异小种或新的生物型。但使用此措施时,应密切注意害虫对其产生交叉抗性。

(6) 建立综合治理技术体系

以棉花为例,采取综合防治措施能优化棉田的群落结构,增加主要天敌的数量,降低次要害虫上升的风险,从而可有效地延缓棉铃虫等对 Bt 毒素和化学杀虫剂的抗性形成。首先应根据各种害虫发生所需的气候特征制订相应的防治对策,如遇高温干旱则可能导致棉红蜘蛛和甜菜夜蛾大发生。凡出现此类气候特征,应降低这类害虫的防治指标,以化学防治为主;其次,充分协调传统的防治手段与转基因抗虫棉的抗虫效力,并充分发挥各自的作用。如棉田套种小麦,可有效地阻止蚜虫的扩散,在转基因抗虫棉田周围种植大豆可作为蝽象、棉红蝽($Dysderus\ cingulatus$)的诱集作物,可减少棉花上杀虫剂的用量。再次,根据抗虫棉田昆虫群落结构的动态变化采取相应的防治措施。崔金杰通过研究转基因棉田昆虫群落季节性变化格局,认为可将转基因棉田昆虫群落的发展划分为前期(6月初至7月下旬)、中期(7月底至8月底)和后期(9月以后)3个阶段,并针对3阶段的群落结构特征提出了转基因棉田害虫综合治理措施:前期害虫的防治应以生物生态调控为主,结合使用选择性农药防治苗蚜和红蜘蛛,避免对天敌的杀伤;种植玉米诱集带,保护、增殖自然天敌。中期以化学防治为主,以生物生态调控为辅,协调好生物防治和化学防治的矛盾,此外应加强农业防治,如及时中耕灌水,结合农事操作,消灭虫卵。后期应以生物生态调控为主,化学防治为辅,尽量减少化学农药的施用,保护天敌,或用核型多角体病毒(NPV)防治棉铃虫,发挥其后效作用,收花后及时拔除棉秆,冬耕冬灌,消灭越冬蛹。

(7) 保持抗虫棉种子纯度

用不同龄期的棉铃虫在棉田内接虫调查表明,棉铃虫 3 龄以上幼虫有在棉株间转株扩散的行为。如果在抗虫棉中混有较多的非抗虫棉种子,则非抗虫棉植株上的 3 龄以上幼虫可转移到附近的抗虫棉植株上,造成取食、存活和抗性汰选,会加速抗性的发展速度。由于我国部分棉农有自行留种的习惯,会因为种子混杂导致类似后果,是抗性问题不可预测和控制。通过采取措施避免棉农自行繁种,保证田间抗虫棉种子的纯度,将有助于控制抗性的发展。

(8) 田间抗性检测

进行有组织、多地区的田间动态抗性检测,可为抗性治理决策和制定应急对策提供重要依据,是任何抗性治理计划中必不可少的重要环节。

第五节 抗性监测技术

抗性监测是抗性治理的重要组成部分,害虫产生抗性除了田间防效下降以外,在害虫身上是无法辨认其形态特征的。只有通过抗性监测才能了解害虫群体的抗性水平或抗性频率,为抗性治理提供依据,尤其是早期的抗性监测,对及时实施抗性治理可争取时间上的主动。不论是治疗性的抗性治理还是预防性的抗性治理,都必须以抗性监测为基础。实施抗性治理措施后,通过监测害虫抗性水平和抗性等位基因频率的变化,可对整个治理方案或不同阶段抗性治理的效果提供评估,也为抗性治理方案的修订补充提供依据。

为了阻止或延缓害虫抗性的产生,延长 Bt 基因作物的使用寿命,需要人们在抗性产生之前就制订并实施预防抗性治理策略。Mallet 和 Porter 用数学模型比较了庇护区策略、种子混合策略和阻止特异表达策略对于延迟害虫抗性的作用。Tabashnik 用数学模型评价了种子混合、庇护区、种子混合+庇护区与纯转基因农田对害虫抗性的影响。但是这些结果受到实验条件的限制,不能够代表田间的结果。只有通过抗性检测,及时、准确的测出 Bt 棉区棉铃虫的抗性水平或等位基因频率,了解田间抗性的动态变化,才能使棉铃虫对转 Bt 基因棉抗性得到早期预警,并对抗性治理方案的设计与评估提供科学依据。目前对抗虫棉的抗性治理采取最多的是"高剂量/庇护所"策略,这就要求田间害虫对 Bt 棉的抗性等位基因频率必须很低($p<10^{-3}$),这就需要研究能够检测到害虫针对抗性等位基因频率的抗性检测技术。

一、国外研究进展

(一) 美国

检测害虫对 Bt 杀虫蛋白的抗性,常规的方法是进行生物测定,即将 Bt 杀虫蛋白混入害虫的人工饲料中,接入某个龄期的幼虫,处理一定天数后调查害虫的死亡率或存活幼虫的龄期、体重,再计算致死中浓度(LC_{50})或抑制生长发育的中浓度(IC_{50})。在美国,烟芽夜蛾和美洲棉铃虫是 Bt 抗虫棉主要的防治对象。Stone 最早测定了这两种棉花害虫在美国南部 12 个州对 Bt 杀虫蛋白 Cry1Ac 的敏感性差异,证明同一害虫在不同地区 LC_{50} 最大差别分别为 8 倍和 16 倍,该测定结果并未确定是否有抗性种群,但可为进一步的抗性检测提供毒力基线。1996 年,当 Bt 抗虫棉在美国开始商品化应用之后,测定两种害虫在 4 个州的 20 多个田间种群对 Cry1Ac 的敏感性,尚未发现抗性种群。

利用诊断剂量测定害虫田间种群的抗性个体频率,能更有效的检测抗性发展初期的动态变化,这种方法尤其适用于抗性遗传方式为显性或不完全显性、而且田间种群的抗性频率相对较高的情况。然而害虫对 Bt 杀虫蛋白高水平的抗性通常为隐性或不完全隐性遗传,因而常规的检测方法无法鉴别抗性杂合子(RS),加之其初始抗性基因频率也较低,因此准确进行抗性检测的难度很大。Could 等利用室内汰选出的烟芽夜蛾高抗 Cry1Ac 的品系,在 Bt 抗虫棉商业化应用之前,采用单对杂交(single-pair matching)技术,从采自美国南部 4 个州的 1025 头雌蛾中检测出 3 头为抗性杂合子，证明烟芽夜蛾对 Bt 杀虫蛋白的初始抗性基因频率为 1.5×10^{-3}。这是害虫对 Bt 杀虫蛋白抗性检测研究的重要进展，为抗性预测和抗性治理提供了试验依据，但应用该方法需要有较高抗性水平的纯和抗性品系。Andow 等提出了使用范围较广、灵敏度较高的 F_2 检测技术，即采用田间雌虫在室内饲养至 F_2 代，与诊断剂量相结合进行抗性检测和基因型推导，在欧洲玉米螟中得到了较好验证，在棉花害虫中也已开始应用。

一些研究还证明，目前应用的 Bt 抗虫棉品种能 100%杀死烟芽夜蛾的敏感个体和抗性杂合子(符合"高剂量"要求)，但并不能 100%杀死美洲棉铃虫的田间种群(不能达到"高剂量")，因此在 Bt 抗虫棉上存活下来的美洲棉铃虫并不一定是抗性个体。从多处地区采集 Bt 抗虫棉上存活的美洲棉铃虫幼虫并测定，均未发现抗性个体。

(二) 澳大利亚

棉铃虫和澳洲棉铃虫是澳大利亚 Bt 抗虫棉的主要防治对象。澳大利亚在棉铃虫对化学农药(尤其是拟除虫菊酯)的抗性检测与治理方面曾取得了成功的经验，在 Bt 抗虫棉商品化应用之前，已开始了棉铃虫对 Bt 制剂的抗性检测。Forrester 和 Forsell 研究确定了两种棉铃虫对 Bt 制剂的抗性检测方法和诊断剂量，证明同一害虫不同地区田间种群的 LC_{50} 值最大差别分别为 6.7 和 5.8 倍，但并不认为已有抗性产生。截至 1999 年，采用 Bt 制剂诊断剂量的抗性监测已经坚持了 6 年，均未发现抗性种群；自 1997 年开始对 Bt 杀虫蛋白 Cry1Ac 进行抗性监测，证明无抗性问题，其 Bt 抗虫棉防效较差是由于棉株中杀虫蛋白表达量不足造成的。

二、我国抗性现状及研究进展

棉铃虫是我国 Bt 抗虫棉防治的主要目标害虫。我国自 1995 年开始研究棉铃虫对 Bt 制剂的抗药性检测技术。根据棉铃虫幼虫不同龄期以及在不同处理天数下对 Bt 制剂敏感性的差异，确定了生物测定方法，即将 Bt 制剂与人工饲料混合，处理 2 龄幼虫(2~4mg/头)，5 天后检查死亡率，计算 LC_{50} 值，并与敏感品系的 LC_{50} 值相比计算抗性指数(RR)；根据敏感基线的计算结果和进一步验证，确定了抗性检测的诊断剂量为每毫升人工饲料中含 Bt 粉剂(15 000IU/mg)1.0mg，在诊断剂量下的害虫存活率为抗性个体频率。应用上述方法，1996~1999 年系统监测了华北地区棉铃虫对 Bt 制剂的敏感性，检测地区包括河北省邱县、冀州市，河南省西华县，山东省高密县等。结果表明，与室内种群相比，各地田间种群对 Bt 制剂的抗性指数 1996 年为 1.2~4.2 倍，1997 年为 1.1~1.7 倍，1998 年为 1.7~2.8 倍，1999 年为 0.8~2.4 倍；其抗性个体频率 1996~1997 年均为 0，1998 年平均为 0.17%，1999 年为 0。各田间种群对 Cry1Ac 的抗性指数，1998 年为 1.7~4.6 倍，1999 年为 1.0~3.4 倍。上述抗性监测结果表明,我国华北地区棉铃虫田间种群对 Bt 制剂和 Cry1Ac 型杀虫蛋白均未产生抗药性。吴孔明等以抑制发育的中浓度(IC_{50})为指标，测定了全国 5 个生态区 23 个棉铃虫种群对 Cry1Ac 的敏感性差异，最大相差 5.2 倍。抗性检测结果还证明，在 Bt 抗虫棉上存活下来的棉铃虫高龄幼虫并非由抗药性引起的。例如，1997 年华北地区棉铃虫幼虫发生偏重，7 月下旬在河北省冀州市 Bt 抗性棉田发现 3 龄以上的棉铃虫幼虫，经采回室内饲养并测定，对 Bt 制剂的抗性个体频率为 0，LC_{50} 值与当地常规种群也无显著差异。

三、抗性监测技术

(一) 测定害虫的抗性倍数

害虫的抗性发展是一个渐进的过程，随着药剂的选择，抗性基因频率逐渐增加，传统的抗性检测方法主要通过测定田间种群的剂量-反应曲线(LD-P线)，算出 LD_{50} 或 LC_{50}、LD_{90} 或 LC_{90} 斜率值，再与敏感基线比较来确定抗性的有无和程度，以此来确定害虫的抗性水平。由于转基因作物中表达的毒素难以定量，通常将 Bt 制剂和含单一 Bt 杀虫蛋白的制剂与饲料混合，等比配置成一系列浓度，饲喂一定龄期的幼虫(一龄或二龄)一定时间，记录死亡虫数。统计每个浓度的死亡率，计算浓度对数-死亡概率值的独立回归(LD-P)和 LC_{50} 值，再与敏感品系的 LC_{50} 比较来确定抗性倍数。

应用此法，已检测到田间小菜蛾对 Bt 产生抗性。沈晋良等用饲料感染法建立了棉铃虫敏感品系对 Bt 生物农药的敏感毒力基线和区分剂量，1995 年首次检测到棉铃虫对 Bt 生物农药早期抗性，且发现 Bt 农药早期抗性种群与转 Bt 基因棉花品系间存在交互抗性。

该方法的主要特点是测定群体中大多数个体对药剂的反应，在抗性频率较高时是比较方便和有效的，但是往往忽略了群体中少数抗性个体的反应，在抗性的个体频率较低时，LD-P 线中的 LD_{50} 或 LC_{50} 不易随抗性个体频率的微小变化而产生改变。习惯上认为抗性倍数为 1~3 倍是属于敏感性下降阶段，而此时的抗性个体频率常常可达到 5%~10%。抗性个体数量比较少时，群体的 LD_{50} 值并不会有明显的变化，而当抗性个体频率比较高时，群体的 LD_{50} 值才会有显著的变化，而这时候进行抗性治理已经非常困难了。因为由此测出的抗性水平往往具有滞后性，即往往难以实施预防性抗性治理对策。

(二) 生物诊断剂量检测抗性个体

在标准生物测定的基础上，发展了诊断剂量，即在固定剂量和处理时间，所有个体在此剂量下受试，通常情况下使用杀死大约 99% 的敏感个体的剂量作为诊断剂量，在此浓度下，存活个体为抗性个体。此种方法已应用于棉铃虫对 Bt 蛋白的抗性监测中。诊断剂量法有 3 个潜在的缺点：第一，选择一个合适的浓度需要大量的信息；第二，没有明确说明抗性程度；第三，不能估计浓度-死亡曲线。Tabashnik 等用诊断剂量测试了小菜蛾的抗性，结果表明在单一浓度下的死亡率可以预测 LC_{50}。如果抗性基因是隐性的，那么田间种群的抗性个体频率等于此基因频率的平方，假设抗性基因频率是稀少的，为 10^{-3} 就需要生测 100 万个幼虫来找 1 个抗性个体，而通常情况下，生测只需 100~300 头幼虫，诊断剂量法比用测定 LC_{50} 监测抗性更有效，而且省工省时。Msacarenhas 等报道了用诊断剂量 130μg/mL，测出了田间大豆尺夜蛾(*Pseudoplusia includens*)相对于对照品系对 Bt Conder XL 的敏感性低；卢美光等应用诊断剂量测定，只在 1998 年检测到山东高密棉铃虫的抗性个体频率为 0.9%，其余均为 0。

(三) 实验室筛选法

实验室群体的大量筛选能证实抗性等位基因的存在，之后也可以用来间接估计自然种群中等位基因频率，但因为最初供实验室筛选的昆虫群体是非常有限的，所以不能用来直接估计自然种群中的等位基因频率。在实验室内的筛选过程中，我们获得的只是从自然种群中许多可能的抗性等位基因当中分离的一个或几个抗性基因，不足以预报自然种群中抗性的进化。此外，从田间采集的种群可能携带病原，如核型多角体病毒和微孢子虫，使种群在实验室内饲养时绝种或适合度下降。室内种群筛选而得到的抗性基因型是响应于种群的起始变异、适合度等，而用田间种群中分离的一个或几个抗性水平来预报田间种群的抗性演化是不合适的。

(四) 田间直接检测法

随着转 Bt 植物种植面积的扩大，用转 Bt 作物在田间直接检测抗性基因成为一种可能。理论上，在田间转 Bt 植物上存活的每个害虫都应该是抗性基因型。一旦抽样点建立起来就必须估计暴露在转 Bt 植物上的害虫种群的大小和存活害虫的数目。为了估计转 Bt 植物上害虫的数目，相应的需要估计非转 Bt 植物上的害虫数目，因而此种方法不能直接估计害虫抗性基因的频率，而是间接的估计。此种方法的优点在于与田间相符，可测量大量个体，也可测不同种类的害虫。这种方法的一个主要局限在于，需要在大面积的转 Bt 作物上寻找存活害虫个体，并确定其为抗性个体，如果抗性基因是隐性的，且频率为 10^{-3}，那么寻找一个抗性个体则至少需要有 100 万头害虫在转 Bt 植物上。对于欧洲玉米螟，假设每 1 植株上有 1 个卵块，且所有的卵块不相连，为了寻找 1 头存活个体，则需要检测 13.35hm^2 玉米；如果产卵集中在少数植株上，这种工作量会大大降低(如甜玉米)。另外一个问题是许多存活的个体可能是假抗性，原因可能是毒素杀虫剂的应用不均匀，且浓度随时间而变化，致使敏感个体避开了毒素而存活。尽管在转 Bt 作物上的杀虫剂的浓度一致，但是种子极可能不一致，有的植株可能不表达毒素，而且随着植株的生长，植株蛋白的浓度可能呈下降的趋势。因此，需要进一步证实抗性害虫是否为真的抗性害虫，可以通过用类似实验室内的筛选法进一步证实。

(五) F_2 代检测法

为了能够使抗性管理计划及其实施有一定的科学依据，更好地实施高剂量+庇护所对 Bt 植物的抗性管理策略，提高估计抗性基因频率的敏感性和恢复自然种群的抗性基因是非常重要的。Andow 等提出了 F_2 代筛选稀有的抗性基因。F_2 代筛选的关键是在单雌系中保持遗传多样性(邱芳等，1998)并把所有的基因都纯化为纯合子，它的具体方法如下：

(1) 从自然种群中采集已交配过的雌成虫，在室内饲养每个雌虫的后代 F_1；
(2) 估计每个雌虫的后代的雌雄个数，让它们进行同胞自交；
(3) 产生的 F_2 代幼虫用合适的筛选程序进行抗性个体的筛选；
(4) 统计分析，应用 Bayesian inference 置信区间为 95%：

$$E[q] = (s+1)/4(n+2) \tag{10}$$

$$\text{Var}[q] = E[q](1-E[q]) / (n+3) \tag{11}$$

式中，$E[q]$ 是期望的抗性等位基因频率，$\text{Var}[q]$ 是与期望频率相关的方差，N 是供测试的单雌系数目，S 是含有抗性基因的单雌系数目。

从田间采集的雌成虫带有 4 个配子，其中，2 个是其自身的，另 2 个是其交配雄虫的，每个单雌系中相应的存在 4 种基因型，所以在 F_2 代幼虫中期望有 1/16 的亲本代每个等位基因的纯合子。假如有一个抗性配子 r，那么在 F_2 代幼虫中有 1/16 个抗性纯合子出现。

所应用的 F_2 代筛选程序有两种：① 转 Bt 作物上检测；② DD 检测，即诊断剂量(何丹军等，2001)。Andow 和 Alstad 应用单雌系 F_2 代遗传方法检测了欧洲玉米螟对转 *Bt* 基因玉米的抗性等位基因的频率，在检测过程中应用了两种方法，一是中晚期的转 *Bt* 杂交玉米进行 F_2 代检测，如果幼虫在转基因玉米上达到 2 龄就认为是抗性的；二是用 Cry1Ab 蛋白毒饲料，12.0μg/mL 饲料为诊断浓度，如果幼虫在饲料上达到 2 龄认为是很强的抗性。结果表明，在每个单雌系花费 19.7 美元，95%置信区间抗性基因的频率小于 0.013。

(六) 神经电生理法、生物化学和分子生物学检测方法

Nicholso 和 Miller 1985 年提出用神经电生理法研究抗性昆虫与敏感昆虫的神经靶标敏感性差异。但由于此方法需要精密的电生理仪器和熟练的操作技术，而且还需要知道主要的抗性机理是否与靶标部位敏感性降低有关，因此当前只作为生物测定的辅助手段。在 20 世纪 70 年代以后，分子生物学、生物化学和害虫抗性机理研究的发展，推动了害虫抗药性的分子生物学检测技术的发展。通过对酯酶、乙酰胆碱酯酶、谷胱甘肽-S-转移酶和多功能氧化酶的活力分析与免疫分析，国内外先后发展了检测和识别单个生化抗性机制的生化检测法，使人们对田间种群的抗性检测有可能变得更加快速、准确、简便。而聚合酶链反应(PCR)和限制酶切片段长度多型性分析(RFLP)技术的发展与应用，使得人们能够直接针对抗性基因进行检测和识别，以便提高对极低抗性频率的监测能力。由于常规生物化学方法无法检测抗性结构基因的突变，因而分子生物学检测方法越来越受到重视。与常规生物测定法相比，生化及分子监测方法的准确度更高，可直接检测基因频率。

尽管新的抗性监测技术对于传统的生测方法表现了许多的优点，其本身也正朝着程序化、自动化的方向发展，但这类方法是建立在对抗药性的生理生化机制、分子机制深刻认识的基础上的，其开发周期长，花费大，需要昂贵的仪器和放射性标记的核酸探针，且目前的方法仅对由单一抗性机制所引起的抗性检测。因此，目前主要用于抗性的基础研究，一般还未能作为田间抗性检测的常规手段，在现有情况下，特别是在对害虫抗药性生理生化及分子生物学机制缺乏足够认识之前，生物测定仍然是进行抗性监测的主要方法。

参 考 文 献

范贤林, 芮昌辉, 孟香清等. 2002. 一种监测棉铃虫对 Bt 杀虫晶体蛋白抗性的技术. 植物保护学报, 29(3): 254-258

葛松. 1994. 遗传多样性及其检测方法. 北京: 科学出版社, 123-140

郭三堆, 崔志洪, 夏兰芹等. 1999. 双价抗虫转基因棉花的研究. 中国农业科学, 32, (3): 1-7
何丹军, 沈晋良, 周成君等. 2001. 应用单雌系 F2 代法检测棉铃虫对转 Bt 基因棉抗性等位基因的频率. 棉花学报, 3(2): 5-66
李国平, 吴孔明, 何运转等. 2003. 昆虫对 Bt 作物抗性监测技术. 昆虫知识, 40(4): 299-302
卢光美, 芮昌辉, 赵建周. 1999. 棉铃虫对 Bt 杀虫蛋白抗性测定方法的研究. 农药学报, 1(3): 61-66
欧阳立明, 吴宏文, 郭予元等. 2001. 害虫对转 Bt 基因植物抗性的治理策略. 植物保护学报, 28(2): 183-187
邱芳, 伏健民, 金德敏等. 1998. 遗传多样性的分子检测, 生物多样性, 2(6): 143-150
张大勇, 姜新华. 1999. 遗传多样性与濒危植物的保护, 生物学研究进展, 7(1): 81-87
赵建周, 剧正理, 朱国任等. 1993. 小菜蛾抗药性的田间监测方法研究. 农业科学集刊, (1): 253-256

第九章 转基因食品的分子特征检测

第一节 外源基因在受体生物基因组中插入位点检测

转基因技术的核心就是外源基因的转化技术，转化发生的唯一独特的标志物是受体基因组和插入 DNA 的连接区域。外源基因在受体生物基因组中插入位点检测，即转化事件特异性是通过扩增受体基因组和插入 DNA 的连接区域，鉴定含有相同外源 DNA 的不同转基因生物。当一个外源基因存在几种不同插入情况时，特异检测该转基因产品的最好办法就是扩增它的侧翼序列(受体基因组和插入 DNA 的连接区域)，因此侧翼序列对于被检测的转基因产品具有很好的特异性。外源基因在受体生物基因组中插入位点检测是对转基因品种进行准确的品系分类的一种高端检测新技术，是对转基因产品进行溯源，事件追踪的最好手段。

转化事件特异性法已经被用于许多转基因作物的检测中，如 GTS 40-3-2 大豆，MON1445，MON531 棉花，MON810，Bt11，GA21，NK603，T25 玉米，GT73 等，此外，越来越多的转基因作物的侧翼序列也在被鉴定之中。转化事件特异性技术的关键是获得转基因作物的侧翼序列。目前，已经发展了一些基于 PCR 技术的侧翼序列的分析方法(黄留玉等，2005)，如反向 PCR(inverse or inverted PCR，I-PCR)、热不对称交错 PCR(thermal asymmetric interlaced PCR，TAIL-PCR)、连接介导 PCR(ligation-mediated PCR，LM-PCR)等。

一、反向 PCR

常规 PCR 扩增的是已知序列的两引物之间 DNA 片段，而对于已知序列旁侧的未知序列无能为力。通常测定一个与已知序列相邻的 DNA 序列是必要的，例如，位于编码 DNA 的上游和下游两侧的区域，转位因子的插入位点以及克隆于 λ-噬菌体、柯斯质粒或酵母人工染色体载体上的 DNA 段末段的未知序列的探针等。这种末端特异探针在 Southern blot 或染色体步查(chromosome walking)所需的噬菌斑杂交或克隆杂交中都十分有用。要得到侧翼序列的探针一般需要进行一系列费时、费力的工作，首先用内切酶裂解和用已知边侧序列的探针 Southern 杂交以确定大小适合于克隆的末端片段；这些片段还要经过凝胶分离、克隆，得到的物质再与已知边侧区域杂交以确定合适的克隆子。要测定未知侧翼序列时，通常需要从克隆中进行各种片段的亚克隆。为避免这些步骤，我们采用扩展的 PCR 方法，使相邻边侧区域得以扩增。反向 PCR 的出现为解决这一问题提供了有效的工具，其目的在于扩增一段已知序列侧翼的 DNA，也就是说这一反应体系不是在一对引物之间而是在引物外侧合成 DNA。反向 PCR 可用于研究与已知 DNA 区段相连接的未知染色体序列。这时选择的引物虽然与核心 DNA 区两末端序列互补，但两引物 3′末端是相互反向的。扩增前先用限制性内切核酸酶酶切样品 DNA，然后用 DNA

连接酶连接成一个环状 DNA 分子，通过反向 PCR 扩增引物的上游片段和下游片段。利用反向 PCR 可对未知序列扩增后进行分析，探索邻接已知 DNA 片段的序列，并可将仅知部分序列的全长 cDNA 进行分子克隆，建立全长的 DNA 探针。适用于基因游走、转位因子和已知序列 DNA 侧翼病毒整合位点分析，同时可应用于转基因外源基因在受体生物基因组中插入位点分析，从而为建立转基因品系特异性检测提供 DNA 序列依据，反相 PCR 技术大大减少了实验的工作量，加快了实验进程。

(一) 基本原理

I-PCR 是 H. Ochman 和 T. Triglia 等在常规 PCR 的基础上建立的一种染色体步移方法。该方法利用反向的互补引物来扩增两引物以外的未知序列的片段。选择已知序列内部没有切点的限制性内切核酸酶对该段 DNA 进行酶切，然后用连接酶使带有黏性末端的靶序列环化连接，再用一对反向的引物进行 PCR，其扩增产物将含有两引物外未知序列，从而对未知序进行分析研究(图 9-1)。

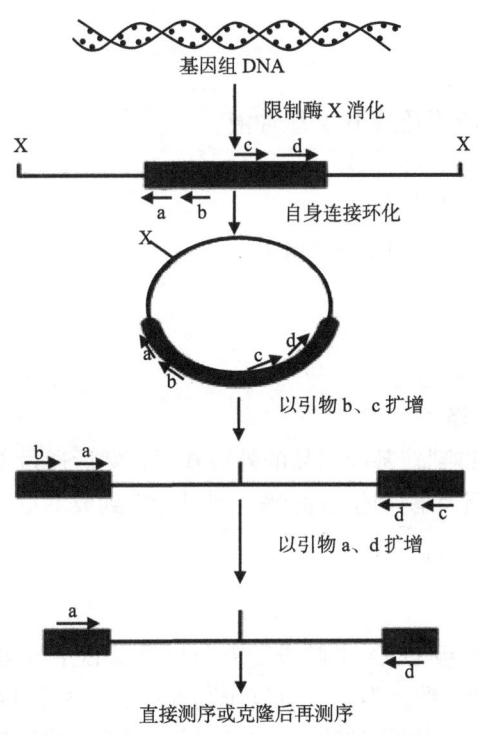

图 9-1　反向 PCR(I-PCR)原理及流程图

I-PCR 进行扩增的 DNA 模板必须先经过酶切，然后连接环化，使其反向引物相对，故 I-PCR 主要包括：酶切、自身连接环化、PCR 扩增、直接序列分析或克隆后再测序。

(1) 提取基因组 DNA，用适宜的限制性内切核酸酶 X 进行切割。黑框部分表示已知序列。

(2) 用连接酶将酶切片段进行自身连接，形成环形结构，从而使正向和反向引物成为一对。

(3) 先用巢式 PCR 的内引物 b 和 c 进行首轮 PCR,然后以其 PCR 产物为模板利用外引物 a 和 d 进行二轮 PCR,如需要可进行三轮、四轮 PCR 等,增加 PCR 产物的特异性和成功率。

(4) 二轮 PCR 产物纯化后可直接进行序列分析或克隆后再进行序列分析。如果要得到更多的外源片段信息,可以获得的新系列为基础,搜索新的酶切位点,进行再一轮的 I-PCR。

(二) 材料

转基因基因组 DNA(酚仿抽提,$OD_{260}/OD_{280} =1.7\sim1.8$)。

双蒸水(ddH_2O)。

3mol/L 乙酸钠(pH5.2):称 408.1g 三水乙酸钠溶解于 800mL 水中,用冰乙酸调节 pH5.2,加水定容至 1L,分装后高压灭菌。

70%乙醇。

无水乙醇。

Tris 饱和酚。

氯仿/异戊醇(24:1)。

适宜的限制性内切核酸酶及其 10× 缓冲液。

T4 DNA 连接酶及其 10× 缓冲液。

DNA 聚合酶及其 10× 缓冲液。

寡核苷酸引物 a、b、c、d (20μmol/mL)。

10mmol/L dNTP。

(三) 方法

1. 限制性内切酶的选择

首先通过 NCBI 查询得到转基因产品的外源基因,然后通过 Dnaman 分析其酶切位点,最后从外源基因中选不带酶切位点的酶,同时考虑到成本尽量选便宜而且酶活力高的酶。

2. 引物设计

I-PCR 的引物除了在模板 DNA 上的设置方向与常规 PCR 引物不同外,其设计原则与常规 PCR 引物设计原则一致。但是,也有研究者指出,为了 PCR 扩增的有效性,引物 b,c 的 5'末端之间至少应相距 100bp,这样在首轮 PCR 的最初几个循环中产生的扩增产物中该区域缺失的分子将是大多数,而这些分子才能进一步作为模板利用引物 b、c 进行 PCR 后序扩增。

3. 模板制备

1) 酶切

取 1μg 基因组 DNA,用适宜的限制性内切核酸酶进行切割,总反应体积为 50μL。反应要彻底。

2) 纯化

基因组经过消化后,用酚-氯仿/异戊醇抽提法纯化 DNA 以除去由限制性内切核酸酶释放的短的寡聚核苷酸。

(1) 酚-氯仿/异戊醇抽提:用水将体系补齐至 100μL,等体积酚-氯仿/异戊醇抽提两遍,颠倒混匀,15 000r/min,离心 5min;

(2) 取上清,用氯仿抽提一遍,颠倒混匀,于15℃,15 000r/min 离心 5min;

(3) 取上清,加入 1/10 体积 3mol/L 乙酸钠和 2 倍体积无水乙醇,-20℃沉淀 20min;

(4) 4℃离心 14 000r/min,20min,弃上清。用 70%乙醇洗涤沉淀,吹干沉淀,溶于 25μL 水。

3) 连接

① 基因组 DNA 经过消化后,在 T4 连接酶的作用下于 4℃过夜连接成环。反应体系为 50μL,含约 16ng 经过消化的基因组 DNA,1×缓冲液,6U T4 连接酶;

② 连接酶于 75℃,15min 热失活;

③ 加入 1/10 体积乙酸钠和 2.5 倍体积无水乙醇。-20℃沉淀 20min,14 000r/min,离心 20min,用 70%乙醇洗涤沉淀,吹干沉淀,溶于 20μL ddH$_2$O。

4. 反应体系

按表 9-1 次序将各种试剂加入到 PCR 反应管中。

表 9-1 PCR 反应体系

试剂	体积/μL
ddH$_2$O	19.2
10×PCR 缓冲液	3
dNTP	2.4
20μmol/L 引物 c	1.5
20μmol/L 引物 b	1.5
5U/μL Taq 酶	0.4
DNA 模板	2.0
总体积	30

5. 反应条件

第一轮 PCR 反应条件:预变性(5min / 94℃);30 个循环:变性(30s / 94℃),退火(40s / 58℃),延伸(1min 40s / 72℃);延伸(10min / 72℃)。

第二轮 PCR 反应条件:预变性(5min / 94℃);35 个循环:变性(30s / 94℃),退火(40 s / 59℃),延伸(2min / 72℃);延伸(10min / 72℃)。

6. 产物的检测和分析

(1) 取 10μL PCR 扩增样品进行 1.5%琼脂糖凝胶电泳。

(2) 取 2μL 首轮 PCR 原液或者适当稀释液为模板，反应体系引物换为 a 和 d，进行第二轮 PCR。

(3) 取 10μL PCR 扩增样品进行 1.5%琼脂糖凝胶电泳。若产物特异性很好，可直接用 T 载体进行克隆并测序，或者用引物 a 和 d 直接用 PCR 产物进行测序；加入产物特异性较差，可先用琼脂糖电泳纯化回收后，再进行克隆或测序。

(四) 注意事项

(1) 分离的基因组 DNA 应达到一定的纯度，通常用酚仿抽提以便很好地进行随后的酶切、连接和 PCR。

(2) 对限制性酶的选择至关重要，既要保证限制酶在已知序列中不存在酶切位点，又要保证 I-PCR 扩增长度限制在理想的 2~3kb(太短的话，将无法得到足够的信息)，并且为了便于连接，能产生 4 个碱性黏性末端的限制酶将是优选目标。一般来说，可以用 5 种酶切割，总有一两种符合要求。如果试验中找不到一种酶切片段大小在一个合适的范围内的限制酶，这时可以选用两种限制酶来产生酶切片段，但在连接前必须平末端化，而平末端的连接比黏性末端低多了，因此在非不得已的情况下，尽量避免双酶切。但某些情况下，如已知序列拷贝数很高，而且预计扩增未知序列大小不明时，应先将已知序列分离出来。

(3) 酶切片段也可以不用酚-氯仿法来灭活内切酶而用连接缓冲液稀释 5 倍以上的方法进行，再加入连接酶进行环化反应，但这时，酶切体积要小。为提高分子间连接的效率，连接反应中基因组 DNA 的浓度不能太高，因为高浓度的基因组 DNA 可能会提高非同源连接水平，从而产生非特异扩增。

(4) 成环的双链 DNA 进行裂解和变性比较重要，因为环状双链 DNA 分子易于形成超螺旋而不利于 PCR 反应，它只可以扩增出较短的 DNA 片段。为了利于成环的 DNA 分子 PCR 扩增，可以引入切割：①煮沸法。因为某些环状双链 DNA 分子不时形成不太普遍的二级结构，使得该方法在使环状双链 DNA 分子变性和引入切刻时并不很奏效；②酶切法。选用限制性内切核酸酶进行消化，理想的限制位点应位于已知序列内，但在多数情况下，由于 DNA 未知区域内酶的限制图谱并不清楚，所以很难选择用何种限制酶；③特异裂解法。如果没有合适的限制酶可用，也可以尝试使用 EDTA-寡核苷酸介导的特异裂解办法。T 处连有 EDTA-Fe 的寡核苷酸通过与双链 DNA 形成三股螺旋而特异地结合于双链 DNA 某一区段，这样就可以在结合位点裂解双链 DNA。

(5) 加入 T4 RNA 连接酶或氯化六氨合高钴可以提高 T4 DNA 连接酶催化的双链 DNA 平末端连接的效率。

(6) I-PCR 法可以有效地用于快速扩增任何已知片段 DNA 或基因组 DNA 两侧的未知序列，它不需要构建或筛选 DNA 文库来获得未知序列信息。有些重组的噬菌体或质粒在细菌内部不稳定，所以扩增后的文库可能会丢失这些部分，然而 PCR 法不存在这个问题。

(五) 应用

最初 I-PCR 法是用来快速扩增任何一个已知基因片段两侧未知序列，比较适于扩增中度重复 DNA 序列。Souer 等设计了将反向 PCR 与差别筛选结合的方法，从矮牵牛 W138 中分离出了高效转座子标签 dTph1 标记的基因，然后利用反向 PCR 扩增突变体和野生型的 dTph1 侧翼序列。在转基因产品侧翼序列扩增中也得到应用，比如应用反向 PCR 获得了转基因 Bt11 玉米的左右侧翼序列，杨蓉等(2007)应用反向 PCR 分别获得了转基因油菜 GT73 右侧翼序列和转基因玉米 59122 左侧翼序列。韩志勇等(2001)以 I-PCR 为基础建立了高效的克隆转基因水稻中外源基因侧翼序列的技术体系，7 天内克隆了 35 个转基因水稻株系中外源基因的侧翼序列。

(六) 局限性

由于 I-PCR 的侧翼序列未知，因此需选择合适的内切酶，但许多常用的内切酶在插入序列上有切点而且在载体上不合适位置也有切点，因此给酶的选择带来许多困难。

由于 I-PCR 扩增长度有限，因此很难一次获得较多侧翼序列的信息，一般小于 4kb。

(七) 小结

随着转基因生物技术发展，新物种的不断涌现为外源基因在受体生物基因组中插入位点检测带来了困难，而反向 PCR 的出现，可以有效地扩增出转基因产品中外源基因的侧翼序列，是常规 PCR 技术的重要补充，是分子生物学技术的重要方法之一。但是由于 I-PCR 连接获得的环状模板无论是在质量上还是在数量上都得不到保证，对于基因组复杂度大于 10^9 的动植物，成功的概率较低；另一个原因在于 PCR 扩增长度的限制，一般能有效扩增的 PCR 片段的长度小于 4kb。尽管它有一些不足之处，但随着分子生物学其他技术的发展，也必将得到不断地完善。

二、热不对称交错 PCR

热不对称交错 PCR(thermal asymmetric interlaced PCR，TAIL-PCR) 是在热不对称 PCR 基础上发展起来的一种方法，用来分离与已知序列邻近的未知 DNA 序列的分子生物学技术。在分子生物学研究领域中，利用该技术分离出的 DNA 序列可以用于图位克隆、遗传图谱绘制的探针，也可以直接测序。目前已成功地从 P1、YAC 和 BAC 克隆中分离获得插入末端的 DNA 序列和拟南芥(*Arabidopsis thaliana* L.)的 T2 DNA 侧翼序列(罗丽娟和施季森，2003)。此外，经过改良的 TAIL-PCR 技术能够快速克隆 *Pal* 及 *Pgi* 基因的启动子序列和野油菜黄单胞菌群体感应信号基因。该技术的问世，使分子生物学研究工作者能够简易而有效地从已知序列中分离到其邻近的未知侧翼序列，解决有关基因操作的一系列难题，同时为获得转基因外源基因的侧翼序列提供了有效工具。

(一) 基本原理

TAIL-PCR 是指利用一系列序列特异性的巢式引物和一个短的任意引物(arbitrary primer)引导扩增已知序列的侧翼序列的反应，它是一种半特异性的 PCR 反应，由于两类引物的退火温度不同从而可以通过控制反应过程中的退火温度，有效地控制特异性和非特异性产物的扩增。在 TAIL-PCR 中序列特异性的巢式引物较长，退火温度较高，因此在 PCR 反应中退火温度的高低(相对)对它与目的序列的退火没有太大的影响，在高低两种退火温度下都可以与已知序列发生特异性的退火，而序列短的任意引物则仅可以在退火温度较低时与未知序列(已知序列的侧翼序列)发生退火，通过高低退火温度的交替进行，使目的基因得到有效的扩增(图 9-2)。

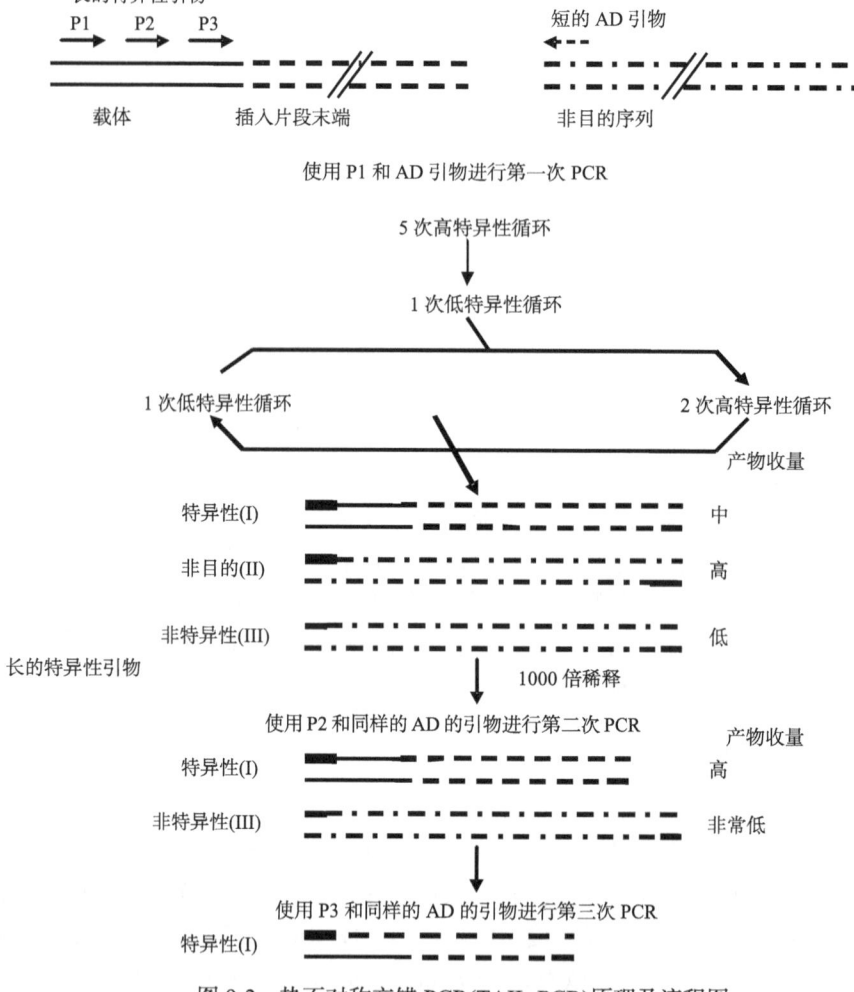

图 9-2 热不对称交错 PCR(TAIL-PCR)原理及流程图

如图 9-2 示，TAIL-PCR 的关键是应用了一系列巢式引物，它们的序列相对较长，退火温度比较高，另外的任意(AD)引物序列比较短，退火温度比较低，一个低特异性 PCR 循环的目的是为了促成 AD 引物与未知的目的序列上的位点的非特异性退火。接下来，通过高特异性循环与较低特异性循环的交替进行，目的序列(I 型产物)得到线性扩增，而由 AD 引物单独引导的非目的序列(III 型产物)几乎不合成。在接下来的较低特异性的循环中两种引物都可以与模板序列发生退火，在高特异性循环中产生的单链 DNA 被复制成双链，为接下来的几个线性扩增循环提供了几倍量的模板。通过重复 TAIL 循环，目的片段就可以得到有效扩增。在这个过程中非特异性的 II 型产物也会增加，但是这种非目的产物在接下来的第二和第三次反应中会被逐渐冲淡。

(二) 材料

转基因基因组 DNA(酚仿抽提，$OD_{260}/OD_{280} = 1.7~1.8$)。

双蒸水(ddH_2O)。

3mol/L 乙酸钠(pH5.2)：称 408.1g 三水乙酸钠溶解于 800mL 水中，用冰乙酸调节 pH5.2，加水定容至 1L，分装后高压灭菌。

70%乙醇。

无水乙醇。

Tris 饱和酚。

氯仿/异戊醇(24：1)。

寡核苷酸引物 P1，P2，P3，AD (20μmol/mL)。

10mmol/L dNTP。

(三) 方法

1. 引物设计

TAIL-PCR 需要用到两种引物，一种是与已知序列特异性退火的巢式引物，一种是与未知的侧翼序列发生特异性退火的任意引物。两种引物的退火温度要求至少相差 10℃以上，其 T_m 值也可以根据公式 $T_m = 69.3 + 0.41(G+Cmol\%) - 650 / L$ ($L =$ 引物长度)计算。巢式引物的设计根据已知序列来确定，其退火温度一般在 60℃以上，任意引物的退火温度一般要在 40℃以上，而且要考虑简并性。

2. 反应条件

1) 第一轮 TAIL-PCR 扩增

(1) 反应体系：30μL 体系中含有 1×PCR 缓冲液 (50mmol/L KCl，10mmol/L Tris-HCl，pH 8.3，1.5mmol/L $MgCl_2$)，0.2 mmol/L dNTP，0.5μmol/L 引物 LP1-F，5μmol/L 引物 AD3，2.5U TaKaRa Ex Taq HS DNA 聚合酶，50ng GT73 油菜基因组 DNA。

(2) 反应程序：预变性(10min/95℃)，6min/68℃；扩增：5 个循环(30s/94℃，6min/68 ℃)，1 个循环(15s/94℃，3min/44℃，6min/68℃)，5 个循环(15s/94℃，30s/44℃，6min/68℃)，12 个循环(15s/94℃，7min/68℃，15s/94℃，7min/68℃，15s/94℃，30s/44℃，7min/68℃)。

2) 第二轮 TAIL-PCR 扩增

(1) 反应体系：30μL 体系中含有 1×PCR 缓冲液 (750mmol/L KCl，10mmol/L Tris-HCl，pH 8.3，1.5mmol/L $MgCl_2$)，0.2mmol/L dNTP，0.2μmol/L 引物 LP2-F，2μmol/L 引物 AD3，5U TaKaRa Ex Taq HS DNA 聚合酶，1μL 稀释 25 倍的第一轮 PCR 产物。

(2) 反应程序：预变性(10min/95℃)，扩增：15 个循环(15s/94℃，7min/68℃，15s/94 ℃，7min/68℃，15s/94℃，30s/44℃，7min/68℃)。

3) 第三轮 TAIL-PCR 扩增

(1) 反应体系：30μL 体系中含有 1×PCR 缓冲液(50mmol/L KCl，10mmol/L Tris-HCl，

pH8.3, 1.5mmol/L MgCl$_2$), 0.2mmol/L dNTP, 0.2μmol/L 引物 LP3-F, 2μmol/L 引物 AD3, 5U TaKaRa Ex Taq HS DNA 聚合酶, 1μL 稀释 25 倍的第二轮 PCR 产物。

(2) 反应程序：20 个循环(30s/94℃，30s/44℃，6min/72℃)，延伸(5min/72℃)。

3. 产物的检测和分析

每次 PCR 后均取 10μL PCR 扩增样品进行 1.5%琼脂糖凝胶电泳。

4. PCR 产物测序

为保证测序结果的真实性，可将扩增的 PCR 产物纯化后连接到 pGEM-T Easy 载体，经转化、阳性克隆鉴定等几个步骤后，再送样测序。

5. PCR 产物纯化

采用胶回收试剂盒回收 PCR 产物。

6. 加 A 尾反应

对于在 PCR 扩增中不具有自动加 A 功能的 DNA 聚合酶，在 PCR 产物连接到 T 载体之前需要在产物上加 A 尾巴。反应在 72℃下进行 20min，反应体系为 30μL，含 0.5μL Taq DNA 聚合酶，1×缓冲液，0.2mmol/L dNTP，1.5μL 回收产物。反应完后，加 2 倍体积无水乙醇和 1/10 体积乙酸钠于上述体系中，−20℃沉淀 20~30min，13 000r/min 离心 10min，弃上清，70%乙醇洗涤，13 000r/min 离心 2min，弃上清，吹干沉淀，加 15μL ddH$_2$O。

7. PCR 产物与 pGEM-T Easy 载体连接

连接体系 20μL。其中，含 2×缓冲液：5μL，T 载体：0.5μL，连接酶：1μL，DNA：3.5μL。连接反应于 4℃反应 13h，然后置于−20℃。

8. 重组质粒 DNA 转化

(1) 取 4℃保存的大肠杆菌 DH5α感受态细胞于冰上融化，轻弹管壁使细胞分散均匀；
(2) 在 100μL 感受态细胞中加入 5~10μL 连接产物，混匀，置于冰上 30min；
(3) 42℃水浴中热激 90s，立即冰浴 2min；
(4) 加入 800μL 无抗生素的 LB 新配制液体培养基，混匀，37℃预培养 1.5 h；
(5) 吸取 200μL 菌液涂布于 LB/Amp/IPTG 平板上，37℃过夜培养。

9. 重组质粒的提取

为鉴定插入基因片段的正确性，采用碱裂解法提取转化宿主菌 DH5α的质粒。质粒 DNA 的小量提取——碱裂解法。

(1) 挑取单菌落接种于 3mL LB 液体培养基(含 Amp50μg/mL)中，37℃振荡培养过夜；
(2) 吸取 1mL 菌液于 1.5mL 的 Eppendorf 管中，12 000r/min 离心 2min；
(3) 吸取 0.5mL STE 重悬细菌沉淀，12 000r/min 离心 1min，吸去上清；
(4) 吸取 100μL 冰预冷的 Solution I 重悬细菌沉淀，剧烈振荡，冰浴 5min；
(5) 加入 200μL 新配制的 Solution II，盖紧管口，快速颠倒离心管数次，置于冰上 5min；

(6) 加入 150μL 预冷的 Solution Ⅲ，轻轻混匀，冰浴 10min；

(7) 4℃，12 000r/min 离心 5min，吸取上清于另一 1.5mL 的 Eppendorf 管中；

(8) 加入等体积的酚-氯仿-异戊醇(25∶24∶1)，振荡混匀，4℃，12 000r/min 离心 5min，上清转移至另一 1.5mL 的 Eppendorf 管中；

(9) 加入等体积的异丙醇，–20℃沉淀 30min；

(10) 4℃，12 000r/min 离心 5min，吸去上清，用 70%乙醇洗涤沉淀，真空干燥；吸取 20μL 含 RNase A(20μg/mL)的灭菌双蒸水溶解质粒 DNA 沉淀，–20℃保存。

10. 重组质粒的酶切鉴定

用 *Eco*R Ⅰ 酶切检测目的片段插入情况，建立 20μL 酶切体系如下：

10×缓冲液	2μL
*Eco*R Ⅰ	1μL
重组质粒	1μL (1~10μg)
灭菌重蒸水	16μL

反应条件：37℃反应 4h，用 1%琼脂糖凝胶电泳检测酶切结果。

(四) 注意事项

1. 引物设计

根据转基因产品的基因组 DNA 的已知序列设计几个与其边界距离不等的嵌套的特异性引物，特异性引物的长度约 20bp，T_m 一般为 58~68℃。再按照物种普遍存在的蛋白质的保守氨基酸序列设计一系列简并引物，简并引物相对较短，长度为 14bp，T_m 为 30~48℃。为了增加简并引物与目标序列间退火的可能性，除了 3'末端的 3 个碱基以外，其他位置的碱基包含简并核苷酸。特异性引物和简并引物的选择直接影响扩增的效果。如果不能获得满意的扩增结果，则应该在预备实验中重新设计特异性引物或者换用其他的简并引物。在 TAIL-PCR 反应中，可以将高特异性循环的退火温度设为 65℃左右，较低特异性循环的退火温度设为 44℃，低特异性循环的退火温度设为 25~30℃。反应体系中，特异性引物的浓度与普通的 PCR 相同，简并引物的浓度要高，一般为 2.5~5.0μmol/L，以满足引物的结合效率。

2. PCR 反应条件

TAIL-PCR 条件的设置对侧翼序列的良好扩增至关重要。一般分为 3 轮反应。第一轮 PCR 反应由 5 次高特异性反应、1 次低特异性反应、10 次较低特异性反应和 12 次热不对称的超级循环构成。通过 5 次高特异性的反应，使 sp1 与已知的序列(转基因产品外源序列等)退火并延伸，提高目标序列的浓度。1 次低特异性的反应使简并引物结合到较多的目标序列上，10 次较低特异性的反应使两种引物均能与模板退火，随后进行 12 次 TAIL 循环。经过上述反应得到了不同浓度的 3 种类型的产物：特异性产物(Ⅰ 型)和非特异性产物(Ⅱ 型和 Ⅲ 型)。第二轮 PCR 反应则将第一轮 PCR 反应的产物适度稀释作为模板，通过 10 次热不对称的超级循环，使特异性的产物被选择性地扩增，而非特异性的产物被压制到极低的含量。第三轮 PCR 反应又将第二轮 PCR 反应的产物适度稀释作为模板，一般设置为普通的 PCR 反应或热不对称的超级循环。通过上述三轮 PCR 反应可获得与已知序列邻近的目标序列。

(五) 应用

热不对称交错 PCR 是一种用来分离与已知序列邻近的未知 DNA 序列的分子生物学技术。利用该技术分离出的 DNA 序列可以用于图位克隆、遗传图谱绘制的探针，也可以直接测序。刘耀光等已成功地从 P1、YAC 和 BAC 克隆中分离获得插入末端的 DNA 序列和鼠耳芥(*Arabidopsis thaliana* L.)的 T-DNA 侧翼序列。此外，R. Terauchi 等通过改良的 TAIL-PCR 技术能够快速克隆 *Pal* 及 *Pgi* 基因的启动子序列，应革等(2002)采用 TAIL-PCR 方法成功获得野油菜黄单胞菌群体感应信号基因。Hernández 等和 L. T. Yang 等采用 TAIL-PCR 分别获得了转基因玉米 MON810 和 MON863 的侧翼序列。

(六) 局限性

TAIL-PCR 反应由于要获得特异性的条带需要较多的引物组合。另外，由于 AD 引物存在有限的结合位点，对于个别的侧翼序列，即使使用不同的简并引物也难以扩增到阳性结果。整个 TAIL-PCR 需要一系列连续的反应，反应条件的设置要求比较精细，需要多次实验摸索条件。

TAIL-PCR 扩增长度一般在 250b~2kb。

(七) 小结

TAIL-PCR 分离法可以降低非侧翼区特异产物的背景，同时它可以产生 2 个以上嵌套的目的片段，与其他方法相比 TAIL-PCR 方法具有简便、特异、高效、快速和灵敏等特点。TAIL-PCR 技术能够快速地分离到目标序列，对基因克隆研究具有重要的意义。TAIL-PCR 技术有以下优点：①简单。只要设计好引物，即可以用基因组 DNA 做模板直接筛选到目标序列。节省了 PCR 反应前后的许多费时、费力的操作程序。只需几纳克的 DNA 即可作为模板，对其纯度的要求也不很高；②特异性高。用短的简并引物和长的特异性嵌套引物相组合，通过不对称的温度循环和分级反应，使反应体系有利于特异引物的扩增，最终的扩增产物中目的片段占绝对优势，反应产物可以直接用作探针标记和测序模板；③高效灵敏。使用任何一个 AD 引物，在 60%~80% 的反应中能够产生特异性产物。运用不同的 AD 引物就能够有效地扩增到目标片段；④快速。整个 TAIL-PCR 反应循环能够在 1 天内完成，可以快速地获得目标片段；⑤不涉及连接反应，反应产物准确可靠，重复性好。

TAIL-PCR 技术能够分离获得克隆载体上的 DNA 序列，也能够用于基因组小的物种如拟南芥、水稻和基因组大的物种，如小麦以及哺乳动物的已知序列两侧翼的 DNA 序列的分离。国内外应用该法已成功获得转基因产品外源基因侧翼序列(罗丽娟和施季森，2003)。上述优点使 TAIL-PCR 技术成为转基因产品外源基因侧翼序列研究中的一种强大工具。

三、连接接头 PCR

连接接头 PCR(ligated-adapter PCR，LA-PCR)是在酶切的基因组 DNA 片段上连接双链(单链或部分双链)的接头，用序列特异引物和接头引物引发 PCR 扩增，PCR 产物的特异性依赖于接头结构的特异性和基因组 DNA 的复杂性，但在研究复杂基因组时，这种方法有时也是不可靠的，原因之一就是有副反应的发生，例如，PCR 反应中单链或部分单链的接头的凹入末端被补平或接头的单链部分被 PCR 反应中的酶降解等，这些副反应就导致非特异扩增，而且难以鉴别特异产物(王闵霞等，2006)。

(一) 基本原理

连接接头 PCR 是利用 Cassette，可特异性地扩增 cDNA 或基因组上的未知区域，通过应用 LA-PCR 技术，使以往扩增效率较低的长链未知区域的扩增变得简单，而且提高了保真性能。具体原理见图 9-3：

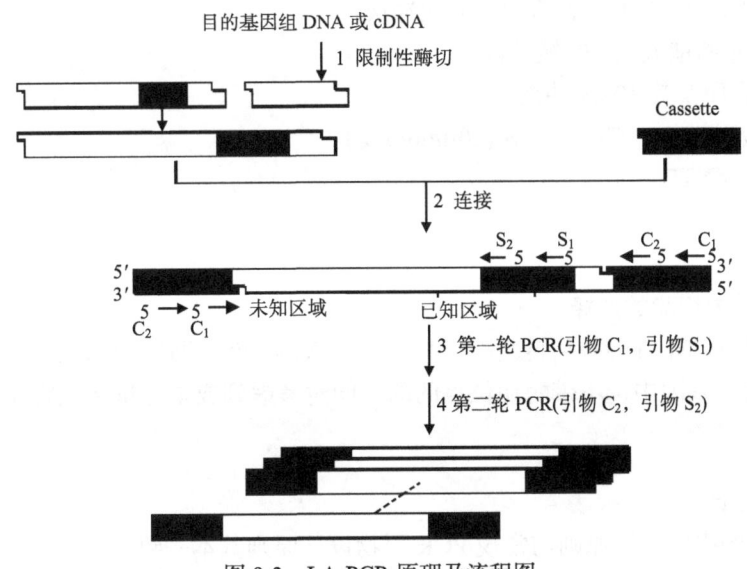

图 9-3 LA-PCR 原理及流程图

因为在设计上 Cassette 的 5′末端没有磷酸基，所以目的基因组 DNA 或 cDNA 的 3′末端和 Cassette 的 5′末端的连接部位形成缺口。在第一次 PCR 反应的第一个循环时，从引物 C_1 开始的延伸反应在连接部位终止，限制了引物 C_1 和引物 C_1 同一引物之间的扩增，从而控制了非特异性 PCR 扩增。只有从引物 S_1 开始延伸合成的 DNA 链，才能成为引物 C_1 的模板，进行 DNA 的特异性扩增反应。再用内侧引物(引物 C_2，引物 S_2)进一步进行第二次 PCR 反应，可以高效特异性地扩增目的 DNA。

当蛋白质的氨基酸序列已知时，可以根据已知信息设计混合引物，扩增编码蛋白质的 cDNA。LA-PCR 原理的具体操作步骤如下：

(1) 用合适的限制酶酶切待克隆的靶 DNA 完全分解。
(2) 与具有对应的限制酶酶切位点的 Cassette 进行连接反应。
(3) 用 Cassette 引物(引物 C_1)和根据已知区域的 DNA 序列设计的引物(引物 S_1)，进行第一次 PCR(1st PCR)反应。

(4) 取(3)的 PCR 反应液的一部分做模板,使用内侧引物(引物 C2 和引物 S2)进行第二次 PCR(2nd PCR)反应,特异性的扩增目的 DNA 片段。

(二) 材料

转基因产品基因组 DNA(酚仿抽提,$OD_{260}/OD_{280}=1.7\sim1.8$)。

双蒸水(ddH_2O)。

3mol/L 乙酸钠(pH5.2):称 408.1g 三水乙酸钠溶解于 800mL 水中,用冰乙酸调节 pH 于 5.2,加水定容至 1L,分装后高压灭菌。

70%乙醇。

无水乙醇。

Tris 饱和酚。

氯仿/异戊醇(24∶1)。

适宜的限制性内切核酸酶及其 10×缓冲液。

T4 DNA 连接酶及其 10×缓冲液。

DNA 聚合酶及其 10×缓冲液。

寡核苷酸引物 C_1,C_2,S_1,S_2(20μmol/mL)。

10mmol/L dNTP。

(三) 方法

1. 限制性内切酶的选择

首先通过 NCBI 查询得到转基因产品的外源基因,然后通过 Dnaman 分析其酶切位点,最后从外源基因中选不带酶切位点的酶,同时考虑到成本尽量选便宜而且酶活力高的酶。

2. 引物设计

LA-PCR 的引物设计原则与常规 PCR 引物设计原则基本一致。

(1) 根据已知区域设计引物,设计方向为需要扩增的未知区域的方向。S_2 的未知应设计在 S_1 的内侧,两个引物间的距离没有严格的规定。但引物设计时还需注意以下几点:①引物长度为 20~35bp(扩增长链 DNA 时最好为 30~35bp);②(G+C)mol%在 50%左右,避免局部 GC 或 AT 集中。特别是引物的 3′末端不要 AT 集中;③引物自身不要形成发卡等明显的二级结构;④两个特异引物(S_1,S_2)要与 Cassette 引物(C_1,C_2)组合使用,所以设计时还要考虑不要与配对的引物形成引物二聚体,特别是 3′末端的 3、4 个碱基不要与配对的引物序列互补。

(2) 根据蛋白质的氨基酸序列进行设计引物时应注意以下几点:①将氨基酸序列转换成编码氨基酸的碱基序列。应尽量选择简并少的区域设计引物,但与简并少而较短的引物相比,还不如使用简并多而较长的引物比较合适;②如果想减少引物简并,可考虑利用密码子进行设计;③3′末端不要简并;④如果使用混合引物进行 PCR 扩增时,需要将退火温度降低,而其结果往往会引起非特异性的扩增。如果有关 DNA 序列较多时,可进一步在内侧再设计一个引物,用以鉴定目的 DNA 片段。

3. 模板制备

1) 酶切

取 5μg 基因组 DNA,用 50U 适宜的限制性内切酶进行切割,总反应体积为 50μL。37℃过夜酶切,反应要彻底;反应结束后,进行乙醇沉淀回收 DNA;溶解于 10μL 灭菌蒸馏水中。

2) 纯化

基因组经过消化后,用乙醇沉淀法纯化 DNA 以除去由限制性内切核酸酶释放的短的寡聚核苷酸并钝化限制性内切核酸酶的活性。

① 用水将体系补齐至 100μL,取上清,加入 1/10 体积 3mol/L 乙酸钠和 2 倍体积无水乙醇,−20℃沉淀 20min;

② 4℃离心 14 000r/min 20min。弃上清。用 70%乙醇洗涤沉淀,吹干沉淀,溶于 10μL 水。

3) 连接

① 基因组 DNA 经过消化后,按说明配制连接反应液,在 T4 连接酶的作用下与 Cassette16℃反应 30min 进行连接。

② 反应结束后,加入 1/10 体积乙酸钠和 2.5 倍体积无水乙醇。−20℃沉淀 20min,14 000r/min 离心 20min,用 70%乙醇洗涤沉淀,吹干沉淀,溶于 5μL ddH$_2$O。

4. 反应体系

醇沉的 DNA 溶液 1μL 加入 33.5μL 灭菌蒸馏水中,94℃加热 10min。

按表 9-2 将各种试剂加入到 PCR 反应管中。

表 9-2 PCR 反应体系

试剂	体积/μL
连接产物溶液的 DNA 溶液	34.5
10×LA-PCR 缓冲液	5
dNTP	8
20μmol/L 引物(C)	1
20μmol/L 引物(S)	1
5U/μL Taq 酶	0.5
总体积	50

5. 反应条件

1) 第一轮 PCR 反应条件

预变性(5min/94℃);30 个循环:变性(30s/94℃),退火(2min/55℃),延伸(100s/72℃);

后延伸(10min/72℃)。或扩增长链 DNA 片段(4kb 以上)时预变性(5min/94℃)；30 个循环：变性(30s/94℃)，退火/延伸(68℃)；后延伸(10min/72℃)。

2) 第二轮 PCR 反应条件

用灭菌蒸馏水将第一次 PCR 反应液按适当倍数稀释(1~10 000 倍稀释)，再取 1μL 进行第二次 PCR 反应(引物分别为引物 C_2 和引物 S_2)，PCR 反应条件同第一轮。

6. 产物的检测和分析

(1) 取 10μL PCR 扩增样品进行 1.5%琼脂糖凝胶电泳。

(2) 取 2μL 首轮 PCR 原液或者适当稀释液为模板，反应体系引物换为 S_2 和 C_2，进行第二轮 PCR。

(3) 取 10μL PCR 扩增样品进行 1.5%琼脂糖凝胶电泳。若产物特异性很好，可直接用 T 载体进行克隆并测序，或者用引物 S_2 和 C_2 直接用 PCR 产物进行测序；假如产物特异性较差，可先用琼脂糖电泳纯化回收后，再进行克隆或测序。

(四) 注意事项

在 LA-PCR 方法中为了保证获得特异性的、保真性高的结果，每一步操作均应严格仔细。在这些步骤中引物延伸和 PCR 指数扩增步骤尤为重要，如果在引物延伸时未达到终点位置，相应的条带将弥散或丢失。这里提出以下几点注意事项：

(1) 接头的稳定性。接头是一个共同的序列，这样只需要知道基因一侧的序列，即可特异扩增基因，这是 LA-PCR 最有特色之处。由于该接头极不稳定，即使在室温下，均可降解。故在连接过程中，所有的操作须在 4℃低温下进行。

(2) DNA 聚合酶的选择。为了获得最佳的结果，引物延伸时 DNA 聚合酶应满足以下几点：具有耐热性；无任何末端转移酶活性；在特别富含 GC 的 DNA 模板一样可进行；能处理 DNA 特殊的二级结构。

(3) 限制性内切核酸酶的选择。对限制酶的选择至关重要，既要保证限制酶在已知序列中不存在酶切位点，又要保证 LA-PCR 扩增长度限制在理想的 2~3 kb(太短的话，将无法得到足够的信息)，并且为了便于连接，能产生 4 个碱性黏性末端的限制酶将是优选目标。一般来说，可以用 5 种酶切割，总有一两种符合要求。

(4) 对于富含 GC 序列进行扩增时盐的控制。盐对于不常见的 DNA 二级结构起稳定作用。KCl 比 NaCl 更易于稳定 DNA 二级结构，不利于 PCR 扩增。通过调整 PCR 条件及 DNA 聚合酶缓冲液，如用含 NaCl 的缓冲液替代含 KCl 的缓冲液，可以提高 DNA 聚合酶对这些富含 GC 序列的扩增效率。

(五) 应用

LA-PCR 法是用来快速扩增任何一个已知基因片段两侧未知序列，比较适于扩增中长度重复 DNA 序列。万秀清等(2007)设计了接头连接 PCR 步行的方法，从转基因烟草中鉴定出外源基因与植物基因组 DNA 整合位点处核酸序列的差异，设计了不同转基因烟草转化事件的标签引物，并对几个转 TMV-CP 材料进行了鉴定。研究表明，已经利用该法获得了 MON810 玉米的侧翼序列。

(六) 局限性

由于 LA-PCR 的侧翼序列未知，因此需选择合适的内切酶，但许多常用的内切酶在插入序列上有切点而且在载体上不合适位置也有切点，因此在酶的选择上有许多困难。LA-PCR 的局限性还包括：①只直接检测 DNA 的缺口或断裂处，故需要酶或化学方法处理；②模板 DNA 分子的 5′末端必须被磷酸化并具有可连接性，因为引物延伸后必须对平末端进行连接；③只有在引物延伸进行到了模板链的末端，才能使之参与平末端连接，所以过早终止延伸的分子在 LA-PCR 中检测不到。

但由于体系比较复杂，容易出现弥散条带，需优化最佳条件以利于目的性条带的扩增。

(七) 小结

LA-PCR 由 TaKaRa 等创立，是用限制性内切核酸酶消化基因组中特定的 DNA 部位后，与人工合成的接头相连，然后用 2 条同向的基因特异引物与接头引物做 2 次 PCR 以扩增未知序列。LA-PCR 在本质上只需要一个引物退火位点的特异性，另一个引物是通过连接反应加上去的公共接头，同接头引物和旁侧的基因特异性引物可以对任何 DNA 片段进行扩增。该法具有高效、灵敏、特异等特点。

第二节 外源基因在受体生物基因组中插入拷贝数检测

外源基因在受体生物基因组中插入拷贝数是影响转基因生物特性(如抗虫性)能否稳定遗传的关键因素之一。鉴定转基因生物的第一步就是要确定被转基因已经稳定的整合到了染色体上。第二步任务就是评估有多少个转基因拷贝，以及每个转基因的表达水平如何。一般经过上游表达载体的设计构建以及下游转化体系的建立、转化品系的筛选鉴定等一系列步骤后，即获得 T_0 代转基因植物。在转化过程中，外源 DNA 随机插入植物内，插入的拷贝数和位点都不固定。插入外源基因的拷贝数低(1 或 2 个)能较好的表达，插入的拷贝数多则会导致表达的不稳定甚至基因沉默现象。因此，检测 T_0 代植物的外源基因的拷贝数是研究其分子特性的基础步骤之一。目前常用的对外源基因在受体生物基因组中插入拷贝数检测方法主要有 Southern blot 和荧光定量 PCR 检测方法等。

一、Southern blot

Southern blot 技术是一种在大多数实验室中使用的测定拷贝数的标准方法，它是于 1975 年由英国分子生物学家 E. M. Southern 所发明的。该方法的灵敏度高，在理想条件下，即使每带电泳条带仅含有 2ng 的 DNA 也可以被清晰的检测出来；用途广泛，可以同时用于构建 DNA 的分子酶切图谱和遗传图谱(丁嘉羽，2004)。

(一) 原理

由于核酸分子杂交的高度特异性及检测方法的灵敏性，它已成为分子生物学中最常用的基本技术，被广泛应用于基因克隆的筛选，酶切图谱的制作，基因序列的定量和定性分析及基因突变的检测等。其基本原理是具有一定同源性的两条核酸单链在一定的条件下(适宜的温室度及离子强度等)可按碱基互补形成双链。杂交的双方是待测核酸序列及探针,待测核酸序列可以是克隆的基因片段,也可以是未克隆化的基因组 DNA 和细胞总 RNA。核酸探针是指用放射性核素、生物素或其他活性物质标记的,能与特定的核酸序列发生特异性互补的已知 DNA 或 RNA 片段。根据其来源和性质可分为 cDNA 探针、基因组探针、寡核苷酸探针、RNA 探针等。Southern 杂交,通过用限制性内切核酸酶消化基因组或其他来源的 DNA,经过琼脂糖凝胶电泳按大小分离酶切所得的片段,随后 DNA 在原位发生变性并从凝胶转移到一固相支持物上(一般是硝酸纤维素膜或尼龙膜)。DNA 转移至固相支持物的过程中各 DNA 的相对位置保持不变,用一定方法(如放射性核素)标记的 DNA 探针与固着在膜上的 DNA 杂交,经 X 射线自显影显现出与探针 DNA 互补的 DNA 电泳条带的位置。

(二) 材料和试剂

1. 材料
待检测的 DNA,已标记好的探针。

2. 设备
电泳仪,电泳槽,塑料盆,真空烤箱,放射自显影盒,X 射线底片,杂交袋,硝酸纤维素滤膜或尼龙膜,滤纸。

3. 试剂
(1) 10mg/mL 溴化乙锭(EB)。

(2) 50×Denhardt's 溶液:5g Ficoll-40,5g 聚乙烯吡咯烷酮(PVP),5g BSA 加水至 500mL,过滤除菌后于-20℃储存。

(3) 1×BLOTTO:5g 脱脂奶粉,0.02%叠氮钠,储于 4℃。

(4) 预杂交溶液:6×SSC,5×Denhardt's,0.5% SDS,100mg/mL 鲑鱼精子 DNA,50%甲酰胺。

(5) 杂交溶液:预杂交溶液中加入变性探针即为杂交溶液。

(6) 0.2mol/L HCl。

(7) 0.1% SDS。

(8) 0.4mol/L NaOH。

(9) 变性溶液:87.75g NaCl,20.0g NaOH 加水至 1000mL。

(10) 中和溶液:175.5g NaCl,6.7g Tris-Cl,加水至 1000mL。

(11) 硝酸纤维素滤膜。

(12) 20×SSC:3mol/L NaCl,0.3mol/L 柠檬酸钠,用 1mol/L HCl 调节 pH 至 7.0。

(13) 2×、1×、0.5×、0.25× 和 0.1×SSC:用 20×SSC 稀释。

(三) 方法

1. 植物总 DNA 的快速少量抽提方法

DNA 分子是分子生物学研究的基本材料,依不同的实验目的可采取不同的抽提方法获取数量和质量不等的 DNA。植物 DNA 的抽提常采用两种方法:

(1) SDS 法:离子去污剂,过程长,纯度高。

(2) CTAB 法:该方法简便、快速,DNA 产量高(纯度稍次,适用于一般分子生物学操作)。CTAB 是一种非离子去污剂,植物材料在 CTAB 的处理下,结合 65℃ 水浴使细胞裂解、蛋白质变性、DNA 被释放出来。CTAB 与核酸形成复合物,此复合物在高盐(>0.7mmol/L)浓度下可溶,并稳定存在,但在低盐浓度(0.1~0.5mmol/L NaCl)下 CTAB-核酸复合物就因溶解度降低而沉淀,而大部分的蛋白质及多糖等仍溶解于溶液中。经离心弃上清后,CTAB-核酸复合物再用 70%~75%乙醇浸泡可洗脱掉 CTAB。再经过氯仿/异戊醇(24:1)抽提去除蛋白质、多糖、色素等来纯化 DNA,最后经异丙醇或乙醇等 DNA 沉淀剂将 DNA 沉淀分离出来。

2. 材料及试剂

水稻叶片,$1.5 \times$ CTAB,氯仿/异戊醇(24:1),95%乙醇或无水乙醇等。

3. 实验步骤

(1) 采集适量幼嫩叶片,用液氮研成粉末,0.4g 装入 1.5mL 离心管中(-20℃预冷)。

(2) 预热 $1.5 \times$ CTAB 到 95℃,加 1mL 到装有叶片粉末的离心管中,混匀(防止冻融)。

(3) 立即置于 65℃水浴 30min,每 5min,上下颠倒 1 次。

(4) 12 000g 离心 5min。

(5) 吸取上清液约 600μL,加入等体积(600μl)氯仿/异戊醇(24:1),上下颠倒数次,至下层液相呈深绿色为止。

(6) 12 000g 离心 5min。

(7) 取 450μL 上清液于一新 1.5mL 离心管,加入 1mL95%乙醇和 45μL 10mol/L NH_4AC,混匀,室温放置 10min。

(8) 12 000g 离心 10min,去上清,用 75%乙醇浸洗沉淀,自然干燥约 30min。

(9) 加入 50μL 1/10 TE 或无菌水(含 20μg/RNase),置于 4℃过夜,待 DNA 溶解后,检测 DNA 浓度及质量。

4. 注意事项

(1) 尽量取材幼嫩叶片,如果太老,酚类物质多,必须用 10mmol/L 的 β-巯基乙醇处理。

(2) 研钵预冻,粉末至加 CTAB 前不要融化。

(3) 24:1 的氯仿/异戊醇抽提时动作应轻柔,转移用的枪头最好是剪宽了的。

(4) 所用试剂使用前必须灭菌,戴一次性手套操作。

(四) 总 DNA 质量检测及酶切

1. 酶切的原理

限制性内切核酸酶能特异地结合于一段被称为限制酶识别序列的 DNA 序列之内或其附近的特异位点上，并切割双链 DNA。它可分为三类：I 类、II 类、III 类。I 类和 III 类酶在同一蛋白质分子中兼有切割和修饰(甲基化)作用且依赖于 ATP 的存在。I 类酶结合于识别位点并随机的切割识别位点不远处的 DNA，而 III 类酶在识别位点上切割 DNA 分子，然后从底物上解离。II 类由两种酶组成：一种为限制性内切核酸酶(限制酶)，它切割某一特异的核苷酸序列；另一种为独立的甲基化酶，它修饰同一识别序列。II 类中的限制性内切核酸酶在分子克隆中得到了广泛应用，它们是重组 DNA 的基础。绝大多数 II 类限制酶识别长度为 4~6 个核苷酸的回文对称特异核苷酸序列(如 *EcoR* I 识别六个核苷酸序列：5′-G↓AATTC-3′)，有少数酶识别更长的序列或简并序列。II 类酶切割位点在识别序列中，有的在对称轴处切割，产生平末端的 DNA 片段(如 *Sma* I：5′-CCC↓GGG-3′)；有的切割位点在对称轴一侧，产生带有单链突出末端的 DNA 片段称黏性末端，如 *EcoR* I 切割识别序列后产生两个互补的黏性末端：5′···G↓AATTC···3′→5′··· G—AATTC···3′；3′···CTTAA↑G ···5′→3′··· CTTAA G···5′。

2. 实验材料及试剂

待测基因组 DNA 或克隆 DNA，琼脂糖，限制性内切核酸酶 *Dra* I，*EcoR* I，*EcoR* V，*Hind* III 等及其酶切缓冲液，5×TBE 电泳缓冲液，电泳载样缓冲液：0.25% 溴酚蓝，40%(m/V)蔗糖水溶液，储存于 4℃。溴化乙锭(EB 溶液母液：将 EB 配制成 10mg/mL，用铝箔或黑纸包裹容器，储于室温即可)。

3. 实验步骤

(1) 取 10μL DNA 于 0.8% 凝胶检测。

(2) 将 DNA 调节浓度至 300~400ng/μL。

(3) 仔细阅读将所用的任何一种酶产品说明书，熟悉反应条件及酶切的储存浓度(10~50U/μL)厂家配套试剂。

(4) 计算据反应条件所需要的各种试剂准确用量(0.5mL 离心管中)：

DNA(3~5μg)　　　　10μL
10×缓冲液　　　　　1.5μL
酶(15U/μL)　　　　　0.8μL(冰上)
ddH$_2$O　　　　　　2.7μL

混匀，短暂离心。

(5) 37℃温浴 1~2h(纯 DNA)或 10h(粗制 DNA)。

(6) 加入上样缓冲液终止酶切反应，也可 65℃加热 10min 使酶变性失活。

(7) 电泳检测酶切效率：每个样品取 1/10 量用琼脂糖电泳检测，制胶及点样方法同上。

4. 结果分析

(1) 若水稻 DNA 呈现均匀连续分布的一片，则酶切效果好，否则需重做。

(2) DNA 被切烂：DNA 降解，重新提 DNA。

(3) DNA 切不动：杂质多(多糖、蛋白质、酚类、有机溶剂等)，重新纯化。

(4) 若是 BAC 克隆 DNA，酶切后应出现多条很清晰的不同大小 DNA 带。

5. 注意事项

(1) 酶切时所加的 DNA 溶液体积不能太大，否则 DNA 溶液中其他成分会干扰酶反应。

(2) 酶活力通常用酶单位(U)表示，酶单位的定义是在最适反应条件下，1h 完全降解 1 mg λDNA 的酶量为一个单位，但是许多实验制备的 DNA 不像λDNA 那样易于降解，需适当增加酶的使用量。反应液中加入过量的酶是不合适的，除考虑成本外，酶液中的微量杂质可能干扰随后的反应。

(3) 市场销售的酶一般浓度很大，为节约起见，使用时可事先用酶反应缓冲液(1×)进行稀释。另外，酶通常保存在 50%的甘油中，实验中，应将反应液中甘油浓度控制在 1/10 之下，否则，酶活性将受影响。

(4) 观察 DNA 离不开紫外透射仪，可是紫外线对 DNA 分子有切割作用。从胶上回收 DNA 时，应尽量缩短光照时间并采用长波长紫外灯(300~360nm)，以减少紫外线对 DNA 的切割。

(5) EB 是强诱变剂并有中等毒性，配制和使用时都应戴手套，并且不要把 EB 洒到桌面或地面上。凡是沾污了 EB 的容器或物品必须经专门处理后才能清洗或丢弃。

(6) 当 EB 太多，胶染色过深，DNA 带看不清时，可将胶放入蒸馏水冲泡，30min 后再观察。

(7) 在做多个同类酶切反应预混液时，水要多加 1~5μL(当然不能超过预混液总体积的 5%)，以防止最后一管酶液不够的尴尬局面。

(8) 记住所用酶的特性，不光体现在缓冲液的选择上，也体现在记住不同限制酶稳定性上。如 *Bam*H I 5h 内稳定(37°)，而 *Bgl* II 16h 内都保留 100%的活性；那么在用酶时，如果能反应 16h，就可以采用 *Bam*H I：*Bgl* II = 2∶1 的用量了。

(9) 如果反应较长时间而酶切体系又很小比如 10μL，那么即使用 PCR 小管做反应，体积损失也会很大。采用石蜡油覆盖的方法可避免水分损失使甘油浓度提高而引起的星活性。

6. 酶切反应建议

1) 建立一个标准的酶切反应

目前大多数研究者遵循一条规则，即 10 个单位的内切酶可以切割 1μg 不同来源和纯度的 DNA。通常，一个 50μL 的反应体系中，1μL 的酶在 1×NE 缓冲液终浓度及相应温度条件下反应 1h 即可降解 1μg 已纯化好的 DNA。如果加入更多的酶，则可相应缩短反应时间；如果减少酶的用量，对许多酶来说，相应延长反应时间(不超过 16h)也可完全反应。

2) 选择正确的酶

不言而喻，选择的酶在底物 DNA 上必须至少有一个相应的识别位点。识别碱基数目少的酶比碱基数目多的酶更频繁地切割底物。假设一个 G + Cmol%50% 的 DNA 链，一个识别 4 个碱基的酶将平均在每 4^4(256)个碱基中切割一次；而一个识别 6 个碱基的酶将平均在每 4^6(4096)碱基切割一次。内切酶的产物可以是黏端的(3′或 5′突出端)，也可以是平末端的片段。黏端产物可以与相容的其他内切酶产物连接，而所有的平末端产物都可以互相连接。

3) 酶

内切酶一旦拿出冰箱后应当立即置于冰上。酶应当是最后一个被加入到反应体系中(在加入酶之前所有的其他反应物都应当已经加好并已预混合)。酶的用量视在底物上的切割频率而定。例如，超螺旋和包埋法切割的 DNA 通常需要超过 1U/μg 的酶才能被完全切割。

4) DNA

待切割的 DNA 应当已去除酚、氯仿、乙醇、EDTA、去污剂或过多盐离子的污染，以免干扰酶的活性。DNA 的甲基化也应该是酶切要考虑到的因素。

5) 缓冲液

对于每一种酶 NEB 都提供相应的最佳缓冲液，可保证几乎 100%的酶活性。使用时的缓冲液浓度应为 1×。有的酶要求 100μg/mL 的 BSA 以实现最佳活性。在这种情况下，我们也相应提供 100×的 BSA(10 mg/mL)。不需要 BSA 的酶如果加了 BSA 也不会受太大影响。

6) 反应体积

内切酶活力单位的定义是 1h 内，50μL 反应体积中，降解 1μg 的底物 DNA 所需的酶为一个活力单位。因此酶：DNA 的反应比例可以由此确定。较小的反应体积更容易受到移液器误差的影响。为了将甘油的浓度控制在 5%以下，要注意酶的体积不要超过总体积的 10%(一般酶都储存于 50%的甘油中)。

7) 混合

这是非常重要然而常常被忽略的一步。想要反应完全，必须使反应液充分混合。推荐用枪反复吸取混合，或是用手指轻弹管壁混合，然后再快速离心一下即可。注意：不可振荡。

8) 反应温度

大部分酶的反应温度为 37℃；从嗜热菌中分离出来的内切酶则要求更高的温度。一般为 50~65℃。

9) 终止反应

如果不进行下一步酶切反应,可用终止液来终止反应。在 NEB 使用如下反应终止液：50%的甘油，50mmol/L EDTA(pH8.0)，和 0.05%溴酚蓝(10μL/50μL 反应液)。如果要进行下一步酶切反应，可用热失活法终止反应(65℃或 85℃，20min)。热失活并不能适用于所有的酶，此外，酚/氯仿抽提也可以用于终止反应。

10) 对照反应

如果发现 DNA 底物不能被成功切开，可以进行对照实验以查明原因。具体方法如下：将不加内切酶的底物 DNA(待切底物)与加入了内切酶的对照 DNA(有多个已知酶切位点)同时进行反应。若实验结果表明底物 DNA 降解，则说明 DNA 在纯化过程中或反应液里引入了核酸酶污染；若实验结果发现底物 DNA 保持完整，而对照 DNA 被成功切开，则可以排除酶质量的原因，此时可以将对照 DNA 和待切底物 DNA 混合起来再次进行反应，以确定样品中是否有抑制剂。如果有抑制剂存在(通常是盐、EDTA 或酚)，则混合物里的对照 DNA 也无法被切开。

(五) 电泳、转膜

1. 实验原理

转膜是把 DNA 从琼脂糖凝胶中转移到固相支持物(一般是尼龙膜)上固定，是进行各种后续研究(如 RFLP 分析，阳性克隆的筛选验证等所有涉及分子杂交的研究)的前提。

1) 转膜的方式

向上的毛细管转移、向下的毛细管转移、同时向两张膜转移、电转移、真空转移。

2) 固相支持物的种类及选择

硝酸纤维素膜：非共价结合，易脆，易丢失 DNA，<500bp 的 DNA 无效，转膜前的工作(从提高转膜效率，利于转膜后使用等)

尼龙膜(带正电荷的)高强度，不易破损，具有较大的 DNA 结合容量，它能够吸附变性 DNA，核酸以共价结合方式不可逆的结合在尼龙膜上。尼龙膜两边均有同样吸附 DNA 功能，无论用哪边均可以经久耐用，可反复利用 10 次以上(10~20 次)，经毛细管(毛细吸附)作用，把 DNA 从凝胶上转到膜上。DNA 转到膜上是复制胶上的带型，在 80~100℃ 真空干燥 2~4h，即可固定 DNA。

3) 转移缓冲液的选择

带正电荷的尼龙膜：可用高盐离子强度(SSC)，但不能充分发挥膜潜能；0.4mol/L NaOH，共价结合 DNA 是最大优点。

硝酸纤维膜：高盐离子强度促进 DNA 与膜结合(20×SSC)，低盐离子强度导致小片段 DNA 在转移过程中丢失，pH>9，DNA 不能与膜结合。

4) 转膜时间约 12h

取决于毛细管系统，DNA 大小，胶厚度(<5mm)及浓度(<1%)。

DNA 相对分子质量大小决定时间长短，部分去嘌呤小 DNA，碱转移 2h 大部分结合到膜。

DNA 转移的效率较难判断，只有在转膜结束后，通过 EB 染胶及分子杂交才可以鉴别效率高低，但已无补救措施，因此，每一步应严格操作。

2. 实验材料及试剂

酶消化好的 DNA 样品，尼龙膜，0.2mol/L HCl，0.4mol/L NaOH 等

3. 实验步骤

(1) 0.8%琼脂糖电泳。①制胶：注意琼脂糖的质量，胶的浓度，厚度(<5mm)及均一性。一般大电泳槽配制 250mL 0.8%琼脂糖凝胶，采用 42 孔梳子(经济，高效)。②制样，点样：DNA 样品中指示剂量稍多。③电泳：一般 1~1.5V/cm 的电压，使 DNA 迁移到适当距离，一般指示剂移动 10~11cm [大电泳槽：40V×(12~15)h，小电泳槽 30V×(4~5) h]。

(2) 转膜前的准备。依胶大小每块凝胶准备两张比胶稍大的滤纸(11cm × 12.5cm),两张用作盐桥的滤纸,一张与胶同样大小的尼龙膜(10cm × 10.5cm),两个玻璃盘、两块有机玻璃板、一根玻璃棒,比尼龙膜稍大的一叠吸水纸等。

(3) 一玻璃盘中加入足量的 0.4mol/L NaOH,放上洗净的玻璃板,搭制盐桥。

(4) 凝胶的预处理。①从电泳槽中移出凝胶置于塑料板上,用切胶板把胶切成适当大小,切去右上角(最后一个样品的最前端)作为电泳方向记号。②把凝胶翻面,放入加有足量的 0.2mol/L HCl 玻璃盘中,轻轻摇动 10min,使指示剂变黄色为止(脱嘌呤)。③倒去 HCl 溶液,加蒸馏水漂洗凝胶。④倒去蒸馏水,加 0.4mol/L NaOH 中和。⑤同时在盐桥滤纸上洒些 0.4mol/L NaOH,立即将胶放在盐桥上(忌气泡)。

(5) 胶的四周用塑料片与胶紧紧相连,防止短路(吸水纸与盐桥相接)。

(6) 在胶面上倒足够量 0.4mol/L NaOH,小心放置膜(预湿 0.4mol/L NaOH)使膜覆盖整块胶(要求一次成功,不能移动)。

(7) 膜上放 2 张滤纸,滤纸大小为 15cm × 12cm。

(8) 放不少于 5cm 厚的吸水纸,放上玻板,其上压约 500g 的重物,转膜 12h 左右。

(9) 转膜完毕,用 2 × SSC 漂洗膜两次,各 5min。用 EB 染胶以检测转移效果。

(10) 用两张滤纸包住膜,置于 80~100℃的真空干燥箱中,干燥 2~4h。

(六) Southern blott

1. 实验原理

对于大的基因组,DNA 酶切图谱凭肉眼是分辨不开的(EB 染色),因为大小不等的分子呈现弥散分布,只有借助灵敏的放射性核素(或其他化学发光物质),将靶 DNA 在凝胶上(膜上)的带型通过特定的探针与之杂交,转换成 X 射线底片上直观的带型,才能进行相关分析。另外如果需要鉴定或寻找与已知 DNA 同源的 DNA 片段,如染色体步查、基因组文库的评价和利用、阳性克隆的分析鉴定、转基因拷贝数分析等也都需进行 DNA 的分子杂交实验。依据碱基配对原则,用放射性核素标记的 DNA 探针,与固着在膜上的靶 DNA 杂交,经放射自显影,确定靶 DNA 的位置。

1) 预杂交

膜上有许多没有结合 DNA 分子的地方,若不在杂交前用一些封闭剂结合位点,加入探针后,探针 DNA 分子将会结合在这些位点上,导致杂交背景深,预杂交的目的是用非特异性DNA分子(鲑鱼精子DNA)及其他高分子化合物(封闭剂)将待杂交膜中的非特异性位点封闭,从而减少杂交背景。

2) 探针的标记

体外标记 DNA 或 RNA 的方法有多种,如末端标记,随机引物标记,缺刻平移(nick translation),体外转录(*in vitro* transcription)及各类 PCR 等。这些方法有的是在特定位置标记核酸(5′末端或 3′末端),有的标记核酸分子内部的多个位点。有的产物是标记单链,有的产物是标记双链。有的方法产生一定长度的标记产物,有的得到的是长短不一的标记产物。

随机引物标记:在 DNA 聚合酶的作用下,寡核苷酸通过与单链的模板配对可以启动 DNA 的合成。如果寡核苷酸序列是不同源的(heterogeneous)，引物中包含所有可能的随机序列(如 6 碱基引物则有 $4^6 = 4096$ 种)，可以与任意模板序列相配对在许多位置形成杂交链，四种核苷酸底物中有一种是用放射性核素标记的，因而可产生均匀一致高比活放射性探针。放射性核素标记的探针 DNA 的平均长度与引物的浓度成反比，Klenow 片段去除了 E. coli DNA 聚合酶 I 的 5′→3′的外切酶活性，具有 5′→3′的聚合酶活性及 3′→5′外切酶活性；

引物：可通过用 DNase I 消化牛胸腺 DNA，DNA 合成仪合成或直接从公司购买。放射性核素标记的探针 DNA 的平均长度与引物的浓度成反比 $L = K/(\ln Pc)^{1/2}$，L 是探针 DNA 的平均长度，K 是相关系数，Pc 是引物的浓度，一般可产生 400~600bp 的标记产物。

模板 DNA：线状双连 DNA。环状 DNA 用限制性内切酶切成线状，再标记。用纯化的 DNA 片段做模板标记的探针与用完整的质粒做模板比较，可减少背景。

dNTP：其中一种用放射性核素标记。

3) 杂交

将标记好的探针，加到杂交液中，在一定(温度下)条件下，使探针与膜上的 DNA 杂交。

4) 洗膜

用不同组成及离子强度的(严谨度)溶液，洗去膜上的封闭剂及非特异性杂交的探针。

2. 实验材料及试剂

已转移上 DNA 的尼龙膜，^{32}P 标记的 dCTP，随机引物，20×SSC，10%SDS，X 射线底片，显影液及定影液等。

3. 实验步骤

1) 预杂交

将尼龙膜在 2×SSC 中浸湿，放入杂交袋或杂交管中，加入适量杂交液(杂交液浸没膜)，赶气泡，封口，放入 65℃的杂交箱或恒温摇床中，预杂交 3h 以上，一般 6~12h。

2) 标记探针

反应体系　　　　1 或 2 个杂交膜(19.5cm×9.5cm)

DNA　　　　　　　100ng

dNTP　　　　　　　2.0μL

随机引物　　　　　5.0μL

Klenow 片段(1U/μL)　1μL

α-dCTP*　　　　　　1.0μL

加 ddH$_2$O 至　　　　17.0μL

先将水和 DNA 按反应体系所需的量取至一 1.5μL 离心管中，混匀，短暂离心至管底，放至 100℃干浴中变性 10min，变性探针迅速置于冰浴上 5min，按反应体系将反应混合液(dNTP，随机引物，Klenow 片段)加入变性 DNA 中，在放射性核素操作台上，加入 ^{32}P 标记的 dNTP(α-^{32}P dCTP*，放射性比活>3000Ci/mmol)，30℃温育 3h 以上。

3) 杂交

将标记好的探针，补加 300μL 杂交液，100℃变性(或 0.4mol/L NaOH 变性)，加入杂交袋(盒)中(忌直接加于膜上)。杂交前做标记效率测定，大于 25%可以继续做杂交，过夜杂交。杂交效率受杂交速率及杂交稳定性影响。

4) 洗膜

从低严谨度到高严谨度洗膜液(具体情况而定)。

1×SSC/0.1%SDS 洗膜两次(冷 5min，热 65 ℃，15min)→检测信号强度→0.5×SSC/0.1%SDS 热洗 65 ℃，15min→依情况可有改动 0.2×SSC/0.1%SDS 或 0.1×SSC/0.1%SDS。

5) 包膜

膜从洗膜液中捞出，在滤纸上晾干，膜表面无可见水膜为止(注意：不能太干，以防探针难以洗脱影响再次使用)，用保鲜膜包膜，压 X 射线底片，置于–20℃或–70℃3~7 天(依据信号强弱掌握曝光时间)。

6) 冲洗 X 射线底片

在暗室红灯下取出 X 射线底片，置入显影液中至杂交带显现出来(显影时间依据信号强弱及曝光时间长短可由几秒钟到 2min)，转入清水中漂洗，然后放入定影液中定影至清亮(约 10min)。自来水冲洗干净后，晾干，读片。

7) 膜上探针洗脱

再次使用膜前，必须洗去上次探针。

(1) 0.1%SDS，0.1×SSC   10min
(2) 0.1mol/L NaOH，0.2%SDS   2~3min
(3) 0.2mol/L Tris-HCL，0.2%SDS，0.1×SSC 20min

只洗去探针，而不影响膜上的靶 DNA(因为 DNA 与膜是共价键结合，而 DNA 与探针的结合是氢键结合)。

4．注意事项

1) 杂交效率的影响因素：

(1) 杂交温度：双链 DNA 分子，$T = T_m–(20~25℃)$可达最大杂交率，DNA-RNA 杂交分子则低于 T_m 值 10~15℃。

(2) 离子强度(1.5mol/L NaCl 杂交率最高)。

(3) 双链长度(形成杂交物长度)：杂交率与双链长度成正比。

(4) 探针的复杂程度 (重复性探针可以增加杂交率)。

(5) pH5.0~9.0 基本无影响。

2) 影响杂交稳定性(影响解链温度的)因素：

(1) 离子强度为 0.01~0.4mol/L NaCl，每增加 10×单价阳离子，T_m 上升 16.6℃；

(2) 碱基组成 AT<CG(在 NaCl 溶液中)；

(3) 去稳定剂(destabilizing agent) DNA-DNA 杂交分子，每 1%甲酰胺，T_m 下降 0.6 ℃；6mol/L 尿素可降低 T_m30℃；

(4) 碱基错配：每 1%的错配可使 T_m 降低 1℃；

(5) 双链长度(探针杂交物)>500bp 基本无影响。

3) 整个实验过程中应注意的事项：

(1) 保证转膜质量；

(2) 操作规范；

(3) 提高杂交灵敏度(信号强度)；①探针量及标记量(探针变性)；②比活(性)度≥10^8dpm/U(<10^8弱)；③靶 DNA 量(绝对量，酶切转膜决定；相对量，靶 DNA 相对于探针过量时，完全配对杂交，探针过剩时，完全配对和非严格的完全配对均有发生)；④有惰性聚合物增加灵敏度；10%(m/V)500 000(MW)硫酸葡聚糖或 8%(m/V)PEG6000。对于单链探针，可以增加 10 倍杂交信号，dsDNA 成 100 倍地增加杂交信号。

4) 提高特异性

(1) 高盐溶液促进探针与靶序列的碱基配对 20×SSC 3mol/L NaCl/0.3mol/L Na$_3$Ci；

(2) 杂交后洗膜温度 $T \rightarrow T_m$；

(3) 杂交后洗膜液浓度组成，高严谨度洗膜液使不完全配对的杂交失去稳定，致使探针脱落；

(4) 杂交时间 8h 以后，DNA 探针逐渐退火，少量自由与靶 DNA 杂交；

(5) 探针长度(>1000bp)过长，高严谨度下难洗脱非完全配对杂交探针。

5) 放射性核素

(1) 放射性核素发出的射线主要为α粒子：外照射，一般能量的α粒子穿透能力较弱，射程短，危害性小，稍加防护即可(如手套)；内照射，电离密度大，危害大。β粒子：穿透能力比α粒子强，外照射危害比α粒子大，可引起皮肤的放射损伤。γ射线：穿透能力很强，外照射时危害性很大，应采取切实有效的防护措施。

(2) 放射性活度及单位：放射性活度 A 是指一定量的放射性核素在时间间隔 dt 内发生自发核衰变数 dN 与此时间间隔的比值，即 A=dN/dt。放射性活度的单位是 Becquerel，简称 Bq。1Bq=1 个衰变/s；1Ci=3.7×10^{10}Bq。其不表示放射出射线的多少(如 ^{60}Co，一个原子衰变放出 1 个β粒子和一个γ光子，而一个 ^{32}P 原子只衰变出一个β粒子)，也不表示射线能量的大小。

(3) 辐射防护的目的。防止发生对健康有害的确定性效应(接受放射性治疗的患者除外)，并将随机性损害效应的发生降低到被认为可以接受的水平，从而保障放射工作人员、公众及其后代的健康与安全，提高放射防护措施的效益，促进放射工作的发展。

(4) 放射防护的原则。①辐射实践的正当化：生产必须，医疗必须，科研教学必须；②辐射防护的最优化：综合考虑社会、经济等诸因素之后，使个人剂量的大小、受照人数的多少和不确定发生的照射事件的发生概率可合理达到的低水平；③个人剂量限制：为了保证每个人不致受到不合理的危害，必须制定一个个人剂量限制值，放射工作人员的剂量限制：全身均匀照射的年当量剂量限值 $H_{全身}$ = 50mS$_V$+(S$_V$=辐射有效剂量单位)；不均匀照射时，有效剂量 E 不应超过 $H_{全身}$。

(5) 外照射的防护措施。①距离防护：人体受到照射的剂量率随着离开电离辐射源的距离的增大而减少。剂量率与距离的平方成反比；②时间防护：在剂量率不变时，剂量与时间成正比，即操作时间越短，人员所受到的照射剂量越小(要求放射性作业应操作熟练、操作步骤应尽量简单易行，尽量减少在辐射场所逗留的时间)；③屏蔽防护：利用射线通过物质时，与物质相互作用使其能量被物质吸收而逐渐减弱的原理，可以设置一定的屏障物来进行防护。常用的材料有水、砖、大理石、混凝土、重金属铅等；④利用衰变：可利用放射性物质存在自发衰变，其活性随之减少的原理进行外照射防护。如半衰期小于15天的放射性废物，允许放置10个半衰期后做一般废物处理。

(6) 内照射的防护措施。①防止放射性物质经呼吸道吸入；②防止放射性物质食入；③防止放射性物质经体表进入。

(七) 应用

尽管该方法费时、费力，需要大量的DNA样品，并且在PCR的后处理过程中容易产生污染，同时在操作过程可能接触到对人体有害的放射性核素，但由于该方法灵敏高，可靠，稳定，仍然是目前鉴定转基因外源基因拷贝数的主要方法。王江等(2000)利用Southern技术对转基因水稻中插入的玉米 Ds 转座子因子的拷贝数进行了测定；陈琳等(1998)也利用该方法对所构建的增强纤维蛋白亲和力和延长半衰期的组织型纤溶酶原激活剂(t-PA)突变体表达细胞株的基因拷贝数进行了测定。

二、荧光定量PCR检测方法

聚合酶链反应可对特定核苷酸片段进行指数级的扩增。在扩增反应结束之后，可以通过凝胶电泳的方法对扩增产物进行定性的分析，也可以通过放射性核素掺入标记后的光密度扫描来进行定量的分析。无论定性还是定量分析，分析的都是PCR终产物。但是在许多情况下，我们所感兴趣的是未经PCR信号放大之前的起始模板量或拷贝数。例如，我们想知道某一转基因动植物转基因的拷贝数或者某一特定基因在特定组织中的表达量，在这种需求下荧光定量PCR技术应运而生。实时荧光定量PCR技术于1996年由美国Applied Biosystems公司推出。通过对PCR扩增反应中每一个循环产物荧光信号的实时检测从而实现对起始模板定量及定性的分析。在实时荧光定量PCR反应中，引入了一种荧光化学物质，随着PCR反应的进行，PCR反应产物不断累积，荧光信号强度也等比例增加。每经过一个循环，收集一个荧光强度信号，这样我们就可以通过荧光强度变化监测产物量的变化，从而得到一条荧光扩增曲线图。Ct值与起始模板的关系研究表明，每个模板的Ct值与该模板的起始拷贝数的对数存在线性关系，起始拷贝数越多，Ct值越小。利用已知起始拷贝数的标准品可做出标准曲线，其中，横坐标代表起始拷贝数的对数，纵坐标代表Ct值。因此，只要获得未知样品的Ct值，即可从标准曲线上计算出该样品的起始拷贝数(白卫滨，2006)。

实时荧光定量PCR技术是DNA定量技术的一次飞跃。运用该项技术，可以对DNA、RNA样品进行定量和定性分析。定量分析包括绝对定量分析和相对定量分析。前者可以得到某个样本中基因的拷贝数和浓度；后者可以对不同方式处理的两个样本中的基因表达水平进行比较。除此之外我们还可以对PCR产物或样品进行定性分析：例如，利用熔解曲线分析识别扩增产物和引物二聚体，以区分非特异扩增；利用特异性探针进行基因型分析及SNP检测等。目前实时荧光PCR技术已经被广泛应用于基础科学研究、临床诊断、疾病研究及药物研究开发等领域。其中，最主要的应用集中在以下几个方面：DNA或RNA的绝对定量分析，包括病原微生物或病毒含量的检测，转基因动植物转基因拷贝数的检测，RNAi基因失活率的检测等；基因表达差异分析，例如，比较经过不同处理样本之间特定基因的表达差异(如药物处理、物理处理、化学处理等),特定基因在不同时相的表达差异以及cDNA芯片或差显结果的确证;基因分型,例如,SNP检测,甲基化检测等,在转基因生物拷贝数的检测方面也有了相关应用,随着实时荧光定量PCR技术的推广和普及,该技术必然会在外源基因拷贝数的精准定量方面得到更广泛的应用。

(一) 原理

采用相对定量的方法计算转基因的拷贝数,首先分别根据构建的转基因和内标准基因的定量校正曲线计算出转基因和内标准基因的拷贝数,即根据每一个待测试样定量PCR检测的Ct值和构建的校正曲线计算出转基因和内标准基因的拷贝数;然后再计算出转基因植株中转基因的拷贝数,其中待测试样转基因拷贝数/待测试样内标准基因拷贝数计算的结果即表示转基因植株的外源基因与内标准基因的比值,以水稻为例,水稻是双倍体植物,且水稻单倍体基因组中内标准基因 SPS 为单拷贝的,所以转基因植株的外源基因与内标准基因的比值×2所得的值就是转基因植株外源基因的拷贝数了。$Lg = K_1 \times Ct + K_2$,其中 K_1,K_2 为常数;Lg 为待测基因拷贝数。

植株转基因拷贝数 = (待测试样转基因拷贝数×2)/待测试样内标准基因拷贝数。以一系列浓度梯度的pCAMBIA 1301质粒DNA溶液(109拷贝,107拷贝,105拷贝和103拷贝 1μL)为定量PCR反应扩增模板,构建 Gus 基因和 Hpt 基因的校正曲线(杨蓉,2007)。

(二) 材料和试剂

转基因基因组DNA(酚仿抽提,$OD_{260}/OD_{280} = 1.7\sim1.8$)。
双蒸水(ddH$_2$O)。
限制性内切核酸酶($Hind$ III,EcoR I 等)。
T4 DNA连接酶及其10×缓冲液。
DNA聚合酶及其10×缓冲液。
引物a,b,c,d (20μmol/ml),TaqMan探针(10μmol/ml)。
Master Mix (ABI)。
10mmol/L dNTP等。

(三) 方法

以转基因油菜为例,介绍本方法。

1. 获得目的基因PCR片段

采用高保真酶通过普通PCR扩增内源参照基因 $BnACCg8$ 和外源基因 $GT73$,将扩增的PCR产物纯化后连接到pGEM-T Easy载体,经转化、阳性克隆鉴定等几个步骤后,再送样测序。

2. PCR产物纯化

采用Biospin胶回收试剂盒回收PCR产物,实验步骤如下:
(1) 将含有目的DNA片段的琼脂糖凝胶切下,并放入2.0mL离心管中。

(2) 按 1∶3 的比例(凝胶质量毫克数∶融胶液体积微升数)加入(提取溶液)(每次加入的提取清液最大体积不宜超过 1.2mL)。例如，100mg 凝胶应加入 300μL 提取清液。

(3) 于恒温水浴或金属浴中 55℃孵育，直到凝胶融化。低熔点凝胶可于 50℃孵育，一般孵育时间不多于 10min，孵育过程中每隔 2~3min 混匀一次。

(4) 可选：按 1∶1 的比例(凝胶质量毫克数∶异丙醇体积微升数)加入异丙醇，并混合均匀。一般大于 120bp DNA 片段，不需要加异丙醇。

(5) 将混合液全部转移到柱子内，于 6000g 离心 1min，并弃去接液管内液体。如混合液体积大于 750μL 可先转移 750μL，其余的液体待离心弃液后，再转移。

(6) 向柱子内加 500μL 提取上清液，于 12 000g 离心 30~60s，并弃去接液管内液体。

(7) 向柱子内加 650μL 洗涤清液，于 12 000g 离心 30~60s，并弃去接液管内液体。

(8) 重复第(7)步一次。

(9) 再次于 12 000g 离心 1min，然后将柱子转移到无菌的 1.5mL 离心管中。如不进行该步离心，则无法保证离心柱内残液被彻底清除。

(10) 向柱子内加 50μL 溶解溶液、去离子水或 TE 溶液，并于室温静置 1min。可根据实验的实际需要决定溶解溶液用量。

(11) 于 12 000g 离心 1min，1.5mL 离心管内溶液中含有目的 DNA 片段。

(12) 回收的 DNA 保存于–20℃。

3. 加 A 尾反应

对于在 PCR 扩增中不具有自动加 A 功能的 DNA 聚合酶，在 PCR 产物连接到 T 载体之前需要在产物上加 A 尾巴。

反应在 72℃下进行 20min，反应体系为 30μL，含 0.5μLtaq DNA 聚合酶，1×缓冲液，0.2mmol/L dNTP 混合物，1.5μL 回收产物。

反应完后，加 2 倍体积无水乙醇和 1/10 体积乙酸钠于上述体系中，–20℃沉淀 20~30min，13 000r/min 离心 10min，弃上清液，70%乙醇洗涤，13 000r/min 离心 2min，弃上清，吹干沉淀，加 15μLddH$_2$O。

4. PCR 产物与 pGEM-T Easy 载体连接

连接体系 20μL。其中，含 2×缓冲液：5μL，T 载体：0.5μL，连接酶：1μL，PCR 产物：3.5μL。连接反应于 4℃反应 13h，然后置于–20℃。

5. 重组质粒 DNA 转化

(1) 取 4℃保存的大肠杆菌 DH5α 感受态细胞于冰上融化，轻弹管壁使细胞分散均匀。

(2) 在 100μL 感受态细胞中加入 5~10μL 连接产物，混匀，置于冰上 30min。

(3) 42℃水浴中热激 90s，立即冰浴 2min。

(4) 加入 800μL 无抗生素的 LB 新配制液体培养基，混匀，37℃预培养 1.5h。

(5) 吸取 200μL 菌液涂布于 LB/Amp/IPTG 平板上，37℃过夜培养。

6. 重组质粒的提取

为鉴定插入基因片段的正确性，采用碱裂解法提取转化宿主菌 DH5α 的质粒。质粒

DNA 的小量提取——碱裂解法。

(1) 挑取单菌落接种于 3mL LB 液体培养基(含 Amp50μg/mL)中，37℃振荡培养过夜。

(2) 吸取 1mL 菌液于 1.5mL 的 Eppendorf 管中，12 000g 离心 2min。

(3) 吸取 0.5mL STE 重悬细菌沉淀，12 000g 离心 1min，吸去上清。

(4) 吸取 100μL 冰预冷的 Solution I 重悬细菌沉淀，剧烈振荡，冰浴 5min。

(5) 加入 200μL 新配制的 Solution II，盖紧管口，快速颠倒离心管数次，置于冰上 5min。

(6) 加入 150μL 预冷的 Solution III，轻轻混匀，冰浴 10min。

(7) 4℃，12 000g 离心 5min，吸取上清于另一 1.5mL 的 Eppendorf 管中。

(8) 加入等体积的酚-氯仿-异戊醇(25∶24∶1)，振荡混匀，4℃，12 000g 离心 5min，上清转移至另一 1.5mL 的 Eppendorf 管中。

(9) 加入等体积的异丙醇，−20℃沉淀 30min。

(10) 4℃，12 000g 离心 5min，吸去上清，用 70%乙醇洗涤沉淀，真空干燥；吸取 20μL 含 RNase A(20μg/mL)的灭菌双蒸水溶解质粒 DNA 沉淀，−20℃保存。

7. 重组质粒的酶切鉴定

用 $EcoR$ I 酶切检测目的片段插入情况，建立 20 μL 酶切体系如下：

10 × 缓冲液	2μL
$EcoR$ I	1μL
重组质粒	1μL (1~10μg)
灭菌重蒸水	16μL

反应条件：37℃反应 4h，用 1%琼脂糖凝胶电泳检测酶切结果。

8. 制备标准分子

序列分析确证的质粒，经过线性化，纯化，测定浓度后，才可以作为定量 PCR 的外部标准品。已知浓度的标准分子经过系列稀释，制备成不同浓度的标准品。本实验中标准分子以 10 倍系列稀释方式，制备的标准品浓度依次为(10^6，10^5，10^4，10^3，10^2，10)个拷贝数/μL。拷贝数的计算按照如下公式。

拷贝数(拷贝 / μL) = 6×10^{23} (拷贝 / mol) × DNA 浓度(g / L)/质量 Mw(g / mol)

9. 建立标准曲线

构建的标准分子作为绝对定量外部标准品使用之前，要用限制性内切酶(酶切位点在拼接片段之外)将其线性化，测定浓度，然后按照倍比稀释法稀释成不同浓度的标准品。

本实验用 $EcoR$ I 将构建的质粒 pGT 线性化，经纯化和测定浓度后，按照 10 倍稀释的方法将其制成六个不同浓度的标准品[(10^6，10^5，10^4，10^3，10^2，10)个拷贝数/μL]。此范围足够定量含量为 0.01%~100%(每个反应 100ng 模板)的转基因产品，完全满足欧盟、韩国和日本的定量阈值(分别为 0.9%，3%，5%)。

定量实验的误差是不可避免的。因此，设立重复实验，对数据进行统计处理，可以将误差降低到最小。定量实验的每个样本至少要重复 3 次以上，严格的定量应当重复

6~8 次，以满足小样本统计的要求。本实验在建立标准曲线时，每个样品设置两个平行，三次重复。

1) 建立内源参照基因 *BnACCg8* 定量标准曲线

从表可以看出，标准分子浓度在 10~10^6 个拷贝数/μL 时，平均 Ct 值的变化为 37.59~19.96，Ct 值随着拷贝数的增多而减小。实验的相对标准偏差在 0.18~0.43，变异系数在 0.89%~1.11%，由此可见，实验重现性好。另外，图 9-4 利用 Excel 软件拟合出拷贝数的对数与对应的 Ct 值之间的标准曲线和线性回归方程。该标准曲线的回归方程为

$$y = -3.53x + 41.17, \quad R^2 = 0.9995$$

式中，x 为质粒标准品拷贝数的对数值，y 为 Ct 值，R^2 为线性相关系数。R^2 为 0.9995，DNA 浓度和荧光值之间具有较好的线性关系。

此外，通过下式计算出 PCR 效率为 92%，这说明 PCR 扩增体系较理想。

$$E = 10^{(-1/\text{斜率})} - 1$$

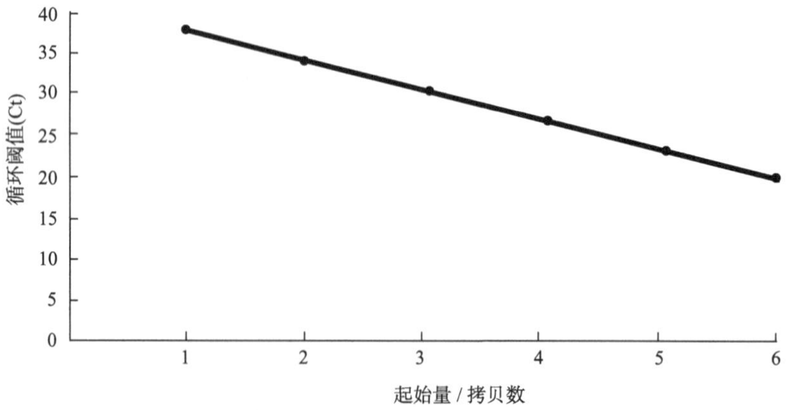

图 9-4 由标准分子建立的 GT73 油菜种属特异性实时定量 PCR 标准曲线

2) 建立外源基因 *GT73* 定量标准曲线

从表 9-3 可以看出，标准分子浓度范围在 10~10^6 个拷贝数/μL 时，平均 Ct 值的变化范围为 38.16~20.22，随着标准品的拷贝数增多，Ct 值呈减小趋势。此外，实验标准偏差在 0.21~0.63，变异系数在 0.96%~1.67%，这表明实验结果具有较好的重现性。利用 Excel 软件拟合出拷贝数的对数与对应的 Ct 值之间的标准曲线和线性回归方程。该标准曲线的回归方程为

$$y = -3.57x + 41.70, \quad R^2 = 0.9992 \text{ (图 9-5)}。$$

式中，x 为质粒标准品拷贝数的对数值，y 为 Ct 值，R^2 为线性相关系数。R^2 为 0.9992，这表明用标准分子建立的定量检测体系是可行的。

此外，通过公式计算出 PCR 效率 91%，表明该定量体系较理想。

表 9-3　质粒标准品建立标准曲线时的数据

标准分子拷贝数/(个/μL)	重复	种系特异性 Ct 循环1	循环2	循环3	平均Ct值	测得拷贝数	标准偏差	变异系数/%	转化事件特异性 Ct 循环1	循环2	循环3	平均Ct值	测得拷贝数	标准偏差	变异系数/%
10	1	36.93	37.91	38.06	37.59	10.32	0.43	1.11	37.97	38.29	38.43	38.16	9.82	0.63	1.67
	2	37.2	37.68	37.74					38.21	37.96	38.09				
100	1	33.86	34.19	34.67	34.12	99.25	0.38	1.11	33.82	34.91	34.37	34.43	109.9	0.43	1.24
	2	33.61	34.01	34.39					34.06	34.81	34.59				
1000	1	30.16	30.69	30.48	30.59	992.27	0.31	1.00	30.85	31.13	30.79	31.01	992.41	0.38	1.22
	2	30.42	31.03	30.78					31.18	31.07	31.04				
10 000	1	27.54	26.93	27.46	27.16	9294.33	0.27	1.00	27.28	27.49	27.91	27.62	8854.76	0.27	0.96
	2	26.91	27.04	27.04					27.59	27.78	27.67				
100 000	1	23.09	23.39	23.41	23.46	103 822	0.24	1.04	23.62	23.54	23.94	23.85	100 973	0.25	1.04
	2	23.42	23.74	23.73					23.83	23.93	24.23				
1 000 000	1	19.67	20.11	20.16	19.96	1 017 899	0.18	0.89	19.97	20.04	20.52	20.22	1 051 918	0.21	1.01
	2	19.94	20.01	19.87					20.21	20.38	20.21				
斜率		−3.45	−3.55	−3.59	−3.53	/	/	/	−3.55	−3.61	−3.54	−3.57	/	/	/
Y 截距		40.65	41.31	41.55	41.17	/	/	/	41.47	41.92	41.69	41.70	/	/	/
相关系数 R^2		0.999	1	1	0.99905	/	/	/	0.999	1	0.999	0.9992	/	/	/
扩增效率 E/%		95	91	90	92	/	/	/	91	89	92	91	/	/	/

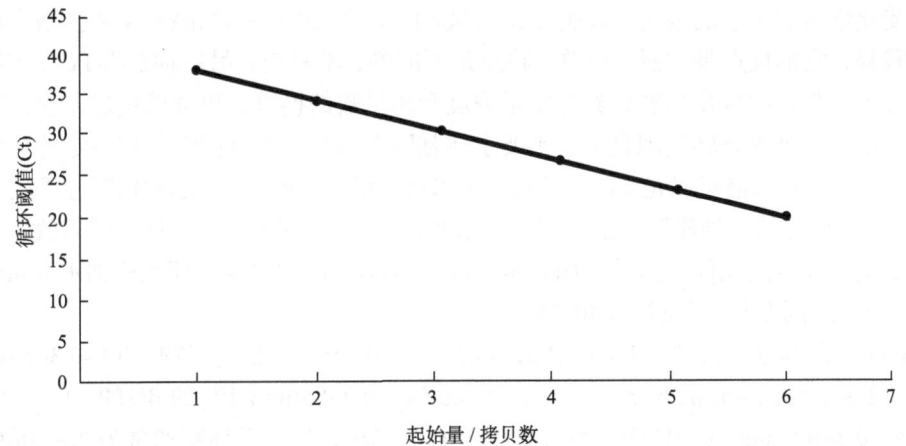

图 9-5　由标准分子建立的 GT73 油菜转化事件特异性实时定量 PCR 标准曲线

10. 样品拷贝数计算

油菜是单倍体植物，且油菜单倍体基因组中内标准基因 SPS 为单拷贝的，所以转基因植株的外源基因与内标准基因的比值就是转基因植株外源基因的拷贝数了。

$Lg = K_1 \times Ct + K_2$,其中,K_1,K_2 为常数;Lg 为待测基因拷贝数。

植株转基因拷贝数 = (待测试样转基因拷贝数 × 2)/待测试样内标准基因拷贝数。

(四) 注意事项

(1) 大量阅读相关的背景资料后,根据自己所要研究的基因名称,在 GenBank 中找到相应的基因序列。

(2) 用引物设计软件 Primer5.0、Oligo6.0 或 Beacon designs3.0 进行引物探针的设计。引物设计通常遵守如下原则:①引物与模板的序列要紧密互补;②引物与引物之间避免形成稳定的二聚体或发夹结构;③引物不能在模板的非目的位点引发 DNA 聚合反应(即错配);④引物长度通常在 20~25bp,T_m 值在 55~65℃,(G+C)mol%在 40%~60%,产物大小在 100~250bp;⑤引物的 3′末端避免使用碱基 A;引物 3′末端避免出现 3 个以上连续相同的碱基;⑥为避免基因组的扩增,引物设计最好能跨两个外显子。

探针设计通常遵守如下原则:①探针位置尽可能地靠近上游引物;②探针长度通常在 20~30bp,T_m 值在 65~70℃,通常比引物高 5~10℃,(G + C)mol%在 40%~70%;③探针的 5′末端应避免使用碱基 G;④整条探针中,碱基 C 的含量要明显高于 G 的含量。

(3) 为确保引物探针的特异性,最好将设计好的序列在 Blast 中核实一次,如果发现有非特异性互补区,建议重新设计引物探针。

(4) 根据仪器特点和个人的喜好,选择标记的荧光素种类。如 FAM、Texas red、LC-Red640、LC-Red705 等,同时确定荧光定量 PCR 的方法,选择 TaqMan 或 Beacon 等,可参考前面所述。

(5) 选择高品质的引物探针合成商。

(6) 外标准品的制备。一种是化学合成目的基因,它的优点是纯度高、定量准确,缺点是受化学合成工艺的限制,只能合成 120bp 以下的长度;一种是将 PCR 扩增产物直接梯度稀释,它的优点是方便、简单,缺点是不准确、不稳定;另一种是将 PCR 产物克隆到载体上,然后抽提出质粒,经过测量浓度和拷贝数的换算,可准确定量,它的优点是稳定、准确。如果是转基因食品,则要求转基因食品与非转基因食品按一定的比例混合做成标准品。稀释液可以是 TE 或者去离子水保存液。拷贝数 = (质量/相对分子质量) × 6.0×10^{23}。合成好的引物探针,最好用双蒸水稀释成 25pmol/μL 的浓度,然后放 −20℃ 保存,还应该注意避光保存探针。如果是配成 25pmol/μL 的浓度,那么所加水的量(μL)是:(OD 值×33)/相对分子质量 × 40 000。

(7) PCR 反应液的配制。1 × PCR 缓冲液、0.3~0.5pmol/μL 的引物、0.1~0.3pmol/μL 的探针、2.5~4.0mmol/L 的 Mg^{2+}、1~2U 的 Taq 酶、0.2~0.4mmol/L 的 dNTP、0.2~1U 的 UNG 酶、0.3~0.6mmol/L dUTP、通常取 2~5μL 的模板、反应总体积通常为 20~50μL(以上所有的浓度都是指终浓度)。

(8) PCR 扩增程序的设定。在 ABI 荧光仪器上,通常是先 50℃10min,95℃5min,然后 95℃20s,60℃60s,循环 40 次,在 60℃时,设定荧光检测点。

(9) 为确保实验数据的有效性,每次实验都设阴性对照和 4 个标准品,每个样品都平行做 2 个复孔。

(10) 基线或阈值的设定。通常是以 3~15 个循环的荧光值作为阈值,也可以以阴性对照荧光值的最高点作为基线。

(五) 应用

Southern 杂交作为一种传统的外源基因检测法，其准确性已经得到了大家的普遍认可。而定量 PCR 是一种新近发展的技术，它通过扩增产物估算起始拷贝数，具有灵敏、快速、高通量等优点，但 PCR 反应过程中起始模板数微小的差异或是反应效率的微小变化都将使结果产生较大幅度的偏差，这就需要在实验中设置多个重复尽量减少误差。通过近年来定量 PCR 和 Southern 杂交方法的相互比较验证，发现用定量 PCR 法和 Southern 杂交法检测转基因拷贝数的结果十分接近，因此定量 PCR 也是一种有效的转基因拷贝数分析方法。

在利用这两种方法检测转基因拷贝数时常发现有小部分结果不一致，主要表现为用定量 PCR 法检测的转基因外源拷贝数常多于 Southern 杂交法检测结果。如 Ingham 等(2001)检测转基因玉米外源基因拷贝数时发现，有两个样品在定量 PCR 检测结果是 2 个拷贝数，而在 Southern 杂交检测结果却只有一条带。杨立桃等(2005)同样发现有 3 株定量 PCR 法检测的拷贝数高于 Southern 杂交。这种不一致可能是由多种原因造成的，比如 Southern 杂交法采用酶切-电泳的方法，在同一个插入位点有多拷贝的 T-DNA 片段插入时，转基因植株的基因组在完全酶切时会产生相似的 DNA 片段，在电泳时难以分辨清楚，导致 Southern 杂交分析结果产生偏差，同时基因重排、消化不完全、显影时本底高低以及胶片上条带的主观判断等都可能造成对拷贝数的错误估计，而在定量 PCR 中，只有基因重排会影响拷贝数的检测结果理论上来说，实时 PCR 所检测出的拷贝数可能更接近于客观事实。因此，对于在育种工作中筛选低拷贝或者单拷贝的转基因株系来说，定量 PCR 法所提供的准确度足以满足育种工作需求，同时还简单、方便。随着该技术的普及和发展，检测成本也会逐渐降低。

第三节 外源基因表达产物的检测

外源基因表达产物的检测既是对转基因生物能否有效表达产物的验证，也是环境安全中评估害虫抗性是否容易产生的依据，也是食用安全评价中的一个指标。外源基因表达产物的检测主要是采用对蛋白质检测的方法，利用抗原与抗体特异性反应的特性对抗原和抗体进行量和质的测定分析。这类分析方法具有特异、灵敏和快速的特点，有的可以表现出一个氨基酸分子的差异，如用单克隆抗体进行检测的方法；有些测定的量可达到微克甚至纳克的水平，如 ELISA、放射免疫法等。近年来，针对外源表达蛋白质的检测方法是常用的转基因产品快速检测方法之一，其中，建立在 ELISA 基础上的方法尤为广泛。

一、酶联免疫吸附法

ELISA 是酶联免疫吸附测定(enzyme-linked immunosorbent assay)的简称。近二十几年来，免疫学分析方法发展很快，特别是在使用标记了的抗原和抗体的分析技术以后，使原来许多经典的分析方法在敏感性和特异性方面都不能相比。继 20 世纪 50 年代的免疫荧光(IFA)和60年代的放射免疫(RIA)分析技术之后，1971年Engvall和Perlmann发表了酶联免疫吸附测定用于IgG定量测定的文章，使得1966年开始用于抗原定位的酶标抗体技术发展成液体标本中微量物质的测定方法，建立了用酶来标记抗原或抗体的分析技术。它是继免疫荧光和放射免疫技术之后发展起来的一种免疫酶技术，是一种用酶标记抗原或抗体的方法。由于酶的高效生物催化作用，一个酶分子在数分钟内可以催化几十几百个底物分子发生反应，产生了放大作用，使得原来极其微乎其微的抗原或抗体在数分钟后就可被识别出来(白卫滨，2006)。

ELISA试验是一种敏感性高，特异性强，重复性好的实验诊断方法。将抗原、抗体免疫反应的特异性和酶的高效催化作用原理有机地结合起来，可敏感地检测体液中微量的特异性抗体或抗原。此项技术自20世纪70年代初问世以来，发展十分迅速，由于其试剂稳定、易保存，操作简便，结果判断较客观等因素，目前已被广泛用于生物学和医学科学的许多领域。

(一) ELISA基本原理

ELISA是以免疫学反应为基础，将抗原、抗体的特异性反应与酶对底物的高效催化作用相结合起来的一种敏感性很高的试验技术。

ELISA基础是抗原或抗体的固相化及抗原或抗体的酶标记，基本原理有三条：①抗原或抗体能以物理性地吸附于固相载体表面，可能是蛋白质和聚苯乙烯表面间的疏水性部分相互吸附，并保持其免疫学活性；②抗原或抗体可通过共价键与酶连接形成酶结合物，而此种酶结合物仍能保持其免疫学和酶学活性；③酶结合物与相应抗原或抗体结合后，可根据加入底物的颜色反应来判定是否有免疫反应的存在，而且颜色反应的深浅是与标本中相应抗原或抗体的量成正比例的，因此，可以按底物显色的程度显示试验结果。

由于抗原、抗体的反应在一种固相载体——聚苯乙烯微量滴定板的孔中进行，每加入一种试剂孵育后，可通过洗涤除去多余的游离反应物，从而保证试验结果的特异性与稳定性。

在测定时，把受检标本(测定其中的抗体或抗原)和酶标抗原或抗体按不同的步骤与固相载体表面的抗原或抗体起反应。用洗涤的方法使固相载体上形成的抗原抗体复合物与其他物质分开，最后结合在固相载体上的酶量与标本中受检物质的量成一定的比例。加入酶反应的底物后，底物被酶催化变为有色产物，产物的量与标本中受检物质的量直接相关，故可根据颜色反应的深浅进行定性或定量分析。由于酶的催化频率很高，故可极大地放大反应效果，从而使测定方法达到很高的敏感度。

(二) ELISA的类型

ELISA可用于测定抗原，也可用于测定抗体。在这种测定方法中有三个必要的试剂：①固相的抗生素原或抗体，即"免疫吸附剂"；②酶标记的抗原或抗体，称为"结合物"；③酶反应的底物。根据试剂的来源和标本的情况以及检测的具体条件，可设计出各种不同类型的检测方法。ELISA主要有以下几种类型：

1. 双抗体夹心法测抗原

双抗体夹心法是检测抗原最常用的方法，操作步骤如图9-6所示：

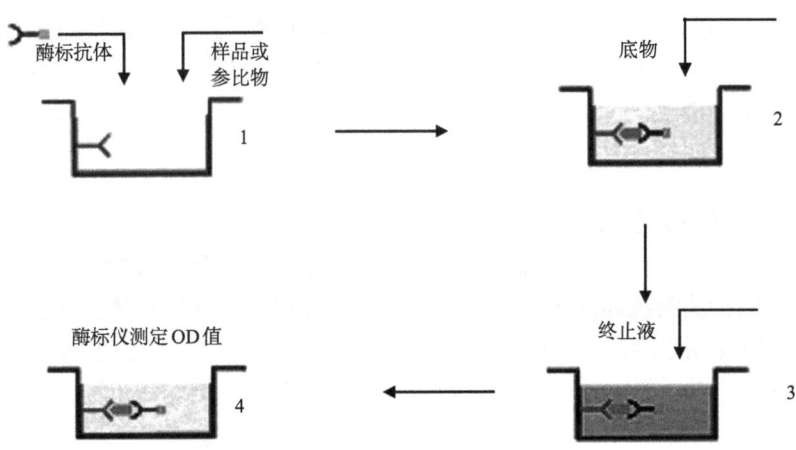

图9-6 双抗体夹心法原理

(1) 将特异性抗体与固相载体联结，形成固相抗体。洗涤除去未结合的抗体及杂质。

(2) 加受检标本，保温反应。标本中的抗原与固相抗体结合，形成固相抗原抗体复合物。洗涤除去其他未结合物质。

(3) 加酶标抗体，保温反应。固相免疫复合物上的抗原与酶标抗体结合。彻底洗涤未结合的酶标抗体。此时固相载体上带有的酶量与标本中受检抗原的量相关。

(4) 加底物显色。固相上的酶催化底物成为有色产物。通过比色，测知标本中抗原的量。此法适用于检验各种转基因植物外源蛋白质等大分子抗原，例如，BtCry1Ac、BtCry2Aa/2Ab、EPSPS 等。只要获得针对受检抗原的异性抗体，就可用于包被固相载体和制备酶结合物而建立此法。如抗体的来源为抗血清，包被和酶标用的抗体最好分别取自不同种属的动物。如应用单克隆抗体，一般选择两个针对抗原上不同决定簇的单抗，分别用于包被固相载体和制备酶结合物。这种双位点夹心法具有很高的特异性，而且可以将受检标本和酶标抗体一起保温反应，做一步检测。

在一步法测定中，当标本中受检抗原的含量很高时，过量抗原分别和固相抗体及酶标抗体结合，而不再形成"夹心复合物"。类同于沉淀反应中抗原过剩的后带现象，此时反应后显色的吸光值(位于抗原过剩带上)与标准曲线(位于抗体过剩带上)某一抗原浓度的吸光值相同，如按常法测读，所得结果将低于实际的含量，这种现象被称为钩状效应(hook effect)，因为标准曲线到达高峰后呈钩状弯落。钩状效应严重时，反应甚至可不显色而出现假阴性结果。因此在使用一步法试剂测定标本中含量可异常增高的物质时，应注意可测范围的最高值。用高亲和力的单克隆抗体制备此类试剂可削弱钩状效应。

假使在被测分子的不同位点上含有多个相同的决定簇，例如，HBsAg 的 a 决定簇，也可用针对此决定的同一单抗分别包被固相和制备酶结合物。但在 HBsAg 的检测中应注意亚型问题，HBsAg 有 adr、adw、ayr、ayw4 个亚型，虽然每种亚型均有相同的 a 决定簇的反应性，这也是用单抗做夹心法应注意的问题。

双抗体夹心法测抗原的另一注意点是类风湿因子(RF)的干扰。RF 是一种自身抗体，多为 IgM 型，能和多种动物 IgG 的 Fc 段结合。用作双抗体夹心法检测的血清标本中如含有 RF，它可充当抗原成分，同时与固相抗体和酶标抗体结合，表现出假阳性反应。采用 F(ab')或 Fab 片段作为酶结合物的试剂，由于去除了 Fc 段，从而消除 RF 的干扰。双抗体夹心法 ELISA 试剂是否受 RF 的影响已被列为这类试剂的一项考核指标。双抗体夹心法适用于测定二价或二价以上的大分子抗原，但不适用于测定半抗原及小分子单价抗原，因其不能形成两位点夹心。

2. 双抗原夹心法测抗体

反应模式与双抗体夹心法类似。用特异性抗原进行包被和制备酶结合物，以检测相应的抗体。与间接法测抗体的不同之处为以酶标抗原代替酶标抗抗体。此法中受检标本不需稀释，可直接用于测定，因此其敏感度相对高于间接法。乙肝标志物中抗 HBs 的检测常采用本法。本法关键在于酶标抗原的制备，应根据抗原结构的不同，寻找合适的标记方法。

3. 间接法测抗体

间接法(图9-7)是检测抗体常用的方法。其原理为利用酶标记的抗抗体(抗人免疫球蛋白抗体)以检测与固相抗原结合的受检抗体，故称为间接法。操作步骤如下：

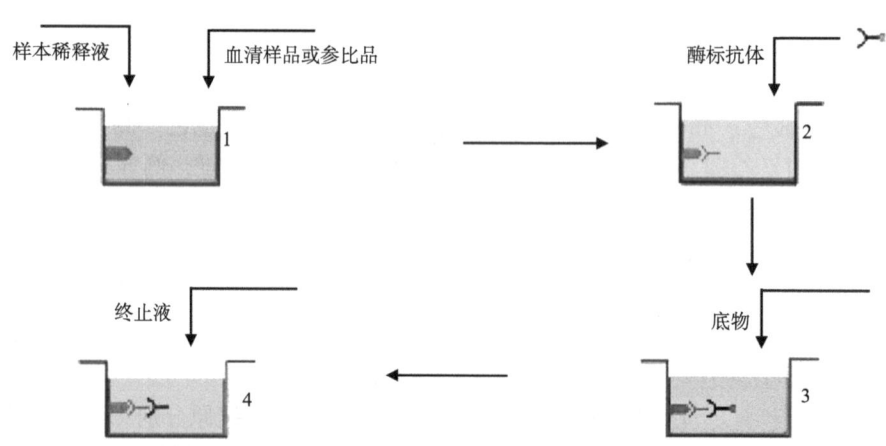

图9-7 间接法检测抗体原理

(1) 将特异性抗原与固相载体联结，形成固相抗原。洗涤除去未结合的抗原及杂质。

(2) 加稀释的受检血清，保温反应。血清中的特异抗体与固相抗原结合，形成固相抗原抗体复合物。经洗涤后，固相载体上只留下特异性抗体，血清中的其他成分在洗涤过程中被洗去。

(3) 加酶标抗抗体。可用酶标抗人 Ig 以检测总抗体，但一般多用酶标抗人 IgG 检测 IgG 抗体。固相免疫复合物中的抗体与酶标抗抗体结合，从而间接地标记上酶。洗涤后，固相载体上的酶量与标本中受检抗体的量正相关。

(4) 加底物显色。

本法主要用于对病原体抗体的检测而进行传染病的诊断。间接法的优点是只要变换包被抗原就可利用同一酶标抗抗体建立检测相应抗体的方法。

间接法成功的关键在于抗原的纯度。虽然有时用粗提抗原包被也能取得实际有效的结果，但应尽可能予以纯化，以提高试验的特异性。特别应注意除去能与一般健康人血清发生反应的杂质，例如，以 *E. coli* 为工程酶的重组抗原，如其中含有 *E. coli* 成分，很可能与受过 *E. coli* 感染者血液中的抗 *E. coli* 抗体发生反应。抗原中也不能含有与酶标抗人 Ig 反应的物质，例如，来自人血浆或人体组织的抗原，如不将其中的 Ig 去除，试验中也发生假阳性反应。另外如抗原中含有无关蛋白，也会因竞争吸附而影响包被效果。间接法中另一种干扰因素为正常血清中所含的高浓度的非特异性 IgG。病人血清中受检的特异性 IgG 只占总 IgG 中的一小部分。IgG 的吸附性很强，非特异 IgG 可直接吸附到固相载体上，有时也可吸附到包被抗原的表面。因此在间接法中，抗原包被后一般用无关蛋白质(如牛血清蛋白)再包被一次，以封闭(blocking)固相上的空余间隙。另外，在检测过程中标本须先行稀释[(1∶40)~(1∶200)]，以避免过高的阴性本底影响结果的判断。

4. 竞争法测抗体

当抗原材料中的干扰物质不易除去，或不易得到足够的纯化抗原时，可用此法检测特异性抗体。其原理为标本中的抗体和一定量的酶标抗体竞争与固相抗原结合。标本中抗体量越多，结合在固相上的酶标抗体愈少，因此阳性反应呈色浅于阴性反应。如抗原为高纯度的，可直接包被固相。如抗原中会有干扰物质，直接包被不易成功，可采用捕获包被法，即先包被与固相抗原相应的抗体，然后加入抗原，形成固相抗原。洗涤除去抗原中的杂质，然后再加标本和酶标抗体进行竞争结合反应。竞争法测抗体(图 9-8)有多种模式，可将标本和酶标抗体与固相抗原竞争结合，抗 HBc ELISA 一般采用此法。另一种模式为将标本与抗原一起加入到固相抗体中进行竞争结合，洗涤后再加入酶标抗体，与结合在固相上的抗原反应。抗 HBe 的检测一般采用此法。

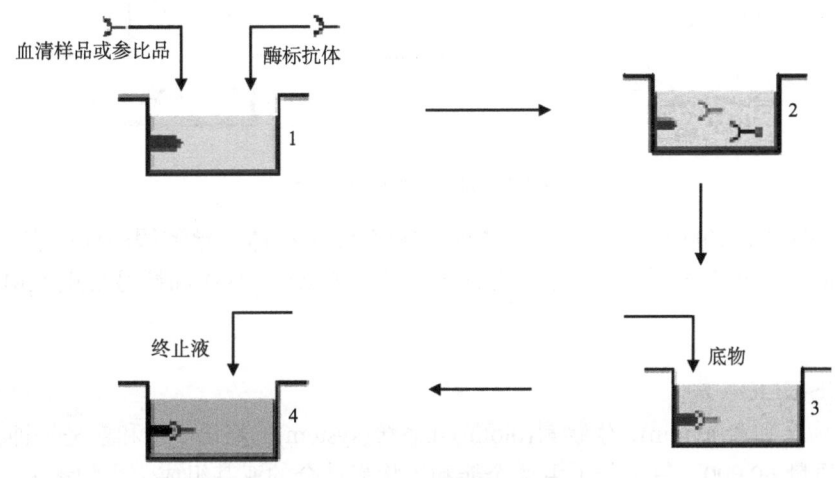

图 9-8 竞争法测抗体原理

5. 竞争法测抗原

小分子抗原或半抗原因缺乏可作为夹心法的两个以上的位点，因此不能用双抗体夹心法进行测定，可以采用竞争法模式。其原理是标本中的抗原和一定量的酶标抗原竞争与固相抗体结合。标本中抗原量含愈多，结合在固相上的酶标抗原愈少，最后的显色也愈浅。小分子激素、药物等 ELISA 测定多用此法。

6. 捕获包被法测抗体

IgM 抗体的检测用于传染病的早期诊断中。间接法 ELISA 一般仅适用于检测总抗体或 IgG 抗体。如用抗原包被的间接法直接测定 IgM 抗体，因标本中一般同时存在较高浓度的 IgG 抗体，后者将竞争结合固相抗原而使一部分 IgM 抗体不能结合到固相上。因此如用抗人 IgM 作为二抗，间接测定 IgM 抗体，必须先将标本用 A 蛋白或抗 IgG 抗体处理，以除去 IgG 的干扰。在临床检验中测定抗体 IgM 时多采用捕获包被法(图 9-9)。先用抗人 IgM 抗体包被固相，以捕获血清标本中的 IgM(其中包括针对抗原的特异性 IgM 抗体和非特异性的 IgM)。然后加入抗原，此抗原仅与特异性 IgM 相结合。继而加酶标记针对抗原的特异性抗体。再与底物作用，呈色即与标本中的 IgM 成正相关。此法常用于病毒性感染的早期诊断。

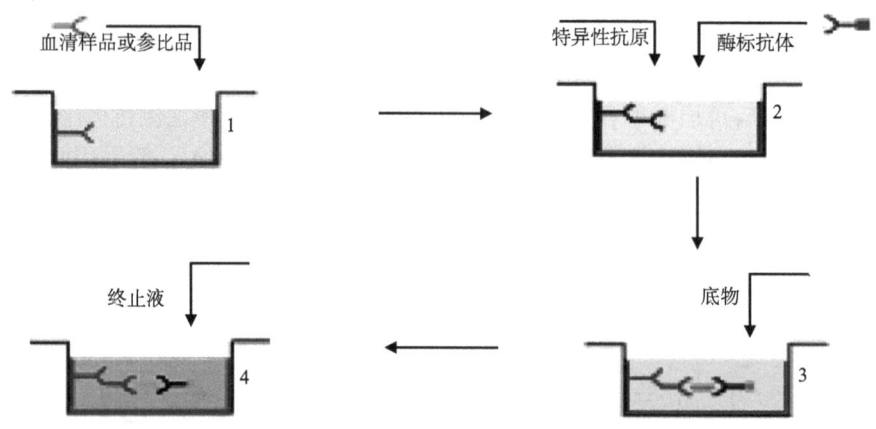

图 9-9 捕获包被法测抗体

类风湿因子(RF)同样能干扰捕获包被法测定 IgM 抗体，导致假阳性反应。因此中和 IgG 的间接法近来颇受青睐，用这类试剂检测抗 CMV IgGM 和抗弓形虫 IgM 抗体已获成功。

7. ABS-ELISA 法

ABS 为亲和素(avidin)、生物素(biotin)和系统(system)的略语。亲和素是一种糖蛋白，相对分子质量 60 000，每个分子由 4 个能和生物素结合的亚基组成。生物素为小分子化合物，相对分子质量 244。用化学方法制成的衍生物素-羟基琥珀酰亚胺酯可与蛋白质和糖等多种类型的大小分子形成生物素标记产物，标记方法颇为简便。生物素与亲和素的结合具有很强的特异性，其亲和力较抗原抗体反应大得多，两者一经结合就极为稳定。由于一个亲和素可与 4 个生物素分子结合，因此如把 ABS 与 ELISA 法可分为酶标记亲和素-生物素(LAB)法和桥联亲和素-生物素(ABC)法两种类型。两者均以生物素标记的抗体(或抗原)代替原 ELISA 系统中的酶标抗体(抗原)。在 LAB 中，固相生物素先与不标记的亲和素反应，然后再加酶标记的生物素以进一步提高敏感度。在早期，亲和素从蛋清中提取，这种卵亲和素为碱性糖蛋白，与聚苯乙烯载体的吸附性很强，用于 ELISA 中可使本底增高。从链霉菌中提取的链霉亲和素则无此缺点，在 ELISA 应用中有替代前者的趋势。由于 ABS-ELISA 较普通 ELISA 多用了两种试剂，增加了操作步骤，在临床检验中 ABS-ELISA 应用不多。

(三) 材料和试剂

以检测抗草甘膦转基因大豆的外源蛋白 EPSPS 为例(白卫滨，2006)，介绍 ELISA 方法。

1. 样品

美国、阿根廷、巴西等国的进口抗草甘膦转基因大豆，美国转基因豆粕和中国大豆；美国 AGDIA 公司的抗草甘膦转基因大豆标准品。

2. 主要仪器和试剂

EXL800 型酶标仪，包被抗体的微孔板(美国 AGDIA 公司)，过氧化物酶标记物，TMB 底物，氯化钠，磷酸氢钠(无水)，磷酸二氢钾(无水)，氯化钾，吐温-20，脱脂奶粉等试剂。

(四) 方法

1. 缓冲液的配制

PBST 缓冲液：8.0g 氯化钠，1.15g 磷酸氢钠(无水)，0.2g 磷酸二氢钾(无水)，0.2g 氯化钾，0.5g 吐温-20，用双蒸水定容至 1000mL 并调整 pH 到 7.4，4℃下储存。

MEB 样品提取缓冲液：在 100mLPBST 缓冲液中加入 0.4g 脱脂奶粉，0.5g 吐温-20 在室温下缓慢搅拌直到溶解。

ECM 酶标缓冲液：在 25mLPBST 缓冲液中加入 0.1g 脱脂奶粉在室温下缓慢搅动直到溶解。反应终止液：2mol/L H_2SO_4。

2. CP4 EPSPS 蛋白标准溶液的配制

将 1%CP4 EPSPS 蛋白标准品用 MEB 样品提取缓冲液稀释为浓度 0.03%、0.025%、0.02%、0.015%、0.01%、0.0075% 的标准溶液。

3. 待测样品 CP4 EPSPS 蛋白的提取

将样品用粉碎机磨碎成粉状后，从中称取 0.3g 于 10mL 一次性试管中，加入 6mLMEB 样品提取液，混匀后静置 30s，吸取上清液。

4. ELISA 测定转基因大豆的步骤

在酶标板孔中加入 EPSPS 蛋白标准品和待测样品(100μL/孔)，每个样品做 3 个平行试验；将酶标板放入恒湿盒中，室温(25℃)孵育 1h；孵育结束后，将反应孔中的试剂倒出，在各个反应孔中加满 1 倍 PBST 缓冲液，之后快速倒出，重复 6 次；在各个反应孔中加满 1 倍 PBST 缓冲液，静置 3min，快速倒空微孔内液体，将微孔板倒置在吸水纸上轻轻敲击以控出孔内液体；使用前 10min 准备好 ECM 缓冲液稀释的酶标记物，在各反应孔中加入 100μL 酶标记物；室温下(25℃)，在恒湿盒中孵育 1h；孵育结束后，将反应孔中的试剂倒出，在各个反应孔中加满 1 倍 PBST 缓冲液，之后快速倒出，重复 6 次；各个反应孔中加满 1 倍 PBST 缓冲液，静置 3min，快速倒空微孔内液体，将微孔板倒置在吸水纸上轻轻敲击以控出孔内液体；在各反应孔中加入 100μL TMB 底物溶液；室温下(25℃)，在恒湿盒中孵育 20min(阳性样品溶液显蓝色)；加入 2mol/L H_2SO_4(25μL/孔)终止反应；酶标仪测定样品的 OD_{450} 值。

5. ELISA 法测定转基因大豆标准品的 CP4 EPSPS 蛋白

应用建立的 ELISA 方法对浓度 0.03%、0.025%、0.02%、0.015%、0.01%、0.0075%、0 的 CP4 EPSPS 蛋白标准溶液样品进行测定，每个标样设 3 次平行试验，并绘制标准曲线。

6. ELISA 法对转基因大豆样品进行定量检测

应用建立的 ELISA 方法对美国、阿根廷、巴西抗草甘膦转基因大豆，美国转基因豆粕，美国转基因豆粉和中国大豆样品进行检测，每个样品设 3 次平行试验，并设立空白对照(MEB 样品提取缓冲液)、阴性对照(阴性大豆标准品)和阳性对照(阳性大豆标准品)。

(五) 结果与分析

1. ELISA 检测 CP4 EPSPS 蛋白标准品的结果

将酶标仪测定的浓度梯度为 0.03%、0.025%、0.02%、0.015%、0.01%、0.0075%、0 的 CP4 EPSPS 蛋白标准溶液样品的 ELISA 检测结果列成表 9-4。

表 9-4 标准溶液 CP4 EPSPS 蛋白的 ELISA 检测结果

标准品含量/%	0.03	0.025	0.02	0.015	0.01	0.0075	0
OD_{450}	1.118	0.970	0.741	0.611	0.450	0.296	0.002
	1.115	0.981	0.733	0.619	0.452	0.301	0.002
	1.112	0.999	0.749	0.630	0.460	0.303	0.005
平均值	1.115	0.980	0.741	0.620	0.454	0.300	0.003

结果表明，采用 ELISA 法检测 CP4 EPSPS 蛋白，当 $OD_{450} \geqslant 0.300$，微孔中的溶液显蓝色或浅蓝色，加终止液后显黄色，当 $OD_{450} < 0.300$ 时，微孔中的溶液无色，加终止液也不显色，就表明检测不到 CP4 EPSPS 蛋白。由表 9-4 可以看出，CP4 EPSPS 蛋白的

ELISA 最低可检百分含量为 0.0075%。

根据表 9-4 数据，绘制标准曲线如图 9-10 所示。

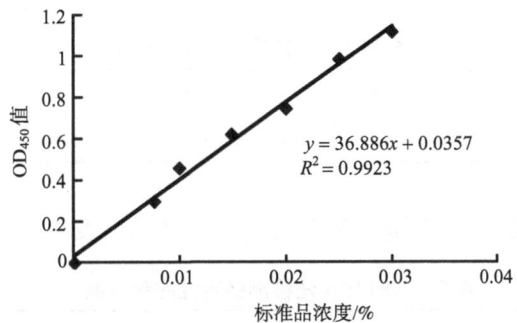

图 9-10　ELISA 法检测 CP4 EPSPS 蛋白的标准曲线

该标准曲线的回归方程为

$$y = 36.866x + 0.0357, \quad R^2 = 0.9923$$

式中，x 为标准品转基因大豆 CP4 EPSPS 蛋白百分含量，y 为在 450nm 下的吸收值，R 为线性相关系数。标准曲线 $R^2 = 0.9923$，线性关系良好。

2. ELISA 法定量检测样品结果

酶标仪检测样品的 ELISA 结果如表 9-5 所示。

表 9-5　样品的 ELISA 法检测结果

样品 (稀释倍数)	中国大豆 (6 倍)	美国转基因豆粉 (6 倍)	美国转基因豆粕 (6 倍)	巴西转基因大豆 (120 倍)	阿根廷转基因大豆(120 倍)	美国转基因大豆 (120 倍)
OD_{450}	0.002	0.008	0.016	0.620	0.893	1.198
	0.005	0.010	0.012	0.627	0.909	1.187
	0.002	0.009	0.011	0.631	0.904	1.194
平均值	0.003	0.009	0.013	0.626	0.902	1.193
百分含量/%	0.000	0.000	0.000	1.920	2.820	3.768

ELISA 检测结果表明，转基因大豆成分百分比含量从高到低依次是美国转基因大豆、阿根廷转基因大豆和巴西转基因大豆，其检测值都大于 CP4EPSPS 蛋白的 ELISA 最低可检值 0.300，均检测出 CP4EPSPS 蛋白，根据标准曲线并换算稀释倍数，美国转基因大豆成分百分含量为 3.768%、阿根廷转基因大豆成分百分含量为 2.820%、巴西转基因大豆成分百分含量为 1.920%，美国转基因豆粉、美国转基因豆粕和中国大豆的检测值较低，均小于 CP4 EPSPS 蛋白的 ELISA 最低可检值 0.300，未检测出 CP4 EPSPS 蛋白。此外，在 ELISA 法检测样品的同时，设立的阴、阳性对照和空白对照，OD_{450} 的值分别为 0.003、0.759、0.001，均小于 0.300，未检出 CP4 EPSPS 蛋白，表明本方法的检测结果是可靠的。

3. ELISA 法检测稳定性结果

ELISA 法对 0.01%含量的转基因大豆标准品做 10 次平行试验，结果见表 9-6。

表 9-6 ELISA 法检测稳定性结果

次数	1	2	3	4	5	6	7	8	9	10
OD_{450}	0.450	0.448	0.456	0.459	0.463	0.460	0.455	0.451	0.449	0.456

采用 SPSS 软件对表 9-3 数据进行精确度分析，结果见表 9-7。

表 9-7 ELISA 法检测稳定性的精确度

方法	次数	最小值	最大值	平均值	标准偏差	相对标准偏差
ELISA	10	0.45	0.46	0.4547	5.078E-03	0.0112

试验结果表明，10 次平行试验检测含量为 0.01%CP4 EPSPS 蛋白的转基因标准品的 OD_{450} 平均值为 0.4547，相对标准差为 0.0112，ELISA 方法检测稳定性良好。

(六) 注意事项

(1) 正式试验时，应分别以阳性对照与阴性对照控制试验条件，待检样品应做一式两份，以保证实验结果的准确性。有时本底较高，说明有非特异性反应，可采用封闭措施。

(2) 在 ELISA 中，进行各项实验条件的选择是很重要的，其中包括：①固相载体的选择：许多物质可作为固相载体，如聚氯乙烯、聚苯乙烯、聚丙酰胺和纤维素等。其形式可以是凹孔平板、试管、珠粒等。目前常用的是 40 孔聚苯乙烯凹孔板。不管何种载体，在使用前均可进行筛选：用等量抗原包被，在同一实验条件下进行反应，观察其显色反应是否均一性，据此判明其吸附性能是否良好；②包被抗体(或抗原)的选择：将抗体(或抗原)吸附在固相载体表面时，要求纯度要好，吸附时一般要求 pH 在 9.0~9.6。吸附温度，时间及其蛋白质量也有一定影响，一般多采用 4℃18~24h。蛋白质包被的最适浓度需进行滴定，即用不同的蛋白质浓度(0.1μg/mL、1.0μg/mL 和 10μg/mL 等)进行包被后，在其他试验条件相同时，观察阳性标本的 OD 值。选择 OD 值最大而蛋白质量最少的浓度。对于多数蛋白质来说通常为 1~10μg/mL；③酶标记抗体工作浓度的选择：首先用直接 ELISA 法进行初步效价的滴定。然后再固定其他条件或采取"方阵法"(包被物、待检样品的参考品及酶标记抗体分别为不同的稀释度)在正式实验系统里准确地滴定其工作浓度；④酶的底物及供氢体的选择：对供氢体的选择要求是价廉、安全、有明显的显色反应，而本身无色。有些供氢体(如 OPD 等)有潜在的致癌作用，应注意防护。有条件者应使用不致癌、灵敏度高的供氢体，如 TMB 和 ABTS 是目前较为满意的供氢体。底物作用一段时间后，应加入强酸或强碱以终止反应。通常底物作用时间，以 10~30min 为宜。底物使用液必须新鲜配制，尤其是 H_2O_2 在临用前加入。

(七) 应用

ELISA 方法已广泛的用于评价新转入基因的蛋白表达水平。到目前为止，已有针对转基因产品中 NPT II、EPSPS、Cry1A(b)、Cry1A(c)、Cry1C、Cry3A、Cry2A、Cry9C 和 PAT 特异性的蛋白质的检测试剂盒。NPT II 的表达蛋白来自棉籽、马铃薯块茎和番茄，由此制备纯化的抗体可以检测 9 种不同的转基因植物品种。

(八) 小结

ELISA 具备了酶反应的高灵敏度和抗原抗体反应的特异性，具有简便、快速、费用低等特点，但易出现本底过高的问题，且只能检测目的蛋白抗原性没有明显变化的粗加工产品。直接法和双抗夹心法都要制备特异的酶标抗体，制备方法较繁琐，且一种酶标抗体只能检测一种蛋白质，而适用于间接法的酶标抗抗体已有商品出售。一种转基因蛋白的检测试剂盒是否能在表达相同外源蛋白的不同植物之间通用还要进行试验。

二、试纸条方法

随着转基因产业的迅速发展，种植面积逐年上升，为适应各国对转基因产品的监督管理，多个国家和地区都制定了对转基因产品进行管理的法规，加强对转基因产品进行检测，特别是对进出口岸产品的方便、快速的检测，减缓海关的仓储压力，迫切需要更加快速、方便、即时的检测方法，建立在免疫分析技术基础上的试纸条方法的应运而生，为转基因产品的快速检测提供了一种有效方法(朱水芳等，2003)。

(一) 原理

试纸条方法采用双抗夹心免疫测定原理，以硝酸纤维素膜为载体，利用微孔膜的毛细管作用，滴加在膜条一端的液体可以缓慢向另一端移动。在移动的过程中，会发生相应的抗原-抗体反应，形成 Ag-Ab-Ag-Au 复合物而富集在包被线上，形成红色沉淀线。同时在包被膜上还有一条质控线对照，故当有两条红线时判为阳性，只有一条红线时，判为阴性。此技术操作简单、快速、特异性强，特别适于大田快速检测和口岸检测，将可与外源蛋白特异结合的抗体结合显色剂并固定在硝酸纤维素材料的试纸条上，当转基因植物组织提取液与试纸条接触时，外源蛋白就会与特异抗体相结合产生颜色反应。除简单的检测试纸条外，不需要其他仪器设备，几分钟即可用肉眼观察结果。试纸条可用于检测叶片、种子和谷粒中的转基因成分。试纸条被放入少量含有外源蛋白的植物组织抽提物中后，配对抗体与蛋白质之间的发生结合形成了三明治形式的复合物，但并不是所有的抗体都与显色试剂相结合。由于膜上具有两个捕获区段，一个捕获外源蛋白结合物，另一个捕获显色试剂。当三明治形式和/或非反应的显色试剂在膜上的特异区段被捕获时，捕获区段显示微红色。若膜上显示单一的一条线(控制线)，表明样本是阴性的，若出现两条线，表明样本是阳性的，如图 9-11 所示。

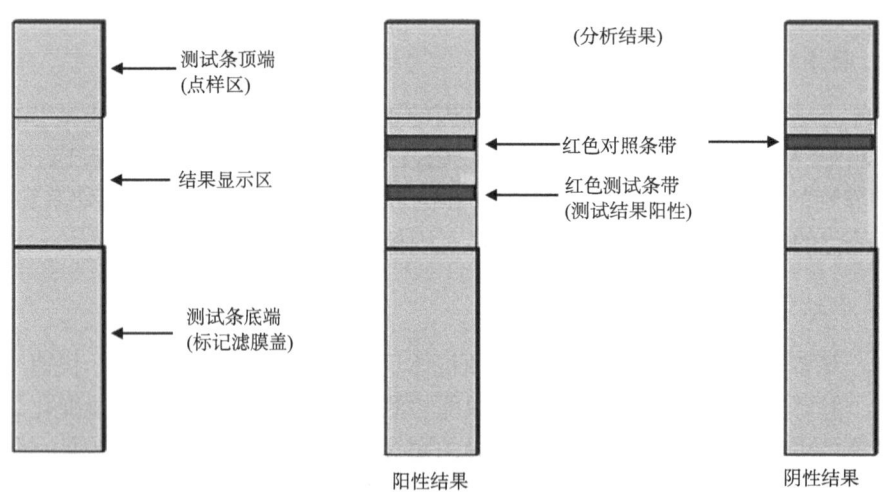

图 9-11 试纸条方法检测结果

(二) 样品的制备

1. 叶片组织

(1) 将叶片置于 1.5mL 的离心管的盖子和液体之间，取两个圆片组织，用一次性研钵将叶片推至离心管底部。

(2) 每管加 10 滴样品抽提缓冲液。

(3) 用研棒将组织研磨至匀浆状。

2. 单粒种子

(1) 将种子磨碎，放入 1.5mL 的离心管中。

(2) 每管加 0.5mL 的样品抽体液。

(3) 盖紧管盖，用力摇动 20~30s。

(三) 方法

(1) 取 0.5mL 的样品抽体液，加入 1.5mL 的离心管中。

(2) 将试纸条箭头朝下插入液体中，持续 5~10min。

(3) 如果样品为阳性，10min 之内应出现 2 条红线，上面 1 条为质控线，下面为检测线。如果未出现质控线，说明检测结果无效。

(四) 注意事项：

(1) 液面不可超过 MAX 线。

(2) 样品蛋白需现用现配。

(3) 恪守检验时间，10min 内读取结果有效。

(4) 请在产品保质期内启用。

(5) 一种试纸条只能检测一种蛋白质，且只能检测有无存在外源蛋白而不能区分具体的转基因品种。

三、Western 杂交

在基因工程研究中，经常需要检测外源基因是否能表达，即转录的 mRNA 能否翻译出特异蛋白质。外源基因表达产物若是酶，可测定该酶活性；若表达产物不具酶活性，就要采用免疫学方法检测，一般采用 Western 杂交。转化的外源基因正常表达时，转基因植株细胞中含有一定量的目的蛋白。从植物细胞中提取总蛋白，将蛋白质样品溶解于含去污剂和还原剂的溶液中，经 SDS 聚丙烯酰胺凝胶电泳使蛋白质按分子大小分离，将分离的各蛋白质条带原位转移到固相膜(硝酸纤维素膜或尼龙膜)上，膜在高浓度的蛋白质(如牛血清白蛋白)溶液中温浴，以封闭非特异性位点。随后步骤同 ELISA 间接法，即加入目的蛋白的特异性抗体(一抗)，印迹上的目的蛋白(抗原)与一抗结合后，再加入能与一抗专一结合的酶标记第二抗体，最后通过第二抗体上标记化合物的性质进行检测。根据检测结果，可分析出被检植物细胞内目的蛋白表达与否、浓度大小、及大致的相对分子质量。

(一) 原理

通过电泳区分不同的组分，并转移至固相支持物，通过特异性试剂(抗体)作为探针，对靶物质进行检测，蛋白质的 Western 杂交技术结合了凝胶电泳的高分辨率和固相免疫测定的特异敏感等多种特点，可检测到低至 1~5ng(最低可到 10~100pg)中等大小的靶蛋白。

(二) 方法

1. 抗原的选择和制备

1) 样品的制备

(1) 组织。组织的处理方法：组织洗涤后加入 3 倍体积预冷的 PBS，0℃研磨，加入 5×STOP 缓冲液，180W，6min，0℃超声波破碎，5000r/min，5min 离心，取上清液。加入β-巯基乙醇(9.5mL 加入 0.5mL)，溴酚蓝(9.5ml 加入 0.5mL)煮沸 10min，分装后于 -20℃保存，用时取出，直接溶解上样。

(2) 细胞。细胞的处理方法：离心收集细胞或者直接往细胞培养瓶内加入 5×STOP 缓冲液，收集，180W，6min，0℃超声波破碎，5000r/min，5min 离心，取上清液。加入β-巯基乙醇(9.5mL 加入 0.5mL)，溴酚蓝(9.5mL 加入 0.5mL)煮沸 10min，分装后于-20℃保存，用时取出，直接溶解上样。

(3) 分泌蛋白的提取(特例)。直接收集分泌液，加入β-巯基乙醇、溴酚蓝制样。

2) 蛋白质的定量方法及影响蛋白定量原因

(1) 双缩脲法。双缩脲法是第一个用比色法测定蛋白质浓度的方法。在需要快速，但不很准确的测定中，常用此法。硫铵不干扰显色，这对蛋白质提纯的早期阶段是非常有利的。双缩脲法的原理是 Cu^{2+} 与蛋白质的肽键，以及酪氨酸残基络合，形成紫蓝色络合物，此物在 540nm 波长处有最大吸收。双缩脲法常用于 0.5~10g/L 含量的蛋白质溶液测定。干扰物有硫醇以及具有肽性质缓冲液，如 Tris、Good 缓冲液等。可用沉淀法除去干扰物,即用等体积10%冷的三氯乙酸沉淀蛋白质,然后弃去上清液,再用已知体积的1mol/L NaOH溶解沉淀的蛋白质进行定量测定。

(2) Lowry法。此法是双缩脲法的进一步发展。他的第一步就是双缩脲反应,即Cu^{2+}与蛋白质在碱性溶液中形成络合物,然后这个络合物还原磷钼磷-磷钨酸试剂(福林酚试剂),结果得到深蓝色物。此法比双缩脲法灵敏得多,适合于测定20~400 mg/L含量的蛋白质溶液。其干扰物质与双缩脲法相同,而且受它们的影响更大,硫醇和许多其他物质的存在会使结果严重偏差。另外要注意的是,加入福林酚试剂时要特别小心,试剂只在酸性pH环境中才稳定,上述提到的还原反应只有在pH10时才发生,因此,福林酚试剂加入到碱性的Cu^{2+}-蛋白质溶液中时,必须立刻搅拌,以使磷钼酸-磷钨酸试剂在未被破坏之前能有效地被Cu^{2+}-蛋白质络合物所还原。

(3) 紫外吸收法。大多数蛋白质在280nm波长处有特征的最大吸收,这是由于蛋白质中有酪氨酸,色氨酸和苯丙氨酸存在的缘故,因此,利用这个特异性吸收,可以计算蛋白质的含量。如果没有干扰物质的存在,在280nm处的吸收可用于测定0.1~0.5mg/mL含量的蛋白质溶液。部分纯化的蛋白质常含有核酸,核酸在260nm波长处有最大吸收。有核酸时,所测得的蛋白质浓度必须做适当校正,一般按下式粗略计算:蛋白质含量(mg/mL)=$1.55A_{280}-0.76A_{260}$。A_{280}是蛋白质溶液在280nm波长处(光程1cm)测得的光密度值。A_{260}是蛋白质溶液在260nm小波长处(光程1cm)处所测得的光密度值。

此式是从烯醇酶(在酵母核酸存在时)得出来的。因此,对其他蛋白质和其他核酸不一定适用。由于各种蛋白质所含芳香族氨基酸的量不同,因此,浓度为0.1%的各种蛋白质在280nm处的消光系数为0.5~2.5。

但是,蛋白质之间的相对分子质量差异比较大,因此,在比较几种蛋白质含量时,必须做适当的校正。由于蛋白质的吸收峰常因pH改变而变化,所以在制作标准曲线时,必须与样品条件一致。

(4) Bradford比色法。Bradford比色法比Lowry法测定蛋白浓度更简单迅速。用脱氧胆酸/三氯乙酸沉淀蛋白可排除甘油、去污剂、β巯基乙醇、乙酸、硫酸铵、Tris和一些碱性缓冲系统的干扰。分别在两组微量离心管中各加入0.5mg/mL 牛血清白蛋白(5μL、10μL、15μL和20μL),以0.15mmol/L NaCl补足至100μL,同时以两管100μL的0.15mmol/L NaCl做空白对照。每管各加入1mL考马斯亮蓝染料溶液,振荡混匀,室温放置2min。用1cm光径的微量比色杯测A_{595},取A_{595}吸光值对标准蛋白质浓度作图,画标准曲线,并测量待测样品的A_{595}。从BSA标准曲线中确定待测样品的浓度。测定10~100μg的蛋白质,要在较大试管中将染料溶液体积增大5倍进行。样品浓度过高,可稀释后进行,或在10~100μg另做一标准曲线进行测定。

(5) 电泳估算法(我们选择此法)。样品倍比稀释,SDS-PAGE电泳,同时做定量Marker对照,可以估算样品大概浓度。以提取癌组织总蛋白为例:

① 取等量胰腺癌组织、癌旁组织及正常胰腺组织,用ddH_2O漂洗5~10次,再用预冷的1×PBS洗涤3次,目的是去除样本中的血液。

② 每2g组织加入3mL 1×PBS匀浆,保持在4℃条件进行。

③ 加入5×STOP缓冲液1mL,混匀,4℃下超声碎化。再加入0.5mL β巯基乙醇,0.5mL溴酚蓝,煮沸10min,至此,制样过程完成。

④ SDS-PAGE 电泳，以 BSA 作为对照估计样品蛋白浓度。

2. SDS-聚丙烯酰胺凝胶电泳

1) 做胶前的准备

一是检查是否有足够的、干净的垫片、梳子和架子；二是检查是否有新鲜的，足量 10%APS，没有立刻重配；三是按将要检测的抗体对应的原始抗原的相对分子质量大小，计算出胶的浓度，并算出分离胶各组分的用量。在制胶和电泳方面需要的准备工作有：

(1) 装好架子。

(2) 按照下面配方配制分离胶。(单位：mL；总体积：8mL)

	7.5%	10%	15%
2×分离胶缓冲液	4	4	4
30% Gel.sol	2.0	2.7	4
ddH$_2$O	1.9	1.2	0
TEMED	8μL	8μL	8μL
10%APS	80μL	80μL	80μL

在胶上面加入一层蒸馏水，促进胶更好的凝集。

(3) 待分离胶凝集后，配制浓缩胶。(单位：mL；总体积：3.5mL)

	3%
2×浓缩胶 缓冲液	1.7
30% Gel.sol	0.35
ddH$_2$O	1.4
TEMED	5μL
10%APS	50μL

倒好后插入预先准备好的梳子。

(4) 待胶凝集好后，上样，电泳。上层胶用 60~80V 电压，当样品至分离胶时，用 100~120V 电压。一般电泳时间在 1.5h 左右。

2) 注意事项及常遇到的问题

(1) 分离胶不要倒的太满，需要有一定的浓缩胶空间，否则起不到浓缩效果。

(2) 上样蛋白质量不应超过 30μg/(mm)^2(载荷面：如果胶槽是 5mm×1mm，则载荷面为 1mm×5mm = 5mm^2)。

(3) 胶通常在 0.5~1h 内凝集最好，过快表示 TEMED、APS 用量过多，此时胶太硬易龟裂，而且电泳时容易烧胶。太慢则说明两种试剂用量不够或者系统实际不纯或失效。

(4) 混合搅拌速度太快产生气泡影响聚合，导致电泳带畸形。太慢不均匀，特别是甘油。

(5) 电泳中常出现的一些现象：其一是条带呈笑脸状，原因可能是凝胶不均匀冷却，中间冷却不好；其二是条带呈皱眉状，可能是由于装置不合适，特别可能是凝胶和玻璃挡板底部有气泡，或者两边聚合不完全；其三是拖尾：样品溶解不好；其四是有纹理(纵向条纹)，可能是因为样品中含有不溶性颗粒；其五是条带偏斜可能是因为电极不平衡或者加样位置偏斜；其六是条带两边扩散，可能是因为加样量过多而导致的。

3) 转移

在电流的作用下，使蛋白质从胶转移至固相载体(膜)上。膜的选择：印迹中常用的固相材料有 NC 膜、DBM、DDT、尼龙膜、PVDF 等。我们选用 PVDF(聚偏二氟乙烯)，其具有更好的蛋白吸附、物理强度，以及具有更好的化学兼容性。有 0.45μm 和 0.2μm 两种规格，分子质量大于 20kDa 的蛋白质用 0.45μm 的膜，小于 20kDa 的蛋白质用 0.2μm 的膜。

(1) 半干法。

即将凝胶夹层组合放在吸有转印缓冲液的滤纸之间，通过滤纸上吸附的缓冲液传导电流，起到转移的效果。因为电流直接作用在膜胶上，所以其转移条件比较严格，但是其转移时间短，效率高。

实验条件的选择。电流 1~2mA/cm^2，我们通常 100mA/膜，按照目的蛋白分子质量、胶浓度选择转移时间，具体可以根据实际适当调整。

实验操作如下。滤纸和膜的准备 (在电泳结束前 20min 应开始准备工作)。

① 检查是否有足够的转移缓冲液，没有立即配制。
② 检查是否有合适大小的滤纸和膜。
③ 将膜泡入甲醇中，1~2min。再转入转移缓冲液中。
④ 将合适的靠胶滤纸和靠膜滤纸分别泡入转移缓冲液中。

转移的操作如下：

① 在电转移仪上铺好下层滤纸。一般用三层。
② 将膜铺在靠膜滤纸上，注意和滤纸间不要有气泡，再倒一些转移缓冲液到膜上，保持膜的湿润。
③ 将胶剥出，去掉浓缩胶，小心的移到膜上。
④ 剪去膜的左上角，在膜上用铅笔标记出胶的位置。
⑤ 将一张靠胶滤纸覆盖在胶上。倒上些转移缓冲液，再铺两张靠胶滤纸。
⑥ 装好电转移仪，根据需要选定所需的电流和时间。
⑦ 转移过程中要随时观察电压的变化，如有异常应及时调整。

注意事项及常遇到的问题如下：

① 滤纸、胶、膜之间的大小，一般是滤纸>膜>胶。
② 滤纸、胶、膜之间千万不能有气泡，气泡会造成短路。
③ 因为膜的疏水性，膜必须首先在甲醇中完全浸湿。而且在以后的操作中，膜也必须随时保持湿润(干膜法除外)。
④ 滤纸可以重复利用，上层滤纸(靠膜)内吸附有很多转移透过的蛋白质，所以上下滤纸一定不能弄混，在不能分辨的情况下，可以将靠胶滤纸换新的。
⑤ 转移时间一般为 1.5h, (1~2mA/cm^2, 10%凝胶)，可根据相对分子质量大小调整转移时间和电流大小。

(2) 转移后效果的鉴定。

① 染胶。用考马斯亮蓝染色经脱色后，看胶上是否还有蛋白质来反映转移的效果。
② 染膜。有两类染液选择，可逆的和不可逆的。可逆的有 ponceau-S red 、Fastgreen FC、CPTS 等，这类染料染色后，色素可以被洗掉，膜可以用作进一步的分析用。但是

不可逆的染料，如考马斯亮蓝、India ink、Amido.black 10B 等，染色后膜就不能用于进一步的分析。

4) 封闭

封闭(block)是为了使抗体仅仅只能跟特异的蛋白质结合而不是和膜结合。常用的封闭液有牛血清白蛋白(BSA)，脱脂牛奶，酪氨酸，明胶，吐温-20 等，我们一般用脱脂牛奶。

在转移结束前配好 5%的脱脂奶粉溶液(TBST 溶解)。转移结束后将膜放入脱脂奶粉溶液中封闭(一定要放在干净的容器里，避免污染而且要足以覆盖膜)，并清洗整理好用过的滤纸，以便下次使用。4℃封闭过夜，或室温封闭 1h。

5) 孵育一抗

首先是将需要检测的抗体准备好，并决定好它们的稀释度；其次是配好 5%的脱脂奶粉溶液(TBST 溶解)，按要求稀释好抗体。注意，如需高比例稀释，最好采用梯度稀释；最后是将稀释好的抗体和膜一起孵育。一般采用室温 1h，可根据抗体量和膜上抗原量适当延长或缩短时间。并且要注意：为了便于后面分析结果，我们一般会选用已确定相对分子质量大小而且纯度高的抗体作为 Marker 与一抗同时孵育。

6) 洗涤

用 TBST 先快速洗三次，把脱脂奶粉尽快洗掉。然后再洗 5min，共洗 5 次。洗涤是为了洗去一抗与抗原的非特异性结合，洗涤的效果直接影响结果背景的深浅。

7) 孵育二抗

室温孵育 1h。一般采用 HRP 标记的二抗，稀释比例为 1∶5000。二抗的稀释比例不能太低，否则容易导致非特异性的结合。

注意二抗的选择有多种，要根据一抗来选择抗兔、抗鼠或者抗羊的二抗，以及根据后面的显色条件来选择 HRP、AP 或者 GOD(葡萄糖氧化酶)酶链的二抗或者标志其他探针(如核素等)的。

8) 洗涤

用 TBST 先快速洗三次，把脱脂奶粉尽快洗掉。然后再洗 5min，共洗 5 次。洗涤是为了洗去二抗的非特异性结合，洗涤的效果直接影响结果背景的深浅，所以洗涤一定要干净。

9) 显色(HRP 酶)

(1) 增强化学发光法(ECL)。ECL 显色原理：氨基苯二酰肼类主要是鲁米诺(luminol, 5-氨基-2，3-二氢-1，4-酞嗪二酮)及异鲁米诺衍生物，是最常用的一类化学发光剂。鲁米诺在免疫测定中既可用作标记物，也可用作过氧化物酶的底物。在 ECL 底物中，含有 H_2O_2 和鲁米诺，在 HRP(辣根过氧化物酶)的作用下，发出荧光。

试验步骤：

①将两种显色底物 1∶1 等体积混合(一般各 1mL/膜)。

② 将混合物覆盖在膜表面，1~2min，摇晃使均匀。

③ 用保鲜膜把膜包起来，放入夹板中。

④ 在暗室中将 X 射线底片，覆盖在膜的上面，夹好夹子，曝光 1min。

⑤ 显影、定影。

⑥ 根据结果调整曝光时间和曝光区域，得到最佳结果。

注意：荧光在一段时间后会越来越弱。

(2) DAB 显色。DAB(3，3-二氨基联苯胺)和 HRP 反应产生棕色的不溶终产物。这种棕色沉淀不溶于乙醇和其他有机溶剂，对于必须使用传统复染和封固介质的免疫组化染色应用特别理想。对于 AP 标记的二抗我们选用 BCIP 和 NBT 显色，它们在碱性磷酸酶(AP)作用下反应可生成一种不溶性黑紫色沉淀的强信号。

(三) 应用

Western blot 是植物基因工程中检测外源基因是否表达出蛋白质的权威方法，将蛋白质的电泳、印迹、免疫测定融为一体，具有很高的灵敏性，可以从植物细胞总蛋白中检出 50ng 的特异蛋白质，若是提纯的蛋白质，可检出 1~5ng。但其操作较繁琐，费用较高，不适于口岸快速、大量样品的检测。植物病毒检测方法之一为斑点免疫吸附法，与 Western blot 相比不同的只是蛋白质样品不经过凝胶电泳，而是直接点在膜上，此方法很适合于大量样品的检测，是否也适用于转基因产品蛋白质的检测还有待试验验证。程英豪等以黄瓜花叶病毒(Cucumber mosaic virus，CMV)外壳蛋白(coat protein，CP)单克隆抗体，采用 Western blot 检测转 *CMV CP* 基因的番茄中外源基因的表达情况，结果表明，在 16 株具有 PCR 扩增产物的转基因植株中有 11 株表达出 CMV CP。

四、蛋白质芯片

随着转基因生物外源基因表达蛋白质信息的完善，为蛋白质芯片的问世，提供了一个有效的分析平台，在研究蛋白质的性质、特征、辨识、功能及生物标记等方面搭起快速准确的桥梁，成为一种极具发展前途的新型研究工具。目前，有关机构正在以下几个领域进一步进行研究：①寻找更好的探针固定技术；②加速样品的简化和标识研究；③研究新的检测仪器和方法；④开发高度集成化生产的制备系统等。期望制作出敏感性特异性更强且固定有多种大量活性蛋白的新型芯片来。毋庸置疑，这项技术在新世纪里不仅对认识基因组与表达蛋白的关系，对转基因外源表达蛋白快速检测提供了有效工具，而且在其他相关领域如环境保护、食品卫生、生物工程、工业制药等方面也将具有广阔的发展前景。

(一) 原理

蛋白质芯片技术的基本原理是将各种蛋白质有序地固定于滴定板、滤膜和载玻片等各种载体上成为检测用的芯片，然后，用标记了特定荧光抗生素体的蛋白质或其他成分与芯片作用，经漂洗将未能与芯片上的蛋白质互补结合的成分洗去，再利用荧光扫描仪或激光共聚焦扫描技术，测定芯片上各点的荧光强度，通过荧光强度分析蛋白质与蛋白质之间相互作用的关系，由此达到测定各种蛋白质功能的目的。为了实现这个目的，首先必须通过一定的方法将蛋白质固定于合适的载体上，同时能够维持蛋白质天然构象，也就是必须防止其变性以维持其原有特定的生物活性。另外，由于生物细胞中蛋白质的多样性和功能的复杂性，开发和建立具有多样品并行处理能力、能够进行快速分析的高通量蛋白芯片技术将有利于简化和加快蛋白质功能研究的进展。

(二) 蛋白质芯片的分类及基本构成

蛋白质芯片的分类。蛋白质芯片又称蛋白质微阵列，属于生物芯片的一种，根据制作方法和应用的不同将蛋白质芯片分为两种：一种是蛋白质检测芯片，类似于较早出现的基因芯片，即在固相支持物表面高度密集排列的探针蛋白点阵，当待测靶蛋白与其反应时，可特异性的捕获样品中的靶蛋白，然后通过检测系统进行分析，如表面增强激光解析离子化-飞行时间质谱技术(SELDI-TOF-MS)将靶蛋白离子化，直接对其进行定性、定量分析；第二种是蛋白质功能芯片，本质说就是微型化凝胶电泳板，即样品中的待测蛋白在电场作用下通过芯片上的微孔道进行分离，然后经喷射进入质谱仪中来检测待测蛋白质。目前应用较多的是第一种芯片。

(三) 方法

1. 探针蛋白的制备

蛋白质检测芯片上的探针蛋白可根据研究目的的不同，选用抗体、抗原、受体、酶等具有生物活性的蛋白质。由于具有高度的特异性和亲和性，单克隆抗体是比较好的一种探针蛋白，用其构筑的芯片可用于检测蛋白质表达丰度及确定新的蛋白质。基因工程抗体的发展使蛋白质芯片的提出和发展成为可能。噬菌体抗体库技术就是典型的代表。也可以利用其他的蛋白质文库制备探针蛋白，如全合成人重组抗体库、噬菌体肽库、噬菌体表达文库等。经蛋白质组技术如双向凝胶电泳技术分离得到的蛋白质作为抗原，把固相化的抗原与抗体库孵育，即可得到相应的单克隆抗体。

2. 芯片的制备

因为蛋白质要比 DNA 难合成，更难于在固相支持物表面合成，所以蛋白质芯片要比 DNA 芯片复杂得多，芯片制作过程中保持蛋白质的生物活性成为一大难题。Ciphergen Biosystems 公司是世界上较早发展蛋白质芯片的公司，并提出化学和生物化学蛋白质芯片两种类型。化学型蛋白质芯片的构想来源于经典色谱(反相层析、离子交换层析、金属螯合层析等)的介质，分为疏水、亲水、阳离子、阴离子和金属螯合芯片五种。铺有相关介质的蛋白质芯片可以通过介质的疏水力、静电力、共价键等结合样品中的蛋白质，然后经特定的洗脱液去除杂质蛋白质，而保留目的蛋白质。这种芯片特异性较差。生物化学型蛋白质芯片则是把生物活性分子(如抗体、受体、配体等)结合到芯片表面，用于捕获样品中的靶蛋白。由于生物化学型蛋白质芯片具有高度的特异性及生物活性分子的多样性，其应用范围和应用前景都明显优于化学型蛋白质芯片。

3. 蛋白质芯片的问题及在转基因检测中的应用前景

蛋白质芯片技术是一种强有力的蛋白质组学研究的新方法，从产生至今已有了很大的发展，但与基因芯片相比较，蛋白质芯片技术还处在起步阶段，无论在芯片的制备，具体应用过程以及结果的检测方面还有很多的不足。首先是成本问题，蛋白质芯片的制作工艺还相当繁琐、复杂，而且信号的检测也需要专门的仪器设备(如 SELDI-TOF-MS)一般实验室都承受不起。其次，蛋白质芯片在制作过程中实验条件发生微小的变化便可能引起最后结果的不同,实验条件不易控制,使得实验结果的可重复性相对不足。这些问题已成为蛋白质芯片技术下一步需要重点解决的问题。目前蛋白质芯片技术的发展应加大芯片摄取蛋白质的数目和种类,尽可能多地捕获蛋白组信息,实现高通量,简化操作过程,设计蛋白质芯片试剂盒,切实做到快速准确;应用计算机技术,在蛋白质芯片获得的信息进行数模化处理,减少手工图谱处理带来的繁琐程序;降低工作成本,便于推广;研究联合设备,使其标识出新的蛋白后,能迅速测出氨基酸序列。由于转基因产品的特殊性,在转基因检测中的应用更处于初级阶段,相信随着对蛋白质结构和功能认识的不断深入,以及其他辅助学科和技术的发展和成熟,蛋白质芯片技术会在转基因蛋白水平检测中发挥重要的作用。

五、蛋白质检测法的适用性

蛋白质检测法最大的缺陷是任何形式造成的蛋白质变性,如加工过的植物和食品都不能采用该方法。由于蛋白质检测方法主要是免疫学检测方法,它要求蛋白质必须拥有完整的三级和四级结构。因此,该方法只能用于检测鲜活植物组织和原料。

食品中的其他成分如皂角苷、酚类化合物、脂肪酸、内源性磷脂酶或其他的酶类,有可能抑制抗原-抗体特异性反应。

重组或经过修饰后的 DNA 并不是全部都可以表达新的蛋白质,即使在表达的新蛋白中,也有部分表达水平较低或有些重组蛋白在植物不同的生长期的表达水平不一样,而达不到检测的目的。另外,有些蛋白质只在植物的某些特定部位表达,或在不同的组织部位其表达水平也不同,如玉米,有些外源蛋白几乎只在叶片上的表达而不在谷粒中表达,因此检测谷粒中的外源蛋白无疑是不可能的,这些因素都会影响检测结果。

参 考 文 献

白卫滨. 2006. 转基因植物及其产品快速检测方法的研究. 广州: 暨南大学药学院论文
陈琳, 徐秀英. 1998. 组织型纤溶酶原激活剂突变体细胞 t-PA 基因拷贝数测定及分析. 生物技术, 8(2): 16-18
丁嘉羽. 2004. 水稻内标准基因的研究及利用 TaqMan 荧光定量 PCR 技术检测转基因水稻外源基因拷贝数. 上海: 上海大学
黄留玉, 王恒樑, 史兆兴等. 2005. PCR 最新技术原理、方法及应用. 北京: 化学工业出版社
罗丽娟, 施季森. 2003. 一种 DNA 侧翼序列分离技术——TAIL PCR. 南京林业大学学报, (3): 87-90
王江, 李琳. 2000. 插入玉米 Ds 转座因子的水稻转化群体及其分子分析. 植物生理学报, 26(6): 501-506
王闫霞, 马欣荣, 王天山等. 2006. 染色体步行 PCR 技术. 应用与环境生物学报, (3): 133-136
杨立桃, 赵志辉, 丁嘉羽等. 2005. 利用实时荧光定量 PCR 方法分析转基因水稻外源基因拷贝数. 中国食品卫生杂志, 17(2): 140-144
杨蓉. 2007. 转基因作物 GT73 油菜与 59122 玉米的 PCR 检测技术研究. 北京: 中国农业大学论文集
应革, 武威, 何朝族. 2002. TAIL-PCR 方法快速分离 XCC 致病相关基因序列. 生物工程学报. 18(2): 182-186
朱水芳, 覃文, 曹际娟. 2003. 转基因植物产品检测技术. 广州: 广东科学技术出版社. 3-15

第十章 案例分析

第一节 某转基因玉米的环境安全性评价

作为对某转基因玉米 XWT-001 安全性评价的一个重要部分，评价了关键的表现型和生态学特性，包括休眠期与发芽率、表现型、农艺性状和生态学互作以及花粉特征。在 XWT-001 可能遇到的广泛的环境条件和农艺实践条件下，评价了 XWT-001 玉米的品质。在生态风险评价里，作物的生物学数据十分有用，这些数据为评估 XWT-001 与常规玉米二者在表现型上的等同性和相似性确立了评价基础。

一、玉米的环境安全背景

(一) 玉米的背景资料

受体植物为玉米，学名为 *Zea mays* L.，俗名为玉米(maize 或 corn)，也称作玉蜀黍、苞米、棒子等。

栽培玉米在分类上属于单子叶植物纲禾本科(Gramineae)，玉蜀黍属(*Zea* L.)。玉蜀黍族由 7 个属组成，其中 2 个属——玉蜀黍属和摩擦草属(*Tripsacum* L.)起源于西半球。另 5 个属——薏苡属(*Coix* L.)、流苏果属、硬皮果属、三裂果属和多裔黍属起源于东半球。

该转基因受体玉米(*Zea mays* L.)是西半球起源的、为数不多的几种主要作物之一。玉米是有安全使用历史的栽培种，不能在野生条件下存活，因为雌性花序(果穗)能限制种子的传播。

原产地及引进时间：目前，一般认为玉米的原产地是以墨西哥为中心的中美洲地区，在起源学上，有过五个主要理论假说和几个次要的理论假说。1892 年 Saint-Hilaire 把玉米起源归于有稃玉米，推测其原产地在巴拉圭，但有稃类型和正常玉米之间只有一个单基因的差别，在形态上与玉米草(corn grass)和类大刍草有稃型(teopod)等畸形玉米相似，但不具备野生禾草的特性，在野外不能生存，因此，许多人对此持反对意见。1906 年 Montgomery 提出玉米和大刍草起源于一个共同的祖先，1936 年 Reeves 和 Mangelsodorf 认为，有稃玉米可能是玉米的共同祖先，有稃玉米包被籽粒的稃壳特性是野生禾本科植物的普遍特性，玉米在驯化过程中，墨西哥部分地区的玉米地周围大量存在的大刍草频繁地与玉米杂交，结果不可避免地存在着由大刍草向玉米的基因流。在 1979 年发现二倍体多年生大刍草，Mangelsodorf 提出玉米的祖先不是一个，而是两个，是起源于原始的有稃爆裂玉米和二倍体多年生大刍草的杂交后代。在 1943 年洛克菲勒基金会和墨西哥政府共同组织下，对墨西哥的玉米类型进行了广泛的收集，在结合后来的研究成果基础上，总结在全世界玉米的宗共有 150 个，其中，中美洲约 130 个，欧洲 11 个，其余在亚洲或其他地方。在经济上重要的变异中心有：

(1) 墨西哥和中美洲低地，是商业上重要的马齿型玉米的变异中心。

(2) 南美洲北缘和加勒比海的群岛，是热带半硬粒玉米的变异中心。

(3) 危地马拉山地，是长穗硬粒玉米的变异中心。

(4) 安第斯山中部至高海拔地区，是籽粒排列、穗轴和植株颜色、籽粒大小的最大单一变异来源。

(5) 安第斯山北部和中部以东的亚马孙河盆地和四周的低地，单一的 Coroico 类型占优势，有粉质的、青铜色的瘦长的果穗，成对排列的子粒行数的饰变，交替地定位于同一行中，导致较少的行数。

(6) 美国中西部，产生玉米带马齿种。

(7) 加勒比海到阿根廷的大西洋沿海一带，分布着古巴和阿根廷硬粒种。

我国引进玉米的时间应该在 1511 年以前，1511 年的《颖州志》中就有关于玉米的记载，传入我国的途径可能有两条：一条是由印度经西藏传入我国四川；另一条是沿海路传入东南沿海地区，再传至内地各省。早期引进的玉米是硬粒型的，马齿型引入是 20 世纪 20 年代以后，1927 年公主岭农业试验场自美国引入'美稔黄'和'白鹤'。此后，引入了一些国外的品种，形成了我国的玉米种群。曹镇北和徐文伟在 1987 年将我国的玉米品种划分为 5 个"种族"和 4 个可能是独立种族的类群。5 个种族是：①北方马齿种族，类似于美国玉米带马齿种，引入我国较晚。该种族喜肥水、丰产潜力大，对光周期不敏感；②硬粒和马齿品种间杂交的衍生种族；③北方八行硬粒种族，来源于美国的北方硬粒种，该种族适合在冷凉潮湿的气候生长；④宽扁穗玉米种族，来源于葡萄牙的畸形果穗玉米，该种族的特点是果穗粗短、扁宽，有的穗分叉，籽粒行数多、粒小，排列紊乱；⑤南方糯质玉米种族，产生于云南、广西一带，主产于我国西南山区，原产地为我国。

此外，还有 4 个待定的类群：中晚熟硬粒类型、早熟橙色硬粒类型、中早熟白硬粒类型和墩子黄硬粒类型。

(二) 玉米在中国的应用情况

玉米早在 16 世纪就来到了中国，是早期的欧洲传教士带来的。最初在中国东部沿海地区——福建省的丘陵和山区种植，17 世纪传遍了中国各地。目前，玉米在中国的许多省份都有种植。

玉米在中国的农业生产结构中起着重要的作用，是优良的饲料、重要的工业原料和优质的粮食作物。中国是世界上最重要的玉米生产国之一，2003 年播种面积约为 2400 万 hm^2，总产 1.2 亿 t[①]。玉米的播种面积和总产量位于水稻和小麦之后，是第三大作物。玉米分布在北纬 50°N~20°N 由东北至西南一个狭长的地带，包括 14 个省、市、自治区。中国玉米带可分为 6 个产区：Ⅰ. 北方春播玉米区；Ⅱ. 黄淮海夏播玉米区；Ⅲ. 西南山地玉米区；Ⅳ. 南方丘陵玉米区；Ⅴ. 西北灌溉玉米区；Ⅵ. 青藏高原玉米区。其中，前三个产区占玉米播种总面积的 80%。

历史上，玉米单独或与其他谷类粮食一起制作各种中国人喜食的食品(如面包、蛋糕等)。鲜玉米(包括普通玉米和甜糯玉米)可直接食用。在过去的 20 年间，玉米成为最重要

---

① 《中国农业年鉴》编辑委员会.2003.2003 年中国农业年鉴.北京:中国农业出版社。

的饲料作物之一。玉米作为原材料可生产300多种工业产品，或作为制药的原料。玉米作物的终端用途在迅速地变化；玉米正在越来越多地用于大型养猪场和家禽场，而不再仅仅是一种粮食作物或者农家院养猪养鸡的饲料。在中国，大约75%的玉米用于动物饲料，其余的用于人类消费和工业用途。

(三) 对人类健康和生态环境是否发生过不利影响

玉米原产于墨西哥，早在公元前2700年就作为粮食作物进行种植了，几百年来，一直是动物和人类的主食。玉米籽粒及其加工成分可以用在各种食品和动物饲料产品里。食用玉米时发生的过敏反应极为少见；研究最多的是同脂类传递蛋白质有关的课题。此外，玉米里不含需要进行分析或者毒性学检测的毒素或者抗营养因子。

尽管玉米在全世界广泛地种植，但是人们认为它不是一种持久性杂草或者是一种难于防治的杂草。正如我们今天所知，玉米不能在野生环境里存活，因为其雌性花序(果穗)能限制种子的传播。

迄今为止，种植玉米、食用玉米(包括食用含有玉米成分的食品)、作为饲料或用于工业用途，都未见对人类或动物的健康及生态环境产生过不利影响的报道。

(四) 从历史上看，受体植物变成有害植物的可能性

玉米是起源于西半球为数不多的主要作物物种之一。虽然玉米已得到了广泛的研究，但是公认的玉米祖先目前还没有找到，但是极有可能，墨西哥类蜀黍在玉米的遗传背景里起了重要的作用。从一个野生杂草物种转化成一个依靠人类得以生存的栽培物种，在西半球土著居民那里经历了很长的时间，才得以完成。正如我们今天所知，与杂草不同，玉米不能在野生环境里存活，因为其雌性花序(果穗)能限制种子的传播，因此栽培玉米不具有成为杂草倾向。

(五) 玉米的生物学特性

1. 繁殖方式

玉米是雌雄同株异花的一年生禾本科栽培植物。玉米是有性繁殖作物，主要是风媒传粉，虫媒传粉较少。是自交、杂交均亲和的物种。自花授粉导致同一植株内遗传特征的纯和性，而异花授粉能结合许多植株的遗传特点，这一自交-杂交的概念和由此而来的产量反应构成了现代玉米种子业的基础。有生命力的花粉可以传播的距离取决于盛行风的特点、湿度和温度等。

2. 异交率与育性

玉米是风媒传粉、自交亲和、互交可孕的物种。有生命力的花粉可以传播的距离取决于盛行风的特点、湿度和温度。偶然，人们会发现，玉米花粉可以在良好的条件下风媒传播远达3.2km。玉米可以交叉授粉，除了某些爆裂玉米品种和杂交种外，它们有一个配子体因子(在染色体4上的Ga^s、Ga和ga等位基因系列)。玉米和墨西哥类蜀黍具有遗传可亲合性，在墨西哥和危地马拉，它们在距离较近、其他条件良好时，可以自由杂

交。墨西哥类蜀黍的自然分布局限于沿着墨西哥和危地马拉西部崖坡的季节性干燥的、夏季有雨的亚热带地区和墨西哥中部高原地区。玉米和摩擦禾可杂交，但极为不易。并且杂交种具有高度的不育性，在遗传学上也不稳定。Galinat(1988)进一步说明，由于摩擦禾和玉米拥有不同数目的染色体，添加一个多余的摩擦禾染色体到玉米基因组里的概率是很低的，于是，染色体的交换率被降低到了极低的水平。

育性：受体玉米是可育的，在自然条件下具有授粉、受精、结实能力。但有许多因素可以引起玉米的雄花不育，如高温、干旱、辐射、化学药物处理以及营养元素缺乏等。

3. 全生育期

玉米是一年生植物，其生育期的长短取决于品种特性及其生长的环境。在生长点露出地面(5叶到7叶阶段)之后，在低于0℃的温度下，玉米的存活时间不超过6~8h。冻害的程度取决于低于0℃的温度的时间长短、土壤条件、残茬、低温期的长短、风向、相对湿度和植物发育阶段。在温带地区晚春时的轻霜冻可以引起叶片损伤，也影响玉米灌浆。因此，玉米能否完成生命期取决于平均无霜期的长短。一般早熟品种到晚熟品种生育期为90~130天。无霜期的长短决定了生育期不同的玉米品种，适合于在不同纬度地区种植。相关的成熟期也取决于生育期间的气候条件、地形、大型水体和土壤类型。同一品种的成熟期在同一年不同的种植地点有所不同，在同一地点不同年份也稍有不同，这取决于从种植到收获经历的环境条件。

玉米自播种至成熟经历了营养生长(V)和生殖生长(R)阶段。这个过程可进一步分为许多阶段，以下做一个简要的介绍：苗期，拔节期至抽雄期，吐丝期，水泡期，乳熟期，蜡熟期，凹陷期，完熟期。

4. 在自然界中生存繁殖的能力(包括越冬性、越夏性及抗逆性等)

玉米经过长期的驯化，使种子成为唯一繁殖器官，并需要人类的帮助使其继续世代繁衍或者空间传播。在自然生境里，玉米是非侵袭性的物种，并且已经丧失了其在野生条件下存活的能力。同杂草植物相比，玉米有雌性花序(果穗)，穗轴被苞叶包裹。于是，一般不能发生单个籽粒的种子传播。

玉米没有无性生殖器官，其种子据说不具有休眠特性。玉米种子的存活取决于温度、湿度、基因型、果皮保护和种子成熟度等。0℃以下的温度会影响萌发，因此低温是种子生产期间的主要风险。高于45℃的温度还会对种子的生活力有负面影响。

虽然上个生长季洒落的玉米可以越冬并在次年萌发，但是，它不能像杂草一样长期存活。在许多农田系统里，常见玉米自生苗，但是，很容易防治。因此没有人工栽培，玉米不能长期持续繁殖。

(六) 受体玉米的生态环境

1. 在国内的地理分布和自然生境

玉米在中国分布很广，南起海南岛，北到北纬50°N的黑龙江，东起台湾及沿海各省，西到新疆、青藏高原，都有玉米栽培。东北及西南高寒山区为春播玉米，黄淮海流域为夏播玉米，在广西、海南等省、自治区可一年两季种植。根据各地气候条件、生产条件和种植制度，从东北到西南的狭长区域内，形成了中国玉米的主要种植区，即北方春播玉米区、黄淮海夏播玉米区、西南山地玉米区、南方丘陵玉米区、西北灌溉玉米区、青藏高原玉米区。

玉米生长发育理想的生态条件包括充足的土壤含水量、能促进种子萌发和出土的最佳土壤温度和充足的土壤养分。玉米生产的最佳时期是最热月份的等温线在 21~27°C，无霜期在 120~180 天。15cm 的夏季降雨量约为无灌溉条件下玉米生产的降雨下限，玉米生长期间的降雨量虽无上限，但过多的降雨会导致减产。光照、水分、温度及土壤条件对玉米生长发育均有影响。

2. 是否为生态环境中的组成部分

玉米不是自然生态环境中的组成部分，但是已成为农业生态系统中一个重要组成部分。玉米早在 16 世纪就来到了中国，是早期的欧洲传教士带来的。最初在中国东部沿海地区的福建省丘陵区和山区种植，之后，又在 17 世纪传遍了中国各地。目前，玉米在中国的多数省份都有种植。

3. 与生态系统中其他植物的生态关系

玉米是异花授粉作物，在中国大部分省份都有种植。

如前所述，某些墨西哥类蜀黍物种可以同玉米杂交产生可育后代，但是墨西哥类蜀黍不会对只生长在墨西哥的玉米产生任何生态效应，如演化为侵袭性杂草或引起稀有物种的灭绝等。

摩擦草可以同玉米杂交，但极为不易。并且杂交种具有高度的不育性，在遗传学上不具稳定性。此外，玉米没有杂草特性，不能有效地侵袭现有的生态系统。因此，生态环境的改变将不可能对它们预计，玉米和其他作物植物的生态学关系不会由于生态环境的变化而发生改变。

4. 在生态系统里同其他物(动物和微生物)的生态学关系

在生态系统里，玉米同土壤内外的其他生物有一定的生态学关系。玉米根系由于其同诸多微生物群体，如细菌、真菌、放线菌、原生动物和螨类等有一定的关系，所以还能起到土壤调节的作用。一些有益昆虫同玉米保持生态关系，玉米同时也有一些常见的病虫害。同玉米一起存在的生物同玉米的生态学关系，其任何的变化，预计将不会对人体健康或环境产生任何的负面影响。

玉米是栽培作物，在中国有长期的栽培历史，不涉及其有关的天然捕食者、寄生物、竞争物和共生物，对生态环境不会造成风险。

(七) 受体植物的遗传变异

1. 遗传稳定性

玉米是高等植物中应用较广的遗传学资料，含有较多的遗传位点，通过自交和回交可以稳定遗传。

玉米进化成为自由授粉作物物种后,直到 20 世纪,玉米栽培品种才成为今天意义上的异花授粉作物。哥伦布发现新大陆之前,当地的土著人利用简单的群体选择,培育某些品种。在今天看来,他们的选育方法极简单,但这些选择方法能十分有效地培育品种、品系,以满足他们对食物、燃料、饲料和文化的需求。随着西半球文化的发展,发现了品种间杂交育种方法,由此利用遗传变异能力,培育独特的品种。

19 世纪 20 年代,奠定了杂交玉米育种基础理论。通过进行玉米品种遗传组成的基础研究,以确定某个特定玉米品种内的自花授粉效应。玉米单株连续 7~10 代的自花授粉,培育出了纯系(即自交系),在这个纯系群体中每个植株都有相同的遗传特性。孟德尔遗传学理论对在近交过程中发生的遗传变化进行了正确解释:通过自交,使每个基因位点上杂合等位基因的逐步纯合,形成纯系。在纯系里等位基因的纯合,使活力和生产力普遍下降。

在两个纯系进行杂交时,人们发现后代生活力又得到恢复。如果在自交的过程中没有进行选择,则各种可能出现的杂交种的平均生产能力(如籽粒产量)和开始用来自交的品种的生产性能近似。但是,某些杂交种优于原始的自由授粉品种,并且可以通过杂交种的纯系亲本的杂交而进行繁殖。于是,确定了杂交玉米的理论:自交培育纯系、纯系杂交以产生杂交种,然后通过杂交种评价筛选,并利用纯系亲本生产优良杂交种,最后将这个杂交种提供农民使用。

2. 是否有发生遗传变异而对人类健康或生态环境产生不利影响的资料

在玉米育种过程中,育种家利用诱变、杂交等手段创造新的遗传变异,用来选育新品种。玉米在自然条件下也会产生一些遗传变异,育种家也经常有目的选择、利用这些自然变异进行品种改良。目前未见这些遗传变异对人类或环境产生不利影响的资料。在自然条件下未发生与其他植物种属或者微生物进行遗传物质交换的可能性。

3. 受体植物的监测方法和监控的可能性

利用某些选择性除草剂和广谱除草剂,如草甘膦、阿特拉津、乙草胺等,可以有效控制玉米。此外,可以利用中耕防治玉米的自生苗。

二、某转基因玉米的环境安全评价

(一) 生殖方式和生殖率

在西方某国,连续两年进行了 17 次田间试验,从这些试验里收集了表现型数据。从 2004 年的西方某国十个田间试验点和 2005 年其他七个试验点上,收集了 XWT-001、XWT-001(−)和常规对照玉米杂交种的定量和定性数据。这些试验点的环境和农艺条件,代表了预期会进行 XWT-001 商业化生产的、主要的玉米生长区域。2004 年和 2005 年试验的试验材料和对照材料分别是 XWT-001 和负性分离株 XWT-001(−)。在这两年期间,在各个试验点还种植了四种商售常规玉米杂交种(ABC001、DEF002、GHI003 和 JKL004),以便提供玉米表现型和生态学特性常见的基准值。

2004~2005 年,评估了下列 14 个表现型特性:幼苗活力、早期直立株数、50%植株散粉期、50%植株抽丝期、穗位高、株高、保绿性、最终直立株数、下垂果穗数、茎秆倒伏、根倒伏、小区粒重、籽粒含水量和产量。

对 2004 年所有田间试验点的表现型数据综合分析，结果发现 XWT-001 和 XWT-001(–)之间只在一个被测性状上存在差异($p \leqslant 0.05$)。即 XWT-001 的幼苗活力级别低于 XWT-001(–)，但是，测出的差异不能表明是一种趋势，并且差异也在基准参照杂交种的观察值域之内。因此，在全部的试验点上检测出的在幼苗活力上的微小差异可能不具有任何的生物学意义。

对 2005 年对西方某国七个试验点上的表现型数据综合分析，结果发现 XWT-001 和 XWT-001(–)在幼苗活力和株高上存在差异。在几个试验点上观察到了 XWT-001 幼苗活力稍有下降的趋势；然而，在综合分析里检测出的微小差异看来不会具有生物学意义。观察到 XWT-001 株高的增加，但并没有显示其他生长特性的增加潜势，如适应性和繁殖能力，包括 50%植株散粉期、50%植株抽丝期或者产量上，并且株高的微小增加也是居于参照玉米株高的值域内。

(二) 传播方式和传播能力

XWT-001 和常规对照玉米间的表现型特性的对比评价表明，二者之间不存在显著的差异。

对 XWT-001 的花粉特性(形态学和活力)和 XWT-001(–)的进行了比较，以便在相似程度上评价生殖生长的表现型一致性。在平均花粉直径或有活力的花粉的百分率上，XWT-001 花粉和 XWT-001(–)花粉之间没有检测出任何的差异。在 XWT-001 花粉和 XWT-001(–)花粉之间没有看到在粉样品的总体生态学有任何的差异。

根据总体表现型的评估，预计 XWT-001 在种子或者花粉传播上，不会不同于 XWT-001(–)或者其他常规玉米。

(三) 休眠期

种子的休眠是植物的一种存活机制，是植物的一种重要的特性，这一特性经常同杂草化有关。休眠机制，包括硬实种子(由于种皮透水透气性差和对胚生长的机械限制，引起休眠的种子)，不同物种间有区别，休眠过程很复杂。对于包括玉米在内的大多数作物来说，硬实种子数是个可以忽略不计。

利用官方种子分析家协会(Association of Official Seed Analysts)的发芽率标准化分析法(AOSA，1998)，检测了 XWT-001 和 XWT-001(–)的发芽率和休眠参数，并利用三个常规参照品种作为参照物，以提供玉米发芽与休眠常见的基准值。结果表明，没有检测到统计学显著差异(表 10-1)。

表 10-1 XWT-001、XWT-001(–)和参考品种发芽率比较

温度/℃	种子	正常发芽率/%	非正常发芽率/%	艰难存活率/%	死亡率/%	正常存活率/%
5^b	XWT-001[1]	2.0	—	0	3.5	94.5
	XWT-001(–)	1.3	—	0	4.3	94.3

续表

温度/℃	种子	正常发芽率/%	非正常发芽率/%	艰难存活率/%	死亡率/%	正常存活率/%
	Reference Range[2]	0~10	—	0~0	0~11	84~100
15[b]	XWT-001[1]	98.5	—	0	1.5	0
	XWT-001(–)	99.8	—	0	0.3	0
	Reference Range[2]	96~100	—	0~0	0~4	0~1
20/30[a]	XWT-001[1]	98.5	0	0	1.5	0
	XWT-001(–)	99.0	0.3	0	0.8	0
	Reference Range[2]	94~100	0~3	0~0	0~4	0~0
25[a]	XWT-001[1]	98.8	0	0	1.3	0
	XWT-001(–)	98.5	0.8	0	0.8	0
	Reference Range[2]	91~100	0~2	0~0	0~7	0~0
35[b]	XWT-001[1]	99.5	—	0	0.5	0
	XWT-001(–)	98.5	—	0	1.5	0
	Reference Range[2]	96~100	—	0~0	0~4	0~0

a. AOSA 温度设计；b. 非 AOSA 温度设计；

1. 无显著性差异且 $p \leqslant 0.05$；2. 三个对照品种间的最小和最大值，当无特定分类时，参考范围就是"0~0"。

(四) 适应性

关于植物生长、产量和发育的差异，请参见本节第一部分(生殖方式和生殖率)。从表现型和农艺性状的评估结果来看，与对照 XWT-001(–) 相比，XWT-001 不具有增加适应性的优势或趋势。

(五) 生存竞争能力

如前所述，普通商用玉米品种一般不认为是杂草，所以不能侵袭现有的生态系统。玉米不具有种子在土壤里的长期持久性、扩散、侵袭和在新的或多样性的环境下成为优势物种的能力，或者同本地植被竞争的能力等任何优势特性。XWT-001 玉米或者同 XWT-001 杂交产生的玉米后代植株，不会成为杂草。在 XWT-001 和 XWT-001(–) 的对比研究里，休眠、萌发、表现型和花粉形态学与活力等特性进行了评估，评估了能影响植物病害潜势和特别是植物杂草潜势的各种变化。这些数据的评估没有在 XWT-001 和 XWT-001(–) 之间检测出任何的具有生物学意义的、能表明具有选择性优势的差异。此外，XWT-001 收获后监测了田间试验小区，结果表明同对照或常规玉米相比，不存在存活率或持久性上有任何差异。

(六) 转基因植物的遗传物质向其他植物、动物和微生物发生转移的可能性

一旦整合进植物基因组，T-DNA 边界序列就会丢失。由于缺少边界序列的帮助，整合的 DNA 转移到其他植物里的可能性几乎没有，除非通过有性杂交。因此，XWT-001

中目的基因通过有性杂交转移的范围只限于有性亲和种属(见下面"在自然条件下与其他植物种属进行遗传物质交换的可能性"部分)。如同在下面"在自然条件下与其他生物(如微生物)交换遗传物质的可能性"部分描述的那样，目前世界上还没有直接证据表明已经发生过遗传基因在生物间的水平转移。

1. 在自然条件下与其他植物种属进行遗传物质交换的可能性

基因漂移过程中，能够通过正常有性传播实现基因渐渗，必须具备一定条件：①两个亲本必须有性亲和；②必须有重叠的物候学特性；③必须有适当的花粉载体，它能在两个亲本之间传递花粉。

玉米和一年生墨西哥类蜀黍具有遗传亲和性。在墨西哥和危地马拉，距离较近时，通过风媒传粉可以自由杂交。但在中国没有墨西哥类蜀黍。

玉米与近缘种大刍草具有进行遗传物质交换的可能性以外，但是也有证据表明由大刍草向玉米转移基因受到严格的限制。

在野生条件下，玉米同三囊草属杂交是极为困难的，因为三囊草属对生境的要求类似于墨西哥类蜀黍，在中国没有三囊草属。

2. 在自然条件下与其他生物(如微生物)交换遗传物质的可能性

某转基因公司从未发现任何关于遗传物质由玉米向大豆通过种间有性杂交传递遗传物质的报道。在自然条件下，从植物向动物或者微生物的水平基因传递，在试验上目前还没有得到证实。

(七) 转变成杂草的可能性

正如本节第五部分(生存竞争能力)讨论的那样，玉米不具有成为杂草的任何特性，2004年和2005年在西方某国进行的田间试验证明，植物的表现型并没有在无意中因为基因修饰而发生改变。

2004年和2005年西方某国的田间试验证明，XWT-001种子的休眠和萌发特性同XWT-001(–)种子相比，没有改变，也没有增加倒伏性。在几个试验点上检测出在苗活力上存在微小差异，但是，汇总分析认为差异幅度极小，不具有增加杂草潜势的生物学意义。此外，种子活力降低本来就不会对杂草潜势提高起任何作用。

掉落果穗数变化趋势可用来评价杂草化潜势。2004年在两个试验点上曾检测到掉落果穗数目稍有增加，但在任何其他试验点都没有观察到和对照的明显差异；2005年试验点的表现型数据进行了汇总分析，发现XWT-001和对照有株高上的差异。但株高增长的幅度较小，看来不可能在杂草潜势上具有生物学意义，因为观察数值都在参照玉米株高的值域内。

因此，表现型特性数据表明XWT-001和XWT-001(–)及选作常规参照的玉米杂交种不存在具有生物学意义的差异，因此，在相似性和杂草潜势方面，这些数据支持表现型一致性的结论。选择性优势势必会提高XWT-001或其他植物的杂草潜势；同样，表现型数据的评估中结果没有检测出XWT-001和XWT-001(–)之间存在任何的表示存在选择优势的、生物学显著差异，XWT-001和对照相比，没有增加选择性优势及杂草潜势。

(八) 抗虫转基因植物对靶标生物和非靶标生物的影响，包括对环境中有益和有害生物的影响

尽管 XWT-001 没有进行基因修饰赋予其抗虫特性，不存在靶标生物，但还是进行了植物同病虫害互相作用的评估，作为在各种环境条件下进行植物表现型研究的一部分。XWT-001 和 XWT-001(–)之间在生物学互相作用方面观察到的定性差异，其幅度较小，各虫害或应激源的发生率都在常规参照杂种的观察发生率值阈之内。这些结果支持下述结论，即 XWT-001 的生物学相互作用，同对照相比，并没有在无意间发生改变。XWT-001 由于转基因而预计产生的环境后果是可以忽略不计的，因此认为 XWT-001 不会对植物或非靶标生物、有益和有害生物，包括受威胁的或者濒临灭绝的生物产生不良影响。

(九) 对生态环境的其他有益或有害作用

如上面证明的那样，在 XWT-001 和 XWT-001(–)或常规玉米间存在的、唯一的生物学相关表现型差异，就是 CYB 外源蛋白。某转基因公司未发现任何关于同 XWT-001 相关的，由于其导入而产生不良的环境结果的研究结论或者观察结果。

第二节 某转基因玉米的分子特征分析

一、某转基因玉米中引入或修饰性状和特性的叙述

利用重组 DNA 技术，把 *H* 编码序列稳定地整合入玉米基因组，由此培育出具有优良营养形状的某转基因玉米 ABC-001(以下称为 ABC-001)。*H* 编码序列受玉米特异性启动子 *XYZ* 的控制，主要在胚芽里表达外源基因 *DDE*，以此提高动物饲料籽粒中的某氨基酸含量。以玉米-大豆粉为基础的肉用仔鸡饲料配制时加入了动物蛋白产品和/或玉米淀粉渣，这种肉用仔鸡饲料和典型的以玉米-大豆为基础的猪饲料，从特性上来讲，都缺少某氨基酸，因此必须补充某氨基酸，才能达到最佳的动物生长速度和产量。目前某氨基酸主要是通过谷氨酸棒杆菌(*Corynebacterium glutamicum*)或者乳发酵短杆菌(*Brevibacterium lactofermentum*)的发酵制成的。

ABC-001 的培育，通过提高玉米饲料成分中的某氨基酸含量，给人们提供了一种不必再直接给家禽饲料和猪饲料里添加补充某氨基酸的新途径。把 *H* 基因导入玉米基因组生产出某氨基酸含量更高、营养价值更高的玉米籽粒，用作动物的饲料成分，主要是家禽(鸡和火鸡)和猪的饲料的成分。常规玉米里的某氨基酸总量，按干重计算，一般为 2500~2800ppm[①]，其大部分以蛋白质组成某氨基酸的形式存在。在 ABC-001 籽粒里的游离某氨基酸的水平，目标定在 1000~2500 ppm，而常规玉米籽粒的某氨基酸水平小于 100ppm。因此，ABC-001 的预期某氨基酸总量势必在 3500~5300ppm。

---

① 1ppm=10^{-6}，后同。

ABC-001与普通玉米在其他籽粒性状上是一致的,将用作家禽和猪饲料的组成成分。ABC-001玉米不会直接用于食品,所以,人类消费谷物加工产品中的外源基因 *DDE* 的数量会非常少。人类接触外源基因 *DDE* 的可能性因以下事实而进一步减小,即外源基因 *DDE* 主要在 ABC-001 玉米籽粒的胚芽表达,而胚乳才是人类通过籽粒加工进行消费的主要玉米成分(湿法和干法磨粉)。

二、实际插入或删除序列的相关资料

(一) 插入序列的大小和结构,确定其特性的分析方法

通过限制性内切核酸酶的酶切作用,制备 ZY-PMDQ 质粒的 6.9kb 线性 DNA 片段,利用这个片段转化玉米愈伤组织。这个插入玉米基因组的 6.9 kb *Xho* I 线性片段里有 *H* 和 *Npt* II 的基因盒。关于 6.9kb *Xho* I 线性片段的进一步描述,详见下文。

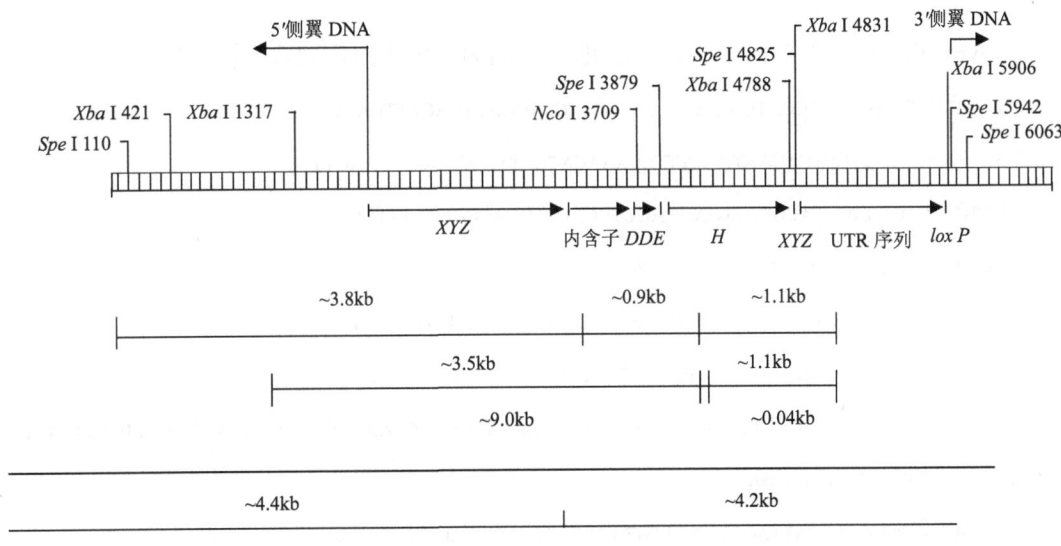

图 10-1 I-DNA 的线性图

图 10-1 表示 ABC-001 插入序列和插入序列相邻侧翼 DNA 线性图。箭头表明插入片段的终止端和其侧翼序列的起始端。图 10-1 显示了插入片段组成要素及与 Southern 杂交分析中所用酶的线性图谱相对应的限制性位点。

通过分子分析方法可以确定 ABC-001 里的 I-DNA 特性。利用 Southern 杂交分析法,分析了 ABC-001 玉米的基因组,包括:DNA 中插入位点数;一个插入位点内整合的用于转化的 DNA 拷贝数;插入的启动子、内含子、编码区和多聚腺苷酸化序列的整合;以及质粒骨架序列的存在与否。通过聚合酶链反应(PCR),以验证单个插入片段的链接情况。

(二) 删除区域的大小和功能

对 ABC-001 高某氨基酸玉米和常规非转基因玉米的基因组 DNA 进行了聚合酶链反

应和序列分析，以此来分析 ABC-001 插入位点和玉米基因组的 DNA 序列特性。将常规玉米的 DNA 序列和 ABC-001 玉米基因组 DNA 插入片段侧翼序列进行对比，结果表明，ABC-001 玉米基因组形成过程中，于插入位点上删除了 8000bp 长度的 DNA 片段。此外，在 3′ 末端插入片段侧翼连接处，识别出常规玉米有 9bp 长度的 DNA，在 ABC-001 删除 DNA 序列或者插入片段侧翼的 DNA 序列中都没有对应序列。利用 PCR 法对常规玉米的 DNA 序列进行扩增，产生两个重叠的扩增片段，即 6.0 和 6.1。利用 ABC-001 基因组 DNA 中 5′ 末端插入片段侧翼序列同存在于常规玉米 DNA 里的 DNA 序列配对的引物，同样也产生了这个 6.0kb 扩增序列，这一情况证明，ABC-001 插入片段 5′ 末端和 3′ 末端侧翼的 DNA 序列，是玉米基因组固有的。

(三) 目的基因的核苷酸序列和推导的氨基酸序列

1. ABC-001 目的基因的核苷酸序列

ABC-001 中目的基因的核苷酸序列(该序列为人为虚拟序列)见图 10-2。

```
1     TTCGCAAACAGTGCATGAATCCAGATAGTCCATGCACTCACATTGAGCTC
51    ACAGCCTTTGCTCACAATACATTTCCAAACATCCTTTGCAAGCTCAAGTT
      TCTCATCTCTGACCAACGCATTGAGGAGGTCCTTCAGCACCCCATATTGC
      GGTACCACAAAGAGCCCCCTCCCAACCATGTCTTTAAAATAACTACATGC
      CTCAATCAGCAAACCCTGCCCAACAAGGCCACTCACCACGATAGCAAATG
      GATTTTGGCGGTCAAGGACGCCAAGGGTGACCTCGTTGCAGCCACGTCAT
      TGATCAAAGAAACGGGACTTGCCTGGTATTCAGGCGATGACCCACTAAACCTTGTTTGGCTTGCTTTGGGCGGAT
CAGGTTTCATTTCCGTAATTGGACA
      TGCAGCCCCCACAGCATTACGTGAGTTGTACACAAGCTTCGAGGAAGGCG
      ACCTCGTCCGTGCGCGGGAAATCAACGCCAAACTATCACCGCTGGTAGCT
      GCCCAAGGTCGCTTGGGTGGAGTCAGCTTGGCAAAAGCTGCTCTGCGTCT
      GCAGGGCATCAACGTAGGAGATCCTCGACTTCCAATTATGGCTCCAAATG
      AGCAGGAACTTGAGGCTCTCCGAGAAGACATGAAAAAAGCTGGAGTTCTATATCGACCACAGGACTGAGCCCAG
CACTTTCCATCTCATTCCACAATGTC
      ATGGCTTGCTTGGTCTCCCCAAGCCTGCAGGCCAACCGAATCACCACATT
      GTATATCTTGAGATCTGGTGGACACCGGCACTCCCGCATCCTCTCCATCA
      GCTCCAAGCACTCCTCAAGCTGCTCCTTCTTCTCGTGTGCTACAAAGAAA
      CCATGGTACACGGCAGCGTCCACCCGCAGGCCATCCCTCGACATAGCATC
904   AGCTAA
```

图 10-2 ABC-001 中目的基因的核苷酸序列

2. ABC-001 目的基因 *DDE* 推导的氨基酸序列

因为 DDE 是一种细菌酶，所以一个玉米叶绿体转运肽(CTP)被插入蛋白质的 N 端，以便将其表达到目标地点导向质体。由 ABC-001 插入序列 DNA 推导的 CTP +DDE 氨基酸序列(该序列为人为虚拟序列)见图 10-3。

```
  1  LRLQGAINVG AKGDLVAATS VAARPRRLPS AATASPSSPS RKITPVSNGG
 51  VSLAAITSTG FTESGDIDIA AGREVAAYLV GLQSVTGRGK MVSPTNLLPA
101  DKGLDSLVLA KLSPLVAAQG AAEKLELLKA VREEVGDRAK LIAGVGTNNT
151  RTSVELAEAA ASAGADGLLV VTPYYSKPSQ EGLLAHFGAI AAATEVPICL
201  YDIPGRSGIP ELPTILAVKD LIKETGLAWY EQELEALRED GTTGESPTTT
251  SGDDPLNLVW LALGGSGFIS VIGHAAPTAL RELYTSFEEG DLVRAREINA
301  LTAKTGVEHF GTVGVAMVTP IESDTMRRLS RLGGVSLAKA DPRLPIMAPN
351  MKKAGVL
```

图 10-3 目的基因推导的 CTP + DDE 氨基酸序列

(四) 插入序列在植物细胞中的定位(是否整合到染色体、叶绿体、线粒体，或以非整合形式存在)及其确定方法

利用粒子加速轰击法，把 DNA 导入了玉米自交系的愈伤组织里。这种粒子转送方法，使得 H 核苷酸序列插入单独一条染色体内。H 基因的遗传符合孟德尔遗传规律，证明该基因被插入到染色体上的一个位点。

(五) 插入序列的拷贝数

利用放射性 ^{32}P 标记 I-DNA 1、I-DNA 2、I-DNA 3 和 I-DNA 4 探针(图 10-4)，以此来测定 I-DNA 插入拷贝数。利用限制性内切核酸酶 *Nde* I 或者 *Nde* I 和 *Nco* I 共同作用，对 ABC-001 和其阴性对照[以下称为 ABC-001(-)] 基因组 DNA，进行酶切，将这些酶切 DNA 片段利用凝胶电泳进行分离，并转移到尼龙膜上进行 DNA Southern 杂交分析。产生了两个 DNA 电泳图谱(图 10-5)。其中，电泳图谱 A 来自 I-DNA 1 和 I-DNA 2 探针，覆盖 I-DNA 的 75%；电泳图谱 B 来自 I-DNA 3 和 I-DNA 4 探针，覆盖了剩余的 I-DNA 部分。对比 ABC-001 和 ABC-001(-)谱带(分别在图 10-5A 和图 10-5B 电泳图谱的泳道 3 及泳道 1)，观察到了一个特异性的杂交谱带(9.0kb)。DNA 进行短期电泳同样显示出该谱带(分别在图 10-5A 和图 10-5B 的泳道 9 及泳道 5)。这些数据佐证了，在 ABC-001 里的一个单一位点上的基因组里只有一个 I-DNA。

利用 *Nde* I 和 *Nco* I 共同对 ABC-001 的基因组 DNA 进行酶切，结果因为存在一个内部的 *Nco* I 位点，对比 ABC-001 和 ABC-001(-)谱带，在同 I-DNA 1 和 I-DNA 2 探针杂交时产生了两个独特的谱带(图 10-5A，泳道 4 和泳道 2)。由于 I-DNA 3 和 I-DNA 4 探针只同 I-DNA 里的 *XYZ* 3′ UTR 杂交，这一内部 *Nco* I 位点的存在使得我们只能检测出 *Nco* I-*Nde* I 片段(图 10-5B，泳道 4)。*Nde* I (在 I-DNA 之外的酶切点)和 *Nde* I 及 *Nco* I 组合(I-DNA 内部和外部的酶切点)产生的杂交模式，和在 ABC-001 里存在一个 H 盒情况是

一致的。

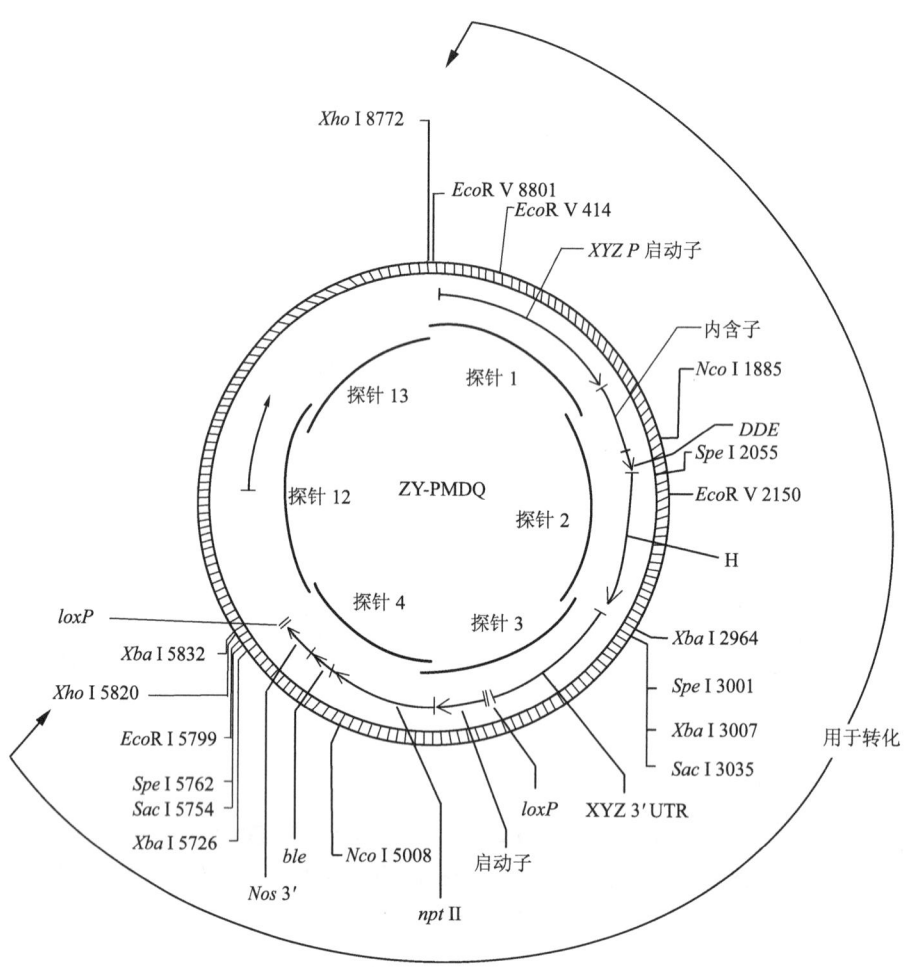

探针	DNA 探针	起始位置	结束位置	全长/kb
1	I-DNA 1	8773	1508	1.6
2	I-DNA 2	1426	3070	1.6
3	I-DNA 3	3039	4559	1.5
4	I-DNA 4	4485	5820	1.3
12	骨架 1	5821	7411	1.6
13	骨架 2	7291	8772	1.5

图 10-4　ZY-PMDQ 质粒载体图谱

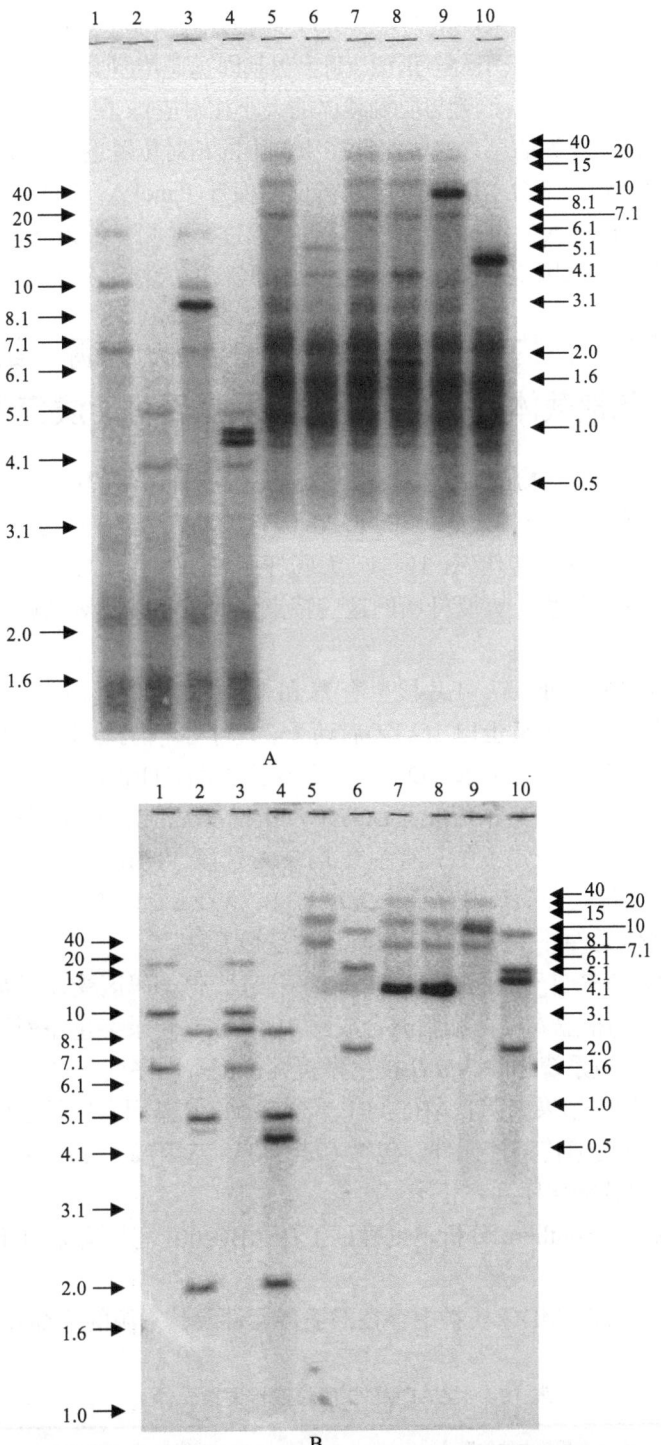

图 10-5 ABC-001 的 DNA Southern 杂交分析:插入片段和拷贝数目(单位：kb)

1. ABC-001(-) (*Nde* I); 2: ABC-001(-) (*Nde* I 和 *Nco* I); 3: ABC-001 (*Nde* I); 4: ABC-001 (*Nde* I 和 *Nco* I); 5: ABC-001(-) (*Nde* I); 6: ABC-001(-) (*Nde* I 和 *Nco* I); 7: ABC-001(-) (*Nde* I)带有 ZY-PMDQ (*Eco*R V) (0.5 拷贝); 8: ABC-001(-) (*Nde* I)带有 ZY-PMDQ (*Eco*R V) (1.0 拷贝); 9: ABC-001 (*Nde* I); 10: ABC-001 (*Nde* I 和 *Nco* I)

质粒载体 ZY-PMDQ 系用来产生 5.9kb *Xho* I 线性片段(*Xho* I 8772~*Xho* I 5820)，以进行基因枪转化，产生 ABC-001。质粒图谱内侧表明基因盒遗传组成，在外侧表明 Southern 杂交分析所用限制性酶切位点(位置与质粒载体的大小相对应)。在附表中标明了 Southern 杂交分析采用的探针的详细信息。这些探针在质粒中的相对位置也标在质粒图的内侧。

每次同时用两个针对部分 I-DNA 的 ^{32}P 标记的探针(Panel A, I-DNA 1 和 I-DNA 2，图 10-5A) (Panel B, I-DNA 3 和 I-DNA 4，图 10-5B)进行检测。每条泳道含有 10μg 从籽粒中提取的经过消化的基因组 DNA。DNA 大小根据胶中的相对分子质量 Marker 标记。

三、目的基因与载体构建的图谱，载体的名称、来源、结构、特性和安全性，包括载体是否有致病性以及是否可能演变为有致病性

DNA 克隆和质粒 ZY-PMDQ 载体构建的寄主是大肠杆菌(图 10-4)。利用限制性内切核酸酶进行酶切，制备 ZY-PMDQ 质粒的 6.9kb 线性 DNA 片段，然后，利用这个片段对受体玉米愈伤组织进行遗传转化(图 10-4)。大肠杆菌普遍存在于环境中，也存在于脊椎动物包括人体的消化系统里。大肠杆菌的这些特点证明没有必要对其进行更多的毒理学分析试验。

插入玉米基因组的 6.9kb *Xho* I 片段里有 *H* 和 *Npt* II 基因盒。

H 基因盒含有一个玉米某蛋白 1(*XYZ*)启动子、一个水稻肌动蛋白 *AB* 内含子、一个来自于谷氨酸棒状杆菌的含有玉米 *DDE* 叶绿体转运多肽(CTP)的 *H* 编码序列，和一个来自玉米的球蛋白 1 3′ 未翻译区的终止子(*XYZ* 3′ *UTR*)。Southern blot 分析结果证明：在 ABC-001 中基因组里单一位点上的只有一个 I-DNA 片段，ABC-001 具有完整的 *H* 基因盒的遗传元件(*XYZ* 启动子，*AB* 内含子，*DDE* CTP，*XYZ* 3′ UTR 或 *loxP*)，并且除了同 *H* 基因盒有关的遗传元件外，不存在任何其他的遗传元件。

Npt II 基因盒含有来自于大肠杆菌的 *Npt* II 碥码区，该编码区受控于花椰菜花叶病毒(CaMV) 35S 启动子和根癌农杆菌胭脂碱合成酶 3′(*Nos 3′*)转录终止序列的调节。正如上面所述，利用 Cre 重组系统删除 *Npt* II 抗生素抗性标记基因序列。对 ABC-001 DNA 进行 Southern 杂交分析，结果表明：ABC-001 不含有 *Npt* II 基因盒以及任何与 *Npt* II 基因盒相关的部分或完整的遗传调控元件，包括 *CaMV* 35S 基因或 *CaMV* 35S 启动子调控元件，或者 *Nos* 3′多腺苷酸化序列终止子。

最后，通过 DNA Southern 分析，也确证了在 ABC-001 里没有来自于 ZY-PMDQ 质粒的 Cre DNA 序列。

表 10-2 列出了 ZY-PMDQ 质粒中存在的遗传元件及其来源的详细介绍。

表 10-2 ZY-PMDQ 质粒遗传调控元件

遗传元素	在质粒中的位置	功能和/或参考文献
间插序列(内含子)	8773~5	合成连接序列
XYZ 启动子	6~1397	玉米某蛋白 1 (*XYZ*) 基因启动子
间插序列	1398~1404	合成连接序列

续表

遗传元素	在质粒中的位置	功能和/或参考文献
AB 内含子	1405~1885	水稻肌动蛋白基因内含子
间插序列	1886	合成连接序列
DDE TP	1887~2057	玉米某酶（DDE）的叶绿体靶标序列
H	2058~2960	在某氨基酸生物合成路径里来自于谷氨酸棒杆菌（*Corynebacterium glutamicum*）的某酶的编码区
间插序列	2961~3036	合成连接序列
XYZ 3′UTR	3037~4036	来自于玉米某蛋白 1（*XYZ*）基因的 3′ 非翻译区
间插序列	4037~4047	合成连接序列
loxP	4048~4081	Cre 重组酶识别的重组位点
间插序列	4082~4090	合成连接序列
CaMV 35S 启动子	4091~4414	花椰菜花叶病毒（CaMV）启动子
间插序列	4415~4447	合成连接序列
Npt II	4448~5242	来自从大肠杆菌分离出的新霉素磷酸转移酶 II 型基因
间插序列	5243~5262	合成连接序列
间插序列	5416~5426	合成连接序列
Nos 3′	5427~5682	来自根癌农杆菌胭脂碱合成酶（NOS）编码序列的 3′ 末端非翻译区，它指挥 mRNA 的多腺苷酸化以终止转录
间插序列	5683~5691	合成连接序列
loxP	5692~5725	Cre 重组酶识别的重组位点
骨架序列	5726~6670	来自大肠杆菌的多位点接头序列
骨架序列	7292~8772	来自大肠杆菌的多位点接头序列

第三节 某转基因玉米外源表达蛋白的毒性检测

一、外源基因表达(物质)是否存在毒性的毒理学检测

(一) 转基因植物及其产品中新生成的物质的特性和功能，表达产物在可食部位及其植物中的含量，特别是表达产物的膳食暴露对人群的影响

遗传修饰的 123456 玉米产生三种蛋白质：Bt-1 号与 Bt-2 号蛋白，两种控制昆虫的蛋白质，是苏云金芽孢杆菌活性成分；抗除草剂 1 号蛋白，绿色产色链霉菌中的一种膦化麦黄酮——N-乙酰转移酶。D.D. Jones 和 J.H. Maryanski (1991)对遗传修饰的人类食品植物的安全性估价的讨论中，提出了转基因食品植物中产生的新的蛋白质与其他物质有几点重要区别。他们认为：

(1) 蛋白质通常是短期无毒的，未发现蛋白质表现变异或癌变之类的慢性毒性。毒

性蛋白易于鉴定也高度特异化。

(2) 蛋白质通常在哺乳动物消化道中降解。

(3) 蛋白质不会像有些化学物质那样生物积累。

(4) 蛋白质的生物活性很重要；应该考虑到蛋白质在哺乳动物的消化道中是否保持活性。

在人类和高等动物中蛋白质的消化从蛋白酶开始，主要是胃蛋白酶，由胃部的上皮细胞分泌。蛋白酶在低 pH(pH 1~2)环境中活性很低。蛋白酶水解产生多肽和氨基酸的混合物，反过来又是胃部活动的强烈刺激物。胃部对液体清除一半的时间是 12~64min，对固体是 45~195min。在肠道中高于中性的条件下，存在各种广谱特异性的蛋白酶，在那里发生蛋白质水解。肠道中蛋白质通常不能以原有的形式吸收，而是以氨基酸成分和小一些的肽链形式吸收。

1. 转基因植物及其产品中新生成的三种蛋白质(Bt-1 号、Bt-2 号、抗除草剂 1 号)的安全性

1) 玉米 Bt 蛋白：对 123456 玉米中 Bt 蛋白的安全性存在的证据

(1) 苏云金芽孢杆菌的商业上有长期历史的安全应用，是一种革兰氏阳性的土壤菌。在孢子期间产生晶体蛋白包涵体，这种包涵体表现高度特异的杀虫剂活性，晶体蛋白在昆虫肠道的碱性条件下降解，被蛋白酶降解产生由晶体蛋白 N 端组成的活性核心片段。活性核心片段可以抵抗加胰蛋白酶等的进一步消化。杀虫蛋白与敏感性的昆虫中肠上皮细胞相互作用，有证据表明杀虫蛋白可以在细胞膜上产生小孔，因此破坏了细胞的渗透平衡，导致细胞膨胀、破裂，感染的昆虫幼虫停止进食，最终死亡。以几种 Bt 蛋白来说，特异的高度亲和力的结合位点存在于感病昆虫的中肠上皮。通过吸收和皮肤暴露结合蛋白是不可能的。Bt-1 号/Bt-2 号蛋白是高分子产物，分别为 14kDa 和 44kDa，因此它比较稳定，不易被皮肤吸收。

(2) 哺乳动物肠道上皮细胞表面不存在苏云金芽孢杆菌亚属的 δ-外毒素蛋白的受体。受体在 Bt 蛋白的作用过程中具有重要作用。

(3) Bt-1 号/Bt-2 号的作用位点(昆虫的肠上皮细胞)与其他 Bt 杀虫蛋白相似，Bt-1 号/Bt-2 号的杀虫谱较窄。根据毒理试验的结果，Bt-1 号/Bt-2 号应对哺乳动物无毒。Bt 蛋白安全性的大量的检测也进一步证明对人类无不良影响。Burges(1981)声明：虽然苏云金芽孢杆菌对食品作物大量使用，未发现苏云金芽孢杆菌的毒性。

(4) 在对 Bt-1 号、Bt-2 号蛋白以及两种蛋白的混合制剂(Bt-1 号：Bt-2 号=1：3)分别进行小鼠的短期急性毒理学试验表明，所有试验动物在实验期间无死亡及中毒现象，三种微生物蛋白制剂的 LD_{50} 分别大于 2700mg 有效量／kg 体重，1850mg／kg 体重，以及 2000mg 有效量／kg 体重。

(5) 对 Bt-1 号、Bt-2 号是否具有潜在过敏诱发性曾进行了研究。没有发现与已知过敏原的氨基酸序列的同源性；在模拟胃环境中(SGF，其中含有胃蛋白酶，pH 为 1.2)，Bt-1 号/Bt-2 号杀虫晶体蛋白能够被快速消化[Bt-1 号和 Bt-2 号的试验结果分别为 DT_{90} = 6.5min(平均)和 DT_{97}≤5min](Herman et al., 2003) (注：DT_{90} 为消化 90%的蛋白质需要的时间，DT_{97} 为消化 97% 的蛋白质需要的时间)。对 Bt-1 号/Bt-2 号杀虫晶体蛋白进行的两项热稳定性研究的结果表明：加热可以使 Bt-1 号和 Bt-2 号蛋白失活。

2) 抗除草剂 1 号蛋白

抗除草剂 1 号基因编码膦化麦黄酮-N-乙酰转移酶。乙酰转移酶是细菌、植物和动物中普遍存在的一种蛋白质。在脂肪的合成和氧化中都具有重要作用。因为实际上所有的细胞都含有乙酰转移酰，这些酶是人类饮食中的天然成分。文献中没有发现乙酰转移酶带有毒性或过敏性的报道。在高温下，抗除草剂 1 号蛋白能够很快被降解。美国环境保护署在 1997 年最终裁定，作为植物产生的杀虫剂(PIP)使用时，不对抗除草剂 1 号在初期农产品中的容许含量做出限定。在做出这个决定的过程中，美国环境保护署对已提交的，关于抗除草剂 1 号蛋白在人工模拟胃液中的表现及其急性口服毒性资料进行了评估，并得出结论：由于未观察到 PIP 对哺乳动物具有毒性，并且抗除草剂 1 号蛋白本身没有毒性(在对试验动物用到 2500mg／kg 的高剂量时，仍未有动物死亡)，因此，"有合理的把握相信，抗除草剂 1 号蛋白是无害的"；体外的消化性资料也表明，抗除草剂 1 号蛋白能够在胃液中快速降解。

(1) 为了鉴定抗除草剂 1 号蛋白与其他已知的毒性剂和过敏剂是否具有同源性，以进一步估计原料生物的病原力，进行了数据库搜索。搜索结果表明抗除草剂 1 号酶与数据库中任何已知的毒性蛋白、细菌外毒素、过敏剂和毒液都没有同源性，没有关于乙酰转移酶家族的毒性报道，因为原料生物没有病原潜能。

(2) 在生物化学性质上，转基因玉米 123456 产生的抗除草剂 1 号蛋白，已被证明和大肠杆菌产生且用于毒理试验中的抗除草剂 1 号蛋白等同。生化资料证明其没有潜在的过敏诱发性。通过经口灌饲，以小鼠为受试动物(5 只雄性和 5 只雌性小鼠)，按照每千克体重 6000mg 试验材料(每千克体重 5000mg 抗除草剂 1 号蛋白)的剂量，进行急性口服毒性研究，从而对微生物产生的抗除草剂 1 号蛋白(含 84%纯微生物蛋白)进行评估。在为期两个星期的试验期间，全部小鼠均存活，且未发现与处理有关的临床症状。试验期间，全部小鼠的体重均有所增加，且未发现可观察到的病变。抗除草剂 1 号蛋白急性口服的致死中量(LD_{50})确定为 > 5000mg／kg，这和以前的研究结果相符。在人工胃液(胃蛋白酶)的消化试验中，发现抗除草剂 1 号蛋白能够在 5s 内被消化。在抗除草剂 1 号蛋白和任何已知的蛋白质过敏反应原之间，未发现其氨基酸序列的同源性。

(3) EPA 最近决定对所有含有膦化麦黄酮-N-乙酰转移酶以及产生该酶所需的遗传物质的初级农业商品不必逐步进行评价，这进一步支持了抗除草剂 1 号的安全性，这项豁免包括 *Bla* 和抗除草剂 1 号基因。

(4) 对抗除草剂 1 号酶的底物特异性也进行了研究。它们显示：抗除草剂 1 号的底物特异性很窄，仅有草丁膦和脱甲基草丁膦；检测不到对以下氨基酸的乙酰化：谷氨酸盐、天冬氨酸盐、谷氨酰胺、天冬酰胺酸、精氨酸、鸟氨酸、赖氨酸、组氨酸、甲硫氨酸、丝氨酸、苏氨酸、脯氨酸、羟脯氨酸、丙氨酸、甘氨酸、异亮氨酸、亮氨酸、缬氨酸、苯丙氨酸、色氨酸和酪氨酸；丙二酰辅酶 A 和链更长的琥珀酰辅酶 A 可作为共底物被作用。这些结果显示抗除草剂 1 号酶对草丁膦有高度的特异性。未发现抗除草剂 1 号可能的内源性底物。

通过以上的分析和两种外源蛋白在玉米籽粒中的表达量，以及加工后对蛋白质变性的作用，可以认为转基因玉米 123456 新产生的三个蛋白质对人体健康不会有影响。

2. 表达产物在可食部位及其植物中的含量，特别是表达产物的膳食暴露对人群的影响

Bt-1 号和 Bt-2 号在植物组织(包括籽粒)中表达。由于商用玉米通常经充分混合和加工，应而可用其平均表达值(喷药玉米和未喷药玉米的综合资料)来保守地评估其摄食的情形。

如表 10-3 所示，转基因玉米 123456 籽粒中蛋白的平均表达量：Bt-1 号为 55.39ng/mg 干重，Bt-2 号为 0.95ng/mg 干重(在典型的玉米中，由于水分含量较高，蛋白质的浓度可能更低一些)。

表 10-3　毒理实验所用蛋白量与实际人体摄入量的换算

	Bt-1 号 (单独)	Bt-2 号 (单独)	Bt-1 号 (混合)	Bt-2 号 (混合)
含量/(ng/mg)	55.39	0.95	55.39	0.95
毒理试验剂量/(mg/kg 体重)	2700	1850	482	1520
为达到毒理试验中剂量所需摄入的玉米籽粒的量/(kg/d)：				
儿童(体重 10kg)	487	19 474	44	8 000
成人(体重 60kg)	2925	116 842	522	96 000

Bt-1 号/Bt-2 号蛋白在膳食中的实际摄入量要比这些值低很多，这是因为①在运输和储存期间，蛋白质会发生降解；②含有 Bt-1 号/Bt-2 号蛋白的玉米籽粒会和不含有 Bt-1 号/Bt-2 号蛋白质的籽粒混合；③在加工生产高果糖玉米糖浆和植物油过程中，蛋白质浓度会降低(其最终产品中蛋白的含量微乎其微)。

评估摄食安全性的简单方法是算出人们需要食用多少食品才能达到相当于毒理研究中所使用的蛋白质的量，然后评估人们一日之内该数量食品的可能性。例如，Bt-1 号玉米籽粒的 Bt-1 号蛋白质含量大约为 55ng/mg 干重。这意味着每毫克的籽粒中含有 0.000055mg 的蛋白质。小鼠每千克体重摄入了 2700mg 微生物产生的蛋白质。为了通过摄食玉米籽粒达到等量的 Bt-1 号蛋白，每只小鼠每千克体重需要食用 48.7 千克的谷粒。同样，也可以对 Bt-2 号进行类似的估计。按照这样的假设，人们可以计算：为了达到研究中小鼠所使用的蛋白程度，一个婴儿、一个儿童或者一个成人需要进食多少未经加工的玉米籽粒。

上述计算基于最简化情形，即便如此，这些蛋白仍具有足够的安全度。若考虑到其他因素(如市场份额和加工)的作用时，实际的安全度会更大。

(二) 体外表达蛋白质与植物体内表达蛋白质等同性分析

1. Bt-1 号/Bt-2 号蛋白

微生物表达的 Bt-1 号/Bt-2 号蛋白和植物表达的 Bt-1 号/Bt-2 号蛋白是等同的。

对植物中(Bt-1 号/Bt-2 号玉米品系 123456)产生的 Bt-1 号和 Bt-2 号蛋白，与微生物产生的 Bt-1 号和 Bt-2 号蛋白[通过重组的荧光假单胞菌(*Pseudomonas fluorescens*)产生，

亦用于对非靶标生物影响试验]进行的特征测试,证明两者是等同的。

通过十二烷基硫酸钠聚丙烯酰胺凝胶电泳(SDS-PAGE)、糖蛋白(sugar protein)检测方法、Western blot、基质辅助激光解吸附离子化飞行时间质谱法(MALDI – TOF MS)和氨基端序列分析(N-terminal sequence analysis),对微生物产生的蛋白质和植物表达的蛋白质的生物化学性质进行测定。结果表明,来自荧光假单胞菌和转基因玉米(转化体 123456)的 Bt-1 号和 Bt-2 号蛋白具有相同的生物化学性质。这些数据亦支持在非靶生物试验中使用微生物产生的蛋白质。

此外,对叶初提液、对从叶组织免疫提纯出的 Bt-1 号和 Bt-2 号蛋白,以及对来自荧光假单胞菌 Bt-1 号和 Bt-2 号蛋白还进行了 SDS-PAGE 试验。然后,两块凝胶上的蛋白质被同时转移到两块尼龙薄膜上。在一个薄膜上使用对 Bt-1 号专一的多克隆兔抗体(polyclonal antibody)进行探针杂交,另一个薄膜则用对 Bt-2 号专一的多克隆兔抗体进行探针杂交。

通过 Coomassie 染色对 SDS-PAGE 凝胶电泳的结果进行显影显示,荧光假单胞菌产生的 Bt-1 号和 Bt-2 号,分别为大约 14kDa 和 44kDa。正如所料,相应的来自玉米的 Bt-1 号和 Bt-2 号蛋白几乎和微生物(荧光假单胞菌)产生的蛋白完全相同(图 10-6)。这同以前有关玉米产生之 Bt-1 号和 Bt-2 号的研究发现一致。

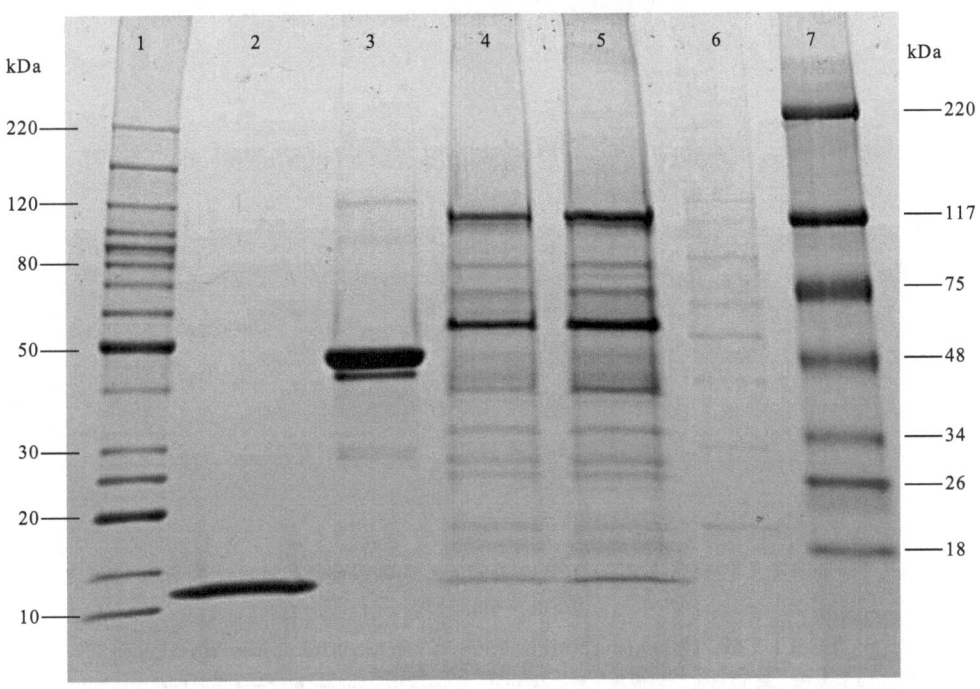

图 10-6 转基因玉米 123456 与对照 BX432 玉米叶萃取物以及微生物产生的 Bt-1 号和 Bt-2 号蛋白的 SDS-PAGE 试验结果

1. BenchMark 相对分子质量标准样品 5μL; 2. 微生物产生的 Bt-1 号(TSN102172)3.6μg; 3. 微生物产生的 Bt-2 号(TSN102171) 3.7μg; 4. BX432 玉米叶萃取物 2 号样品 30μL; 5. 转基因玉米 123456 叶萃取物 1 号样品 30μL; 6. MagicMark 相对分子质量标准样品 4μL; 7.Pierce BlueRanger 相对分子质量标准样品 5μL

使用 Bio-Rad 制备好的凝胶进行 SDS-PAGE。来自转基因玉米 123456 和对照 BX432

玉米的叶萃取物,分别按照 1∶1 的比例同含有 5%β-巯基乙醇的 Laemmli 标本缓冲液混合,然后在 100℃加热 5min。稍做离心,将 30μL 的上清液直接加到凝胶上。将阳性对照[微生物产生的 Bt-1 号(TSN102172) 和 Bt-2 号(TSN102171)]在 20mmol/L 的柠檬酸钠中重新制成悬浮液(浓度 1.0mg / mL, pH 3.5),然后用磷酸缓冲液稀释,按照前述方法处理。利用 Bio-Rad Tris/glycine/SDS 缓冲液,使用 20mA 的恒定电流电泳 60min。按照制造商的方案,在分离之后,用 Pierce GelCode Blue 进行蛋白质染色。为清楚起见,图 10-6 中未标出所有电泳条带的相对分子质量。

制胶和电泳方法同上,在分离之后,在 50V 的恒定电压下,将蛋白从凝胶电渗到硝酸纤维膜上。转移缓冲液含有 20%甲醇和 Bio-Rad 的 Tris/glycine 缓冲液。免疫检测时,用对 Bt-2 号专一的多克隆兔抗体作为初级抗体,用山羊抗兔 IgG(H + L)和芥末过氧化物酶的结合体作为次级抗体。用 Amersham BioSciences 化学发光底物使得免疫反应蛋白带曝光显影到放射底片上。显影后,将 BlueRanger 相对分子质量标记物人工转到 Western blot 膜上(图 10-7)。为清楚起见,图 10-7 中未标出所有电泳条带的相对分子质量。

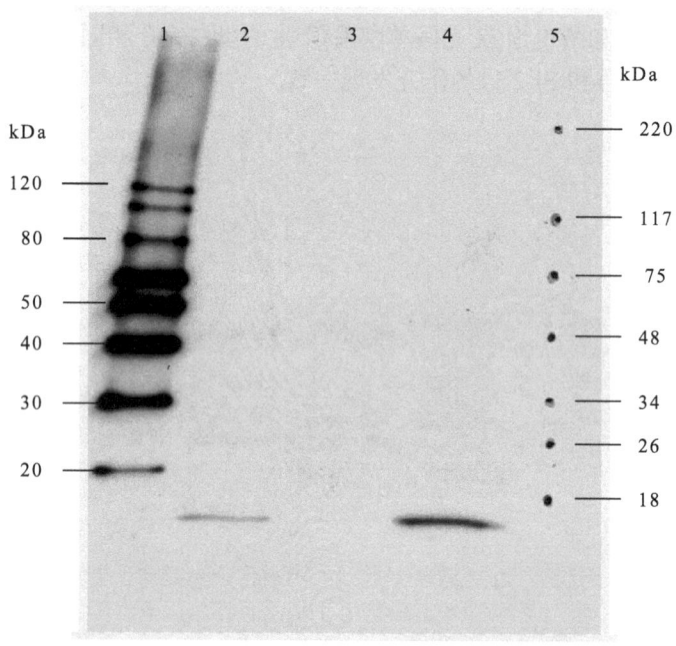

图 10-7 转基因玉米 123456 与对照 BX432 玉米叶萃取物以及微生物产生的 Bt-1 号蛋白的 Western blot 分析

1. MagicMark 相对分子质量标准样品 1.0μL; 2.微生物产生的 Bt-1 号(TSN102172)2.7ng; 3.BX432 玉米叶 2 号样品 30μL; 4.转基因玉米 123456 叶提取物 1 号样品 30μL; 5.Pierce BlueRanger 相对分子质量标准样品 5μL

微生物产生的 Bt-1 号和 Bt-2 号蛋白在 SDS-PAGE 和 Western blot 实验中均表现出预期的大小。本研究中,转基因玉米 123456 的玉米叶萃取物也得到同样的结果。微生物产生的 Bt-2 号,容易为蛋白酶所分解,在 Western blot 和 SDS-PAGE 试验中,44kDa 和 40kDa 处均显示了阳性反应。同样,来自转基因植物的 Bt-2 号,对 44kDa 和 40kDa 蛋白质类型反应亦为阳性。在每次 Bt-1 号和 Bt-2 号的 Western blot 分析中,在对照样品中未观察到具有免疫活性的蛋白质，在转基因样品中亦未发现其他相对分子质量的蛋白质。

用 Pierce 的 GelCode 糖蛋白染色试剂，对可能与 Bt-1 号和 Bt-2 号(来自微生物和玉米)共价连接的糖类进行检测。该试验中，对来自微生物和来自免疫亲和提纯的玉米 Bt-1 号和 Bt-2 号蛋白，与一种糖蛋白(芥末过氧化物酶)作为糖基化蛋白的阳性对照，和另一种非糖蛋白(大豆胰蛋白酶抑制剂)作为阴性对照，同时进行电泳。结果表明，无论来自玉米或来自微生物的 Bt-1 号/Bt-2 号蛋白中都未检测到糖类。

通过 SDS-PAGE 对经免疫亲和提纯的玉米叶(转化体 123456)中的 Bt-1 号和 Bt-2 号蛋白进行分离，然后将各自的条带分别切下，并利用胰蛋白酶在凝胶中进行降解。利用 MALDI – TOF MS 对得到的多肽混合物进行分析，来测定多肽相对分子质量的分布范围图谱(指纹)。将检测到的多肽的相对分子质量，同根据胰蛋白酶在来自玉米之 Bt-1 号和 Bt-2 号蛋白上可能的切割位点而推算出的相对分子质量分布图谱进行比较。Bt-1 号和 Bt-2 号蛋白在变性之后，很容易被胰蛋白酶消化，因而在图谱上产生大量的多肽峰。

在转基因玉米产生的 Bt-1 号蛋白被胰蛋白酶消化后的产物中，有五种多肽符合理论推算出的多肽相对分子质量。观察到的多肽片段位于 Bt-1 号氨基酸位点 5~118。在转基因玉米产生的 Bt-2 号蛋白被胰蛋白酶消化后的产物中，有八种多肽符合理论推算出的多肽相对分子质量。观察到的多肽片段位于 Bt-2 号氨基酸位点 109~329。在由 Bt-1 号和 Bt-2 号降解产生之多肽分子中，被检测到的多肽序列(包括 N 端序列)分别占总序列的 54%和 37%。在玉米产生的蛋白质中，有几个多肽未被检出，估计是由于个别样品制备过程中消化和离子化引起的偏差，或因方法本身的限制而致，并非表明玉米产生的蛋白的序列有所不同。此外，在 MALDI – TOFMS 的图谱中，还观察到几个尚未识别的多肽，其形成的原因可能较为复杂，如过度消化(导致非专一性的裂解)、胰蛋白酶的自我消化产物，或电离过程中多肽的随机裂解。上述分析表明，玉米产生的 Bt-1 号和 Bt-2 号蛋白，与上文所述由荧光假单胞菌产生的蛋白质实质等同。

以上试验表明，微生物荧光假单胞菌产生的与转基因玉米 123456 产生的 Bt-1 号和 Bt-2 号蛋白在生物化学性质方面等同。这些数据亦支持在非靶标生物试验中使用微生物产生的蛋白质作为试验材料。

2. 抗除草剂 1 号蛋白

通过十二烷基硫酸钠聚丙烯酰胺凝胶电泳(SDS-PAGE)、糖蛋白(sugar protein)检测方法、Western blot、基质辅助激光解吸附离子化飞行时间质谱法(MALDI – TOF MS)和氨基末端序列分析(N-terminal sequence analysis)，分别对微生物产生和植物产生的抗除草剂 1 号蛋白质的生物化学性质进行了测定(Schafer and Collins, 2003)。试验表明，来自微生物和转基因玉米 123456 的抗除草剂 1 号蛋白具有相同的生物化学性质。

用生化分析对大肠杆菌产生的抗除草剂 1 号蛋白，和取自生长于温室中之转基因玉米叶萃取物的抗除草剂 1 号蛋白，进行特征鉴定(Schafer and Collins, 2003)。分析方法包括十二烷基硫酸钠聚丙烯酰胺凝胶电泳，Western blot 和酶联免疫吸附测定 (ELISA)(图 10-8，图 10-9)。SDS-PAGE 法用来确定微生物的抗除草剂 1 号蛋白是否与预期的相对分子质量相符。Western blot 和 ELISA 分析用来确定试验材料中是否含有能与抗除草剂 1 号蛋白专一性抗体发生免疫反应的蛋白质。此外，Western blot 用来测定微生物产生的蛋白质和转基因植物产生的蛋白质是否都具有预料的相对分子质量。

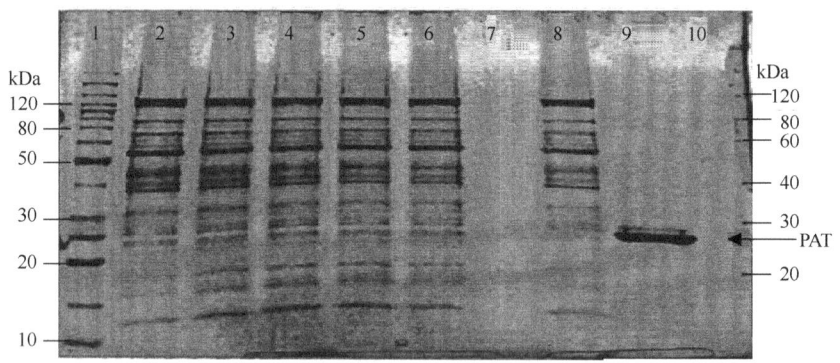

图 10-8 微生物产生的抗除草剂 1 号与转基因玉米 123456 及 BX432 玉米叶中的提取物进行的 SDS-PAGE 比较

1. BenchMark 相对分子质量标准样品 5μL；2. 转基因玉米 123456 1#30μL；3. 转基因玉米 123456 2#30μL；4. 转基因玉米 123456 3#30μL；5. 转基因玉米 123456 4#30μL；6. 转基因玉米 123456 5#30μL；7. 空白；8. BX432 2#30μL；9. 微生物抗除草剂 1 号蛋白 3.1μg；10. MagicMark 相对分子质量标准品 4μL

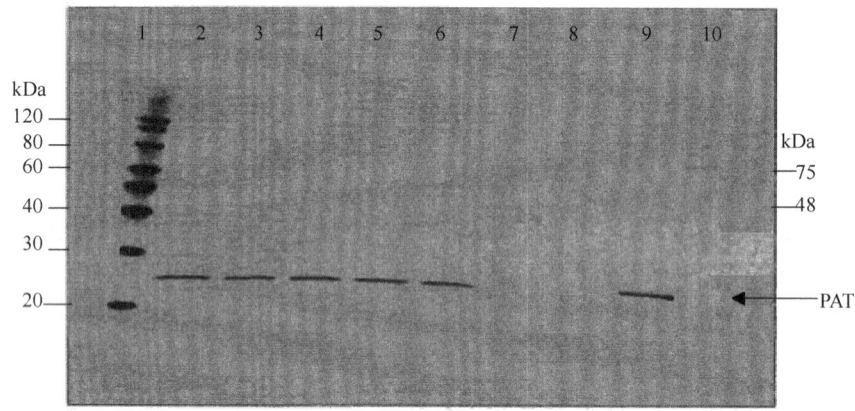

图 10-9 微生物产生的抗除草剂 1 号与转基因玉米 123456 及 BX432 玉米叶提取物进行的 Western-blot 分析

1. MagicMark 相对分子质量标准品 1μL；2. 转基因玉米 123456 1#30μL；3. 转基因玉米 123456 3#30μL；4. 转基因玉米 123456 4#30μL；5. 转基因玉米 123456 7#30μL；6. 转基因玉米 123456 8#30μL；7. 空白；8. BX432 2#30μL；9. 微生物抗除草剂 1 号蛋白 3.1μg；10. Pierce BlueRanger 相对分子质量标准样品 5μL

对于 SDS-PAGE 分析，取 50μL 植物提取物转基因玉米 123456(1, 3, 4, 8 泳道)和 BX432 混合 50μL 新鲜配置的样品缓冲液(含有 5% β-巯基乙醇)100℃煮沸 5min。20 000g 离心 1min 获得上清。取 10μL 微生物表达的蛋白质用 30μL 样品缓冲液稀释，煮沸后离心取上清。将以上样品用 4%~20%Bio-Rad Ready gel 进行 SDS-PAGE 分析。微生物产生的抗除草剂 1 号上样量为 3.1μg/孔(20μL)。玉米粗提物上样量为 30μL/孔。电泳在 Tris/glycine/SDS 缓冲液中进行，恒流 25mA 进行 70min。电泳后，用水清洗胶，并用 Gel CodeBlue 进行染色。

取 50μL 转基因玉米 123456 (1#，3#，4#，8#)和 BX432(2#)植物提取物混合 50μL 新鲜配置的样品缓冲液(含有 5% β-巯基乙醇)100℃煮沸 5min。20 000g 离心 1min 获得上清。取 30μL 上样。微生物表达的蛋白质按照 1∶1000 用 PBST 稀释，按照 1∶1 加入样品缓冲液，煮沸后离心取上清。将以上样品用 4%~20%Bio-Rad 预制胶进行 SDS-PAGE 分析。微生物产生的抗除草剂 1 号上样量为 3.1μg/孔(20μL)。玉米粗提物上样量 30μL/孔。电泳在 Tris/glycine/SDS 缓冲液中进行，恒流 25mA 进行 70min。在分离之后，在 50V 的恒定电压下，将蛋白质从凝胶电渗到硝酸纤维膜上。转移缓冲液含有 20%甲醇和 Bio-Rad 的 Tris/glycine 缓冲液。免疫检测时，用抗除草剂 1 号的多克隆兔抗体作为初级抗体，用山羊抗兔 IgG(H + L)和芥末过氧化物酶的结合体作为次级抗体。用 Amersham BioSciences 化学发光底物使得免疫反应蛋白带曝光显影到放射底片上。

通过 SDS-PAGE 对抗除草剂 1 号微生物蛋白的分析表明，标本中的蛋白质产生了一条分子质量约为 23kDa 的条带。在前述研究中，用基质辅助激光解吸附离子化飞行时间质谱法对抗除草剂 1 号蛋白的多肽相对分子质量指纹图谱已做了证实(Korjagin，2000)。此外，Western blot 分析表明，微生物产生的抗除草剂 1 号蛋白和转基因玉米 123456 叶萃取物中的抗除草剂 1 号蛋白均具有所预料的相对分子质量。各个植物萃取液的免疫活性结果非常相似。此外，分别如 ELISA 和 Western blot 分析的结果所示，在对照标本中，未观察到免疫活性蛋白，在转基因或者微生物产生的样品中，亦未观察到其他大小的免疫活性蛋白。

3. 结论

通过对 Bt-1 号/Bt-2 号蛋白和抗除草剂 1 号蛋白在 SDS-PAGE、蛋白质印记、氨基酸一级结构、糖基等方面的分析表明：由微生物体外发酵产生的 Bt-1 号/Bt-2 号蛋白和抗除草剂 1 号蛋白与转基因玉米 123456 产生的蛋白质具有实质等同性。

二、外源基因表达(蛋白质)是否存在毒性的毒理学检测

(一) 外源基因表达蛋白质与已知有毒性的蛋白质和抗营养成分(如蛋白酶抑制剂、植物凝集素)在氨基酸序列相似性上的特征分析

利用 FASTA 序列分析软件为工具，分析对比了 Bt-1 号/Bt-2 号蛋白和抗除草剂 1 号蛋白和 ALLPEPTIDES 中及毒素数据库中各种蛋白质结构的相似性。FASTA 程序除了能直接对比各种蛋白质的氨基酸序列(初级蛋白结构)外，还能用于推导更高一级的结构相似性(二级和三级蛋白结构)。在整个的序列里有高度相似性的蛋白质，常常是同源蛋白，而同源蛋白经常具有同样的二级和三级结构。蛋白质在识别后，按照其与 Bt-1 号/Bt-2 号蛋白和抗除草剂 1 号的相似程度进行定级。从 ALLPEPTIDES 数据库中检测出来的与 Bt-1 号/Bt-2 号蛋白和抗除草剂 1 号最具相似性的某几种蛋白质，300 个氨基酸的窗口重叠率为 100%，E 值为 4.7×10^{-5}。其他获得较高 E 值($<1 \times 10^{-5}$)的 450 种蛋白质介于 Bt-1 号/Bt-2 号蛋白和抗除草剂 1 号和 N-乙酰神经氨酸裂解酶亚科其他成员之间,这些蛋白质在人体和动物体内不太可能引起不良的生物学活性。

同样是利用 Fasta 序列分析软件还分析了 Bt-1 号/Bt-2 号蛋白和抗除草剂 1 号蛋白与

毒素数据库(TOXIN5)里的各种蛋白质的结构相似性，并根据相似性程度对这些蛋白质进行了排序。最具相似性的是某神经氨酸裂解酶(登记号码 BAB2345，297aa)，290 个氨基酸的窗口重叠率为 29.0%，E 值为 2.9×10^{-18}。这个结果并不出人意料，因为这些外源蛋白是某裂合酶亚科成员，在各种生物类群里，包括在细菌、啮齿类和人体里都能找到。最重要的是，某神经氨酸裂解酶只是在无意中纳入了这个毒素数据库，其本身并不是毒性蛋白。它在毒素数据库内存在原因是这个数据库把许多非公开管理的可用的序列数据组收集进来，这些数据库注有"毒素"这个词。与其他毒素蛋白结构相似性分析表明，Bt-1 号/Bt-2 号蛋白和抗除草剂 1 号蛋白和毒素数据库里的任何其他蛋白质之间不存在任何显著相似性。

Fasta 序列分析的结果证明，在 Bt-1 号/Bt-2 号蛋白和抗除草剂 1 号蛋白和任何已知的毒素或者其他的可能对动物或人体健康产生不良影响的药物活性蛋白质之间，未发现序列与结构相似性。

(二) 外源基因表达蛋白质毒理学试验

1. Bt-1 号/Bt-2 号蛋白急性毒性

用小鼠进行急性毒性试验，来测定 Bt-1 号/Bt-2 号杀虫晶体蛋白的毒性。在对 Bt-1 号蛋白单独进行的研究中，将微生物产生的 54% 含量的 Bt-1 号蛋白制剂灌饲给五只雄性 CD-1 小鼠[5000mg 微生物蛋白制剂(54%) / kg 体重]，并评估 Bt-1 号的急性口服毒性。结果表明，试验的全部小鼠均存活，在两个星期的观察期间，根据体重和详细的临床观察，并未发现任何不良影响及可观察到的病理损害。在本研究的条件下，Bt-1 号微生物蛋白对雄性和雌性 CD-1 小鼠的致死中量(LD_{50})大于 2700mg 有效量/kg 体重。

在对 Bt-2 号蛋白单独进行的研究中，将微生物产生的 37% 含量的 Bt-2 号蛋白制剂灌饲给五只雄性 CD-1 小鼠[5000mg 微生物蛋白制剂(37% Bt-2 号) / kg 体重]，并评估 Bt-2 号的急性口服毒性(Brooks and DeWildt, 2000b)。结果表明，试验的全部小鼠均存活，且未发现与处理有关的可观察到的病理变化。两只小鼠灌饲开始的初期体重有所减轻，但其后体重又有所增加；另一只小鼠的体重在试验期间出现波动。体重波动和降低的原因可能是由于灌饲大量的甲基纤维素引起。在本研究的条件下，纯蛋白的致死中量(LD_{50})大于 1850mg/kg 体重。

对 Bt-1 号和 Bt-2 号进行的研究中(Brooks and DeWildt, 2000c)，将 54% 含量的微生物 Bt-1 号蛋白制剂和 37% 含量的微生物 Bt-2 号蛋白制剂按照 1:4.6 比例混合，将混合物灌饲给五只雄性和五只雌性 CD-1 小鼠，并评估其急性口服毒性。灌饲的剂量为 5000mg 混合物/kg 体重，其中，含量分别为每千克含 482mg 纯 Bt-1 号蛋白和 1520mg 纯 Bt-2 号蛋白(比例为 1:3，以便提供等量分子混合物的纯蛋白)。结果表明，试验的全部小鼠均存活，一只雌性小鼠在实验第 6~7 天时眼睛睁大凸出，但是认为这与处理无关。在本研究期间没有其他的临床症状。两只老鼠在实验第一和第二天体重减轻。但是在此后的实验期间恢复正常。没有观察到与处理相关的大体病理学症状。在本研究的条件下，Bt-1 号/Bt-2 号微生物蛋白对雄性和雌性 CD-1 小鼠的致死中量(LD_{50})大于 2000mg 有效量/kg 体重(表 10-4)。

表 10-4　Bt-1 号/Bt-2 号混合蛋白急性经口毒性试验对小鼠体重的影响　　　　(单位：g)

动物编号		实验天数 (第 n 天)					死亡时间	病理检查
		−1	1	2	8	15		
雄性	4768	33.9	33.6	33.7	34.4	34.3	第 15 天	未观察到异常
	4769	33.8	34.4	34.6	36.4	36.8	第 15 天	未观察到异常
	4770	34.1	34.1	35.6	37.2	37.8	第 15 天	未观察到异常
	4771	33.3	33.3	32.8	34.8	36.6	第 15 天	未观察到异常
	4772	34.3	34.9	34.6	36.2	37.4	第 15 天	未观察到异常
	平均体重	33.9±0.4	34.1±0.6	34.3±1.1	35.8±1.2	36.6±1.4		
雌性	4801	23.9	25.3	25.6	25.4	27.7	第 15 天	未观察到异常
	4802	23.4	24.6	24.0	25.1	25.4	第 15 天	未观察到异常
	4803	24.5	26.1	26.4	26.6	26.8	第 15 天	未观察到异常
	4804	22.5	23.1	23.4	23.8	24.7	第 15 天	未观察到异常
	4805	24.7	23.7	24.3	25.0	25.8	第 15 天	未观察到异常
	平均体重	23.8±0.9	24.6±1.2	24.9±1.2	25.2±1.0	26.1±1.2		

2. 抗除草剂 1 号蛋白急性毒性

通过经口灌饲，以小鼠为受试动物(5 只雄性和 5 只雌性小鼠)，按照每千克体重 6000mg 试验材料(每千克体重 5000mg 抗除草剂 1 号蛋白)的剂量，进行急性口服毒性研究，从而对微生物产生的抗除草剂 1 号蛋白(含 84% 纯微生物蛋白)进行评估。在为期两个星期的试验期间，全部小鼠均存活，且未发现与处理有关的临床症状。试验期间，全部小鼠的体重均有所增加，且未发现可观察到的病变。抗除草剂 1 号蛋白急性口服的致死中量(LD_{50})确定为 >5000mg/kg，这和以前的研究结果相符(美国环境保护署，1997)。在人工胃液(胃蛋白酶)的消化试验中，发现抗除草剂 1 号蛋白能够在 5s 内被消化(Glatt, 1999)。在抗除草剂 1 号蛋白和任何已知的蛋白质过敏反应原之间，未发现其氨基酸序列的同源性。

三、外源基因表达物质是否存在致敏性研究

(一) 蛋白质来源的安全性评价

苏云金芽孢杆菌(Bt-1 号和 Bt-2 号基因的来源)无引起过敏反应的历史。

在 1901 年，石渡繁胤报道蚕的软化病是由杆状细菌引起的，并命名为猝倒芽孢杆菌。1911 年，Berliner 发现在德国苏云金省的面粉厂的地中海粉螟中分离出了一种细菌，可以使昆虫死亡，在 1915 年正式命名为苏云金芽孢杆菌。在一个多世纪的研究中，目前已

发现了许多苏云金芽孢杆菌的亚种。这些亚种目前已有许多应用于生物农药的研究和基因工程的研究。在 1938 年，法国开始生产第一个商品制剂的苏云金芽孢杆菌，用于防治地中海粉螟，此后，苏云金芽孢杆菌生产的各种制剂广泛在世界许多国家作为生物防治手段应用于农业，包括中国、美国、前苏联、英国、日本、加拿大、德国、罗马尼亚、比利时、埃及、瑞士、芬兰、意大利、南斯拉夫、印度、希腊等几十个国家。经过 60 多年的使用，目前还没有发现苏云金芽孢杆菌对动物和人体会产生毒性、过敏性、抗营养作用和致病性。作为微生物农药，该产品在粮食作物上被商业化应用已有 30 多年，其间并无苏云金芽孢杆菌蛋白引起过敏反应的报告，亦无与生产含有苏云金芽孢杆菌之产品有关的职业性过敏反应(美国国家环境保护局，1998)。该微生物成分已应用在多种作物上(包括新鲜蔬菜)，且无过敏反应的报告。以上资料充分表明，Bt-1 号/Bt-2 号蛋白并无引起过敏之虑。

抗除草剂 1 号蛋白和绿色产色链霉菌(Streptomyces viridochromogenes) (抗除草剂 1 号基因的来源)亦均无引起过敏反应之历史。

绿色产色链霉菌是一种革兰氏阳性的芽孢土壤微生物，属于放线菌。它产生膦化麦黄酮-N-乙酰转移酶，这种酶对 PPT 三肽有抗性，草丁膦类除草剂双丙氨膦是一种三肽抗生素，由草丁膦、一种 L-谷氨酸类似物和两个丙氨酸残基组成。在植物细胞内，内源肽酶可以除掉两个丙氨酸残基，剩下的 L-PPT 部分能强烈抑制谷胱甘肽合成酶的活性。谷胱甘肽合成酶在植物体内氨基酸的代谢中起解除氨毒的作用。L-PPT 导致植物组织中胺的堆积，从而使植物死亡。由于动物和人与植物不同，因此，草丁膦类除草剂对人畜是低毒的。绿色产色链霉菌是芽孢土壤微生物，在目前的研究报道中，还没有发现该细菌对植物、人或动物有毒性、过敏性、抗营养作用、致病性。

(二) 外源基因表达蛋白质与所有已知致敏原氨基酸序列的同源性分析

1. Bt-1 号和 Bt-2 号蛋白

对于 Bt-1 号和 Bt-2 号蛋白，当根据 Gendel(1998)、国际粮农组织/世界卫生组织联合专家咨询组(2001)和 Codex Ad Hoc Open-ended Working Group on Allergenicity 制定的序列评估方案进行研究时，未发现其序列与已知的蛋白过敏原之间具有同源性。具有显著免疫同一性的序列，至少要有 8 个连续的氨基酸顺序相同，或在 80 个以上氨基酸残基中，至少有 35% 相同。本作物种转入的两种杀虫晶体蛋白，并不符合上述两种情形。

2. 抗除草剂 1 号蛋白

方法：在公共的数据库 GenBank、EMBL、PIR、NRL3D of RCSB、PBD、SwissProt 共查询到了 804 个与过敏有关的序列。在这 804 个序列中，含有复制序列和非过敏序列，通过 Fasta 进行再次验证后，最后有 659 个过敏原蛋白形成一个数据库 ALLERGENS3。利用 GCG 软件(version 10.0)的 SHUFFLE 功能随机产生一个蛋白质的序列，用作检验氨基酸的偏差和作为阴性对照。用 Fasta 功能与 TOXIN4 数据库中数据进行比较，就可以得到与毒素蛋白相似性的比较。找出同源性较高的组合，通过 STRINGSEARCH 功能进行验证。要求验证的蛋白质和数据库中毒素蛋白质在结构上的相似性是通过计算同源百

分比和 E 值来评估的。最后，利用 Fasta 和 IDENTITYSEARCH 功能对抗除草剂 1 号蛋白与过敏原进行免疫学相似性的比较，查询是否存在连续 8 个氨基酸与过敏原序列相同。

结果：在数据库的 659 个过敏原和醇溶蛋白进行比较后，同源性最高的过敏原有 14 个，分别是 penaeid shrimps、cladosporium herbarum、timothy grass、pea、lepidoglyphus destructor、corylus avellana、lolium perenne、homo sapiens、parietaria judaica 等。在通过 Fasta 和 IDENTITYSEARCH 与数据库 ALLERGENS3 比较后，没有发现抗除草剂 1 号蛋白与过敏原存在连续 8 个氨基酸序列相同，表明 BAR 蛋白不具有过敏原具备的 IgE 免疫原性。

结论：通过生物信息分析，抗除草剂 1 号蛋白在蛋白质结构方面与已知的过敏蛋白没有相似性，在免疫学方面，没有 8 个连续的氨基酸与已知的过敏蛋白相同，也就不会有过敏反应的抗原决定簇。因此，抗除草剂 1 号蛋白成为过敏原的可能性不大。

(三) 外源基因表达蛋白质在植物中的含量

各组织中 Bt-1 号蛋白的平均表达量为 31.5ng/mg 组织干重(V9 完整植物)到 220ng/mg 组织干重(R4 叶)之间。各组织中 Bt-2 号蛋白的平均表达量为 0.02ng/mg 组织干重(花粉)到 85.3ng/mg 组织干重(R4 叶)之间。抗除草剂 1 号蛋白在转基因玉米 123456 各组织中表达量的变动范围从低于最低测定限(花粉、饲料、谷粒和 R6 完整植物标本)到 11.2ng/mg 组织干重(R1 叶)。

(四) 外源基因表达蛋白质对热、加工过程和消化稳定性研究

对 Bt-1 号、Bt-2 号和抗除草剂 1 号蛋白是否具有潜在过敏诱发性曾进行了研究。该研究包括：①与已知过敏原的氨基酸序列的同源性(Stelman, 2000; Song, 2003)；②在人工胃液(SGF)中的消化情形(Herman et al., 2003; Herman et al., 2002)；③蛋白质的热不稳定性(Herman, 2002; Herman and Hunst, 2002)。

一般来说，大多数食品过敏原，在消化系统的消化液和酸性条件下稳定，并能到达肠黏膜，引起过敏反应。通过体外试验，对 Bt-1 号/Bt-2 号杀虫晶体蛋白的可消化性进行了评估，以便确定其成为食品过敏原的能力。在模拟胃环境中(SGF，其中含有胃蛋白酶，pH 为 1.2)，Bt-1 号/Bt-2 号杀虫晶体蛋白能够被快速消化[Bt-1 号和 Bt-2 号的试验结果分别为 DT_{90} = 6.5min(平均)和 DT_{97}≤5min] (Herman et al., 2003) (注：DT_{90} 为消化 90% 的蛋白质需要的时间，DT_{97} 为消化 97% 的蛋白质需要的时间) (图 10-10)。

已知的蛋白质过敏原通常在加热和加工过程中能保持稳定，因而不易被烹调或其他加工过程破坏。对 Bt-1 号/Bt-2 号杀虫晶体蛋白进行的两项热稳定性研究之结果表明：加热可以使 Bt-1 号和 Bt-2 号蛋白失活。在第一项研究中，将杀虫晶体蛋白的水制剂在 60℃、75℃或者 90℃恒温下放置 30min。然后，将新生的南方玉米根虫幼虫放到用杀虫晶体蛋白水恒温加热样品处理过的人造虫食中。六天后，对虫子的死亡情况和虫体质量进行测量，与阴性对照比较，计算生长抑制情形。本实验的结果表明，以上处理温度能够使杀虫结晶蛋白失活。在第二项研究中，把单一成分蛋白未加热的样品，加入到加热过的复合蛋白样品中，以此来对杀虫晶体蛋白中的单一组分蛋白(Bt-1 号或 Bt-2 号)进行热不稳定性研究。因为要对南方根虫叶甲产生最好的杀虫效果，需要两种

活性蛋白的互相配合,所以能够对这两种互补蛋白的热不稳定性进行了测定。在将两种杀虫晶体蛋白混合物加热到60℃、75℃和90℃后,无论是否加入未经加热的Bt-2号蛋白,其杀虫效果均明显下降,这表明Bt-2号蛋白和杀虫晶体蛋白表现出非常明显的热不稳定性。本研究中,Bt-1号蛋白亦表现出类似的热不稳定性。当加热到60℃和75℃时,仍然发现一些活性Bt-1号蛋白的残留物,但在加热到90℃后,已无法从背景噪声中分辨出来,这表明Bt-1号蛋白也对热不稳定。

转基因玉米123456中的抗除草剂1号蛋白,已被证明与大肠杆菌产生的蛋白(即毒理试验中所用的蛋白质),在生化性质上相同。生化试验表明,该蛋白质不具有潜在的过敏诱发性。

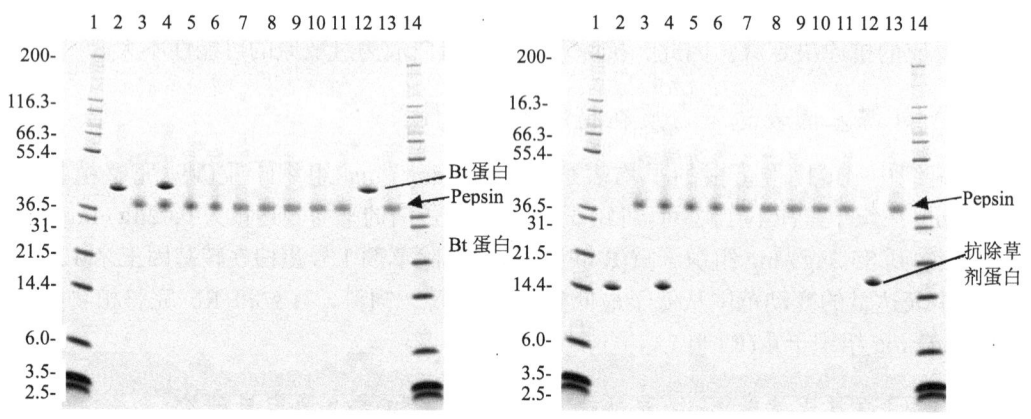

图10-10 Bt蛋白和抗除草剂蛋白在模拟胃液中消化的SDS-PAGE检测(单位:kDa)

SDS-PAGE是载样量为610ng/泳道(消化前);

泳道	样品	消化时间
1	相对分子质量标准	—
2	无胃蛋白酶对照(P, $T=0$)	0
3	无Bt蛋白/抗除草剂蛋白 蛋白对照 (N, $T=0$)	0
4	Bt蛋白/抗除草剂蛋白 蛋白在模拟胃液中, $T=0$	0
5	Bt蛋白/抗除草剂蛋白 蛋白在模拟胃液中, $T=1$	30s
6	Bt蛋白/抗除草剂蛋白 蛋白在模拟胃液中, $T=2$	2min
7	Bt蛋白/抗除草剂蛋白 蛋白在模拟胃液中, $T=3$	5min
8	Bt蛋白/抗除草剂蛋白 蛋白在模拟胃液中, $T=4$	10min
9	Bt蛋白/抗除草剂蛋白 蛋白在模拟胃液中, $T=5$	20min
10	Bt蛋白/抗除草剂蛋白 蛋白在模拟胃液中, $T=6$	30min
11	Bt蛋白/抗除草剂蛋白 蛋白在模拟胃液中, $T=7$	60min
12	无胃蛋白酶对照(P, $T=7$)	60min
13	无Bt蛋白/抗除草剂蛋白 蛋白对照(N, $T=0$)	60min
14	相对分子质量标准	

这些资料，与前述快速被消化特性以及热不稳定特性一样，与其他现已登记的植物产生的杀虫剂的特性一致。

(五) 特异的血清学试验

在对外源基因表达蛋白质消化稳定性的研究中已经表明，Bt-1号/Bt-2号蛋白和抗除草剂1号蛋白可以被很快地消化掉，因此根据国际食品生物技术委员会与国际生命科学研究院制定的一套分析遗传改良食品过敏性树状分析法和2001年由FAO/WHO制订的过敏原决定树(图10-11)，确定这两种蛋白不是过敏原，不需要进行特异的血清学试验。

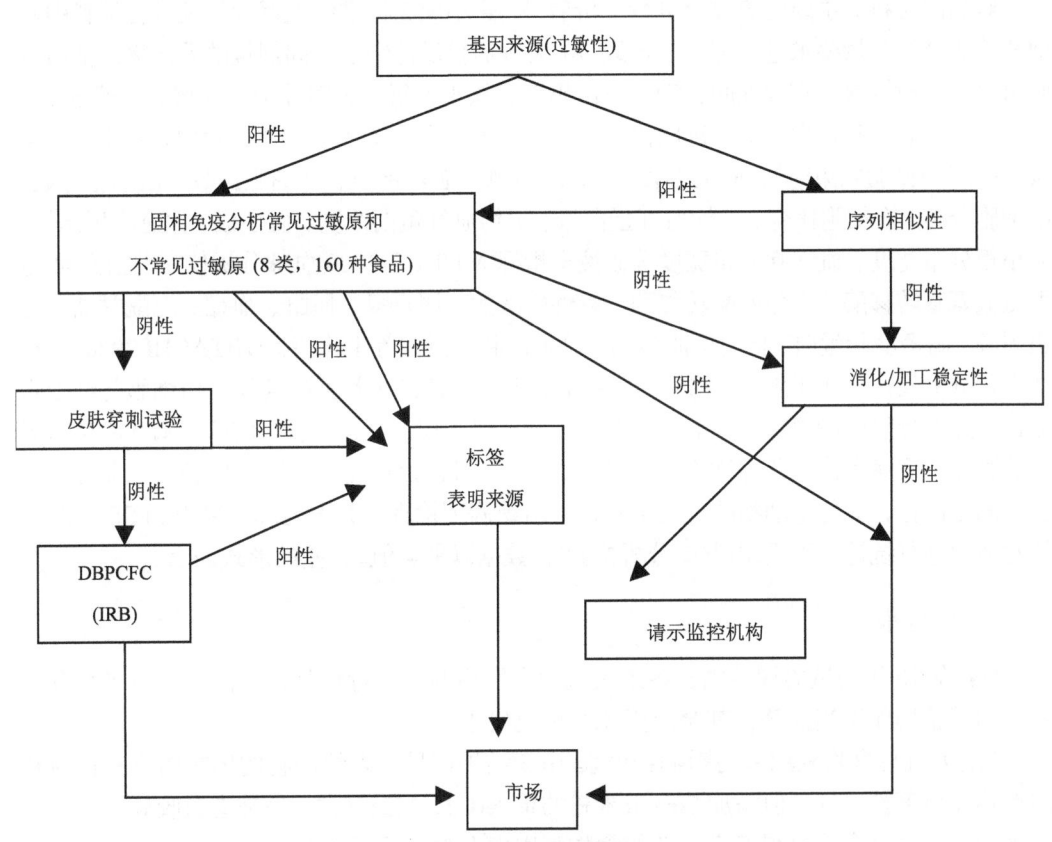

图 10-11　FAO/WHO(2001)制定的过敏原决定树

四、植物因基因修饰而改变特性对健康所产生的毒性(大鼠90天喂养试验)

(一) 方法

实验依据中华人民共和国卫生部颁布的《食品安全型毒理学评价程序和方法》(GB15193.13—2003)进行。

二级Wistar种大鼠，100只，雌、雄各半，体重40~60g(21天离乳)，由北京大学医学部实验动物科学部提供，动物合格证号：SCXK(京)2002-0001号。

饲养环境：北京大学医学部实验动物科学部动物实验室[合格证号：SYXK(京)2002-0002]，屏障环境，温度21~25℃，相对湿度40%~60%。

实验设二个剂量组，大鼠按体重随机分为五组：

G组：正常大鼠饲料空白对照组；
C1组：添加50%非转基因玉米对照组；
C2组：添加70%非转基因玉米对照组；
M1组：添加50%转基因玉米对照组；
M2组：添加70%转基因玉米对照组。

对测试材料的主要营养成分进行分析后,按照AIN93标准中大鼠生长及发育饲料中基础营养成分的含量要求进行配平。连续90天按剂量设计给予不同剂量的受试物，空白对照组给予普通饲料。实验期间，动物自由摄食和饮水，每天观察并记录动物的一般表现、行为、中毒症状和死亡情况。每周称一次体重，记录食物摄入量，计算食物利用率。中期(第30天)及试验结束时第90天禁食16h，取血测定血红蛋白、红细胞计数、白细胞计数、白细胞分类、血细胞比容、平均血红蛋白量、平均血红蛋白浓度、血小板、大血小板比例、血小板分布宽度、血细胞分布宽度等血液学指标(MET BC-2000血球分析仪)；取血清测定丙氨酸氨基转移酶、天冬氨酸转氨酶、碱性磷酸酶、尿素氮、肌酐、血糖、三酰甘油、总胆固醇、高密度脂蛋白、低密度脂蛋白、总蛋白和白蛋白等生化指标(HITACHI 7020全自动生化分析仪)；禁食后取尿液测定尿液相对密度、pH、维生素C含量、白细胞与红细胞数目，并进行显微镜观察。解剖动物取心、肝、脾、肺、肾、胃肠、胸腺、脑和卵巢、睾丸等脏器，观察大体变化并称重(胃肠除外)，计算脏体比；将肝、肾、胃肠、睾丸等重要脏器固定保存，对各组动物的主要脏器进行组织病理检查。数据处理：采用SPSS 12.0软件对数据进行统计处理(采用方差分析检验)，数据以平均值±方差的形式表示。

(二) 结果

(1) 在90天的试验周期内，各组大鼠均未发现明显中毒症状，空白对照组雌性有一只因为试验操作不当误杀，其余组无死亡情况发生。

(2) 大鼠总食物利用率的影响：由表10-5结果可见，各组动物的体重增重和食物利用率均无显著性差异，但添加70%玉米粉的饲料(C2, M2)较脆，易被老鼠咬碎，且雌性表现明显，故进食量显得偏高。总的食物利用率上没有显著性差异。

表10-5 大鼠总食物利用率的影响

性别	组别	体重增加/g	总进食量/g	食物利用率/%
雌性	空白	298.20±36.49	1624.43±115.56	17.72±1.27
	C1	307.90±36.75	1750.57±231.86	18.02±1.16
	C2	303.30±48.31	1849.14±221.31a	16.31±1.45
	M1	310.50±37.06	1700.25±169.58	17.88±1.36
	M2	310.20±26.52	1956.80±186.26a	16.66±1.38

续表

性别	组别	体重增加/g	总进食量/g	食物利用率/%
雄性	空白	604.30±61.44	2503.9±164.03	24.11±1.48
	C1	573.90±55.31	2406.40±159.54	23.83±1.33
	C2	559.25±26.03	2470.86±166.98	22.11±1.07
	M1	582.00±74.69	2368.57±151.81	23.62±1.53
	M2	579.00±54.12	2548.10±125.80	22.75±2.21

a. 处理组与空白对照组有显著性差异。

(3) 对大鼠体重的影响：由表 10-6 可见，实验期间各组动物体重持续增长，试验期间各组动物的体重均无显著性差异，说明该受试物对大鼠体重无明显影响。

(4) 对大鼠脏体比的影响：由表 10-7，表 10-8 可见，有两只空白组雄性大鼠肺脏偏重，其他组无异常。其他指标转基因组与对照组无显著性差异。

表 10-6 受试物对大鼠体重的影响

性别	组别	初始体重/g	第一月/g	第二月/g	第三月/g
雌性	空白	55.60±4.27	225.70±17.35	356.10±40.14	354.33±40.60
	C1	56.50±4.03	224.50±18.73	333.70±35.47	364.40±37.01
	C2	56.50±4.40	217.20±21.97	328.90±38.35	359.80±47.43
	M1	57.20±4.80	228.50±12.74	341.10±27.48	367.70±37.04
	M2	56.80±3.22	227.80±8.30	342.20±23.30	367.00±24.88
雄性	空白	61.40±3.24	338.80±22.62	588.20±55.86	665.70±60.05
	C1	61.40±3.20	323.70±20.99	572.90±49.53	635.30±53.66
	C2	61.75±3.37	315.00±12.44	552.00±19.49	621.00±24.68
	M1	61.70±2.98	327.90±20.95	565.50±70.82	643.70±73.96
	M2	61.60±2.46	328.20±14.13	569.30±46.31	640.60±55.20

表 10-7 大鼠脏体比-1

性别	组别	肝/体/%	肾/体/%	脾/体/%	卵巢睾丸/体/%
雌性	空白	2.66±0.37	0.69±0.05	0.16±0.03	0.0341±0.01
	C1	2.55±0.28	0.66±0.05	0.15±0.02	0.029±0.01
	C2	2.69±0.20	0.67±0.05	0.17±0.02	0.037±0.01
	M1	2.57±0.2	0.68±0.07	0.17±0.02	0.034±0.01
	M2	2.78±0.32	0.70±0.09	0.17±0.02	0.039±0.013
雄性	空白	3.06±0.27	0.68±0.07	0.15±0.02	0.54±0.08
	C1	2.71±0.97	0.70±0.09	0.15±0.02	0.57±0.07

续表

性别	组别	肝/体/%	肾/体/%	脾/体/%	卵巢睾丸/体/%
雄性	C2	2.99±0.25	0.71±0.06	0.15±0.02	0.56±0.1
	M1	2.95±0.29	0.66±0.06	0.15±0.02	0.58±0.06
	M2	3.16±0.23	0.71±0.04	0.16±0.02	0.57±0.05

表 10-8 大鼠脏体比-2

性别	组别	心/体/%	肺/体/%	胸腺/体/%	脑/体/%
雌性	空白	0.32±0.03	0.44±0.15	0.17±0.04	0.58±0.06
	C1	0.32±0.04	0.51±0.16	0.15±0.02	0.55±0.08
	C2	0.32±0.03	0.41±0.07	0.14±0.03	0.55±0.06
	M1	0.33±0.04	0.38±0.09	0.16±0.03	0.56±0.07
	M2	0.32±0.02	0.41±0.14	0.13±0.03	0.55±0.05
雄性	空白	0.29±0.02	0.33±0.03	0.12±0.02	0.35±0.03
	C1	0.30±0.03	0.30±0.03	0.12±0.03	0.33±0.04
	C2	0.29±0.03	0.28±0.02a	0.11±0.02	0.35±0.03
	M1	0.29±0.03	0.29±0.04a	0.12±0.02	0.34±0.04
	M2	0.30±0.03	0.30±0.05a	0.12±0.02	0.35±0.03

a. 处理组与空白对照组有显著性差异。

(5) 对大鼠生化指标的影响：由表 10-9 所列结果可见，天冬氨酸转移酶：C2 雄整体偏高，而 M2 雄整体偏低，但 M2 与阴性组无显著性差异。总蛋白与白蛋白：M2 雄与 C2 雄有显著性差异，是由于 C2 雄中有 4 只偏低造成的。这种差异只在 70%组雄性中出现，在 70%组雌性及 50%组中均未出现，因此可以判定与受试物无关。

表 10-9 血生化指标-1

性别	组别	丙氨酸氨基转移酶/(U/L)	天冬氨酸氨基转移酶/(U/L)	碱性磷酸酶/(U/L)	总蛋白/(g/L)	白蛋白/(g/L)
雌性	空白	46.78±7.77	210.67±49.10	49.44±9.88	66.89±3.82	36.61±1.77
	C1	46.60±9.59	228.90±61.70	54.40±16.45	77.14±8.63a	41.08±1.00a
	C2	53.70±15.38	264.50±90.39	61.70±19.23	79.20±4.96a	39.50±3.25a
	M1	50.60±10.56	256.00±83.20	53.90±15.07	77.86±1.77a	41.08±1.00a
	M2	44.50±7.37	223.20±49.20	60.00±21.14	78.70±5.89a	40.73±2.55a
雄性	空白	48.10±20.60	216.22±48.41	91.20±32.18	63.60±3.10	31.59±1.25
	C1	49.30±7.57	248.60±33.71	88.80±12.35	72.17±1.47a	34.39±1.12a
	C2	48.80±10.74	260.38±45.86a	82.80±20.76	64.40±11.15	32.10±4.39

续表

性别	组别	丙氨酸氨基转移酶/(U/L)	天冬氨酸氨基转移酶/(U/L)	碱性磷酸酶/(U/L)	总蛋白/(g/L)	白蛋白/(g/L)
雄性	M1	55.80±10.03	251.44±44.58	105.90±28.90	73.63±1.51a	35.04±0.61a
	M2	41.50±4.79	188.63±19.69b	80.60±13.04	73.70±2.91ac	35.39±1.59ac

a. 处理组与空白对照组有显著性差异；
b. M1 组与 C1 组有显著性差异；
c. M2 组与 C2 组有显著性差异。

由表 10-10 所列结果可见：血糖：C2 雄性偏低，与空白组有显著性差异，而 M2 雄性偏高，但是与空白组无差异。Ca:空白组雄性和雌性均偏低，但均在正常范围内。M2 雄与 M1 雌分别与对照组有显著性差异，但是与性别和添加量无关。P：空白组的雄性和雌性较低。M1 雄与 C1 雄有显著性差异。但是 50%雌性及 70%剂量组均无显著性差异。

由表 10-11 所列结果可见，空白组雄性三酰甘油偏低，其他组表现正常。其他指标转基因组与对照组无显著性差异。

以上各项虽有差异，但差异较小，且转基因组各项数据均在对照组数据范围内，因此可以认为这些差异的形成与受试物本身无关，可能是偶然原因造成。此外，有多项数据中出现空白组与实验组差异显著的现象，可能与饲料成分有关。

表 10-10　血生化指标-2

性别	组别	血糖/(mmol/L)	尿素/(mmol/L)	钙/(mmol/L)	磷/(mmol/L)	肌酐/(μmol/L)
雌性	空白	6.09±0.50	5.33±0.81	2.08±0.09	1.47±0.18	72.43±3.21
	C1	5.33±0.81	5.49±1.12	2.30±0.26a	1.79±0.48a	73.00±5.85
	C2	6.41±0.84	5.51±0.76	2.50±0.09a	1.94±0.22a	75.88±2.95
	M1	6.03±1.03	6.10±0.88	2.57±0.05ab	1.54±0.15	74.75±3.41
	M2	6.65±1.13	5.38±1.03	2.57±0.14a	2.15±0.27a	72.88±1.73
雄性	空白	7.23±1.66	6.88±0.86	2.00±0.09	1.73±0.25	89.00±5.83
	C1	6.95±1.21	5.78±0.78a	2.44±0.06a	2.68±0.20a	70.10±5.51a
	C2	5.39±0.95a	5.17±0.47a	2.29±0.32a	2.53±0.29a	68.22±5.56a
	M1	6.74±1.13	6.15±0.82	2.46±0.05a	2.21±0.14ab	73.20±4.21a
	M2	7.21±0.54c	5.66±0.59a	2.48±0.05ac	2.55±0.17a	70.30±3.30a

a. 处理组与空白对照组有显著性差异；
b. M1 组与 C1 组有显著性差异；
c. M2 组与 C2 组有显著性差异。

表 10-11 血生化指标-3

性别	组别	总胆固醇/(mmol/L)	三酰甘油/(mmol/L)	高密度脂蛋白/(mmol/L)	低密度脂蛋白/(mmol/L)
雌性	空白	1.73±0.40	1.13±0.43	1.52±0.33	0.13±0.04
	C1	1.86±0.54	1.07±0.45	1.69±0.46	0.13±0.06
	C2	2.01±0.29	1.10±0.44	1.83±0.27	0.15±0.03
	M1	1.87±0.24	0.95±0.43	1.78±0.25	0.14±0.03
	M2	2.07±0.18	1.48±0.78	1.92±0.19	0.14±0.05
雄性	空白	1.71±0.22	0.57±0.19	1.63±0.22	0.16±0.04
	C1	1.66±0.15	1.72±0.70a	1.54±0.16	0.13±0.05
	C2	1.71±0.29	1.36±0.61a	1.63±0.29	0.17±0.06
	M1	1.76±0.40	1.10±0.22a	1.68±0.39	0.16±0.06
	M2	1.95±0.37	1.24±0.47a	1.83±0.37	0.18±0.06

a. 处理组与空白对照组有显著性差异。

(6) 对大鼠血液学指标的影响：由表 10-12，表 10-13 所列结果可见，中期血液学指标中，白细胞：C2 雄性与 M2 雄性整体偏低，但两者间无差异。大血小板比例：M2 雄性组整体偏高，但 M2 雌性正常。且从末期数据来看，这两项变化没有持续性，因此不认为与受试物有关。

由表 10-14，表 10-15 所列结果可见，末期血液学指标中，平均血红蛋白量：M2 雌整体偏高，且与 C2 雌稍有差异，但 M2 雄性正常，因此与受试物剂量无关。平均血红蛋白浓度：M2 雌性整体偏高，但与 C2 雌无差异，且雄性正常，因此与受试物剂量无关。

以上各项虽有差异，但差异较小，且转基因组各项数据均在对照组数据范围内，因此可以认为这些差异的形成与受试物本身无关，可能是偶然原因造成。此外，有多项数据中出现空白组与实验组差异显著的现象，可能与饲料成分有关。

表 10-12 中期血常规-1

性别	组别	血红蛋白/(g/L)	白细胞/(10^9个/L)	红细胞/(10^{12}个/L)	血小板/(10^9个/L)	淋巴细胞百分数/%	中性粒细胞百分数/%
雌性	空白	147.75±27.06	21.74±6.80	7.07±1.04	1239.0±356.8	78.75±6.07	20.00±5.45
	C1	151.70±22.61	25.72±9.68	7.24±1.09	1508.5±332.6	86.10±4.48a	12.40±4.86a
	C2	139.10±9.21	22.81±6.71	6.65±0.51	1583.9±273.8	84.90±5.72a	14.00±5.70a
	M1	143.50±13.80	28.26±7.50	6.71±0.69	1574.0±318.5	83.50±5.66a	15.60±6.20a
	M2	135.60±8.17	25.28±5.37	6.33±0.48	1565.2±395.2	83.70±7.27a	15.10±7.75a
雄性	空白	139.10±15.31	31.75±7.53	6.80±0.82	1703.9±474.8	81.20±7.45	16.22±6.04
	C1	136.40±8.36	29.56±6.04	6.58±0.30	1782.5±461.6	84.10±5.93	14.80±6.18
	C2	146.50±11.27	25.30±3.2a	6.99±0.70	1615.2±266.5	84.50±4.17	12.80±4.94
	M1	140.00±11.60	28.65±7.14	6.59±0.70	1769.7±342.2	83.70±5.89	12.70±5.31
	M2	141.80±17.99	22.38±3.7a	6.80±0.84	1622.5±500.2	85.00±7.07	11.75±6.65

a. 处理组与空白对照组有显著性差异。

表 10-13 中期血常规-2

性别	组别	血细胞比容	平均红细胞体积/fL	平均血红蛋白量/pg	平均血红蛋白浓度/(g/L)	血细胞分布宽度/fL	平均血小板体积/fL	血小板分布宽度/fL	大血小板比例
雌性	空白	0.42±0.06	59.46±2.46	20.80±1.01	350.00±12.29	30.99±1.80	7.75±0.54	9.36±0.73	13.01±3.72
	C1	0.43±0.07	59.11±1.01	20.97±0.61	356.20±10.71	30.19±1.05	7.75±0.20	9.18±0.46	12.78±1.10
	C2	0.39±0.03	59.09±1.31	20.97±0.94	354.40±10.85	29.73±0.98	7.70±0.23	9.01±0.48	12.15±1.65
	M1	0.41±0.04	60.04±0.08	21.42±0.75	353.90±10.98	30.19±1.28	7.71±0.18	8.97±0.47	12.51±1.24
	M2	0.38±0.03	60.19±1.09	21.46±0.78	356.70±12.77	30.65±1.25	7.80±0.27	9.21±0.44	12.93±1.71
雄性	空白	0.42±0.05	61.77±1.39	20.48±0.70	331.60±8.21	33.22±1.64	7.66±0.20	8.94±0.47	12.18±1.08
	C1	0.41±0.03	61.95±1.62	20.72±0.65	334.30±6.93	33.17±1.45	7.82±0.50	9.06±0.57	12.90±3.14
	C2	0.43±0.04	61.74±1.20	21.03±1.06	340.80±14.47	33.01±1.11	7.93±0.26	9.34±0.52	13.67±1.61
	M1	0.41±0.04	61.92±2.05	21.34±0.96	338.75±8.91	33.61±1.55	7.89±0.31	9.18±0.37	13.54±2.33
	M2	0.42±0.05	60.96±1.59	20.83±0.47	340.44±6.23	33.38±0.98	7.98±0.37	9.36±0.47	14.70±2.54a

a. 处理组与空白对照组有显著性差异。

表 10-14 末期血常规-1

性别	组别	血红蛋白/(g/L)	白细胞/(10^9 个/L)	红细胞/(10^{12} 个/L)	血小板/(10^9 个/L)	淋巴细胞百分数/%
雌性	空白	145.89±20.23	16.88±3.84	7.91±0.98	1064.56±334.56	81.78±4.68
	C1	140.90±23.09	14.62±6.00	7.35±1.51	1146.10±159.16	83.15±4.03
	C2	141.20±16.40	13.75±3.83	7.50±0.98	1118.00±141.54	83.12±3.78
	M1	156.40±10.39	16.70±3.29	8.29±0.75	1138.20±320.87	79.68±7.15
	M2	150.70±14.41	13.76±4.17	7.78±0.76	1145.30±144.86	78.85±6.89
雄性	空白	147.30±18.68	21.36±5.65	7.96±1.11	1306.10±311.82	80.10±3.23
	C1	144.50±10.77	19.01±2.55	7.77±0.53	1177.50±232.33	82.45±3.62
	C2	165.80±20.74a	24.13±4.58	8.81±0.71	1412.40±338.94	80.72±6.36
	M1	151.10±12.04	21.91±4.86	8.29±0.67	1410.30±288.99	82.74±5.67
	M2	155.50±11.51	22.66±4.40	8.50±0.40	1438.20±171.73	79.60±5.56

a. 处理组与空白对照组有显著性差异。

表 10-15 末期血常规-2

性别	组别	血细胞比容	平均红细胞体积/fL	平均血红蛋白量/pg	平均血红蛋白浓度/(g/L)	血细胞分布宽度/fL	平均血小板体积/fL	血小板分布宽度/fL	大血小板比例
雌性	空白	0.44±0.06	55.43±2.34	18.42±0.67	332.44±5.32	29.63±1.48	8.50±0.30	10.86±1.01	16.74±3.05
	C1	0.43±0.074	56.52±4.77	18.90±0.34	344.40±8.07	29.20±0.36	8.04±0.25a	9.91±0.60a	13.37±1.89a
	C2	0.42±0.06	55.16±1.44	18.88±0.95	335.88±4.26	29.00±0.57	8.04±0.38a	9.86±0.79a	13.89±3.16a
	M1	0.46±0.03	56.68±1.85	18.93±0.69	333.80±6.80	30.09±2.28	7.83±0.23a	9.48±0.48a	12.24±2.03a
	M2	0.43±0.04	55.87±0.92	19.39±0.50ab	346.70±5.5a	29.62±0.68	7.79±0.21a	9.45±0.38a	12.14±1.27a
雄性	空白	0.43±0.06	53.97±1.72	18.55±0.43	343.80±11.97	30.57±1.91	8.07±0.25	10.06±0.54	13.42±2.00
	C1	0.42±0.03	54.23±1.30	18.59±0.68	343.10±12.90	29.87±0.65	7.96±0.28	9.78±0.56	13.17±2.28
	C2	0.48±0.05a	54.11±1.25	18.00±0.60	336.29±8.85	30.46±1.19	7.91±0.27	9.76±0.59	12.43±2.06
	M1	0.45±0.04	54.25±1.26	18.26±0.52	336.30±7.51	30.28±1.14	7.95±0.24	9.80±0.43	13.17±1.69
	M2	0.46±0.03	53.61±1.37	18.30±0.95	341.30±13.29	30.60±1.12	7.93±0.33	9.93±0.69	13.16±2.30

a. 处理组与空白对照组有显著性差异;
b. M1 组与 C1 组有显著性差异。

(7) 对尿液的影响：由表 10-16 所列结果可见，尿液检查各项无显著性差异，显微镜检查无异常。

表 10-16 尿常规检验

性别	组别	尿糖/(mg/dL)	尿胴体/(mg/dL)	尿潜血/(cells/μL)	尿蛋白/(mg/dL)	亚硝酸盐	尿胆红素/(mg/dL)	尿胆原/(mg/dL)	尿相对密度	尿 pH	尿白细胞	尿维生素 C	尿白细胞数/(HP)	尿红细胞数/(HP)	尿显微镜检查
雌性	空白	0	0.5	0	3	0	1	4	1.023	8.00	5.5	0.2	1~3	1~2	正常
	C1	0	1.5	0	2	1	2	5.5	1.023	8.00	3.5	0.0	2~4	0~1	正常
	C2	0	0.5	19	10	1	1	5.5	1.021	8.45	9	0.0	1~2	1~4	正常
	M1	0	0.5	17.5	6	2	0	5.5	1.018	7.35	5	0.1	0~1	0~3	正常
	M2	0	0	14.5	12	1	0	5	1.022	7.25	13	0.06	0~1	1~5	正常
雄性	空白	0	5	0.5	9	0	6	5.5	1.024	7.70	11.5	0.0	2~5	1~3	正常
	C1	0	3	9.5	13	0	2	5.5	1.023	7.70	14	0.0	4~6	0~4	正常
	C2	0	3	10	11	2	6	7.5	1.022	7.75	11.5	0.0	1~3	2~3	正常

续表

性别	组别	尿糖/(mg/dL)	尿胴体/(mg/dL)	尿潜血/(cells/μL)	尿蛋白/(mg/dL)	亚硝酸盐	尿胆红素/(mg/dL)	尿胆原/(mg/dL)	尿相对密度	尿pH	尿白细胞	尿维生素C	尿白细胞数/(HP)	尿红细胞数/(HP)	尿显微镜检查
雄性	M1	0	2	18.5	8	5	1	5	1.021	7.40	11	0.0	1~2	0~10	正常
	M2	0	0.5	21.5	3	1	0	5.5	1.017	7.30	6	0	0~2	0~4	正常

注：尿糖、尿胴体、尿潜血、尿蛋白、亚硝酸盐、尿胆红素、尿胆原、尿白细胞统计方法：–记为0分；±记为0.5分；1+记为1分；2+记为2分(依此类推)。最后分数为一组内10只老鼠的总分。

(8) 病理组织学检查结果：肝、肾、脾、胃肠、睾丸及卵巢组织病理学检查未见与受试物有关的病理变化。

(三) 结论

根据《食品安全性毒理学评价程序和方法》和农业部农业行业标准(讨论稿)《转基因植物及其产品大鼠90天喂养试验》对进行90天喂养试验，结果表明受试物对大鼠的体重、食物利用率、脏/体比等关键毒理学指标均无明显影响，主要脏器亦未出现特异性病理改变；血液学指标、血液生化学指标虽有少数指标出现差异，但是数据差异较小，且在生理学波动范围内，不具有诊断学意义，且不具有剂量相关性，可以认为与受试物无关。因此90天喂养试验结果为阴性。

附录一 转基因标准品目录

这些标准品是经过非转基因粉末和转基因粉末定量混合而得到的，可以应用于转基因产品的检测。以 FLUCA 公司和 IRRM 公司为例，标准品的信息如下。

名称	含量/%	货号	公司
玉米 1507	0	ERMBF418A-1G	FLUCA
玉米 1507	0.1	ERMBF418B-1G	FLUCA
玉米 1507	1	ERMBF418C-1G	FLUCA
玉米 1507	10	ERMBF418D-1G	FLUCA
玉米 Bt-176	0	ERMBF411A	FLUCA
玉米 Bt-176	0.1	ERMBF411B	FLUCA
玉米 Bt-176	0.5	ERMBF411C	FLUCA
玉米 Bt-176	1	ERMBF411D	FLUCA
玉米 Bt-176	2	ERMBF411E	FLUCA
玉米 Bt-176	5	ERMBF411F	FLUCA
玉米 Bt-11	0	ERMBF412A	FLUCA
玉米 Bt-11	0.1	ERMBF412B	FLUCA
玉米 Bt-11	0.5	ERMBF412C	FLUCA
玉米 Bt-11	1	ERMBF412D	FLUCA
玉米 Bt-11	2	ERMBF412E	FLUCA
玉米 Bt-11	5	ERMBF412F	FLUCA
玉米 Mon810	0	ERMBF413A	FLUCA
玉米 Mon810	0.1	ERMBF413B	FLUCA
玉米 Mon810	0.5	ERMBF413C	FLUCA
玉米 Mon810	1	ERMBF413D	FLUCA
玉米 Mon810	2	ERMBF413E	FLUCA
玉米 Mon810	5	ERMBF413F	FLUCA
玉米 GA21	0	ERMBF414A	FLUCA
玉米 GA21	0.1	ERMBF414B	FLUCA
玉米 GA21	0.5	ERMBF414C	FLUCA
玉米 GA21	1.0	ERMBF414D	FLUCA
玉米 GA21	1.7	ERMBF414E	FLUCA
玉米 GA21	4.3	ERMBF414F	FLUCA

续表

名称	含量/%	货号	公司
玉米 NK603	0	ERMBF415A	FLUCA
玉米 NK603	0.1	ERMBF415B	FLUCA
玉米 NK603	0.5	ERMBF415C	FLUCA
玉米 NK603	1	ERMBF415D	FLUCA
玉米 NK603	2	ERMBF415E	FLUCA
玉米 NK603	5	ERMBF415F	FLUCA
玉米 59122	0	ERMBF424A	FLUCA
玉米 59122	0.1	ERMBF424B	FLUCA
玉米 59122	1	ERMBF424C	FLUCA
玉米 59122	10	ERMBF424D	FLUCA
玉米 Mon863	0	ERMBF416A	FLUCA
玉米 Mon863	0.1	ERMBF416B	FLUCA
玉米 Mon863	1	ERMBF416C	FLUCA
玉米 Mon863	9.9	ERMBF416D	FLUCA
玉米 MON 863 × MON 810	0	ERMBF417A	FLUCA
玉米 MON 863 × MON 810	0.1	ERMBF417B	FLUCA
玉米 MON 863 × MON 810	1	ERMBF417C	FLUCA
玉米 MON 863 × MON 810	9.9	ERMBF417D	FLUCA
玉米 MIR604	0	ERMBF423A	FLUCA
玉米 MIR604	0.1	ERMBF423B	FLUCA
玉米 MIR604	1	ERMBF423C	FLUCA
玉米 MIR604	10	ERMBF423D	FLUCA
转基因玉米 Bt-176	< 0.014	ERM-BF411a	IRRM
转基因玉米 Bt-176	0.1	ERM-BF411b	IRRM
转基因玉米 Bt-176	0.5	ERM-BF411c	IRRM
转基因玉米 Bt-176	1.0	ERM-BF411d	IRRM
转基因玉米 Bt-176	2.0	ERM-BF411e	IRRM
转基因玉米 Bt-176	5.0	ERM-BF411f	IRRM
转基因玉米 Bt-11	< 0.012	ERM-BF412a	IRRM
转基因玉米 Bt-11	0.098	ERM-BF412b	IRRM
转基因玉米 Bt-11	0.49	ERM-BF412c	IRRM
转基因玉米 Bt-11	0.98	ERM-BF412d	IRRM
转基因玉米 Bt-11	1.96	ERM-BF412e	IRRM
转基因玉米 Bt-11	4.89	ERM-BF412f	IRRM

续表

名称	含量/%	货号	公司
转基因玉米 MON 810	<0.02	ERM-BF413a	IRRM
转基因玉米 MON 810	0.1	ERM-BF413b	IRRM
转基因玉米 MON 810	0.5	ERM-BF413c	IRRM
转基因玉米 MON 810	1.0	ERM-BF413d *	IRRM
转基因玉米 MON 810	2.0	ERM-BF413e	IRRM
转基因玉米 MON 810	5.0	ERM-BF413f	IRRM
转基因玉米 GA21	<0.08	ERM-BF414a	IRRM
转基因玉米 GA21	0.1	ERM-BF414b	IRRM
转基因玉米 GA21	0.49	ERM-BF414c	IRRM
转基因玉米 GA21	0.99	ERM-BF414d	IRRM
转基因玉米 GA21	1.72	ERM-BF414e	IRRM
转基因玉米 GA21	4.29	ERM-BF414f	IRRM
转基因玉米 NK603	<0.04	ERM-BF415a	IRRM
转基因玉米 NK603	0.1	ERM-BF415b	IRRM
转基因玉米 NK603	0.49	ERM-BF415c	IRRM
转基因玉米 NK603	0.98	ERM-BF415d	IRRM
转基因玉米 NK603	1.96	ERM-BF415e	IRRM
转基因玉米 NK603	4.91	ERM-BF415f	IRRM
转基因玉米 MON 863	<0.1	ERM-BF416a	IRRM
转基因玉米 MON 863	0.1	ERM-BF416b	IRRM
转基因玉米 MON 863	0.98	ERM-BF416c	IRRM
转基因玉米 MON 863	9.85	ERM-BF416d	IRRM
转基因玉米 MON 863 × MON 810	<0.1	ERM-BF417a	IRRM
转基因玉米 MON 863 × MON 810	0.1	ERM-BF417b	IRRM
转基因玉米 MON 863 × MON 810	0.98	ERM-BF417c	IRRM
转基因玉米 MON 863 × MON 810	9.85	ERM-BF417d	IRRM
转基因玉米 1507	<0.05	ERM-BF418a	IRRM
转基因玉米 1507	0.1	ERM-BF418b	IRRM
转基因玉米 1507	0.99	ERM-BF418c	IRRM
转基因玉米 1507	9.86	ERM-BF418d	IRRM
转基因玉米 3272	<0.13	ERM-BF420a	IRRM
转基因玉米 3272	0.98	ERM-BF420b	IRRM

续表

名称	含量/%	货号	公司
转基因玉米 3272	9.8	ERM-BF420c	IRRM
转基因玉米 MIR604	<0.09	ERM-BF423a	IRRM
转基因玉米 MIR604	0.1	ERM-BF423b	IRRM
转基因玉米 MIR604	0.98	ERM-BF423c	IRRM
转基因玉米 MIR604	9.85	ERM-BF423d	IRRM
转基因玉米 59122	<0.12	ERM-BF424a	IRRM
转基因玉米 59122	0.1	ERM-BF424b	IRRM
转基因玉米 59122	0.99	ERM-BF424c	IRRM
转基因玉米 59122	9.87	ERM-BF424d	IRRM
转基因大豆	<0.03	ERM-BF410a	IRRM
转基因大豆	0.1	ERM-BF410b	IRRM
转基因大豆	0.5	ERM-BF410c	IRRM
转基因大豆	1.0	ERM-BF410d	IRRM
转基因大豆	2.0	ERM-BF410e	IRRM
转基因大豆	5.0	ERM-BF410f	IRRM
转基因大豆 356043	<0.05	ERM-BF425a	IRRM
转基因大豆 356043	0.1	ERM-BF425b	IRRM
转基因大豆 356043	1.0	ERM-BF425c	IRRM
转基因大豆 356043	10	ERM-BF425d	IRRM
转基因大豆 305423	<0.08	ERM-BF426a	IRRM
转基因大豆 305423	0.5	ERM-BF426b	IRRM
转基因大豆 305423	1.0	ERM-BF426c	IRRM
转基因大豆 305423	10	ERM-BF426d	IRRM
转基因甜菜 H7-1	0	ERM-BF419a	IRRM
转基因甜菜 H7-1	100	ERM-BF419b	IRRM
转基因棉花 281-24-236×3006-210-23 (ERM-BF422)	<0.05	ERM-BF422a	IRRM
转基因棉花 281-24-236×3006-210-23 (ERM-BF422)	>97.9	ERM-BF422b	IRRM
转基因棉花 281-24-236×3006-210-23 (ERM-BF422)	1.0	ERM-BF422c	IRRM
转基因棉花 281-24-236×3006-210-23 (ERM-BF422)	10	ERM-BF422d	IRRM
转基因马铃薯 EH92-527-1	0	ERM-BF421a	IRRM
转基因马铃薯 EH92-527-1	10	ERM-BF421b	IRRM

附录二　中国标准目录

序号	标准名称	标准号
1	转基因植物及其产品检测　通用要求	NY/T 672-2003
2	转基因植物及其产品检测　抽样	NY/T 673-2003
3	转基因植物及其产品检测　DNA 提取和纯化	NY/T 674-2003
4	转基因植物及其产品检测　大豆定性 PCR 方法	NY/T 675-2003
5	大豆中转基因成分的定性 PCR 检测方法	SN/T 1195-2003
6	转基因大豆环境安全检测技术规范　第1部分　生存竞争能力检测	NY/T 719.1-2003
7	转基因大豆环境安全检测技术规范　第2部分　外源基因流散的生态风险检测	NY/T719.2-2003
8	转基因大豆环境安全检测技术规范　第3部分　对生物多样性影响的检测	NY/T 719.3-2003
9	转基因植物及其产品成分检测　抗虫 Bt 基因水稻定性 PCR 方法	农业部 953 公告-6-2007
10	转基因植物及其产品环境安全检测　抗虫水稻　第1部分　抗虫性	农业部公告 953 号-8.1-2007
11	转基因植物及其产品环境安全检测　抗虫水稻　第2部分　生存竞争能力	农业部公告 953 号-8.2-2007
12	转基因植物及其产品环境安全检测　抗虫水稻　第3部分　外源基因漂移	农业部公告 953 号-8.3-2007
13	转基因植物及其产品环境安全检测　抗虫水稻　第4部分　生物多样性影响	农业部公告 953 号-8.4-2007
14	转基因植物及其产品环境安全检测　抗病水稻　第1部分　对靶标病害的抗性	农业部公告 953 号-9.1-2007
15	转基因植物及其产品环境安全检测　抗病水稻　第2部分　生存竞争能力	农业部公告 953 号-9.2-2007
16	转基因植物及其产品环境安全检测　抗病水稻　第3部分　外源基因漂移	农业部公告 953 号-9.3-2007
17	转基因植物及其产品环境安全检测　抗病水稻　第4部分　生物多样性影响	农业部公告 953 号-9.4-2007
18	转基因植物及其产品成分检测　抗除草剂油菜 GT73 及其衍生品种定性 PCR 方法	农业部公告 869 号-11-2007
19	转基因植物及其产品成分检测　抗除草剂油菜 MS1、RF1 及其衍生品种定性 PCR 方法	农业部公告 869 号-4-2007
20	转基因植物及其产品成分检测　抗除草剂油菜 MS8、RF3 及其衍生品种定性 PCR 方法	农业部 869 号公告-5-2007
21	转基因植物及其产品成分检测　抗除草剂油菜 MS1、RF2 及其衍生品种定性 PCR 方法	农业部 869 号公告-6-2007
22	转基因植物及其产品成分检测　耐除草剂油菜 T45 及其衍生品种定性 PCR 方法	农业部 953 号公告-3-2007
23	转基因植物及其产品成分检测　耐除草剂油菜 Oxy-235 及其衍生品种定性 PCR 方法	农业部 953 号公告-4-2007

续表

序号	标准名称	标准号
24	油菜籽中转基因成分的定性 PCR 检测方法	SN/T 1197－2003
25	转基因油菜环境安全检测技术规范 第 1 部分 生存竞争能力检测	NY/T 721.1－2003
26	转基因油菜环境安全检测技术规范 第 2 部分 外源基因流散的生态风险检测	NY/T 721.2－2003
27	转基因油菜环境安全检测技术规范 第 3 部分 对生物多样性影响的检测	NY/T 721.3－2003
28	转基因植物及其产品环境安全检测 育性改变油菜	农业部 953 号公告－7－2007
29	棉花中转基因成分的定性 PCR 检测方法	SN/T 1199－2003
30	转基因植物及其产品环境安全检测 抗虫棉花 第 1 部分 对靶标害虫的抗虫性	农业部公告 953 号－12.1－2007
31	转基因植物及其产品环境安全检测 抗虫棉花 第 2 部分 生存竞争能力	农业部公告 953 号－12.2－2007
32	转基因植物及其产品环境安全检测 抗虫棉花 第 3 部分 基因漂移	农业部公告 953 号－12.3－2007
33	转基因植物及其产品环境安全检测 抗虫棉花 第 4 部分 生物多样性影响	农业部公告 953 号－12.4－2007
34	转基因植物及其产品成分检测 抗虫玉米 MON863 及其衍生品种定性 PCR 方法	农业部 869 号公告－10－2007
35	转基因植物及其产品成分检测 耐除草剂玉米 GA21 及其衍生品种定性 PCR 方法	农业部 869 号公告－12－2007
36	转基因植物及其产品成分检测 耐除草剂玉米 NK603 及其衍生品种定性 PCR 方法	农业部 869 号公告－13－2007
37	转基因植物及其产品成分检测 耐除草剂玉米 T25 及其衍生品种定性 PCR 方法	农业部 869 号公告－14－2007
38	转基因植物及其产品成分检测 抗虫和耐除草剂玉米 Bt11 及其衍生品种定性 PCR 方法	农业部 869 号公告－3－2007
39	转基因植物及其产品成分检测 抗虫和耐除草剂玉米 TC1507 及其衍生品种定性 PCR 方法	农业部 869 号公告－7－2007
40	转基因植物及其产品成分检测 抗虫和耐除草剂玉米 Bt176 及其衍生品种定性 PCR 方法	农业部 869 号公告－8－2007
41	转基因植物及其产品成分检测 抗虫玉米 MON810 及其衍生品种定性 PCR 方法	农业部 869 号公告－9－2007
42	转基因植物及其产品成分检测 抗虫玉米 Bt10 及其衍生品种定性 PCR 方法	农业部 953 号公告－1－2007
43	转基因植物及其产品成分检测 抗虫玉米 CBH351 及其衍生品种定性 PCR 方法	农业部 953 号公告－2－2007
44	玉米中转基因成分的定性 PCR 检测方法	SN/T 1196－2003
45	玉米抗病虫性鉴定技术规程 第 5 部分 玉米抗玉米螟鉴定技术规范	NY/T 1248.5－2006
46	转基因玉米环境安全检测技术规范 第 1 部分 生存竞争能力检测	NY/T 720.1－2003

续表

序号	标准名称	标准号
47	转基因玉米环境安全检测技术规范 第2部分 外源基因流散的生态风险检测	NY/T 720.2-2003
48	转基因玉米环境安全检测技术规范 第3部分 对生物多样性影响的检测	NY/T 720.3-2003
49	转基因植物及其产品环境安全检测 抗虫玉米 第1部分 抗虫性	农业部953号公告-10.1-2007
50	转基因植物及其产品环境安全检测 抗虫玉米 第2部分 生存竞争能力检测	农业部953号公告-10.2-2007
51	转基因植物及其产品环境安全检测 抗虫玉米 第3部分 外源基因漂移	农业部953号公告-10.3-2007
52	转基因植物及其产品环境安全检测 抗虫玉米 第4部分 生物多样性影响	农业部953号公告-10.4-2007
53	转基因植物及其产品环境安全检测 抗除草剂玉米 第1部分 除草剂耐受性	农业部953号公告-11.1-2007
54	转基因植物及其产品环境安全检测 抗除草剂玉米 第2部分 生存竞争能力检测	农业部953号公告-11.2-2007
55	转基因植物及其产品环境安全检测 抗除草剂玉米 第3部分 外源基因漂移	农业部953号公告-11.3-2007
56	转基因植物及其产品环境安全检测 抗除草剂玉米 第3部分 生物多样性影响	农业部953号公告-11.4-2007
57	烟草中转基因成分的定性PCR检测方法	SN/T 1196-2003
58	马铃薯中转基因成分的定性PCR检测方法	SN/T 1198-2003
59	番茄中转基因成分的定性PCR检测方法	SN/T 1816-2006
60	小麦中转基因成分PCR和实时荧光PCR定性检测方法	SN/T 1943-2007
61	转基因动物及其产品成分检测 促生长转ScGH基因鲤鱼定性PCR方法	农业部953号公告-5-2007
62	农业转基因生物标识	农业部869号公告-1-2007
63	转基因植物及其产品食用安全性评价导则	NY/T 1101-2006
64	农业转基因生物安全控制措施技术要求	国务院令第304号
65	转基因植物及其产品食用安全检测 大鼠90天喂养试验	NY/T 1102-2006
66	转基因植物及其产品食用安全检测 抗营养素第1部分：植酸、棉酚和芥酸的测定	NY/T 1103.1-2006
67	转基因植物及其产品食用安全检测 抗营养素第2部分：胰蛋白酶抑制剂的测定	NY/T 1103.2-2006
68	转基因植物及其产品食用安全检测 抗营养素第3部分：硫代葡萄糖苷的测定	NY/T 1103.3-2006
69	转基因生物及其产品食用安全检测 模拟胃肠液外源蛋白质消化稳定性试验方法	农业部869号公告-2-2007

附录三 世界已批准转基因产品目录

1. 大 豆

名称	特性	详细特性	研究开发机构
A2704-12 A2704-21 A5547-35	耐除草剂	耐草丁膦(phosphinothricin，PPT)，特别是草铵膦除草剂，包括 Basta®、Rely®、Finale®及 Liberty®	安万特作物科学公司(Aventis CropScience)
A5547-127	耐除草剂	耐草丁膦，特别是草铵膦除草剂，包括 Basta®、Rely®、Finale®及 Liberty®	拜耳作物科学公司 {Bayer CropScience [Aventis CropScience(AgrEvo)]}
G94-1 G94-19 G168	成分改良	油脂改良，提高油酸(oleic acid)含量	杜邦公司 (DuPont Canada Agricultural Products)
GTS 40-3-2	耐除草剂	耐草甘膦(glyphosate)除草剂	孟山都公司(Monsanto Company)
GU262	耐除草剂	耐草丁膦，特别是草铵膦除草剂，包括 Basta®、Rely®、Finale®及 Liberty®	拜耳作物科学公司
OT96-15	成分改良	油脂改良，降低亚麻酸含量	加拿大农业与农业食品部 (Agriculture & Agri-Food Canada)
W62 W98	耐除草剂	耐草丁膦，特别是草铵膦除草剂，包括 Basta®、Rely®、Finale®及 Liberty®	拜耳作物科学公司

2. 棉 花

名称	特性	详细特性	研究开发机构
19-51A	耐除草剂	耐磺酰脲类(sulfonylurea)，特别是醚苯磺隆及甲磺隆除草剂	杜邦公司
281-24-236	抗虫	抗鳞翅目害虫	陶氏益农公司 (DOW AgroSciences LLC)
281-24-236× 3006-210-23	抗虫	抗鳞翅目害虫	陶氏益农公司
281-24-236× 3006-210-23 × MON1445	抗虫，耐除草剂	抗鳞翅目害虫，耐草甘膦除草剂，如 Roundup®	陶氏益农公司
281-24-236× 3006-210-23× MON88913	抗虫，耐除草剂	抗鳞翅目害虫，耐草甘膦除草剂，如 Roundup®	陶氏益农公司 及先锋国际基因公司(Pioneer Hi-Bred International Inc.)
3006-210-23	抗虫	抗鳞翅目害虫	陶氏益农公司
31807；31808	抗虫，耐除草剂	抗鳞翅目害虫；耐苯腈类，包括溴苯腈类除草剂	卡吉恩公司(Calgene Inc.)
BXN	耐除草剂	耐苯腈类，包括溴苯腈及碘苯腈类除草剂	卡吉恩公司

续表

名称	特性	详细特性	研究开发机构
COT102	抗虫	抗鳞翅目害虫	先正达种苗公司(Syngenta Seeds Inc.)
LLCotton25	耐除草剂	耐草丁膦,特别是草铵膦除草剂,包括 Basta®、Rely®、Finale®及 Liberty®	拜耳作物科学公司
LLCotton25× MON15985	抗虫,耐除草剂	抗鳞翅目害虫;耐草丁膦,特别是草铵膦除草剂,包括 Basta®、Rely®、Finale®及 Liberty®	拜耳作物科学公司
MON1445; MON1698	耐除草剂	耐草甘膦除草剂,如 Roundup®	孟山都公司
MON15985	抗虫	抗鳞翅目害虫,包括棉铃虫(cotton bollworm)、棉红铃虫(pink bollworm)、烟青虫(tobacco budworm)等	孟山都公司
MON15985× MON1445	抗虫,耐除草剂	抗鳞翅目害虫,耐草甘膦除草剂,如 Roundup®	孟山都公司
MON15985× MON88913	抗虫,耐除草剂	抗鳞翅目害虫,耐草甘膦除草剂,如 Roundup®	孟山都公司
MON531× MON1445	抗虫,耐除草剂	抗鳞翅目害虫,耐草甘膦除草剂,如 Roundup®	孟山都公司
MON531,MON757,MON1076	抗虫	抗鳞翅目害虫,包括棉铃虫、棉红铃虫、烟青虫等	孟山都公司
MON88913	耐除草剂	耐草甘膦除草剂,如 Roundup®	孟山都公司

3. 油 菜

名称	特性	详细特性	研究开发机构
23-18-17,23-198	成分改良	改变种子脂肪酸含量,尤其是月桂酸酯(laurate)与肉豆蔻酸(myristic acid)	孟山都公司
45A37,46A40	成分改良	改变种子脂肪酸含量,提高油酸含量(oleic acid),降低亚麻酸含量(linolenic acid)	先锋国际基因公司
46A12,46A16	成分改良	改变种子脂肪酸含量,提高油酸含量,降低亚麻酸含量	先锋国际基因公司
GT200	耐除草剂	耐草甘膦除草剂	孟山都公司
RT73 (GT73)	耐除草剂	耐草甘膦除草剂	孟山都公司
HCN10	耐除草剂	耐草丁膦,特别是草铵膦除草剂,包括 Basta®、Rely®、Finale®及 Liberty®	安万特作物科学公司
HCN92	耐除草剂	耐草丁膦,特别是草铵膦除草剂,包括 Basta®、Rely®、Finale®及 Liberty®	拜耳作物科学公司
MS1×RF1	耐除草剂,育性恢复	耐草铵膦除草剂,育性恢复	安万特作物科学公司
MS1×RF2	耐除草剂,育性恢复	耐草铵膦除草剂,育性恢复	安万特作物科学公司

续表

名称	特性	详细特性	研究开发机构
MS8 × RF3	耐除草剂，育性恢复	耐草铵膦除草剂，育性恢复	拜耳作物科学公司
NS738, NS1471, NS1473	耐除草剂	耐咪唑啉酮除草剂，咪唑乙烟酸	先锋国际基因公司
OXY-235	耐除草剂	耐苯腈类，包括溴苯腈及碘苯腈类除草剂	安万特作物科学公司 罗纳普朗克公司(Rhone-Poulenc Inc.)
PHY14, PHY35	耐除草剂，育性恢复	耐草铵膦除草剂，育性恢复	安万特作物科学公司
PHY36	耐除草剂，育性恢复	耐草铵膦除草剂，育性恢复	安万特作物科学公司
T45 (HCN28)	耐除草剂	耐草丁膦，特别是草铵膦除草剂，包括 Basta®、Rely®、Finale®及 Liberty®	拜耳作物科学公司
RF1 (B93-101)	耐除草剂，育性恢复，耐抗生素	耐草铵膦除草剂，育性恢复，耐卡那霉素	拜耳作物科学公司
RF2 (B94-2)	耐除草剂，育性恢复，耐抗生素	耐草铵膦除草剂，育性恢复，耐卡那霉素	拜耳作物科学公司
RF3	耐除草剂，育性恢复	耐草铵膦除草剂，育性恢复	拜耳作物科学公司
MS1 (B91-4)	耐除草剂，雄性不育，耐抗生素	耐草铵膦除草剂，雄性不育，耐卡那霉素	拜耳作物科学公司
MS8	耐除草剂，雄性不育	耐草铵膦除草剂，雄性不育	拜耳作物科学公司
18	成分改良	提高油酸含量	拜耳作物科学公司
HCR-1	耐除草剂	耐草丁膦，特别是草铵膦除草剂，包括 Basta®、Rely®、Finale®及 Liberty®	拜耳作物科学公司
ZSR500, 502, 503	耐除草剂	耐草甘膦除草剂	孟山都公司

4. 玉 米

名称	特性	详细特性	研究开发机构
BT 176	抗虫,耐除草剂	抗欧洲玉米螟(Ostrinia nubilalis);耐草丁膦,特别是草铵膦除草剂,包括Basta®、Rely®、Finale®及Liberty®	先正达种苗公司
3751IR	耐除草剂	耐咪唑啉酮(imidazolinone)除草剂	先锋国际基因公司
676 678 680	耐除草剂,育性恢复	耐草铵膦除草剂;育性恢复	先锋国际基因公司
T25×MON810	抗虫,耐除草剂	抗鳞翅目昆虫;耐草铵膦除草剂	拜耳作物科学公司
DLL25(B16)	耐除草剂	耐草丁膦,特别是草铵膦除草剂,包括Basta®、Rely®、Finale®及Liberty®	迪卡布遗传公司(Dekalb Genetics Corporation)
BT11(X4334CBR,X4734CBR)	抗虫,耐除草剂	抗欧洲玉米螟;耐草丁膦,特别是草铵膦除草剂,包括Basta®、Rely®、Finale®及Liberty®	先正达种苗公司
CBH-351	抗虫,耐除草剂	抗欧洲玉米螟;耐草丁膦,特别是草铵膦除草剂,包括Basta®、Rely®、Finale®及Liberty®	安万特作物科学公司
TC-6275	抗虫	抗鳞翅目昆虫	陶氏益农公司
59122	抗虫,耐除草剂	抗玉米根虫(鞘翅目,叶甲);耐草丁膦,特别是草铵膦除草剂,包括Basta®、Rely®、Finale®及Liberty®	陶氏益农公司;先锋国际基因公司
59122×NK603	抗虫,耐除草剂	抗鞘翅目害虫;耐草甘膦除草剂	陶氏益农公司;先锋国际基因公司
59122×TC1507×NK603	抗虫,耐除草剂	抗鳞翅目害虫;耐草甘膦、草铵膦除草剂	陶氏益农公司;先锋国际基因公司
TC1507×NK603	抗虫,耐除草剂	抗鞘翅目、鳞翅目害虫;耐草甘膦、草铵膦除草剂	陶氏益农公司
DBT418	抗虫,耐除草剂	抗欧洲玉米螟;耐草丁膦,特别是草铵膦除草剂,包括Basta®、Rely®、Finale®及Liberty®	迪卡布遗传公司
DK404SR	耐除草剂	耐环己酮(cyclohexanone)除草剂,特别是烯禾啶(sethoxydim)	巴斯夫公司(BASF Inc.)
EXP1910IT	耐除草剂	耐咪唑啉酮(imidazolinone)除草剂,咪唑乙烟酸	先正达种苗公司;捷利康公司
GA21	耐除草剂	耐草甘膦除草剂	孟山都公司
IT	耐除草剂	耐咪唑啉酮除草剂	先锋国际基因公司
LY038	成分改良	赖氨酸含量增加	孟山都公司
MIR604	抗虫	抗玉米根虫(鞘翅目,叶甲)	先正达种苗公司
NK603×MON810	抗虫,耐除草剂	抗鳞翅目昆虫;耐草甘膦除草剂	孟山都公司
MON810×LY038	抗虫,成分改良	抗欧洲玉米螟;赖氨酸含量增加	孟山都公司
MON863×NK603	抗虫,耐除草剂	抗鞘翅目害虫;耐草甘膦除草剂	孟山都公司

续表

名称	特性	详细特性	研究开发机构
MON863 × MON810	抗虫	抗玉米根虫(鞘翅目，叶甲)及欧洲玉米螟	孟山都公司
MON863 × MON810 × NK603	抗虫，耐除草剂	抗鞘翅目害虫；耐草甘膦除草剂	孟山都公司
MON80100	抗虫	抗欧洲玉米螟	孟山都公司
MON802	抗虫	抗欧洲玉米螟；耐草甘膦除草剂	孟山都公司
MON809	抗虫	抗欧洲玉米螟；耐草甘膦除草剂	先锋国际基因公司
MON810	抗虫	抗欧洲玉米螟	孟山都公司
MON810 × MON88017	抗虫，耐除草剂	抗鞘翅目、鳞翅目害虫；耐草甘膦、草铵膦除草剂	孟山都公司
MON832	耐除草剂	耐草甘膦除草剂	孟山都公司
MON863	抗虫	抗玉米根虫(鞘翅目，叶甲)	孟山都公司
MON88017	抗虫，耐除草剂	抗玉米根虫(鞘翅目，叶甲)；耐草甘膦除草剂	孟山都公司
MS3	耐除草剂，雄性不育	耐草铵膦除草剂；雄性不育	拜耳作物科学公司
MS6	耐除草剂，雄性不育	耐草铵膦除草剂；雄性不育	拜耳作物科学公司
NK603	耐除草剂	耐草甘膦除草剂	孟山都公司
T14/T25	耐除草剂	耐草丁膦，特别是草铵膦除草剂，包括Basta®、Rely®、Finale®及Liberty®	拜耳作物科学公司
TC1507	抗虫，耐除草剂	抗欧洲玉米螟；耐草丁膦，特别是草铵膦除草剂，包括Basta®、Rely®、Finale®及Liberty®	陶氏益农公司；先锋国际基因公司
59122 × TC1507	抗虫，耐除草剂	抗鞘翅目、鳞翅目害虫；耐草铵膦除草剂	陶氏益农公司；先锋国际基因公司
GA21 × MON810	抗虫，耐除草剂	抗欧洲玉米螟；耐草甘膦除草剂	孟山都公司
BT10	抗虫，耐除草剂		先正达种苗公司

5. 番　茄

名称	特性	详细特性	研究开发机构
1345-4	迟熟	通过引入不完整的1-氨基环丙烷-1-羧酸(ACC)合成酶基因减少乙烯累积，使番茄迟熟，增长保存期	DNA植物技术公司 (DNA Plant Technology Corporation)
35 1 N	迟熟	通过引入某基因使植物激素乙烯前体降解，番茄迟熟	Agritope Inc.
5345	抗虫	抗鳞翅目害虫，包括棉铃虫、棉红铃虫、烟青虫等	孟山都公司
8338	迟熟	通过引入某基因使植物激素乙烯前体降解，番茄迟熟	孟山都公司

续表

名称	特性	详细特性	研究开发机构
B, Da, F	迟熟	多聚半乳糖醛酸(PG)酶活性，减缓软化	捷利康公司
Flavr Savr	迟熟	多聚半乳糖醛酸(PG)酶活性，减缓软化	卡吉恩公司
Huafan No 1	迟熟	迟熟	华中农业大学 (Huazhong Agriculture University)
PK-TM8805R	抗病毒	抗 CMV 黄瓜花叶病毒	北京大学(Peking University)

附录四 常用基因及元件引物目录

1. 内标基因

1.1 棉花

目标基因	引物名称	引物序列	扩增片段/bp
Cotton-ppi-PPF	Degex5F Degex5R	Degex5F: GACAAGATTGARACNCCNGA Degex5R: CAAGCAGTGTCRAANCCRAA	450
	CotF CotR	CotF: AGAGTTGGTACGATTTTCAGTTCAAG CotR: TGGGCATCCAATCACTCGAG	262
fsACP	fsACP-2F fsACP-2R	fsACP-2F: CAAACAAGAGACCGTGGATAAGGTA fsACP-2R: CAAGAGAATCAGCTCCAAGATCAAG	116
	acp1 primer 1 acp1 primer 2	acp1 primer 1: ATTGTGATGGGACTTGAGGAAGA acp1 primer 2: CTTGAACAGTTGTGATGGATTGTG	76
sad1	S1F S2R	S1F: CCAAAGGAGGTGCCTGTTCA S2R: TTGAGGTGAGTCAGAATGTTGTTC	107
SAH7	SAH7-uni-f1 SAH7-uni-r1	SAH7-uni-f1: AGTTTGTAGGTTTTGATGTTACATTGAG SAH7-uni-r1: GCATCTTTGAACCGCCTACTG	115

1.2 玉米

目标基因	引物名称	引物序列	扩增片段/bp
Ivr1	IVR1-F IVR1-R	IVR1-F: CCGCTGTATCACAAGGGCTGGTACT IVR1-R: GGAGCCCGTGTAGAGCATGACGATC	226
Zein	Zein_35-L Zein_35-R	Zein_35-L: TGAACCCATGCATGCAGT Zein_35-R: GGCAAGACCATTGGTGA	173
	ZEIN1 ZEIN2	ZEIN1: GCTTGCATTGTTCGCTCTC ZEIN2: CGATGGCATGTCAACTCATTA	277
zSSIIb	SSIIb-5 SSIIb-3	SSIIb-5: CTCCCAATCCTTTGACATCTGC SSIIb-3: TCGATTTCTCTCTTGGTGACAGGcv	151
	ZssII-1 ZssII-2	ZssII-1: CGGTGGATGCTAAGGCTGATG ZssII-2: AAAGGGCCAGGTTCATTATCCTC	88

1.3 大米

目标基因	引物名称	引物序列	扩增片段/bp
Gos9	gos9_13-L gos9_13-R	gos9_13-L: TTAGCCTCCCGCTGCAGA gos9_13-R: AGAGTCCACAAGTGCTCCCG	68
Sps	OsSPS-F OsSPS-R	OsSPS-F: GATCGCTTCCGCCATTAGCA OsSPS-R: AACCGAGCGCGATCACTTGC	110
	sps_12-L sps_12-R	sps_12-L: TTCGCCTGAACGGATAT sps_12-R: CGGTTGATCTTTTCGGGATG	81

1.4 大豆

目标基因	引物名称	引物序列	扩增片段/bp
lectin	LEC-1 LEC-2	LEC-1:CATCCACATTTGGGACAAAG LEC-2: TCTGCAAGCCTTTTTGTGTC	96
	Lectin-F Lectin-R	Lectin-F: TCCACCCCCATCCACATTT Lectin-R: GGCATAGAAGGTGAAGTTGAAGGA	81
	Le1n02-5 Le1n02-3	Le1n02-5: GCCCTCTACTCCACCCCCA Le1n02-3: GCCCATCTGCAAGCCTTTTT	118

1.5 番茄

目的基因	引物名称	引物序列	扩增片段/bp
Apx	apx_9-L apx_9-R	apx_9-L: TTTTACTTGTATATTCGAAGTGTGCCA apx_9-R: ACAACTGCAAAATTAGAATCTAGTTGGTA	93
lat52	lat52_10-L lat52_10-R	lat52_10-L: AGACCACGAGAACGATATTTGC lat52_10-R: TTCTTGCCTTTTCATATCCAGACA	92
Tomato-fru	PomtomF PomtomR	PomtomF: CTGCCTCCGTCAAGATTTGGTCACT PomtomR: CTCTTCCCTTTCTTGATGG	143

2. 其他目的基因

目的基因	引物名称	引物序列	扩增片段/bp
nos3	nos-1F nos-2R	nos-1F: GAATCCTGTTGCCGGTCTTG nos-2R: TTATCCTAGTTTGCGCGCTA	180
P-35S	35S-1 35S-2	35S-1: GCTCCTACAAATGCCATCA 35S-2: GATAGTGGGATTGTGCGTCA	195
hpt	hpt_8-L hpt_8-R	hpt_8-L: CTATTTCTTTGCCCTCGGACGA hpt_8-R: GGACCGATGGCTGTGTAGAAG	77
NPT II	npt II_26-L npt II_26-R	nptII_26-L: AGGATCTCGTCGTGACCCAT nptII_26-R: GCACGAGGAAGCGGTCA	183
PAT	pat_16-L pat_16-R	pat_16-L: GATATGGCCGCGGTTTGTGAT pat_16-R: TTCCAGGGCCCAGCGTAAG	186
Bar	bar_8-L bar_8-R	bar_8-L: GCACAGGGCTTCAAGAGCGTGGTC bar_8-R: GGGCGGTACCGGCAGGCTGAA	177
Cp4 epsps	cp4 epsps_2-L cp4 epsps_2-R	cp4 epsps_2-L: CCTTTAGGATTTCAGCATCAGTGG cp4 epsps_2-R: GACTTGTCGCCGGGAATG	121
Cry I A(b)	Cry1A(b)F Cry1A(b)R	Cry1A(b)F: ACCATCAACAGCCGCTACAACGACC Cry1A(b)R: TGGGGAACAGGCTCACGATGTCCAG	184

续表

目的基因	引物名称	引物序列	扩增片段/bp
Gox	gox 2-5 gox 2-3	gox 2-5: TGCCAGGAAACTTGACTAGCG gox 2-3: CGAATCAACCAAGGCATGATG	103
Bla	ampRF ampRR	ampRF: CATTTCCGTGTCGCCCTTATTCC ampRR: GGCACCTATCTCAGCGATCTGTCTA	828
Ctp2	CAN2 F CAN2 R	CAN2 F: CCGTAAGGAAGGTGATACTTGGA CAN2 R: CATGATTGGCTCGATAACAGTGGT	385
Gus	GUS-5 GUS n-3	GUS-5: TTACGTCCTGTAGAAACCCC GUS n-3: TCGTTAAAACTGCCTGGCAC	155
Pg	PG34L PG34R	PG34L: GGATCCTTAGAAGCATCTAGT PG34R: CGTTGGTGCATCCCTGCATGG	180
Plrv rep	plrv rep _21-L plrv rep _21-R	plrv rep _21-L: TCGTCATTAAACTTGACGAC plrv rep _21-R: CTTCTTTCACGGAGTTCCAG	172
Pvy cp	pvy cp _20-L pvy cp _20-R	pvy cp _20-L: GAATCAAGGCTATCACGTCC pvy cp _20-R: CATCCGCACTGCCTCATACC	161
Vip3A(a)	vip3A-F vip3A-R	vip3A-F: CACCATGCTGCGCGTGTACCTGCC vip3A-R: GGATGTCGGCCGGGCTGCCGTCC	284
Sps	OsSPS-F OsSPS-R	OsSPS-F: GATCGCTTCCGCCATTAGCA OsSPS-R: AACCGAGCGCGATCACTTGC	110

附录五 转基因植物安全评价指南(试行)

一、总体要求

(一) 分子特征

从基因水平、转录水平和翻译水平，考察外源插入片段的整合和表达情况。

1. 表达载体相关资料

(1) 目的基因与载体构建的物理图谱

详细注明表达载体所有元件名称、位置和酶切位点。

(2) 目的基因

详细描述目的基因的供体生物、结构(包括基因中的酶切位点)、功能和安全性。

供体生物：如 Bt 基因 cry IA 来源于苏云金芽孢杆菌××菌株。

结构：完整的 DNA 序列和推导的氨基酸序列。

功能：生物学性状，如抗鳞翅目昆虫。

安全性：从供体生物特性、安全使用历史、基因结构、功能及有关安全性试验数据等方面综合评价目的基因的安全性。

(3) 表达载体其他主要元件

启动子：供体生物来源、大小、DNA 序列(或文献)、功能、安全应用记录。

终止子：供体生物来源、大小、DNA 序列(或文献)、功能、安全应用记录。

标记基因：供体生物来源、大小、DNA 序列(或文献)、功能、安全应用记录。

报告基因：供体生物来源、大小、DNA 序列(或文献)、功能、安全应用记录。

其他表达调控序列：来源(如人工合成或供体生物名称)、名称、大小、DNA 序列(或文献)、功能、安全应用记录。

2. 目的基因在植物基因组中的整合情况

采用 PCR、Southern 杂交等方法，分析外源插入片段在植物基因组中的整合情况，包括目的基因和标记基因的拷贝数，标记基因、报告基因或其他调控序列删除情况，整合位点等。

外源插入片段的 PCR 检测：片段名称、引物序列、扩增产物长度、PCR 条件、扩增产物电泳图谱(含图题、相对分子质量标准、阴性对照、阳性对照、泳道标注)。

外源插入片段的 Southern 杂交：植物基因组总 DNA 限制性酶切，提供两种以上能明确整合拷贝数的、具有特异性杂交条带的限制性内切核酸酶图谱。文字描述至少包括探针序列位置、内切酶名称、特异性条带的大小、图题、相对分子质量标准、阴性对照、阳性对照、泳道标注。

外源插入片段的全长 DNA 序列：实际插入受体植物基因组的全长 DNA 序列和插入

位点的两端边界序列。提供 PCR 验证时相应引物名称、序列及其扩增产物长度。

3. 外源插入片段的表达情况

(1) 转录水平表达(RNA)

采用 RT-PCR 或 Northern 杂交等方法，分析主要插入序列(如目的基因、标记基因等)的转录表达情况，包括表达的主要组织和器官(如根、茎、叶、种子等)。

RT-PCR 检测：引物序列、扩增产物长度、RT-PCR 条件、扩增产物电泳图谱(含图题、相对分子质量标准、阴性对照、阳性对照、泳道标注)。

Northern 杂交：探针序列位置、特异性条带的大小、Northern 杂交条件、杂交图谱(含图题、相对分子质量标准、阴性对照、阳性对照、泳道标注)。

(2) 翻译水平表达(蛋白质)

采用 ELISA 或 Western 杂交等方法，分析主要插入序列(如目的基因、标记基因等)的蛋白质表达情况，包括表达的主要组织和器官(如根、茎、叶、种子等)。

ELISA 检测：描述定量检测的具体方法，包括相关抗体、阴性对照、阳性对照、光密度测定结果、标准曲线等。

Western 杂交：相关抗体名称、特异性条带的大小、Western 杂交条件、杂交图谱(含图题、相对分子质量标准、阴性对照、阳性对照、泳道标注、样品和阳性对照的加样量)。

(二) 遗传稳定性

主要考察转基因植物代际间目的基因整合与表达情况。

1. 目的基因整合的稳定性

用 Southern 或 PCR 手段检测目的基因在转化体中的整合情况，明确转化体中目的基因的拷贝数以及在后代中的分离情况，提供不少于 3 代的试验数据。

2. 目的基因表达的稳定性

用 Northern，RT-PCR，Western 等手段提供目的基因在转化体不同世代在转录(RNA)和(或)翻译(蛋白质)水平表达的稳定性(包括不同发育阶段和不同器官部位的表达情况)，提供不少于 3 代的试验数据。

3. 目标性状表现的稳定性

用适宜的观察手段考察目标性状在转化体不同世代的表现情况，提供不少于 3 代的试验数据。

(三) 环境安全

1. 生存竞争能力

提供在自然环境下，转基因植物与受体关于种子活力、种子休眠特性、越冬越夏能力、抗病虫能力、生长势、生育期、产量、落粒性等适合度变化与杂草化风险评估等的试验数据和结论。

若受体植物为多年生草类(饲草、制种用的草坪草)或目标性状增强生存竞争力(如抗旱、耐盐等),应根据个案分析的原则提出有针对性的补充资料。

2. 基因漂移的环境影响

(1) 受体物种的相关资料

如果存在可交配的野生近缘种,提供野生近缘种的地理分布范围、发生频率、生物学特性(生育期、生长习性、开花期、繁殖习性、种子及无性繁殖器官的传播途径等)以及与野生近缘种的亲缘关系[包括基因组类型与栽培种的天然异交结实性(%)、杂种 F_1 的育性及其后代的生存能力和结实能力]的资料。

如果存在同一物种的可交配植物类型,需提供同一物种植物类型的分布及其危害情况。

(2) 外源基因漂移风险

对于存在可交配的野生近缘种或存在同一物种可交配的植物类型,又无相关数据和资料的,可设计试验评估外源基因漂移风险及可能造成的生态后果,如基因漂移频率、外源基因在野生近缘种中表达情况、目的基因是否改变野生近缘种的生态适合度等。

3. 转基因植物的功能效率评价

提供自然条件下转基因植物的功能效率评价报告。如为有害生物抗性转基因植物,则需要提供对靶标生物的抗性效率试验数据。

抗性效率指抗有害生物转基因植物所产生的抗性物质对靶标生物综合作用的结果,一般通过转基因品种与受体品种在靶标生物数量变化、危害程度、植物长势及产量等方面的差别进行评价。抗病虫转基因植物需提供在室内和田间试验条件下,转基因植物对靶标生物的抗性生测报告、靶标生物在转基因及受体品种田季节性发生危害情况和种群动态的试验数据与结论。

4. 有害生物抗性转基因植物对非靶标生物的影响

根据转基因植物与外源基因表达蛋白特点和作用机制,有选择地提供对相关非靶标植食性生物、有益生物(如天敌昆虫、资源昆虫和传粉昆虫等)、受保护的物种等其他非靶标生物潜在影响的评估报告。

5. 对植物生态系统群落结构和有害生物地位演化的影响

根据转基因植物与外源基因表达蛋白的特异性和作用机理,有选择地提供对相关动物群落、植物群落和微生物群落结构和多样性的影响,以及转基因植物生态系统下病虫害等有害生物地位演化的风险评估报告等。

6. 靶标生物的抗性风险

靶标生物的抗性是指靶标生物由于连续多代取食转基因植物,敏感个体被淘汰,抗性较强的个体存活、繁殖、逐渐发展成高抗性种群的现象。抗病虫害转基因植物需提供对靶标生物的作用机制和特点等资料,转基因植物商业化种植前靶标生物的敏感性基线数据,抗性风险评估依据和结论,拟采取的抗性监测方案和治理措施等。

(四) 食用安全

按照个案分析的原则,评价转基因植物与非转基因植物的相对安全性。

传统非转基因对照物选择:无性繁殖的转基因植物,以非转基因植物亲本为对照物;有性繁殖的转基因植物,以遗传背景与转基因植物有可比性的非转基因植物为对照物。对照物与转基因植物的种植环境(时间和地点)应具有可比性。

1. 新表达物质毒理学评价

(1) 新表达蛋白资料

提供新表达蛋白质(包括目标基因和标记基因所表达的蛋白质)的分子和生化特征等信息,包括相对分子质量、氨基酸序列、翻译后的修饰、功能叙述等资料。表达的产物若为酶,应提供酶活性、酶活性影响因素(如 pH、温度、离子强度)、底物特异性、反应产物等。

提供新表达蛋白质与已知毒蛋白质和抗营养因子(如蛋白酶抑制剂、植物凝集素等)氨基酸序列相似性比较的资料。

提供新表达蛋白质热稳定性试验资料,体外模拟胃液蛋白消化稳定性试验资料,必要时提供加工过程(热、加工方式)对其影响的资料。

若用体外表达的蛋白质作为安全性评价的试验材料,需提供体外表达蛋白质与植物中新表达蛋白质等同性分析(如相对分子质量、蛋白质测序、免疫原性、蛋白质活性等)的资料。

(2) 新表达蛋白毒理学试验

当新表达蛋白质无安全食用历史,安全性资料不足时,必须提供急性经口毒性资料,28 天喂养试验毒理学资料视该蛋白质在植物中的表达水平和人群可能摄入水平而定,必要时应进行免疫毒性检测评价。如果不提供新表达蛋白质的经口急性毒性和 28 天喂养试验资料,则应说明理由。

(3) 新表达非蛋白质物质的评价

新表达的物质为非蛋白质,如脂肪、糖类、核酸、维生素及其他成分等,其毒理学评价可能包括毒物代谢动力学、遗传毒性、亚慢性毒性、慢性毒性/致癌性、生殖发育毒性等方面。具体需进行哪些毒理学试验,采取个案分析的原则。

(4) 摄入量估算

应提供外源基因表达物质在植物可食部位的表达量,根据典型人群的食物消费量,估算人群最大可能摄入水平,包括同类转基因植物总的摄入水平、摄入频率等信息。进行摄入量评估时需考虑加工过程对转基因表达物质含量的影响,并应提供表达蛋白质的测定方法。

2. 致敏性评价

外源基因插入产生新蛋白质,或改变代谢途径产生新蛋白质的,应对其蛋白质的致敏性进行评价。

提供基因供体是否含有致敏原、插入基因是否编码致敏原、新蛋白质在植物食用和饲用部位表达量的资料。

提供新表达蛋白质与已知致敏原氨基酸序列的同源性分析比较资料。

提供新表达蛋白质热稳定性试验资料，体外模拟胃液蛋白消化稳定性试验资料。

对于供体含有致敏原的，或新蛋白质与已知致敏原具有序列同源性的，应提供与已知致敏原为抗体的血清学试验资料。

受体植物本身含有致敏原的，应提供致敏原成分含量分析的资料。

3. 关键成分分析

提供受试物基本信息，包括名称、来源、所转基因和转基因性状、种植时间、地点和特异气候条件、储藏条件等资料。受试物应为转基因植物可食部位的初级农产品，如大豆、玉米、棉子、水稻种子等。同一种植地点至少三批不同种植时间的样品，或三个不同种植地点的样品。

提供同一物种对照物各关键成分的天然变异阈值及文献资料等。

(1) 营养素。包括蛋白质、脂肪、糖类、纤维素、矿物质、维生素等，必要时提供蛋白质中氨基酸和脂肪中饱和、单不饱和、多不饱和脂肪酸含量分析的资料。矿物质和维生素的测定应选择在该植物中具有显著营养意义或对人群营养素摄入水平贡献较大的矿物质和维生素进行测定。

(2) 天然毒素及有害物质。植物中对健康可能有影响的天然存在的有害物质，根据不同植物进行不同的毒素分析，如棉子中棉酚、油菜子中硫代葡萄糖苷和芥酸等。

(3) 抗营养因子。对营养素的吸收和利用有影响、对消化酶有抑制作用的一类物质。如大豆胰蛋白酶抑制剂、大豆凝集素、大豆寡糖等；玉米中植酸；油菜子中单宁等。

(4) 其他成分。如水分、灰分、植物中的其他固有成分。

(5) 非预期成分。因转入外源基因可能产生的新成分。

4. 全食品安全性评价

大鼠90天喂养试验资料。必要时提供大鼠慢性毒性试验和生殖毒性试验及其他动物喂养试验资料。

5. 营养学评价

如果转基因植物在营养、生理作用等方面有改变的，应提供营养学评价资料。

(1) 提供动物体内主要营养素的吸收利用资料。

(2) 提供人群营养素摄入水平的资料以及最大可能摄入水平对人群膳食模式影响评估的资料。

6. 生产加工对安全性影响的评价

应提供与非转基因对照物相比，生产加工、储存过程是否可改变转基因植物产品特性的资料，包括加工过程对转入DNA和蛋白质的降解、消除、变性等影响的资料，如油的提取和精炼、微生物发酵、转基因植物产品的加工、储藏等对植物中表达蛋白含量的影响。

7. 按个案分析的原则需要进行的其他安全性评价

对关键成分有明显改变的转基因植物，需提供其改变对食用安全性和营养学评价资料。

二、阶段要求

以下规定是申请各阶段时所需材料的基本要求。

(一) 申请中间试验

(1) 提供外源插入序列的分子特征资料。

(2) 提供每一个转化体的转基因植株自交或杂交代别及目的基因和标记基因 PCR 检测的资料。

(3) 按《转基因植物及其产品食用安全评价导则》(NY/T1101—2006)提供受体植物、基因供体生物的安全性评价资料。

(4) 提供新表达蛋白质的分子和生化特征等信息，以及提供新表达蛋白质与已知毒蛋白质和抗营养因子氨基酸序列相似性比较的资料。

(5) 提供抗虫植物表达蛋白质和已商业化种植的转基因抗虫植物对靶标害虫作用机制的分析资料，评估交互抗性的风险。

(二) 申请环境释放

(1) 申请中间试验提供的相关资料，以及中间试验结果的总结报告。

(2) 提供每个转基因株系中目的基因的 PCR 检测图，并注明转基因株系的代别和编号。

(3) 提供每个转基因株系中目的基因和标记基因整合进植物基因组的 Southern 杂交图和插入拷贝数，并注明转基因株系的代别和编号。

(4) 提供目的基因在转录水平或翻译水平表达的资料。

(5) 提供转基因株系遗传稳定性的资料，包括目的基因和标记基因整合的稳定性、表达的稳定性和表型性状的稳定性。

(6) 抗病虫转基因植物，提供目标蛋白的测定方法，植物不同发育阶段目标蛋白在各器官中的含量，以及对靶标生物的田间抗性效率。

(7) 新蛋白质(包括目标基因和标记基因所表达的蛋白质)在植物食用和饲用部位表达含量的资料。

(8) 提供靶标害虫对新抗虫植物和已商业化种植的抗虫植物交互抗性的研究资料。

(9) 提供对可能影响的非靶标生物的室内生物测定资料。

(10) 提供目标性状和功能的评价资料。如抗虫植物应明确靶标生物种类并提供室内或田间生测报告。

(三) 申请生产性试验

(1) 申请环境释放提供的相关资料，以及环境释放结果的总结报告。

(2) 提供转化体外源插入片段(如目的基因和标记基因等)整合进植物基因组的 PCR 检测图、Southern 杂交图和插入拷贝数，并注明供试材料的名称和代别。

(3) 提供目的基因和标记基因翻译水平表达的资料，或目标基因(被 RNAi 等方法所干涉的基因)在转录水平或翻译水平表达的资料。

(4) 提供该转化体遗传稳定性至少 2 代的资料，包括目的基因整合的稳定性、表达的稳定性和表现性状的稳定性。

(5) 提供该转化体个体生存竞争能力的资料。

(6) 提供该转基因植物基因漂移的资料。

(7) 提供目标性状和功能的评价资料。如抗虫植物应提供田间试验条件下，靶标生物在转基因及受体品种田季节性发生危害情况和种群动态的试验数据。

(8) 提供靶标生物对抗病虫转基因植物的抗性风险评价资料。

(9) 提供对非靶标生物和生物多样性影响的评价资料。

(10) 提供新表达蛋白质体外模拟胃液蛋白消化稳定性试验资料。

(11) 必要时提供全食品毒理学评价资料。

(四) 申请安全证书

(1) 汇总以往各试验阶段的资料，提交环境安全和食用安全综合评价报告。

(2) 提供外源片段的全长 DNA 序列和插入位点的两端边界序列。

(3) 提供该转化体遗传稳定性至少 3 代的资料，包括目的基因整合的遗传稳定性、表达的稳定性和表现性状的稳定性。

(4) 提供该转化体个体生存竞争能力、自然延续或建立种群能力的资料。

(5) 提供该转基因植物基因漂移的资料。

(6) 提供至少 2 年对目标性状和功能的田间评价资料。

(7) 提供靶标生物对转基因植物所产生抗病/虫物质的敏感性基线资料，抗性风险评估的依据和结论；拟采取的靶标生物综合治理策略、抗性监测方案和治理措施等。

(8) 提供至少 2 年对非靶标生物和生物多样性影响的评价资料，以及转基因植物生态系统下病虫害地位演化的风险评估报告。

(9) 提供完整的毒性、致敏性、营养成分、抗营养因子等食用安全资料。

(10) 如为续申请，则需要提供上次批准期限内的商业化种植数据和环境影响监测报告。

注：本文摘自《关于申报转基因生物安全评价有关事项的通知》(2007 年)农(基安)办字 55 号文件。